Regression Analysis By Example Using R

6th Edition

제6판

예제를 통한 회귀분석

Ali S. Hadi · Samprit Chatterjee 지음

강현철 · 이성건 · 김기영 · 전명식 옮김

R 활용

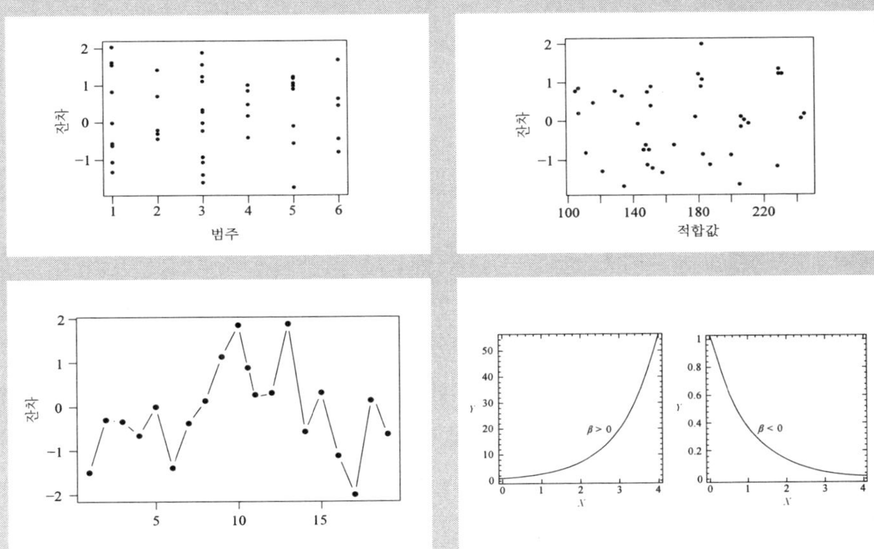

WILEY 자유아카데미

저자 서문

스승이자 멘토이며, 친구이자 공동 저자인 Samprit Chatterjee 교수가 2021년 4월에 별세한 후 큰 슬픔을 느끼며 이 책의 개정판을 홀로 집필하였다. 우리의 첫 논문은 1986년에 발표되었으며(Chatterjee & Hadi, 1986), 이후 Samprit와 나는 1988년에 책(Chatterjee & Hadi, 1988)과 함께 여러 다른 논문도 공동 집필했다. 그의 가족과 친구들에게 진심 어린 애도를 표하며, 하나님께서 그의 영혼을 평화롭게 쉬게 하시길 기원한다.

회귀분석은 여러 가지 요인들을 포함하여 데이터를 분석하는 통계적 도구로서 널리 사용되는 방법 중 하나이다. 회귀분석은 변수 간의 함수적 관계를 탐색하는 방법으로 개념적으로 매우 간단하다는 장점을 가지고 있다. 회귀분석을 수행하는 일반적인 절차에서는 데이터를 획득하고 모형을 적합시킨 후, t, F, R^2 같은 통계량을 사용하여 모형을 평가하게 된다. 그러나 이 책에서 고려하는 접근방법은 이보다 훨씬 그 폭이 넓다고 할 수 있다. 우리는 회귀분석을 여러 개의 데이터 분석기법들로 이루어진 하나의 집단적 분석으로 보고, 이를 통하여 주목적이 되는 변수 간의 내부적 관련성을 포괄적으로 탐구하고자 한다. 이런 관점에서 이 책에서 다루는 회귀분석의 초점은 공식적인 통계적 가설검정이나 이에 관련된 확률의 계산에만 있지 않다. 실제로 우리는 주어진 데이터에 내재하는 규칙적인 패턴을 이해하기 위하여 상당히 비공식적인 분석 내용 또한 주저 없이 논의 대상에 포함시킬 것이다.

이 책은 통계 데이터의 분석에 개입되어 있는 모든 사람을 염두에 두고 꾸몄다고 할 수 있다. 통계학의 기본개념에 관한 지식을 가진 이들에게 우선 도움이 되리라고 생각된다. 대학에서 통계학이 전공은 아니지만 그들의 분야에서 회귀분석적 기법을 폭넓게 이용하는 학생들이 교재로 사용할 수도 있을 것이다. 한편 통계학을 전공하고 있거나, 회귀분석 과목을 Rao(1973), Seber(1977), Sen & Srivstava(1990) 등과 비슷한 수준의 교재로 이수하고 있는 학생들은 이 책을 통하여 이 주제의 이론과 실제 응용의 측면을 결합함으로써 균형 잡힌 수강이 되도록 하는 데 도움을 받을 수 있을 것이다. 또한 대학이라는 둘레를 떠나서도 여러 요인을 가진 데이터를 분석함에 있어 t, F, R^2 혹은 표준오차와 같은 기본적인 컴퓨터 출력결과를 살펴보는 일뿐 아니라, 좀 더 완벽한 분석을 수행하기 위해 이런 요약통계량 이상의 내용을 검토하고 싶은 연구자들에게도 이 책은 유익하게 사용될 수 있으리라 본다.

우리는 대부분의 표준적인 통계량은 물론, 표준적이라고 하기 어려운 요약통계량이라고 할지라도 그들이 지니는 직관적인 설명력을 근거로 하여 필요하다면 적절히 사용할 것이다. 우리는 정확한 확률적 서술에 따른 평가에 지나친 관심을 쏟지 않으려고 한다. 대신 데이터가 가지는 그래프적 표현에 크게 의지할 것이다. 특히 회귀잔차에 관한 여러 유형의 플롯들을 많이 사용할 것이다. 잔차를 그래프적인 방법으로 탐구함으로써 모형이 지니는 결함이나 말썽을 일으키는 관측값 등을 쉽게 찾아낼 수 있음은 잘 알려진 사실이다. 사실 이런 관측값들이 나타내는 메커니즘의 근본을 좀 더 깊이 조사해 보면, 때때로 말썽을 부리는 관측값이 정상적으로 행동하는 관측값보다 더 값진 정보를 가지고 있는 것으로 밝혀질 때도 있다. 우리가 느끼기에 잔차의 플롯을 비공식적인 방식으로 조사하는 것이 제안된 가설에 대해 공식적인 유의성 검정 등을 통하여 얻게 되는 것보다 더 많은 정보를 줄 때가 많다고 생각한다. 다시 말하면 이 책의 여러 장에서 제시되는 내용은 기본적으로 탐색적 데이터 분석의 개념과 원리가 그 길잡이 노릇을 하고 있다고 할 수 있다.

이 책에서 회귀분석의 여러 개념과 기법들은 제시되는 예제를 통해 전개되며, 각 예는 한두 개의 기법을 통해 좀 더 상세히 논의될 것이다. 여기에서 사용된 데이터는 설명되는 기법이 잘 강조되도록 특별히 선정된 것들이다. 비록 주어진 데이터를 통계적으로 분석함에 있어 일반적으로 여러 분석기법들을 사용할 필요가 있지만, 이 책에서는 동일한 기법을 한 번 이상 토론할 필요가 없도록 여러 데이터를 선택하려고 노력하였다. 우리의 희망은 일단 어느 독자가 이 책을 공부하였다면 그 독자는 만반의 준비를 갖추고 자신의 데이터를 조직적으로 꼼꼼히, 완벽히, 그리고 믿음직하게 분석할 수 있었으면 하는 것이다.

이 책에서는 수학적 공식, 가설검정, 신뢰구간 대신 데이터의 분석 부분을 더 강조하고 있다. 여기에서는 설명되는 분석기법에 관한 이론 부분을 굳이 유도하려고 시도하지는 않는다. 기법의 내용이 먼저 설명되고, 이 기법을 이용함에 있어 요구되는 가정들이 서술되며, 특정 예를 통해 그 기법의 적용 결과와 그에 대한 평가가 이루어진다. 비록 방법론의 내용을 유도하는 과정이 포함되지는 않으나, 각 경우에 대해 우리는 그 기법이 논의되는 참고문헌의 출처를 독자에게 알리려고 애썼다. 좀 더 완벽한 이론적 근거를 알고자 하는 독자들은 제시된 관련 문헌의 일부를 검토해 보기 바란다.

회귀분석을 수행하기 위하여 컴퓨터와 통계 패키지를 사용할 수 있다. 최근 선형모형분석 분야에는 단순한 모형의 적합으로부터 모형의 구축으로, 데이터에 관한 포괄적 검토에서 분석적 검사로, 그리고 거시적 분석에서 미시적 분석으로의 질적인 변화가 있다고 판단된다. 이와 같은 분석의 추이에 부응하여 데이터를 적절히 검토하기 위해서는 컴퓨터의 이용이 필수적이며, 우리는 독자들이 컴퓨터를 활용할 수 있다고 가정한다. 대부분의 통계분석은 소프트웨어 패키지를 이용할 수 있다.

최근 일반 공유 라이센스(General Public License; GPL)로서 인터넷에서 얻을 수 있는 R 패키지가 있는데, 이것은 계산 및 그래픽 부분에서 우수한 성능을 보유하고 있으며 "무료"로 사용할 수 있다. 이러한 이유로, 이번 판에서 독자들이 자신의 데이터 분석에 R을 사용하여 다양한 유형의 그래프와 분석을 재현할 수 있도록 하였다. 이 책의 학습에 R에 대한 지식이 있다면 확실히 도움이 되겠지만, R에 대한 사전 지식이 반드시 필요하지는 않다.

본 개정판에서는 문장을 간소화하고 모호성을 제거하며 독자들이 지적한 오류를 수정하는 등 주요한 변경이 이루어졌다. 특히 2장은 이번 개정판에서 새롭게 추가되었다. 이 장에서는 개정판에서 제시된 회귀분석의 계산과 그래프 작성에 R을 사용할 수 있도록 R에 대한 간략하지만 충분한 소개를 제공하였다. 독자들의 이해를 돕기 위해 교재 전체에서 필요한 모든 R 코드를 제공한다. 또한 R을 이용한 회귀 진단에 관한 5.11절은 새롭게 추가되었다. 새로운 참고 자료도 추가되었으며, 책의 마지막에 있는 색인 또한 보완되었다. 새로운 내용의 추가로 교재의 분량이 증가해, 10행 이상인 데이터 테이블은 본문에서 삭제되었으나 다음의 웹사이트에서 얻을 수 있다(http://www.aucegypt.edu/faculty/hadi/RABE6). 이 웹사이트에는 이 책에 포함된 모든 데이터 세트, 이 책의 그래프와 표를 생성하는 데 사용된 R 코드, 그 외 다양한 자료들이 있다.

또한 R을 사용하면 관습적인 0.1, 0.05, 0.01 등의 유의수준뿐만 아니라 독자가 원하는 유의수준에 대하여 검정 통계량의 p-값과 임계값을 계산할 수 있으므로, 기존에 있었던 부록의 통계표를 삭제하였다.

일부 연습문제는 다시 구성되었으며, 각 장의 끝에 새로운 연습문제를 추가했다. 연습문제가 앞 장의 내용을 이해하는 데 도움이 될 것이다. 또한 이 개정판에는 저자(ahadi@aucegypt.edu, ali-hadi@cornell.edu)에게 연락하여 사용할 수 있는 솔루션 매뉴얼과 파워포인트 파일이 새로 추가되었다. 다만 이는 강의자를 위한 것임을 일러둔다.

이 책은 페르시아어, 한국어, 중국어 등으로 번역되었다. 번역을 맡아주신 Niromand 교수, Zhongguo Zheng 교수, 김기영 교수, 전명식 교수, 강현철 교수, 이성건 교수께 감사를 드린다. 운이 좋게도 우리는 친구, 직장동료, 회원들로부터 많은 도움과 격려를 받았다. New York 대학과 Cornell 대학의 직장동료 몇 분이 이 책의 일부분을 그들의 강의에서 사용하였으며, 그들이 그 강의를 수강한 학생들과 가졌던 견해를 우리와 함께 나누는 기회가 있었음을 밝히고 싶다. 친구이며 전 직장동료인 Jeffrey Simonoff(New York 대학)의 조언과 도움에 대해서 특별한 감사를 표하고자 한다. 또한 우리가 개강한 회귀분석 과목을 들었던 학생들 모두 통찰력 있는 질의는 물론 그들의 질문에 대해 의미 있고 이해할 만한 대답을 요청함으로써 결과적으로 유의적인 공헌을 하였다고 볼 수 있다. 이 책의 초판을 자세히 정독해 준 Nedret Billor(Cukurova 대학, 터키)와 Sahar El-Sheneity(Cornell 대학)에 감사를 드린다. 또한 Habibollah Esmaily, Hassan Doosti, Fengkai Yang, Mamunur Rashid, Saeed Hajebi, Zheng Zhongguo, Robert W. Hayden, Marie Duggan, Sungho Lee, Hock Lin (Andy) Tai, Junchang Ju 등이 제공한 의견에도 감사드린다. 마지막으로 이번 판의 일부를 교정해 준 Lamia Abdellatif, Latex 스타일 파일과 해당 PDF 버전을 준비해 준 Dimple Philip, 일부 그림 제작에 도움을 준 Dean Gonzalez, 앞표지와 뒷표지 제작에 도움을 준 Michael New에게 감사의 뜻을 표하고자 한다.

2023년 9월

Egypt의 Cairo에서

ALI S. HADI

역자 서문

이 책은 2023년에 출간된 Samprit Chatterjee와 Ali S. Hadi의 저서 "Regression Analysis by Example"의 제6판을 번역한 것이다. 책의 제목이 나타내는 대로 원저자들은 일련의 예제들을 통하여 회귀분석에 관련된 주요 개념과 사용 가능한 기법, 그리고 분석의 결과를 서술하는 방식으로 이 분석이 지니는 내용 전반을 소개하고 있다.

회귀분석이 통계학의 응용에서 차지하는 비중은 실로 크다고 할 수 있다. 그러나 이 분석과 같이 개념적으로 잘 정립되어 있는 이론이라고 할지라도 그 내용을 쉽고 명료하게 설명하고, 실제 데이터 앞에서 살아 있는 분석이 되도록 하는 일은 결코 쉬운 일이 아니다. 또한 실제로 회귀분석은 여러 개의 부차적인 데이터 분석들의 결과와 종합되어 이루어지게 된다. 여기에서 고려해야 할 서로 다른 분석들이란 나름대로 구분되는 윤곽선을 지녀야 하는 동시에, 그 결과를 모두 함께 감안하려면 그 윤곽선이 지나치게 견고해서도 안 될 것이다. 너무 또렷하지도, 그렇다고 너무 희미하지도 않은 …, 이 세상에 있는 것들 간의 간격이란 다들 이러해서, 어떻게 보면 각각인 것 같아도 넓게 보면 이 모두가 언제나 서로 껴안고 있음과 같은 이치리라.

이 모두를 잘 이룬다는 것은 매우 어려운 일일 것이다. 그러나 가능한 좋은 방법 중의 하나는 이런 것일 수도 있을 것이다. 우선 사려 깊게 선정된 좋은 동기를 유발하며, 제기된 문제를 풀어나가는 과정으로부터 자연스럽게 좋은 틀을 만들고, 관련된 방법들을 대비시켜 전체적인 조화를 지니게 하며, 현실감 있는 결과들을 잘 서술하여 읽는 이들에게 뚜렷한 각인을 남기는 것이라고.

이 책을 회귀분석의 강의교재로 몇 번 사용한 경험이 있는 역자들로서 주제의 본질을 굳이 크게 드러내며 시작하는 통상적인 접근보다는 저자들의 잘 정리되고 계산된 리듬 속에서 간단히 전반을 이야기하고, 예제의 도움을 받으며 그의 요체를 서서히 뽑어내는 식의 해법에 좋은 인상을 받았다. 그리고 이런 생각이 꼬리를 물다 보니 이 책의 번역에까지 이르게 되었다.

내용을 잘 이해하고 있다는 것과 이를 우리 글로 잘 옮긴다는 것 사이에는 언제나 작지 않은 틈새가 있게 마련이다. 또한 원저자가 가진 머릿속의 흐름을 적절히 재구성하여 이곳에서 잘 가시화한다는 것이 생각만큼 그리 쉬운 일이 아니었다.

회귀분석의 수리통계적인 전개에 재미를 느끼지 못한 독자들에게 이 책의 매력적인 응용으로부터 새로운 활력을 제공할 수 있을 것이며, 이론적 측면에 부담을 느끼는 독자들에게 이 책은 그 출발을 위한 든든한 발판을 마련해 줄 수 있지 않을까 하는 것이 역자들의 바람이다. 번역에 사용된 용어는 한국통계학회에서 발간한 '통계용어사전'을 참조하였다.

원서에는 각 예제에 대한 R 코드가 모두 제시되어 있지 않았다. 따라서 번역서에는 이 책의 모든 결과(그림 및 표의 내용)들을 얻을 수 있는 R 코드를 꼼꼼하게 제시하였으며, 각 장의 부록에는 SAS 사용자를 위하여 예제들에 대한 SAS 코드를 자세하게 수록하였다. 독자들은 이들 R 또는 SAS 코드를 실행하여 봄으로써 각 상황에 맞는 회귀분석 절차를 습득할 수 있을 것이다.

이 책의 웹사이트(http://www.aucegypt.edu/faculty/hadi/RABE6)에서 데이터 파일들을 다운로드할 수 있으나, 일부에서는 오류가 있거나 다운로드에 문제가 발생하는 경우도 있다. 따라서 독자들의 편의를 위해 본문과 연습문제에서 사용된 텍스트 데이터들을 자유아카데미 홈페이지(http://www.freeaca.com) 자료실을 통해서 제공하고 있다. 출간 후 나올 수 있는 수정사항 역시 자료실을 통해 제공할 예정이며, 이 책을 가지고 강의하시는 분들을 위한 별도의 강의자료들도 따로 제공하고 있으니 참고하기를 바란다(출판사에 문의 바람).

끝으로 이 책이 출판되기까지 수고해 준 자유아카데미 여러분께 새삼 감사의 마음을 전한다.

2024년 8월

역자들

차례

Chapter 1 서론

Chapter 2 R에 대한 소개

Chapter 3 단순선형회귀

Chapter 4 다중선형회귀

Chapter 5 회귀진단: 모형위반의 검출

Chapter 6 질적 예측변수

Chapter 7 변수변환

Chapter 8 가중최소제곱

Chapter 9 상관된 오차항의 문제

Chapter 12 변수선택의 절차

Chapter 13 로지스틱 회귀

Chapter 01

서론

Introduction

1.1 회귀분석이란 무엇인가?
1.2 공개적으로 이용 가능한 데이터셋
1.3 회귀분석의 몇 가지 응용 예
1.4 회귀분석의 단계
1.5 이 책의 범위와 구성

1.1 회귀분석이란 무엇인가?

회귀분석(回歸分析; regression analysis)은 변수들 사이의 함수적 관계를 탐색하는 개념적으로 단순한 방법이다. 예컨대, 부동산 감정평가사는 건물의 몇 가지 물리적 특성들과 건물에 부과된 세금들(지방세, 교육세, 국세)을 매매가격과 관련시켜 설명하는 데 관심이 있을 수 있다. 또한 어떤 연구자는 담배 소비가 나이, 교육, 수입, 담배 가격 등 다양한 사회경제적 및 인구사회적 변수들과 관련되어 있는지를 조사하고자 할 수 있다. 여기서 관련성은 **반응**(response) 혹은 **종속**(dependent)변수와 **설명**(explanatory) 혹은 **예측**(predictor)변수들을 연결하는 방정식 또는 모형의 형태로 표현된다. 담배 소비의 예에서, 반응변수는 담배 소비량(주어진 한 해 동안 1인당 소비된 담배의 갑수)이고 설명(혹은 예측)변수는 다양한 사회경제적 및 인구사회적 변수들이다. 부동산 감정평가의 예에서, 반응변수는 주택의 가격이고 설명(혹은 예측)변수는 건물의 물리적 특성들과 건물에 부과된 세금들이다.

반응변수를 Y라고 하고, 예측변수들의 집합을 $X_1, X_2, \ldots, X_p$라고 하자. 여기에서 p는 예측변수의 개수이다. Y와 $X_1, X_2, \ldots, X_p$ 사이의 참 관계는 회귀모형

$$Y = f(X_1, X_2, \ldots, X_p) + \epsilon \tag{1.1}$$

에 의해 근사될 수 있다. 여기에서 ϵ은 근사(approximation)에서의 불일치를 나타내는 확률오차(random error)로 간주된다. 이것은 모형이 데이터를 정확하게 적합하지 못하는 정도를 나타낸다. 함수 $f(X_1, X_2, \cdot \ldots, X_p)$는 Y와 $X_1, X_2, \ldots, X_p$ 사이의 관계를 묘사한다. 하나의 예는 다음과 같은 선형회귀모형이다.

$$Y = \beta_0 + \beta_1 X_1 + \beta_2 X_2 + \cdots + \beta_p X_p + \epsilon \tag{1.2}$$

여기에서 $\beta_0, \beta_1, \ldots, \beta_p$는 **회귀모수**(regression parameter) 혹은 **계수**(coefficient)로 불리며, 데이터로부터 결정되는(추정되는) 미지의 상수(unknown constant)이다. 이 책에서는 미지의 모수를 그리스 문자로 표현하는 일반적인 표기법을 따를 것이다.

예측(설명)변수는 **독립변수**(independent variable), **공변량**(covariate), **회귀변수**(regressor), **요인**(factor), **매개변수**(carrier) 등 다른 여러 가지 이름으로도 불린다. 독립변수라는 이름은 보편적으로 사용되는 것이지만, 실제에 있어서 예측변수들이 서로 독립적인 경우는 거의 없기 때문에 이 용어는 별로 추천되지 않는다.

1.2 공개적으로 이용 가능한 데이터셋

회귀분석은 매우 다양한 응용 영역을 가지고 있다. 경제학, 재정학, 경영학, 법학, 기상학, 의약학, 생물학, 화학, 공학, 물리학, 교육학, 체육학, 역사학, 사회학, 심리학 등을 포함한다. 몇 가지 응용의 예가 1.3절에 제시된다. 회귀분석은 독자들이 직접적으로 관심이 있는 데이터를 분석함으로써 매우 효과적으로 학습된다. 이 책에서는 회귀분석을 이용하여 제기될 수 있는 문제들(자기 자신의 업무, 연구, 관심의 대상)에 대해 사고할 수 있도록 독자들을 이끌 것이다. 독자들은 적절한 데이터를 수집하고, 이 책에서 제시된 회귀분석 방법들을 자신의 데이터에 적용해야 한다. 독자들이 실제 데이터를 찾을 수 있도록, 공개적으로 이용 가능한 데이터셋(data set)들을 가지고 있는 몇 개의 원천(source)과 링크(link)를 이 절에서 제공한다.

수많은 데이터 세트가 책과 인터넷을 통해 이용 가능하다. Hand et al.(1994)의 책은 여러 분야의 데이터셋들을 포함하고 있다. 이들 데이터셋은 크기가 작고 연습을 위해 적합하다. Chatterjee, Handcock, and Simonoff(1995)의 책은 다양한 분야로부터 수집된 많은 데이터셋들을 제공하고 있는데, 데이터는 책과 함께 있는 디스켓에 포함되어 있으며, 웹사이트에서도 찾을 수 있다.[1)]

여러 다른 웹사이트에서도 인터넷을 통해 데이터 세트들을 이용할 수 있다. 어떤 웹사이트에서는 데이터를 통계 패키지 안으로 직접 복사하여 붙여 넣는 것이 가능하다. 반면에 어떤 웹사이트들은 데이터 파일을 내려받은 후 통계 패키지 안으로 가져오기를 수행하여야 한다.

---

1) http://www.stern.nyu.edu/~jsimonof/Casebook

Data and Story Library(DASL, "dazzle"이라고 읽음)는 "이야기"(story) 혹은 각 데이터셋과 관련된 배경 등과 함께 수많은 데이터셋들을 포함하고 있는 가장 흥미로운 사이트 중 하나이다. DASL은 기초 통계적 기법들을 위한 사용 예와 데이터를 가지고 있는 온라인 라이브러리이다.[2] 데이터셋은 다양한 분야의 주제들을 망라하고 있다. DASL은 관심 있는 이야기와 데이터 파일을 찾을 수 있는 검색엔진도 가지고 있다.

분석기법과 함께 데이터셋들이 나열되어 있는 또 다른 웹사이트는 Electronic Dataset Service이다.[3] 이 사이트는 인터넷상의 다른 웹사이트에 대한 링크도 포함하고 있다.

마지막으로, 이 책은 웹사이트를 가지고 있다.[4] 이 사이트는 책에 포함되어 있는 모든 데이터셋과 함께 추가적인 데이터셋들을 가지고 있으며, 웹사이트 안에서 데이터셋들을 찾아볼 수 있다.

1.3 회귀분석의 몇 가지 응용 예

회귀분석은 가장 널리 사용되는 통계적 도구 중 하나로서, 변수들 사이의 함수적 관계를 구축하는 간단한 방법들을 제공하며, 많은 주제 영역에 있어서 광범위하게 응용할 수 있다. 앞에서 언급한 담배 소비량과 부동산 감정평가의 예는 단지 두 개의 사례이다. 이 절에서는 실제 상황에서 회귀분석의 넓은 응용력을 보여줄 수 있는 몇 개의 추가적인 사례들을 제시한다. 여기에 묘사된 데이터셋들 중 일부는 이 책에서 회귀분석기법을 설명하기 위해 사용되거나 각 장의 끝에 있는 연습문제에서 사용될 것이다.

1.3.1 농학 분야

뉴욕에 있는 DHI(Dairy Herd Improvement) 사는 우유 생산에 관한 데이터를 수집하고 분석하였다. 여기에서 관심 사항 중 하나는 측정된 여러 변수들로부터 현재의 우유 생산량을 예측하는 적절한 모형을 개발하는 것이다. 반응변수(현재의 우유 생산량, 단위: 파운드)와

2) http://lib.stat.cmu.edu/DASL/
3) http://www-unix.oit.umass.edu/~statdata
4) http://www.aucegypt.edu/faculty/hadi/RABE6

표 1.1 우유 생산량 데이터에 대한 변수들

변수	정의
Current	현재 월의 우유 생산량 (파운드)
Previous	이전 월의 우유 생산량 (파운드)
Fat	우유에 포함된 지방 함유량 (퍼센트)
Protein	우유에 포함된 단백질 함유량 (퍼센트)
Days	수유기의 시작일로부터 현재까지의 날 수
Lactation	수유기의 수
I79	지시 변수 (*Days* ≤ 79이면 0, *Days* > 79이면 1)

예측변수들은 표 1.1에 주어져 있다. 표본은 젖짜기 동안 한 달에 한 번씩 표집되었다. 젖소가 우유를 생산하는 기간을 수유기(lactation)라고 한다. 수유기의 수(number of lactations)는 젖소가 송아지를 낳은 혹은 우유를 생산한 경험의 수를 나타낸다. 젖소가 305일 정도 우유를 생산한 후에는 다음 수유기를 시작하기 전에 60일 정도의 휴식기를 가지는 것이 좋다고 한다. 데이터셋은 DHI 우유 생산 기록으로부터 수집된 199개의 관측개체로 구성되어 있다. 우유 생산량(Milk Production) 데이터는 이 책의 웹사이트에서 찾아볼 수 있다.

1.3.2 산업 및 노동 관련 분야

1947년에 미국 의회는 Wagner Act(국가노동관계법령)에 대한 Taft-Hartley 수정안을 통과시켰다. 원래의 Wagner Act는 주(state) 법에 의해 금지되지 않는 한 노조가 *Closed Shop*(클로즈드숍) 계약을 사용하는 것을 허용하고 있었다.[5)] Taft- Hartley 수정안은 Closed Shop 계약을 불법으로 하였고, 각 주가 Union Shop(유니온숍)을 금지할 권리도 가지도록 하였다.[6)] 이들 노동권 법안은 노동운동에 있어서 큰 관심을 불러일으켰다. 여기에서 흥미 있는 질문은 "이들 법안이 미국의 중간 예산에 있어서 4인 가족 기준의 생활비에 어떤 영향을 주었는가?"이다. 이 질문에 답하기 위해 38개 지리학적 지역에 대한 데이터가 다양한 원천으로부터 수집되었다. 사용된 변수들은 표 1.2에 정의되어 있다. 노동권 법안(Right-To-Work Laws) 데이터는 이 책의 웹사이트에서 찾아볼 수 있다.

---

5) Closed Shop 계약의 규정에 의하면, 모든 피고용인은 고용 시에 노조원이어야 하며 고용조건에 따라서 노조원으로 남아 있어야 한다.

6) Union Shop 조항에 의하면, 피고용인이 고용 시에 노조원일 필요는 없으나 2개월 안에 노조원이 되어야 한다. 따라서 고용주가 고용의 결정에 있어서 자유 재량권을 가지는 것을 허용한다.

표 1.2 노동권 법안 데이터에 대한 변수들

변수	정의
COL	4인 가족 기준의 생활비
PD	인구밀도 (평방 마일당 사람)
URate	1978년의 주별 노조가입 비율
Pop	1975년의 인구
Taxes	1972년의 재산세
Income	1974년의 1인당 소득
RTWL	지시 변수 (그 주에 노동권 법안이 있으면 1, 그렇지 않으면 0)

1.3.3 정치학 분야

국내의 인구이동(국가의 한 지역에서 다른 지역으로 사람들이 이동하는 것)에 관한 정보는 주(state) 정부 혹은 지방 정부에게 매우 중요하다. 국내 인구이동을 예측하는 모형을 구축하거나, 사람들이 한 지역에서 다른 지역으로 이동하는 이유를 알아내는 것은 흥미있는 일이다. 기후 조건, 범죄, 세금, 실업률 등 국내 인구이동에 영향을 주는 많은 요인들이 있다. 48개의 인접한 주들에 대한 데이터 세트가 생성되었다. 알래스카와 하와이는 분석에서 제외되었는데, 그 이유는 이들의 환경이 다른 48개의 주와 상당히 다르고 그들의 위치가 인구이동에 장벽을 가지고 있기 때문이다.

여기에서의 반응변수는 순수 국내 인구이동이며, 이는 1990~1994년 동안 한 주에 유입/유출된 사람 수를 그 주의 인구로 나눈 것이다. 국내 인구이동에 영향을 주는 것으로 생각되는 11개의 예측변수들이 표 1.3에 정의되어 있다. 데이터는 이 책의 웹사이트에서 찾아볼 수 있다.

1.3.4 역사학 분야

역사학에 있어서 흥미 있는 문제 중 하나는 연대 관련 특성에 근거하여 역사적인 사물의 연대를 추정하는 것이다. 예를 들면, 표 1.4의 변수들은 이집트인의 두개골에 대한 연대를 추정하기 위해 사용될 수 있다. 여기에서 반응변수는 Year이고 다른 네 개의 변수들은 가능한 예측변수이다. 이 데이터의 원래 출처는 Thomoson and Randall-Maciver (1905)이

표 1.3 국내 인구이동 연구에 대한 변수들

변수	정의
State	주의 이름
NDIR	1990-1994년 동안, 순수 국내 인구이동률
Unemp	1994년, 민간 노동인구의 실업률
Wage	1994년, 제조업 분야 생산직 근로자의 시간당 평균 임금
Crime	1993년, 100,000명당 강력 범죄율
Income	1994년, 평균(median; 중위수) 가구소득
Metrop	1992년, 대도시에 거주하는 인구의 비율
Poor	1994년, 빈곤층에 해당하는 인구의 비율
Taxes	1993년, 1인당 주세와 지방세의 총계
Educ	1990년, 25세 이상 인구 중 고졸 이상 학력의 비율
BusFail	1993년, 사업 실패의 수를 인구로 나눈 것
Temp	1993년, 12개월 평균 기온의 평균 (화씨)
Region	주의 위치 (북동부, 남부, 중서부, 서부)

표 1.4 이집트인 두개골 데이터에 대한 변수들

변수	정의
Year	두개골 구성물의 대략적인 연대 (음수 = B.C.; 양수 = A.D.)
MB	두개골의 최대 너비
BH	두개골의 높이 (Basibregmatic)
BL	두개골의 길이 (Basialveolar)
NH	두개골의 코의 높이

지만, Hand et al.(1994) pp. 299-301에서 찾을 수 있다. 이 데이터에 대한 분석은 Manly (1986)에서 찾아볼 수 있다. 이집트인 두개골(Egyptian Skulls) 데이터는 이 책의 웹사이트에서도 찾아볼 수 있다.

1.3.5 환경학 분야

수질과 토지 사용의 관계에 대한 1976년의 연구에서, Haith(1976)는 뉴욕주에 있는 20개 강의 유역에서 측정치들을 얻었다(표 1.5). 여기에서 흥미 있는 질문은 "강의 유역 주위에서의 토지 사용이 평균 질소 농도(mg/liter) 단위로 측정된 수질 오염에 어떻게 영향을 주었는가?"이다. 데이터는 이 책의 웹사이트에서 찾아볼 수 있다.

표 1.5 뉴욕 강들의 수질 오염의 연구에 대한 변수들

변수	정의
Y	봄, 여름, 가을 동안 일정한 간격으로 표집된 표본으로부터 얻어진 평균 질소 농도 (mg/liter)
X_1	농업 용지의 비율 (Agriculture)
X_2	산림 용지의 비율 (Forest)
X_3	주거 용지의 비율 (Residential)
X_4	상업/산업 용지의 비율 (Commercial/Industrial)

1.3.6 산업 생산 분야

뉴멕시코 산타페에 있는 Nambe Mills 공장에서는 특수합금주물을 이용하여 식기를 만드는데, 주물과정 후 성형, 연삭, 연마, 광택과 같은 일련의 단계를 거쳐 완성된다. 데이터는 그 공장에서 생산되는 59개 종류의 제품으로부터 얻어졌다. 광택 작업 시간과 제품의 지름, 제품 종류(Bowl, Casserole, Dish, Tray, Plate) 사이의 관계를 이용하여, 새롭게 만들 제품의 광택시간을 예측하고자 한다. 제품의 종류를 나타내는 변수는 이항변수로 되어 있으며 해당 제품이면 1, 그렇지 않으면 0으로 입력되었다. Diam은 제품의 지름(인치)을 나타내고 광택시간(Time)은 분으로, 가격(Price)은 달러 단위로 측정하였다. 광택시간은 제품을 만드는 데 소요되는 비용(cost)의 중요한 요소이다. 따라서 생산여부의 결정은 광택시간의 예측값에 기반하여 이루어지게 된다. 데이터는 DASL 라이브러리에서 얻을 수 있으며, 이 책의 웹사이트에도 있다(Industrial.Production.txt 파일).

1.3.7 우주왕복선 챌린저호

1986년에 있었던 우주왕복선 챌린저호의 공중 폭발은 승무원 전원이 사망한 비극적인 사건이다. 해당 사건의 자문위원회에서 지적된 사항을 살펴보자. 발사 로켓의 추진체에 있는 오링(O-ring)은 해당 물체의 안전에 매우 중요한 부품이다. 오링의 강도는 발사 시의 기온에 의해 영향을 받는 것으로 알려져 있다. 로켓 추진체에는 6개의 오링이 있다. 데이터는 과거 우주왕복선의 23번 비행에서 얻어진 정보로써 해당 발사에서의 기온(화씨)과 손상된 오링의 수를 측정한 것이다. 데이터는 이 책의 웹사이트에서 확인할 수 있다. 사고가 났던 발사 직전 이루어진 분석에서는 오링의 손상이 없었던 자료는 포함하지 않

표 1.6 의료 서비스 데이터의 변수

변수	정의
RURAL	시골(1) 또는 도시(0)
BED	병상 수
MCDAYS	연간 의료 입원일수(단위: 백일)
TDAYS	연간 전체 입원일수(단위: 백일)
PCREV	연간 전체 환자치료 수익(단위: 100달러)
NSAL	연간 간호 수당(단위: 100달러)
FEXP	연간 시설 지출(단위: 100달러)
NETREV	순익(PCREV − NSAL − FEXP)

고 수행되었으며, 이는 잘못된 결론을 도출하였다. 이 문제에 대한 자세한 내용은 "Flight of the Space Shuttle Challengers (Chatterjee, Handcock, Simonoff, 1995, pp. 33-35)"를 참조하기 바란다. 여기에서 반응변수는 0과 1 사이의 비율자료이다.

1.3.8 의료서비스 분야

의료서비스 제공에 들어가는 비용은 매우 중요한 관심사 중 하나이다. 이러한 주제의 데이터를 얻는 것은 그 독점성으로 인해 매우 어렵다. 이 데이터는 뉴멕시코주의 보건시설에서 수집되었으며, 1988년 뉴멕시코주의 60개 시설 중에서 52개 시설을 포함하고 있다. 변수는 시설의 규모, 활용도, 지출, 수익 등이다. 시설의 위치는 시골 또는 도시 여부를 나타내는 변수이다. 변수에 대한 자세한 설명은 표 1.6에 있으며 데이터는 이 책의 웹사이트에 있다.

이 데이터를 바라보는 다양한 관점과 정보를 추출하는 방법이 있다. 예를 들면, 다음의 관심사가 있을 수 있다. (a) 시골의 보건시설과 도시의 보건시설이 다를 것인가? 또는 (b) 보건시설의 특성이 환자 치료 수익에 영향을 주는가?

1.4 회귀분석의 단계

회귀분석은 다음과 같은 단계들을 포함한다.

• 문제에 대한 진술
• 잠재적으로 적절한 변수들의 선택
• 데이터 수집
• 모형 설정
• 적합방법의 선택
• 모형 적합
• 모형 평가 및 비판
• 주어진 문제에 대한 해결을 위해 선택된 모형을 사용

이러한 단계들에 대해 조금 더 살펴보자.

1.4.1 문제에 대한 진술

일반적으로 회귀분석은 문제에 대한 정식화(formulation of the problem)로 시작된다. 이것은 분석에 의해서 다루어질 문제들을 결정하는 것을 포함한다. 문제에 대한 진술(statement of the problem)은 회귀분석의 첫 번째 단계이자 아마도 가장 중요한 단계이다. 이는 잘못 정의된 문제나 잘못 정식화된 질문이 노력을 낭비하게 한다는 점에서 중요하다. 문제에 대한 잘못된 진술은 또한 부적절한 변수들의 집합을 선택하게 하거나 옳지 않은 통계적 분석 방법을 선택하게 한다. 주의 깊게 정식화되지 않은 질문은 옳지 않은 모형을 선택하게 한다. 어떤 고용주가 특정한 피고용인 집단(예컨대, 여자)을 차별하고 있는지를 알아보고자 한다고 가정하자. 이러한 문제를 다루기 위해, 그 회사의 기록으로부터 급여, 업무 평가, 성별에 관한 데이터가 이용 가능하다. 문헌상에는 피고용인 차별에 관한 여러 가지 정의가 있다. 예컨대, 평균적으로 (a) 여자들이 동일한 평가를 받은 남자들보다 급여를 덜 받고 있을 때, 또는 (b) 여자들이 동일한 급여를 받는 남자들보다 좋은 평가를 받고 있을 때 차별이 발생한다. “평균적으로, 여자들이 동일한 평가를 받은 남자들보다 급여를 덜 받고 있는가?”라는 질문에 답하기 위해, 우리는 반응변수로 급여를, 예측변수로 업무 평가와 성별을 선택한다. 그러나 “평균적으로, 여자들이 동일한 급여를 받는 남자들보다 좋은 평가를 받고 있는가?”라는 질문에 답하기 위해, 우리는 반응변수로 업무 평가를, 예측변수로 급여와 성별을 선택한다. 즉, 변수들의 역할이 서로 바뀌어진다.

1.4.2 잠재적으로 적절한 변수들의 선택

문제에 대한 진술의 다음 단계는 연구 분야의 전문가들에 의하여 반응변수를 설명하거나 예측할 것으로 생각되는 일련의 변수들을 선택하는 것이다. 반응변수를 Y, 예측(설명)변수들을 $X_1, X_2, \ldots, X_p$라고 하자. 여기에서 p는 예측변수의 개수이다. 반응변수의 한 예는 주어진 지리학적 지역에서 단독주택의 가격이다. 이 경우 적절한 예측변수로 가능한 것들은 토지 구획의 위치, 주택의 위치, 주택의 연수, 침실의 개수, 욕실의 개수, 이웃의 유형, 주택의 형태, 부동산 세금의 총액 등이다.

1.4.3 데이터 수집

잠재적으로 적절한 변수들을 선택한 다음의 단계는 연구 아래의 환경으로부터 분석에 사용될 데이터를 수집하는 것이다. 때로는, 주 관심이 아닌 요인들이 일정한 수준을 유지할 수 있도록 통제된 상황에서 데이터가 수집된다. 그러나 대개의 경우에는 조사자에 의하여 거의 통제될 수 없는 비실험 조건에서 데이터가 수집된다. 어떤 경우든 수집된 데이터는 n개의 관측개체(observation)들로 구성된다. 이 n개의 관측개체들은 잠재적인 적절한 변수들 각각에 대한 측정치들로 구성된다. 데이터는 통상 표 1.7과 같이 기록된다. 표 1.7의 열(column)은 변수를 나타내며, 반면에 행(row)은 관측개체를 나타낸다. 한 개체(예컨대, 주택)에 대해 $p+1$개 값의 집합이 있는데, 반응변수에 대해 하나의 값이 있고 p개의 예측변수 각각에 대해 하나씩의 값이 있다. 표기 x_{ij}는 j번째 변수의 i번째 개체에 대한 값을 나타낸다. 즉, 첫 번째 아래첨자는 관측개체의 번호를 나타내고, 두 번째 아래첨자는 변수의 번호를 나타낸다.

표 1.7 회귀분석에서 사용되는 데이터에 대한 표기

관측개체 번호	반응변수 Y	예측변수 X_1	X_2	$\cdots$	X_p
1	y_1	x_{11}	x_{12}	$\cdots$	x_{1p}
2	y_2	x_{21}	x_{22}	$\cdots$	x_{2p}
3	y_3	x_{31}	x_{32}	$\cdots$	x_{3p}
$\vdots$	$\vdots$	$\vdots$	$\vdots$	$\vdots$	$\vdots$
n	y_n	x_{n1}	x_{n2}	$\cdots$	x_{np}

표 1.7의 각 변수들은 **양적**(quantitative) 혹은 **질적**(qualitative)으로 분류될 수 있다. 양적 변수의 예는 주택 가격, 침실의 개수, 연수, 세금 등이다. 질적 변수의 예는 이웃의 유형(예컨대, 좋은 혹은 나쁜 이웃)과 집의 형태(예컨대, 정원이 있는, 고풍스러운, ...)이다. 이 책에서는 반응변수가 양적인 경우를 주로 다룬다. 반응변수가 이항(binary)인 경우에 사용되는 기법은 **로지스틱 회귀**(logistic regression)라고 불린다.[7] 이것은 13장에서 소개된다. 회귀분석에서 예측변수들은 양적 혹은 질적 어느 것도 될 수 있다. 그러나 질적 변수들이 있다면, 그것들은 계산상의 이유로 **지시변수**(indicator variable) 혹은 **가변수**(dummy variable)의 집합으로 부호화된다. 이것은 6장에서 논의된다.

모든 예측변수들이 질적인 경우에 데이터 분석에 사용되는 기법을 **분산분석**(analysis of variance) 기법이라고 한다. 분산분석은 그 자신의 고유한 방법으로써 소개되고 설명될 수 있지만,[8] 그것이 회귀분석의 특별한 경우임을 6장에서 보인다. 어떤 예측변수들이 양적이고 반면에 다른 변수들이 질적이라면, 이러한 경우의 회귀분석을 **공분산분석**(analysis of covariance)이라고 한다(표 1.8 참조).

1.4.4 모형 설정

예측변수들의 집합에 반응변수를 관련시키는 것으로 생각되는 모형의 형태는 그들의 지식 혹은 주관적/객관적 판단에 근거하여 연구분야에 있는 전문가들에 의해서 초기에 설정될 수 있다. 그러한 가설적 모형은 수집된 데이터에 대한 분석에 의해서 확증되거나 반박될 수 있다. 모형은 단지 형태만 명시될 필요가 있음을 주목하여라. 그러나 그것은 여전히 알려지지 않은 모수(parameter)에 의존한다. 우리는 식 (1.1)에 있는 함수 $f(X_1, X_2, \dots, X_p)$의 형태를 선택할 필요가 있다. 이 함수는 **선형**(linear)과 **비선형**(nonlinear) 두 개의 유형으로 분류될 수 있다. 선형함수의 한 예는 다음과 같다.

$$Y = \beta_0 + \beta_1 X_1 + \epsilon \tag{1.3}$$

---

7) 어떤 변수가 예 또는 아니오, 1 또는 0, 성공 또는 실패와 같이 두 개의 가능한 값 중 하나를 가질 수 있을 때 이항변수(binary variable)라고 불린다.

8) 예를 들어 Scheffé(1959), Iversen(1976), Wildt and Ahtola(1978), Krishnaiah(1980), Iversen and Norpoth(1987), Lindman(1992), Christensen(1996) 등을 참조하여라.

표 1.8 회귀분석의 다양한 분류들

회귀의 유형	조건
일변량(Univariate) 다변량(Multivariate)	오직 하나의 양적 반응변수 두 개 이상의 양적 반응변수
단순(Simple) 다중(Multiple)	오직 하나의 예측변수 두 개 이상의 예측변수
선형(Linear) 비선형(Nonlinear)	데이터에 대해 가능한 변환을 취한 후, 모든 모수들이 방정식에 선형적으로 삽입되어 있음. 반응변수와 일부 예측변수들의 관계가 비선형이거나 일부 모수들이 비선형적으로 나타남. 모수들을 선형적으로 나타나게 하는 어떤 변환도 가능하지 않음.
분산분석(Analysis of Variance)	모든 예측변수들이 질적 변수임.
공분산분석(Analysis of Covariance)	어떤 예측변수들은 양적 변수이고 다른 예측변수들은 질적 변수임.
로지스틱(Logistic)	반응변수가 질적 변수임.

반면에 비선형함수의 한 예는 다음과 같다.

$$Y = \beta_0 + e^{\beta_1 X_1} + \epsilon \tag{1.4}$$

여기에서 **선형(비선형)**이라는 용어는 Y와 $X_1, X_2, \ldots, X_p$의 관계를 묘사하는 것이 아니라는 것을 주목하여라. 그것은 회귀모수가 방정식에 선형적(비선형적)으로 삽입되어 있다는 것과 관련이 있다. 다음 모형들 각각은 선형이다.

$$Y = \beta_0 + \beta_1 X + \beta_2 X^2 + \epsilon$$
$$Y = \beta_0 + \beta_1 \ln X + \epsilon$$

왜냐하면, Y와 X 사이의 관계는 비선형이지만, 모수들이 선형적으로 삽입되어 있기 때문이다. 이것은 각각의 두 모형을 다음과 같이 재표현함으로써 보일 수 있다.

$$Y = \beta_0 + \beta_1 X_1 + \beta_2 X_2 + \epsilon$$
$$Y = \beta_0 + \beta_1 X_1 + \epsilon$$

이때, 첫 번째 방정식에서는 $X_1 = X$와 $X_2 = X^2$이고, 두 번째 방정식에서는 $X_1 = \ln X$이다. 여기에서 변수들은 **재표현**(re-express) 혹은 **변환**(transform)되었다. 변환은 7장에서 다룰 것이다. 선형함수로 변환할 수 있는 모든 비선형함수는 **선형가능**(linearizable) 함수라고 불린다. 따라서, 그것이 모든 선형가능 함수를 포함하기 때문에, 선형모형의 범위는 얼핏 보이는 것보다는 실제로 더 넓다. 그러나 모든 비선형함수가 선형가능하지는 않다는 것을 주목하여라. 예를 들어, 식 (1.4)의 비선형함수는 선형가능하지 않다. 어떤 학자들은 선형가능하지 않은 비선형함수를 **본질적인**(intrinsical) 비선형함수라고 한다.

오직 하나의 예측변수만을 가진 회귀방정식을 **단순회귀방정식**(simple regression equation)이라고 부른다. 하나 이상의 예측변수들을 가진 방정식은 **다중회귀방정식**(multiple regression equation)이라고 부른다. 단순회귀의 한 예는 수리될 부품의 수와 관련하여 기계를 수리하는 데 걸리는 시간에 대한 분석을 들 수 있다. 여기에서 우리는 하나의 반응변수(기계를 수리하는 데 걸리는 시간)와 하나의 예측변수(수리될 부품의 수)를 가지고 있다. 매우 복잡한 다중회귀 상황의 한 예는 많은 환경적, 사회경제적 요인(예측변수)들에 의해 여러 지리학적 지역에서 발생하는 연령조정 사망률(반응변수)을 설명하려는 것을 들 수 있다. 두 유형의 문제들이 모두 이 책에서 다루어진다. 이러한 특별한 예들 중 하나는 3장에서, 다른 하나는 12장에서 연구된다.

어떤 응용에서는 반응변수가 실제로 변수들의 집합 $Y_1, Y_2, \ldots, Y_q$가 될 수 있다. 그리고 이들은 모두 동일한 예측변수 $X_1, X_2, \ldots, X_p$와 관련된 것으로 고려될 수 있다. 예를 들어, Bartlett, Stewart, and Abrajamowicz(1998)은 148명의 건강한 사람들에 대한 데이터 세트를 제시한다. 11개의 변수들이 측정되었는데, 6개는 여러 유형의 감각기관에서 측정된 임계값(예컨대, 떨림, 손과 발의 온도 등)을 나타내고, 5개는 일부 혹은 전부가 6개의 감각기관 임계값에 영향을 주는 것으로서 미리 선택된 기준의 공변량(예컨대, 연령, 성별, 키, 몸무게 등)을 나타낸다. 여기에서 우리는 6개의 반응변수와 5개의 예측변수를 가지고 있다. QST(quantitative sensory testing)라고 하는 이 데이터셋은 그것의 크기(148개의 관측개체) 때문에 여기에 나열되지는 않았지만, 이 책의 웹사이트에서 찾아볼 수 있다. 이 데이터와 연구의 목적에 대해는 Bartlett, Stewart, and Abrajamowicz(1998)를 참조하여라.

오직 하나의 반응변수를 다룰 때의 회귀분석을 **일변량**(univariate) 회귀라고 부른다. 그리고 두 개 이상의 반응변수를 다루는 회귀분석을 **다변량**(multivariate) 회귀라고 부른다. 단순과 다중회귀가 일변량 대 다변량 회귀와 혼동되지 않아야 한다. 단순과 다중회귀의 구별은 예측변수의 수에 의해 결정된다(단순은 하나의 예측변수를 의미하고, 다중은 두 개 이상의 예측변수를 의미한다). 반면에, 일변량과 다변량 회귀의 구별은 반응변수의 수에 의해 결정된다(일변량은 하나의 반응변수를 의미하고, 다변량은 두 개 이상의 반응변수를 의미한다). 이 책에서는 일변량 회귀만 고려한다(단순과 다중, 선형과 비선형을 모두 포함하여). 다변량 회귀는 Rencher(1995), Johnson and Wichern(1992), Johnson(1998)과 같은 다변량 분석에 관한 책들에서 다루고 있다. 이 책에서 회귀라는 용어는 일변량 회귀를 의미하는 것으로 사용될 것이다. 우리가 앞에서 논의한 회귀분석의 다양한 분류가 표 1.8에 주어져 있다.

1.4.5 적합방법

모형이 정의되고 데이터가 수집된 후, 다음 작업은 수집된 데이터에 기초하여 모형의 모수들을 추정하는 것이다. 이것을 **모수추정**(parameter estimation) 혹은 **모형적합**(model fitting)이라고 한다. 가장 일반적으로 사용되는 추정 방법은 **최소제곱**(least squares)법이다. 어떤 가정하에서(이 책에서 상세히 다룰 것이다), 최소제곱법은 바람직한 성질을 가진 추정량(estimator)들을 산출한다. 이 책에서 우리는 최소제곱법과 그것의 변형(예를 들어, 가중최소제곱; weighted least squares)을 주로 다룰 것이다. 어떤 경우에는(예를 들어, 하나 이상의 가정들이 성립하지 않을 때), 다른 추정방법들이 최소제곱보다 더 좋을 수 있다. 우리가 이 책에서 다루는 다른 추정 방법들은 **최대우도**(maximum likelihood)방법, **능형**(ridge)방법, **주성분**(principal component)방법이다.

1.4.6 모형 적합

분석의 다음 단계는 선택된 추정 방법(예를 들어 최소제곱)을 이용하여 회귀모수를 추정하거나 수집된 데이터에 모형을 적합하는 것이다. 식 (1.2)에 있는 회귀모수 $\beta_0, \beta_1, \ldots, \beta_p$의 추정치들은 $\hat{\beta}_0, \hat{\beta}_1, \ldots, \hat{\beta}_p$로 표기한다. 따라서 추정된 회귀방정식은 다음과 같이 쓸 수 있다.

$$\hat{Y} = \hat{\beta}_0 + \hat{\beta}_1 X_1 + \hat{\beta}_2 X_2 + \cdots + \hat{\beta}_p X_p \tag{1.5}$$

모수 위에 있는 **모자**(hat)는 그 모수의 추정치를 나타내는 표기이다. $\hat{Y}$(*Y-hat*이라고 읽음)의 값은 **적합값**(fitted value)이라고 불린다. 식 (1.5)를 이용하여 우리의 데이터에 있는 n개 관측개체 각각에 대해 하나씩 n개의 적합값을 계산할 수 있다. 예를 들어, i번째 적합값 $\hat{y}_i$는 다음과 같다.

$$\hat{y}_i = \hat{\beta}_0 + \hat{\beta}_1 x_{i1} + \hat{\beta}_2 x_{i2} + \cdots + \hat{\beta}_p x_{ip},\ i = 1, 2, \ldots, n \tag{1.6}$$

여기에서 $x_{i1}, \ldots, x_{ip}$는 i번째 관측개체에 대한 p개 예측변수들의 값이다.

식 (1.5)는 우리의 데이터에서 관측되지 않은 예측변수들의 어떤 값에 대해서도 반응변수를 예측하는 데 사용될 수 있음을 주목하여라. 이 경우 얻어진 $\hat{Y}$은 **예측값**(predicted value)이라고 불린다. 적합값과 예측값의 차이는 다음과 같다. 적합값은 우리의 데이터에 있는 n개 관측개체의 하나에 대응하는 예측변수들의 값을 이용하는 경우를 나타낸다. 그러나 예측값은 예측변수들의 어떤 값들에 대해서도 얻어질 수 있다. 일반적으로는 우리의 데이터의 범위 밖에 멀리 떨어진 예측변수들의 값에 대해 반응변수를 예측하는 것은 바람직하지 않다. 예측변수들의 값이 미래의 값을 나타내는 경우, 예측된 값을 forecasted value(보통 이것도 **예측값**으로 번역됨)라고 한다.

1.4.7 모형 비판과 선택

회귀분석과 같은 통계적 방법의 타당성은 가정에 의존한다. 가정은 통상 데이터와 모형에 대해 만들어진다. 분석의 정확도와 분석에 의해 도출된 결론은 이러한 가정들의 타당성에 결정적으로 의존한다. 어떤 목적을 위해 식 (1.5)를 사용하기에 앞서, 먼저 설정된 가정들이 성립하는지를 점검할 필요가 있으며, 다음과 같은 질문들을 제기할 필요가 있다.

① 필요한 가정들은 무엇인가?

② 이러한 가정들 각각에 대해, 그 가정들이 타당한지를 어떻게 결정할 것인가?

③ 하나 이상의 가정들이 성립하지 않는 경우 무엇을 할 수 있는가?

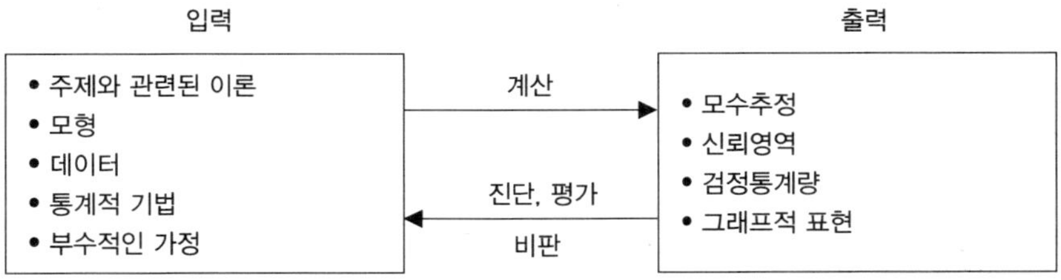

그림 1.1 회귀분석 과정의 반복적 성질에 대한 도식적 표현

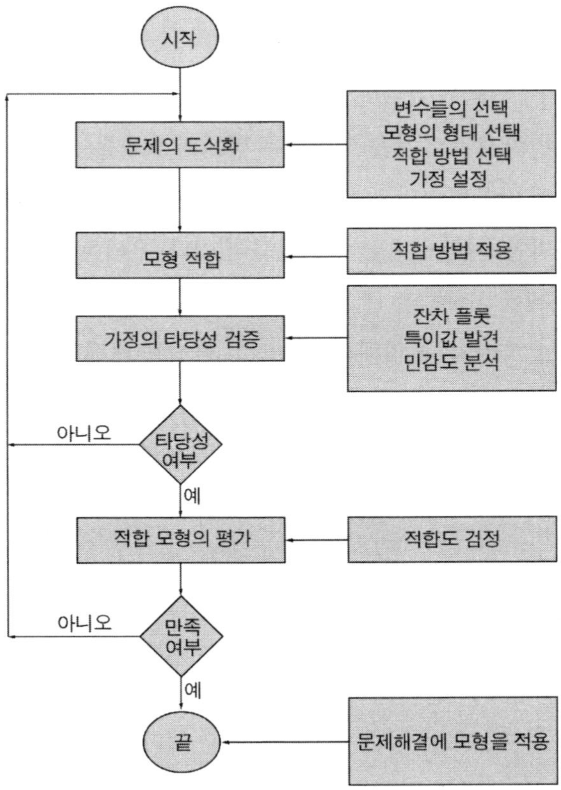

그림 1.2 반복적 회귀 과정의 설명을 위한 플로우 차트

이 책의 여러 부분에서 표준적인 회귀의 가정들이 설정되고 위의 질문들이 제기될 것이다. 여기에서는 분석으로부터 어떤 결론이 도출되기 전에 가정들의 타당성이 검토되어야 한다는 것을 강조하고자 한다. 따라서 회귀분석은 출력(output)이 입력(input)을 진단, 평가, 비판, 수정하는(가능하다면) **반복적**(iterative) 과정으로 간주된다. 그러한 과정은 만족할 만한 출력이 얻어질 때까지 반복되어야만 한다. 만족할 만한 출력이란 가정들

이 성립하고 데이터에 적절하게 잘 적합되도록 추정된 모형이다. 이러한 반복적 과정이 그림 1.1에 도식적으로 표현되어 있다. 이러한 반복적 회귀 과정은 그림 1.2의 플로우 차트와 같이 설명될 수 있다. 이러한 과정은 이후 장에서 예제를 통해 다루고자 한다.

1.4.8 회귀분석의 목적

회귀방정식을 명시적으로 결정하는 것은 분석의 가장 중요한 산출물이다. 그것은 Y(반응변수)와 예측변수들의 집합 $X_1, X_2, \ldots, X_p$ 사이의 관계를 요약한다. 회귀방정식은 여러 가지 목적을 위해 사용될 수 있다. 그것은 개별 예측변수들의 중요성을 평가하기 위해, 예측변수들의 값을 변화시키는 것을 포함하는 정책의 효과를 분석하기 위해, 주어진 예측변수들의 값에 대해 반응변수의 값을 예측하기 위해 사용될 수 있다. 회귀방정식이 최종 산출물이기는 하지만, 여러 중요한 부산물들이 있다. 우리는 회귀분석을 어떤 환경에서 변수들 사이의 관계를 이해하는 데 도움을 줄 수 있는 데이터 분석적 기법으로 간주한다. 회귀분석의 작업은 데이터에 의해서 반영되는 환경에 대해 가능한 많은 이해가 요구된다. 우리는 회귀방정식의 형성을 통해서는 설명되지 않는 것들도 때로는 최종 방정식만큼이나 가치가 있고 정보를 가질 수 있다는 것을 강조하고자 한다.

1.5 이 책의 범위와 구성

이 책은 데이터를 분석하는 모든 이들에게 사용될 수 있다. 행렬대수에 대한 지식이 필수적인 것은 아니다. 우리는 행렬에 대한 지식이 없는 사람들에 의하여 회귀분석이 훌륭하게 수행되는 것을 보아 왔다. 행렬대수에 대한 지식은 이론을 이해하는 데 매우 유용하다. 우리는 그 주제에 익숙한 독자들을 위해 행렬대수를 사용한 부록을 제공한다. 행렬대수는 회귀분석의 결과를 더 간결하게 표현할 수 있도록 하고, 결과에 대한 수리적 유도를 위해서 필수적이다.

행렬대수에 대한 지식의 부족이 이 책을 사용하는 것이나 회귀분석을 수행하는 것을 방해하지는 않는다. 행렬대수에 익숙하지는 않지만 부록에 있는 내용들을 이해하고자 하는 독자들은 Hadi(1996)의 짧은 책 *Matrix Algebra As a Tool*을 참조하기를 바란다. 전부는 아닐지라도 대부분의 독자들이 자신의 힘으로 혹은 약간의 도움을 받아 이 책을 완전히 읽을 수 있을 것이라고 믿는다.

이 책에는 어떤 형식적 유도가 없으며, 수리적인 유도를 하는 것 대신에 회귀분석의 공식에 대한 전형적 유도를 포함하고 있는 많은 책들을 인용하고 있다. 공식은 오직 참고의 목적으로만 제시된다.

이 책은 다음과 같이 구성되어 있다. 먼저 2장에서는 R에 대한 사전지식이 없다는 가정하에서 R에 대해 간략하지만 충분한 소개를 하고자 한다. 이후 3장에서 단순 선형회귀모형을 가지고 시작한다. 단순 회귀모형은 4장에서 다중 회귀모형으로 확장된다. 이 두 개의 장에서 모형이 형식화되고, 가정이 설정되며, 중요한 이론적 결과가 예제에 의하여 논의되고 설명된다. 표현의 단순성과 설명의 편의성을 위해, 3장과 4장의 분석과 결론은 표준적인 회귀의 가정들이 타당하다는 가정하에 제시된다. 5장은 가정의 타당성 검토와 모형위반의 검출 및 수정에 대한 논제들을 제기한다.

나머지 각 장들은 특별한 회귀 문제들을 다룬다. 6장은 일부 혹은 전체 예측변수들이 질적인 경우를 다룬다. 7장은 데이터 변환을 다룬다. 8장은 최소제곱법의 변형이 필요한 상황을 제시한다. 이 방법은 **가중최소제곱**(weighted least squares)법으로 불린다. 9장은 관측치들이 상관되어 있는 문제에 대해서 논의한다. 이러한 문제를 **자기상관**(autocorrelation)의 문제라고 한다. 10장과 11장은 **공선성**(collinearity)이라고 불리는 중요한 문제를 검출하고 수정하는 방법을 제시한다. 공선성은 예측변수들이 매우 높게 상관되어 있을 때 발생한다.

12장은 최고의 혹은 최선의 간결한 모형을 찾아내는 방법인 변수선택방법을 제시한다. 어떤 변수선택방법을 적용하기에 앞서, 우리는 가정의 타당성과 모형위반에 대한 문제들이 제기되고 만족스럽게 조정되었다는 것을 가정한다.

앞의 장들은 반응변수가 양적인 경우를 다루고 있다. 13장은 반응변수가 범주형(categorical)일 때 사용되는 방법인 로지스틱 회귀를 논의한다. 로지스틱 회귀는 많은 응용을 가진 중요한 도구이기 때문이다. 이항(binary) 로지스틱 회귀 이외에도, 우리는 다항(multinomial) 로지스틱 회귀에 대한 논의도 포함한다. 이것은 로지스틱 회귀의 적용을 보다 다양한 상황으로 확장한다. 의견조사와 같은 예에서 어떤 다항 범주들은 순서화되어 있다. 따라서 우리는 순서화된 반응변수에 대한 로지스틱 모형의 적용도 논의한다.

이 책은 '기타 논제들'이라는 제목을 가진 14장을 포함하고 있다. 이 장에서는 두 개의 주제가 논의된다. 하나의 주제는 회귀와 로지스틱 모형이 선형모형(linear model)의 특별한 경우로 간주될 수 있다는 관점에서 선형모형의 개념을 확장한다. 이것은 선형모형의 적용 범위를 보다 다양한 상황으로 확장한다. 또한 계수형(count) 데이터를 모형화하는 데 종종 사용되는 포아송(Poisson) 회귀에 대해서도 논의한다. 로버스트(robust) 회귀에 대해서도 예시를 가지고 간단하게 논의한다.

10장이 11장 이전에 학습되고 8장이 13장과 14장 이전에 학습된다면, 5장 이후의 6장부터 13장까지는 어떤 순서로든 학습될 수 있겠지만, 우리는 이 책에서 주어진 순서대로 각 장들을 학습하기를 추천한다.

연습문제

1.1 다음의 각 변수들이 양적인지 혹은 질적인지를 분류하여라. 질적이라면 가능한 범주들을 언급하여라.

(a) 지리학적 지역
(b) 가족 중 어린이의 수
(c) 집의 가격
(d) 인종
(e) 기온
(f) 연료 소비량
(g) 취업률
(h) 선호하는 정당

1.2 당신의 관심 영역 안에서 회귀분석이 데이터 분석도구로 사용될 수 있는 두 개의 예제를 제시하여라(1장에서 제시된 것들은 제외하고). 그리고 관심 있는 문제들에 대해 답하여라. 예컨대,

(a) 관심 있는 문제는 무엇인가?
(b) 반응변수와 예측변수들을 식별하여라.
(c) 각 변수들이 양적인지 혹은 질적인지를 분류하여라.
(d) 데이터 분석을 위해 어떤 회귀분석의 유형(표 1.8 참조)이 사용될 수 있는가?
(e) 모형의 가능한 형태를 제시하고 그것의 모수들을 식별하여라.

1.3 다음 변수들의 집합에서, 어떤 변수가 반응변수로 간주될 수 있는지 그리고 어떤 것들이 예측변수로 사용될 수 있는지를 식별하여라(그 이유를 설명하여라).

(a) 자동차의 실린더의 수와 가솔린 소비량
(b) SAT(학습능력적성시험) 점수, 평점, 대학의 입학 허가
(c) 어떤 상품에 대한 공급과 수요
(d) 회사의 자산, 주가수익률, 순매출액

(e) 경주에서의 거리, 그 경주에서 걸린 시간, 경주시의 기후조건
(f) 체중, 흡연 여부, 폐암에 걸렸는지 여부
(g) 어린이의 키와 체중, 부모의 키와 체중, 어린이의 성별과 연령

1.4 연습문제 1.3에 있는 각 변수들의 집합에 대해

(a) 어떤 변수들이 양적인지 혹은 질적인지를 분류하여라.
(b) 데이터 분석에 어떤 회귀분석의 유형(표 1.8 참조)이 사용될 수 있는가?

Chapter 02

R에 대한 소개

A Brief Introduction to R

2.1 R과 RStudio란?

R은 통계적 계산과 그래픽에 우수한 성능을 보이는 범용 컴퓨터 언어로, 수학, 통계학, 데이터 과학 분야의 연구자와 실무자들에게 관심을 받고 있다. R은 다양하고 전문화된 패키지(또는 라이브러리)로 구성된 프로그램(함수라고 불리는)의 집합이라고 할 수 있는데, 이러한 패키지와 라이브러리는 전문가들에 의해 개발되어 모든 구성요소에 대한 도움말 페이지도 함께 제공된다.

R 패키지(package)의 대표적인 것으로는, 통계 계산 및 난수 생성을 위한 stats, 기술 통계를 위한 DescTools, 회귀 모델을 위한 olsrr, 선형 및 비선형 혼합 효과 모델을 위한 nlme 등이 있다. 대표적인 R 함수(function)로는 선형모형 적합을 위한 lm(), 일반화 선형모형을 위한 glm()이 있다. R은 오픈 소스 및 오픈 엔드 소프트웨어로, 지속적인 다운로드와 업데이트가 모두 무료로 제공되고 있다. 필요한 기존 프로그램을 찾지 못한 경우에는, R에서 직접 프로그램을 작성할 수도 있다. R의 여러 가지 장점은 인터넷 주소 'https://www.simplilearn.com/what-is-r-article'에서도 확인할 수 있다. 얼마나 좋은 프로그램인가!

RStudio는 R을 위한 통합 개발 환경(IDE, Integrated Development Environment)이다. R을 실행할 수 있는 대화형(interactive)의 편리한 PC 환경의 프로그램이다. R은 Windows, Macintosh, UNIX, Linux 등 여러 플랫폼과 호환된다. 이들 플랫폼 간에는 R의 사용법에 약간의 차이가 있지만 다행히 큰 차이는 없다고 할 수 있다. 이 책에서는 Windows 기반의 R을 사용하고자 한다.

이 장에서는 R에 대한 사전 지식이 필요하지는 않다. 이 장에서 교재의 내용에서 제시되고 있는 회귀 모형의 계산 절차 및 그래프를 작성하는 데에 사용되는 R 프로그램에 대한 간략하면서 충분한 설명을 제공하고자 한다. 독자들의 이해를 돕기 위해, 필요한 모든 R 코드를 제공할 것이다.

2.2 R과 RStudio 설치하기

R과 RStudio를 사용하려면, 먼저 R을 설치한 다음 RStudio를 설치해야 한다. R을 설치하려면 다음 단계를 따르도록 한다.

1. 브라우저를 열고 CRAN(Comprehensive R Archive Network) 웹사이트(https://cran.r-project.org/)에 접속한다.
2. 운영 체제(예: Windows, Mac OS, Linux)에 맞는 버전을 선택한다.
3. 최신 버전의 링크를 클릭하여 R 다운로드를 시작한다.
4. 설치 파일 다운로드가 완료되면 다운로드한 파일을 PC에서 찾는다.
5. 해당 파일을 클릭하여 설치 프로세스를 시작하고 다양한 선택 사항을 지정한 후 설치를 완료한다. 선택 사항은 기본 옵션을 선택하는 것을 권장한다. 또한 바탕 화면에 바로 가기를 만드는 것도 권장된다.

RStudio를 설치하려면 다음 단계를 따르도록 한다:

1. 웹사이트(https://www.rstudio.com/products/rstudio/download/)로 이동한다.
2. 아래로 스크롤하여 "Download RStudio" 버튼을 클릭하고 이어지는 간단한 지시 사항을 따른다.
3. 운영 체제에 맞는 버전을 클릭하여 RStudio를 다운로드한다.
4. 설치 파일 다운로드가 완료되면 다운로드한 파일을 찾는다.
5. 해당 파일을 클릭하면 설치 프로세스가 시작된다. 설치를 완료하기 위해 다양한 선택 사항을 지정한다. R과 마찬가지로 기본 옵션을 선택하는 것이 좋다. 바탕 화면에 바로 가기를 만드는 것도 추천된다.

이제 R 또는 RStudio를 사용할 준비가 되었다. 먼저 R을 시작해 보자. 일반적으로 컴퓨터의 다른 프로그램과 마찬가지로 바탕 화면의 아이콘이나 바로 가기를 클릭하여 R을 구동할 수 있다. R에 문제가 발생하거나 R에 대한 질문이 있는 경우 'https://cran.r-project.org/faqs.html'에서 자주 묻는 질문을 참고하도록 한다. R을 배우기 위해 사용자가 온라인 리소스의 도움을 받거나 스스로 RStudio를 배우는 것은 그다지 어렵지 않다.

2.3 R 시작하기

이 장에서는 여러분이 R에 대한 사전 지식이 없다고 가정하고 시작한다. 하지만 먼저 주의해야 할 것은, 이장의 목적은 독자 여러분을 전문 R 프로그래머로 만드는 것이 아니다. 다만, 이 책에 나오는 회귀분석 방법론을 데이터에 적용할 수 있도록 하는 것이다.

추가적인 학습이 필요한 독자들은 인터넷에서 무료로 제공되는 R 학습 자료들을 이용하여 프로그래밍 기술을 향상시키는 데 이 장을 활용할 수도 있다.

2.3.1 명령 프롬프트

R 아이콘을 더블클릭하여 R을 시작한다. R을 열 때마다 R 콘솔(consol)이라고 하는 창에 소개 메시지가 표시된 후 프롬프트 기호인 ">"가 나타난다. 이 기호는 R에게 명령을 내릴 준비가 되었다는 것을 의미한다. 소개 메시지의 첫 번째 줄은 현재 여러분이 설치한 R의 버전을 보여준다. 여러분이 R을 처음 설치했다면, 설치된 버전은 가장 최신 버전일 것이다. 하지만 새로운 버전의 R이 계속 출시되므로, 버전을 최신 버전으로 업데이트하려면 프롬프트 기호 ">" 다음에 아래 두 줄을 입력하면 된다.

```
install.packages("installr")
installr::updateR(T)
```

R은 전 세계 여러 사이트에서 제공되기 때문에, 사용할 CRAN 미러(mirror)를 선택하라는 메시지가 나타난다. 원하는 사이트(예: 0-Cloud [https])를 선택한 후 Enter(return) 키를 누르자. 현재 버전의 R이 최신 버전인 경우 "No need to update"라는 메시지가 나타나고, 최신 버전이 아니라면 새로운 버전의 R이 다운로드되기 시작한다.

이제 데이터 분석에 사용할 R의 작업 공간에 대해 설명하고자 한다. 먼저 정보를 저장할 객체를 만들어야 한다. "<-" 기호는 왼쪽의 객체를 R 작업 공간에 만들고 오른쪽의 값을 할당하는 데 사용된다. 예를 들어, 다음과 같이 입력하면:

```
height <- 1.5
```

"height"라는 이름의 객체가 생성되고 값이 1.5로 할당된다. 출력이나 응답은 보이지 않고 다시 프롬프트 기호인 ">"가 나타난다. 객체 height의 내용을 표시하려면 print(height)를 입력하거나 간단하게 height를 입력하고 Enter 키를 누른다:

```
print(height)
```

```
[1] 1.5
```

```
height
```

```
[1] 1.5
```

R은 두 번째와 네 번째 줄에 표시된 것처럼 객체 height의 내용을 표시한다. height에는 하나의 값(첫 번째 줄이라는 의미의 [1]이 표시됨)이 있다. "<-" 대신 "="를 사용할 수도 있다. 즉, x <- 5 대신 x = 5를 사용할 수 있지만 초보자에게는 "="의 사용이 권장되지는 않는다.

2.3.2 R을 이용한 계산

R은 계산기로도 사용할 수 있다. 예를 들어, 다음과 같이 입력하면:

```
2 + 3
```

```
[1] 5
```

위의 두 번째 줄에 출력값 5가 나타난다. 마찬가지로, 아래의 세 줄을 입력하면:

```
x <- 9
y <- 16
(x + y)^0.5   # sqrt(x+y)와 동일하다.
```

```
[1] 5
```

위의 R 코드에서는 x와 y라는 두 개의 객체가 생성되어 각각 9와 16의 값이 할당된다. 세 번째 줄에서는 두 수의 합에 0.5를 거듭제곱하여 제곱근을 구하는 것과 같다. 이 연산의 결과는 위의 마지막 줄에 표시된 것처럼 5이다.

위 코드의 세 번째 줄은 몇 가지 설명이 필요하다. 먼저, # 기호가 포함되어 있다. 이 기호 뒤에 작성된 내용은 R에서 무시된다. 즉 이는 주석을 작성할 때 흔히 사용된다. 둘째, sqrt()는 괄호 안에 주어진 인수의 제곱근을 계산하기 위해 예약된 명령(함수, function)이다. 예를 들어, sqrt(9)는 [1] 3을 반환한다. 마지막으로, "^" 기호는 왼쪽의 객체를 오른쪽의 지수로 거듭제곱한다. 예를 들어, 5^2는 25를 반환한다.

참고로, 위의 세 줄의 코드는 세미콜론 구분자 ";"를 사용하여 한 줄에 작성할 수도 있다.

```
x <- 9; y <- 16; (x + y)^ 0.5
[1] 5
```

따라서 세미콜론은 하나의 명령줄의 끝을 나타낸다. 이는 매우 편리하지만 코드를 읽기 어렵게 만들 수 있으므로 권장되지는 않는다.

할당 연산자는 등호(=)로 대체할 수도 있다. 예를 들어, x <- 9와 x = 9는 동일하다. "<-"와 "="는 왼쪽 할당이라고 한다. 오른쪽 할당은 "->"이다. 즉, 위의 두 왼쪽 할당은 9 -> x로 대체할 수 있으며, 이는 숫자 9가 x라는 객체에 할당된다는 것을 의미한다. 따라서 이 세 연산자는 객체에 값을 할당하는 데 사용된다.

산술 계산을 수행할 때, R은 다음 순서로 계산을 수행한다: 괄호, 지수, 나눗셈, 곱셈, 덧셈, 뺄셈. 이 규칙은 약어인 PEDMAS 규칙으로 쉽게 기억할 수 있다. 연산의 우선순위가 같을 때는 왼쪽에서 오른쪽으로 순서로 계산된다. 예를 들어,

```
2 + 3 * 4
[1] 14
(2 + 3) * 4
[1] 20
3/4*2
[1] 1.5
```

```
3*4/2
[1] 6
```

앞의 각 객체 x와 y에는 단일 값이 할당된다. c() 함수를 사용하면 여러 값을 가진 객체를 생성할 수 있다. 이 함수는 concatenate의 줄임말이다. age라는 객체에 7, 4, 9 세 값을 할당하려면 다음과 같이 입력한다:

```
age <- c(7, 4, 9)
```

괄호 안의 값은 쉼표(공백이 아님)로 구분되어야 하며, 문자의 경우에는 이중 따옴표 또는 단일 따옴표로 묶어야 한다.

```
color <- c("black", "red", "green", "blue")
```

따라서 위의 명령줄을 실행하면 네 개의 문자 원소로 구성된 color라는 이름의 객체가 생성된다. 하나 이상의 값을 가진 객체를 벡터 또는 일차원 배열이라고 한다. age 객체는 숫자 벡터이고, color 객체는 문자 벡터이다. color 객체를 출력하기 위해, color 또는 print(color)를 입력하면 [1] "black" "red" "green" "blue"가 나타난다. 따옴표 없이 문자 객체를 출력하려면 print(noquote(color)) 또는 noquote(color)를 입력하면 black red green blue가 나타난다.

```
color    # 또는 print(color)
[1] "black" "red" "green" "blue"
print(noquote(color))    # 또는 noquote(color)
[1] black red green blue
```

프로그램에서 숫자 시퀀스(sequence)를 생성해야 할 때가 있다. seq(from = start, to = end, by = step) 명령은 start에서 end까지 step의 증분으로 시퀀스를 생성한다. 예를 들어,

```
x <- seq(from =5, to =15, by = 2); x
[1] 5 7 9 11 13 15
y <- seq(from =-3, to =5, by = 1); y
[1] -3 -2 -1 0 1 2 3 4 5
```

시퀀스를 얻는 더 간단한 방법은 콜론(:) 연산자를 다음과 같이 사용하는 것이다:

```
y <- -3:5; y
[1] -3 -2 -1 0 1 2 3 4 5
```

이 형태는 증가 값이 1인 경우에만 사용된다. 객체를 할당하고 값을 표시하려면, 두 개의 괄호 사이에 표현식을 넣는다. 예를 들어, 다음과 같이 사용한다:

```
(v <- -3:5)
[1] -3 -2 -1 0 1 2 3 4 5
```

위의 프로그램은 객체 v를 만들고 내용을 출력한다.

R에서 또 다른 흥미로운 기능은 재활용(recycling)이다. 예를 들어, 길이가 다른 벡터들로 산술 연산을 수행하려면, R은 두 벡터가 길이가 같아질 때까지 짧은 벡터를 반복하여 연산을 수행한다. 설명을 위해 다음과 같은 벡터를 고려해 보자: x <- 1:3이고 y <- 1:8이다. 두 벡터를 더하려고 하는 (x + y)의 명령어에 대해 R은 먼저 더 짧은 벡터인 x에 5개의 원소를 더 추가한 후에 덧셈을 수행하게 된다. 완성된 벡터는 c(1, 2, 3, 1, 2, 3, 1, 2)가 되며, 즉 R은 x의 원소를 재활용하여 길이가 8(더 긴 벡터의 길이)이 되도록 한다. 따라서 x + y는 다음을 반환한다.

```
x <- 1:3; y <- 1:8; x + y
[1] 2 4 6 5 7 9 8 10
Warning message:
In x + y: longer object length is not a multiple of shorter object length
```

다행히도 R은 경고를 준다. 이것이 원하는 동작이면 경고를 무시하고 계속하면 되지만, 그렇지 않으면 벡터를 수정해야 한다. 그러나 위의 오류는 한 벡터의 길이가 다른 벡터의 길이의 배수인 경우 경고가 발생하지 않으므로 주의해야 한다. 예를 들어, 위의 x를 두 개의 원소를 가진 2:3으로 바꾸면 x + y는 다음을 반환한다.

```
x <- 2:3; y <- 1:8; x + y
```

```
[1] 3 5 5 7 7 9 9 11
```

경고가 나타나지 않음에 주목하여라! 이는 더 긴 벡터의 길이(8)가 짧은 벡터의 길이(2)의 4배(배수)이기 때문이다. 재활용의 또 다른 예는 rbind(x, y) 또는 cbind(x, y)를 사용하여 두 벡터를 연결하려고 할 때 발생한다. 첫 번째 명령어는 y를 x 아래(행 결합)에 놓고 두 번째 명령어는 y를 x 오른쪽(열 결합)에 놓는다. a와 y의 길이가 같지 않기 때문에 R은 짧은 벡터를 재활용한다. 예를 들어, 다음을 사용하면 다음과 같은 결과를 얻을 수 있다.

```
rbind(x, y)
```

```
[,1] [,2] [,3] [,4] [,5] [,6] [,7] [,8]
x 2 3 2 3 2 3 2 3
y 1 2 3 4 5 6 7 8
```

다시 한번, 위에서 언급한 동일한 이유로 경고가 나타나지 않는다.

2.3.3 R 코드 편집

콘솔에 이전에 입력한 명령줄의 편집이 필요할 수도 있다. 이를 그대로 다시 입력하는 대신 호출하여 간단히 편집해 사용할 수도 있다. 이를 위해서는 편집하려는 줄을 찾을 때까지 필요한 만큼 위 화살표 ↑ 키를 클릭하거나 아래 화살표 ↓ 키를 사용할 수도 있다. 편집을 위해 명령줄에서 오른쪽 화살표 → 또는 왼쪽 화살표 ←를 사용하여 오른쪽, 왼쪽으로 이동한다. 솔직히 이렇게 하는 방법은 R 코드를 편집하는 데 매우 불편하고 성가시다고 할 수 있다. 2.9.1절에서는 코드를 편집하는 것뿐만 아니라 스크립트(script) 파일이라고 하는 파일에 저장하고 실행하는 훨씬 쉬운 방법이 소개된다.

명령줄 한 줄을 입력할 때 실수로 Enter 키를 클릭할 때가 있다. 또는 한 화면에 한 줄에 맞지 않을 정도로 줄이 너무 길 때도 있을 것이다. 이 경우 R은 일반적인 명령 프롬프트 ">" 대신 "+" 프롬프트를 표시한다. 이는 R이 라인이 완성되기를 기대하고 있음을 의미한다. 명령줄을 완성하거나 Esc 키를 눌러 다시 시작할 수도 있다.

2.3.4 권장 사항: R의 객체 이름

R에서 데이터값은 객체에 저장된다. 이러한 객체에는 이름이 있고 객체 이름은 사용자가 지정하게 된다. 객체 이름은 소문자 또는 대문자로 시작해야 하며 공백, 특수 문자(%, $ 등), 산술 연산자(+, -, * 등)를 포함해서는 안 되고, 0부터 9까지의 숫자를 하나 이상 포함할 수 있다. 혼동을 피하기 위해 q, c, t, matrix, factor, levels, nlevels와 같이 R에서 미리 정의된 객체(키워드)를 이름으로 사용하지 않는 것이 좋다. 참고로 q, c, t는 단일 문자 명령어(함수)이다. R은 일부 키워드를 이름으로 사용하는 것을 허용하지 않는다. 예를 들어, NA <- 6, NULL <- 2, TRUE <- 5와 같이 시도하면 오류 메시지가 나타난다. 단어가 키워드인지 의심스러운 경우 프롬프트 기호 뒤에 입력하고 Enter 키를 눌러보자. '객체를 찾을 수 없다'는 오류 메시지가 나타나면 해당 단어는 키워드가 아니며, 그렇지 않으면 키워드이므로 피해야 한다.

각 객체가 포함하는 내용을 설명하는 짧고 의미 있으며 정보성 있는 이름을 선택하는 것이 좋다. 공백이 있는 이름을 사용하려는 경우 공백 대신 밑줄, 점 또는 이들의 조합을 사용하는 것이 좋다. 예를 들어 "New York" 대신 "New_York", "New.York" 또는 "NewYork"과 같은 다른 대체 이름을 사용하라. 또한 R은 대소문자를 구분한다는 점에 유의해야 한다. 따라서 "New"와 "new"는 서로 다른 객체 이름이다! 객체의 이름에 대한 권장 사항을 종합하면, 저장된 내용을 설명하는 의미 있는 단어를 사용하고, 소문자만 사용하며, 밑줄이나 점을 공백 대체 문자로 사용하고, R 키워드를 사용하지 않는 것이다.

2.4 R의 데이터 값과 객체

2.4.1 R의 데이터 값 유형

객체에 할당된 데이터 값은 유형(type)을 가지고 있다. R의 기본 데이터 유형은 문자, 숫자, 논리, NA, NULL, Inf, -Inf, NaN 등이 있다. 아래에서 자세히 설명하고자 한다:

1. **문자형(Character):** 문자형 데이터는 텍스트 데이터이다. "yes", "$10", "12", "false"와 같이 따옴표로 묶인다. nchar(x) 함수는 객체 x의 모든 원소(구성요소)의 문자 수를 반환한다. 예를 들어,

```
color <- c("black", "red", "green", "blue")
nchar(color)
```

```
[1] 5 3 5 4
```

as.character(x) 함수는 숫자형 객체 x를 받아 문자형 객체를 반환한다. 예를 들어,

```
x <- c(3, 2.1, 4)
y <- as.character(x)
y
```

```
[1] "3" "2.1" "4"
```

반면에 as.numeric(x) 함수는 문자형 객체 x를 받아 숫자형 객체로 변환한다. 예를 들어, as.numeric(y)는 [1] 3.0 2.1 4.0을 반환하는데, 이는 위에 있는 x와 같다.

```
as.numeric(y)
```

```
[1] 3.0 2.1 4.0
```

class() 명령을 사용하여 객체의 유형을 확인할 수 있다. 예를 들어, class(x)는 numeric을 반환하지만 class(y)는 character를 반환한다. 문자형 객체의 다른 예로는 소문자와 대문자 알파벳 문자를 나타내는 letters와 LETTERS가 있다. 예를 들어, letters[1:3]을 입력하면 첫 번째 3개의 소문자 알파벳을 얻을 수 있다:

```
letters[1:3]
```

```
[1] "a" "b" "c"
```

2. **숫자형(Numeric):** 숫자형에는 일반적 숫자와 더불어, 1.234e2 = 123.4 및 1.234e-2 = 0.01234와 같은 과학적 표기법으로 작성된 숫자를 포함한다. 주의할 것은 21, 32.4, 1.23E3은 숫자이지만 2,000, $2000 및 25%는 각각 쉼표, $ 기호, % 기호가 있으므로 숫자형 데이터가 아니다. 숫자 데이터의 예로는 나이(년), 연간 수입(달러), 키(센티미터), 거리(킬로미터)가 있다.

   숫자형 데이터의 특별한 경우로는 더블(double), 정수(integer), 복소수(complex number)가 있다. 더블 데이터는 소수점이 있는 숫자이고 정수 데이터는 정수이다. 예를 들어, 나이와 같은 데이터이다. R은 ID를 정수 변수로 취급한다. 더블은 숫자형 데이터의 기본값이다. 정수를 명시적으로 생성하려면 각 숫자값에 L을 추가하면 된다. 예를 들어, c(2L, 4L)과 같이 사용할 수 있다. 또한 as.integer() 명령도 사용할 수 있다. 예를 들어,

```
x <- c(1.2, 3.4, 5); as.integer(x)
```

```
[1] 1 3 5
```

   이는 숫자의 정수 부분(즉, 내림)과 동일하다. R에서는 floor(x)를 사용하여 숫자의 정수 부분을 얻을 수 있고, 올림은 ceiling(x)를 사용하여 얻을 수 있으며, 이는 [1] 2 4 5를 반환하게 된다. 이 책에서는 복소수 데이터 타입은 고려하지 않지만, 추가 정보를 원하는 독자의 경우 help(complex)를 사용해 보라.

3. **논리형(Logical):** TRUE 또는 FALSE, T 또는 F 중 하나의 값만 가지는 논리값을 표현한다. 이 값들은 따옴표 안에 포함되어서는 안 된다. 따옴표로 표현하게 되면 문자 데이터가 됨에 주의해야 한다. 예를 들어, 학생의 5개의 진위형 질문에 대한 응답은 R 작업 공간에 다음과 같이 입력할 수 있다:

```
x <- c(TRUE, FALSE, FALSE, TRUE, FALSE) # 또는
y <- c("Yes", "No", "No", "Yes", "No")
```

여기서 "Yes"는 True를, "No"는 False를 의미한다. 객체 x는 논리형이지만 객체 y는 문자형입니다. 논리 객체에서 TRUE 값은 1로 평가되고 FALSE 값은 0으로 평가된다. 따라서 sum(x) 명령을 실행하면 2가 나오지만 sum(y) 명령을 사용하면 y 객체가 숫자가 아니라는 오류를 출력하게 된다.

4. **NA(Not Available):** '사용할 수 없음'이라는 의미를 가지는데, 예를 들면 결측값이 있다. 결측값은 응답자가 설문지의 질문에 대한 답변을 비워 두었을 때 발생한다. 이러한 값은 보통 NA로 대체된다. NA는 문자 값을 숫자로 변환하기 위해 as.numeric() 함수를 사용할 때도 발생한다. 이렇게 연산이 불가능한 경우에 대해 R은 경고 메시지와 함께 NA를 반환한다. 예를 들어, 다음 x 객체는 문자이지만 as.numeric()을 사용하여 강제(형태 변환)할 수 있다:

```
x <- c("2", "3.2", "\$10", "1.2E-1", "10%")
as.numeric(x)
```

```
[1] 2.00 3.20 NA 0.12 NA
Warning message:
NAs introduced by coercion
```

함수 is.na()는 결측값에 대해 TRUE를, 그렇지 않은 값에 대해 FALSE를 반환하는 논리 벡터를 반환한다. 함수 anyNA()는 벡터에 결측값이 있으면 TRUE를, 그렇지 않으면 FALSE를 반환한다.

5. **NULL:** 빈 값을 의미하며, z = NULL 또는 z = {}는 객체 z가 비어 있음(원소가 없는 객체)을 나타낸다.

6. **Inf와 -Inf:** Inf와 -Inf는 각각 ∞와 $-\infty$를 나타내기 위한 표현이다. 이러한 값은 보통 0으로 0이 아닌 숫자를 나눌 때 나타난다. 예로는 1/0, -1/-0, sqrt(Inf)가 모두 Inf를 반환하고, -1/0과 1/-0은 -Inf를 반환한다.

7. **NaN(Not a Number):** 숫자가 아닌 값으로, 음수의 제곱근, 음수의 로그, 0/0, Inf/Inf와 같은 잘못된 산술 연산의 결과로 나타난다. Inf, -Inf, NaN은 숫자형 값으로 간주되지만 NA는 논리형 값이다.

8. **날짜(Date)와 시간(Time):** 날짜와 시간은 실제 데이터에서 자주 마주치며 다양한 형식으로 나타난다. 예를 들어, 1949-07-30, 07/30/49, 13:05:20, 30jul1949, Sat, 10 Jul 1949와 같은 형식이 있다. 설상가상으로 날짜와 시간을 다루는 함수의 구현은 플랫폼에 따라 다를 수 있다. 안타깝게도 이 주제를 충분히 다루려면 많은 분량을 할애해야 한다. 이 장에서는 이미 예상보다 훨씬 내용이 많아져, 이 주제를 이 장에 포함시키지 않기로 했다. 관심 있는 독자들은 lubridate 패키지의 문서와 더불어 이 주제를 다루는 책과 온라인 자료를 참고하시기 바란다(2.10절 참조). 하지만 여러분의 의욕을 돋우기 위해 두 개의 간단하고 읽기 쉬운 함수를 소개하고자 한다. 첫 번째 함수는 두 이벤트 사이의 경과 시간을 계산하고, 두 번째 함수는 태어난 요일과 현재까지 살아온 일수를 계산한다. 독자들은 연습해 보기 바란다.

```
elapsed.time <- function(n=1000){
start.time <- Sys.time()  # 현재 시간을 저장한다.
x <- rnorm(n)             # 크기 n의 정규난수를 생성한다.
median(x)                 # x의 중위수를 계산한다.
end.time <- Sys.time()    # 끝나는 시간을 저장한다.
# 걸린 시간을 출력한다.
cat("Elapsed time:",end.time - start.time," seconds.\n")
}
elapsed.time(n=100000)
```

```
birthday = function(bd){
# 날짜를 문자형에서 달력 날짜로 변환한다.
bd = strptime(bd, "%d-%b-%Y")
wd <- weekdays(bd)   # 주중 요일 저장
cat("You were born on",wd,"and today you are",Sys.time()
- bd,"days,\n")
cat("which is equivalent to",round((Sys.time() - bd)/365.25,2),
"years.\n")
}
birthday("30-July-1949")
```

2.4.2 R에서의 객체 유형(구조)

위에서 설명한 값에 할당되는 객체도 유형(구조)을 가지고 있다. R에는 많은 객체 구조가 있다. 이 책에서 사용하는 것들은 다음과 같다:

1. **원자 벡터(Atomic Vector) 또는 배열(Array):** 하나 이상의 값을 포함하는 일차원 배열이다. 원자 벡터의 모든 원소는 동일한 유형이다. 위에서 정의한 벡터 x와 y는 각각 숫자 벡터와 문자 벡터이다. 벡터의 원소 중 하나 이상이 문자이면 전체 벡터가 문자 벡터가 된다. 예를 들어, 프롬프트 기호 다음에 다음 줄을 입력하면:

```
v <- c(2, 5, "a", 1); v
[1] "2" "5" "a" "1 "
```

v는 각 원소 주위에 따옴표가 있는 네 개의 문자 값을 포함하고 있음을 알 수 있다. 벡터의 모든 원소가 동일한 유형이기만 하면 앞 절의 데이터 유형 중 어떤 것이든 가질 수 있다. 벡터의 개별 원소는 대괄호를 사용하여 추출할 수 있다. 위의 v에서 첫 번째 원소는 v[1]이고 두 번째 원소는 v[2]이다. 또한 v의 부분집합을 추출할 수도 있다. 예를 들어, v[1:2]는 [1] "2" "5"를 반환하고, v[c(1,3)]은 [1] "2" "a"를 반환한다.

2. **행렬(Matrix):** R에서 벡터는 일차원 배열이지만 행렬은 이차원 이상의 배열이다. 원자 벡터와 마찬가지로 행렬의 모든 원소는 동일한 유형이다. 예를 들어, 다음은 2행 3열을 가지는 이차원 행렬이다:

$$A = \begin{bmatrix} 3 & 1 & 0 \\ 2 & 4 & 5 \end{bmatrix} \tag{2.1}$$

R에서 행렬 A를 생성하려면 먼저 벡터 v를 생성한 다음, v를 사용하여 다음과 같이 행렬을 구성하면 된다:

```
v <- c(3, 2, 1, 4, 0, 5)
A <- matrix(v, nrow = 2, ncol = 3)   # 행렬 A 생성
A                                    # A 출력
```

```
[,1] [,2] [,3]
[1,] 3 1 0
[2,] 2 4 5
```

위의 nrow와 ncol에서 알 수 있듯이 행렬 A는 2행 3열이다. v의 원소는 열 단위로 행렬 A를 채우는 데 사용된다. 행 단위로 행렬을 채우려면 다음과 같이 해보자.

```
B <- matrix(v, nrow = 2, ncol = 3, byrow = TRUE)
B
```

```
[,1] [,2] [,3]
[1,] 3 2 1
[2,] 4 0 5
```

행렬 A와 B는 같은 차원을 가지고 있지만 당연히 같지는 않다. dim(A) 명령은 A의 차원(행의 수와 열의 수)을 반환한다. t(A) 명령은 행렬 A를 전치한다. 따라서

```
t(A)
```

```
[,1] [,2]
[1,] 3 2
[2,] 1 4
[3,] 0 5
```

이는 3행 2열을 가지고 있다. 벡터와 마찬가지로 행렬도 원자(atomic)이다. 따라서 행렬의 원소 중 하나 이상이 문자이면 전체 행렬은 문자 행렬이 된다.

대괄호를 사용하여 행렬의 부분집합을 추출할 수 있다. 행렬 A의 ij 번째 원소는 A[i,j]이다. 여기서 쉼표 앞의 값은 행 번호이고 쉼표 뒤의 값은 열 번호이다. 쉼표 앞에 값이 없으면 모든 행을 추출한다는 뜻이다. 마찬가지로 쉼표 뒤에 값이 없으면 모든 열을 추출한다는 뜻이 된다. 예를 들어, A[2, 3]은 두 번째 행과 세 번째 열의 원소인 5이고, A[,3]은 세 번째 열 [1] 0 5이며, A[2,]는 두 번째 행 [1] 2 4 5이다. 또한 A[1:2, 2:3]은 다음과 같다.

```
A[1:2, 2:3]
```

```
[,1] [,2]
[1,] 1 0
[2,] 4 5
```

3. **요인(Factor):** 실제 생활 응용 프로그램에서는 범주형 변수가 자주 발생한다. 성별과 전공은 범주형 변수의 좋은 예시이다. 그 외에도 학년과 교수 등급이 있다. 범주형 변수는 고유한 카테고리를 가지고 있으며 카테고리에 자연 순서가 있는 경우 이를 순서형 변수라고 한다. 예를 들어, 소득 수준과 교수 등급은 순서형 변수인 반면, 성별과 전공은 어느 하나가 다른 것보다 크다고 할 수 없기 때문에 순서형이 아니다. R에서는 범주형 변수를 요인(factor)이라고 하고 카테고리를 수준(level)이라고 한다. 무작위로 선택한 다섯 명의 소득 수준으로 구성된 범주형 변수를 만들고 그 유형을 확인해 보자:

```
income <- c("medium", "high", "high", "low", "medium")
class(income)
```

```
[1] "character"
```

income이 문자 객체임을 알 수 있다. 따라서 income이 요인 객체임을 R에 명시적으로 알려야 한다. 이를 위해 다음과 같이 factor()를 사용하면 된다:

```
(income <- factor(income))
```

```
[1] medium high high low medium
Levels: high low medium
```

이제 class(income)을 실행하면 "factor"를 반환함을 알 수 있다. 위의 첫 번째 문장을 괄호로 묶으면 괄호 안의 내용이 출력된다. 요인의 수준이 무엇인지, 몇 개인지 알아보려면 levels()와 nlevels() 명령을 사용한다:

```
levels(income)
```

```
[1] "high" "low" "medium"
```

```
nlevels(income)
```

```
[1] 3
```

R은 기본적으로 알파벳 순으로 수준을 정렬한다. 예를 들어, income의 수준은 income의 첫 번째 원소가 medium임에도 불구하고 [1] "high" "low" "medium"으로 주어져 있다. 알파벳순이 아닌 다른 순서를 사용하려면 다음 명령을 사용한다.

```
income <- factor(income, levels=c("low","medium", "high"))
levels(income)
```

```
[1] "low" "medium" "high "
```

위의 명령은 income 요인 내 수준의 순서를 변경했다. 그러나 R은 income의 요인이 순서형 요인인지, 즉 low < medium < high인지 알지 못한다. income을 순서형 요인으로 만들려면 다음을 사용한다:

```
income1 <- factor(income, ordered=TRUE)
income1
```

```
[1] medium high high low medium
Levels: low < medium < high
```

이제 income1 객체는 순서형 요인이 되었다. 요인이 순서형인지 확인하려면 다음을 사용한다:

```
is.ordered(income)
```

```
[1] FALSE
```

```
is.ordered(income1)
```

```
[1] TRUE
```

4. **데이터 프레임(Data Frame):** 데이터 프레임은 행이 관측치를 나타내고 열이 변수를 나타낸다는 점에서 행렬과 매우 유사하다. 데이터 프레임은 행렬보다 다양한 기능들을

포함하고 있다. 데이터 프레임은 동일한 길이의 원자 벡터를 그룹화하여 2차원 배열로 만들고, 각 벡터는 배열의 열이 된다. 따라서 데이터 프레임의 각 열은 서로 다른 유형의 데이터를 포함할 수 있지만, 열은 원자 벡터이므로 모든 열의 원소는 동일한 데이터 유형이어야 한다. 따라서 서로 다른 데이터 유형을 하나의 데이터 프레임 객체로 결합할 수 있다. 이것이 R에서 대부분의 데이터셋이 데이터 프레임 유형의 객체로 저장되는 이유 중 하나이다. 데이터 프레임의 행 이름은 고유해야 한다. 행의 이름이 인수 row.names로 지정하지 않으면, 행은 1부터 행의 개수까지 번호가 매겨진다. 데이터 프레임의 열은 고유해야 하며 2.3.4절에서 언급한 R의 이름 규칙을 따라야 한다.

데이터 프레임은 R에서 매우 중요한 데이터 유형이다. 대부분의 표 형식으로 된 데이터에 선호되는 데이터 구조이다. 데이터 프레임에는 추가적인 속성이 있지만 필요할 때 언급하도록 하겠다. 행렬과의 차이를 보기 위해 다음과 같이 행렬과 데이터 프레임 객체를 만들어 보자:

```
M <- matrix(c(2:4, F, T, F, "F", "T", "F"), nrow=3, ncol=3)
print(M)
```

```
[,1] [,2] [,3]
[1,] "2" "FALSE" "F"
[2,] "3" "TRUE"  "T"
[3,] "4" "FALSE" "F"
```

```
df <- data.frame(x=2:4, y=c(F, T, F), z=c("F", "T", "F"))
print(df)
```

```
x y z
1 2 FALSE F
2 3 TRUE  T
3 4 FALSE F
```

M과 df에서 행과 열이 라벨링(labeling)되는 방식에 주목하라. 세 번째 열이 문자이기 때문에 M의 모든 원소는 문자 데이터 형식이다. 논리값 T와 F는 TRUE와 FALSE로 변환되었지만, M에서는 문자 값으로 저장된다. M과 df의 세 번째 열은 모두 문자 객체이지만, df에서는 따옴표가 제거되었다. df에서 x는 숫자(이 경우 정수), y는 논리값, z는 문자형이다. 위에서 보듯이 데이터 프레임 df는 데이터를 더 잘 표현할 수 있다.

데이터 프레임의 열은 data.matrix()를 사용하여 행렬로 변환할 수 있다. data.matrix()를 사용하면 숫자 값의 행렬이 생성된다. 예를 들어, 위의 df를 다음과 같이 행렬로 변환하는 것을 고려해 보자:

```
M1 <- data.matrix(df)
print(M1)
```

```
x y z
[1,] 2 0 1
[2,] 3 1 2
[3,] 4 0 1
```

df의 숫자 열은 M1에서도 그대로 숫자로 유지되고, 논리 열은 해당 숫자(FALSE는 0, TRUE는 1)로 변환되며, 문자 열은 먼저 요인 변수로 변환된 후 다시 정수 표현으로 변환된다. 따라서 데이터 프레임을 행렬로 변환하는 것은 행렬을 데이터 프레임으로 변환하는 것만큼 간단하다.

표 2.1은 데이터를 다루는 데 유용한 R 함수/명령어를 보여주며, 여기서 x는 벡터, 행렬, 데이터 프레임 또는 리스트를 나타낸다.

표 2.1 데이터에 대한 정보를 얻는 데 유용한 R 함수

함수	설명
head(x,n)	벡터의 첫 n개 원소 또는 행렬 또는 데이터 프레임의 n개행을 표시한다. n의 기본값은 6이다.
tail(x,n)	벡터의 마지막 n개 원소 또는 행렬 또는 데이터 프레임의 n개행을 표시한다. n의 기본값은 6이다.
class(x)	객체 x의 유형을 반환한다.
length(x)	벡터 또는 리스트의 원소 수 또는 데이터 프레임의 열 수를 반환한다.
nrow(x)	행의 수를 반환한다.
ncol(x)	열의 수를 반환한다.
dim(x)	차원: nrow(x)와 ncol(x)을 표시한다.
str(x)	데이터 프레임의 구조에 대한 정보를 표시한다.
names(x)	객체의 이름을 출력하거나 설정한다.
rownames(x)	행렬같은 객체의 행 이름을 출력하거나 설정한다.
colnames(x)	행렬같은 객체의 열 이름을 출력하거나 설정한다.
levels(x)	순서대로 요인(factor) 객체의 수준을 반환한다.
nlevels(x)	요인 객체의 수준 수를 반환한다.

5. **리스트(List):** R의 리스트 객체는 반드시 동일하지는 않은 여러 유형 및 차원 객체들의 목록이다. 예를 들어, s <- list(x = c(3,5,7), y = c("A","B"), z = 5)는 x, y, z라는 세 개의 객체를 포함하는 s라는 이름의 리스트를 생성하며, 여기서 x, y, z 객체는 서로 다른 유형과 데이터 크기의 값이 할당된다. 따라서 리스트는 R 객체를 그룹화한 것이다. 리스트는 벡터와 같은 형식으로 콘솔에 출력되지는 않는다. 대신, 리스트의 각 객체는 새로운 줄에서 시작하여 각각 출력된다. s를 입력하고 Enter 키를 누르면 s의 내용을 볼 수 있다. $-기호가 앞에 붙은 리스트의 모든 객체가 다음과 같이 표시된다:

```
s
```

```
$x
[1] 3 5 7
$y
[1] "A" "B"
$z
[1] 5
```

리스트의 원소에 이름이 지정된 경우(위의 s처럼), $ 또는 [] 접근자를 사용하여 하나 이상의 원소를 표시할 수도 있다. 예를 들어,

```
s$x   # 또는 s[1]
```

```
[1] 3 5 7
```

```
s$y   # 또는 s[2]
```

```
[1] "A" "B"
```

```
s$z   # 또는 s[3]
```

```
[1] 5
```

리스트의 객체 내용은 이중 대괄호를 사용하여 액세스할 수도 있다. 예를 들어,

```
s[[1]]   # 또는 s$x 또는 s[1]
```

```
[1] 3 5 7
```

```
s[[2]]   # 또는 s$x 또는 s[2]
```

```
[1] "A" "B"
```

```
s[[3]]   # 또는 s$x 또는 s[3]
```

```
[1] 5
```

이중 대괄호 인덱스 [[]]는 리스트의 객체를 참조하고, 단일 대괄호 인덱스 []는 리스트의 객체의 하위 원소를 참조한다. 따라서 데이터베이스의 객체는 이름만 지정하면 액세스할 수 있다.

객체(데이터 프레임 및 리스트)의 이름에 직접 액세스하는 세 번째 방법은 attach()를 사용하는 것이다. 예를 들어, attach(s)를 사용하면 리스트 s의 구성 객체를 객체 이름만 입력하여 사용할 수 있다. 따라서 s[[1]], s$x 및 x는 모두 동일한 출력을 반환하게 된다. attach()는 다른 두 가지 대안보다 객체의 원소에 액세스하는 더 편리한 방법이지만, 작업 공간에서 현재 사용 중인 객체 이름과 혼동을 일으킬 수 있으니 주의해야 한다. 따라서 더 이상 객체의 원소가 필요하지 않은 경우 detach()를 사용해 attach() 기능을 해제하는 것이 좋다.

리스트 s의 원소 이름을 표시하려면 names(s)를 사용한다.

```
names(s)
```

```
[1] "x" "y" "z"
```

원자 벡터와 달리 리스트의 내용은 단일 유형으로 제한되지 않으며, 다양한 데이터 유형의 혼합으로 구성될 수 있다. 또한 리스트는 각 원소가 서로 다른 유형 또는 서로 다른 크기일 수 있는 특별한 유형의 비원자 벡터로 생각할 수도 있다. 리스트는 다른 구조나 길이의 원소를 포함할 수 있으므로 직사각형일 필요는 없다(예: 리스트에는 데이터 프레임이나 다른 유형의 객체가 포함될 수 있다). 다만, 리스트를 데이터 프레임으로 변경하려면 각 원소의 길이가 같아야 한다.

객체 중 tibble과 같은 R의 유용한 객체 구조도 있지만, 이 책에서는 소개하지 않는다.

2.4.3 객체 속성

속성(attribute)은 R 객체에 첨부된 정보이다. 속성의 예로는 이름, 길이, 차원(dim), 클래스가 있다. R 함수를 이용하여 특정 속성을 확인할 수 있다.

다음 명령어를 사용하여 객체에 이름이 있는지 확인할 수 있다: names()를 사용하여 객체의 이름을 설정, 변경, 제거할 수 있다. 위에서 정의한 리스트 s를 사용하여 이를 확인해 보자:

```
names(s)
```

```
[1] "x" "y" "z"
```

```
names(s)<- c("A", "B", "C")
names(s)
```

```
[1] "A" "B" "C"
```

```
names(s)<- NULL
names(s)
```

```
NULL
```

length(), dim(), class() 등을 사용하여 이러한 속성을 얻거나 설정, 변경할 수 있다. 직접 확인해 보기 바란다.

2.4.4 객체 유형의 확인

객체의 유형(type)을 알고 싶다면 class()를 사용하여 유형을 확인할 수 있다. 예를 들어, class(s)를 실행하면 [“list”]가 반환된다.

```
class(s)
```

```
[1] "list"
```

표 2.2 객체 유형을 확인하기 위한 함수

함수	설명
all(x)	논리 벡터 x의 모든 항목이 TRUE이면 TRUE를 반환한다.
all.equal(x, y)	x와 y가 거의 같으면 TRUE를 반환한다.
any(x)	논리 벡터 x의 항목 중 하나라도 TRUE이면 TRUE를 반환한다.
is.character(x)	x가 문자 객체이면 TRUE를 반환한다.
is.data.frame(x)	x가 데이터 프레임 객체이면 TRUE를 반환한다.
is.double(x)	x가 더블(double)이면 TRUE를 반환한다.
is.factor(x)	x가 요인 객체이면 TRUE를 반환한다.
is.integer(x)	x가 정수 객체이면 TRUE를 반환한다.
is.list(x)	x가 리스트 객체이면 TRUE를 반환한다.
is.logical(x)	x가 논리 객체이면 TRUE를 반환한다.
is.matrix(x)	x가 행렬이면 TRUE를 반환한다.
is.na(x)	x[i]가 NA이면 TRUE를 반환한다.
is.nan(x)	x[i]가 NaN이면 TRUE를 반환한다.
is.null(x)	x가 NULL이면 TRUE를 반환한다.
is.numeric(x)	x가 숫자 객체이면 TRUE를 반환한다.
is.ordered(x)	요인 객체의 수준이 정렬되어 있으면 TRUE를 반환한다.
is.unsorted(x)	x의 값이 정렬되어 있으면 FALSE를 반환한다.
is.vector(x)	x가 원자 벡터이면 TRUE를 반환한다.
near(x, y)	x와 y가 거의 같으면 TRUE를 반환한다. near()는 dplyr 패키지에 있다.

특정 유형의 객체인지 확인하려면 표 2.2를 참조하여라. 표는 알파벳 순서로 정렬되어 있다. 함수는 객체가 어떤 유형인지에 따라서 논리값(TRUE 또는 FALSE)을 반환한다. is.na() 및 is.nan()을 제외한 모든 함수는 객체에 하나의 논리값만을 반환한다는 점에 유의하여라. 반면에 이 두 함수는 객체의 모든 각 원소에 대해 논리값을 반환한다.

2.4.5 객체 유형의 변경

특정 객체의 유형을 다른 유형으로 변경할 수도 있다. 예를 들어, 다음은 x의 데이터 유형을 데이터 프레임에서 행렬로 변경하고 그 결과를 y라는 객체에 저장한다. y의 유형은 행렬이 된다.

```
x <- 1:4
y <- as.matrix(x)   # 하나의 열을 가진 행렬 생성
is.matrix(x)        # FALSE를 반환한다 (이유는?)
is.matrix(y)        # TRUE를 반환한다 (이유는?)
```

2.5 R 패키지(라이브러리)

2.5.1 R 패키지 설치

R은 매우 많은 전문 패키지들을 기반으로 한다. R을 시작하면 기본 R 패키지가 자동으로 다운로드된다. 이 기본 패키지에는 다른 많은 패키지들도 일부 포함하고 있다. 이 기본 R에 포함된 패키지를 확인하려면 library()를 입력하고 Enter 키를 누르면 된다. 패키지(package)는 라이브러리(library)라고도 한다.

기본 패키지 외에도 다른 R 패키지들이 있다. 이러한 패키지는 다양한 목적으로 다양한 전문가들이 만든 것이다. 예시는 다음과 같다:

- tidyverse: 데이터 분석을 위한 유용한 패키지 모음
- robustbase: 로버스트 통계
- robustX: 회귀 및 다변량 이상치 식별
- nlme: 선형 및 비선형 혼합 효과 모델
- nnet: 신경망

이러한 패키지를 사용하려면 먼저 컴퓨터에 설치해야 하며, 이를 위해서는 인터넷에 접속해야 한다. 예를 들어, tidyverse와 robustbase 패키지를 설치하려면 다음을 입력한다:

```
install.packages("tidyverse", "robustbase")
```

그러면 R은 안전한 CRAN 미러를 선택하라는 메시지를 표시한다. 목록에 있는 옵션 중 하나를 선택하고 OK를 클릭한다. 그러면 R은 tidyverse와 robustbase 패키지를 설치하기

시작할 것이다. 패키지의 크기에 따라 시간이 다소 걸릴 수 있다. 설치가 완료되면 프롬프트 기호 “>”가 다시 나타난다. 그러면 이제 패키지는 컴퓨터에 잘 설치된 것이며 패키지는 한 번만 설치하면 된다. 그 후에는 패키지가 필요할 때마다 R 작업 공간에만 다운로드하면 된다. 이를 위해 다음을 입력하자:

```
library(tidyverse) # 또는 require(tidyverse)
```

그러면 tidyverse 패키지를 사용할 준비가 된 것이다.

R을 작업 공간에 다운로드하는 것은 R 세션 중 한 번만 수행되지만, 새로운 R 세션을 시작할 때는 다시 작업 공간에 다운로드하는 단계를 수행해야 한다.

다음 코드를 입력하여 설치와 다운로드를 모두 수행할 수도 있다:

```
if(!require("tidyverse")) install.packages("tidyverse")
```

이 코드는 먼저 컴퓨터에 tidyverse 패키지가 이미 설치되어 있는지를 확인한다. 이미 설치되어 있다면 R 작업 공간에 다운로드한다. 설치되어 있지 않다면 설치하고 R 작업 공간에 다운로드한다. 이는 특히 코드를 다른 사람과 공유하려는 경우에 유용하다.

2.5.2 네임 스페이스

때때로 서로 다른 패키지에 동일한 이름의 함수가 포함되어 있는 경우도 있다. 이러한 함수는 완전히 다른 작업을 수행한다. 예를 들어, tidyverse를 다운로드하고 library(tidyverse)를 사용하면 다음과 같은 메시지가 나타난다:

```
library(tidyverse)
```

```
x dplyr::filter() masks stats::filter()
x dplyr::lag() masks stats::lag()
```

이는 filter와 lag 함수가 dplyr과 stats 패키지 모두에 존재한다는 것을 의미한다. 이제 filter() 또는 lag()를 사용하면 stats가 아닌 dplyr의 함수를 참조하게 된다. 대신 stats의 함수를 실행하려면 다음을 입력하면 된다:

```
stats::filter()   # filter()만 입력하지 말고 앞에 stats를 언급함
stats::lag()      # lag()만 입력하지 말고 앞에 stats를 언급함
```

R은 이러한 네임 스페이스(name space)에서 함수를 검색할 때 특정 순서를 따른다. search()를 입력하여 검색 순서를 확인할 수 있다.

2.5.3 R 업데이트

새로운 R 패키지와 업데이트된 R 패키지는 CRAN 웹사이트와 미러 사이트에 정기적으로 게시된다. 다음 줄을 입력하여 현재 R 버전을 최신 버전으로 업그레이드할 수 있다:

```
install.packages("installr")
installr::updateR(T)
```

이미 최신 버전을 사용하고 있다면 최신 버전이 필요하지 않다는 메시지가 표시된다. 그렇지 않은 경우 R은 현재 버전을 최신 버전으로 업데이트하기 시작한다.

2.5.4 R 패키지의 데이터셋

대부분의 R 패키지는 R 코드뿐만 아니라 데이터셋도 포함하고 있다. 실제로, datasets 패키지는 R 사용자를 위한 수많은 데이터셋을 포함하고 있다. 전체 목록을 확인하려면 library(help = "datasets")를 입력하면 된다.

```
library(help = "datasets")
```

datasets 패키지는 기본 R 패키지에 포함되어 있다. 따라서 이 패키지의 모든 데이터셋은 즉시 사용할 수 있다. 예를 들어, 사용 가능한 데이터셋 중 하나는 매우 유명한 mtcars이다. mtcars의 처음 3행(관측치)을 표시하려면 head(mtcars, n = 3)을 입력한다. 마찬가지로, 마지막 3행을 표시하려면 tail(mtcars, n = 3)을 입력한다.

```
head(mtcars, n = 3)
tail(mtcars, n = 3)
```

head()와 tail() 모두에서 n의 기본값은 6이다. 따라서 head(mtcars)만 입력하면 처음 6행이 표시된다. mtcars에 대한 자세한 정보(도움말)를 찾으려면, ?mtcars 또는 help(mtcars)를 입력하면 mtcars에 대한 설명 페이지가 나타난다.

```
?mtcars   # 또는 help(mtcars)
```

데이터를 스프레드시트 스타일 데이터 뷰어에서 보려면 View(mtcars) 명령을 사용할 수도 있다. View() 명령은 대문자 V로 시작한다. 이 명령은 데이터의 크기와 차원이 작은 경우에 적합하다.

```
View(mtcars)
```

사용하려는 데이터셋이 기본 R 패키지에 없는 경우, 해당 데이터셋이 포함된 패키지를 먼저 설치하고 다운로드해야 한다. 예를 들어, starsCYG라는 데이터셋은 robustbase라는 패키지에 있다. robustbase를 설치하고 다운로드하려면 install.packages("robustbase")를 입력하고 library(robustbase)를 입력해야 starsCYG 데이터셋을 즉시 사용할 수 있다. starsCYG에 대한 자세한 정보를 찾으려면, ?starsCYG를 입력하자. 데이터셋에 대한 설명 페이지로 이동하는 것을 확인할 수 있다.

```
install.packages("robustbase")
library(robustbase)
?starsCYG
```

2.6 R 작업 공간에 데이터 가져오기(읽기)

R을 사용하여 분석하려는 데이터가 R 작업 공간 외부(예: 컴퓨터, 플래시 디스크 또는 인터넷)에 파일로 저장되어 있을 수도 있다. R을 사용하여 여러 유형의 파일에 저장된 데이터를 읽을 수 있다. 여기에서는 텍스트(ASCII라고도 함) 파일, CSV(쉼표로 구분된 값) 파일, Excel 파일, 온라인 파일을 읽는 방법을 설명하고자 한다. 먼저 R의 권장 사항으로 시작하자.

2.6.1 권장 사항: 작업 디렉토리

R로 작업할 때 특정 디렉토리(directory)에서 파일을 작업 공간으로 읽어들여야 할 수도 있고, 같은 디렉토리에 파일을 작성(내보내기)해야 할 수도 있다. 디렉토리는 폴더(folder)라고도 한다. R에는 모든 입력이 이 디렉토리에서 오고 모든 출력이 이 디렉토리로 가는 기본 작업 디렉토리(working directory)가 있다. 프롬프트 기호 뒤에 getwd()를 입력하고 Enter 키를 누르면 현재 작업 디렉토리가 어떤 디렉토리인지 알 수 있다. 컴퓨터 구성에 따라 다르지만 일반적으로 다음과 같은 줄이 표시된다:

```
getwd()
[1] "C:/Users/OneDrive/Documents"
```

이는 현재 작업 디렉토리의 전체 경로를 제공하며, 이는 내 컴퓨터의 현재 작업 디렉토리가 OneDrive라는 폴더 안에 있는 Documents라는 폴더라는 것을 나타낸다.

그러나 별도의 작업 디렉토리를 만들고 적절한 정보를 가진 이름을 부여한 후 찾기 쉬운 위치(예: 데스크톱 또는 플래시 디스크)에 두는 것을 권장한다. 이 디렉토리에는 분석하려는 데이터셋이 포함된 파일, R 스크립트(코드) 등을 보관한다. 작업 디렉토리의 목적은 R에 대한 입력이 이 폴더(디렉토리)에서 오고 R의 출력이 같은 폴더로 가는 것이다.

작업 디렉토리를 새로 만든 후에는 현재 작업 디렉토리를 새롭게 생성한 디렉토리로 변경해야 한다. 원하는 디렉토리의 전체 경로를 알고 있다면 setwd(path)를 사용한다. 여기서 path는 선택한 폴더의 전체 경로를 포함하는 문자 객체이다. 또는 setwd(choose.dir())를 입력한 다음 만든 폴더를 찾을 때까지 탐색하여 선택한다. 그러면 다른 작업 디렉토리로 변경할 때까지 이 디렉토리가 작업 디렉토리가 된다.

```
setwd(path)
setwd(choose.dir())
```

작업 디렉토리를 변경한 후에는 작업 공간의 사용자 정의 객체를 지우고 싶을 수도 있다. ls() 함수는 작업 공간의 모든 사용자 생성 객체를 나열해 보여준다. 다음 rm() 명령을 사용하여 이 목록을 지울 수도 있다:

```
ls()
rm(list=ls())
```

이제 완전히 비어 있는 새로운 작업 공간이 되었다.

외부 파일에서 데이터를 읽는 것을 설명하기 위해, 책의 웹사이트(https://www.aucegypt.edu/faculty/hadi/RABE6/Data6/Computer.Repair.txt)에서 다운로드할 수 있는 Computer.Repair.txt 파일의 컴퓨터 수리 데이터를 사용하고자 한다.

Computer.Repair.txt 파일을 저장하고, Excel로 열어 Computer.Repair.xlsx로 한 번, Computer.Repair.CSV로 다시 한번 저장하자. 이 세 파일을 모두 현재 작업 디렉토리에 저장하여라.

2.6.2 텍스트(ASCII) 파일 읽기

확장자가 .txt인 텍스트(또는 ASCII) 파일은 실무에서 일반적이다. 파일은 행(row)이 관측치(행당 하나의 관측치)를 나타내고 열(column)이 변수를 나타내는 스프레드시트 형식이어야 한다. 파일을 읽기 전에 파일의 첫 번째 행에 변수 이름이 포함되어 있는지 아는 것이 중요하다. 첫 번째 행에 변수 이름이 포함되어 있는지 확실하지 않은 경우, 파일을 읽기 전에 파일의 첫 n행을 다음과 같이 확인할 수 있다:

```
read_lines("Computer.Repair.txt", n_max = 3)
```

```
Minutes Units
1 23 1
2 29 2
```

첫 번째 출력 줄에서 Computer.Repair.txt 파일의 첫 번째 줄에 변수 이름이 제공된다는 것을 알 수 있다. 매개변수 n_max를 양의 정수로 설정하여 원하는 만큼의 행을 확인할 수 있다.

텍스트 파일을 R로 읽으려면 read.table() 함수를 사용한다. 파일의 첫 번째 줄에 변수 이름이 포함되어 있지 않은 경우 다음을 사용한다:

```
df <- read.table("Computer.Repair.txt")
```

이 경우 변수는 자동으로 V1, V2, ..., Vd라는 이름이 부여된다. 여기서 d는 파일의 변수 수이다. 첫 번째 줄에 실제로 변수 이름이 포함되어 있음에도 위의 명령어를 그래도 사용하면 파일의 첫 번째 줄의 변수 이름은 데이터의 일부가 되므로 이는 당연히 잘못된 것이다.

첫 번째 줄에 변수 이름이 포함되어 있는 경우, 위의 명령어는 다음과 같이 대체된다:

```
df <- read.table("Computer.Repair.txt", header = TRUE)
```

이는 read.table()의 매개변수 header의 기본값이 FALSE이기 때문이다. 이 코드는 Computer.Repair.txt 파일의 데이터 내용을 읽고 이를 df라는 이름의 객체에 저장한다. 여기서 객체 이름 df는 read.table()에 의해 생성된 객체가 데이터 프레임(data frame) 형식임을 나타내기 위해 선택되었다. 물론 데이터에 대해 다른 이름을 지정할 수도 있다.

위의 간단한 명령어는 Computer.Repair.txt라는 파일이 현재 작업 디렉토리에 있다고 가정한 것이다. 그렇지 않은 경우 파일 이름을 전체 파일 경로로 대체해야 한다. 파일 이름(또는 경로)은 따옴표로 표시된다는 점에 유의하여라.

read.table() 명령에는 다른 매개변수도 있다. 예를 들어, 관측치에 도시, 국가, 사람 또는 심지어 ID와 같은 이름이 있는 경우, 매개변수 row.names는 관측치 이름을 찾을 수 있는 열의 번호로 설정된다. 예를 들어, 관측치 이름이 첫 번째 열에 있는 경우, 위의 명령어는 다음으로 대체하는 것이 좋다:

```
df <- read.table("filename.txt", header = TRUE, row.names = 1)
```

이렇게 하면 첫 번째 열은 데이터의 일부가 되지 않고 관측치에 대한 식별자(ID) 역할을 하게 된다. 매개변수 row.names가 지정되지 않은 경우, 관측치는 1부터 n까지 번호가 매겨지며, 여기서 n은 데이터 파일의 관측치 수이다. read.table() 함수에는 기본값으로 설정된 매개변수와 그렇지 않은 매개변수가 많이 있다. 이들에 대해 자세히 알아보려면, ?read.table을 입력하면 이 명령에 대해 더 자세히 확인할 수 있다.

```
?read.table
```

데이터를 읽은 후에는 의도한 데이터를 제대로 읽었는지 확인하기 위해 적어도 일부 데이터를 확인하는 것이 좋다. 2.5.4절에서 설명한 것처럼 head(), tail(), View() 등 여러 가지 방법으로 데이터를 확인할 수 있다.

2.6.3 CSV 파일 읽기

가장 바람직한 데이터 파일 형식은 CSV(쉼표로 구분된 값)이다. 확장자가 .csv인 CSV 파일을 읽으려면 read.table()와 유사한 문법을 따르는 read.csv()를 사용한다. 예를 들어 첫 번째 줄에 변수 이름이 포함된 csv 파일을 읽으려면 다음을 사용한다:

```
df <- read.csv("Exams.csv", header = TRUE)
```

여기에서 객체 df도 데이터 프레임 형식이다. read.table()과 달리 read.csv의 header에 대한 기본값은 TRUE이다. 따라서 위의 줄은 간단히 df <- read.csv ("Exams.csv")로 쓸 수 있다. csv 파일의 첫 번째 줄에 변수 이름이 포함되어 있지 않은 경우 다음을 사용한다:

```
df <- read.csv("Exams.csv", header = FALSE)
```

이 경우 변수는 자동으로 V1, V2, ..., Vd라는 이름이 부여된다. 여기서 d는 파일의 변수 수이다. 다시 한번, 2.5.4절에서 설명한 것처럼 head(), tail(), View()를 사용하여 데이터를 확인하는 것이 좋다.

파일 이름과 헤더(header) 이외에도 read.table() 및 read.csv() 함수에는 stringsAsFactors, as.is, blank.lines.skip, na.strings 등 유용한 인수(매개변수)가 많이 있다. 이 중 일부 매개변수는 기본값으로 설정되어 있다. 이들 매개변수에 대한 자세한 정보는 ?read.table 또는 ?read.csv를 입력하여 도움을 받을 수 있다.

```
?read.table
?read.csv
```

또한, args(fun.name)을 사용하여 특정 함수의 인수에 대해서도 도움을 받을 수도 있다. 예를 들어, args(read.csv)는 다음을 반환한다:

```
args(read.csv)
```

```
function (file, header = TRUE, sep = ",", quote = "\"",
dec = ".", fill = TRUE, comment.char = "", ...)
NULL
```

이러한 인수가 무엇을 의미하는지 알아보려면, ?read.csv를 입력하여 해당 함수에 대한 R 도움말 페이지를 방문하여라.

2.6.4 엑셀(Excel) 파일 읽기

R 패키지 readxl은 다양한 형식(예: 확장자가 .xls 또는 .xlsx인 파일)의 Microsoft Excel 파일을 읽는 데 유용한 함수를 제공한다. Excel 파일에 하나 이상의 시트가 포함되어 있는지, 어떤 시트를 읽고자 하는지 확인해야 한다. readxl 패키지를 사용하려면 install.packages("readxl")을 사용하여 설치하고 library(readxl)을 입력한다.

```
install.packages("readxl")
library(readxl)
```

표 2.3 다양한 파일 형식을 읽는 데 유용한 R 함수

함수	형식	확장자
read_table()	공백으로 구분된 값 읽기	.txt
read_csv()	쉼표로 구분된 값 읽기	.csv
read_tsv()	탭으로 구분된 열 읽기	.tsv
read_csv2()	쉼표 또는 탭으로 구분된 값 읽기	.tsv

excel_sheets("filename.xlsx") 함수는 filename.xlsx라는 엑셀 파일의 모든 시트 이름을 반환한다. Excel 파일에 하나 이상의 시트가 포함되어 있는 경우, read_excel ("filename.xlsx") 함수는 첫 번째 Excel 시트의 내용을 읽는다. 두 번째 이후의 Excel 시트를 읽으려면 read_excel(filename, sheet="Sheetname")을 사용한다. 시트 이름은 대소문자를 구분한다는 점에 유의해야 한다.

```
excel_sheets("filename.xlsx")
read_excel("filename.xlsx")
read_excel(filename, sheet="Sheetname")
```

표 2.3에 있는 reader 패키지의 함수 중 하나를 사용하여 다른 유형의 파일 형식도 읽을 수 있다.

2.6.5 인터넷에서 파일 읽기

인터넷(internet)에서 데이터 파일을 R 작업 공간으로 바로 읽을 수 있다. 인터넷에서 데이터를 읽는 데 도움이 되는 세 가지 패키지가 있다. RCurl 및 curl 패키지는 URL에서 데이터를 다운로드할 수 있는 포괄적인 기능을 제공하지만, 여기에서는 utils 패키지의 download.file() 함수를 사용하고자 한다.

인터넷에서 데이터 파일을 읽으려면 먼저 파일이 위치해 있는 URL을 알아야 한다. 예를 들어, 책의 웹사이트에 있는 텍스트 파일 Computer.Repair.txt의 데이터에는 컴퓨터 수리 데이터가 포함되어 있다. 다음 코드는 작업 디렉토리에 데이터셋을 다운로드하고 현재 R 작업 공간에서 읽은 후 df라는 이름의 객체에 저장한다:

```
url="https://www.aucegypt.edu/faculty/hadi/RABE6/Data6/Computer.Repair.txt"
download.file(url, "Computer.Repair.txt")
df <- read.table("Computer.Repair.txt", sep = "\t", header = TRUE)
head(df,3)   # 데이터셋의 첫 번째 3행 표시
```

```
  Minutes Units
1      23     1
2      29     2
3      49     3
```

첫 번째 줄은 txt 파일이 있는 URL을 지정한다. 두 번째 줄은 현재 작업 디렉토리에 Computer.Repair.txt라는 이름으로 데이터를 다운로드한다. 세 번째 줄은 이 파일을 R 작업 공간으로 읽어 df라는 이름을 붙인다. 네 번째 줄은 df의 첫 번째 3행을 표시한다.

이제 Computer.Repair.txt 파일을 Excel을 사용하여 열고, 작업 디렉토리에 Computer.Repair.xlsx라는 이름으로 저장하여 보아라.

2.7 데이터를 파일에 쓰기(내보내기)

이 절에서는 "(a) 콘솔에서 일반적인 R 출력을 텍스트 파일로 보내는 방법, (b) 그래프를 만들고 파일에 저장하는 방법, (c) 데이터를 파일로 내보내는 방법"을 설명하고자 한다.

2.7.1 일반 R 출력을 파일로 보내기

화면(콘솔)에서 일반적인 R 출력을 "outputFileName.txt"라는 파일로 보내려면 다음과 같이 입력하면 된다.

```
sink(file = "outputFileName.txt", append=TRUE, split = TRUE)
```

이제부터 모든 R 출력은 현재 작업 디렉토리에 있는 "outputFileName.txt" 파일에 저장된다. 콘솔 화면에는 프롬프트와 일부 메시지만이 표시된다.

일반 R 출력을 콘솔 화면으로 다시 보내려면 인수의 지정 없이 sink()를 입력한다. 이렇게 하면 여러 개의 파일이 열려 있는 경우 마지막 파일이 닫힌다. sink.number() 함수는 사용 중인 변환 파일 수를 출력한다.

```
sink()
sink.number()
```

2.7.2 파일에 그래프 저장하기

기본 R에는 자체 그래프(graph) 함수가 포함되어 있다. 그러나 그래프에 훨씬 더 강력한 패키지는 ggplot2이다. 여기에서 gg는 ggplot()이 그래픽(graphics)의 문법(grammer)을 기반으로 그래프를 구성한다는 것을 나타낸다. 필요한 경우 ggplot2를 설치하기 위해, install.packages("ggplot2") 및 library(ggplot2)를 사용하여 R 작업 공간에 다운로드해야 한다.

```
install.packages("ggplot2")
library(ggplot2)
```

ggplot() 함수는 여러 가지 그래프를 만들 수 있는 함수이며, 우수한 품질의 다양한 그래프를 만드는 데 매우 뛰어나다. 여기에서는 ggplot() 함수를 사용하여 컴퓨터 수리시간 데이터의 Units와 Minutes 변수에 대한 간단한 산점도를 다음과 같이 그릴 수 있다.

```
g <- ggplot(df, aes(x = Units, y = Minutes))
g + geom_point()
```

위 코드의 첫 번째 줄에 있는 ggplot은 두 개의 인수를 가지고 있다. 첫 번째는 그래프를 구성하는 데 사용하려는 데이터의 이름(두 번째 줄의 코드에서 그래프 유형을 지정해야 함)이다. 두 번째 인수는 미학(aesthetic)의 약어인 aes() 함수이다. 여기에서의 목적은 어떤 변수를 x축에, 어떤 변수를 y축에 그릴 것인지를 지정하는 것이다. 첫 번째 줄의 코드는 그래픽 창을 만들고 이 창을 g라는 객체에 할당하는데, 이 객체는 이전에 소개하지 않은 새로운 유형인 "gg" 또는 "ggplot" 유형이다. 첫 번째 명령줄에 대해 Enter 키를 누르면 실제로 레이블이 지정된 축이 있는 그래픽 창이 보이지만 아직 그래프는 보이지 않는다.

두 번째 명령줄의 코드는 g라는 그래픽 객체를 가져와 geom_point()가 나타내는 점의 산점도(scatter plot)를 추가("+"를 사용)한다. 원하는 만큼 "+"를 사용하여 이 그래프 위에 다른 것을 추가할 수 있지만, "+"는 줄의 끝에 나타나거나 줄 내에 나타나야 하며 줄의 시작 부분에 나타나서는 안 된다. 이제 그래프는 별도의 창에 나타난다. 이 그래프를 저장하려면 그래프 창에서 마우스 오른쪽 버튼을 클릭한 다음 복사하거나 메타 파일로 저장 또는 비트맵으로 복사를 선택한다. 어느 경우든 그래프는 클립보드에 저장되어 Microsoft Word 또는 Power Point(.pptx)와 같은 다른 문서에 붙여넣을 수 있다. 또는 메타 파일(emf)로 저장하거나 포스트스크립트(실제로 캡슐화된 포스트스크립트, eps)로 저장을 선택할 수도 있다. 그러면 그래프를 포함할 파일의 위치 이름을 입력하라는 메시지가 나타난다. 또한 다음을 사용하여 그래프를 pdf 또는 eps 형식으로 저장할 수도 있다.

```
dev.copy2pdf(file = " Fig.pdf " ) # pdf(Portable Document Format) 파일
dev.copy2eps(file = " Fig.eps " ) # eps(encapsulated post script) 파일
```

다른 형태의 그래프들은 이 책의 필요한 부분에 제시되어 있다.

2.7.3 데이터 내보내기

2.6절에서는 외부 환경(예: 외부 파일 또는 인터넷)에서 R 작업 공간으로 데이터를 읽는 방법을 배웠다. 여기에서는 반대로, R 작업 공간에서 생성한 객체를 현재 작업 디렉토리에 있는 여러 시트의 Excel 파일에 저장하는 방법을 알아보겠다.

이를 위해 install.packages("writexl") 및 library(writexl)를 사용하여 writexl 패키지를 설치하고 다운로드해야 한다.

```
install.packages("writexl")
library(writexl)
```

write.xlsx()를 사용하여 현재 디렉토리에 데이터 프레임 객체를 저장할 수 있다. 객체가 데이터 프레임이 아닌 경우 as.data.frame()을 사용하여 데이터 프레임으로 변환할 수 있다. 이제 object1과 object2라는 두 개의 데이터 프레임 객체가 있고, 현재 디렉토리에 myfile.xlsx라는 이름의 Excel 파일에 해당 객체를 저장하려면 다음 코드를 사용하면 된다:

```
write_xlsx(list(Sheet1 = object1, Sheet2 = object2), "myfile.xlsx")
```

물론, 위 코드를 수정하여 하나의 파일에 하나 이상의 시트를 저장할 수도 있다.

2.8 산술 및 기타 연산자

이 절에서는 벡터, 행렬, 데이터 프레임과 관련된 R에서 사용되는 산술, 논리 및 관계 연산자에 대해 다루고자 한다.

2.8.1 벡터(Vector)

표 2.4는 R 언어에서 지원하는 산술, 논리 및 관계 연산자를 보여준다. 이 연산자들은 벡터 a의 각 원소와 벡터 b의 해당 원소에 작용한다. 이 연산자들을 벡터에 적용한 결과는 표 2.4의 마지막 열에 나와 있다:

```
a <- c(4, 3, 4)
b <- c(0.5, 2, 0)
```

참고로, 연산자 "a==b"는 a[i]가 b[i]와 정확히 같은 경우 i 번째 위치에서 TRUE를 반환한다. 이러한 이유로 부동 소수점 숫자의 등가성을 확인하는 데 사용해서는 안 된다는 점에 주의하여라. 예를 들어, 수학적으로 $(\sqrt{3})^2 = 3$임을 알고 있다. 따라서 코드 (3^(0.5))2==2는 TRUE를 반환해야 한다. 그러나 실제로 시도해 보면 FALSE를 반환한다. 이는 $\sqrt{3}$이 컴퓨터 메모리에 정확히 저장될 수 없기 때문이다. 즉, 무리수이므로, 소수점 값이 잘리는 것이다.

표 2.4 R의 연산자와 결과, 단 a <- c(4, 3, 4), b <- c(0.5, 2, 0)

연산자	설명	결과
a^b	a의 b제곱	[1] 2 9 1
a/b	a를 b로 나눔	[1] 8.0 1.5 Inf
a*b	a와 b를 곱함	[1] 2 6 0
a+b	a와 b를 더함	[1] 4.5 5.0 4.0
a-b	a에서 b를 뺌	[1] 3.5 1.0 4.0
round(b)	소수점 자리를 0으로 반올림	[1] 0 2 0
ceiling(b)	올림	[1] 1 2 0
floor(b)	내림	[1] 0 2 0
trunc(b)	절삭 (정수 부분)	[1] 0 2 0
a%%b	a를 b로 나눈 나머지	[1] 0 1 NaN
a%/%b	a를 b로 나눈 몫	[1] 8 1 Inf
a&b	a와 b의 논리 AND	[1] TRUE TRUE FALSE
a | b	a 또는 b	[1] TRUE TRUE TRUE
!b	b의 논리 NOT	[1] FALSE FALSE TRUE
a>b	a[i]가 b[i]보다 크면 TRUE, 그렇지 않으면 FALSE	[1] TRUE TRUE TRUE
a<b	a[i]가 b[i]보다 작으면 TRUE, 그렇지 않으면 FALSE	[1] FALSE FALSE FALSE
a==b	a[i]가 b[i]와 정확히 같으면 TRUE, 그렇지 않으면 FALSE	[1] FALSE FALSE FALSE
a!=b	a[i]가 b[i]와 같지 않으면 TRUE, 그렇지 않으면 FALSE	[1] TRUE TRUE TRUE
a>=b	a[i]가 b[i] 이상이면 TRUE, 그렇지 않으면 FALSE	[1] TRUE TRUE TRUE
a<=b	a[i]가 b[i] 이하이면 TRUE, 그렇지 않으면 FALSE	[1] FALSE FALSE FALSE
a %in% b	a[i]가 b에 있으면 TRUE, 그렇지 않으면 FALSE	[1] FALSE FALSE FALSE
is.element(a, b)	a %in% b와 동일	[1] FALSE FALSE FALSE
intersect(a, b)	교집합	numeric(0), means NULL
union(a, b)	합집합	[1] 4.0 3.0 0.5 2.0 0.0
unique(c(a, b))	union(a, b)와 동일	[1] 4.0 3.0 0.5 2.0 0.0
setequal(a, b)	a와 b가 같으면 TRUE, 그렇지 않으면 FALSE	[1] FALSE
setdiff(a, b)	a와 b의 차집합	[1] 4 3

다음 방정식에서 양변의 두 숫자에 대한 절대 차이는 $|(\sqrt{3})^2 - 3| = 4.440892e{-}16$이다. 보는 바와 같이 실질적으로는 0과 같지만 정확히 같지는 않다. 이 문제를 해결하는 방법은 기본 패키지의 all.equal(a, b) 함수 또는 dplyr 패키지의 near(a, b) 함수를 사용하는 것이다. near()를 사용하려면, install.packages("dplyr") 및 library(dplyr)를 사용하여 dplyr을 설치하고 다운로드해야 한다. 그런 다음 near((3^(0.5))2, 3)을 사용하여 등가성을 테스트할 수 있다. 예상대로 TRUE를 반환한다.

표 2.4의 논리 연산자는 논리, 숫자 또는 복소수 유형의 벡터에만 적용된다. 벡터 a의 각 원소는 벡터 b의 해당 원소와 비교된다. 비교 결과는 논리 벡터이다.

표 2.4에 언급되지 않은 두 가지 추가 논리 연산자는 &&와 ||이다. 이들은 표에 언급된 것들과는 다르게 작동하기 때문이다. 이들은 벡터의 첫 번째 원소만 고려하며 출력으로 단일 원소를 반환한다. &&는 '논리 AND 연산자'라고 한다. 이 연산자는 두 벡터의 첫 번째 원소를 취하고 둘 다 TRUE인 경우에만 TRUE를 반환하고, 그렇지 않으면 FALSE를 반환한다. ||는 '논리 OR 연산자'라고 한다. 이 연산자는 두 벡터의 첫 번째 원소를 취하고 둘 중 하나가 TRUE이면 TRUE를 반환하고, 그렇지 않으면 FALSE를 반환한다.

또한, 표 2.4의 벡터 b를 사용한 연산에서는 알 수 없었던, 반올림 방법에 따른 미묘한 차이도 있다. round(x, digits = 0) 함수는 유효한 소수점 자릿수를 지정하며, 기본값은 digits = 0이다. 다른 차이점을 이해하는 데 도움이 되도록 다음 R 코드와 출력 행렬 d를 살펴보아라:

```
z=c(-1.5, -1.0, -0.5, 1.0, 1.5, 2.0)
d=cbind(z,round(z,1),round(z),trunc(z),floor(z),ceiling(z))
colnames(d)=c("z","round1","round0","trunc","floor","ceiling")
d
```

```
z round1 round0 trunc floor ceiling
[1,] -1.5 -1.5 -2 -1 -2 -1
[2,] -1.0 -1.0 -1 -1 -1 -1
[3,] -0.5 -0.5 0 0 -1 0
[4,] 1.0 1.0 1 1 1 1
[5,] 1.5 1.5 2 1 1 2
[6,] 2.0 2.0 2 2 2 2
```

2.8.2 행렬 계산

2.4.2절에서 언급했듯이 행렬은 2차원 또는 그 이상의 배열이다. 선형 대수학에서 벡터는 행이 하나이거나 열이 하나인 행렬로 정의된다. 따라서 벡터는 행렬의 특수한 경우이다. 즉, 행이 하나이거나 열이 하나인 행렬이다. 이를 살펴보기 위해 다음 코드, 출력값, 관련 주석을 살펴보아라:

```
(x <- c(3, 2, 4))    # x를 생성하고 출력함
[1] 3 2 4
is.vector(x)         # x는 일차원이므로 TRUE를 출력함
[1] TRUE
is.matrix(x)         # x는 일차원이므로 FALSE를 출력함
[1] FALSE
(length(x))          # x의 원소 수를 출력함
[1] 3
dim(x)               # x는 일차원이므로 NULL을 출력함
NULL
(U <- matrix(x, nrow = 1, ncol = 3)) # U는 행벡터
[,1] [,2] [,3]
[1,] 3 2 4
is.vector(U)         # U는 2차원이므로 FALSE를 출력함
[1] FALSE
is.matrix(U)         # U는 2차원이므로 TRUE를 출력함
[1] TRUE
length(U)            # U는 3개 원소가 있음
[1] 3
dim(U)               # 행과 열의 숫자를 출력함
[1] 1 3
```

```
(V <- matrix(x, nrow = 3, ncol = 1)) # V는 열벡터
```

```
[,1]
[1,] 3
[2,] 2
[3,] 4
```

```
is.vector(V)        # V는 열벡터이므로 FALSE를 출력함
```

```
[1] FALSE
```

```
is.matrix(V)        # V는 이차원이므로 TRUE를 출력함
```

```
[1] TRUE
```

```
length(V)           # V는 3개 원소가 있음
```

```
[1] 3
```

```
dim(V)              # 행과 열의 숫자를 출력함
```

```
[1] 3 1
```

언급한 것과 같이, 행벡터 U와 열벡터 V는 2차원 배열이기 때문에 행렬이다. 그러나 벡터 x는 1차원 배열이기 때문에 행렬이 아니다. 또한 dim() 함수는 2차원(또는 그 이상) 배열에만 적용되며, length() 함수는 객체의 차원에 상관없이 객체의 원소 수를 반환한다.

표 2.4에 나열된 일반적인 산술 연산은 원소별로 매칭하여 각 객체의 ij번째 원소를 다른 객체의 ij번째 원소와 연산한다. 따라서 원소별 계산이 작동하려면 객체가 동일한 dim()을 가져야 한다. 그렇지 않으면 "비정형 배열(non-conformable)"이라는 오류가 발생한다. 위의 코드에서 정의된 행렬 U와 V를 사용한 아래 코드에서 이를 확인할 수 있다.

```
U + V       # 작동하지 않음
```

```
Error in U + V: non-conformable arrays
```

```
U + t(V)    # 원소별 덧셈. t(V)는 V의 전치 행렬
```

```
[,1] [,2] [,3]
[1,] 6 4 8
```

```
U*V         # 작동하지 않음
```

```
Error in U * V: non-conformable arrays
```

```
U*t(V)      # 원소별 곱셈
```

```
[,1] [,2] [,3]
[1,] 9 4 16
```

```
1/U         # 원소별 역수(각 원소의 역수)
```

```
[,1] [,2] [,3]
[1,] 0.3333333 0.5 0.25
```

선형 대수학에서 배운 것처럼 행렬에는 여러 종류의 행렬곱셈과 역행렬이 있다. 표 2.5는 행렬 연산을 위한 R 명령어 중 일부를 보여준다.

비슷해 보이는 함수 간의 차이점을 확인하려면 해당 함수를 실행해 보아라. 예를 들어, rep(x, times)와 replicate(times, x)의 출력을 비교해 보거나, 괄호 없이 함수 이름 뒤에 물음표(?)를 붙여 도움말 페이지를 방문해 보아라.

표 2.6의 sort(), order(), rank() 함수는 추가적인 설명이 필요하다. sort(x) 함수는 벡터 x의 값을 오름차순 또는 내림차순으로 정렬한다. R의 대부분의 함수와 마찬가지로 sort() 함수는 기본값이 설정된 몇 가지 인수(매개변수)를 가지고 있다. 두 가지 중요한 인수는 decreasing = FALSE와 na.last = NA이다. 따라서 값을 내림차순으로 정렬하려면 decreasing = TRUE를 설정하여야 한다.

표 2.5 행렬 계산 및 조작에 유용한 R 명령어

연산자	설명
dim(A)	A의 행과 열의 수를 반환한다.
t(A)	A의 전치 행렬을 반환한다.
det(A)	A의 행렬식을 반환한.
rank(A)	A의 계수를 반환한다.
diag(d)	벡터 d를 대각선으로 가지는 대각행렬을 반환한다.
diag(A) <- d	행렬 A의 대각 원소를 d로 대체한다.
diag(A)	행렬 A의 대각 원소를 반환한다.
A %*% B	두 행렬 A와 B의 내적을 반환한다.
A %o% B	두 행렬 A와 B의 외적(크로네커 곱)을 반환한다. A⊗B와 동일.
solve(A)	정방행렬 A의 역행렬 A^{-1}을 반환한다. A가 역행렬을 가질 경우에만 가능하다.
solve(A, b)	선형 방정식 시스템 Ax = b의 해를 계산한다.
inverse(A)	A의 역행렬을 계산한다. A가 역행렬을 가질 경우에만 가능하다.
eigen(A)	정방행렬 A의 고유값과 고유벡터를 계산한다.

표 2.6 R에서 유용한 명령어나 함수

함수	설명
unique(x)	벡터 x의 중복 값을 제거한다.
unique(X)	행렬 또는 데이터 프레임 X의 중복 행을 제거한다.
unique(c(x, y))	x와 y의 합집합을 반환한다.
min(x)	벡터 x의 최솟값을 반환한다.
max(x)	벡터 x의 최댓값을 반환한다.
rep(x, times)	벡터 x를 "times"에 지정된 횟수만큼 반복한다.
replicate(times, x)	벡터 x를 "times"에 지정된 횟수만큼 반복한다.
which.min(x)	벡터 x에서 최솟값의 위치를 반환한다.
which.max(x)	벡터 x에서 최댓값의 위치를 반환한다.
sample(x, n)	벡터 x에서 크기 n의 임의표본을 비복원 추출한다.
sample(x, n, replace = T)	벡터 x에서 크기 n의 임의표본을 복원 추출한다.
sum(x)	벡터 x의 합을 반환한다.
mean(x)	벡터 x의 평균을 반환한다.
mean(x, trim)	벡터 x의 양 끝에서 100*trim%의 관측치를 제거한 후의 평균을 반환한다. 절사평균.
median(x)	벡터 x의 중앙값을 반환한다.
colMeans(X)	행렬 또는 데이터 프레임 X의 열 평균을 반환한다.
colMedians(X)	행렬 또는 데이터 프레임 X의 각 열의 중앙값을 반환한다. 이 함수는 robustbase 패키지에 있다.
weighted.mean(x, w)	가중치가 w인 벡터 x의 가중 평균을 반환한다.
var(x)	벡터 x의 분산을 반환한다.
sd(x)	벡터 x의 표준 편차를 반환한다.
var(X)	행렬/데이터 프레임 X의 공분산 행렬을 반환한다.
cor(X)	행렬/데이터 프레임 X의 상관 행렬을 반환한다.
quantile(x, probs)	probs에 지정된 확률에 해당하는 벡터 x의 표본 분위수를 반환한다.
IQR(x)	벡터 x의 사분위 범위를 반환한다.
summary(x)	벡터 또는 행렬/데이터 프레임 X의 각 열에 대한 여섯 숫자 요약을 반환한다.
summary(f, maxsum)	요인 객체(범주형) f의 가장 빈번한 maxsum − 1 수준의 빈도를 반환하고, 그 외의 덜 빈번한 수준은 "Others"로 요약하여 반환한다.
table(x)	벡터 x의 각 원소의 빈도를 반환한다.
ftable(x)	2차원 데이터를 1차원으로 평평하게 만든 분할표를 생성한다.
cbind(x, y)	벡터 x와 y를 열로 결합한다.
rbind(x, y)	벡터 x와 y를 행으로 결합한다.
sort(x)	벡터 x를 오름차순 또는 내림차순으로 정렬한다.
order(x)	벡터 x의 최솟값, 두 번째 최솟값, ..., 최댓값의 위치를 반환한다.
rank(x)	벡터 x의 값의 순위를 반환한다.

x에 NA가 있는 경우, 기본값은 NA를 제거하는 것이다. 그러나 NA를 다루는 다른 두 가지 옵션이 있다. na.last = TRUE인 경우 NA는 데이터의 마지막에 위치하고, na.last = FALSE인 경우 NA는 첫 번째에 위치시킨다. 예를 들어, sort() 함수의 사용법과 해당 출력은 다음과 같다:

```
x <- c(2, -1, NaN, 2, NA)
sort(x)
```

```
[1] -1 2 2
```

```
sort(x, decreasing = TRUE)
```

```
[1] 2 2 -1
```

```
sort(x, na.last = FALSE)
```

```
[1] NaN NA -1 2 2
```

```
sort(x, decreasing = TRUE, na.last = TRUE)
```

```
[1] 2 2 -1 NaN NA
```

한편, order(x) 함수는 최솟값, 두 번째 최솟값, ..., 최댓값의 위치를 반환한다. 즉, x[order(x)]는 sort(x)와 동일하다. 이 함수는 기본적으로 설정된 인수를 가지고 있다. 두 가지 중요한 인수는 decreasing = FALSE와 na.last = TRUE이다. 동점이 있는 경우(tie) 다른 벡터를 인수로 제공하여 순위를 나눌 수 있다. 예를 들어, order(x, y, z)는 x를 정렬하고 y를 사용하여 순위를 구분한다. 값이 여전히 동점인 경우 z를 사용하여 순위를 나누는 방식으로 계속 진행하게 된다. 다음은 이전 코드와 동일한 벡터 x에 대한 order()를 보여주는 예제이다:

```
x <- c(2, -1, NaN, 2, NA)
order(x)
```

```
[1] 2 1 4 3 5
```

```
order(x, decreasing = TRUE)
```

```
[1] 1 4 2 3 5
```

```
order(x, na.last = FALSE)
```

```
[1] 3 5 2 1 4
```

```
order(x, decreasing = TRUE, na.last = TRUE)
```

```
[1] 1 4 2 3 5
```

마지막으로, rank() 함수는 벡터 x의 정렬 순서에서 첫 번째 값, 두 번째 값, ..., 마지막 값의 위치를 반환한다. 디폴트로 설정된 중요한 인수는 na.last = TRUE와 ties.method = "average"이다. 동점(tie)의 순위를 부여하는 방법 중 평균 방법은 동점에 해당 순위의 평균을 부여하는 것이다. 예를 들어, 두 개의 동일한 값이 2순위와 3순위를 공유하는 경우, 둘 다 (2 + 3)/2 = 2.5의 순위를 부여받게 된다. 아래 코드에서 확인할 수 있으며, 동점에 순위를 부여하는 다른 옵션은 ?rank를 통해 찾을 수 있다.

```
x <- c(2, -1, NaN, 2, NA)
rank(x)
```

```
[1] 2.5 1.0 4.0 2.5 5.0
```

```
rank(x, na.last = FALSE)
```

```
[1] 4.5 3.0 1.0 4.5 2.0
```

rank 함수는 순위가 오름차순으로 매겨지며 decreasing 인수를 가지지 않는다. 벡터 x를 내림차순으로 순위를 매기려면 rank(-x)를 사용하여 [1] 1.5 3.0 4.0 1.5 5.0을 얻을 수 있다.

```
rank(-x)
```

```
[1] 1.5 3.0 4.0 1.5 5.0
```

2.9 R에서의 프로그래밍

R에서 프로그램을 작성하는 방법을 설명하기 전에, 작성, 편집, 실행 및 저장에 도움이 되는 스크립트 파일(script file)을 먼저 살펴보고자 한다.

2.9.1 권장 사항: 스크립트 파일

2.3.3절에서는 화살표 키를 사용하여 R 콘솔에 입력한 명령줄을 편집하는 것이 다소 번거로울 수 있다고 설명하였다. 이 절에서는 스크립트(script) 파일이라고 알려진 파일에 R 코드를 저장, 편집, 실행하는 더 쉬운 방법을 다루고자 한다. R 코드를 포함하는 파일을 스크립트 파일이라고 한다. 스크립트 파일을 열려면 콘솔 창의 상단에 있는 파일 메뉴로 이동한 다음 새 스크립트를 선택한다. 그러면 새 창이 열리고 여기에 모든 명령줄을 입력할 수 있다. 워드 프로세서를 사용하는 것처럼 쉽게 코드를 편집할 수 있다. 콘솔에서 실행하기 전에 스크립트 파일에 모든 R 코드를 작성하고 편집하는 것이 권장된다.

한 줄 이상의 코드를 실행하려면 해당 명령줄을 복사한 후 콘솔 창에 붙여 넣거나, ctrl(컨트롤) 키를 누른 상태에서 알파벳 R을 누르기만 하면 된다. 명령줄이 콘솔에 복사되고 실행되는 것을 확인 할 수 있다. 실행 중에 오류가 발견되면 스크립트 파일로 돌아가서 편집할 수 있다. 작업이 완료되면 현재 작업 디렉토리에 filename.R과 같이 이름을 지정하여 스크립트 파일을 저장한다. 확장자가 .R인 것은 이 파일이 R 코드를 포함하고 있음을 나타낸다.

스크립트 파일은 다른 워드 프로세서에서도 읽을 수 있는 일반 텍스트 파일이다. 나중에 파일을 열어서 추가로 편집하거나 source(filename.R)를 사용하여 파일의 모든 내용을 실행할 수 있다. 이 방법으로 이전에 스크립트 파일에 저장한 작업을 재현할 수 있다. 이것은 스크립트 파일을 사용하는 중요한 장점 중 하나이다. 추가로, 스크립트 파일은 코드를 확인하고 편집하는 것을 매우 쉽게 만들어 준다. 또한 작업을 다른 사람과 공유할 수도 있다.

2.9.2 유용한 명령어나 함수

이 절에서는 특정 목적의 계산에 사용되는 유용한 명령어나 함수를 살펴본다. 이는 표 2.6에 소개되어 있다. 숫자 데이터와 관련된 함수[예: sum(), mean(), quantile() 등]는 데이터에 누락된 값(NA 및/또는 NaN)이 포함되어 있으면 NA를 반환한다. 이러한 함수가 제대로 작동하려면 추가 매개변수 “na.rm = TRUE”를 추가해야 한다. 이는 계산 전에 결측값을 제거한다는 의미이다. 예를 들어, 다음과 같이 활용한다:

```
sum(x, na.rm = TRUE); mean(x, na.rm = TRUE)
```

다른 R 함수에 대해 자세히 알아보려면 괄호 없이 함수 이름(예: ?unique) 뒤에 물음표를 입력하여라. 표 2.6에 소개된 함수들은 이 장과 이 책의 나머지 장에서 자주 사용된다.

2.9.3 조건부 실행

조건부 실행(conditional execution)은 프로그래밍의 기본 기능 중 하나이다. 가장 일반적인 조건부 표현식은 if()와 ifelse이다. if()의 기본 구문은 다음과 같다:

```
if(test){
  test가 TRUE인 경우 실행할 첫 번째 R 코드 세트
}else{
  test가 FALSE인 경우 실행할 두 번째 R 코드 세트
}
```

조건 test의 논리적 평가를 통해 논리값 TRUE 또는 FALSE를 반환한다. 따라서 test가 TRUE이면 중괄호 {} 사이의 첫 번째 R 코드 세트가 실행되고, 그렇지 않으면 중괄호 {} 사이의 두 번째 코드 세트가 실행된다.

```
# 예제: Head/Tail:
if(p > 0.5){
  print("Head")
}else{
  print("Tail")
}
```

위 코드의 출력은 미리 정의된 값 p에 따라 다르다. p가 0.5보다 크면 “Head”를 출력하고, 그렇지 않으면 “Tail”을 출력한다. 위의 if()문에는 else가 없어도 된다. 다만, 이 경우에는 p가 5보다 크면 Head를 출력하고, 그렇지 않으면 아무것도 하지 않는다! ifelse()의 구문은 다음과 같다:

```
ifelse(test, TRUE인 경우 수행할 작업, FALSE인 경우 수행할 다른 작업)
```

따라서 위의 코드는 다음과 같이 대체할 수 있다:

```
ifelse(p > 0.5, "Head", "Tail")
```

ifelse는 벡터에서도 작동하기 때문에 특히 유용하다. 다음의 예를 보자:

```
x <- c(0, 1, 2, -4, 5)
ifelse(x > 0, 1/x, NA)
```

```
[1] NA 1.0 0.5 NA 0.2
```

다음은 ifelse를 사용하여 위치 모수인 평균과 중앙값을 계산하는 또 다른 예시이다. 먼저 일변량 표본 x에서 이상치를 찾는 간단한 기준을 정의해 보자. 하한측(작은 쪽)의 이상치는 "Q1 — 1.5*(Q3 — Q1) = Q1 — 1.5*IQR인 하한 한계 LL보다 작은 관측치"로 정의하자. 마찬가지로, 상한측(큰 쪽)의 이상치는 "Q3 + 1.5*(Q3 — Q1) = Q3 + 1.5*IQR인 상한 한계 UL보다 큰 관측치"이다. 여기서 Q1과 Q3는 x의 제1사분위수와 제3사분위수이고, IQR = Q3 — Q1은 x의 사분위 범위이다. 이러한 기준을 사용하여 다음과 같이 코드를 작성하면, 데이터에 이상치가 포함되어 있는 경우는 중앙값을 계산하고, 그렇지 않은 경우에는 평균을 계산한다.

```
# 예제 1:
x <- c(0, 1, 2, 4, 50, 5)                # 표본 값
Q <- quantile(x, c(0.25,0.75))           # Q = c(Q1, Q2) 계산
LL <- Q[1] - 1.5 * (Q[2] - Q[1])         # 아래쪽 한계
UL <- Q[2] + 1.5 * (Q[2] - Q[1])         # 위쪽 한계
LO <- sum(x < LL)                        # 하한을 벗어난 이상치 수
UO <- sum(x > UL)                        # 상한을 벗어난 이상치 수
NO <- LO + UO                            # 총 이상치 수
ifelse(NO > 0, median(x), mean(x))       # N > 0 -> 중앙값, O/W 평균 계산
```

```
[1] 3
```

값 3은 데이터에 NO = LO + UO = 0 + 1 = 1개의 이상치가 포함되어 있기 때문에 중앙값이 출력된 것이다. 이는 데이터에서 다섯 번째 값인 50이 매우 큰 이상치였음을 쉽게 알 수 있다.

위의 코드에서 볼 수 있듯이 각 명령문의 설명을 위해 "#"의 사용이 권장된다. 예제 1의 코드가 오류 없이 올바른 결과를 생성하고 있는데, 이는 객체 x에 결측값(missing value)이 없었기 때문에 운이 좋았던 경우이다. NA 또는 NaN이 포함된 데이터로 이 코드를 사용하면 NA가 출력된다. 앞서 언급했듯이 이는 quantile(), sum(), mean(), median() 함수가 모두 데이터에 누락된 값이 없다고 가정하기 때문이다. 코드를 수정하려면 계산 전에 결측값을 제거한다는 의미인 인수 na.rm = TRUE를 추가해야 한다. 예를 들어, 다음과 같이 사용한다:

```
Q <- quantile(x, c(0.25,0.75), na.rm = TRUE)
sum(x < LL, na.rm = TRUE)
sum(x > UL, na.rm = TRUE)
ifelse(NO > 0, median(x, na.rm), mean(x, na.rm = TRUE))
```

if-else문은 벡터의 모든 결측값을 99(또는 데이터에 존재하지 않는 다른 값)로 대체하는 데에도 사용할 수 있다. 다음 코드를 사용해 보자:

```
# 예제 2:
x <- c(NaN, -2, 5, NA, 1, 3)     # 표본값
is.na(x)                         # TRUE는 결측, FALSE는 결측이 아님을 의미
```

```
[1] TRUE FALSE FALSE TRUE FALSE FALSE
```

```
y <- ifelse(is.na(x), 99, x)     # x[i]가 TRUE이면 99로 대체한다.
y                                # y를 출력한다.
```

```
[1] 99 -2 5 99 1 3
```

여기서 NaN도 결측된 것으로 간주된다는 점에 유의해야 한다. 결측된 값을 숫자 값으로 대체하면 잘못된 결과를 초래하고 오해를 불러일으킬 수 있다는 것이다. na.rm = TRUE를 사용하면 다른 숫자 값으로 대체하는 것이 아니라 결측값을 제거하여 처리한 게 된다.

2.9.4 루프

똑같은 작업을 반복해서 수행해야 할 때는 루프(loop)를 사용하는 것이 좋다. 여기에서는 가장 흔히 사용되는 두 가지 루프인 for 루프와 while 루프에 대해 살펴보고자 한다.

■ For 루프

for 루프의 구문은 다음과 같다:

```
for(index in range){
  R 코드
}
```

이는 index가 range의 각 값을 취하고 각 값에 대해 코드를 실행한다는 것을 의미한다. 즉, R 코드를 length(range) 횟수만큼 반복한다. 예를 들어, 사용자가 제공한 m에 대해 각 $n \le m$에 대해 처음 n개의 양의 정수를 합하고자 한다고 가정해 보자. 이를 for 루프를 사용하여 다음과 같이 수행할 수 있다:

```
m <- 8
s <- vector()         # s는 빈 객체이다. s <- NULL과 같다.
range <- 1:m          # 범위 생성
for(i in range){      # 인덱스는 i이고 범위는 1부터 m까지이다.
  s[i] <- sum(1:i)    # s[i]를 1부터 i까지의 합으로 대체한다.
}                     # for 루프 종료
rbind(range, s)       # 범위 1:m을 s 앞에 놓고 행으로 결합한다.
```

```
      [,1] [,2] [,3] [,4] [,5] [,6] [,7] [,8]
range    1    2    3    4    5    6    7    8
s        1    3    6   10   15   21   28   36
```

그러나 수학적으로 처음 n개의 양의 정수의 합이 $n(n+1)/2$라는 것을 알고 있으므로, 위 코드의 루프를 간단히 다음과 같이 대체할 수도 있다:

```
for(i in range){s[i] <- i*(i + 1)/2}
```

■ While 루프

앞에서 설명한 for 루프는 시퀀스의 길이를 알 때, 즉 코드를 몇 번 반복해야 하는지 미리 알 때 사용한다. 하지만 때로는 시퀀스의 길이를 미리 알지 못할 때가 있다. 예를 들어, 합격할 때까지 필요한 만큼 시험을 본다고 가정해 보자. 시험을 몇 번이나 볼지 미리 알 수 없다. 그러므로 for 루프를 사용할 수 없으며, 이때 while 루프가 유용하다. while 루프의 구문은 간단하다:

```
while(condition){
  R 코드
}
```

시험에 합격할 확률이 50%라고 가정해 보자. 다음은 while 루프를 사용하여 이 시험에 합격하기까지 몇 번의 시도가 필요한지 알아내는 예시이다:

```
pass <- 0                # 객체 pass 초기화
trials <- 0              # 객체 trials 초기화
while(pass < 1) {        # pass이 1 미만일 때만 루프를 호출
  trials <- trials + 1   # 시도 횟수를 1씩 증가
  try <- sample(c("Pass", "Fail"),
         size = 1, prob = c(0.5, 0.5)) # 크기가 1인 표본추출
  if(try == "Pass"){
    cat("Passed after", trials,"\n");
    pass = 1             # while() 종료 신호
  }                      # if() 종료
}                        # while() 종료
```

2.9.5 함수와 함수형

함수형(functional)은 벡터, 행렬, 데이터 프레임 또는 리스트의 각 항목에 동일한 함수를 적용하는 함수이다. apply(), sweep(), lapply(), sapply(), vapply() 등이 함수형의 예시이다. 함수형 apply()는 다음과 같은 형태를 가진다: apply(X, MARGIN, FUN), 여기서 X는 행렬 또는 데이터 프레임, MARGIN은 행이면 1, 열이면 2, 그리고 FUN은 R 함수(예: sum, mean, sd)이다. 배열 X의 MARGIN에 함수 FUN을 적용하여 얻은 객체를 반환하게 된다.

예를 들어, 다음 데이터 행렬 X의 각 열의 평균과 표준 편차를 계산하고자 한다고 가정해 보자. X는 R의 작업 공간에 다음과 같이 생성되었다:

$$X = \begin{bmatrix} 3.15 & 3.44 \\ 2.76 & 3.46 \\ 3.21 & 3.57 \\ 3.69 & 3.19 \\ 3.92 & 3.15 \end{bmatrix} \tag{2.2}$$

다음 코드와 그 출력을 살펴보자:

```
xbar <- apply(X, 2, mean)   # colMeans(X)와 동일
cat("The mean of the variables are:",xbar,"\n")
```

```
The mean of the variables are: 3.346 3.362
```

```
s <- apply(X, 2, sd)   # St. dev.s of X, 2 refers to columns
cat("The st. dev. of the variables are:",round(s, 3),"\n")
```

```
The st. dev. of the variables are: 0.46 0.183
```

참고로 표준 편차는 가장 가까운 소수점 3자리로 반올림되었다. apply()의 다른 예시는 다음과 같다:

```
apply(X, 1, mean)   # X의 행의 평균, rowMeans(X)와 동일
apply(X, 2, mean)   # colMeans(X)와 동일
apply(X, 2, var)    # X 열의 분산, diag(var(X))와 동일
```

함수형 sweep()은 입력 배열 X에서 요약 통계량 값을 빼서 얻은 객체를 반환한다. sweep()의 구문은 다음과 같다: sweep(X, MARGIN, STATS, FUN = "—"), 여기에서 STATS는 빼고자 하는 요약 통계량이고, FUN의 기본값은 빼기 "—"이다. 빼기 연산자는 다른 적절한 산술 연산자로 대체할 수 있다. 예를 들어, (2.2)의 데이터 행렬 X의 열을 중심화한다고 가정해 보자. 중심화는 각 열의 평균을 해당 열의 각 값에서 빼는 것을 의미한다. 다음과 같이 sweep()을 사용하여 이를 수행할 수 있다:

```
Y <- sweep(X, MARGIN = 2, STATS = colMeans(X), FUN = "-")
apply(Y, 2, sum)    # 열의 합이 0인지 확인한다.
```

```
[1] -8.881784e-16 -8.881784e-16
```

이제 위 X 행렬의 열을 표준화한다고 가정해 보자. 즉, 각 열에 대해 다음과 같은 Z 점수를 계산한다.

$$z_{ij} = \frac{x_{ij} - \overline{x}_j}{s_j} \tag{2.3}$$

여기서 x_{ij}는 X의 ij번째 원소, $\overline{x}_j$와 s_j는 j번째 열의 평균과 표준편차이다. 각각은 다음과 같이 주어진다.

$$x_j = \frac{1}{n}\sum_{i=1}^{n} x_{ij}, \quad s_j = \frac{1}{n-1}\sum_{i=1}^{n}(x_{ij} - \overline{x}_j)^2, \quad j = 1, \cdots, d \tag{2.4}$$

여기서 n은 X의 행의 수, d는 X의 열의 수이다. Z의 모든 열은 평균이 0이고 표준 편차가 1이다. 데이터 행렬 X를 표준화하는 데 필요한 코드는 간단히 R 코드 Z <- scale(X)로 가능하다. 하지만 apply와 sweep 함수를 설명하기 위해 다음 코드를 사용하여 데이터를 표준화해 보자.

```
Y <- sweep(X, MARGIN = 2, STATS = colMeans(X), FUN = "-")
apply(Y, 2, sum)   # 열의 합이 0인지 확인한다.
```

```
[1] -8.881784e-16 -8.881784e-16
```

```
s=apply(X,2,sd)    # 열의 표준편차를 계산한다.
Z <- sweep(Y, MARGIN = 2, STATS = s, FUN = "/")
apply(Z, 2, sum)   # 열의 합이 0인지 확인한다.
```

```
[1] -1.887379e-15 -4.996004e-15
```

```
apply(Z, 2, sd)    # 열의 표준편차가 1인지 확인한다.
```

```
[1] 1 1
```

R의 다른 함수형으로는 lapply(), sapply(), vapply()가 있다. 관심 있는 독자는 예를 들어 ?lapply를 사용하여 이에 대한 정보를 찾을 수 있다.

2.9.6 사용자 정의 함수

위에서 보았듯이 R에는 여러 개의 미리 정의된 함수가 있으며, 이러한 함수는 다양한 패키지에서 찾을 수 있다. 이러한 함수는 우리가 정의하지 않았기 때문에 ls()를 사용할 때 작업 공간에 나타나지 않지만 즉시 사용할 수 있다. 관련 계산을 수행하는 R 명령어를 하나의 프로그램으로 그룹화할 수 있는데 이를 사용자 정의 함수(user-defined function)라고 한다. 사용자 정의 함수의 주요 구문은 다음과 같다:

```
fun.name <- function(인수){
          R 코드
}
```

따라서 함수의 구성 원소는 다음과 같다: (a) 함수의 이름: 2.3.4절에서 언급한 이름 규칙을 따르면서 함수의 이름을 선택한다. (b) function이라는 단어: 우리가 지금부터 생성하려는 객체가 함수임을 나타낸다. (c) 함수의 인수: 여러 개 있는 경우 쉼표로 구분한다. 일부 인수는 기본값으로 설정할 수 있다. (d) 특정 작업을 수행하는 R 코드의 집합인 함수의 본문: 이 본문은 중괄호 {} 사이에 삽입된다.

사용자 정의 함수가 일단 정의되면 다른 R 함수처럼 실행할 수 있다. 함수에 인수가 없거나 모든 인수가 기본값으로 설정된 경우에는 fun.name();을 입력하여 실행할 수 있다. 그렇지 않은 경우, 기본값이 설정되지 않은 인수에 대한 값을 지정해야 한다. 사용자 정의 함수에 대해 다음과 같은 두 가지 예를 들어 설명하고자 한다.

■ 곱셈표(Multiplication Table)

크기가 $n \times m$인 곱셈표를 계산하는 함수를 작성해 보자. 여기서 n과 m은 사용자가 지정하는 정수값이다. 이 함수의 이름을 mult.table이라고 하자. table은 기존에 정의된 R 함수이기 때문에 table이라고 지정하지 않도록 하자. mult.table이 기존에 정의된 함수인지 확인하려면 프롬프트 기호에서 exists("mult.table")을 입력하고 Enter를 눌렀을 때 출력이 FALSE라면 이름이 사용되지 않은 것이다. 이 예제에서의 인수는 n과 m이다. 이 인수에 대한 기본값은 n = 12, m = 12로서, 이 값을 사용하면 표준 12×12 곱셈표가 생성된다.

표를 구성하려면 outer(n, m) 또는 동일한 기호인 n%o%m을 사용할 수 있다. 사용자 정의 함수는 다음과 같이 생성할 수 있다:

```
mult.table <- function(n = 12, m = 12){
  outer(1:n, 1:m)   # 또는 (1:n)%o%(1:m)도 동일한 결과를 준다.
}
```

이제 함수가 생성되었으므로 mult.table()을 입력하면 표준 곱셈표가 화면에 출력된다. 반면에 인수를 n = 2, m = 6으로 입력하면 다음의 곱셈 테이블이 출력된다:

```
mult.table(n = 2, m = 6)   # mult.table(2, 6)
```

```
     [,1] [,2] [,3] [,4] [,5] [,6]
[1,]    1    2    3    4    5    6
[2,]    2    4    6    8   10   12
```

더 간단한 형태의 명령줄 mult.table(2, 6)에서는 인수의 이름인 n과 m을 명시적으로 적지 않았다. 이는 R이 주어진 값을 함수 정의에 나타나는 순서대로 각 이름과 일치시키기 때문이다. 함수를 실행하는 두 번째 동등한 방법은 mult.table(m = 6, n = 4)이 있다. 여기서 인수는 다른 순서로 주어졌다. 인수가 명시적으로 정의되어 있는 한 순서가 달라져도 괜찮다. 음의 정수가 포함된 n과 m의 여러 값으로 mult.table()을 시도하고 직접 결과를 확인해 보아라.

사용자가 mult.table(4, 6.8)을 입력하면 어떻게 될까? 즉, 인수 m에 주어진 값이 정수가 아닌 것이다. 다행히도 ":" 연산자가 부동 소수점을 정수로 잘라내기 때문에 함수는 계속 작동한다. 즉, 부동 소수점 인수를 floor(argument)로 대체한다. 그러나 일반적으로 좋은 프로그래머는 표 2.2에 소개한 명령문을 사용하여 입력값이 원래 기대하던 것이었는지 확인해야 한다.

위의 함수는 함수 내부에 어떤 객체도 생성하지 않지만, 코드의 마지막 줄에서 수행된 계산을 반환한다(위의 함수에는 코드 한 줄만 포함되어 있다). 따라서 mult.table(2, 6)을 입력하면 작업 공간에 nm.table이라는 이름의 객체가 생성된다. 함수 내에서 계산된 다른 값을 반환하려면 함수의 마지막 줄에 return() 문을 추가해야 한다. 따라서 위 함수는 다음과 같이 수정할 수 있다:

```
mult.table <- function(n = 12, m = 12){
  temp <- outer(1:n, 1:m)
  return(temp)
}
mult.table(2, 6)
```

```
     [,1] [,2] [,3] [,4] [,5] [,6]
[1,]    1    2    3    4    5    6
[2,]    2    4    6    8   10   12
```

위에서 temp라는 이름의 객체는 실행이 완료되면 return()에 의해 반환하기 위해 생성되었을 뿐임을 유의하여라. 함수 내에서 생성된 모든 객체는 지역 객체(local object)라고 한다. 따라서 함수가 종료되면 삭제된다. 따라서 임시를 뜻하는 temp라는 이름은 여기에 적합한 이름이다. ls()를 입력하면 목록에서 지역적으로 정의된 객체는 볼 수 없다. 사용자 정의 함수 외부, 즉 작업 공간에서 생성된 객체를 전역 변수(global variables)라고 한다. 전역 변수는 사용자 정의 함수 내에서 사용할 수 있다. return() 함수는 함수의 마지막 줄에 있어야 한다는 점이 중요하다. 실제로 R은 return() 직후에 함수를 종료하므로, return() 이후의 텍스트는 무시된다. 이 함수의 출력을 저장하려면 다음과 같이 입력하여라:

```
nm.table <- mult.table(2, 6)?
```

이 경우 함수는 아무것도 출력하지 않지만 return()의 출력값이 nm.table 객체에 저장된다. 이제 ls()를 입력하면 작업 공간에서 생성된(전역) 모든 객체 중에서 nm.table이라는 이름이 나타난다. 작업 공간 환경의 객체를 전역 객체(global objects)라고 한다. 원한다면 사용자 정의 함수 내에서 전역 객체를 생성할 수도 있다. 예시는 다음과 같다:

```
mult.table <- function(n = 12, m = 12){
  nm.table <<- outer(1:n, 1:m)
```

```
  return(nm.table)
}
mult.table(2, 6)
```

사용자 정의 함수 내에서 전역 변수를 생성하기 위해 "<<-"를 사용한다. x <- mult.table (2, 6)와 같은 함수 호출은 nm.table과 x라는 두 개의 동일한 전역 객체를 생성한다는 점에 유의해야 한다. 따라서 할당 없이 mult.table(2, 6)만 사용해야 한다. 실제로 함수가 전역 객체 nm.table을 생성했기 때문에 return(nm.table)은 필요하지 않게 된다.

한편, 한 줄만 있는 함수를 왜 만들어야 하는지 궁금할 수도 있다. 위의 작업은 다음 중 하나를 입력하여 간단하게 수행할 수 있다:

```
nm.table <- outer(1:2, 1:6)   # 또는
nm.table <- (1:2)%o%(1:6)
```

이 절에서의 목적은 복잡한 코드를 포함하지 않는 매우 간단한 예를 통해 함수를 만드는 방법을 설명하는 것이다. 하지만 함수는 많은 줄의 코드를 입력해야 할 때 가장 유용할 수 있다. 예를 들어, 성공할 때까지 시도 횟수를 찾는 위의 예제 코드를 포함하는 함수를 만들 수 있다.

```
exam <- function(){
  pass <- 0               # pass 객체 초기화
  trials <- 0             # trials 객체 초기화
  while(pass < 1){        # 성공이 1 미만일 때만 루프 호출
  trials <- trials + 1  # 시도 횟수를 1씩 증가
  try <- sample(c("Pass", "Fail"),
    size = 1, prob = c(0.5, 0.5)) # 크기가 1인 샘플
  if(try == "Pass"){
    cat("Passed after", trials,"\n");
        pass = 1          # while() 종료 신호
    }                     # if() 종료
  }                       # while() 종료
}
```

이제 함수 코드를 실행하려면 trial()만 입력하면 된다. exam()에 성공 확률을 인수로 제공하여 더 일반적으로 만들 수도 있다. 두 가지 간단한 변경만 해보자. (a) 정의를 다음과 같이 변경한다: exam <- function(p=0.5) (b) sample()의 인수를 prob=c(0.5, 0.5)에서 prob=c(p, 1 − p)로 변경한다. 이는 시험이 통과하기 더 어렵거나 쉬울 때 적합할 수 있다. 다음은 인수 p의 다른 값으로 수정된 exam()을 사용하는 몇 가지 예시이다:

```
trials(0.75)
```
```
Passed after 1
```
```
trials() # p의 기본값 사용. trials(0.5)와 동일
```
```
Passed after 1
```
```
trials(0.25)
```
```
Passed after 4
```
```
trials(0.1)
```
```
Passed after 53
```

시험의 난이도가 증가함에 따라(성공 확률 p가 감소함에 따라) 더 많은 시도가 필요함을 알 수 있다. 여기서 성공 확률 p가 모든 시도에서 동일하다고 가정했다. 이는 같은 동전을 여러 번 던져 첫 번째 앞면이 나올 때까지 기다리는 경우에는 적절할 수 있지만, 시험 시도에는 분명히 적절한 가정이 아니다. 아마도 시험을 여러 번 보면(적어도 시험을 보는 경험 때문에) 시험에 합격할 확률이 증가할 것으로 기대하기 때문일 것이다.

■ 시뮬레이션(Simulation)

균형 잡힌 m 면 주사위를 n 번 굴리는 시뮬레이션을 수행하고 결과를 반환하는 함수를 작성하고자 한다. 시뮬레이션이라는 이름 그 자체는 별도의 정보를 제공하지 않기 때문에(시뮬레이션은 수많은 다양한 실험에 대해 수행될 수 있음) 함수 이름으로서 좋은 이름은 아니다. 아마도 sim.die가 더 나은 이름일 수 있지만, 물론 독자들이 원하는 이름을 지정할 수 있다. 여기서의 인수는 주사위의 면 수인 m과 주사위를 굴리는 횟수인 n이다. 다음은 이러한 사용자 정의 함수의 예시이다:

```
sim.die <- function(m = 6, n = 8){
  sides <- 1:m   # 주사위의 면 생성
  x <- sample(sides, n, replace = TRUE) # 중복 허용하여 임의표본 추출:
  return(x)
}
```

기본 인수는 m = 6(6면 주사위)과 n = 8(8번의 시행 횟수)이다. 다음은 해당 출력과 함께 이 함수를 호출하는 다섯 가지 예시이다:

```
sim.die()
[1] 6 2 1 4 3 3 5 1
sim.die(2, 8) # 동전과 유사
[1] 1 1 2 1 1 2 2 2
sim.die(3, 8) # 3면 주사위
[1] 2 3 3 3 1 1 3 2
sim.die(5, 8) # 5면 피라미드
[1] 2 4 3 3 3 4 3 4
sim.die(100, 8)
[1] 28 27 58 5 12 64 73 19
```

첫 번째는 기본 주사위인 표준 6면 주사위이다. 나머지 호출은 각각 m = 2, 3, 5, 100인 m면 주사위에 대한 것이다. 2면 주사위는 동전으로 생각할 수 있으므로, 이 함수는 m = 2로 공정한 동전을 n번 뒤집는 시뮬레이션을 수행할 수 있으며, 1은 "Head"를 나타내고 2는 "Tail"을 나타낸다고 가정한다. 실제로 다음과 같이 "Head"와 "Tail"로 변환할 수도 있다:

```
(x <- sim.die(2, 8)) # 시뮬레이션하고 x를 출력
[1] 2 2 2 1 2 1 2 1
ifelse(x == 1, "Head", "Tail")
[1] "Tail" "Tail" "Tail" "Head" "Tail" "Head" "Tail" "Head "
```

x == 1은 x[i]가 1일 때 i번째 값이 TRUE이고 그렇지 않으면 FALSE인 논리 객체를 반환한다는 점을 기억하여라. 따라서 x[i] == 1이 TRUE이면 x[i]는 "Head"로 대체되고, FALSE이면 "Tail"로 대체된다.

여기서 언급할 만한 또 다른 점은 위에서 sim.die(2, 8)을 두 번 호출했는데 동일한 출력을 생성하지 않았다는 것이다. 무작위성 때문에 동일한 결과를 생성할 것으로 기대해서는 안 된다. 어떤 이유로 동일한 난수 시퀀스를 생성하려면 set.seed() 함수를 사용하여 난수 발생기의 시드를 먼저 설정하고, 호출하기 전에 동일한 시드를 사용해야 한다. 다음과 같이 설명할 수 있다:

```
set.seed(1949); sim.die(2, 8)
[1] 2 2 1 2 1 1 2 1
set.seed(1949); sim.die(2, 8)
[1] 2 2 1 2 1 1 2 1
set.seed(1949); sim.die(2, 8)
[1] 2 2 1 2 1 1 2 1
```

모든 출력은 예상대로 동일하다. set.seed()의 인수로 사용된 숫자 1949는 임의로 선택한 것이다. 다른 숫자를 사용하면 다른 시퀀스를 생성하게 된다. 시드를 설정해야 하는 실제적인 예로는 시뮬레이션 실험을 수행하여 서로 다른 방법을 비교하고자 할 때 각 방법을 동일한 데이터에 적용해야 하는 경우이다. 그렇지 않으면 방법 간의 성능 차이가 실제 차이 때문이 아니라 다른 데이터를 사용했기 때문일 수 있으므로 비교가 옳지 않을 수 있다. 시드를 설정해야 하는 또 다른 예로는 코드를 다른 사람에게 보내고 둘 다 동일한 결과를 생성하도록 하고자 할 때이다. 물론 다른 필요성도 있을 수 있다.

또한 R을 사용하여 다양한 확률 분포에서 시뮬레이션된 데이터를 생성할 수도 있다. 예를 들어, 평균이 m이고 표준편차가 s인 정규 분포에서 n개의 관측치를 시뮬레이션하려면 rnorm(n, mean = m, sd = s)를 사용한다. 다른 분포의 예로는 runif(n, min = 0, max = 1), rexp(n, rate = 1), rpois(n, lambda), rgeom(n, prob) 등이 있다. 눈치챘듯이, 이들 함수는 모두 동일한 패턴을 따르는데, 첫 글자는 r(무작위를 의미)이고, 괄호 사이에는 인수와 함께 분포의 약어 이름이 온다. 다른 분포에 대한 형식은 분포 이름(예: ??binomial 및 ??multivariate) 뒤에 ??를 입력하여 확인할 수 있다.

2.10 참고문헌

이 장에서 R 언어의 전문 프로그래머가 되는 방법을 가르치는 것이 우리의 의도는 아니다. R 프로그래밍 언어를 공부할 수 있는 수많은 표준 서적이 있다. 예를 들어, Maindonald & Braun(2003), Dalgaard(2008), Matloff(2011), Crawley(2012), Cotton (2013), Grolemund(2014), Lander(2014), Wickham(2014), Kabacoff(2015), Gillespie & Lovelace(2017), Wickham & Gorlemund(2017), Grosser et al.(2022) 등을 들 수 있다. 독자들은 R Core Team(2022)에서 제공하는 매우 풍부한 문서와 온라인에서 무료로 제공되는 많은 튜토리얼과 무료 강좌에서도 혜택을 받을 수 있다. 특정 분야에서의 R 응용에 대해 쓰인 다른 많은 책들도 있다. 예를 들어, Racine & Hyndman(2002), Maindonald & Braun(2003), Verzani(2004), Faraway(2006), Dalgaard(2008), Robert & Casella(2010), Wickham & Bryon(2015), Boehmke(2016), Davies(2016), Wickham(2016), Zumel & Mount(2019), Lilja & Linse(2022) 등을 참조하여라.

연습문제

2.1 다음 명령을 실행하고 출력값을 설명하여라.

(a) x <- c(1, 2, 3)

(b) y <- c(10, 20, 30, 40, 50, 60, 70)

(c) x+y

2.2 다음은 R 작업 공간에서 "x"라는 이름의 객체에 대한 R 명령줄과 출력이다.

```
class(x); dim(x); colMeans(x); length(x); mean(x);
```

```
[1] " data.frame "
[1] 15 2
height weight
65.0000 136.7333
[1] 2
[1] NA
Warning message:
In mean.default(x): argument is not numeric or logical: returning NA
```

위의 정보를 사용하여 다음 질문에 답하여라.

(a) 객체 x에는 몇 개의 변수가 있는가? 그것들은 무엇인가?

(b) 객체 x에는 몇 개의 관측치가 있는가?

(c) x[,3]의 평균은 얼마인가?

(d) x의 세 번째 열의 중앙값은 얼마인가?

(e) 각 열의 x의 합을 계산하여라.

(f) x$height의 분산은 얼마인가?

(g) x[,2]의 분산은 얼마인가?

(h) x[,2]의 표준편차는 얼마인가?
(i) x의 열 간의 관계에 대해 결론지을 수 있는가?
(j) x의 열 간의 관계에 대한 결론을 위해 필요한 것은 무엇인가?

2.3 다음을 R에서 가장 잘 다루기 위한 방법은 무엇인가?

(a) 5명의 대상자가 수행한 운동 수준을 나타내는 객체
(b) 한 학생이 n개의 참/거짓 문제로 구성된 시험을 봄

2.4 한 학생이 50개의 참/거짓 문제로 구성된 시험을 보았다. 결과는 정답이면 1로, 그렇지 않으면 0으로 기록되었다. 데이터는 R에서 x라는 객체에 저장하였고, sum(x)는 41을 출력하였다. 다음을 계산하는 데 필요한 R 명령을 작성하고 해당 출력을 작성하여라.

(a) 객체 x의 길이
(b) x 데이터의 평균
(c) x 데이터의 중앙값
(d) 학생이 틀린 문제의 수
(e) 시험에 대한 오답 비율
(f) x 데이터의 분산
(g) 객체 x를 논리 객체로 변환

2.5 8명의 학생에게 다음과 같은 질문을 하였다: "지갑에는 몇 달러가 있나요? 응답은 다음과 같다(달러).

2, 5, 없음, 94, 답변 거부, 0, −4, 3

(a) 의미가 없는 값은 무엇인가? 이유는?
(b) 여기에서 대푯값으로 적절한 척도는 무엇인가? 평균 또는 중앙값? 이유는?

다음을 수행하기 위하여 적절한 R 명령을 작성하여라.

(c) 이 값들을 x라는 객체에 생성하고 저장하여라.
(d) 처음 5개 값을 출력하여라.
(e) 마지막 4개의 값을 출력하여라.
(f) 평균을 계산하여라.

(g) 중앙값을 계산하여라.

(h) 최솟값의 위치는?

(i) 두 번째 최솟값의 위치는?

(j) NA(결측값)를 첫 번째로 하고 오름차순으로 데이터를 정렬하여라.

2.6 시퀀스(Sequences):

(a) 4, 5, ..., 555의 시퀀스를 생성하는 R 명령을 작성하여라.

(b) 0, 2, 4, 6, ..., 1000의 시퀀스를 생성하는 R 명령을 작성하여라.

2.7 다음 행렬을 고려하여라.

$$a = [2 \quad 1],\ b = \begin{bmatrix} 2 \\ 0 \\ 1 \end{bmatrix},\ f = \begin{bmatrix} 1 & 2 \\ 3 & -1 \\ 2 & 5 \end{bmatrix},\ g = \begin{bmatrix} 0.123e3 \\ \text{NA} \\ \text{"NA"} \\ \text{"B"} \end{bmatrix}$$

(a) 이 행렬을 R 작업 공간에서 같은 이름의 객체로 생성하는 데 필요한 R 명령을 작성하여라.

(b) g를 숫자 행렬로 변환하는 R 명령을 작성하여라.

(c) f 행렬의 전치행렬을 구하는 R 명령을 작성하여라.

(d) f의 모든 원소의 평균을 구하는 R 명령을 작성하여라.

(e) f의 각 열의 중앙값을 구하는 R 명령을 작성하여라.

(f) f의 첫 두 행을 표시하는 R 명령을 작성하여라.

(g) f의 1행과 3행을 표시하는 R 명령을 작성하여라.

2.8 평균이 50이고 분산이 25인 정규분포를 따르는 모집단이 있다고 가정하자. R을 사용하여 다음에 답하여라.

(a) 이 모집단에서 크기 100의 랜덤 표본을 추출하고 그 결과를 x라는 객체에 저장하여라.

(b) x의 데이터의 다섯 숫자 요약(five-number summary)을 계산하여라.

(c) x에서 42 미만인 관측치의 수를 계산하여라.

(d) x에서 58 미만인 관측치의 수를 계산하여라.

(e) 전체 값의 상위 15%에 해당하는 x값을 출력하여라.

(f) 데이터에 이상치가 있는지 확인하여라.

2.9 Titanic 데이터는 R 패키지 vcdExtra에 있다. 패키지를 설치한 다음 아래를 위한 R 명령을 작성하여라.

(a) 이 데이터셋을 R 작업 공간으로 읽어들이고 df라는 이름으로 변경하여 저장하여라.
(b) df의 행과 열의 수를 출력하여라.
(c) df의 첫 3줄을 표시하여라.
(d) df 데이터의 age 변수에 대한 상자 그림을 출력하여라.
(e) 위의 상자 그림을 현재 작업 디렉토리에 pdf 또는 eps 파일로 저장하여라.
(f) df 데이터의 age 변수에서 이상치의 수를 계산하여라.
(g) df 데이터에 있는 숫자 변수에서 이상치를 식별하고 위치를 특정하여라.
(h) pclass와 survived 두 변수의 분할표(contingency table)를 계산하고 ct라는 객체에 저장하여라.
(i) df의 모든 요인 변수의 1차원 분할표(flat contingency table)를 계산하고 ft라는 객체에 저장하여라.
(j) ct와 ft의 차원을 출력하여라.
(k) ct와 ft 두 객체를 작업 디렉토리에 Titanicp.xlsx라는 이름의 파일에 모두 저장하여라.

2.10 Animals2 데이터셋은 robustbase R 패키지에 있다. 데이터를 R 작업 공간으로 읽어들이고 df라는 이름으로 변경 저장하여라. 다음 작업을 수행하는 데 필요한 R 명령을 작성하여라.

(a) df의 변수의 공분산 행렬을 계산하고 cov.x라는 객체에 저장하여라.
(b) cov.x가 대칭인지 확인하여라.
(c) df에 포함된 변수들의 상관행렬을 계산하고 cor.x라는 객체에 저장하여라.
(d) df의 모든 변수를 표준화하고 결과를 Z라는 객체에 저장하여라.
(e) Z의 공분산 행렬을 계산하고 cov.z라는 객체에 저장하여라.
(f) cor.x가 cov.z와 같은지 확인하여라.
(g) 상관 행렬 cor.z의 고유값과 고유벡터를 계산하여라.
(h) 고유값의 합이 cor.z의 트레이스(trace, 대각합)와 같은지 확인하여라. 항상 그런가?
(i) 고유값의 곱이 cor.z의 행렬식(determinant)와 같은지 확인하여라. 항상 그런가?
(j) cor.z의 고유벡터를 포함하는 행렬 V를 생성하여라.

(k) V의 역행렬이 전치행렬인 V^T와 같은지 확인하여라. 이는 V^T가 정규직교행렬 (orthonormal matrix)이기 때문이다.

(l) 대각에 cor.z의 고유값을 포함하는 대각행렬 Λ를 생성하여라.

(m) $V\Lambda V^T$이 cor.z와 같은지 확인하여라. 이것은 이른바 분광분해(spectral decomposition) 정리이다.

Chapter 03

단순선형회귀

Simple Linear Regression

3.1 소개

반응변수 Y와 하나의 예측변수 X_1 사이의 관계를 연구하는 간단한 경우를 가지고 시작한다. 오직 하나의 예측변수만을 가지고 있기 때문에, 단순함을 위해 X_1의 아래첨자를 생략하여 X를 사용한다. 두 변수 사이의 선형관계에 대한 방향과 강도를 측정하는 공분산과 상관계수에 관해 논의한다. 다음으로 단순선형 회귀모형이 정식화되고, 중요한 이론적 결과들이 수리적 유도 없이 주어지며, 수치적 예제에 의해 설명된다. 수리적 유도에 관심이 있는 독자들은 이 장의 끝에 있는 문헌목록의 설명을 참조하여라. 이는 회귀분석의 형식적 전개를 포함하고 있는 책들을 나열하고 있다.

3.2 공분산과 상관계수

종속변수(반응변수) Y와 설명변수 X로 구성된 n개의 관측개체를 가지고 있다고 하자. 관측개체들은 통상 표 3.1과 같이 기록된다. 여기에서 Y와 X 간 연관관계의 **방향**(direction)과 **강도**(strength)를 측정하고자 한다. **공분산**(covariance)과 **상관계수**(correlation coefficient)로 알려진 두 개의 측도들은 아래와 같이 전개된다.

Y와 X의 산점도(scatter plot) 상에서, 그림 3.1에서와 같이 $\overline{x}$에 수직선을 긋고 $\overline{y}$에 수평선을 긋자. 여기에서

$$\overline{y}=\frac{\sum_{i=1}^{n} y_i}{n}, \quad \overline{x}=\frac{\sum_{i=1}^{n} x_i}{n} \tag{3.1}$$

는 각각 Y와 X의 표본평균(sample mean)이다. 두 선은 그래프를 4사분면으로 나눈다. 그래프의 각 점 i에 대하여, 다음의 값들을 계산하자.

- $y_i-\overline{y}$, 반응변수의 평균으로부터 각 관측개체 y_i의 편차
- $x_i-\overline{x}$, 예측변수의 평균으로부터 각 관측개체 x_i의 편차
- $(y_i-\overline{y})(x_i-\overline{x})$, 위의 두 값의 곱

표 3.1 단순회귀와 상관에서 사용되는 데이터에 대한 표기

관측개체 번호	반응변수 Y	예측변수 X
1	y_1	x_1
2	y_2	x_2
⋮	⋮	⋮
n	y_n	x_n

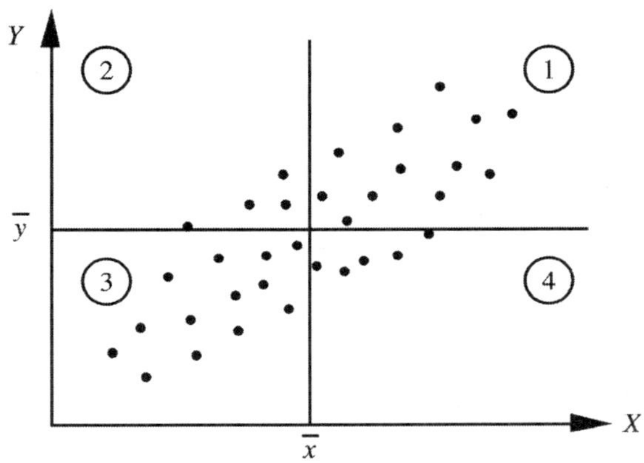

그림 3.1 상관계수에 대한 그래프적 설명

그래프에서, 1사분면과 2사분면의 모든 점들에 대한 $y_i - \bar{y}$의 값은 양(+)이고, 3사분면과 4사분면의 모든 점들에 대해서는 음(−)이라는 것이 명백하다. 유사하게, 1사분면과 4사분면의 모든 점들에 대한 $x_i - \bar{x}$의 값은 양(+)이고, 2사분면과 3사분면의 모든 점들에 대해서는 음(−)이다. 이러한 사실이 표 3.2에 정리되어 있다.

만약 Y와 X의 선형관계가 양이면(X가 증가함에 따라서 Y도 증가하면), 2사분면과 4사분면보다는 1사분면과 3사분면에 더 많은 점들이 있게 된다. 이 경우 표 3.2에서 마지막 열의 합계는 양의 값을 가질 것이다. 왜냐하면 음의 값보다는 양의 값이 더 많기 때문이다. 반대로, 만약 Y와 X의 선형관계가 음이면(X가 증가함에 따라서 Y가 감소하면), 1사분면과 3사분면보다는 2사분면과 4사분면에 더 많은 점들이 있게 된다. 따라서 표 3.2에서

표 3.2 $(y_i - \bar{y})$와 $(x_i - \bar{x})$의 값에 대한 대수적 부호

사분면	$y_i - \bar{y}$	$x_i - \bar{x}$	$(y_i - \bar{y})(x_i - \bar{x})$
1	+	+	+
2	+	−	−
3	−	−	+
4	−	+	−

마지막 열의 합계는 음의 값을 가질 것이다. 그러므로 Y와 X의 **공분산**(covariance)이라 불리는 다음 값

$$\text{cov}(Y, X) = \frac{\sum_{i=1}^{n} (y_i - \bar{y})(x_i - \bar{x})}{n-1} \tag{3.2}$$

의 부호는 Y와 X 사이의 선형관계에 대한 방향을 나타낸다. $\text{cov}(Y, X) > 0$이면, Y와 X 사이에 양의 관계가 있다. 반면에, $\text{cov}(Y, X) < 0$이면, 음의 관계가 있다. 불행하게도, $\text{cov}(Y, X)$는 우리에게 그러한 관계의 강도(strength)가 얼마나 되는지를 알려주지는 않는다. 왜냐하면 공분산이 측정 단위의 변화에 영향을 받기 때문이다. 예를 들어, 우리가 Y 또는 X에 대하여 달러 단위 대신에 천 달러 단위를 사용하면, 다른 $\text{cov}(Y, X)$의 값을 얻게 된다. 이러한 공분산의 단점을 피하기 위해 공분산을 계산하기 전에 데이터를 **표준화**(standardization)할 수 있다. Y 데이터를 표준화하기 위하여, 먼저 각 관측개체로부터 평균을 빼고 그 다음에 표준편차로 나눈다. 즉, 다음을 계산한다.

$$z_i = \frac{y_i - \bar{y}}{s_y}, \tag{3.3}$$

여기에서

$$s_y = \sqrt{\frac{\sum_{i=1}^{n} (y_i - \bar{y})^2}{n-1}} \tag{3.4}$$

는 Y의 표본 **표준편차**(standard deviation)이다. 식 (3.3)의 표준화된 변수 Z는 평균이 0이고 표준편차가 1임을 보일 수 있다. 유사하게, 각 관측개체 x_i로부터 평균 $\bar{x}$를 빼고 그 다

음에 표준편차 s_x로 나누어 X를 표준화한다. 이와 같이 표준화된 Y와 표준화된 X 사이의 공분산은 Y와 X 사이의 **상관계수**(correlation coefficient)라고 불리며, 다음과 같이 계산된다.

$$\text{cor}(Y, X) = \frac{1}{n-1}\sum_{i=1}^{n}\left(\frac{y_i - \bar{y}}{s_y}\right)\left(\frac{x_i - \bar{x}}{s_x}\right). \tag{3.5}$$

상관계수에 대한 동일한 공식은 다음과 같다.

$$\text{cor}(Y, X) = \frac{\text{cov}(Y, X)}{s_y\, s_x} \tag{3.6}$$

$$= \frac{\sum_{i=1}^{n}(y_i - \bar{y})(x_i - \bar{x})}{\sqrt{\sum_{i=1}^{n}(y_i - \bar{y})^2 \sum_{i=1}^{n}(x_i - \bar{x})^2}}. \tag{3.7}$$

따라서, $\text{cor}(Y, X)$는 표준화된 변수들 사이의 공분산으로 해석될 수 있으며, 또는 두 변수들의 표준편차에 대한 공분산의 비(ratio)로 해석될 수 있다. 식 (3.5)로부터, 상관계수가 대칭적이라는 것을 보일 수 있다. 즉, $\text{cor}(Y, X) = \text{cor}(X, Y)$.

$\text{cov}(Y, X)$와 달리, $\text{cor}(Y, X)$는 척도에 불변한다(scale invariant). 즉, 측정 단위가 변경되어도 상관계수는 변하지 않는다. 더 나아가, $\text{cor}(Y, X)$는 다음을 만족한다.

$$-1 \le \text{cor}(Y, X) \le 1. \tag{3.8}$$

이 성질은 Y와 X의 관계에 대한 방향과 강도를 측정함에 있어서 $\text{cor}(Y, X)$를 유용하게 한다. $\text{cor}(Y, X)$의 크기는 Y와 X의 관계에 대한 강도를 측정한다. $\text{cor}(Y, X)$가 1 또는 -1에 가까울수록 Y와 X의 관계는 더 강하다. $\text{cor}(Y, X)$의 부호는 Y와 X의 관계에 대한 방향을 나타낸다. 즉, $\text{cor}(Y, X) > 0$은 Y와 X가 양의 관계를 가짐을 나타낸다. 반대로, $\text{cor}(Y, X) < 0$은 Y와 X가 음의 관계를 가짐을 나타낸다.

그러나 $\text{cor}(Y, X) = 0$이 반드시 Y와 X사이에 관계가 없음을 의미하는 것이 아님을 주목하여라. 상관계수는 오직 **선형**(linear)관계를 측정하기 때문에, 이는 그들이 선형적으로 관련되어 있지 않음을 나타낸다. 다시 말하면, Y와 X가 비선형적으로 관련되어 있을

표 3.3 Y와 X 사이에 완벽한 비선형관계를 가지지만 $\text{cor}(Y,X)=0$인 데이터 세트

Y	X	Y	X	Y	X
1	−7	46	−2	41	3
14	−6	49	−1	34	4
25	−5	50	0	25	5
34	−4	49	1	14	6
41	−3	46	2	1	7

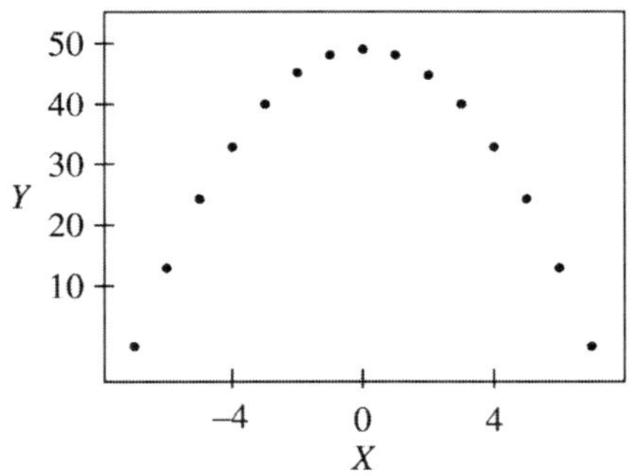

그림 3.2 표 3.3의 Y 대 X의 산점도

때도 $\text{cor}(Y,X)$가 0이 될 수 있다. 예를 들어, 표 3.3의 Y와 X는 $Y=50-X^2$이라는 완벽한 비선형관계를 가지고 있으나(그림 3.2에 도시되어 있음), $\text{cor}(Y,X)=0$이다.[1)]

더 나아가, 많은 다른 요약통계량들과 마찬가지로, $\text{cov}(Y,X)$는 데이터에 있는 하나 또는 몇 개의 특이값에 영향을 받을 수 있다. 이 점을 강조하기 위하여 Anscombe(1973)는 Anscombe's quartet으로 알려진 네 개의 데이터 세트를 구성하였다. 이들 각각은 서로 다른 패턴을 보이지만 동일한 요약통계량들의 집합을 가지고 있다(즉, 상관계수가 동일하다).

회귀선을 가지는 산점도는 그림 3.3에 나타나 있다. 데이터는 이 책의 웹사이트에서도 찾아볼 수 있다.[2)] 또한 R의 datasets 패키지에서 data(anscome)을 코드로 입력하여 얻을 수도 있다. 상관계수와 같은 요약통계량에만 의존하는 분석으로는 패턴에 있어서의 차이를 검출할 수 없을 것이다.

---

1) 그래프의 생성을 위한 R 코드는 본 교재의 웹사이트에서 확인할 수 있다.

2) http://www.aucegypt.edu/faculty/hadi/RABE6

```
Anscombe <- read.table("C:/Temp/RABE6/Anscombe.txt", sep = "\t",
                       header = TRUE)
head(Anscombe, 5)   # 데이터의 첫 5행을 출력

plot(Y1 ~ X1, data = Anscombe, pch = 19, xlim = c(0,20), ylim = c(0,15))
reg <- lm(Y1 ~ X1, data = Anscombe)
abline(reg)
```

그림 3.3을 살펴보면, (a)의 그림에 주어져 있는 첫 번째 집합만이 선형모형에 의해 묘사될 수 있을 것으로 보인다. (b)의 그림은 두 번째 데이터 세트가 명백하게 비선형적이며 이차함수에 의하여 더 잘 적합될 것을 보여준다. (c)의 그림은 세 번째 데이터 세트가 적합선의 기울기와 절편을 뒤틀게 하는 하나의 점을 가지고 있다는 것을 보여준다. (d)의 그림은 네 번째 데이터 세트가 선형적합에 타당하지 않으며, 하나의 극단적 관측개체에 의하여 적합선이 거의 결정된다는 것을 보여준다. 따라서, $\text{cor}(Y, X)$의 수치값을 해석하기 전에 Y 대 X의 산점도를 살펴보는 것은 매우 중요하다.

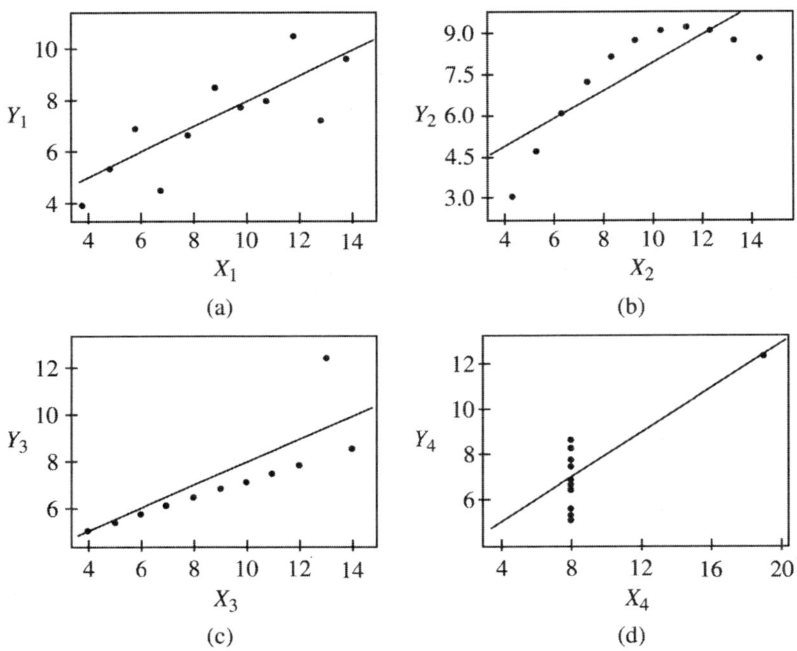

그림 3.3 표 2.4의 데이터에 대하여 적합선을 가진 산점도

3.3 사례: 컴퓨터 수리시간 데이터

하나의 사례로서 소형 컴퓨터를 판매하고 수리하는 한 회사의 경우를 고려하자. 컴퓨터 수리시간(Minutes)과 컴퓨터 내의 교체 또는 수리되어야 할 전자부품의 수(Units) 사이의 관계를 연구하기 위해, 수리시간의 기록에 대한 표본 데이터가 얻어졌다. 데이터는 분 단위로 측정된 수리시간(반응변수)과 수리되어야 할 부품의 수(예측변수)로 구성되어 있다. 데이터는 표 3.4에 제시되어 있다. 컴퓨터 수리시간(Computer Repair) 데이터는 이 책의 웹사이트에서도 찾아볼 수 있다. 우리는 이 데이터를 이 장의 사례로 사용할 것이다. 표 3.5에는 $\bar{y}$, $\bar{x}$, $\text{cov}(Y,X)$, $\text{cor}(Y,X)$를 계산하기 위해 필요한 값들이 주어져 있다. 따라서, 다음을 계산할 수 있다.

$$\bar{y} = \sum_{i=1}^{n} \frac{y_i}{n} = \frac{1361}{14} = 97.21, \quad \bar{x} = \sum_{i=1}^{n} \frac{x_i}{n} = \frac{84}{14} = 6,$$

$$\text{cov}(Y,X) = \frac{\sum_{i=1}^{n} (y_i - \bar{y})(x_i - \bar{x})}{n-1} = \frac{1768}{13} = 136,$$

$$\text{cor}(Y,X) = \frac{\sum (y_i - \bar{y})(x_i - \bar{x})}{\sqrt{\sum (y_i - \bar{y})^2 \sum (x_i - \bar{x})^2}} = \frac{1768}{\sqrt{27,768.36 \times 114}} = 0.994.$$

앞의 평균, 분산, 상관계수 등의 값들은 R을 사용하여 다음과 같이 얻을 수 있다: 먼저 R의 작업 디렉토리에 교재의 웹사이트에 있는 Computer.Repair.txt 파일을 다운로드한 후 데이터 프레임으로 저장하고(2.6절 참조), 필요한 값들을 계산하기 위해 아래 코드를 사용하자.

표 3.4 수리시간(분)과 수리될 부품의 수

번호	Minutes	Units	번호	Minutes	Units
1	23	1	8	97	6
2	29	2	9	109	7
3	49	3	10	119	8
4	64	4	11	149	9
5	74	4	12	145	9
6	87	5	13	154	10
7	96	6	14	166	10

```
Computer <- read.table("C:/Temp/RABE6/Computer.Repair.txt", sep = "\t",
                       header = TRUE)
head(Computer, 5)   # 데이터 프레임의 첫 5행 표시

colMeans(Computer)
cov(Computer$Minutes, Computer$Units)   # cov(Computer)
cor(Computer$Minutes, Computer$Units)   # cor(Computer)

plot(Minutes ~ Units, data = Computer, pch = 19)   # 그림 3.4
```

표 3.5 수리시간 Y와 부품의 수 X 사이의 상관계수를 계산하기 위해 필요한 값들

i	y_i	x_i	$(y_i - \bar{y})$	$(x_i - \bar{x})$	$(y_i - \bar{y})^2$	$(x_i - \bar{x})^2$	$(y_i - \bar{y})(x_i - \bar{x})$
1	23	1	−74.21	−5	5507.76	25	371.07
2	29	2	−68.21	−4	4653.19	16	272.86
3	49	3	−48.21	−3	2324.62	9	144.64
4	64	4	−33.21	−2	1103.19	4	56.43
5	74	4	−23.21	−2	538.90	4	46.43
6	87	5	−10.21	−1	104.33	1	10.21
7	96	6	−1.21	0	1.47	0	0.00
8	97	6	−0.21	0	0.05	0	0.00
9	109	7	11.79	1	138.90	1	11.79
10	119	8	21.79	2	474.62	4	43.57
11	149	9	51.79	3	2681.76	9	155.36
12	145	9	47.79	3	2283.47	9	143.36
13	154	10	56.79	4	3224.62	16	227.14
14	166	10	68.79	4	4731.47	16	275.14
Total	1361	84	0.00	0	27768.36	114	1768.00

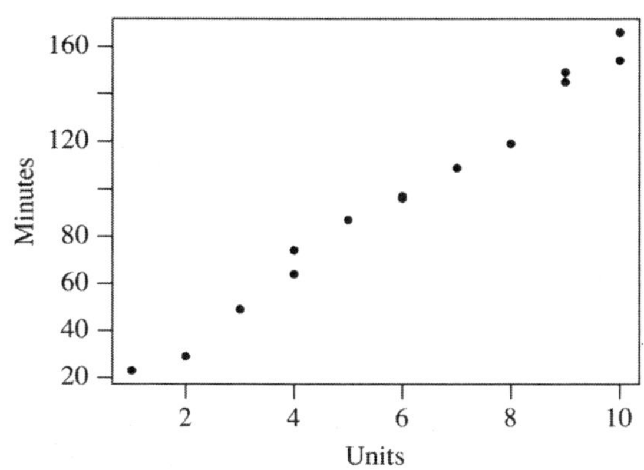

그림 3.4 컴퓨터 수리시간 데이터: 수리시간 대 부품의 수의 산점도

$\text{cor}(Y, X)$의 값으로부터 결론을 이끌어내기 전에, 대응되는 Y 대 X의 산점도를 탐색할 필요가 있다. 이 플롯은 그림 3.4에 주어져 있다. $\text{cor}(Y, X) = 0.996$이라는 높은 값은 그림 3.4에 표현된 Y와 X 사이의 강한 선형관계와 일치한다. 따라서 수리시간과 수리될 부품의 수 사이에는 강한 양의 관계가 있다고 결론지을 수 있다.

$\text{cor}(Y, X)$가 선형관계의 방향과 강도를 측정하기 위해 유용한 값이라고 할지라도, 예측의 목적으로 사용되기는 어렵다. 즉, 한 변수의 값이 주어졌을 때 다른 변수의 값을 예측하기 위하여 $\text{cor}(Y, X)$를 사용할 수 없다. 더 나아가, $\text{cor}(Y, X)$는 단지 대응(pairwise) 관계만을 측정한다. 그러나 회귀분석은 하나 이상의 반응변수들이 하나 이상의 예측변수들과 어떻게 관계하고 있는지를 설명하기 위해 사용될 수 있다. 그것은 예측을 위해서도 사용될 수 있다. 회귀분석은 반응변수와 예측변수 사이의 관계에 대한 방향과 예측을 측정하는 것뿐만 아니라 관계를 수치적으로 묘사하는 모형을 가정하기 때문에 상관분석의 매력적인 확장이다. 이 장의 나머지 부분에서는 단순선형 회귀모형에 대하여 논의한다. 3장에서는 다중회귀모형에 대하여 설명한다.

3.4 단순선형회귀모형

반응변수 Y와 예측변수 X의 관계는 다음과 같은 선형모형으로 가정될 수 있다.[3)]

$$Y = \beta_0 + \beta_1 X + \epsilon, \tag{3.9}$$

여기에서 β_0와 β_1은 **모형 회귀계수**(model regression coefficient) 혹은 **모수**(parameter)라고 불리는 상수(constant)이며, ϵ은 확률변동(random disturbance) 혹은 오차(error)이다. 이것은 관측된 연구의 범위 내에서 선형방정식 (3.9)가 Y와 X 사이의 참 관계에 대하여 만족스러운 근사(approximation)를 제공한다고 가정한다. 즉, Y는 근사적으로 X의 선

3) 선형(linear)이라는 단어는 여기에서 두 가지 역할을 가지고 있다. Y와 X 사이의 관계가 선형이라는 사실을 묘사하는 것으로 간주될 수 있다. 더 일반적으로, 선형이라는 단어는 회귀모수 β_0와 β_1이 식 (3.9)에 선형의 형식으로 삽입되어 있다는 사실을 나타낸다. 그러므로 예컨대 $Y = \beta_0 + \beta_1 X^2 + \epsilon$은 Y와 X 사이의 관계가 2차의 형태일지라도 역시 선형모형이다.

형함수이며, ϵ은 그 근사에 있어서의 차이를 측정한다. 특별히, ϵ은 Y를 결정하기 위해 X 안에 내제된 어떠한 체계적인 정보도 가지고 있지 않다. **기울기**(slope)로 불리는 계수 β_1은 X의 한 단위 변화에 대한 Y의 변화로서 해석될 수 있다. **상수항**(constant) 혹은 **절편**(intercept)으로 불리는 β_0는 $X=0$일 때 Y의 기댓값이다.

식 (3.9)에 따르면 표 3.1의 각 관측개체는 다음과 같이 표현될 수 있다.

$$y_i = \beta_0 + \beta_1 x_i + \epsilon_i, \quad i = 1, 2, \ \ldots, n, \tag{3.10}$$

여기에서 y_i는 반응변수 Y의 i번째 값을 나타내고, x_i는 예측변수 X의 i번째 값을 나타내며, ϵ_i는 y_i의 근사에 대한 오차를 나타낸다.

회귀분석은 상관분석과 한 가지 중요한 측면에서 다르다. 상관계수는 $\text{cor}(Y, X)$가 $\text{cor}(X, Y)$와 같다는 점에서 대칭적이다. 변수 X와 Y는 동등하게 중요하다. 회귀분석에서는 반응변수 Y가 일차적으로 중요하다. 예측변수 X의 중요성은 그 자신의 본질이 아니라 반응변수 Y의 변이에 대한 설명력에 달려 있다. 그러므로 Y가 일차적으로 중요하다.

컴퓨터 수리시간 예제로 돌아가서, 그 회사는 다음 몇 년 동안 필요하게 될 서비스 엔지니어의 수를 예측하고자 한다고 가정하자. 선형모형

$$\text{Minutes} = \beta_0 + \beta_1 \, \text{Units} + \epsilon \tag{3.11}$$

은 컴퓨터 수리시간(Minutes)과 컴퓨터 내의 교체 또는 수리되어야 할 전자부품의 수(Units) 사이의 관계를 나타내는 것으로 가정된다. 이러한 가정의 타당성을 검토하기 위하여, 반응변수 대 예측변수의 그래프를 살펴보자. 그림 3.4에 보여진 바와 같이, 그래프는 식 (3.11)의 관계가 타당한 가정임을 제안하고 있다.

3.5 모수에 대한 추정

이용가능한 데이터에 근거하여, 우리는 모수 β_0와 β_1을 추정하기를 원한다. 이는 반응변수 대 예측변수의 산점도에 있는 점들을 **가장 잘 적합**(best fit) 혹은 표현하는 직선을 찾는

것과 동일하다(그림 3.4 참조). 우리는 통상적인 **최소제곱법**(least squares method)을 이용하여 모수를 추정하는데, 이 방법은 각 점으로부터 구하고자 하는 최적 직선까지의 **수직거리**(vertical distance)의 제곱합을 최소로 하는 직선의 방정식을 제공한다.[4] 수직거리는 반응변수에 있는 오차들을 나타낸다. 이 오차들은 식 (3.10)을 다음과 같이 재표현하여 얻을 수 있다.

$$\epsilon_i = y_i - \beta_0 - \beta_1 x_i, \quad i = 1, 2, \ ..., n. \tag{3.12}$$

이러한 거리들의 제곱합은 다음과 같이 쓸 수 있다.

$$S(\beta_0, \beta_1) = \sum_{i=1}^{n} \epsilon_i^2 = \sum_{i=1}^{n} (y_i - \beta_0 - \beta_1 x_i)^2. \tag{3.13}$$

$S(\beta_0, \beta_1)$최소로 하는 값 $\hat{\beta}_0$과 $\hat{\beta}_1$은 다음과 같이 주어진다.

$$\hat{\beta}_1 = \frac{\sum (y_i - \bar{y})(x_i - \bar{x})}{\sum (x_i - \bar{x})^2}, \tag{3.14}$$

$$\hat{\beta}_0 = \bar{y} - \hat{\beta}_1 \bar{x}. \tag{3.15}$$

$\hat{\beta}_0$이 $\hat{\beta}_1$을 이용하기 때문에, $\hat{\beta}_0$에 대한 공식보다 $\hat{\beta}_1$에 대한 공식이 먼저 제시되었다. $\hat{\beta}_0$과 $\hat{\beta}_1$은 β_0와 β_1에 대한 최소제곱추정치라고 불리는데, 이는 $\hat{\beta}_0$와 $\hat{\beta}_1$이 **최소제곱법**의 해(solution)이며, 각 점으로부터 수직거리의 제곱합을 최소로 하는 직선에 대한 절편(intercept)과 기울기(slope)이기 때문이다. 이러한 이유로 그 선을 **최소제곱회귀선**(least squares regression line)이라고 한다. 최소제곱회귀선은 다음과 같이 주어진다.

$$\hat{Y} = \hat{\beta}_0 + \hat{\beta}_1 X. \tag{3.16}$$

우리가 수직거리의 제곱합을 최소로 하는 직선을 항상 찾을 수 있기 때문에 최소제곱회귀선이 항상 존재한다는 것을 주목하여라. 사실, 다음에 살펴볼 것처럼, 어떤 경우에는 최소제곱회귀선이 유일하지 않을 수도 있다. 이러한 경우들은 실제에서는 자주 일어나지 않는다.

---

4) 수직거리에 대한 대안 중 하나는 선의 각 점으로부터의 최단(shortest) 거리이다. 이를 이용하여 얻은 결과는 **직교회귀**(orthogonal regression) 선이라고 불린다.

주어진 데이터에 있는 각 관측개체들에 대하여 다음을 계산할 수 있다.

$$\hat{y}_i = \hat{\beta}_0 + \hat{\beta}_1 x_i, \quad i = 1, 2, \ldots, n. \tag{3.17}$$

이것들은 **적합값**(fitted value)이라고 불린다. 따라서 i 번째 적합값 $\hat{y}_i$는 식 (3.16)의 최소제곱회귀선에서 x_i에 대응되는 점이다. i 번째 관측개체에 대응되는 수직거리는 다음과 같다.

$$e_i = y_i - \hat{y}_i, \quad i = 1, 2, \ldots, n. \tag{3.18}$$

이들 수직거리는 보통의(ordinary) **최소제곱잔차**(least squares residual)라고 불린다.[5] 식 (3.18)에 있는 잔차의 성질 중 하나는 그들의 합이 0이라는 것이다[연습문제 3.5(a) 참조]. 이것은 직선의 위쪽에 있는 e_i들의 합이 직선의 아래쪽에 있는 e_i들의 합과 같다는 것을 의미한다.

컴퓨터 수리시간 데이터와 표 3.5의 값들을 이용하여 다음을 얻을 수 있다.

$$\hat{\beta}_1 = \frac{\sum (y_i - \bar{y})(x_i - \bar{x})}{\sum (x_i - \bar{x})^2} = \frac{1768}{114} = 15.509,$$

$$\hat{\beta}_0 = \bar{y} - \hat{\beta}_1 \bar{x} = 97.21 - 15.509 \times 6 = 4.162.$$

따라서 최소제곱회귀선의 방정식은 다음과 같다.

$$\text{Minutes} = 4.162 + 15.509 \text{ Units}. \tag{3.19}$$

이 최소제곱선은 그림 3.5에서 수리시간 대 부품의 수의 산점도와 함께 제시되어 있다. 식 (3.17)의 적합값과 (3.18)의 잔차는 표 3.6에 주어져 있다.

식 (3.19)의 회귀계수는 R에서 선형 모델을 의미하는 lm() 함수를 사용하여 계산할 수 있다. lm()의 구문은 다음과 같다.

```
lm(Y ~ X, data = df)
```

5) 보통최소제곱(ordinary least squares)이라는 용어는 이후에 제시되는 다른 유형의 잔차들과 구별하기 위한 것이다.

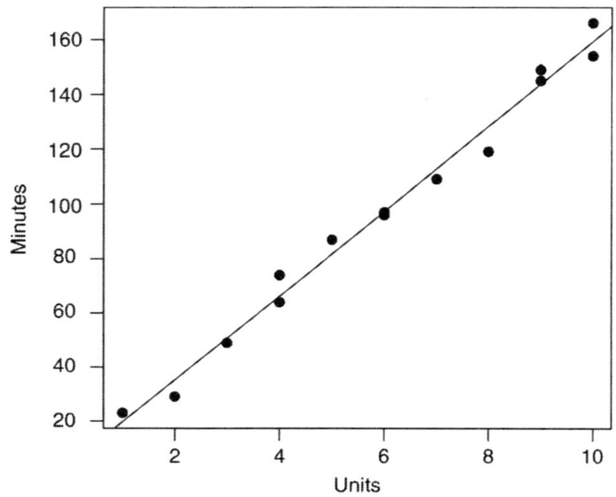

그림 3.5 최소제곱회귀선을 가진 수리시간 대 부품의 수의 산점도

표 3.6 컴퓨터 수리시간 데이터에 대한 적합값 $\hat{y}_i$와 보통의 최소제곱잔차 e_i

i	x_i	y_i	$\hat{y}_i$	e_i	i	x_i	y_i	$\hat{y}_i$	e_i
1	1	23	19.67	3.33	8	6	97	97.21	−0.21
2	2	29	35.18	−6.18	9	7	109	112.72	−3.72
3	3	49	50.69	−1.69	10	8	119	128.23	−9.23
4	4	64	66.20	−2.20	11	9	149	143.74	5.26
5	4	74	66.20	7.80	12	9	145	143.74	1.26
6	5	87	81.71	5.29	13	10	154	159.25	−5.25
7	6	96	97.21	−1.21	14	10	166	159.25	6.75

이 코드는 Y와 X가 데이터셋 df에 모두 있다고 가정한다. 이 코드에서 ~는 Y가 X의 함수라는 것을 의미하며, $Y = f(X)$와 같은 의미이다.

이 절의 예제에서는 reg <- lm(Minutes ~ Units, data = df)를 사용한다. 이 코드는 lm()의 출력이 회귀를 뜻하는 reg라는 객체에 저장됨을 나타낸다. 이 코드를 입력한 후 print(reg)를 입력하면 아래와 같은 출력값이 나타난다.

```
reg <- lm(Minutes ~ Units, data = Computer)
print(reg)
```

```
Call:
lm(formula = Minutes ~ Units, data = df)
```

```
Coefficients:
(Intercept)        Units
      4.162       15.509
```

앞의 출력값의 마지막 부분에서 회귀계수 $\hat{\beta}_0$와 $\hat{\beta}_1$을 확인할 수 있다. 이 계수들은 실제적인 항으로 해석될 수 있다. 상수항은 각 수리에서 필요한 기계나 장비를 가동시키는 등의 준비시간이 약 4분이 걸리는 것을 의미한다. 변수 Units에 대한 계수는 수리부품이 하나 늘어날 때 필요한 수리시간의 증가분을 의미한다. 주어진 데이터로부터, 고장 난 부품의 수가 하나 더 증가할 때 약 16분(15.509분)의 소요시간이 추가된다고 추정할 수 있다. 이제, 4개의 고장 난 부품을 수리하는 데 걸리는 예측시간은 회귀선의 방정식 (3.19)에 Units = 4를 대입함으로써 얻어진다. 즉, $\hat{y}_0 = 4.162 + 15.509 \times 4 = 66.20$. 데이터에서 Units = 4는 두 개의 관측개체(4, 5번)에 대응되기 때문에, 표 3.6에서 볼 수 있듯이 값 66.198은 4번과 5번 두 관측개체에 대한 적합값(fitted value)이다. 그러나 4번과 5번 두 관측개체는 반응변수 Minutes에 대하여 다른 값을 가지기 때문에 서로 다른 잔차를 가진다는 것을 주목하여라.

R 프로그램에서 계산된 객체 reg는 lm() 함수의 출력이다. 따라서 표 3.6의 적합값($\hat{y}_i$)과 잔차(e_i)는 각각 fitted(), residuals() 함수를 이용하여 계산할 수 있다.

```
Y.hat <- fitted(reg)
e <- residuals(reg)
resid <- data.frame(Computer, Y.hat, e)   # 표 3.6
print(resid)
```

여기에서 식 (3.2), (3.7), (3.14)를 비교할 필요가 있다. $\hat{\beta}_1$에 대한 다른 형태의 공식을 다음과 같이 표현할 수 있다.

$$\hat{\beta}_1 = \frac{\text{cov}(Y,X)}{\text{Var}(X)} = \text{cor}(Y,X)\,\frac{s_y}{s_x}. \tag{3.20}$$

위 식으로부터 $\hat{\beta}_1$, $\text{cov}(Y,X)$, $\text{cor}(Y,X)$는 같은 부호를 갖는다는 것을 알 수 있다. 양(음)의 기울기가 양(음)의 상관을 의미한다는 점에서 이는 직관적이다.

지금까지 우리의 분석에서는 Y와 X가 선형적 관계를 가지고 있다는 하나의 가정만을 하였다. 이 가정은 **선형성**(linearity)가정으로 불린다. 이것은 단지 반응변수와 예측변수의 관계에 대한 가정(혹은 가설)이다. 분석의 초기 단계에서 이 가정의 타당성이 검토되어야 한다. 우리는 주어진 데이터가 Y와 X가 선형적 관계를 가지고 있다는 가정을 지지하고 있는지를 결정해야 한다. 이 가정을 검토하는 간단한 방법은 반응변수 대 예측변수의 산점도를 조사하는 것이다. 여기에 최소제곱회귀선을 추가하면 더욱 좋을 것이다(그림 3.5 참조). 이 그래프는 아래의 R 코드를 이용하여 작성할 수 있다.

```
plot(Minutes ~ Units, data = Computer, pch=19)
reg <- lm(Minutes ~ Units, data = Computer)
abline(reg)
```

산점도의 점들이 직선의 관계를 나타낸다면, 우리는 선형성 가정이 적절하다는 결론과 함께 분석을 계속 진행한다. 만약 비선형 패턴이 발견된다면 우리는 수정적인 작업을 수행해야 할 것이다. 예를 들면, 분석을 계속하기 전에 **재표현**(reexpress) 또는 **변환**(transform)을 수행할 수 있다. **데이터 변환**(data transformation)은 제7장에서 논의된다.

최소제곱추정량은 몇 가지 추가적인 가정들이 만족될 때 여러 가지 좋은 성질들을 가진다. 요구되는 가정들은 제5장에서 제시된다. 이 가정들에 대한 타당성은 분석으로부터 의미 있는 결론을 도출하기 전에 검토되어야 한다. 제5장은 이 가정들의 타당성을 검토하는 방법들을 제시한다. 최소제곱추정량의 성질을 이용하여 통계적 추론 절차들을 전개할 수 있다(예컨대, 신뢰구간의 추정, 가설검정, 적합도검정 등). 이들은 3.6~3.9절에서 제시된다.

3.6 가설검정

앞에서 설명한 바와 같이, Y에 대한 예측자로서 X의 유용성은 상관계수와 대응되는 Y 대 X의 산점도를 검토함으로써 비정식적으로 측정될 수 있다. Y에 대한 예측자로서 X

의 유용성을 측정하는 정식적인 방법은 회귀모수 β_1에 대한 가설검정을 수행하는 것이다. 가설 $\beta_1 = 0$은 Y와 X 사이에 선형적인 관계가 없음을 의미한다는 것을 주목하여라. 이 가설에 대한 검정은 다음의 가정이 필요하다. X의 모든 고정된 값에 대하여, 오차항 ϵ들은 평균 0과 공통분산 σ^2을 가지고 서로 독립인 확률변수로 가정된다. 이러한 가정하에서, 값 $\hat{\beta}_0$와 $\hat{\beta}_1$은 각각 β_0와 β_1의 불편추정치(unbiased estimate)이다.[6] 그들의 분산은 다음과 같다.

$$\text{Var}(\hat{\beta}_0) = \sigma^2\left[\frac{1}{n} + \frac{\bar{x}^2}{\sum(x_i - \bar{x})^2}\right], \tag{3.21}$$

$$\text{Var}(\hat{\beta}_1) = \frac{\sigma^2}{\sum(x_i - \bar{x})^2}. \tag{3.22}$$

더 나아가 최소제곱추정치 $\hat{\beta}_0$와 $\hat{\beta}_1$의 **표본분포**(sampling distribution)는 각각 평균 β_0와 β_1, 식 (3.21)과 (3.22)의 분산을 가지는 정규분포이다.

$\hat{\beta}_0$와 $\hat{\beta}_1$의 분산은 미지의 모수 σ^2에 의존한다. 따라서, 우리는 데이터로부터 σ^2을 추정할 필요가 있다. σ^2의 불편추정치는 다음과 같이 주어진다.

$$\hat{\sigma}^2 = \frac{\sum e_i^2}{n-2} = \frac{\sum(y_i - \bar{y})^2}{n-2} = \frac{\text{SSE}}{n-2}, \tag{3.23}$$

여기에서 SSE는 잔차들의 제곱합이다. 식 (3.23)의 분모 $n-2$는 SSE의 **자유도**(degrees of freedom; df)로 불린다. 그것은 관측개체의 개수에서 추정된 회귀계수의 개수를 뺀 것과 같다.

식 (3.23)의 $\hat{\sigma}^2$에 의해 식 (3.21)과 (3.22)의 σ^2을 대치하면 $\hat{\beta}_0$와 $\hat{\beta}_1$의 분산에 대한 불편추정치를 얻는다. 어떤 추정량에 대한 **표준편차**(standard deviation)의 **추정치**(estimate)는 그 추정치의 **표준오차**(standard error; s.e.)로 불린다. 그러므로 $\hat{\beta}_0$와 $\hat{\beta}_1$의 표준오차는 각각 다음과 같다.

---

6) 어떤 추정치 $\hat{\theta}$의 기댓값이 θ가 될 때[즉, $E(\hat{\theta}) = \theta$], 추정치 $\hat{\theta}$은 모수 θ의 불편추정치라고 한다.

$$\text{s.e.}(\hat{\beta}_0) = \hat{\sigma}\sqrt{\frac{1}{n} + \frac{\bar{x}^2}{\sum(x_i - \bar{x})^2}}, \tag{3.24}$$

$$\text{s.e.}(\hat{\beta}_1) = \frac{\hat{\sigma}}{\sqrt{\sum(x_i - \bar{x})^2}}, \tag{3.25}$$

여기에서 $\hat{\sigma}$은 식 (3.23)의 $\hat{\sigma}^2$의 제곱근이다. $\hat{\beta}_1$의 표준오차는 기울기가 얼마나 정밀하게 (precisely) 추정되었는지에 대한 측도이다. 더 작은 표준오차는 추정량의 정밀도가 더 높음을 의미한다.

R에서 lm() 함수에서 얻은 객체 reg에는 실제로 (3.23)~(3.25)의 값들이 포함되어 있다. 이를 확인하려면 summary(reg)를 입력하면 다음과 같은 결과를 얻을 수 있다.

```
summary(reg)
```

```
Call:
lm(formula = Minutes ~ Units, data = df)

Residuals:
    Min      1Q  Median      3Q     Max 
-9.2318 -3.3415 -0.7143  4.7769  7.8033 

Coefficients:
            Estimate Std. Error t value Pr(>|t|)    
(Intercept)    4.162      3.355    1.24    0.239    
Units         15.509      0.505   30.71 8.92e-13 ***
---
Signif. codes:  0 '***' 0.001 '**' 0.01 '*' 0.05 '.' 0.1 ' ' 1

Residual standard error: 5.392 on 12 degrees of freedom
Multiple R-squared:  0.9874, Adjusted R-squared:  0.9864 
F-statistic: 943.2 on 1 and 12 DF,  p-value: 8.916e-13
```

위의 출력값을 보면 Residuals 부분에 잔차 요약이 나온 후, Coefficients 부분에 추정된 회귀계수(4.162, 15.509)와 각각의 표준오차(3.355, 0.505)가 나타나 있다. 회귀계수 표의 아래 첫 번째 줄에는 잔차의 표준오차(Residual standard error)가 5.392임을 알 수 있고, 자유도는 12($=n-2$)임을 확인할 수 있다. 다른 값들은 이후 설명할 예정이다.

$\hat{\beta}_0$와 $\hat{\beta}_1$의 표본분포를 가지고 Y에 대한 예측자로서 X의 유용성을 평가하는 통계적 분석을 수행할 수 있다. 정규성 가정하에서, 대립가설(alternative hypothesis) $H_1 : \beta_1 \neq 0$에 대한 귀무가설(null hypothesis) $H_0 : \beta_1 = 0$을 검정하기 위한 적절한 검정통계량(test statistics)은 다음의 t-검정 통계량이다.

$$t_1 = \frac{\hat{\beta}_1}{\text{s.e.}(\hat{\beta}_1)}. \tag{3.26}$$

통계량 t_1은 H_0가 사실이라는 가정하에서 자유도가 $(n-2)$인 t-분포에 따른다. 따라서 관측된 이 값과 임계값(critical value) $t_{(n-2,\alpha/2)}$를 비교함으로써 검정을 수행할 수 있다. 여기에서 α는 지정된 유의수준(significance level)이다. 이 경우는 양측(two-sided) 대립가설을 고려하고 있기 때문에 α를 2로 나눈다는 것을 주목하여라. $t_{(n-2,\alpha/2)}$의 값은 R에서 다음과 같은 명령줄을 이용하여 얻을 수 있다.

```
qt(α/2, n - 2, lower.tail = FALSE)
```

따라서 다음이 성립하는 경우 유의수준 α하에서 H_0가 기각된다.

$$|t_1| \geq t_{(n-2,\alpha/2)}, \tag{3.27}$$

여기에서 $|t_1|$은 t_1의 절댓값을 나타낸다.

식 (3.27)과 동일한 기준 중 하나는 t-검정의 p-값과 α를 비교하여, 다음이 성립할 때 H_0를 기각하는 것이다.

$$p(|t_1|) \leq \alpha, \tag{3.28}$$

여기에서 p-값으로 불리는 $p(|t_1|)$은 자유도 $(n-2)$를 가진 t-분포에 따르는 확률변수가 $|t_1|$보다 큰 값을 가질 확률이다(여기에서 $|t_1|$은 관찰된 t-검정 값의 절댓값이다). 그림 3.6은 t-분포의 밀도함수(density function)에 대한 그래프이다. p-값은 곡선 아래의 두 음영 부분에 해당하는 면적의 합계이다. R을 이용한 p-값은 다음의 명령줄을 통해 계산될 수 있다. $|t_1|$을 abs.t로 둔다면 p-값은 다음과 같다.

```
2 * pt(abs.t, n - 2, lower.tail = FALSE).
```

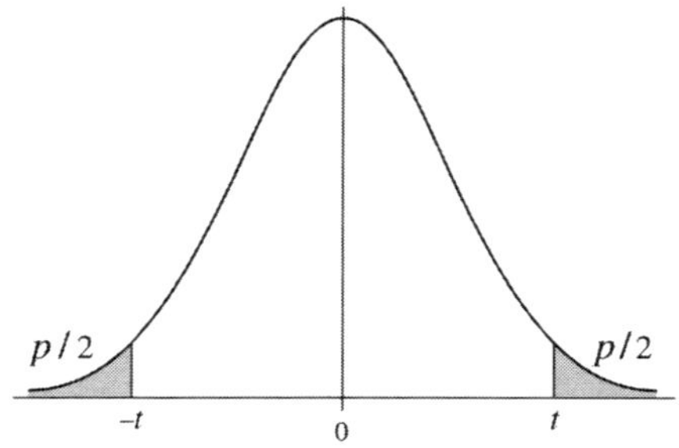

그림 3.6 t-분포의 확률밀도함수에 대한 그래프. t-검정에 대한 p-값은 곡선 아래의 음영 부분이다.

위 명령줄에서 pt() 함수는 한쪽 확률만 제공하기 때문에 양쪽 확률을 위해 2를 곱한 것이다. 물론 p-값은 lm() 함수의 출력에서도 계산된다. 위의 summary(reg) 결과에서 절편과 기울기 모두에 대해 t-값과 p-값이 각각 t value, Pr(>|t|) 열에 제공된다. 기울기 추정치의 p-값은 거의 0(8.92e-13)이다. 따라서, 위의 출력에서 볼 수 있듯이, 기울기에 대한 p-값은 거의 0에 가깝기 때문에 어떤 유의수준에서도 귀무가설 $H_0 : \beta_1 = 0$은 기각된다. 이것은 위의 summary(reg) 출력에서 별표 세 개(***)로 표시되어 있다. 이는 β_1이 0과 다를 가능성이 높다는 것을 의미하므로, 예측변수 Units는 반응변수 Minutes에 대해 통계적으로 유의한 예측변수임을 알 수 있다.

회귀모수를 고려하는 가설검정에 대한 설명을 마무리 짓기 위해, 실제에서 등장하는 세 가지 다른 가설들에 대한 검정을 여기에서 다룬다.

⊙ $H_0 : \beta_1 = \beta_1^0$에 대한 검정

앞의 t-검정은 보다 일반적인 가설 $H_0 : \beta_1 = \beta_1^0$로 일반화될 수 있다(양측 대립가설 $H_1 : \beta_1 \neq \beta_1^0$에 대하여). 여기에서 β_1^0는 연구자에 의하여 선택된 상수이다. 이 경우에 있어서 적절한 검정통계량은 다음의 t-검정 통계량이다.

$$t_1 = \frac{\hat{\beta}_1 - \beta_1^0}{\text{s.e.}(\hat{\beta}_1)}. \tag{3.29}$$

식 (3.29)에서 $\beta_1^0 = 0$이면 식 (3.26)이 된다는 것을 주목하여라. 식 (3.29)의 통계량 t_1은 H_0가 사실이라는 가정하에서 자유도가 $(n-2)$인 t-분포에 따른다. 따라서 식 (3.27)이 성립하면[혹은 식 (3.28)이 성립하면] $H_0 : \beta_1 = \beta_1^0$가 기각된다.

컴퓨터 수리시간 데이터의 예를 고려하자. 가령, 관리담당부서에서 고장난 부품을 하나 더 수리하는 데 12분 정도 걸릴 것으로 기대한다고 가정할 때 이와 같은 기대가 타당한지를 알아보자. 이에 대한 답은 $H_1 : \beta_1 \neq 12$에 대한 $H_0 : \beta_1 = 12$를 검정함으로써 얻을 수 있다. 적절한 검정통계량은

$$t_1 = \frac{\hat{\beta}_1 - \beta_1^0}{\text{s.e.}(\hat{\beta}_1)} = \frac{15.509 - 12}{0.505} = 6.948$$

이고 자유도 12를 가진다. 이 검정에 대한 임계값은 $t_{(n-2,\alpha/2)} = t_{(12,0.025)} = 2.18$이다. 이 값은 R에서 다음 명령줄을 이용해 계산될 수 있다. $t_1 = 6.948 > 2.18$이므로 결과는 매우 유의적이며, 귀무가설을 기각할 수 있다. 따라서 관리담당부서에서 기대한 추가소요시간은 데이터에 의하여 지지되지 않는다. 그들의 기대치는 너무 낮게 책정된 것이다.

```
coef <- coef(summary(reg))
t1 <- (coef[2,1]-12)/coef[2,2]
df <- reg$df.residual
c.value <- qt(0.05/2, df, lower.tail = FALSE)
p.value <- 2*pt(t1, df, lower.tail = FALSE)
t1; df; c.value; p.value;
```

⊙ $H_0 : \beta_0 = \beta_0^0$에 대한 검정

실제에서 회귀모수 β_0을 고려하는 가설들을 검정할 필요가 생길 수 있다. 예를 들어, $H_1 : \beta_0 \neq \beta_0^0$에 대한 $H_0 : \beta_0 = \beta_0^0$을 검정하기를 원한다고 하자. 여기에서 β_0^0은 연구자에 의하여 선택된 상수이다. 이 경우에 있어서 적절한 검정통계량은 다음과 같이 주어진다.

$$t_0 = \frac{\hat{\beta}_0 - \beta_0^0}{\text{s.e.}(\hat{\beta}_0)}. \tag{3.30}$$

이 검정의 특별한 경우로서 $\beta_0^0 = 0$으로 두면 다음을 얻을 수 있으며,

$$t_0 = \frac{\hat{\beta}_0}{\text{s.e.}(\hat{\beta}_0)}, \tag{3.31}$$

이것은 대립가설 $H_1 : \beta_0 \neq 0$에 대한 $H_0 : \beta_0 = 0$을 검정한다.

회귀계수의 최소제곱추정치, 그의 표준오차, 대응되는 계수가 0인지를 검정하는 t-검정통계량, p-값은 일반적으로 통계적 소프트웨어에 의하여 산출되는 회귀분석 결과의 일부로 제공된다. 이 값들은 보통 표 3.7에 주어진 것처럼 표현된다. 이 표는 **계수표**(coefficients table)로 알려져 있다. 표에 제시된 값과 그것을 얻기 위해 사용된 공식을 쉽게 연결할 수 있도록 공식의 수식 번호가 괄호 안에 주어져 있다.

사례로서 표 3.8은 컴퓨터 수리시간 데이터에 대한 회귀분석 결과의 일부를 보여주고 있다. 예컨대, $\hat{\beta}_1$ = 15.509, $\text{s.e.}(\hat{\beta}_1)$ = 0.505이고 따라서 t_1 = 15.509/0.505 = 30.71이 된다. 유의수준 α = 0.05하에서 이 검정에 대한 임계값은 $t_{(12, 0.025)}$ = 2.18이다. t_1 = 30.71은 임계값 2.18보다 매우 크기 때문에, 결론적으로 식 (3.27)에 따라서 귀무가설 $H_0 : \beta_1 = 0$은 기각된다. 이것은 예측변수 Units이 반응변수 Minutes에 대하여 통계적으로 유의한 예측자라는 것을 의미한다. 이는 식 (3.28)을 이용하여 p-값($p_1 < 0.0001$)이 α = 0.05보다 매우 작으므로 매우 높은 유의성을 보인다는 것을 관측함으로써 동일한 결론을 얻을 수 있다.

표 3.7 표준적인 회귀분석 결과. 대응되는 수식 번호가 괄호 안에 주어짐

변수	계수 (공식)	표준오차 (공식)	t-검정 (공식)	p-값
상수	$\hat{\beta}_0$ (3.15)	s.e.($\hat{\beta}_0$) (3.24)	t_0 (3.31)	p_0
X	$\hat{\beta}_1$ (3.14)	s.e.($\hat{\beta}_1$) (3.25)	t_1 (3.26)	p_1

표 3.8 컴퓨터 수리시간 데이터에 대한 회귀분석 결과

변수	계수	표준오차	t-검정	p-값
상수	4.162	3.355	1.24	0.2385
Units	15.509	0.505	30.71	<.0001

◉ 상관계수를 이용한 검정

앞에서 언급한 바와 같이 $H_1 : \beta_1 \neq 0$ 대하여 $H_0 : \beta_1 = 0$을 검정하는 것은 반응변수와 예측변수가 선형적으로 관련되어 있는지를 검정하는 것으로 생각될 수 있다. 우리는 이 가설을 검정하기 위하여 식 (3.26)의 t-검정을 이용하였다. 이는 Y와 X의 상관계수를 검정하는 것과 동등하게 된다. Y와 X의 모상관계수를 ρ로 표기하자. 만약 $\rho \neq 0$이라면 Y와 X가 선형적으로 관련되어 있다. $H_1 : \rho \neq 0$에 대하여 $H_0 : \rho = 0$을 검정하기 위한 적절한 통계량은 다음과 같이 주어진다.

$$t_1 = \frac{\operatorname{cor}(Y, X)\sqrt{n-2}}{\sqrt{1-[\operatorname{cor}(Y, X)]^2}}, \tag{3.32}$$

여기에서 $\operatorname{cor}(Y, X)$는 식 (3.6)에서 정의된 Y와 X의 표본상관계수이며, ρ에 대한 하나의 추정치로 고려된다. 식 (3.32)의 t-검정 통계량은 $H_0 : \rho = 0$이 사실이라는 가정하에서 자유도가 $(n-2)$인 t-분포에 따른다. 따라서 식 (3.27)이 성립하면[혹은 식 (3.28)이 성립하면] $H_0 : \rho = 0$이 기각된다. 만약 $H_0 : \rho = 0$이 기각되면, 그것은 Y와 X 사이에 통계적으로 유의한 선형관계가 있음을 의미한다.

```
cor.test(~ Minutes+Units, data = Computer)
```

만약 Y와 X 사이에 선형관계가 존재하지 않는다면 $\beta_1 = 0$이라는 것이 명백하다. 결론적으로, $H_0 : \beta_1 = 0$과 $H_0 : \rho = 0$에 대한 통계적 검정은 동일한 것이 되어야만 한다. 식 (3.26)과 (3.32)에 주어진 이들 가설을 검정하기 위한 통계량들이 다르게 보일지라도, 그것들이 수리적으로 동일한 것이라는 것을 알 수 있다.

3.7 신뢰구간

회귀모수에 대한 신뢰구간(confidence interval)을 구축하기 위하여, ϵ이 정규분포에 따른다는 가정이 필요하다. 그리고 이것은 3.6절에서 논의된 바와 같이 $\hat{\beta}_0$와 $\hat{\beta}_1$의 표본분포가 정규분포라는 결과를 유도할 수 있도록 한다. 결론적으로 β_0에 대한 $(1-\alpha) \times 100\%$ 신뢰구간은 다음과 같이 주어진다.

$$\hat{\beta}_0 \pm t_{(n-2,\alpha/2)} \times \text{s.e.}(\hat{\beta}_0), \tag{3.33}$$

여기에서 $t_{(n-2,\alpha/2)}$는 자유도가 $(n-2)$인 t-분포의 $(1-\alpha/2)$ 백분위수를 나타낸다. 유사하게 β_1에 대한 $(1-\alpha) \times 100\%$ 신뢰구간은 다음과 같이 주어진다.

$$\hat{\beta}_1 \pm t_{(n-2,\alpha/2)} \times \text{s.e.}(\hat{\beta}_1). \tag{3.34}$$

식 (3.34)의 신뢰구간은 일반적으로 다음과 같이 해석될 수 있다. 만약, 우리가 동일한 크기의 표본을 반복적으로 취하고, 각 표본에 대하여 계산된 기울기에 대한 95% 신뢰구간들을 구축한다면, 이 신뢰구간들의 95%가 기울기의 참값을 포함할 것으로 기대된다.

표 3.8로부터, β_1에 대한 95% 신뢰구간은 다음과 같음을 볼 수 있다.

$$15.509 \pm 2.18 \times 0.505 = (14.408, 16.610), \tag{3.35}$$

즉, 각 불량부품에 요구되는 추가 수리시간은 14분에서 17분 사이이다. 이 예제에서 β_0에 대한 신뢰구간의 계산은 독자를 위한 연습문제로 남긴다.

```
confint(reg, level=0.95)
```

식 (3.33)과 (3.34)에 있는 신뢰한계(confidence limit)들은 모수 β_0와 β_1 각각에 대한 신뢰구간을 독립적으로 구축할 경우에 대한 것이다. 이것은 두 모수에 대한 동시(simultaneous; joint, 결합) 신뢰영역(confidence region)이 직사각형의 형태라는 것을 의미하지는 않는다. 실제로, 동시 신뢰구간은 타원형의 형태이다. 4장의 부록에 있는 식 (A.15)에는 다중회귀의 일반적인 경우에 대하여 신뢰영역이 주어져 있으며, β_0와 β_1에 대한 동시 신뢰영역은 이것의 특별한 경우이다.

3.8 예측

적합된 회귀방정식은 예측(prediction)을 위해 사용될 수 있다. 우리는 다음과 같은 두 가지 유형의 예측을 구별할 필요가 있다.

1. 예측변수의 어떤 선택된 값 x_0에 대응되는 반응변수 Y의 값에 대한 예측
2. $X = x_0$으로 주어졌을 때 평균반응 μ_0에 대한 추정

첫 번째 경우에 대하여, 예측값(predicted value) $\hat{y}_0$는 다음과 같다.

$$\hat{y}_0 = \hat{\beta}_0 + \hat{\beta}_1 x_0. \tag{3.36}$$

이 예측의 표준오차는 다음과 같다.

$$\text{s.e.}(\hat{y}_0) = \hat{\sigma}\sqrt{1 + \frac{1}{n} + \frac{(x_0 - \bar{x})^2}{\sum (x_i - \bar{x})^2}}. \tag{3.37}$$

따라서 신뢰계수(confidence coefficient)가 $(1-\alpha)$인 예측값에 대한 신뢰구간은 다음과 같이 주어진다.

$$\hat{y}_0 \pm t_{(n-2, \alpha/2)} \times \text{s.e.}(\hat{y}_0). \tag{3.38}$$

두 번째 경우에 대하여, 평균반응(mean response) μ_0는 다음과 같이 추정된다.

$$\mu_0 = \hat{\beta}_0 + \hat{\beta}_1 x_0. \tag{3.39}$$

이 추정량의 표준오차는 다음과 같다.

$$\text{s.e.}(\hat{\mu}_0) = \hat{\sigma}\sqrt{\frac{1}{n} + \frac{(x_0 - \bar{x})^2}{\sum (x_i - \bar{x})^2}}. \tag{3.40}$$

따라서 신뢰계수(confidence coefficient)가 $(1-\alpha)$인 μ_0에 대한 신뢰구간은 다음과 같이 주어진다.

$$\hat{\mu}_0 \pm t_{(n-2, \alpha/2)} \times \text{s.e.}(\hat{\mu}_0). \tag{3.41}$$

평균반응 μ_0의 점추정치는 예측된 반응 $\hat{y}_0$과 동일하다는 것을 주목하여라. 이것은 식 (3.36)과 (3.39)를 비교함으로써 알 수 있다. 그러나 $\hat{\mu}_0$의 표준오차는 $\hat{y}_0$의 표준오차보다 작은데, 이것은 식 (3.37)과 (3.40)을 비교함으로써 알 수 있다. 직관적으로 이것은 타당하다. $X = x_0$일 때 평균반응을 추정하는 것보다는 하나의 관측개체(다음 관측개체)를 예측하는 것에 더 많은 불확실성(변이)이 있을 것이다. 평균반응에 함축된 평균을 취하는 것은 추정과 관련된 변이와 불확실성을 줄인다.

식 (3.38)과 (3.41)에 있는 신뢰한계들을 구별하기 위하여, 식 (3.38)의 한계는 종종 **예측한계**(prediction or forecast limit)로 불린다. 반면에 식 (3.41)에 주어진 한계는 **신뢰한계**(confidence limit)로 불린다.

우리가 4개의 고장난 부품을 수리하는 데에 걸리는 예측시간을 예측하기를 원한다고 해보자. 이 예측값을 $\hat{y}_4$라고 표기하면, 식 (3.36)으로부터 다음을 얻는다.

$$\hat{y}_4 = 4.162 + 15.509 \times 4 = 66.20,$$

그리고 식 (3.37)로부터 얻어진 표준오차는 다음과 같다.

$$\text{s.e.}(\hat{y}_4) = 5.392\sqrt{1 + \frac{1}{14} + \frac{(4-6)^2}{114}} = 5.67.$$

한편 서비스 부서에서 4개의 부품을 수리하는 데 걸리는 수리시간의 기댓값(평균)을 추정하기 원한다면 식 (3.39)와 (3.40)을 이용할 수 있다. 이때의 기댓값을 μ_4로 표기하면 다음을 얻는다.

$$\hat{\mu}_4 = 4.162 + 15.509 \times 4 = 66.20,$$

그리고 표준오차는 다음과 같다.

$$\text{s.e.}(\hat{y}_4) = 5.392\sqrt{\frac{1}{14} + \frac{(4-6)^2}{114}} = 1.76.$$

이들 표준오차를 가지고 식 (3.38)과 (3.41)을 이용하여 신뢰구간을 구축할 수 있다.

```
predict(reg, interval='prediction', level=0.95)
predict(reg, interval='confidence', level=0.95)

test <- data.frame(Units=c(4,10,11))
predict(reg, newdata = test, interval='prediction', level=0.95)
predict(reg, newdata = test, interval='confidence', level=0.95)
```

식 (3.37)로부터 볼 수 있듯이 예측의 표준오차는 주어진 예측변수의 값이 실제 관측개체들의 중심에서 멀어질수록 커지게 된다. 이 사실은 관측된 데이터에 가깝게 위치하지 않은 Units의 값에 대응하는 Minutes의 값을 예측할 경우 조심성이 따라야 함을 뜻한다. 그러한 예측에는 두 가지 종류의 위험이 존재할 수 있다. 그중 하나는 표준오차의 값이 지나치게 크기 때문에 발생하는 근본적인 예측값의 불확실성이다. 더 중요한 것은 관측값의 범위 밖에서는 추정된 선형관계가 더 이상 성립하지 않을 수 있다는 것이다. 따라서 관측값의 범위로부터 많이 벗어나 있는 영역에서 예측하기 위하여 적합된 추정회귀식을 이용하는 것에 주의가 요구된다. 예컨대, Units = 25인 경우에 해당하는 수리시간을 예측하기 위하여 앞에서 구한 적합회귀식을 사용하는 것은 곤란하다는 것이다. 왜냐하면 이 값은 기존 관측값의 범위에서 너무 벗어나 있기 때문이다.

3.9 적합성의 측정

X에 Y를 관계시키는 선형모형을 적합한 후, 선형관계가 존재하는지를 아는 것뿐만 아니라 데이터에 모형이 얼마나 잘 적합되는지를 평가하는 데 관심을 두게 된다. 적합성(quality of the fit)은 서로 밀접한 관련이 있는(그러므로 서로 중복되는) 다음과 같은 방법들을 이용하여 평가될 수 있다.

1. 식 (3.26) 혹은 (3.32)에 있는 검정을 이용할 때, 만약 H_0가 기각된다면 검정 값의 크기(혹은 대응되는 p-값)는 Y와 X의 선형관계의 **강도**(strength)에 관한 정보를 제공한다. 근본적으로, 더 큰 t-값(절댓값에 있어서) 혹은 더 작은 대응되는 p-값은 Y와 X 사이

의 선형관계가 더 강함을 의미한다. 이러한 검정은 객관적이지만 앞에서 언급한 모든 가정들, 특히 ϵ들의 정규성 가정을 요구한다.

2. Y와 X 사이에 있는 선형관계의 강도는 Y 대 X의 산점도와 식 (3.6)에 주어진 대응되는 상관계수의 값 $\text{cor}(Y, X)$를 탐색함으로써 직접적으로 평가될 수 있다. 직선 주위에 점들이 더 밀집할수록[Cor(Y, X)가 1 혹은 -1에 더 가까울수록] Y와 X 사이의 선형관계가 더 강함을 의미한다. 이 방법은 비정형적이고 주관적이지만 오직 선형성 가정만 요구한다.

3. Y 대 $\hat{Y}$의 산점도를 탐색한다. 직선 주위에 점들이 더 밀집할수록 Y와 X사이의 선형관계가 더 강함을 의미한다. 다음과 같은 Y와 대 $\hat{Y}$ 사이의 상관계수

$$\text{cor}(Y, \hat{Y}) = \frac{\sum_{i=1}^{n}(y_i - \bar{y})(\hat{y}_i - \bar{\hat{y}})}{\sqrt{\sum_{i=1}^{n}(y_i - \bar{y})^2 \sum_{i=1}^{n}(\hat{y}_i - \bar{\hat{y}})^2}} \tag{3.42}$$

를 계산함으로써 이 그래프에 있는 선형관계의 강도를 측정할 수 있다. 여기에서 $\bar{y}$는 반응변수 Y의 평균이고 $\bar{\hat{y}}$는 적합값의 평균이다. 사실, Y 대 X의 산점도와 Y 대 $\hat{Y}$의 산점도는 동일한 패턴을 가지게 되며, 대응되는 두 상관계수 값은 다음과 같은 관계를 가진다.

$$\text{cor}(Y, \hat{Y}) = |\text{cor}(Y, X)|. \tag{3.43}$$

$\text{cor}(Y, \hat{Y})$은 음수가 될 수 없음을 주목하여라(왜 그런가?). 그러나 $\text{cor}(Y, X)$는 양수도 음수도 될 수 있다[$-1 \le \text{cor}(Y, X) \le 1$]. 따라서 단순선형회귀에서는 Y 대 $\hat{Y}$의 산점도는 중복되는 정보이다. 그러나 다중회귀에서는 그렇지 않다. 제4장에서 보여지는 것과 같이, 이 그래프는 매우 중요한데, Y와 예측변수들의 집합 $X_1, X_2, \ldots, X_p$ 사이의 관계에 대한 강도를 평가하는 데 사용되기 때문이다.

4. 단순선형회귀에서는 Y 대 $\hat{Y}$의 산점도와 $\text{cor}(Y, \hat{Y})$가 다른 정보와 중복되지만, 그들은 단순과 다중회귀 모두에서 데이터와 모형의 적합성에 대한 지표를 우리에게 제공

한다. 더 나아가, 단순과 다중회귀 모두에서, $\text{cor}(Y, \hat{Y})$는 관측된 데이터에 선형모형이 얼마나 잘 적합되는지를 재는 또 다른 유용한 측도(measure)와 관련이 있다. 이 측도에 대하여 살펴보자. 선형모형에 포함된 모수들의 최소제곱추정치를 구한 후, 다음과 같은 값들을 계산할 수 있다.

$$
\begin{aligned}
\text{SST} &= \sum (y_i - \bar{y})^2, \\
\text{SSR} &= \sum (\hat{y}_i - \bar{y})^2, \\
\text{SSE} &= \sum (y_i - \hat{y}_i)^2,
\end{aligned} \tag{3.44}
$$

여기에서 SST는 그의 평균 $\bar{y}$로부터 Y의 제곱편차의 총합(total sum of squared deviations)을 나타내고, SSR은 회귀에 기인한 제곱합(sum of squares due to regression)을 나타내며, SSE는 제곱잔차(오차)의 합계(sum of squared residuals(errors))를 나타낸다. 그림 3.7에는 $(y_i - \bar{y})$, $(\hat{y}_i - \bar{y})$, $(y_i - \hat{y}_i)$가 임의의 점 (x_i, y_i)에 대하여 묘사되어 있다. 직선 $\hat{y}_i = \hat{\beta}_0 + \hat{\beta}_1 x_i$는 모든 데이터 점들(그래프에 주어져 있지는 않음)에 기초한 적합된 회귀선이고, 수평선은 $Y = \bar{y}$를 그린 것이다. 모든 점 (x_i, y_i)에 대하여 적합선 상에 위치한 $(x_i, \hat{y}_i)$와 선 $Y = \bar{y}$에 위치한 $(x_i, \bar{y})$가 있음을 주목하여라.

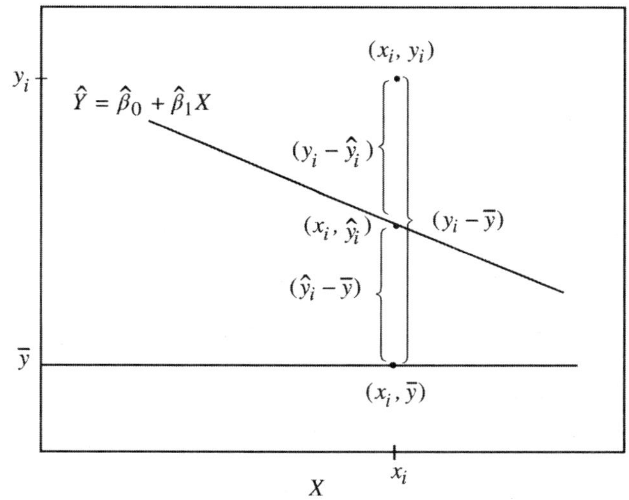

그림 3.7 데이터에 회귀선을 적합한 후 계산되는 여러 가지 값들에 관한 그래프적 예시

단순과 다중회귀 모두에서 다음과 같은 기본적인 관계가 성립한다.

$$\mathrm{SST} = \mathrm{SSR} + \mathrm{SSE}, \tag{3.45}$$

이 방정식은 다음과 같은 관측개체에 대한 묘사로부터 나타내어진다.

y_i	=	$\hat{y}_i$	+	$(y_i - \hat{y}_i)$
관측값	=	적합값	+	적합으로부터의 편차

양변에서 $\bar{y}$를 빼면 다음을 얻는다.

$y_i - \bar{y}$	=	$(\hat{y}_i - \bar{y})$	+	$(y_i - \hat{y}_i)$
평균으로부터의 편차	=	적합에 기인한 편차	+	잔차

따라서 Y의 제곱편차의 총합(SST)은 두 개의 값으로 분할될 수 있는데, 첫 번째는 Y에 대한 예측자로서 X의 질(quality)을 나타내는 SSR이고 두 번째는 이 예측의 오차를 측정하는 SSE이다. 그러므로 R^2 = SSR/SST는 Y의 전체 변이(variation) 중에서 예측변수 X에 의하여 설명되는 비율로 해석될 수 있다. 식 (3.45)를 이용하여 R^2를 다음과 같이 다시 쓸 수 있다.

$$R^2 = \frac{\mathrm{SSR}}{\mathrm{SST}} = 1 - \frac{\mathrm{SSE}}{\mathrm{SST}}. \tag{3.46}$$

추가적으로, 다음을 보일 수 있다.

$$[\mathrm{cor}(Y, X)]^2 = [\mathrm{cor}(Y, \hat{Y})]^2 = R^2. \tag{3.47}$$

단순선형회귀에서는 R^2가 반응변수 Y와 예측변수 X 사이의 상관계수의 제곱 혹은 반응변수 Y와 적합값 $\hat{Y}$ 사이의 상관계수의 제곱과 같다. 식 (3.46)에 주어진 정의는 제곱상관계수(squared correlation coefficient)에 대하여 우리에게 다른 해석을 제공한다. **적합도지수**(goodness-of-fit index) R^2는 반응변수 Y의 전체 변이(variability) 중에서 예측변수 X에 의하여 설명되는 비율로 해석될 수 있다. SSE$\le$SST이므로 $0 \le R^2 \le 1$임을 주목하여라. 만약 R^2가 1에 가까우면 X가 Y의 변이 중 많은 부분을 설명한다는 것을 의미한다. 예측변수 X가 반응변수 Y를 얼마나 설명(결정)하는지에 관한 정보를 우리에게 제공하기 때문에, R^2는 **결정계수**(coefficient of determination)라고 불리기도 한다. R^2에 대한 이러한 해석은 다중회귀의 경우에도 그대로 적용될 수 있다.

컴퓨터 수리시간 데이터의 예에서, 표 3.6의 적합값과 잔차를 이용하여 $\text{cor}(Y, X) = \text{cor}(Y, \hat{Y}) = 0.994$임을 보일 수 있다. 따라서 $R^2 = (0.994)^2 = 0.987$이 성립한다. R^2의 이 값은 식 (3.46)을 이용하여 계산할 수도 있다. SST = 27768.348, SSE = 348.848이고

$$R^2 = 1 - \frac{\text{SSE}}{\text{SST}} = 1 - \frac{348.848}{27,768.348} = 0.987$$

임을 확인하여 보아라. 값 $R^2 = 0.987$은 반응변수(Minutes)의 전체 변이 중 거의 99%가 예측변수(Units)에 의하여 설명된다는 것을 나타낸다. 높은 R^2 값은 서비스 시간과 수리가 요구되는 부품의 수 사이에 강한 선형관계가 있음을 나타낸다.

```
cor(Computer$Minutes, Computer$Units)
cor(Computer$Minutes, fitted(reg))

if(!require("olsrr")) install.packages("olsrr")
library(olsrr)
ols_regress(Minutes ~ Units, data = Computer)
```

이러한 통계적 절차의 타당성은 가정의 타당성에 의존하기 때문에, 분석으로부터 통계적 결론을 도출(예컨대, 가설에 대한 검정, 신뢰 혹은 예측구간의 구축)하기 전에 회귀모형에 대한 가정들이 검토되어야만 한다. 제5장은 가정의 타당성을 검토하는 데 사용될 수 있는 그래프적 표현법들을 제시한다. 우리는 컴퓨터 수리시간 데이터에 대하여 이 그래프들을 사용하였고, 회귀분석의 기본 가정들이 만족되지 않는다는 증거가 발견되지 않았다. 요약하면, 컴퓨터 수리시간 데이터에 있는 14개의 데이터 점은 수리시간 문제에 대하여 우리에게 유용한 정보를 제공하였다. 관측된 데이터의 범위 안에서, 우리의 추론과 예측의 타당성을 확신할 수 있다.

3.10 원점을 통과하는 회귀선

일반적으로 고려되는 단순선형회귀모형은

$$Y = \beta_0 + \beta_1 X + \epsilon \tag{3.48}$$

과 같이 절편항(intercept; 상수항, constant)을 가지고 있다. 그러나 원점을 통과하는 다음과 같은 모형에 데이터를 적합시킬 필요가 있을 때도 있다.

$$Y = \beta_1 X + \epsilon \tag{3.49}$$

이 모형은 **절편항이 없는**(no-intercept) 모형으로 불린다. 문제의 성격이나 외적 상황에 의해 회귀선이 원점을 지나야만 하는 경우가 있다. 예를 들어, 시간(time)의 함수로서 여행거리(distance)는 상수항을 가지지 않아야만 한다. 그러므로 이 경우의 회귀모형은 식 (3.49)가 적절하다. 다른 실제 응용에서 모형 (3.49)가 (3.48)보다 더 적절한 경우를 많이 볼 수 있다. 이러한 예제 중 일부를 제8장에서 살펴볼 것이다.

식 (3.49)에서 β_1의 최소제곱추정치는 다음과 같다.

$$\hat{\beta}_1 = \frac{\sum y_i x_i}{\sum x_i^2}. \tag{3.50}$$

또한 i번째 적합값은

$$\hat{y}_i = \hat{\beta}_1 x_i, \quad i = 1, 2, \ldots, n \tag{3.51}$$

이고 대응되는 잔차는 다음과 같다.

$$e_i = y_i - \hat{y}_i, \quad i = 1, 2, \ldots, n. \tag{3.52}$$

$\hat{\beta}_1$의 표준오차는 다음과 같다.

$$\text{s.e.}(\hat{\beta}_1) = \frac{\hat{\sigma}}{\sqrt{\sum x_i^2}}. \tag{3.53}$$

단,

$$\hat{\sigma} = \sqrt{\frac{\sum e_i^2}{n-1}} = \sqrt{\frac{\text{SSE}}{n-1}}. \tag{3.54}$$

SSE의 자유도가 $n-2$(절편항을 가진 모형의 경우)가 아니라 $n-1$임을 주목하여라.

식 (3.52)의 잔차들은 절편항을 가진 모형의 경우와는 달리 합계가 0일 필요는 없다는 점을 주목하여라[연습문제 3.11(c) 참조]. 또한 기본적인 항등식 (3.45)도 더 이상 일반적인 사실이 아니다. 이러한 이유로 식 (3.46)의 R^2와 같은 절편항을 가진 모형에 대한 몇몇 평가 측도들은 절편항이 없는 모형에 대하여는 더 이상 적절하지 않다. 절편항이 없는 모형에 대한 적절한 항등식은 식 (3.44)에서 $\bar{y}$를 0으로 대체함으로써 얻어진다. 따라서, 기본적인 항등식은 다음과 같게 된다.

$$\sum_{i=1}^{n} y_i^2 = \sum_{i=1}^{n} \hat{y}_i^2 + \sum_{i=1}^{n} e_i^2. \tag{3.55}$$

위 식으로부터 R^2는 다음과 같이 재정의된다.

$$R^2 = \frac{\sum \hat{y}_i^2}{\sum y_i^2} = 1 - \frac{\sum e_i^2}{\sum y_i^2}, \tag{3.56}$$

이것은 절편항이 없는 모형에 대하여 R^2의 적절한 형태이다. 그러나 R^2의 두 공식에 대한 해석은 서로 다르다는 것을 주목하여라. 절편항을 가진 모형의 경우에는 R^2가 Y를 그의 평균으로 조정한 후에 Y의 전체 변이(variation) 중에서 예측변수 X에 의하여 설명되는 비율로 해석될 수 있다. 절편항이 없는 모형에 대해서는 Y에 대한 조정이 없다. 예를 들어, 식 (3.49)가 적합되었으나 R^2의 공식으로 식 (3.46)이 사용된다면, 어떤 경우에는 R^2가 음의 값이 될 수 있다[연습문제 3.11(d) 참조]. 그러므로 정확한 공식과 정확한 해석이 사용되어야만 한다.

양측 대립가설 $H_1: \beta_1 \neq \beta_1^0$에 대하여 $H_0: \beta_1 = \beta_1^0$을 검정하기 위한 식 (3.29)의 t-검정 공식은 식 (3.50)과 (3.53)의 $\hat{\beta}_1$과 s.e.($\hat{\beta}_1$)에 대한 새로운 정의를 가지고 여전히 성립한다.

앞에서 언급한 것처럼, 절편항이 없는 모형은 그것이 주제(영역)와 관련된 이론 혹은 다른 물리적 상황에 부합되는 경우에만 사용되어야 한다. 그러나 몇몇 응용에서는 어떤 모형을 사용해야 할지가 분명하지 않을 수 있다. 이러한 경우 식 (3.48)과 (3.49) 중에서의 선택은 신중하게 수행되어야만 한다. 첫째, 적합도(goodness of fit)는 두 모형에 의하여 산출되는 잔차평균제곱($\hat{\sigma}^2$)을 비교하여 평가되어야 한다. 왜냐하면 잔차제곱평균은 두 모형에 대하여 관측값과 예측값의 가까운 정도를 측정하기 때문이다. 둘째, 데이터에 모형 (3.48)을 적합하고 절편항의 유의성을 검정하기 위해 식 (3.31)의 t-검정을 사용할 수 있다. 만약 그 검정이 유의하다면 식 (3.48)을 사용하고, 그렇지 않으면 식 (3.49)를 사용한다.

원점을 통과하는 회귀모형의 실제 적용은 Eisenhauer(2003)에 의하여 잘 정리되어 있다. 컴퓨터 소프트웨어 프로그램을 이용하여 모형을 적합할 때 이들 중 어떤 것들은 원점을 통과하는 회귀모형에 대하여 잘못된 그리고 혼동되는 결과를 제공할 수 있기 때문에, 그는 원점을 통과하는 회귀모형을 사용할 때 사용자들이 주의해야 함을 경고하였다.

3.11 사소한 회귀모형

여기에서는 사소한 회귀모형, 즉 예측변수를 가지지 않는 회귀방정식에 대한 두 개의 사례를 제시한다. 첫 번째 사례는 n개의 관측개체 $y_1, y_2, \ldots, y_n$으로 이루어진 표본에 기초하여 반응변수 Y의 평균 μ에 대한 검정을 수행하고자 할 때 발생한다. 여기에서 고려되는 가설은 $H_0 : \mu = 0$ 대 $H_1 : \mu \neq 0$이다. Y가 평균 μ와 분산 σ^2을 가진 정규분포에 따른다고 가정하면, 잘 알려진 **일표본 t-검정**(one sample t-test)

$$t = \frac{\bar{y} - 0}{\text{s.e.}(\bar{y})} = \frac{\bar{y}}{s_y / \sqrt{n}} \tag{3.57}$$

이 H_0를 검정하기 위해 사용될 수 있다. 여기에서 s_y는 Y의 표본표준편차이다. 대안적으로 위의 가설은 다음과 같이 정식화될 수 있다.

$$H_0(\text{모형 1}): \ Y = \epsilon \quad \text{대} \quad H_1(\text{모형 2}): \ Y = \beta_0 + \epsilon \tag{3.58}$$

여기에서 $\beta_0 = \mu$이다. 그러므로 모형 1은 $\mu = 0$을 나타내고 모형 2는 $\mu \neq 0$을 나타낸다. 모형 2에서 β_0의 최소제곱추정치는 $\bar{y}$이고, i번째 적합값은 $\hat{y}_i = \bar{y}$이며, i번째 잔차는 $e_i = y_i - \bar{y}$이다(연습문제 3.15). 따라서 σ^2의 추정치는 다음과 같고

$$\sigma^2 = \frac{\text{SSE}}{n-1} = \frac{\sum(y_i - \bar{y})^2}{n-1} = s_y^2, \tag{3.59}$$

이것은 Y의 **표본분산**이다. $\hat{\beta}_0$의 표준오차는 $\hat{\sigma}/\sqrt{n} = s_y/\sqrt{n}$이고, 이것은 잘 알려진 바와 같이 표본평균 $\bar{y}$의 표준오차이다. 모형 2에 대하여 모형 1을 검정하기 위한 t-검정은 다음과 같고

$$t = \frac{\hat{\beta}_0 - 0}{\text{s.e.}(\hat{\beta}_0)} = \frac{\bar{y}}{s_y/\sqrt{n}} \tag{3.60}$$

이것은 식 (3.57)의 일표본 t-검정에서와 같다.

두 번째 사례는 **대응 이표본 t-검정**(paired two-sample t-test)과 연관되어 발생한다. 예를 들어, 어떤 주어진 다이어트가 체중 감소에 효과가 있는지를 검정하기 위해, n명의 임의표본이 추출되고 표본의 각 사람들은 특정한 기간에 그 다이어트를 따르는 것이다. 각 사람들의 체중은 다이어트의 시작과 그 기간의 끝 시점에서 측정되었다. Y_1과 Y_2를 각각 다이어트 기간의 시작과 끝 시점에서 측정된 체중이라고 하자. 그리고 $Y = Y_1 - Y_2$를 두 체중 사이의 차이라고 하자. 그러면 Y는 평균 μ와 분산 σ^2을 가진 확률변수이다. 결론적으로 다이어트가 효과적인지를 검정하는 것은 $H_0 : \mu = 0$ 대 $H_1 : \mu > 0$를 검정하는 것과 같다. Y의 정의와 함께, Y가 정규분포에 따른다고 가정하면, 잘 알려진 바와 같이 대응 이표본 t-검정은 식 (3.57)에서와 동일하다. 이러한 상황은 식 (3.58)과 같이 모형화될 수 있고, 다이어트가 체중 감소에 효과가 있는지를 검정하기 위해 식 (3.60)의 검정통계량이 사용될 수 있다.

위의 두 사례는 일표본 t-검정과 대응 이표본 t-검정의 상황이 선형회귀모형의 특별한 경우로서 다루어질 수 있음을 보여준다.

3.12 문헌목록에 관하여

회귀분석의 이론 부분에 대하여 많은 좋은 책들이 개발되어 있다. 그들 중 어떤 것은 특별한 분야를 대상으로 쓰여진 것도 있지만, 이들 모두 표준적인 회귀분석의 이론을 잘 처리한 훌륭한 문헌들이라고 할 수 있다. Snedecor & Cochran(1980), Fox(1984), Kmenta(1986) 등은 간단한 대수와 합산기호(Σ)를 사용하여 이론의 내용을 설명하고 있다. Searl(1971), Rao(1973), Seber(1977), Myers(1990), Sen & Srivastava(1990), Green(1993), Graybill & Iyer(1994), Draper & Smith(1998), Yan & Su(2009), Montgomery et al.(2012)은 행렬대수를 사용하여 보다 깊은 내용을 다루고 있다.

연습문제

3.1 표 3.5의 데이터를 이용하여

(a) $\mathrm{Var}(Y)$와 $\mathrm{Var}(X)$를 계산하여라.

(b) $\sum_{i=1}^{n}(y_i - \overline{y}) = 0$임을 보여라.

(c) 표준화된 변수들은 평균 0과 표준편차 1을 가짐을 보여라.

(d) 식 (3.5), (3.6), (3.7)의 세 가지 공식들이 동일함을 보여라.

(e) 식 (3.8)의 부등식이 성립함을 보여라.

(f) 식 (3.14)와 (3.20)의 두 공식들이 동일함을 보여라.

3.2 다음 진술들에 대하여 동의하는지 혹은 그렇지 않은지를 그 이유와 함께 설명하여라.

(a) $\mathrm{cov}(Y, X)$는 $-\infty$와 $+\infty$ 사이의 값을 가질 수 있다.

(b) $\mathrm{cov}(Y, X) = 0$ 또는 $\mathrm{cor}(Y, X) = 0$이면, Y와 X 사이에 아무런 관계가 없다고 결론지을 수 있다.

(c) Y 대 $\widehat{Y}$의 산점도에 있는 점들에 적합된 최소제곱회귀선은 절편항 0과 기울기 1을 가진다.

3.3 표 3.8에 있는 회귀분석 결과를 이용하여 다음 가설들에 대한 검정을 수행하여라($\alpha = 0.1$).

(a) $H_0 : \beta_1 = 15$ 대 $H_1 : \beta_1 \neq 15$

(b) $H_0 : \beta_1 = 15$ 대 $H_1 : \beta_1 > 15$

(c) $H_0 : \beta_0 = 0$ 대 $H_1 : \beta_0 \neq 0$

(d) $H_0 : \beta_0 = 5$ 대 $H_1 : \beta_0 \neq 5$

3.4 표 3.8에 있는 회귀분석 결과를 이용하여 β_0에 대한 99% 신뢰구간을 구축하여라.

3.5 최소제곱법을 이용하여 단순선형회귀모형 $Y = \beta_0 + \beta_1 X + \epsilon$을 데이터에 적합할 때, 다음의 각 진술들이 사실임을 증명할 수 있다. 각 진술들을 수리적으로 증명하거나 옳음을 수치적으로 보여라(표 3.4의 데이터를 이용하여).

(a) 최소제곱잔차의 합계는 0이다.
(b) 식 (3.26)과 (3.32)의 두 검정은 동일하다.
(c) Y 대 X의 산점도와 Y 대 $\hat{Y}$의 산점도는 동일한 패턴을 가진다.
(d) Y와 $\hat{Y}$의 상관계수는 음의 값을 가지지 않는다.

3.6 표 3.4의 데이터와 표 3.6의 적합값 및 잔차를 이용하여 다음을 보여라.

(a) $\text{cor}(Y, X) = \text{cor}(Y, \hat{Y}) = 0.994$
(b) SST = 27768.348
(c) SSE = 348.848

3.7 Anscombe의 네 개 데이터들(Anscombe.txt)은 다음 통계량들에 대하여 동일한 값을 준다는 것을 보여라.

(a) $\hat{\beta}_0$와 $\hat{\beta}_1$ (b) $\text{cor}(Y, X)$
(c) R^2 (d) t-검정

3.8 최소제곱법을 이용하여 단순선형회귀모형 $Y = \beta_0 + \beta_1 X + \epsilon$을 데이터에 적합할 때, $H_0 : \beta_1 = 0$가 기각되지 않는다고 가정하자. 이것은 모형을 $Y = \beta_0 + \epsilon$과 같이 단순하게 쓸 수 있음을 의미한다. β_0의 최소제곱추정치는 $\hat{\beta}_0 = \bar{y}$이다(이를 증명할 수 있는가?).

(a) 이 경우 최소제곱잔차는 무엇인가?
(b) 최소제곱잔차의 합계가 0임을 보여라.

표 3.9 여성의 노동인구 참여율 데이터에 대한 회귀분석 결과

변수	계수	표준오차	t-검정	p-값
상수	0.203311	0.0976	2.08	0.0526
X	0.656040	0.1961	3.35	<0.0038
n = 19	R^2 = 0.397	R_a^2 =0.362	$\hat{\sigma}$ = 0.0566	df = 17

3.9 Y와 X를 각각 1972년과 1968년의 여성의 노동인구 참여율이라고 하자. 이들은 미국의 19개 도시에서 수집되었으며, 이 데이터에 대한 회귀분석 결과는 표 3.9에 주어져 있다. 또한 SSR = 0.0358, SSE = 0.0544이다. 모형 $Y = \beta_0 + \beta_1 X + \epsilon$이 일반적인 회귀분석의 가정들을 만족한다고 하자.

(a) $\mathrm{Var}(Y)$와 $\mathrm{cov}(Y, X)$를 계산하여라.

(b) 어떤 도시의 1968년의 여성의 노동인구 참여율이 45%라고 하자. 그 도시에 대하여 추정된 1972년의 여성의 노동인구 참여율은 얼마인가?

(c) 1968년의 여성의 노동인구 참여율에 대한 평균과 분산이 각각 0.5와 0.005라고 가정하자. (b)에서 얻어진 추정치에 대한 95% 신뢰구간을 구축하여라.

(d) 회귀선의 기울기 β_1에 대한 95% 신뢰구간을 구축하여라.

(e) 5% 유의수준하에서 가설 $H_0 : \beta_1 = 1$ 대 $H_1 : \beta_1 > 1$을 검정하여라.

(f) 위의 회귀분석에서 Y와 X가 바뀌었다면, R^2는 어떻게 되겠는가?

3.10 비슷한 키를 가진 사람들끼리 결혼하는 경향이 있는지가 관심이라고 하자. 이를 위해 신혼부부들의 표본이 선택되었다. X는 남편의 키이고 Y는 아내의 키라고 하자. 남편과 아내의 키(센티미터)는 다음의 사이트에서 찾을 수 있다(Husband.Wife.txt).

(a) 남편과 아내의 키 사이의 공분산을 계산하여라.

(b) 키가 센티미터가 아닌 미터로 측정되었다면 공분산은 어떻게 되겠는가?

(c) 남편과 아내의 키 사이의 상관계수를 계산하여라.

(d) 키가 센티미터가 아닌 미터로 측정되었다면 상관계수는 어떻게 되겠는가?

(e) 모든 남자들이 자신보다 정확히 5센티미터 작은 여자와 결혼하였다면 상관계수는 어떻게 되겠는가?

(f) 남편과 아내의 키에 관한 회귀모형을 적합하려고 한다. 두 변수 중 어느 것을 반응변수로 하겠는가? 당신의 답을 정당화하여라.

(g) (f)에서 선택된 반응변수를 이용하여 기울기가 0이라는 귀무가설을 검정하여라.

(h) (f)에서 선택된 반응변수를 이용하여 절편항이 0이라는 귀무가설을 검정하여라.

3.11 최소제곱법을 이용하여 원점을 통과하는 단순선형회귀모형 $Y = \beta_1 X + \epsilon$을 데이터에 적합할 때,

(a) 이론적 혹은 다른 물리적 및 물질적 상황에 의하여 모형 (3.49)가 정당한 사례를 하나 들어라.

(b) β_1의 최소제곱추정치가 식 (3.50)과 같음을 보여라.

(c) 잔차 $e_1, e_2, \ldots, e_n$의 합계가 반드시 0이 되지 않음을 보여라.

(d) 식 (3.49)를 데이터에 적합하였으나 식 (3.46)의 R^2를 계산하였을 때 음의 값이 얻어지는 Y와 X의 데이터에 대한 사례를 하나 들어라.

(e) 모형 (3.48)과 모형 (3.49)를 비교하기 위하여 당신은 어떤 적합도 측도를 사용하겠는가?

3.12 여름 올림픽 경기의 남자 멀리뛰기(미터 단위) 금메달 성적은 책의 웹사이트에 있는 Long.Jump.Men.txt 파일에서 확인할 수 있다. 이 데이터는 1896년부터 2022년까지의 기간을 대상으로 한다. 전쟁으로 인해 특정 연도에는 올림픽 경기가 열리지 않았다는 점에 유의하라.

(a) 각 국가별 금메달 수를 계산하여라.

(b) Year와 Long.Jump의 산점도를 그려보아라.

(c) 이 올림픽 시리즈에서 최소 Long.Jump는 몇 미터이며, 어느 해에 발생했는가?

(d) 이 기간 동안 전쟁으로 인해 몇 번의 올림픽 경기가 취소되었는가? 어떤 해인가?

(e) Long.Jump와 Year 사이에 단순회귀모형을 적합시키고 결과를 보여라.

(f) 회귀분석의 결과 출력으로부터 Long.Jump 변수의 분산을 계산하여라.

(g) 절대값이 가장 큰 잔차를 가진 두 해는 언제인가?

(h) Year 변수로 설명할 수 있는 Long.Jump의 변동성은 몇 퍼센트인가?

(i) 이 모형에 따르면, 올림픽 경기가 열리지 않은 해의 Long.Jump 추정치는 얼마인가?

(j) 이 올림픽 시리즈에서 최소 Long.Jump는 몇 미터이며, 어느 해에 발생했는가?

(k) 회귀선의 절편에 대한 94% 신뢰구간을 계산하여라.

(l) 5% 유의수준에서 Long.Jump와 Year 사이에 선형관계가 없다는 귀무가설을 검정하여라. (두 가설을 명시하고 검정통계량을 계산한 후 검정 결과를 제시하여라)

(m) 5% 수준에서 실제 회귀선의 기울기가 1과 같다는 귀무가설을 검정하여라. (두 가설을 명시하고 검정통계량을 계산하고 p-값을 계산한 후 검정결과를 제시하여라)

3.13 여름 올림픽 경기의 여자 멀리뛰기(미터 단위) 금메달 성적은 책의 웹사이트에 있는 Long.Jump.Women.txt 파일에서 확인할 수 있다. 이 데이터는 1948년부터 2022년까지의 기간을 대상으로 한다. 이 데이터를 사용하여 위 3.12 연습문제를 반복하여라.

3.14 어떤 대도시 신문의 일요일판 판매에 관한 조사를 위하여, 34개의 신문으로부터 그들의 주중 및 일요일 판매부수(단위: 천)에 관한 정보가 얻어졌다(원천: *Gale Directory of Publication*, 1994). 데이터는 다음의 사이트에서 찾을 수 있다(Newspapers.txt).

(a) 일요일 판매부수 대 주중 판매부수의 산점도를 그려라. 그 플롯은 주중과 일요일 판매부수에 대하여 선형관계를 나타내는가? 이것이 그럴듯한 관계라고 생각하는가?

(b) 주중 판매부수로부터 일요일 판매부수를 예측하기 위한 회귀선을 적합하여라.

(c) β_0와 β_1에 대하여 95% 신뢰구간을 얻어라.

(d) 일요일 판매부수와 주중 판매부수 사이에 유의한 관계가 존재하는가? 통계적 검정에 의하여 당신의 답을 정당화하여라. 당신이 검정하고 있는 가설과 그의 결론이 무엇인지를 나타내어라.

(e) 일요일 판매부수의 변이 중 주중 판매부수에 의하여 설명되는 비율은 얼마인가?

(f) 주중 판매부수가 500,000일 때, 일요일 판매부수의 평균에 대한 신뢰구간을 구하여라(95% 신뢰수준하에서).

(g) 일요일판을 고려하고 있는 어떤 신문의 주중 판매부수가 500,000이라고 하자. 이 신문의 예측된 일요일 판매부수에 대하여 구간추정치를 제시하여라(95% 신뢰수준하에서). 이 구간추정치는 (f)에서 얻어진 것과 어떻게 다른가?

(h) 일요일판을 고려하고 있는 다른 신문의 주중 판매부수가 2,000,000이라고 하자. 이 신문의 예측된 일요일 판매부수에 대하여 구간추정치를 제시하여라(95% 신뢰수준하에서). 이 구간추정치는 (g)에서 얻어진 것과 어떻게 다른가? 당신은 이것이 정확할 것이라고 생각하는가?

3.15 다음의 $y_1, y_2, \ldots, y_n$은 알려지지 않은 평균 μ와 분산 σ^2으로부터 추출된 표본이다. 평균 μ를 추정하는 하나의 방법은 다음과 같은

$$y_i = \mu + \epsilon_i; \qquad i = 1, 2, \cdots, n, \tag{3.61}$$

의 선형모형을 적합시키고 제곱합 $\sum_{i=1}^{n}(y_i - \mu)^2$을 최소화하는 최소제곱방법을 이용하는

것이다. 다른 하나의 방법은 수직거리의 합 $\sum_{i=1}^{n} |y_i - \mu|$ 을 최소화하는 최소절댓값(LAV: least absolute value) 방법을 이용하는 것이다.

(a) μ의 최소제곱 추정치는 표본평균 $\bar{y}$임을 증명하여라.
(b) μ의 최소절댓값 추정치는 표본중위수임을 증명하여라.
(c) 표본평균의 장단점을 하나씩 설명하여라.
(d) 표본중위수의 장단점을 하나씩 설명하여라.
(e) μ에 대한 위 두 개의 추정치 중 어느 것을 선택할 것인가? 그 이유는 무엇인가?

3.16 최소제곱법의 대안 중 하나는 직교회귀방법(orthogonal regression method)이다. 직교회귀방법에서 단순 선형모형의 회귀계수 추정치는 각 관측치와 회귀선의 수직거리(perpendicular distance)에 대한 제곱합을 최소화하게 된다. 수직거리의 제곱합을 최소화하는 기울기와 절편은 아래의 식을 최소화하는 β_0와 β_1을 찾는 것임을 보여라.

$$g(\beta_0, \beta_1) = \frac{\sum_{i=1}^{n} (y_i - \beta_0 - \beta_1 x_i)^2}{1 + \beta_1^2} \tag{3.62}$$

최소제곱 기준과는 달리, 식 (3.62)를 최소화하는 폐형(closed form) 해는 없다. 하나의 방법으로는 반복적인 방법을 적용하는 것이다. 이러한 사실이 최소제곱법이 널리 쓰이는 하나의 이유이다.

부록: 3.A SAS 코드

```
LIBNAME mysas "C:\temp\SAS_Data";

/******************************
* 3.2
******************************/

/* 그림 3.3 */

PROC IMPORT DATAFILE="C:\temp\RABE6\Anscombe.txt" OUT=mysas.Anscombe
            DBMS=TAB REPLACE;
RUN;

AXIS1 ORDER=0 TO 20 BY 2;
AXIS2 ORDER=0 TO 14 BY 2;
SYMBOL V=DOT CV=BLACK H=1 I=R CI=BLUE W=1;
PROC GPLOT DATA=mysas.Anscombe;
    PLOT Y1*X1 Y2*X2 Y3*X3 Y4*X4 / HAXIS=AXIS1 VAXIS=AXIS2;
RUN;

/******************************
* 3.3
******************************/

PROC IMPORT DATAFILE="C:\temp\RABE6\Computer.Repair.txt" OUT=mysas.Computer
            DBMS=TAB REPLACE;
RUN;

PROC MEANS DATA=mysas.Computer;
    VAR Minutes Units;
RUN;

PROC CORR DATA=mysas.Computer COV;
    VAR Minutes Units;
RUN;

/* 그림 3.4 */

SYMBOL V=DOT CV=BLACK H=1 I=NONE;
PROC GPLOT DATA=mysas.Computer;
    PLOT Minutes*Units;
RUN;

/* 표 3.6, 그림 3.5 */
```

```
PROC REG DATA=mysas.Computer;
    MODEL Minutes = Units / P R;
    PLOT Minutes*Units;
RUN;

/******************************
* 3.7
******************************/

PROC REG DATA=mysas.Computer;
    MODEL  Minutes = Units / CLB;
    PLOT Minutes*Units;
RUN;

/******************************
* 3.8
******************************/

DATA test;
    INPUT Units @@;
CARDS;
4 10 11
;
RUN;
DATA test;
    SET mysas.Computer test;
RUN;

PROC REG DATA=test;
    MODEL  Minutes = Units / P R CLM CLI;
    PLOT Minutes*Units;
RUN;
```

Chapter 04

다중선형회귀

Multiple Linear Regression

4.1 소개

이 장에서는 여러 개의 설명변수를 가지는 다중선형회귀모형을 다룬다. 여기에서는 회귀분석의 표준적인 결과들을 살펴볼 것이다. 이와 연관된 이론적 결과들이 수리적 유도 없이 수치적 사례들을 통해 제시된다. 다중선형회귀의 이론적 결과에 대한 유도 과정이나 증명에 관심이 있는 독자들은 이 장의 끝부분에 있는 문헌목록을 참조하기 바란다. 여기에는 다중선형회귀의 이론에 대하여 형식적 전개를 포함하고 있는 다수의 책이 제시되어 있다.

4.2 데이터와 모형에 대한 서술

데이터는 반응(혹은 종속)변수 Y와 p개의 예측(혹은 설명)변수 $X_1, X_2, \ldots, X_p$에 대한 n개의 관측개체들로 이루어져 있다. 관측개체들은 보통 표 4.1과 같이 표현된다. Y와 $X_1, X_2, \ldots, X_p$ 사이의 관계는 다음과 같은 선형모형으로 정식화된다.

$$Y = \beta_0 + \beta_1 X_1 + \beta_2 X_2 + \cdots + \beta_p X_p + \epsilon, \tag{4.1}$$

여기에서 $\beta_0, \beta_1, \beta_2, \ldots, \beta_p$는 편회귀계수(혹은 간단히 **회귀계수**, regression coefficient)라고 불리는 상수이며, ϵ은 확률변동 혹은 오차이다. 데이터의 범위 안에서 $X_1, X_2, \ldots, X_p$의 주어진 값에 대하여, 선형모형 (4.1)은 Y와 X들 사이의 참 관계에 대하여 받아들일 만한 좋은 근사를 제공한다고 가정된다(Y는 근사적으로 X들의 선형함수이고, ϵ은 그 근사에서의 불일치를 측정한다). 특히, ϵ은 X들에 의하여 설명되지 않은 Y의 정보에 대하여 Y를 결정하는 어떤 형식의 체계적인 정보도 포함하고 있지 않다.

식 (4.1)에 따라서 표 4.1의 각 관측개체들은 다음과 같이 다시 쓰여질 수 있다.

$$y_i = \beta_0 + \beta_1 x_{i1} + \cdots + \beta_p x_{ip} + \epsilon_i, \quad i = 1, 2, \ldots, n, \tag{4.2}$$

여기에서 y_i는 반응변수 Y에 대한 i번째 관측개체의 값을 나타내고, $x_{i1}, x_{i2}, \ldots, x_{ip}$는 i

표 4.1 다중회귀분석에서 사용되는 데이터에 대한 표기

관측개체 번호	반응변수 Y	예측변수 X_1	X_2	$\cdots$	X_p
1	y_1	x_{11}	x_{12}	$\cdots$	x_{1p}
2	y_2	x_{21}	x_{22}	$\cdots$	x_{2p}
3	y_3	x_{31}	x_{32}	$\cdots$	x_{3p}
$\vdots$	$\vdots$	$\vdots$	$\vdots$	$\vdots$	$\vdots$
n	y_n	x_{n1}	x_{n2}	$\cdots$	x_{np}

번째 관측개체에 대한 예측변수의 값을 나타낸다. 그리고 ϵ_i는 y_i의 근사에 대한 오차를 나타낸다.

다중선형회귀는 단순선형회귀의 확장(일반화)이다. 따라서, 여기에서 주어지는 결과들은 제3장에서 주어진 결과들의 본질적인 확장이다. 모든 단순회귀의 결과들은 예측변수의 수가 $p = 1$인 경우의 다중회귀를 이용하여 얻을 수 있기 때문에, 단순회귀를 다중회귀의 특별한 경우로 생각할 수 있다. 예를 들어, $p = 1$일 때 식 (4.1)과 (4.2)는 각각 식 (3.9)와 (3.10)으로 축약된다.

4.3 사례: 감독자 직무수행능력 데이터

이 장에서는 표준적인 회귀분석 결과의 일부를 살펴보기 위하여 산업심리(관리) 분야에서의 연구로부터 얻어진 데이터를 이용할 것이다. 어떤 대형금융기관에 근무하는 사무직원들에게 그의 감독자(혹은 상사)에 대한 만족도를 질문하는 설문조사가 있었다. 설문지는 감독자의 업무수행능력에 대한 일반사무직원들의 전반적인 평가와 업무관계를 포함하여 감독자와의 상호관계에서 느끼는 몇 가지 부분에 대한 만족도를 재는 항목으로 구성되었다. 연구의 초기 단계에서 6개의 문항이 예측변수로 선택되었는데, 표 4.2는 이 연구에 포함된 변수들에 관한 설명이다.

표에서 볼 수 있듯이 이 설문 문항에는 크게 두 종류의 예측변수들이 있다. 변수 X_1, X_2, X_5는 감독자와 일반직원 사이의 직접적인 인간관계와 관련이 있으며, 반면에

표 4.2 감독자 직무수행능력 데이터의 변수들에 대한 설명

변수	변수에 대한 설명
Y	상사의 직무수행에 대한 전반적인 평가
X_1	피고용인의 불만처리
X_2	특권을 허용하지 않음
X_3	새로운 것을 배울 기회
X_4	업무성과에 따른 승진
X_5	과실에 대한 지나친 비판
X_6	더 나은 일로의 진급

X_3와 X_4는 덜 개인적인 항목으로 업무와 관련이 있는 변수들이라고 할 수 있다. 한편 변수 X_6은 감독자에 대한 직접적인 평가가 아니라 일반직원이 회사 내에서 자신의 발전에 대해 기대되는 바를 재는 척도라고 할 수 있다.

분석을 위한 데이터는 설문조사 질문지의 문항들에 대하여 개별 일반 사무직원들의 응답으로부터 생성되었다. 응답은 위의 각 문항에 대한 만족도에 따라 1에서 5까지의 값을 가지고 있었다. 이때 각 문항에 대하여 그 값이 {1, 2}에 해당하면 '만족한 응답'으로, 그리고 {3, 4, 5}이면 '불만족한 응답'으로 이분하여 범주화시켰다. 실제 회귀분석에 사용된 데이터는 이와 같이 각 직원에 대하여 문항별로 범주화한 것을 다음과 같이 처리한 것이다. 우선 이 회사에 있는 여러 부서 중에서 30개 부서를 랜덤으로 선택하였다. 각 부서는 약 35명의 일반 사무직원과 1명의 감독자로 구성되어 있다. 데이터는 이 책의 웹사이트에서 찾아볼 수 있다.[1] 이 데이터는 다음의 명령줄을 통해 R의 작업공간으로 불러올 수 있다.

```
Supervisor <- read.table("C:/Temp/RABE6/Supervisor.txt", sep = "\t",
                          header = TRUE)
head(Supervisor, 5)   # 데이터의 첫 5행을 출력
```

각 부서별로 항목마다 '만족한 응답'의 수를 합하고 이를 각 부서의 전체 직원들의 수로 나누어 만족의 비율을 계산한다. 따라서 데이터는 7개의 변수에 대하여 각 부서마다 1개

1) http://www.aucegypt.edu/faculty/hadi/RABE6

씩 전부 30개의 관측값이 있는 것이 된다. 이 데이터를 감독자 직무수행능력(Supervisor Performance) 데이터라고 한다.

Y와 여섯 개의 설명변수를 관계시키는 다음과 같은 선형모형

$$Y = \beta_0 + \beta_1 X_1 + \beta_2 X_2 + \cdots + \beta_6 X_6 + \epsilon \tag{4.3}$$

을 가정하자. 이 모형과 다른 가정들에 대한 타당성 검토는 제5장에서 다루어진다.

4.4 모수 추정

이용 가능한 데이터에 근거하여 모수(parameter) $\beta_0, \beta_1, \ldots, \beta_p$들을 추정하기 위해, 제3장에서 제시된 단순회귀의 경우와 마찬가지로 최소제곱법이 사용된다. 즉, 오차의 제곱합을 최소화하는 것이다. 식 (4.2)로부터 오차는 다음과 같이 표현될 수 있다.

$$\epsilon_i = y_i - \beta_0 - \beta_1 x_{i1} - \cdots - \beta_p x_{ip}, \quad i = 1, 2, \ldots, n. \tag{4.4}$$

이러한 오차들의 제곱합은 다음과 같다.

$$S(\beta_0, \beta_1, \ldots, \beta_p) = \sum_{i=1}^{n} \epsilon_i^2 = \sum_{i=1}^{n} (y_i - \beta_0 - \beta_1 x_{i1} - \cdots - \beta_p x_{ip})^2. \tag{4.5}$$

약간의 계산을 통해, $S(\beta_0, \beta_1, \ldots, \beta_p)$를 최소화하는 최소제곱추정치 $\hat{\beta}_0, \hat{\beta}_1, \ldots, \hat{\beta}_p$는 **정규방정식**(normal equation)으로 알려진 연립 선형방정식에 대한 해(solution)에 의하여 주어진다는 것을 보일 수 있다.[2] 추정치 $\hat{\beta}_0$은 통상 **절편항**(intercept) 혹은 **상수항**(constant)으로 불린다. 그리고 $\hat{\beta}_j$는 예측변수 X_j의 (편)회귀계수에 대한 **추정치**(estimate)이다.

이 방정식 체계는 해를 구할 수 있고 유일한 해를 가지는 것으로 가정된다. 행렬 표기에 익숙한 독자들을 위해, 이 장의 말미에 있는 부록에 정규방정식의 해에 대한 폐쇄형

2) 행렬 표기에 익숙한 독자들을 위하여, 정규방정식과 최소제곱추정치가 이 장의 부록에 있는 식 (A.2)와 (A.3)에 각각 주어져 있다.

(closed-form) 공식이 주어져 있다. 여기에서 정규방정식의 해를 구하는 실제적 절차에 대하여 더 이상 논의하지는 않을 것이며, 수치적으로 정확한 해를 제공하는 컴퓨터 소프트웨어를 이용할 수 있다고 가정한다.

추정된 회귀계수 $\hat{\beta}_0, \hat{\beta}_1, \ldots, \hat{\beta}_p$를 이용하여 적합된 최소제곱 회귀방정식을 다음과 같이 쓸 수 있다.

$$\hat{Y} = \hat{\beta}_0 + \hat{\beta}_1 X_1 + \cdots + \hat{\beta}_p X_p. \tag{4.6}$$

주어진 데이터의 각 관측개체에 대하여 다음을 계산할 수 있다.

$$\hat{y}_i = \hat{\beta}_0 + \hat{\beta}_1 x_{i1} + \cdots + \hat{\beta}_p x_{ip}, \quad i = 1, 2, \ldots, n. \tag{4.7}$$

이것은 **적합값**(fitted value)이라고 불린다. 대응되는 **보통의**(ordinary) 최소제곱잔차는 다음과 같이 주어진다.

$$e_i = y_i - \hat{y}_i, \quad i = 1, 2, \ldots, n. \tag{4.8}$$

오차분산 σ^2의 불편추정치는 다음과 같이 주어진다.

$$\sigma^2 = \frac{\text{SSE}}{n-p-1}, \tag{4.9}$$

여기에서

$$\text{SSE} = \sum_{i=1}^{n} (y_i - \hat{y}_i)^2 = \sum_{i=1}^{n} e_i^2 \tag{4.10}$$

는 **잔차제곱합**(sum of squared residual)이다. 식 (4.9)의 분모에 있는 $n-p-1$은 통계량 SSE의 **자유도**(degrees of freedom; df)라고 불린다. 이것은 관측개체의 수에서 추정된 회귀계수의 수를 뺀 것과 같다.

이제 4.3절에서 R에 df로 읽어 들인 감독자 직무수행능력 데이터를 사용하여 위의 계산을 설명하고자 한다. 식 (4.6)의 적합된 회귀방정식은 다음과 같다.

$$\hat{Y} = -10.79 + 0.61X_1 - 0.07X_2 + 0.32X_3 + 0.08X_4 + 0.04X_5 - 0.22X_6. \tag{4.11}$$

위 식은 아래의 R 명령줄을 사용하여 얻을 수 있다.

```
reg <- lm(Y ~ ., data = Supervisor)   # (4.12)
```

위 명령의 '~' 뒤의 점(.)은 데이터 프레임의 다른 모든 변수가 예측 변수로 사용된다는 것을 나타낸다. 데이터 프레임의 예측 변수 중 일부, 예를 들어 X1과 X2만 적합시키고 싶다면 lm(Y ~ X1 + X2, data = df)를 사용하면 된다.

(4.12)에서 생성한 객체 reg는 lm 클래스의 객체이다. 따라서 회귀분석 결과의 다양한 정보들을 함께 포함하고 있다. 예를 들면 다음과 같다(lm에 대한 도움말을 보려면 ?lm을 입력하면 된다).

```
reg$coef        # (4.6)에서 추정된 회귀계수
reg$fitted      # (4.6)에서의 적합값 벡터
reg$res         # (4.8)의 잔차 벡터
summary(reg)    # 여러 가지 필요한 회귀 결과를 제공
```

어떤 가정들이 만족된다면 최소제곱추정치는 여러 가지 바람직한 성질들을 가진다. 제5장은 그 가정들에 대한 타당성 검토를 다룬다. 그러나 이 장의 수치적 사례로 사용될 감독자 직무수행능력 데이터에 대하여 이러한 타당성 검토의 절차들이 사전에 수행되었으며, 모형의 가정에 위배되는 어떤 증거가 발견되지는 않았음을 밝혀둔다. 따라서 이 장에서는 감독자 직무수행능력 데이터를 이용하여 다중회귀분석에 대한 설명을 계속할 것이다.

최소제곱추정치의 성질들은 4.7절에서 설명된다. 이러한 성질들에 근거하여 연구자는 적절한 통계적 추론 절차(예컨대, 신뢰구간의 추정, 가설검정, 적합도검정 등)를 전개할 수 있다. 이러한 내용은 4.8~4.11절에서 다룬다.

4.5 회귀계수에 대한 해석

다중회귀방정식에서 회귀계수에 대한 해석은 자주 혼동되는 것 중 하나이다. 단순회귀

방정식은 직선을 표현한다. 반면에 다중회귀방정식은 평면(예측변수가 두 개인 경우) 혹은 초평면(예측변수가 두 개보다 많은 경우)을 표현한다. 단순회귀에서와 마찬가지로 다중회귀에서 **상수항 계수**(constant coefficient)라고 불리는 β_0는 $X_1 = X_2 = \cdots = X_p = 0$일 때 Y의 기댓값이다. 회귀계수 $\beta_j (j = 1, 2, \ldots, p)$는 몇 가지의 해석을 가진다. 이것은 X_j를 제외한 나머지 모든 예측변수들을 상수로 고정시킨 상태에서 X_j의 한 단위 증가에 따른 Y의 증분으로 해석될 수 있다. 변화의 크기는 다른 예측변수들이 어떤 값으로 고정되어 있는지에 의존하지 않는다. 그러나 실제에서 예측변수들은 서로 밀접하게 연관되어 있고, 다른 변수들이 변화할 때 어떤 변수들을 상수로 고정시키는 것이 가능하지 않은 경우도 있다.

회귀계수 β_j는 **편회귀계수**(partial regression coefficient)로 불리기도 하는데, 그 이유는 β_j가 다른 예측변수들에 의하여 반응변수 Y가 조정된 후에 Y에 대한 X_j의 공헌도를 나타내기 때문이다. 다중회귀에서 "조정된다(adjusted for)"라는 것의 의미는 무엇인가? 일반성을 잃지 않고, 두 개의 예측변수가 있는 간단한 다중회귀를 이용하여 이 질문에 대하여 논의하자. $p = 2$일 때의 모형은 다음과 같다.

$$Y = \beta_0 + \beta_1 X_1 + \beta_2 X_2 + \epsilon. \tag{4.13}$$

사례를 들어 개념을 설명하기 위하여 감독자 직무수행능력 데이터로부터 변수 X_1과 X_2를 고려하자. 이 데이터는 4.3절에서 df라는 이름으로 R에 저장되었다. 추정된 회귀방정식은 다음과 같다.

$$\hat{Y} = 15.3276 + 0.7803 X_1 - 0.0502 X_2. \tag{4.14}$$

이 방정식은 다음의 R 명령줄로 얻을 수 있다.

```
reg <- lm(Y ~ X1+X2, data = Supervisor)
reg$coef
```

X_1의 계수는 X_2가 고정되어 있을 때 X_1이 한 단위 증가하면 Y가 0.7803만큼 증가한다는 것을 나타낸다. 아래에서 살펴보는 바와 같이 이것은 X_2에 대하여 조정된 후에 X_1의

효과이기도 하다. 유사하게, X_2의 계수는 X_1이 고정되어 있을 때 X_2가 한 단위 증가하면 Y가 0.0502만큼 감소한다는 것을 나타낸다. 이것은 X_1에 대하여 조정된 후에 X_2의 효과이기도 하다.

이러한 해석은 다중회귀방정식이 일련의 단순회귀방정식으로부터 얻어질 수 있다는 사실을 고려할 때 쉽게 이해될 수 있다. 예를 들어, 식 (4.14)에 있는 X_2의 계수는 다음과 같이 얻어질 수 있다.

1. X_1에 Y를 관계시키는 단순회귀모형을 적합한다. 이 회귀로부터 얻어진 잔차를 $\mathrm{e}_{Y \cdot X_1}$이라고 하자. 이러한 아래첨자의 표기는 점 앞에 있는 변수가 반응변수로 고려되고 점 뒤의 변수가 예측변수로 고려된다는 것을 의미한다. 적합된 회귀방정식은 다음과 같다.

$$\hat{Y} = 14.3763 + 0.754610 X_1. \tag{4.15}$$

위 식은 R에서 다음 명령으로 얻을 수 있다.

```
reg1 <- lm(Y ~ X1, data = Supervisor)
reg1$coef
```

2. X_1에 X_2(여기에서 일시적으로 반응변수로 고려된다.)를 관계시키는 단순회귀모형을 적합한다. 이 회귀로부터 얻어진 잔차를 $\mathrm{e}_{X_2 \cdot X_1}$이라고 하자. 적합된 회귀방정식은 다음과 같다.

$$\hat{X}_2 = 18.9654 + 0.513032 X_1. \tag{4.16}$$

위 식은 R에서 다음 명령줄로 얻을 수 있다.

```
reg2 <- lm(X2 ~ X1, data = Supervisor)
reg2$coef
```

잔차 $\mathrm{e}_{Y \cdot X_1}$과 $\mathrm{e}_{X_2 \cdot X_1}$은 표 4.3에 주어져 있다. 두 잔차는 다음의 R 명령으로 얻을 수 있다.

```
cbind(reg1$res, reg2$res)   # 표 4.3
```

표 4.3 편잔차(Partial Residual)

번호	$e_{Y \cdot X_1}$	$e_{X_2 \cdot X_1}$	번호	$e_{Y \cdot X_1}$	$e_{X_2 \cdot X_1}$
1	−9.8614	−15.1300	16	−1.2912	−15.1383
2	0.3287	−0.7995	17	−4.5182	1.4269
3	3.8010	13.1224	18	5.3471	15.2527
4	−0.9167	−6.2864	19	−2.1990	−8.8776
5	7.7641	−2.9819	20	−8.1437	19.2787
6	−12.8799	1.8178	21	5.4393	−6.4867
7	−6.9352	−11.3385	22	3.5925	1.7397
8	0.0279	−7.4428	23	−11.1806	−0.8255
9	−4.2543	10.9660	24	−2.2969	4.0524
10	6.5925	−5.2604	25	7.8748	−4.6691
11	9.6294	6.8439	26	−6.4813	7.5311
12	7.3471	−2.7473	27	7.0279	0.5572
13	7.8379	6.2266	28	−9.3891	−4.2082
14	−9.0089	21.4529	29	6.4818	8.4269
15	4.5187	−4.4689	30	5.7457	−22.0340

3. 위의 두 잔차를 관계시키는 단순회귀모형을 적합한다. 이 회귀에서 반응변수는 $e_{Y \cdot X_1}$ 이고 예측변수는 $e_{X_2 \cdot X_1}$ 이다. 적합된 회귀방정식은 다음과 같다.

$$\hat{e}_{Y \cdot X_1} = 0 - 0.0502\, e_{X_2 \cdot X_1} \tag{4.17}$$

```
reg3 <- lm(reg1$res ~ reg2$res)
reg3$coef
```

여기에서 흥미 있는 결과는 식 (4.17)의 회귀에 있는 $e_{X_2 \cdot X_1}$ 의 계수가 식 (4.14)에 있는 X_2의 다중회귀계수와 같다는 것이다. 두 계수는 모두 −0.0502이다. 사실, 그들의 표준오차도 동일하다. 이러한 결과가 의미하는 것은 무엇인가? 첫 번째 단계에서는 Y와 X_1 사이의 선형관계를 발견하였다. 다시 말하면 이 경우의 잔차는 X_1과 선형적으로 관계되어 있지 않은 Y의 일부분이다. 두 번째 단계에서는 Y 대신에 X_2를 사용하여 동일한 작업을 수행하였고, 따라서 이 경우의 잔차는 X_1과 선형적으로 관계되어 있지 않은 X_2의 일부분이다. 세 번째 단계에서는 Y 잔차와 X_2 잔차 사이의 선형관계를 찾는다. 그 결과로부터의 회귀계수는 Y와 X_2 각각으로부터 X_1의 선형효과를 제거한 후 Y에 미치는 X_2의 효과를 나타낸다.

회귀계수 β_j는 다른 예측변수들에 의하여 Y와 X_j가 선형적으로 조정된 후 반응변수 Y에 대한 X_j의 공헌도를 나타내기 때문에 편회귀계수이다(연습문제 4.7 참조).

식 (4.17)의 회귀방정식에 있는 추정된 절편이 0임을 주목하여라. 이는 두 잔차들의 집합이 평균 0을 가지기 때문이다(즉, 합계가 0이 된다). 식 (4.14)에 있는 X_1의 회귀계수를 얻기 위하여 동일한 절차가 적용될 수 있다. 위의 세 단계에서 단순히 X_2와 X_1을 서로 바꾸면 된다. 이것은 독자들을 위한 연습문제로 남겨 둔다.

위의 논의로부터, 예측변수들이 서로 무상관(uncorrelated)이 아니라면 단순과 다중회귀계수가 같지 않다는 것을 알 수 있다. 비실험 혹은 관측 데이터에서 예측변수들이 무상관인 경우는 드물다. 반면에, 실험의 상황에서는 연구자가 예측변수의 값들을 정할 수 있기 때문에, 무상관인 예측변수들을 생성하기 위해 실험계획이 종종 사용된다. 따라서 실험으로부터 도출된 표본에서는 설명변수들이 무상관인 경우가 있을 수 있고, 그 표본에서의 단순과 다중회귀계수는 같게 된다.

4.6 중심화와 척도화

회귀식에서 회귀계수의 크기는 변수의 측정 단위에 영향을 받게 된다. 예를 들어 달러 단위로 측정된 소득의 회귀계수가 5.123이라면, 소득이 1,000달러 단위로 측정되었을 때는 5123으로 바뀌게 된다. 회귀계수가 단위에 영향을 받지 않게 하기 위해서는 회귀모형을 적합하기 전에 먼저 변수들에 대해 **중심화**와 **척도화**를 해두어야 한다. 또한 제10장과 제11장의 다중공선성 문제를 다룰 때도 중심화와 척도화가 필요한 경우가 있다. 이 절에서는 중심화와 척도화의 과정에 대해 설명하고자 한다.

일반적으로 사용되는 회귀모형의 형태는 다음과 같이 절편 β_0을 포함한 모형이다.

$$Y = \beta_0 + \beta_1 X_1 + \cdots + \beta_p X_p + \epsilon \tag{4.18}$$

그러나 다음과 같이 절편이 없는(no-intercept) 모형을 적합해야 하는 상황도 있다(제8장 참조).

$$Y = \beta_1 X_1 + \cdots + \beta_p X_p + \epsilon \tag{4.19}$$

절편(상수항)이 있는 모형을 다룰 때는 변수에 대한 중심화와 척도화가 필요하지만, 절편이 없는 모형을 다룰 때는 변수의 척도화만 필요하다.

4.6.1 절편 모형에서 중심화와 척도화

식 (4.18)에서와 같이 절편이 있는 모형을 적합시키는 경우 변수들을 중심화하고 척도화할 필요가 있다. **중심화**(centering) 변수는 각 관측값에서 모든 관측값의 평균을 빼는 것으로 얻어진다. 예를 들어 중심화된 반응변수는 $(Y - \bar{y})$이고 중심화된 j번째 예측변수는 $(X_j - \bar{x}_j)$이다. 중심화된 변수의 평균은 0이다.

중심화된 변수는 척도화 또한 가능하다. 두 가지 형태의 **척도화**(scaling)가 통상적으로 가능한데, **단위길이 척도화**(unit length scaling)와 **표준화**(standardizing)이다. 반응변수 Y와 j번째 예측변수의 단위길이 척도화는 각각 다음과 같다.

$$\tilde{Z}_y = \frac{Y - \bar{y}}{L_y}, \quad \tilde{Z}_j = \frac{X_j - \bar{x}_j}{L_j}, \quad j = 1, \ldots, p, \tag{4.20}$$

여기에서 $\bar{y}$는 Y의 평균, $\bar{x}_j$는 X_j의 평균이고, L_y와 L_j는 다음과 같다.

$$L_y = \sqrt{\sum_{i=1}^{n} (y_i - \bar{y})^2}, \quad L_j = \sqrt{\sum_{i=1}^{n} (x_{ij} - \bar{x}_j)^2}, \quad j = 1, \ldots, p. \tag{4.21}$$

L_y는 중심화 변수 $(Y - \bar{y})$의 **길이**(length)를 의미한다. 왜냐하면 L_y는 $(Y - \bar{y})$에서 관측값들의 크기를 나타내기 때문이다. 유사하게 L_j는 변수 $(X_j - \bar{x}_j)$의 길이를 측정한다. 식 (4.20)의 변수 $\tilde{Z}_y$와 $\tilde{Z}_j$는 평균이 0이고 길이 1을 갖는다. 따라서 이러한 형태의 척도화를 단위길이 척도화라고 한다. 게다가, 단위길이 척도화는 다음의 성질을 갖는다.

$$\mathrm{cor}(X_j, X_k) = \sum_{i=1}^{n} z_{ij} z_{ik}. \tag{4.22}$$

즉, 원변수 X_j와 X_k의 상관계수는 척도화된 Z_j와 Z_k의 곱의 합으로 쉽게 계산될 수 있다.

R을 이용한 단위길이 척도화는 다음의 명령을 참고하면 된다.

```
z <- scale(Supervisor, scale = FALSE)  # df의 열을 중심화
nrm <- sqrt(apply(z*z, 2, sum))        # 각 열의 놈(norm)을 계산
z <- scale(z, scale = nrm)             # 단위길이 척도화
```

두 번째 형태의 척도화는 표준화라는 것이며, 다음과 같이 정의된다.

$$\widetilde{Y}= \frac{Y-\overline{y}}{s_y}, \quad \widetilde{X}_j = \frac{X_j-\overline{x}_j}{s_j}, \quad j=1, \ldots, p, \tag{4.23}$$

여기에서 s_y와 s_j는 다음과 같다.

$$s_y = \sqrt{\frac{\sum_{i=1}^{n}(y_i-\overline{y})^2}{n-1}}, \quad s_j = \sqrt{\frac{\sum_{i=1}^{n}(x_{ij}-\overline{x}_j)^2}{n-1}}, \quad j=1, \ldots, p, \tag{4.24}$$

s_y는 반응변수의 표준편차이고 s_j는 j번째 예측변수의 표준편차이다. 식 (4.23)의 표준화된 변수 $\widetilde{Y}$와 $\widetilde{X}_j$는 평균이 0이고 표준편차 1을 갖는다. 데이터는 다음의 R 명령줄을 이용하여 표준화할 수 있다.

```
z <- scale(Supervisor)   # 표준화
```

상관계수는 데이터의 중심화 또는 척도화에 영향을 받지 않기 때문에, 상관계수를 계산할 때 단위길이 척도화나 표준화 모두 편리하게 이용될 수 있다.

4.6.2 절편이 없는 모형에서의 척도화

식 (4.19)에서와 같이 절편이 없는 모형을 적합시키는 경우, 중심화는 모형에 상수항을 포함시키는 효과를 가지기 때문에 데이터에 대한 중심화를 하지 않는다. 이는 다음을 통해서 확인할 수 있다.

$$Y - \overline{y} = \beta_1 (X_1 - \overline{x}_1) + \cdots + \beta_p (X_p - \overline{x}_p) + \epsilon. \tag{4.25}$$

식을 정리하면 다음을 얻게 된다.

$$\begin{aligned} Y &= \overline{y} - (\beta_1 \overline{x}_1 + \cdots + \beta_p \overline{x}_p) + \beta_1 X_1 + \cdots + \beta_p X_p + \epsilon \\ &= \beta_0 + \beta_1 X_1 + \cdots + \beta_p X_p + \epsilon, \end{aligned} \tag{4.26}$$

여기에서 $\beta_0 = \overline{y} - (\beta_1 \overline{x}_1 + \cdots + \beta_p \overline{x}_p)$이다. 상수항이 식 (4.25)에서는 잘 보이지 않았지만, 식 (4.26)에서는 명확하게 보인다. 따라서 절편이 없는 모형을 다룰 때는 데이터를 척도화하는 것만 필요하다. 척도화된 변수는 다음과 같이 정의된다.

$$\widetilde{Z}_y = \frac{Y}{L_y}, \ \widetilde{Z}_j = \frac{X_j}{L_j}, \ j = 1, \ldots, p, \tag{4.27}$$

여기에서 L_y와 L_j는 다음과 같다.

$$L_y = \sqrt{\sum_{i=1}^{n} y_i^2}, \ L_j = \sqrt{\sum_{i=1}^{n} x_{ij}^2}, \ j = 1, \ldots, p. \tag{4.28}$$

식 (4.27)에서 척도화된 변수는 길이 1을 가지지만 평균이 0일 필요는 없다. 원변수의 평균이 0이 아니면 식 (4.22)를 만족하지도 않는다.

중심화 및 척도화는 일반성을 잃지 않고 수행될 수 있는데, 이는 변환된 변수의 회귀계수는 원변수로 환원이 가능하기 때문이다. 예를 들어, 중심화 데이터에 회귀모형을 적합하였다면, 추정된 회귀계수 $\hat{\beta}_1, \ldots, \hat{\beta}_p$는 원변수에 대한 회귀계수와 동일하다. 중심화 데이터를 사용하면 상수항의 추정치는 항상 0이 된다. 절편을 가진 모형에서의 상수항 추정치는 다음의 식으로부터 얻을 수 있다.

$$\hat{\beta}_0 = \overline{y} - (\hat{\beta}_1 \overline{x}_1 + \cdots + \hat{\beta}_p \overline{x}_p).$$

그러나 척도화는 회귀계수 추정치를 변화시킨다. 예를 들어, 원 데이터를 사용한 추정치와 표준화 데이터를 사용한 추정치 사이의 관계는 다음과 같다.

$$\begin{aligned} \hat{\beta}_j &= (s_y / s_j) \hat{\theta}_j, \quad j = 1, 2, \cdots, p, \\ \hat{\beta}_0 &= \overline{y} - \sum_{j=1}^{p} \hat{\beta}_j \overline{x}_j, \end{aligned} \tag{4.29}$$

여기에서 $\hat{\beta}_j$는 원 데이터를 사용했을 때의 j번째 회귀계수이고, $\hat{\theta}_j$는 표준화 데이터를 사용했을 때의 것이다. 표준화 대신 단위길이 척도화를 사용했을 때도 유사한 공식을 얻을 수 있다.

표준화된 변수를 이용하여 얻어진 회귀계수를 **베타 계수**(beta coefficient)라고 부른다. 베타 계수는 예측변수가 단위 표준편차 크기만큼 변화될 때의 주변효과(marginal effect)를 나타낸다. 예를 들어 θ_j는 X_j가 단위 표준편차만큼 증가할 때 Y의 표준화 단위 변화량을 의미한다. 중심화와 척도화의 또 다른 확장은 제10장과 제11장에서 다루도록 한다.

4.7 최소제곱추정량의 성질

표준적인 회귀모형의 가정하에서(제5장에서 논의된다), 최소제곱추정량은 다음과 같은 성질들을 가진다. 행렬대수에 익숙한 독자들은 이 장의 말미에 있는 부록에서 행렬표기를 사용하여 이러한 성질들에 대하여 간결하게 서술한 내용을 볼 수 있다.

1. 추정량 $\hat{\beta}_j(j=0, 1, \ldots, p)$는 β_j의 불편추정량이며, 그의 분산은 $\sigma^2 c_{jj}$를 가진다. 여기에서 c_{jj}는 **수정된 제곱교차곱합**(correceted sums of squares and product) 행렬로 알려진 것의 역행렬의 j번째 대각원소이다(A.7). $\hat{\beta}_i$와 $\hat{\beta}_j$의 공분산은 $\sigma^2 c_{ij}$이다. 여기에서 c_{ij}는 수정된 제곱교차곱합행렬의 역행렬의 (i, j)번째 원소이다(A.7). 이와 같은 최소제곱추정량들은 반응변수에 대한 관찰값들의 선형결합 꼴로 표현할 수 있는 모든 가능한 불편추정량 중에서 최소분산을 가진다. 그러므로 이 최소제곱추정량들은 BLUE(best linear unbiased estimator)라고 불린다.
2. 추정량 $\hat{\beta}_j(j=0, 1, \ldots, p)$는 평균 β_j와 분산 $\sigma^2 c_{jj}$를 가지는 정규분포에 따른다.
3. $W = \text{SSE}/\sigma^2$는 자유도가 $(n-p-1)$인 카이제곱분포를 가지며, $\hat{\beta}_j$들과 $\hat{\sigma}^2$은 서로 독립이다.
4. 확률벡터 $\hat{\beta}=(\hat{\beta}_0, \hat{\beta}_1, \ldots, \hat{\beta}_p)$는 평균벡터가 $\beta=(\beta_0, \beta_1, \ldots, \beta_p)$이고 그의 원소가 $\sigma^2 c_{ij}$인 분산-공분산행렬을 가지는 $(p+1)$-차원 다변량정규분포에 따른다.

위의 결과들을 이용하여 개별 회귀모수들에 대한 다양한 가설들을 검정할 수 있으며 신뢰구간을 구축할 수 있다. 이러한 내용들에 대하여는 4.9절에서 논의될 것이다.

4.8 다중상관계수

주어진 데이터에 선형모형을 적합한 후에 고려해야 할 문제는 모형의 적합 정도에 관한 것이다. 3.9절에서 주어진 논의가 여기에서 적용된다. 모든 요소들이 다중회귀로 자연스럽게 확장되며 여기에서 반복되지는 않을 것이다.

반응변수 Y와 예측변수들의 집합 $X_1, X_2, \ldots, X_p$ 사이의 선형관계에 대한 강도는 Y와 $\hat{Y}$의 산점도를 탐색함으로써 평가될 수 있는데, Y와 $\hat{Y}$의 상관계수는 다음과 같이 주어진다.

$$\text{cor}(Y, \hat{Y}) = \frac{\sum(y_i - \bar{y})(\hat{y}_i - \bar{\hat{y}})}{\sqrt{\sum(y_i - \bar{y})^2 \sum(\hat{y}_i - \bar{\hat{y}})^2}}, \tag{4.30}$$

여기에서 $\bar{y}$는 반응변수 Y의 평균이고, $\bar{\hat{y}}$는 적합값의 평균이다. 단순회귀의 경우에서와 같이, 결정계수는 다음과 같다.

$$R^2 = [\text{cor}(Y, \hat{Y})]^2, \tag{4.31}$$

여기에서 R^2는 (3.46)과 같이 수치적으로 아래의 식과 동일하다.

$$R^2 = \frac{\text{SSR}}{\text{SST}} = 1 - \frac{\text{SSE}}{\text{SST}} = 1 - \frac{\sum(y_i - \hat{y}_i)^2}{\sum(y_i - \bar{y})^2}. \tag{4.32}$$

따라서 R^2은 반응변수 Y의 전체 변이(variation) 중에서 예측변수들의 집합 $X_1, X_2, \ldots,$ X_p에 의하여 설명되는 비율로 해석될 수 있다. 다중회귀에서 $R = \sqrt{R^2}$은 **다중상관계수** (multiple correlation coefficient)라고 불리는데, 그 이유는 다중상관계수가 반응변수 Y와 예측변수들의 집합 $X_1, X_2, \ldots, X_p$ 사이의 관계의 정도를 측정하기 때문이다.

감독자 직무수행능력 데이터에 대한 R^2의 값은 0.73이다. 이것은 직무수행에 대한 전반적인 평가의 전체 변이 중 약 73%가 여섯 개의 변수들에 의하여 설명된다는 것을 의미한다.

모형이 데이터에 잘 적합된다면 R^2의 값은 1에 가까울 것이 명백하다. 적합이 좋다면, 관측값과 예측값이 서로 가까울 것이며 $\sum (y_i - \hat{y}_i)^2$은 작을 것이다. 따라서 R^2는 1에 가깝게 될 것이다. 한편, Y와 예측변수 $X_1, X_2, \ldots, X_p$ 사이에 선형관계가 없다면 선형모형은 좋지 않은 적합을 보일 것이다. 이 경우 관측개체 y_i에 대한 최량의 예측값은 $\bar{y}$가 된다. 즉, Y가 예측변수들과 아무런 관계가 없다면, 표본평균이 편차제곱합을 최소로 하기 때문에, Y의 어떤 값에 대한 최량의 예측값은 표본평균이 된다. 따라서 Y와 X들 사이에 선형관계가 없다면 R^2는 0에 가깝게 될 것이다. R^2의 값은 주어진 데이터에 선형모형이 잘 적합되었는지를 평가하는 요약 측도로 사용된다. 그러나 제3장에서 지적한 바와 같이, 큰 R^2의 값이 반드시 모형이 데이터에 잘 적합된다는 것을 의미하는 것은 아니다. 4.10절에서는 모형이 데이터를 잘 묘사한다는 것을 확인하기 위하여 더 상세한 분석이 필요하다는 것을 살펴보게 된다.

R^2와 관련된 값으로서 **수정결정계수**(adjusted R-squared) R_a^2도 적합도를 평가하기 위해 사용될 수 있다. 수정결정계수는 다음과 같이 정의된다.

$$R_a^2 = 1 - \frac{\text{SSE}\,/\,(n-p-1)}{\text{SST}\,/\,(n-1)}. \tag{4.33}$$

즉, SSE와 SST를 그들에 대응되는 자유도로 나눈 후에 식 (4.32)의 R^2로부터 얻어진다. 식 (4.32)과 식 (4.33)로부터 다음의 관계가 성립한다.

$$R_a^2 = 1 - \frac{n-1}{n-p-1}(1-R^2). \tag{4.34}$$

R_a^2는 종종 예측변수들의 개수가 서로 다른 모형들을 비교하기 위해 사용된다(이는 제12장에서 설명된다). 서로 다른 예측변수의 수를 가진 모형들의 적합도를 비교함에 있어, R_a^2는 모형 안에 있는 예측변수들의 수가 다르다는 것을 조정(adjust)한다. R^2와는 다르게, R_a^2는 Y의 전체 변이 중에서 예측변수들에 의하여 설명되는 비율로 해석될 수는 없다. 대부분의 회귀분석 패키지들은 R^2와 R_a^2를 모두 제공한다.

4.9 개별 회귀계수들에 대한 추론

4.7절에서 논의된 최소제곱추정량의 성질들을 이용하여 회귀계수들에 대한 통계적 추론을 수행할 수 있다. $H_0 : \beta_j = \beta_j^0$ 대 $H_1 : \beta_j \neq \beta_j^0$을 검정하기 위한 통계량은 다음과 같다(단, β_j^0는 연구자에 의해서 선택된 상수).

$$t_j = \frac{\hat{\beta}_j - \beta_j^0}{\text{s.e.}(\hat{\beta}_j)}. \tag{4.35}$$

이는 H_0하에서 자유도가 $(n-p-1)$인 t-분포를 따른다. 가설검정은 관측된 t-값과 유의확률에 따른 임계값 $t_{(n-p-1,\alpha/2)}$을 비교함으로써 수행될 수 있다. 임계값은 다음의 R 명령을 이용하여 얻을 수 있다.

```
qt(α/2, n-p-1, lower.tail = FALSE)
```

여기에서는 양측(two- sided) 대립가설을 고려하고 있으므로 유의수준 α를 2로 나누었다는 것을 주목하여라. 결론적으로 다음이 성립하면 유의수준 α하에서 귀무가설 H_0가 기각된다.

$$|t_j| \geq t_{(n-p-1,\alpha/2)}, \tag{4.36}$$

여기에서 $|t_j|$는 t_j의 절댓값이다. 식 (4.36)과 동일한 기준은 검정의 p-값과 α를 비교하는 것이다. 즉, 다음이 성립하면 H_0를 기각한다.

$$p(|t_j|) \leq \alpha \tag{4.37}$$

여기에서 검정의 p-값 $p(|t_j|)$는 자유도가 $(n-p-1)$인 t-분포에 따르는 확률변수가 $|t_j|$(관측된 t-검정 값의 절댓값)보다 클 확률이다(그림 3.6 참조). p-값은 다음의 R 명령으로 얻어진다.

```
2 * pt(abs(t1), n-2, lower.tail = FALSE)
```

위의 명령줄에서 2를 곱한 것은 pt()가 한쪽의 확률만 제공하기 때문이다.

일반적인 검정은 $H_0 : \beta_j = 0$인 경우로 t-검정은 다음과 같이 간단하게 된다.

$$t_j = \frac{\hat{\beta}_j}{\text{s.e.}(\hat{\beta}_j)} \tag{4.38}$$

이것은 $\hat{\beta}_j$과 그의 표준오차 $\text{s.e.}(\hat{\beta}_j)$의 비이다. 표준오차는 이 장의 끝 부분에 있는 부록에서 식 (A.10)에 주어져 있다. 계수들에 대한 표준오차는 대부분의 통계 패키지에서 회귀분석 결과의 일부로 제공된다.

$H_0 : \beta_j = 0$을 기각한다는 것이 β_j가 0이 아니라는 것을 의미함을 주목하여라. 따라서 예측변수 X_j는 다른 모든 예측변수들에 대하여 조정된 후 반응변수 Y에 대하여 통계적으로 유의한 예측변수이다.

통계적 추론의 다른 형태는 신뢰구간(confidence interval)의 구축이다. 신뢰계수 (1—α)를 가진 β_j에 대한 신뢰한계(confidence limit)는 다음과 같이 주어진다.

$$\hat{\beta}_j \pm t_{(n-p-1,\alpha/2)} \times \text{s.e.}(\hat{\beta}_j) \tag{4.39}$$

여기에서 $t_{(n-p-1,\alpha)}$는 자유도가 $(n-p-1)$인 t-분포에서 $(1-\alpha)$백분위수에 해당하는 값이다. 식 (4.39)에 있는 신뢰구간은 개별 계수 β_j에 대한 것이다. 모든 회귀계수들의 결합 신뢰영역(confidence region)은 이 장의 끝부분에 있는 부록에서 식 (A.15)에 주어져 있다.

단순회귀(p = 1)의 경우 식 (4.38)의 t-검정 통계량과 식 (4.36), (4.37)의 기준들은 각각 식 (3.26)의 t-검정 통계량과 식 (3.27), (3.28)에서와 같이 간단하게 표현됨을 주목하여라. 즉, 단순회귀의 결과는 다중회귀의 결과에 p = 1을 대입함으로써 얻어질 수 있다.

다중회귀와 관련하여 다양한 통계적 추론의 상황이 발생한다. 이들은 다음 절에서 고려될 것이다.

⊙ 사례: 감독자 직무수행능력 데이터(계속)

앞에서 설명한 감독자의 직무수행능력 데이터를 이용하여 위의 t-검정에 대한 예를 들어 보자. Y와 6개의 설명변수들을 관계시키는 선형회귀모형을 적합한 결과가 표 4.4에 주어져 있다. 표 4.4에 주어진 t-값들은 귀무가설 $H_0 : \beta_j = 0$ 대 대립가설 $H_1 : \beta_j \neq 0$에 대한 것이다($j = 0, 1, \ ..., p$). 표 4.4에서 설명변수 X_1에 해당하는 회귀계수만이 유의수준 1% 혹은 5%하에서 0과 유의적으로 다른 것으로 나타나고 있다. 그리고 설명변수 X_3에 해당하는 회귀계수는 유의수준 10%하에서 0과 유의적으로 다른 것으로 나타나고 있다. 나머지 변수들은 유의하지 않은 t-검정 값을 가지고 있다. 개별 모수들에 대한 신뢰구간의 구축은 독자들에게 연습문제로 남긴다.

```
reg <- lm(Y ~ X1+X2+X3+X4+X5+X6, data = Supervisor)
summary(reg)    # 표 4.4
confint(reg, level=0.95)
```

표 4.4에서 상수항이 통계적으로 유의하지 않음을 주목하여라(t-값 = 0.93, p-값 = 0.3616). 일반적으로 회귀모형에서는 상수항이 통계적으로 유의하지 않더라도, 강한 이론적 근거가 존재하지 않는다면, 상수항은 모형에 포함되어야 한다. 이는 특히 분석에 사용되는 데이터가 원점을 포함하지 않는 경우 더욱 강조된다고 할 수 있겠는데, 그 이유는 상수항이 반응변수의 기본적인 수준을 나타내기 때문이다.

표 4.4 감독자 직무수행능력 데이터 대한 회귀분석 결과

변수	계수	표준오차	t-검정	p-값
상수	10.787	11.5890	0.93	0.3616
X_1	0.613	0.1610	3.81	0.0009
X_2	−0.073	0.1357	−0.54	0.5956
X_3	0.320	0.1685	1.90	0.0699
X_4	0.081	0.2215	0.37	0.7155
X_5	0.038	0.1470	0.26	0.7963
X_6	−0.217	0.1782	−1.22	0.2356
$n = 30$	$R^2 = 0.73$	$R_a^2 = 0.66$	$\hat{\sigma} = 7.068$	df = 23

4.10 선형모형에서의 가설검정

개별적인 회귀계수 β들에 대한 검정 이외에, 여러 가지 다른 형태의 가설들이 선형모형의 분석과 관련하여 고려될 수 있다. 통상적으로 고려될 수 있는 가설들은 다음과 같다.

1. 예측변수의 모든 회귀계수들이 0이다.
2. 회귀계수들 중 일부분이 0이다.
3. 회귀계수들 중 일부분이 서로 같은 값을 가진다.
4. 회귀모수들이 특정한 제약조건을 만족한다.

회귀계수에 대한 이런 유형들의 가설들은 하나의 통합된 접근방법을 통해 동일한 방식으로 검정될 수 있다. 여기에서는 위의 귀무가설 각각에 대한 검정 절차를 설명하기에 앞서 일반적인 통합된 접근방법의 내용을 먼저 설명하기로 한다. 그리고 감독자 직무수행능력 데이터를 이용하여 특별한 검정들의 사례를 살펴본다.

식 (4.1)에 규정된 바와 같은 원래의 다중선형회귀모형을 **완전모형**(full model; FM)이라고 한다. 이때 검정의 대상이 될 귀무가설은 회귀계수의 일부를 특정한 값으로 제약한다. 귀무가설에 가정된 내용들을 완전모형에 대입해서 얻은 모형을 **축소모형**(reduced model; RM)이라고 한다. 물론 축소모형에서 추정될 **구별되는**(distinct) 모수들의 개수는 완전모형에서의 그것보다 적게 된다. 결론적으로 우리는 다음과 같은 가설을 검정하게 된다.

H_0 : 축소모형이 적절하다. 대 H_1 : 완전모형이 적절하다.

축소모형이 **내포되어**(nested) 있음을 주목하여라. 어떤 모형들이 더 큰 모형의 특수한 경우로서 얻어질 수 있을 때, 그러한 모형들은 내포되어 있다고 한다. 내포된 가설들에 대한 검정은 완전모형을 사용했을 때의 적합도와 축소모형에서의 적합도를 비교하는 것에 그 근간을 두게 된다. 만약 주어진 데이터에 대하여 축소모형에서의 적합도가 완전모형의 그것과 거의 같다면, 축소모형을 규정하는(일부 β_j들에 특정한 값이나 조건을 부여하는) 귀무가설이 기각되지 않는다. 이러한 절차는 다음과 같이 정식화될 수 있다.

$\hat{y}_i$와 $\hat{y}_i*$를 각각 완전모형과 축소모형에서 y_i에 대한 예측값이라고 하자. 데이터에 대한 완전모형의 비적합도(lack of fit)는 완전모형을 데이터에 적합하여 얻어지는 잔차제곱합으로 측정될 수 있다. 이를 SSE(FM)이라고 정의하자. 즉, 완전모형 하에서의 잔차(오차)제곱합은 다음과 같다.

$$\mathrm{SSE(FM)} = \sum(y_i - \hat{y}_i)^2. \tag{4.40}$$

유사하게 축소모형의 비적합도는 축소모형을 데이터에 적합하여 얻어지는 잔차제곱합으로 측정될 수 있다. 이를 SSE(RM)이라고 정의하자. 즉, 축소모형하에서의 잔차(오차)제곱합은 다음과 같다.

$$\mathrm{SSE(RM)} = \sum(y_i - \hat{y}_i*)^2. \tag{4.41}$$

완전모형에는 $(p+1)$개의 추정될 회귀모수 $(\beta_0, \beta_1, \beta_2, \ldots, \beta_p)$가 있다. 축소모형에는 k개의 구별되는 모수들이 있다고 하자. 완전모형의 추가적인 모수(변수)들이 잔차제곱합을 감소시킬 것이므로, SSE(RM) $\geq$ SSE(FM)이 된다는 것을 주목하여라. 따라서 차이 SSE(RM) − SSE(FM)은 축소모형을 적합함으로써 증가하는 잔차제곱합을 나타낸다. 만약 이 차이가 크다면 축소모형은 적절하지 않다. 축소모형이 적절한지(즉, H_0가 지지되는지)의 여부를 알아보기 위하여 통상 다음과 같은 비(ratio)가 사용된다.

$$F = \frac{[\mathrm{SSE(RM)} - \mathrm{SSE(FM)}] \,/\, (p+1-k)}{\mathrm{SSE(FM)} \,/\, (n-p-1)}. \tag{4.42}$$

이것은 H_0하에서 F-분포를 따르기 때문에, 이에 기초한 검정을 F-검정이라고 한다. 이 검정통계량이 표준적인 통계분포를 가지게 하기 위하여, 또한 두 모형에 포함되어 있는 모수들의 개수가 가지는 효과를 상쇄시키기 위하여, SSE(RM) − SSE(FM)과 SSE(FM)을 그들의 자유도로 나누었음을 주목하여라. 완전모형은 $p+1$개의 모수를 가지고 있으므로 SSE(FM)의 자유도는 $n-p-1$이다. 유사하게 축소모형은 k개의 모수를 가지고 있으므로 SSE(RM)의 자유도는 $n-k$이다. 결론적으로 SSE(RM) − SSE(FM)의 자유도는 $(n-k)-(n-p-1) = p+1-k$이다. 따라서 식 (4.40)의 F-비는 자유도 $p+1-k$와 $n-p-1$을 갖는 F-분포를 따르게 된다.

만약 관측된 F-값이 자유도가 $(p+1-k, n-p-1)$인 F-분포의 임계값보다 크다면, 결과는 유의수준 α하에서 유의하게 된다. 즉, 축소모형은 만족스럽지 않으며, 완전모형에 있는 회귀계수들의 내용을 제한하는 귀무가설은 기각된다. 이 내용의 증명에 관심이 있는 독자들은 Graybill(1976), Rao(1973), Searle(1971), Seber & Lee(2003) 등을 참조하면 된다.

결론적으로 다음이 성립하면 H_0이 기각된다.

$$F \geq F_{(p+1-k,\, n-p-1;\, \alpha)}, \tag{4.43}$$

여기에서 F는 식 (4.42)에 있는 F-검정의 관측값이고, $F_{(p+1-k,\, n-p-1;\, \alpha)}$는 임계값이며, α는 유의수준이다. 임계값은 다음의 R 명령으로 얻어질 수 있다.

```
qf(α, df1 = p+1- k, df2 = n-p-1, lower.tail = FALSE)
```

식 (4.43)과 동일하게 다음이 성립하면 H_0가 기각된다.

$$p(F) \leq \alpha, \tag{4.44}$$

$p(F)$는 F-검정의 p-값으로서 자유도가 $(p+1-k, n-p-1)$인 F-분포에 따르는 확률변수가 식 (4.42)의 관측된 F-검정 값보다 클 확률이다. p-값은 다음의 R 명령줄을 이용하여 얻어질 수 있다.

```
pf(F, df1 = p+1- k, df2 = n-p-1, lower.tail = FALSE)
```

이 절의 나머지 부분에서 식 (4.42)에 있는 F-검정의 특별한 경우들을 다룰 것이다. 그리고 감독자 직무수행능력 데이터를 이용하여 수치적 사례를 들 것이다.

4.10.1 모든 회귀계수들이 0인가에 대한 검정

식 (4.42)에 있는 일반적인 F-검정의 중요한 응용 예로서, 고려하고 있는 모든 예측변수들이 설명력이 없으며 따라서 모든 회귀계수들이 0이라는 가설을 검정하는 것을 생각하자. 이 경우 축소모형과 완전모형은 다음과 같게 된다.

$$\text{RM}:\ H_0:\ Y = \beta_0 + \epsilon, \tag{4.45}$$

$$\text{FM}:\ H_1:\ Y = \beta_0 + \beta_1 X_1 + \cdots + \beta_p X_p + \epsilon. \tag{4.46}$$

완전모형으로부터 얻은 잔차제곱합은 SSE(FM) = SSE이다. 축소모형에서 β_0의 최소제곱추정치는 $\bar{y}$이므로, 축소모형의 잔차제곱합은 SSE(RM) = $\sum(y_i - \bar{y})^2$ = SST이다. 축소모형은 한 개($k = 1$)의 회귀모수를 가지고 있고, 완전모형은 $p + 1$개의 회귀모수들을 가지고 있다. 그러므로 식 (4.42)의 F-검정은 다음과 같다.

$$\begin{aligned} F &= \frac{[\text{SSE(RM)} - \text{SSE(FM)}]/(p+1-k)}{\text{SSE(FM)}/(n-p-1)} \\ &= \frac{[\text{SST} - \text{SSE}]/p}{\text{SSE}/(n-p-1)}. \end{aligned} \tag{4.47}$$

SST = SSR + SSE이므로, 위의 공식에서 SST — SSE를 SSR로 대체하면 다음을 얻는다.

$$F = \frac{[\text{SST} - \text{SSE}]/p}{\text{SSE}/(n-p-1)} = \frac{\text{MSR}}{\text{MSE}} \tag{4.48}$$

여기에서 MSR은 **평균회귀제곱**(mean square due to regression)이고 MSE는 **평균오차제곱**(mean square due to error)이다. 식 (4.48)의 F-검정은 모든 예측변수들(상수항을 제외하고)의 회귀계수가 0이라는 가설을 검정하기 위하여 사용될 수 있다.

식 (4.48)의 F-검정은 표본 다중상관계수를 이용하여 표현될 수도 있다. 모든 모집단 회귀계수가 0이라는 가설은 모집단 다중상관계수가 0이라는 가설과 동일하다. R_p를 표본 다중상관계수라고 하자. 이는 p개의 예측변수들이 있을 때(즉, p개의 회귀계수와 절편항을 추정할 때), n개의 관측개체들을 모형에 적합시킴으로써 얻어진다.

$$H_0: \beta_1 = \beta_2 = \cdots = \beta_p = 0$$

을 검정하기 위한 F 통계량을 R_p의 항으로 표현하면 다음과 같다.

$$F = \frac{R_p^2/p}{(1 - R_p^2)/(n-p-1)}, \tag{4.49}$$

여기에서 p와 $n - p - 1$은 자유도이다.

표 4.5 다중회귀에서의 분산분석표

요인	제곱합	자유도	평균제곱	F–검정
회귀	SSR	p	$\mathrm{MSR} = \dfrac{\mathrm{SSR}}{p}$	$F = \dfrac{\mathrm{MSR}}{\mathrm{MSE}}$
잔차	SSE	$n-p-1$	$\mathrm{MSE} = \dfrac{\mathrm{SSE}}{n-p-1}$	

F-검정에 있는 값들은 일반적으로 **분산분석표**[analysis of variance(ANOVA) table]라고 불리는 표에 정리되어 제시된다. 분산분석표는 표 4.5에 주어져 있다. 첫 번째 열은 반응변수 Y에 변이(variability)의 두 요인(source)이 있음을 나타낸다. Y의 전체 변이 SST = $\sum(y_i - \bar{y})^2$는 두 요인으로 분할될 수 있다. 이는 Y의 전체 변이 중 예측변수들에 의하여 **설명되는**(explained) 변이 SSR = $\sum(\hat{y}_i - \bar{y})^2$과 **설명되지 않는**(unexplained) 변이 SSE = $\sum(y_i - \hat{y}_i)^2$이다. 즉, SST = SSR + SSE이다. 이 분할은 제곱합(sum of squares; SS)이라는 열 이름 아래에 주어져 있다. 세 번째 열은 두 번째 열의 제곱합과 관련된 자유도(df)를 제시하고 있다. 네 번째 열은 평균제곱(mean square; MS)으로서 각 제곱합을 그의 자유도로 나누어서 얻어진다. 마지막으로, 식 (4.48)의 F-값이 표의 마지막 열에 제시되어 있다. 어떤 통계 패키지들은 대응되는 p-값 $p(F)$를 포함하는 열을 추가로 제시한다.

감독자 직무수행능력 데이터로 돌아가서, 이미 t-검정에 의해서 회귀계수의 일부(β_1과 β_3)가 0과 유의적으로 다르다는 것을 알았지만, 예시를 위하여 모든 6개의 설명변수가 유의하지 않다는 가설, 즉 $H_0 : \beta_1 = \beta_2 = \cdots = \beta_p = 0$을 검정해 보자. 이 경우 식 (4.45)와 (4.46)의 축소모형과 완전모형은 다음과 같다.

$$\mathrm{RM:}\quad H_0 : Y = \beta_0 + \epsilon, \tag{4.50}$$

$$\mathrm{FM:}\quad H_1 : Y = \beta_0 + \beta_1 X_1 + \cdots + \beta_6 X_6 + \epsilon. \tag{4.51}$$

완전모형에 대하여 7개의 모수(6개의 회귀계수와 절편항 β_0)를 추정해야 한다. 분산분석표는 표 4.6에 주어져 있다.

함수 lm()을 사용하여 (4.12)에서 생성된 reg 객체에는 분산분석표(ANOVA table)를 구성하는 데 사용할 수 있는 정보가 포함되어 있지만, 분산분석표를 직접 계산하여 출력

표 4.6 감독자 직무수행능력 데이터: 분산분석표

요인	제곱합	자유도	평균제곱	F-검정
회귀	3147.97	6	524.661	10.5
잔차	1149.00	23	49.9565	

하지는 않는다. olsrr 패키지의 ols_regress() 함수는 회귀계수와 분산분석표가 포함된 회귀 결과를 매우 깔끔하게 표시한다. 확인을 위해 다음의 R 코드를 실행해 보자.

```
if(!require("olsrr")) install.packages("olsrr")
library(olsrr)
ols <- ols_regress(Y ~ ., data = Supervisor)
print(ols)
```

위의 코드에서 생성한 객체 ols는 클래스가 ols_regress인 객체로, 회귀분석 결과에 대한 많은 정보들을 포함하고 있다. 예를 들면 다음과 같다.

```
ols$betas          # 추정된 회귀계수
ols$std_errors     # 회귀계수의 표준오차
ols$rsq            # 결정계수 R^2
?ols_regress       # ols_regress에 대한 도움말
```

완전모형의 오차제곱합은 SSE(FM) = SSE = 1149이다. 모든 예측변수들에 대한 β들이 0이라는 귀무가설하에서, 축소모형에 대하여 추정해야 할 모수의 수는 β_0 한 개이다. 결론적으로 축소모형에서의 잔차제곱합은 다음과 같다.

$$\mathrm{SSE(RM)} = \mathrm{SST} = \mathrm{SSR} + \mathrm{SSE} = 3147.97 + 1149 = 4296.97,$$

이것은 $\sum(y_i - \bar{y})^2$과 같다는 것을 주목하여라. 관측된 F-값은 10.5이다. 이 예에서 식 (4.48)와 (4.49)가 동일하다는 것을 다음과 같이 쉽게 보일 수 있다.

$$F = \frac{R_p^2 / p}{(1 - R_p^2) / (n - p - 1)} = \frac{0.7326 / 6}{(1 - 0.7326) / 23} = 10.5,$$

이 F-값은 자유도가 (6, 23)인 F-분포에 따른다. 자유도 (6, 23)을 가진 1% F-값은 3.71이다. 해당 값은 다음의 명령으로 얻어질 수 있다.

```
qf(0.01, 6, 23, lower.tail = FALSE)
```

관측된 F-값(= 10.50)이 3.71보다 크므로 귀무가설은 기각된다. 즉, 모든 예측변수들에 대한 회귀계수 β가 동시에 0은 아니라고 할 수 있다. 물론 이는 몇 개의 예측변수에 대한 t-검정이 유의적으로 큰 사실과 부합되는 결과이다.

각 회귀계수에 대한 t-검정이 유의한 결과를 제공할 경우 모든 회귀계수가 0이라는 가설에 대한 F-검정은 일반적으로 유의한 결과를 제공한다. 그러나 때로는 모든 예측변수들의 회귀계수에 대한 t-값이 유의적이지 않을 경우에도 식 (4.49)에 주어진 F-통계량은 유의하게 나타날 수도 있다. 이것은 개별적으로는 어떤 변수도 유의한 설명력을 가지지 않지만 수집된 변수들의 전체 집합은 반응변수의 변이 중 유의한 부분을 설명한다는 것을 의미한다. 이러한 상황은 매우 조심스럽게 다루어질 필요가 있다. 왜냐하면 이런 경우는 몇 개의 설명변수들이 서로 높은 상관관계를 가지는 소위 **공선성**(collinearity)의 문제로 인해 야기되는 문제일 가능성이 있기 때문이다. 이러한 문제에 대해서는 제10장과 제11장에서 논의된다.

4.10.2 회귀계수들의 부분집합이 0인가에 대한 검정

감독자 직무수행능력 데이터에 대하여 지금까지는 Y를 6개의 변수 $X_1, X_2, \ldots, X_6$에 의해 설명하고자 하였다. 식 (4.48)의 F-검정은 모든 회귀계수가 동시에 0은 아니라는 것을 나타낸다. 그러므로 하나 이상의 예측변수가 와 관련되어 있다. 이보다 더 적은 개수의 설명변수들을 이용하여 Y의 변이를 적절히 설명할 수 있는지를 검토하여 보자. 회귀분석의 주요 목표 중의 하나는 가능한 적은 몇 개의 의미 있는 설명변수를 가지고 관측된 현상을 적절히 묘사하는 데에 있다고 할 수 있다. 현상 묘사에서의 경제성에는 다음과 같은 두 가지 이점이 있는 것으로 생각할 수 있다. 첫째는 중요한 변수들을 그렇지 못한 것들로부터 격리시킬 수 있다는 것이고, 둘째는 연구과제에 대한 간단한 설명을 가능하게 함으로써 이를 쉽게 이해할 수 있다는 점이다. 회귀분석에 있어서 이와 같은 **묘사의 간명성**(simplicity of description) 혹은 **절약의 원칙**(principle of parsimony)은 달성해야 할 매우 중요한 개념이라고 할 수 있다.

반응변수 Y가 더 적은 개수의 설명변수를 통해 설명될 수 있는지 여부를 알아보기 위하여 회귀계수들 중의 일부가 0이라는 가설을 고려할 수 있다. 어떤 특정 설명변수가 모형에 꼭 포함되어야 한다는 이론적인 근거가 없는 경우에는 표 4.5에 주어진 바와 같은 통상적인 t-검정을 이용하여 예비적 검색을 할 수도 있을 것이다. 감독자 직무수행능력 데이터의 경우, 개인적인 차원에서 사무직원과의 상호관계에 근거를 둔 변수집단 X_1, X_2, X_5와 덜 개인적인 특성과 관련된 변수집단 X_3, X_4, X_6 중에서 하나씩을 선택하여, 모두 두 개의 변수를 사용하여 감독자의 직무수행에 대한 전반적인 평가(Y)를 설명해 보기로 하자. 이러한 관점에서 유의한 t-검정을 나타낸 X_1과 X_3을 선택하기로 하자. 여섯 개의 모든 변수들을 사용하는 것과 마찬가지로 X_1과 X_3에 의하여 Y가 적절하게 설명될 수 있는지를 결정하여 보자. 이 경우의 축소모형은 다음과 같다.

$$\text{RM}: \quad Y = \beta_0 + \beta_1 X_1 + \beta_3 X_3 + \epsilon. \tag{4.52}$$

이 모형은 다음 가설에 대응된다.

$$H_0 : \beta_2 = \beta_4 = \beta_5 = \beta_6 = 0. \tag{4.53}$$

이 모형을 적합한 회귀분석 결과가 표 4.7에 주어져 있다. 여기에는 분산분석표와 회귀계수표가 모두 제시되어 있다.

```
cls_regress(Y ~ X1+X3, data = Supervisor)   # 표 4.7
reg1 <- lm(Y ~ X1+X2+X3+X4+X5+X6, data = Supervisor)
reg0 <- lm(Y ~ X1+X3, data = Supervisor)
anova(reg0, reg1)
```

표 4.7에 있는 잔차제곱합은 축소모형에 대한 잔차제곱합으로서 SSE(RM) = 1254.65이다. 완전모형에 대한 잔차제곱합은 표 4.6에서 볼 수 있듯이 SSE(FM) = SSE = 1149.00이다. 따라서 식 (4.40)의 F-통계량 값은 다음과 같다.

$$F = \frac{[1254.65 - 1149] / 4}{1149 / 23} = 0.528, \tag{4.54}$$

이것은 자유도 4, 23을 가진다.

표 4.7 X_1과 X_3에 대한 Y의 회귀로부터 얻은 회귀분석 결과

분산분석표				
요인	제곱합	자유도	평균제곱	F-검정
회귀	3042.32	2	1521.1600	32.7
잔차	1254.65	27	46.4685	
회귀계수표				
변수	계수	표준오차	t-검정	p-값
상수	9.8729	7.6010	1.40	0.1735
X_1	0.6435	0.1185	5.43	<.0001
X_3	0.2112	0.1344	1.57	0.1278
$n=30$	$R^2=0.708$	$R_a^2=0.686$	$\hat{\sigma}=6.817$	df $=27$

```
qf(0.05, 4, 23, lower.tail = FALSE)
```

이 검정에 대응되는 임계값은 $F_{(4,\,23,\,0.05)}$ = 2.8이다. F-값이 유의하지 않으므로 귀무가설은 기각되지 않는다. 따라서 설명변수 X_1과 X_3은 모든 설명변수들을 사용한 경우에 못지않게 Y의 변이를 적절히 설명하고 있는 것으로 보인다. 결론적으로 설명변수 X_2, X_4, X_5, X_6를 회귀모형에서 제외하는 것이 회귀모형의 설명력에 크게 나쁜 영향을 끼치지 않는다고 할 수 있다.

몇 가지를 언급하면서 이 절을 끝맺는다.

1. 이 경우의 F-검정은 표본 다중상관계수의 항으로도 표현될 수 있다. R_p를 p개의 예측변수들 모두를 가진 완전모형을 데이터에 적합시킴으로써 얻어진 표본 다중상관계수라고 하고, R_q를 q개의 특정 예측변수들만을 데이터에 적합시킴으로써 얻어진 표본 다중상관계수라고 하자. 즉, 귀무가설은 $(p-q)$개의 규정된 변수들의 회귀계수가 0이라는 것을 의미한다. 위의 가설을 검정하기 위한 F-검정 통계량은 다음과 같다.

$$F=\frac{(R_p^2-R_q^2)\;/\;(p-q)}{(1-R_p^2)\;/\;(n-p-1)},\quad \text{df}=p-q,\;\; n-p-1. \tag{4.55}$$

이 사례에서, 표 4.6과 표 4.7로부터 n = 30, p = 6, q = 2, R_6^2 = 0.7326, R_2^2 = 0.7080을 얻는다. 식 (4.55)에 이들 값을 대체하면 앞에서 보았듯이 F = 0.528이다.

표 4.8 단순회귀에서의 분산분석표 (ANOVA table)

요인	제곱합	자유도	평균제곱	F-검정
회귀	SSR	1	$\mathrm{MSR}=\mathrm{SSR}$	$F=\dfrac{\mathrm{MSR}}{\mathrm{MSE}}$
잔차	SSE	$n-2$	$\mathrm{MSE}=\dfrac{\mathrm{SSE}}{n-2}$	

2. 축소모형이 완전모형보다 오직 하나의 계수(예측변수) β_j를 덜 가지고 있을 때, 식 (4.42)의 F-검정 통계량은 자유도 1, $n-p-1$을 가진다. 이 경우 식 (4.42)을 이용한 F-검정은 식 (4.35)를 이용한 t-검정과 동일하다.

$$F=t_j^2. \tag{4.56}$$

잘 알려진 통계이론의 결과로서, 위의 식은 자유도 1, $n-p-1$을 가진 F-값이 자유도 $n-p-1$을 가진 t-값의 제곱과 같다는 것을 의미한다.

3. 단순회귀에서는 $p=1$이다. 다중회귀 분산분석표(표 4.5)에서 p 대신에 1을 대입하면 단순회귀 분산분석표(표 4.8)를 얻는다. 표 4.8의 F-검정은 예측변수 X_1이 예측력이 없다는(즉, 그의 회귀계수가 0이라는) 가설을 검정한다. 그러나 이것은 3.6절에서 소개되었던 t_1 통계량에 의하여 검정되는 가설과 동일하다. 이때의 t_1 통계량은 식 (3.26)에서 다음과 같이 정의되었다.

$$t_1=\frac{\hat{\beta}_1}{\mathrm{s.e.}(\hat{\beta}_1)} \tag{4.57}$$

따라서 단순회귀에서 F와 t_1 통계량은 동일하다. 이들은 다음과 같은 관계를 하고 있다.

$$F=t_1^2. \tag{4.58}$$

4.10.3 회귀계수들의 동일성에 대한 검정

하나의 동일한 모형 안에 있는 두 회귀계수가 동일한지에 대한 검정을 할 수 있다. 앞에서 얻은 결과를 이용하여 X_2, X_4, X_5, X_6에 대한 회귀계수가 0이라는 조건하에서, 설명변수 X_1과 X_3에 대한 회귀계수의 동일성 여부에 관한 검정을 예로 들어본다. 이때 검정 대상이 되는 귀무가설은 다음과 같다.

$$H_0 : \beta_1 = \beta_3 \mid (\beta_2 = \beta_4 = \beta_5 = \beta_6 = 0). \tag{4.59}$$

제약조건 $\beta_2 = \beta_4 = \beta_5 = \beta_6 = 0$하에서의 완전모형은 다음과 같다.

$$Y = \beta_0 + \beta_1 X_1 + \beta_3 X_3 + \epsilon. \tag{4.60}$$

$\beta_1 = \beta_3 = \beta_1{}'$이라는 귀무가설하에서의 축소모형은 다음과 같다.

$$Y = \beta_0{}' + \beta_1{}'(X_1 + X_3) + \epsilon \tag{4.61}$$

검정을 수행하는 간단한 방법은 (4.60)에 주어진 모형을 데이터에 적합시키는 것이며, 회귀분석의 결과가 표 4.7에 주어져 있다. 다음으로 축소모형 (4.61)을 적합시켜 보자. 이는 새 변수 $W = X_1 + X_3$를 사용하여 다음 회귀모형

$$Y = \beta_0{}' + \beta_1{}' W + \epsilon \tag{4.62}$$

을 적합시키면 된다. $\beta_0{}'$와 $\beta_1{}'$의 최소제곱추정량과 표본 다중상관계수(이 경우에서는 예측변수가 하나만 있기 때문에 Y와 W 사이의 단순상관계수임)가 얻어졌다. 적합식은

$$\hat{Y} = 9.988 + 0.444\, W \tag{4.63}$$

이고, $R_1^2 = 0.6685$이다.

```
Supervisor$W = Supervisor$X1 + Supervisor$X3

ols_regress(Y ~ W, data = Supervisor)
reg1 <- lm(Y ~ X1+X3, data = Supervisor)
reg0 <- lm(Y ~ W, data = Supervisor)
anova(reg0, reg1)
```

따라서 귀무가설을 검정하기 위해 적절한 F-값은 식 (4.55)의 정의에 따라서 다음과 같다.

$$F = \frac{(R_p^2 - R_q^2)\ /\ (p-q)}{(1-R_p^2)\ /\ (n-p-1)} = \frac{(0.7080-0.6685)\ /\ (2-1)}{(1-0.7080)\ /\ (30-2-1)} = 3.65, \quad (4.64)$$

이는 자유도 1, 27을 가진다.

```
qf(0.05, 1, 27, lower.tail = FALSE)
```

대응되는 임계값은 $F_{(1,\,27,\,0.05)}$ = 4.21이다. 따라서 F-값은 유의하지 않다. 즉, 귀무가설은 기각되지 않는다. 또한 이 경우에 대한 잔차들의 분포도 만족스러운 것으로 나타났다(여기에서 제시되지는 않는다).

여기에서 추정된 회귀방정식

$$\hat{Y} = 9.988 + 0.444(X_1 + X_3)$$

은 주어진 데이터에 불일치하지 않는 것으로 보인다. 이 결과에 의하면 사무직원의 그의 감독자에 대한 만족도에서 설명변수 X_1과 X_3은 같은 크기의 증분효과를 가지고 있음을 알 수 있다. 이러한 검정 결과는 다음과 같은 t-검정

$$t_1 = \frac{\hat{\beta}_1 - \hat{\beta}_3}{\text{s.e.}(\hat{\beta}_1 - \hat{\beta}_3)}$$

을 사용하여 시행할 수도 있을 것이다(이는 자유도 27을 가진다).[3] 이는 자유도 (1, ν)를 가지는 F-분포는 자유도가 ν인 t-분포와 동일한 결과를 가진다는 사실에 따른 것이다.

이 예에서는 축차적 또는 단계적으로 모형을 구축하는 과정으로써, 다른 모든 회귀계수들이 모두 0이라는 조건하에서 β_1과 β_3이 동일한지의 여부를 살펴보았다. 그러나 β_1과 β_3이 같고, 이와 동시에 나머지 $\beta_2, \beta_4, \beta_5, \beta_6$이 모두 0이라는 좀 더 복잡한 가설도 다음과 같이 다룰 수 있다. 즉, 이 내용은 다음과 같은 귀무가설 $H_0{}'$으로 표현될 수 있다.

$$H_0{}' : \beta_1 = \beta_3,\ \ \beta_2 = \beta_4 = \beta_5 = \beta_6 = 0. \quad (4.65)$$

3) $\text{s.e.}(\hat{\beta}_i - \hat{\beta}_j) = \sqrt{\text{Var}(\hat{\beta}_i) + \text{Var}(\hat{\beta}_j) - 2\text{cov}(\hat{\beta}_i, \hat{\beta}_j)}$. 이것은 이 장의 부록에 제시되어 있다.

가설 (4.59)와 (4.65)의 차이는 (4.59)에서는 $\beta_2, \beta_4, \beta_5, \beta_6$이 모두 0이라는 것을 사전 가정으로 사용하였으나 (4.65)에서는 그것이 스스로 검정의 대상이 된다는 점이다. 귀무가설 (4.65)는 쉽게 검정될 수 있다. H_0' 하에서의 축소모형은 (4.61)이다. 그러나 이 모형이 H_0의 경우에서와 같이 (4.60)의 모형과 비교되지는 않는다. 여기에서의 완전모형은 방정식에 모든 여섯 개의 변수를 가지고 있다. 그러므로 H_0'의 검정에 필요한 F-검정은 다음과 같다.

$$F = \frac{(0.7326 - 0.6685)\,/\,5}{0.2674\,/\,23} = 1.10, \quad \mathrm{df} = 5, 23.$$

이에 대한 결과는 앞에서와 마찬가지로 유의하지 않다. 그러나 첫 번째 검정법은 회귀계수의 동일성으로부터 이탈 여부의 탐색이란 점에서 두 번째 검정보다 더 민감한 것으로 보인다(왜 그런가?).

4.10.4 제약조건하에서 회귀계수에 대한 추정과 검정

주어진 데이터에 회귀방정식을 적합할 때, 회귀계수의 값에 제약조건을 부여하는 것이 바람직한 경우가 있다. 자주 사용되는 제약조건으로 회귀계수의 합이 상수(주로 1)가 되는 것을 들 수 있다. 많은 경우 이런 식의 제약조건은 설명변수들이 가지는 속성에 따른 이론적인 또는 물리적인 관계로부터 유래한다. 이런 관계가 이 예에서는 의미가 분명하지 않지만, 설명을 위하여 편의상 제약조건 $\beta_1 + \beta_3 = 1$을 고려하여 본다. 이와 같은 제약은 식 (4.60)에 주어진 모형이 일단 채택되었다는 조건 하에서, X_1과 X_3이 똑같이 일정한 양만큼 증가하였다면 Y도 역시 같은 양이 증가한다는 것을 의미하고 있다. 이러한 가정은 다음 같은 귀무가설로 표현될 수 있다.

$$H_0 : \beta_1 + \beta_3 = 1 \mid (\beta_2 = \beta_4 = \beta_5 = \beta_6 = 0). \tag{4.66}$$

$\beta_1 + \beta_3 = 1$ 또는 $\beta_3 = 1 - \beta_1$이므로, 귀무가설하에서의 축소모형은 다음과 같다,

$$H_0 : Y = \beta_0 + \beta_1 X_1 + (1 - \beta_1) X_3 + \epsilon.$$

항들을 재배열하면 다음을 얻는다.

$$H_0 : Y - X_3 = \beta_0 + \beta_1 (X_1 - X_3) + \epsilon.$$

이것은 다음과 같이 다시 쓰여질 수 있다.

$$H_0 : Y' = \beta_0 + \beta_1 V + \epsilon,$$

여기에서 $Y' = Y - X_3$, $V = X_1 - X_3$이다. 따라서 제약조건하에서 β_1과 β_3의 최소제곱추정치는 Y'을 반응변수 그리고 V를 예측변수로 하는 회귀식의 적합으로부터 구하면 된다. 적합식은 다음과 같다.

$$\hat{Y}' = 1.166 + 0.694\, V$$

따라서 축소모형에 대한 적합식은 다음과 같다(R^2 = 0.6905).

$$\hat{Y} = 1.166 + 0.694 X_1 + 0.306 X_3$$

```
Supervisor$Y.prime = Supervisor$Y - Supervisor$X3
Supervisor$V = Supervisor$X1 - Supervisor$X3
reg <- lm(Y.prime ~ V, data = Supervisor)
summary(reg)

Supervisor$Y.hat = 1.166 + 0.694*X1 + 0.306*X3
cor(Supervisor$Y,Supervisor$Y.hat)**2
```

H_0을 검정하기 위한 F 통계량은

$$F = \frac{(0.7080 - 0.6905) / 1}{0.2920 / 27} = 1.62, \quad \mathrm{df} = 1, 27$$

이므로 귀무가설은 기각되지 않는다. 따라서 이 결과는 이 데이터에 대하여 X_1과 X_3의 편회귀계수의 합이 1이라는 사실이 뒷받침되고 있음을 보여준다.

우리는 지금까지 두 회귀계수 β_1과 β_3에 대해서 두 가지 서로 다른 가설을 검정하였다. 하나는 그들이 같다는 것이었고, 다른 하나는 그들의 합이 1이라는 것이었다. 검정 결과 이 두 가설은 모두 채택되었으므로, 결과적으로 이는 곧 두 회귀계수가 모두 0.5임을 암시한다고 말할 수도 있다. 물론 이 가설은 이와 같이 단계적인 과정을 거치는 대신 귀무가설 $\beta_1 = \beta_3 = 0.5$에 대한 직접적인 검정을 통해 수행될 수도 있을 것이다.

회귀계수의 전부 또는 그 일부의 값이 0이라는 가설에 대한 검정은 제약조건 하에서의 회귀계수에 대한 검정의 예로 생각할 수 있다. 가령, β_1과 β_3의 동일성을 검토한 앞의 예는 제약조건 $\beta_1 - \beta_3 = 0$하에서의 문제로 볼 수 있다.

앞의 설명에 의하면 주어진 데이터를 적절히 설명하는 모형은 여러 개가 있을 수 있음이 명백하다. 이런 경우에 가능한 모든 모형이 고려되어야 한다. 그들 중 어떤 모형은 다른 것들보다 더 의미가 있으며, 최종적으로는 그들 중 어느 하나를 선택하게 될 것이다. 그렇지만 최종적으로 선택되지 않은 다른 모형이라고 할지라도 이들을 잘 살펴봄으로써 선택된 단 하나의 모형에만 집중함으로 인해 간과될지도 모를 데이터의 중요한 측면을 포착할 수도 있을 것이다.

회귀방정식에 포함시켜야 하는 설명변수 선택의 문제는 매우 복잡하며, 이 주제는 제12장에서 자세히 다루게 될 것이다. 여기에서는 우선 다음 두 가지 사실을 언급하고자 한다.

1. 회귀계수의 추정값 중에서 0과 유의적으로 다르지 않은 것들은 통상적으로 회귀식에서 0으로 대체하여 제거한다. 이런 절차는 모형을 단순화시킬 뿐만 아니라 예측분산 $\mathrm{Var}(\hat{y})$을 작게 하는 이점을 가진다.
2. 하나 또는 몇 개의 설명변수들은 그들의 회귀계수가 통계적으로 별로 유의하지 않더라도 그 변수가 가지는 이론적인 중요성 때문에 회귀식에 그냥 남겨놓을 수 있다. 즉, 회귀계수의 추정값이 0과 유의적으로 다르지 않아도 0으로 대체하지 않는다는 것이다. 그러나 이런 과정을 통해 모형에 남게 되는 설명변수들은 근본적으로 데이터를 설명하는 데 그 스스로 의미가 있어야 하며, 이에 관련된 회귀계수는 종속변수 Y에 대한 X 변수들의 공헌을 평가하는 데 도움이 되어야 한다.

4.11 예측

적합된 다중회귀식은 예측변수들에 대한 하나의 관측값 $\boldsymbol{x}_0 = (x_{01}, x_{02}, \ldots, x_{0p})$에 대응되는 반응변수 y의 값을 예측하는 데 활용될 수 있다. 즉, $\boldsymbol{x}_0$에 대응되는 예측값 $\hat{y}_0$은 다음과 같이 주어진다.

$$\hat{y}_0 = \hat{\beta}_0 + \hat{\beta}_1 x_{01} + \hat{\beta}_2 x_{02} + \cdots + \hat{\beta}_p x_{0p}. \tag{4.67}$$

행렬 표기에 익숙한 독자들을 위하여, 이것의 표준오차 s.e.($\hat{y}_0$)가 이 장의 부록에서 식 (4.12)에 주어져 있다. 이 표준오차는 대부분의 통계 패키지에서 계산된다. 신뢰계수 (1—α)를 가지는 $\hat{y}_0$에 대한 신뢰한계는 다음과 같다.

$$\hat{y}_0 \pm t_{(n-p-1, \alpha/2)} \times \text{s.e.}(\hat{y}_0)$$

단순회귀와 관련하여 앞에서 이미 언급한 바와 같이, 관측개체 $\boldsymbol{x}_0$에 대응되는 반응변수 y의 값을 예측하는 것 대신에, 그 관측개체에 대응되는 평균반응을 추정하고자 하는 경우가 있다. $\boldsymbol{x}_0$에서의 평균반응을 μ_0라고 하자. 그의 추정치 $\hat{\mu}_0$은 식 (4.67)에서와 동일하게 다음과 같다.

$$\hat{\mu}_0 = \hat{\beta}_0 + \hat{\beta}_1 x_{01} + \hat{\beta}_2 x_{02} + \cdots + \hat{\beta}_p x_{0p}$$

행렬 표기에 익숙한 독자들을 위하여, 이것의 표준오차 s.e.($\hat{\mu}_0$)가 이 장의 부록에서 식 (A.14)에 주어져 있다. 신뢰계수 (1—α)를 가지는 $\hat{\mu}_0$에 대한 신뢰한계는 다음과 같다.

$$\hat{\mu}_0 \pm t_{(n-p-1, \alpha/2)} \times \text{s.e.}(\hat{\mu}_0)$$

```
reg <- lm(Y ~ X1+X2+X3+X4+X5+X6, data = Supervisor)
predict(reg, interval='prediction', level=0.95)
predict(reg, interval='confidence', level=0.95)
```

4.12 요약

이 장에서는 선형모형과 관련하여 여러 가지 흥미 있는 가설들을 검정하는 예를 살펴보았다. 여기에서는 각 가설별 검정방법을 개별적으로 묘사하기보다는 일반적인 검정방법의 내용을 통해 설명하였으며, 또한 이 방법들은 표본 다중상관계수를 통하여 표현될 수 있음을 보았다. 여기에서 강조되어야 할 점은 특정 검정절차를 시도하기에 앞서 모형에 대한 가정의 적절성이 꼭 검토되어야 한다는 것이다. 제5장에서 살펴볼 것이지만, 이를 위해 잔차플롯이 유용하게 활용될 수 있다. 어떤 검정절차든 그 절차가 기초하고 있는 모형에서의 가정이 충족되지 않으면 타당하지 않다. 통계적 검정을 바탕으로 새로운 모형이 선택되었다면, 분석을 마치기 전에 새로운 모형에서 나온 잔차는 반드시 다시 한 번 검토되어야 한다. 데이터에 대한 만족스러운 분석이 수행되기 위해서는 상세한 것에까지 세심한 주의가 필요하다.

연습문제

4.1 하나의 반응변수와 두 개의 예측변수들로 구성된 작은 데이터를 만들되, 다음의 두 적합식 $\widehat{Y}=\hat{\beta}_0+\hat{\beta}_1X_1$, $\widehat{Y}=\hat{\alpha}_0+\hat{\alpha}_1X_1+\hat{\alpha}_2X_2$에서 X_1의 계수가 같게 하여라. 힌트: 두 예측변수들이 상관되어 있지 않아야 한다.

4.2 4.3절에서 읽어 Supervisor라는 이름의 R 객체에 저장한 Supervisor.txt 데이터를 사용하여 다음 물음에 대한 R 코드를 작성하여라.

(a) 식 (4.22)의 등식이 성립함을 보여라.

(b) 결정계수(R^2) 식 (4.31)과 식 (4.32)가 동일함을 확인하여라.

(c) 데이터에 식 (4.50)의 축소 모델을 적합시키고 SSE가 4296.97인지 확인하여라.

(d) 데이터에 식 (4.52)의 축소 모델을 적합시키고 (4.54)의 F-검정을 확인하여라.

(e) 식 (4.63)의 적합된 모형을 재현하고 식 (4.64)의 F-검정을 확인하여라.

4.3 4.3절에서 Supervisor라는 이름의 R 객체에 저장한 Supervisor.txt 데이터를 이용하자. 4.5절에서 설명된 일련의 단순 회귀 방정식을 통한 회귀계수 계산법을 이용하여 (4.14)와 같은 식을 얻는 R 코드를 작성하여라.

4.4 Examination 데이터에는 통계학 과목을 수강한 22명의 학생에 대하여 기말시험 성적 F와 두 번의 기초시험 성적 P_1, P_2가 포함되어 있다. 데이터는 이 책의 웹사이트에서 찾을 수 있다.

(a) 데이터에 다음의 모형들 각각을 적합하여라.

$$모델 1: F = \beta_0 + \beta_1 P_1 + \epsilon$$

$$모델 2: F = \beta_0 + \beta_2 P_2 + \epsilon$$

$$모델 3: F = \beta_0 + \beta_1 P_1 + \beta_2 P_2 + \epsilon$$

(b) 세 모형 각각에 대하여 $\beta_0 = 0$을 검정하여라.

(c) 개별적으로 P_1과 P_2 중 어느 것이 F에 대하여 더 좋은 예측변수인가?

(d) 첫 번째와 두 번째 기초시험 성적이 78, 85점인 학생에 대하여 기말시험 성적을 예측하기 위하여 어떤 모형을 사용하는 것이 좋은가? 이 경우 예측값은 얼마인가?

4.5 수정된 결정계수 R_a^2가 음수로 나타나는 단순 또는 다중회귀 데이터의 예를 찾거나 만들어라.

4.6 식 (4.56)에 주어진 이론적 결과를 qt()와 qf() 함수를 사용하여 확인하여라.

4.7 다음 회귀식들을 비교함으로써 단순과 다중회귀계수 사이의 관계를 살펴볼 수 있다.

$$\hat{Y} = \hat{\beta}_0 + \hat{\beta}_1 X_1 + \hat{\beta}_2 X_2 \tag{4.68}$$

$$\hat{Y} = \hat{\beta}_0{}' + \hat{\beta}_1{}' X_1 \tag{4.69}$$

$$\hat{Y} = \hat{\beta}_0{}'' + \hat{\beta}_2{}' X_2 \tag{4.70}$$

$$\widehat{X_1} = \hat{\alpha}_0 + \hat{\alpha}_2 X_2 \tag{4.71}$$

$$\widehat{X_2} = \hat{\alpha}_0{}' + \hat{\alpha}_1 X_1 \tag{4.72}$$

시험성적 데이터 Examination.Data.txt를 이용하여 다음을 보여라. 데이터는 이 책의 웹사이트에서 찾을 수 있다. 단, $Y = F$, $X_1 = P_1$, $X_2 = P_2$.

(a) $\hat{\beta}_1{}' = \hat{\beta}_1 + \hat{\beta}_2 \hat{\alpha}_1$, 즉 X_1에 대한 Y의 단순회귀계수는 X_2의 다중회귀계수에 X_2에 대한 X_1의 회귀계수를 곱한 후 X_1의 다중회귀계수를 더한 것과 같다.

(b) $\hat{\beta}_2{}' = \hat{\beta}_2 + \hat{\beta}_1 \hat{\alpha}_2$, 즉 X_2에 대한 Y의 단순회귀계수는 X_1의 다중회귀계수에 X_1에 대한 X_2의 회귀계수를 곱한 후 X_2의 다중회귀계수를 더한 것과 같다.

표 4.9 20개의 관측값에 대하여 X_1에 대한 Y의 회귀로부터 얻은 결과

분산분석표				
요인	제곱합	자유도	평균제곱	F-검정
회귀	1848.76	–	–	–
잔차	–	–	–	
회귀계수표				
변수	계수	표준오차	t-검정	p-값
상수	−23.4325	12.74	–	0.0824
X_1	–	0.1528	8.32	<.0001
n = –	R^2 = –	R_a^2 = –	$\hat{\sigma}$ = –	df = –

표 4.10 18개의 관측값에 대하여 X_1에 대한 Y의 회귀로부터 얻은 결과

분산분석표				
요인	제곱합	자유도	평균제곱	F-검정
회귀	–	–	–	–
잔차	–	–	–	
회귀계수표				
변수	계수	표준오차	t-검정	p-값
상수	3.43179	–	0.265	0.7941
X_1	–	0.1421	–	<.0001
n = –	$R^2 = 0.716$	R_a^2 = –	$\hat{\sigma} = 7.342$	df = –

4.8 표 4.9는 예측변수 X_1에 반응변수 Y를 관계시키는 단순회귀모형을 20개의 관측값에 적합시켰을 때의 회귀분석 결과를 보여준다(일부 수치는 삭제되었음). 13개의 삭제된 수치들을 채워 넣어라. 그리고 $\text{Var}(Y)$와 $\text{Var}(X_1)$을 계산하여라.

4.9 표 4.10은 예측변수 X_1에 반응변수 Y를 관계시키는 단순회귀모형을 18개의 관측값에 적합시켰을 때의 회귀분석 결과를 보여준다(일부 수치는 삭제되었음). 13개의 삭제된 수치들을 채워 넣어라. 그리고 $\text{Var}(Y)$와 $\text{Var}(X_1)$을 계산하여라.

4.10 표 4.4의 회귀분석 결과를 이용하여 개별 모수 β_1과 β_2에 대한 95% 신뢰구간을 구축하여라.

4.11 회귀계수의 동일성으로부터 이탈여부의 탐색이란 관점에서, 식 (4.59)에 있는 가설 H_0을 검정하는 것이 식 (4.65)의 $H_0{}'$을 검정하는 것보다 더 민감한 이유를 설명하여라.

4.12 감독자 직무능력평가 데이터를 이용하여, 다음의 각 모형에 대하여 $H_0 : \beta_1 = \beta_3 = 0.5$를 검정하여라.

(a) $Y = \beta_0 + \beta_1 X_1 + \beta_3 X_3 + \epsilon$

(b) $Y = \beta_0 + \beta_1 X_1 + \beta_2 X_2 + \beta_3 X_3 + \epsilon$

4.13 연습문제 3.10과 Husband.Wife.txt 데이터를 참고하여 다음에 답하여라. 데이터는 교재의 웹사이트에 있다.

(a) 연습문제 3.10의 (f)에서 선택된 반응변수를 이용하여, 절편항과 기울기가 모두 0이라는 귀무가설을 검정하여라.

(b) 비슷한 키의 사람들끼리 결혼하는 경향이 있는지에 대한 검정으로 연습문제 3.10(g), 3.10(h), 4.13(a)의 가설검정 중에서 어느 것을 선택하겠는가? 결론은 무엇인가?

(c) 만일 비슷한 키의 사람들끼리 결혼하는 경향이 있는지에 대한 검정으로 위의 검정들이 적절하지 않다면 어떠한 다른 가설검정을 할 것인가? 그리고 그 가설검정을 기반으로 한 결론은 무엇인가?

표 4.11 급여차별 데이터에 대한 회귀분석 결과

모형 1: 반응변수 – 급여				
변수	계수	표준오차	t-검정	p-값
상수	20009.5	0.8244	24271	<.0001
업무능력	0.935253	0.0500	18.7	<.0001
성별	0.224337	0.4681	0.479	0.6329
모형 2: 반응변수 – 업무능력				
변수	계수	표준오차	t-검정	p-값
상수	−16744.4	896.4	−18.7	<.0001
성별	0.850979	0.4349	1.96	0.0532
급여	0.836991	0.0448	18.7	<.0001

4.14 어떤 회사가 여자를 차별하고 있는지를 알아보기 위하여, 그 회사의 기록으로부터 다음과 같은 데이터가 수집되었다. 급여(salary)는 연봉(단위: 천 달러)이고, 업무능력(qualification)은 근로자의 능력을 나타내는 지수이며, 성별(sex)은 남자는 1이고 여자는 0으로 표시되어 있다. 두 개의 선형모형이 데이터에 적합되었고, 회귀분석 결과는 표 4.11에 주어져 있다. 통상적인 회귀분석의 가정은 만족된다고 하자.

(a) 동등한 능력이 있는 여자보다 남자가 급여를 더 받는가?
(b) 동일한 급여를 받는 여자보다 남자가 덜 능력이 있는가?
(c) 위의 결과에 어떤 불일치를 발견하였는가? 설명하여라.
(d) 당신이 피고인측 변호인이라면 어떤 모형을 옹호하겠는가? 설명하여라.

4.15 표 4.12는 주어진 회사에서 근로자의 급여(salary)에 관한 다중회귀분석의 결과를 보여준다. 여기에서 예측변수들은 다음과 같다.

성별(Gender)	지시변수 (1 = 남자, 0 = 여자)
교육수준(Education)	고용 당시의 교육 연수
경력(Experience)	이전의 근무경력 월수
근무기간(Months)	현 직장에서의 근무 월수

아래의 (a)–(b)에서 귀무가설과 대립가설, 사용된 검정법, 결론을 유의수준 5%하에서 서술하여라.

(a) 회귀의 전반적 적합에 대한 F-검정을 구축하여라.
(b) 변수 성별, 교육수준, 근무기간의 효과를 조정한 후, 급여와 경력 사이에 양(positive)의 선형관계가 존재하는가?
(c) 남자, 교육수준 12년, 경력 10개월, 근무기간 15개월인 어떤 사람의 급여는 얼마로 예측되는가?
(d) 남자, 교육수준 12년, 경력 10개월, 근무기간 15개월인 사람들의 평균적인 급여는 얼마로 예측되는가?
(e) 여자, 교육수준 12년, 경력 10개월, 근무기간 15개월인 사람들의 평균적인 급여는 얼마로 예측되는가?

표 4.12 네 개의 예측변수들에 대한 급여의 회귀로부터 얻은 결과

분산분석표				
요인	제곱합	자유도	평균제곱	F–검정
회귀	23665352	4	5916338	22.98
잔차	22657938	88	257477	
회귀계수표				
변수	계수	표준오차	t–검정	p–값
상수	3526.4	327.7	10.76	<.001
성별	722.5	117.8	6.13	<.001
교육수준	90.02	24.69	3.65	<.001
경력	1.2690	0.5877	2.16	0.034
근무기간	23.406	5.201	4.50	<.001
$n = 93$	$R^2 = 0.515$	$R_a^2 = 0.489$	$\hat{\sigma} = 507.4$	df = 88

표 4.13 교육수준에 대한 급여의 회귀로부터 얻은 결과

분산분석표				
요인	제곱합	자유도	평균제곱	F–검정
회귀	7862535	1	7862535	18.60
잔차	38460756	91	422646	

4.16 표 4.12의 결과를 산출하는 회귀모형을 완전모형으로 고려하자. 이제 오직 교육수준에만 급여를 회귀시키는 축소모형을 고려하자. 이 모형을 적합시킨 분산분석표는 표 4.13에 주어져 있다. 완전모형과 축소모형을 비교하기 위한 하나의 검정법을 구축하여라. 이 검정의 결과로부터 어떤 결론을 도출할 수 있는가? ($\alpha = 0.05$를 사용하여라.)

4.17 담배 소비량 데이터: 어떤 보험 관련 조직은 미국의 50개 주와 워싱턴 DC에서의 담배 소비유형에 관한 연구를 시도하였다. 이 연구를 위하여 선택된 변수들은 표 4.14에 주어져 있으며, Cigarette.Consumption.txt 데이터는 이 책의 웹사이트에서 찾을 수 있으며, 주는 알파벳 순서로 주어져 있다. 다음의 (a)–(b)에서 귀무가설과 대립가설, 사용된 검정법, 결론을 유의수준 5%하에서 서술하여라.

표 4.14 담배 소비량 데이터에 있는 변수들

변수	정의
Age	거주민들의 중위연령
HS	고등학교를 졸업한 25세 이상의 주민비율
Income	1인당 소득액(달러)
Black	흑인의 비율(%)
Female	여성의 비율(%)
Price	담배 한 갑의 가중평균가격(1/100달러)
Sales	1인당 담배 소비량(갑수)

(a) 여섯 개의 예측변수에 Sales를 관계시키는 회귀식에서 변수 Female이 필요하지 않다는 가설을 검정하여라.

(b) 위의 회귀식에서 변수 Female과 HS가 필요하지 않다는 가설을 검정하여라.

(c) 변수 Income의 참 회귀계수에 대한 95% 신뢰구간을 계산하여라.

(d) 위의 회귀식에서 Income을 제거하였을 때, 회귀식에 의하여 설명되는 Sales의 변이는 몇 %인가? 설명하여라.

(e) 세 개의 변수 Price, Age, Income에 의하여 설명되는 Sales의 변이는 몇 %인가? 설명하여라.

(f) 오직 Income에 대해서만 Sales를 회귀시켰을 때, Income에 의하여 설명되는 Sales의 변이는 몇 %인가? 설명하여라.

4.18 다음의 두 모형을 고려하자.

$$\text{RM}:\ H_0:\ Y = \epsilon,$$
$$\text{FM}:\ H_1:\ Y = \beta_0 + \beta_1 X_1 + \cdots + \beta_p X_p + \epsilon$$

(a) 위의 가설들을 검정하기 위한 F-검정을 전개하여라.

(b) $p = 1$(단순회귀)이라고 하자. 5% 유의수준 하에서 H_0가 기각되지 않는 데이터 집합 Y와 X_1을 구축하여라.

(c) 이 경우에서 귀무가설은 무엇을 의미하는가?

(d) 위의 두 모형과 관련된 R^2의 근사값을 계산하여라.

⊙ 부록: 4.A 행렬을 이용한 다중회귀의 표현

여기에서는 행렬기호를 사용해서 다중회귀분석의 기본적인 결과를 나타내어 보기로 한다. 우선 다음과 같이 행렬과 벡터를 정의하기로 하자.

$$\mathbf{Y} = \begin{bmatrix} y_1 \\ y_2 \\ \vdots \\ y_n \end{bmatrix}, \ \mathbf{X} = \begin{bmatrix} x_{10} & x_{11} & \cdots & x_{1p} \\ x_{20} & x_{21} & \cdots & x_{2p} \\ \vdots & \vdots & & \vdots \\ x_{n0} & x_{n1} & \cdots & x_{np} \end{bmatrix}, \ \boldsymbol{\beta} = \begin{bmatrix} \beta_0 \\ \beta_1 \\ \vdots \\ \beta_p \end{bmatrix} \ \boldsymbol{\varepsilon} = \begin{bmatrix} \varepsilon_1 \\ \varepsilon_2 \\ \vdots \\ \varepsilon_n \end{bmatrix}$$

식 (4.1)의 선형모형은 위의 행렬들의 항을 이용하여 다음과 같이 표현될 수 있다. 단, 모든 i에 대하여 $x_{i0} = 1$이다.

$$\mathbf{Y} = \mathbf{X}\boldsymbol{\beta} + \boldsymbol{\varepsilon} \tag{4.A.1}$$

최소제곱추정을 위하여 ε에 다음과 같은 가정이 부과된다.

$$E(\boldsymbol{\varepsilon}) = \mathbf{0}, \quad Var(\varepsilon) = E(\varepsilon\varepsilon^T) = \sigma^2\mathbf{I}_n$$

여기에서 $E(\varepsilon)$은 ε의 기댓값(평균)이고, $\mathbf{I}_n$은 차수 n의 단위행렬이며, ε^T는 ε의 전치이다. 즉, ε_i들은 서로 무상관(독립)이고, 평균 0과 상수분산 σ^2를 가진다. 이에 따라 다음 관계가 성립한다.

$$E(\mathbf{Y}) = \mathbf{X}\boldsymbol{\beta}$$

여기에서 β의 최소제곱추정량 $\hat{\beta}$은 Y와 그의 기댓값에 대한 편차의 제곱합을 최소화함으로써 얻어진다. 즉, 최소제곱추정량은 다음과 같은 $S(\beta)$를 최소화시켜 얻어진다.

$$S(\boldsymbol{\beta}) = \boldsymbol{\varepsilon}^T\boldsymbol{\varepsilon} = (\mathbf{Y} - \mathbf{X}\boldsymbol{\beta})^T(\mathbf{Y} - \mathbf{X}\boldsymbol{\beta})$$

이와 같은 $S(\beta)$의 최소화는 곧 다음과 같은 연립방정식으로 연결된다.

$$(\mathbf{X}^T\mathbf{X})\hat{\boldsymbol{\beta}} = \mathbf{X}^T\mathbf{Y} \tag{4.A.2}$$

이것은 식 (4.4)에서 언급된 **정규방정식**(normal equations)이다. 만약 행렬 $(\mathbf{X}^T\mathbf{X})$가 역행렬

을 가지면, 최소제곱추정량 $\hat{\beta}$은 다음과 같이 명시적으로 표현될 수 있다.

$$\hat{\boldsymbol{\beta}} = (\mathbf{X}^T\mathbf{X})^{-1}\mathbf{X}^T\mathbf{Y} \tag{4.A.3}$$

이 식으로부터 $\hat{\beta}$은 $\mathbf{Y}$의 선형함수임을 볼 수 있다. 관측값 $\mathbf{Y}$에 대응되는 적합값 벡터 $\hat{\mathbf{Y}}$는 다음과 같다.

$$\hat{\mathbf{Y}} = \mathbf{X}\hat{\boldsymbol{\beta}} = \mathbf{P}\mathbf{Y} \tag{4.A.4}$$

여기에서,

$$\mathbf{P} = \mathbf{X}(\mathbf{X}^T\mathbf{X})^{-1}\mathbf{X}^T \tag{4.A.5}$$

이것은 **모자**(hat) 또는 **사영**(projection) 행렬로 알려져 있다. 잔차 벡터는 다음과 같이 표현된다.

$$\mathbf{e} = \mathbf{Y} - \hat{\mathbf{Y}} = \mathbf{Y} - \mathbf{P}\mathbf{Y} = (\mathbf{I}_n - \mathbf{P})\mathbf{Y} \tag{4.A.6}$$

최소제곱추정량이 가지는 성질을 정리하면 아래와 같다.

1. $\hat{\beta}$은 β의 불편추정량(즉, $E(\hat{\beta}) = \beta$)이며, 그의 공분산행렬 $Var(\hat{\beta})$는 다음과 같다.

   $$Var(\hat{\boldsymbol{\beta}}) = E(\hat{\boldsymbol{\beta}} - \boldsymbol{\beta})(\hat{\boldsymbol{\beta}} - \boldsymbol{\beta})^T = \sigma^2(\mathbf{X}^T\mathbf{X})^{-1} = \sigma^2\mathbf{C}$$

   여기에서,

   $$\mathbf{C} = (\mathbf{X}^T\mathbf{X})^{-1} \tag{4.A.7}$$

   관측개체의 선형함수 꼴이 되는 모든 가능한 β의 불편추정량 중에서, 최소제곱추정량은 최소분산을 가진다. 이러한 이유로 $\hat{\beta}$은 β의 BLUE(best linear unbiased estimator)라고 불린다.
2. 잔차제곱합은 다음과 같이 표현될 수 있다.

$$\mathbf{e}^T\mathbf{e} = \mathbf{Y}^T(\mathbf{I}_n - \mathbf{P})^T(\mathbf{I}_n - \mathbf{P})\mathbf{Y} = \mathbf{Y}^T(\mathbf{I}_n - \mathbf{P})\mathbf{Y} \tag{4.A.8}$$

마지막 등호는 $(\mathbf{I}_n-\mathbf{P})$가 대칭 멱행렬이기 때문에 성립한다.

3. σ^2의 불편추정량은 다음과 같다.

$$\hat{\sigma}^2 = \frac{\mathbf{e}^T\mathbf{e}}{n-p-1} = \frac{\mathbf{Y}^T(\mathbf{I}_n - \mathbf{P})\mathbf{Y}}{n-p-1} \tag{4.A.9}$$

여기에 오차항 ε_i에 관한 정규분포성을 추가로 가정한다면, 다음 결과를 얻을 수 있다.

4. $\hat{\beta}$은 평균벡터 β와 공분산행렬 $\sigma^2\mathbf{C}$를 가지는 $(p+1)$-변량 정규분포에 따른다. $\hat{\beta}_j$의 주변분포는 평균이 β_j이고 분산이 $\sigma^2 c_{jj}$인 정규분포에 따른다. 여기에서 c_{jj}는 식 (A.7)에 있는 행렬 C의 j번째 대각원소이다. 결론적으로 β_j의 표준오차는

$$\text{s.e.}(\hat{\beta}_j) = \hat{\sigma}\sqrt{c_{jj}} \tag{4.A.10}$$

이고, $\hat{\beta}_i$와 $\hat{\beta}_j$의 공분산은 $\text{Cov}(\hat{\beta}_i, \hat{\beta}_j) = \sigma^2 c_{ij}$이다.

5. 확률변수 $W = \mathbf{e}^T\mathbf{e}/\sigma^2$은 자유도 $(n-p-1)$을 가진 카이제곱분포에 따른다.
6. $\hat{\beta}$과 $\hat{\sigma}^2$은 통계적으로 서로 독립이다.
7. 적합값 벡터 $\hat{\mathbf{Y}}$은 평균이 $E(\hat{\mathbf{Y}}) = \mathbf{X}\beta$이고 공분산행렬이 $Var(\hat{\mathbf{Y}}) = \sigma^2\mathbf{P}$인 n-변량 정규분포에 따른다.
8. 잔차 벡터 $\mathbf{e}$는 평균이 $E(\mathbf{e}) = 0$이고 공분산행렬이 $Var(\mathbf{e}) = \sigma^2(\mathbf{I}_n - \mathbf{P})$인 n-변량 정규분포에 따른다.
9. 관측값 벡터 $\boldsymbol{x}_o = (x_{00}, x_{01}, x_{02}, \cdots, x_{0p})^T$에 대응되는 예측값 $\hat{y}_0$는 다음과 같다(단, $x_{00} = 1$).

$$\hat{y}_0 = \mathbf{x}_0^T\hat{\boldsymbol{\beta}} \tag{4.A.11}$$

그리고 그의 표준오차는 다음과 같다.

$$\text{s.e.}(\hat{y}_0) = \hat{\sigma}\sqrt{1 + \mathbf{x}_0^T(\mathbf{X}^T\mathbf{X})^{-1}\mathbf{x}_0} \tag{4.A.12}$$

$\mathbf{x}_0^T$에 대응되는 평균반응 μ_0의 예측값 $\hat{\mu}_0$은 다음과 같다.

$$\hat{\mu}_0 = \mathbf{x}_0^T \hat{\boldsymbol{\beta}} \tag{4.A.13}$$

그리고 그의 표준오차는 다음과 같다.

$$\text{s.e.}(\hat{\mu}_0) = \hat{\sigma}\sqrt{\mathbf{x}_0^T(\mathbf{X}^T\mathbf{X})^{-1}\mathbf{x}_0} \tag{4.A.14}$$

10. 회귀모수 β에 대한 $100(1-\alpha)\%$ 결합 신뢰영역은 다음과 같이 주어진다.

$$\left\{\boldsymbol{\beta} : \frac{(\boldsymbol{\beta}-\hat{\boldsymbol{\beta}})^T(\mathbf{X}^T\mathbf{X})(\boldsymbol{\beta}-\hat{\boldsymbol{\beta}})}{\hat{\sigma}^2(p+1)} \le F_{(p+1,n-p-1,\alpha)}\right\} \tag{4.A.15}$$

이것은 $\hat{\beta}$이 중심인 타원체이다.

부록: 4.B SAS 코드

```
LIBNAME mysas "C:\temp\SAS_Data";

/******************************
* 4.3
******************************/

PROC IMPORT DATAFILE="C:\temp\RABE6\Supervisor.txt" OUT=mysas.Supervisor
            DBMS=TAB REPLACE;
RUN;

/******************************
* 4.4
******************************/

PROC REG DATA=mysas.Supervisor;
    MODEL Y = X1-X6;
RUN;

/******************************
* 4.5
******************************/

PROC REG DATA=mysas.Supervisor;
    MODEL Y = X1 X2;
RUN;
```

```
PROC REG DATA=mysas.Supervisor;
    MODEL Y = X1;
    OUTPUT OUT=reg1 R=res1;
RUN;

PROC REG DATA=mysas.Supervisor;
    MODEL X2 = X1;
    OUTPUT OUT=reg2 R=res2;
RUN;

/* 표 4.3 */

DATA reg3;
    MERGE reg1 reg2;
RUN;

PROC REG DATA=reg3;
    MODEL res1 = res2;
RUN;

/******************************
* 4.6
******************************/

PROC STANDARD DATA=mysas.Supervisor MEAN=0 OUT=z;
    VAR Y X1-X6;
RUN;

PROC STDIZE DATA=z METHOD=EUCLEN OUT=z;
    VAR Y X1-X6;
RUN;

PROC STANDARD DATA=mysas.Supervisor MEAN=0 STD=1 OUT=z;
    VAR Y X1-X6;
RUN;

/******************************
* 4.9, 4.10
******************************/

PROC REG DATA=mysas.Supervisor;
    MODEL Y = X1-X6 / STB CLB;
RUN;

/* 4.10.2 */
```

```
PROC REG DATA=mysas.Supervisor;
    MODEL Y = X1 X3;
RUN;

PROC REG DATA=mysas.Supervisor;
    MODEL Y = X1-X6;
    TEST x2=x4=x5=x6=0;
RUN;

/* 4.10.3 */

DATA mysas.Supervisor;
    SET mysas.Supervisor;
    W = X1+X3;
RUN;

PROC REG DATA=mysas.Supervisor;
    MODEL Y = W;
RUN;

PROC REG DATA=mysas.Supervisor;
    MODEL Y = X1 X3;
    TEST X1=X3;
RUN;

PROC REG DATA=mysas.Supervisor;
    MODEL Y = X1 X3;
    RESTRICT X1=X3;
RUN;

PROC REG DATA=mysas.Supervisor;
    MODEL Y = X1-X6;
    TEST X1=X3, X2=X4=X5=X6=0;
RUN;

/* 4.10.4 */

DATA mysas.Supervisor;
    SET mysas.Supervisor;
    Y_prime = Y-X3;
    V = X1-X3;
RUN;

PROC REG DATA=mysas.Supervisor;
    MODEL Y_prime = V;
```

```
RUN;

PROC REG DATA=mysas.Supervisor;
    MODEL Y = X1 X3;
    TEST X1+X3=1;
RUN;

PROC REG DATA=mysas.Supervisor;
    MODEL Y = X1 X3;
    RESTRICT X1+X3=1;
RUN;

/******************************
* 4.11
******************************/

PROC REG DATA=mysas.Supervisor;
    MODEL Y = X1-X6 / P R CLM CLI ALPHA=0.05;
RUN;
```

Chapter 05

회귀진단: 모형위반의 검출

Regression Diagnostics: Detection of Model Violations

5.1 소개

제3장과 제4장에서는 단순과 다중선형회귀에 대하여 추론을 수행하기 위한 기본적인 결과들을 설명하였다. 그 결과들은 데이터로부터 계산된 요약통계량들에 기초한다. 주어진 데이터에 모형을 적합함에 있어서, 한 개 또는 몇 개의 관측개체들에 의하여 적합이 과도하게 결정되는 것은 바람직하지 않다. 제3장과 제4장에서 언급한 분포이론, 신뢰구간, 가설검정 등은 표준적인 회귀의 가정들이 만족될 때만 유효하고 의미를 가질 수 있다. 이러한 가정들이 이 장에서 설명된다(5.2절). 이들 가정이 위반된다면, 이전에 언급된 표준적인 결과들은 유효하지 않으며 결과의 응용이 심각한 오류를 야기할 수도 있다. 이 책의 주요 초점 중 하나는 완전하고 유용한 데이터 분석을 수행하기 위해 기본적인 선형모형의 가정들에 대한 위반을 검출하고 수정하는 것이다. 이 장은 이러한 가정들을 검토하는 방법들을 제시한다. 여기에서는 모형위반을 검토하기 위해 엄격한 수치적 규칙들을 적용하는 것 대신에 주로 그래프적인 방법들에 의존한다.

5.2 회귀분석의 표준적인 가정들

앞에서 회귀모수의 최소제곱추정치를 제시하고 그들의 성질을 설명하였다. 제3장과 제4장에서 제시된 최소제곱추정량과 통계분석들은 다음과 같은 가정들에 근거한 것이다.

1. **모형의 형태에 대한 가정:** 반응 Y와 예측변수들 $X_1, X_2, \ldots, X_p$를 관계시키는 모형이 회귀계수 $\beta_0, \beta_1, \ldots, \beta_p$에 대하여 선형임을 가정한다. 즉,

$$Y = \beta_0 + \beta_1 X_1 + \cdots + \beta_p X_p + \epsilon \tag{5.1}$$

이는 i번째 관측개체가 다음과 같이 표현될 수 있음을 나타낸다.

$$y_i = \beta_0 + \beta_1 x_{i1} + \cdots + \beta_p x_{ip} + \epsilon_i, \quad i = 1, 2, \ldots, n \tag{5.2}$$

이것은 **선형성**(linearity) 가정이라고 불린다. 단순회귀에서는 선형성을 검토하는 것이 쉽다. 왜냐하면 이 가정의 타당성이 Y 대 X의 산점도를 통해 탐색될 수 있기 때문이다. 선형적인 산점도는 선형성을 확인시켜 준다. 다중회귀에서는 데이터의 고차원성 때문에 선형성을 검토하는 것이 쉽지 않다. 다중회귀에서 선형성 가정을 검토하는 데 사용될 수 있는 그래프들이 이 장에서 소개된다. 선형성 가정이 만족되지 않는다면 종종 데이터에 대한 변환을 통해 선형성을 달성할 수 있다. 데이터 변환은 제7장에서 논의된다.

2. **오차에 대한 가정:** 식 (5.2)에 있는 오차 $\epsilon_1, \epsilon_2, \ldots, \epsilon_n$은 **서로 독립이고 동일한**(independently and identically distributed; *iid*) 정규확률변수로서 평균 0과 공통분산 σ^2을 가지는 것으로 가정된다. 이것은 다음과 같은 네 개의 가정들을 의미함을 주목하여라.

- 오차 $\epsilon_i (i = 1, 2, \cdots, n)$는 정규분포에 따른다. 이것은 **정규성**(normality) 가정으로 불린다. 정규성 가정은 특히 예측변수들의 값이 반복되어 있지 않다면 쉽게 위반되지 않는다. 정규성 가정의 타당성은 이 장의 후반부에 설명되는 적절한 잔차플롯들에 의하여 탐색될 수 있다.
- 오차 $\epsilon_1, \epsilon_2, \ldots, \epsilon_n$은 평균 0을 가진다.
- 오차 $\epsilon_1, \epsilon_2, \ldots, \epsilon_n$은 동일한(그러나 알려져 있지 않은) 분산 σ^2을 가진다. 이것은 **상수분산**(constant variance) 가정이다. 이는 **등분산**(homogeneity 또는 homoscedasticity) 가정이라고도 불린다. 이 가정이 만족하지 않을 때 **이분산**(heterogeneity 또는 heteroscedasticity)의 문제가 있다고 한다. 이것은 제7장에서 고려된다.
- 오차 $\epsilon_1, \epsilon_2, \ldots, \epsilon_n$은 서로 독립이다(그들의 공분산은 모두 0이다). 이것은 **독립성**(independent-error) 가정이라고 불린다. 이 가정이 만족되지 않으면 **자기상관**(autocorrelation)의 문제가 있다고 한다. 이것은 제9장에서 고려된다.

3. **예측변수들에 대한 가정:** 예측변수들과 관련하여 세 개의 가정이 있다.

- 예측변수 $X_1, X_2, \ldots, X_p$는 확률변수가 아니다. 즉, 값 $x_{1j}, x_{2j}, \ldots, x_{nj} (j = 1, 2, \cdots, p)$는 미리 고정되었거나 선택된 것으로 가정된다. 이것은 실험자가 예측변수의 값들을 사전결정된 수준에서 미리 설정하였을 때 만족된다. 비실험 또는 관측의 상황에서는

이것이 만족되지 않을 것이라는 것이 명확하다. 이 경우 제3장과 제4장에서 제시된 이론적 결과들은 계속 유효하겠지만 그에 대한 해석은 수정되어야 한다. 예측변수들이 확률변수이면 모든 추론은 관측된 데이터에 의존하여 조건부적이다. 이와 같은 추론의 조건부적인 측면은 이 책에서 제시된 데이터 분석 접근방법들과 부합한다. 우리의 주요 목적은 사용가능한 데이터로부터 최대의 정보를 추출하는 것이다.

- 값 $x_{1j}, x_{2j}, \ldots, x_{nj}(j = 1, 2, \cdots, p)$는 오차 없이 측정된 것으로 가정된다. 이 가정은 만족되기 쉽지 않다. 측정에서의 오차는 잔차의 분산, 다중상관계수, 회귀계수의 개별 추정치들에 영향을 줄 것이다. 영향의 정확한 크기는 여러 가지 요인에 의존하는데, 그 중 가장 중요한 것은 측정오차의 표준편차와 오차들 간의 상관구조이다. 측정오차의 영향은 잔차분산을 증가시키고 관측된 다중상관계수를 감소시킬 것이다. 개별 회귀계수에 대한 측정오차의 영향은 더 평가하기 어렵다. 한 변수에 대한 회귀계수 추정치는 그 변수의 측정오차에만 영향을 받는 것이 아니라 방정식에 있는 다른 변수들의 측정오차에도 영향을 받는다.

  모든 측정오차들이 상관되어 있지 않은 매우 단순한 경우에서도, 추정된 회귀계수에 대하여 측정오차의 효과를 수정하기 위해서는 그 변수에 대한 측정오차의 분산과 확률오차 사이의 비율을 필요로 한다. 이 값은 거의 알려져 있지 않기 때문에(특히 문제가 복잡한 사회과학의 경우에서), 추정된 회귀계수로부터 측정오차의 영향을 제거하는 것은 거의 기대하기 힘들다. 측정오차가 확률오차에 비하여 크지 않다면 측정오차의 영향은 미미할 것이다. 어떤 분석에서는 계수의 해석에 있어서 이 점이 고려되어야만 한다. 변수들이 오차를 가지고 있어서 회귀계수의 추정에 문제가 있더라도 회귀방정식이 예측을 위해 여전히 사용될 수 있다. 그러나 예측변수에 존재하는 오차는 예측의 정확도를 감소시킬 것이다. 이 문제에 대하여 더 자세한 논의는 Fuller(1987), Chatterjee & Hadi(1988), Chi-Lu & Van Ness(1999)를 참조하기 바란다.

- 예측변수 $X_1, X_2, \ldots, X_p$는 선형종속이 아닌 것으로 가정된다. 이 가정은 최소제곱해[제4장의 부록에 있는 식 (A.2) 정규방정식의 해]의 유일성을 보장하기 위해 필요하다. 이 가정이 위반된다면 **공선성**(collinearity)의 문제가 있다고 한다. 이것은 제10장과 제11장에서 고려된다.

예측변수에 대한 위의 가정들 중 첫 두 개는 실제로는 평가될 수 없다. 따라서 이들은 분석에 있어서 중요한 고려 사항이 아니다. 그러나 이들은 회귀 결과의 해석에 영향을 준다.

4. **관측개체에 대한 가정:** 모든 관측개체들은 동일하게 신뢰할 만하며, 회귀의 결과를 결정하고 결론을 도출함에 있어서 거의 동등한 역할을 한다.

최소제곱법의 특징 중 하나는 기본 가정에 대한 사소한 또는 작은 위반이 분석으로부터 도출된 추론이나 결론을 무효화할 만큼 큰 영향을 주지는 않는다는 것이다. 그러나 모형의 가정에 대한 큰 위반은 결론을 심각하게 왜곡시킨다. 결론적으로, 그래프를 통해서 잔차의 구조와 데이터의 패턴을 조사하는 것은 매우 중요하다.

5.3 다양한 유형의 잔차들

회귀분석에 있어서 모형이 가지는 가능한 결함을 찾아내는 데 가장 간단하고 효과적인 방법은 잔차플롯을 살펴보는 것이다. 잔차플롯은 표준적인 가정들에 대한 하나 이상의 위반이 존재할 경우 그것들을 나타내 준다. 더욱이, 분석이 요약통계량에만 근거할 경우 간과할지도 모를 데이터의 중요한 구조와 정보들을 잔차분석을 통해 발견할 수도 있다. 이러한 발견은 연구과정에서 더 좋은 이해와 더 나은 모형을 도출할 수 있도록 해준다. 잔차에 대한 주의 깊은 그래프적 분석들은 종종 회귀분석의 가장 중요한 부분이 된다.

제3장과 제4장에서 볼 수 있듯이, 최소제곱법에 의해 식 (5.1)의 선형모형을 데이터에 적합할 때 다음과 같은 적합값을 얻는다.

$$\hat{y}_i = \hat{\beta}_0 + \hat{\beta}_1 x_{i1} + \cdots + \hat{\beta}_p x_{ip}, \quad i = 1, 2, \ldots, n. \tag{5.3}$$

그리고 대응되는 **보통의**(ordinary) 최소제곱잔차는 다음과 같다.

$$e_i = y_i - \hat{y}_i, \quad i = 1, 2, \ldots, n. \tag{5.4}$$

식 (5.3)의 적합값은 다음과 같은 다른 형태로 표현될 수도 있다.

$$\hat{y}_i = p_{i1}y_1 + p_{i2}y_2 + \cdots + p_{in}y_n, \quad i = 1, 2, \ldots, n, \tag{5.5}$$

여기에서 p_{ij}들은 예측변수들의 값에만 의존하는 값이다(즉, 반응변수를 포함하지 않는다). 식 (5.5)는 관측값과 예측값 사이의 관계를 직접적으로 보여준다. 단순회귀에서는 p_{ij}가 다음과 같이 주어진다.

$$p_{ij} = \frac{1}{n} + \frac{(x_i - \bar{x})(x_j - \bar{x})}{\sum (x_i - \bar{x})^2}. \tag{5.6}$$

다중회귀에서는 p_{ij}가 **모자행렬**(hat matrix) 또는 **사영행렬**(projection matrix)로 알려진 행렬의 원소이다. 이것은 제4장의 부록에서 식 (A.5)에 정의되어 있다.

$i = j$일 때, p_{ii}는 사영행렬 $\boldsymbol{P}$의 i번째 대각원소이다. 단순회귀에서는

$$p_{ii} = \frac{1}{n} + \frac{(x_i - \bar{x})^2}{\sum (x_i - \bar{x})^2} \tag{5.7}$$

이고, 이것은 i번째 관측개체에 대한 **지레값**(leverage value)으로 불린다. 왜냐하면, 식 (5.5)에서 볼 수 있듯이, $\hat{y}_i$은 Y의 모든 관측값들의 가중합이며, p_{ii}는 i번째 적합값 $\hat{y}_i$을 결정함에 있어서 y_i에 부여되는 가중치(지레)이기 때문이다(Hoaglin & Welsch, 1978). 따라서 n개의 지레값이 존재하며 그들은 다음과 같이 정의된다.

$$p_{11}, \ p_{22}, \ \ldots, \ p_{nn}. \tag{5.8}$$

회귀분석에서 지레값은 중요한 역할을 하며 종종 이것을 다루게 될 것이다.

5.2절에서 언급된 가정들이 만족된다면 식 (5.4)에서 정의된 통상적인 잔차 $e_1, e_2, \ldots, e_n$은 합계가 0이 될 것이다. 그러나 잔차들은 동일한 분산을 가지지 않는다. 왜냐하면 e_i의 분산은 다음과 같고,

$$\text{Var}(e_i) = \sigma^2(1 - p_{ii}), \tag{5.9}$$

$x_{i1}, x_{i2}, \ldots, x_{ip}$에 의존하기 때문이다. 여기에서 p_{ii}는 식 (5.8)에서 정의되었다. 분산이 동일하지 않은 이 문제점을 극복하기 위해, i번째 잔차 e_i를 그의 표준편차로 나누어 표준화하면 다음을 얻는다.

$$z_i = \frac{e_i}{\sigma\sqrt{1-p_{ii}}}, \tag{5.10}$$

이것은 평균 0과 표준편차 1을 가지기 때문에 i 번째 **표준화잔차**(standardized residual)라고 불린다. 표준화잔차는 알려지지 않은 ϵ의 표준편차 σ에 의존한다. σ^2의 불편추정치는 다음과 같이 주어진다.

$$\hat{\sigma}^2 = \frac{\sum e_i^2}{n-p-1} = \frac{\sum(y_i-\hat{y}_i)^2}{n-p-1} = \frac{\text{SSE}}{n-p-1}, \tag{5.11}$$

여기에서 SSE는 잔차제곱합이다. 식 (5.11)의 분모 $n-p-1$은 **자유도**(degrees of freedon; df)라고 불린다. 이것은 관측개체의 수 n에서 추정된 회귀계수의 수 $p+1$을 뺀 것이다.

σ^2의 또 다른 불편추정치는 다음과 같이 주어진다.

$$\hat{\sigma}_{(i)}^2 = \frac{\text{SSE}_{(i)}}{(n-1)-p-1} = \frac{\text{SSE}_{(i)}}{n-p-2}, \tag{5.12}$$

여기에서 $\text{SSE}_{(i)}$는 i 번째 관측개체를 제외한 $(n-1)$개의 관측개체들에 모형을 적합하였을 때 얻은 잔차제곱합이다. $\hat{\sigma}^2$과 $\hat{\sigma}_{(i)}^2$는 모두 σ^2의 불편추정량이다.

식 (5.10)에 있는 σ의 추정치 $\hat{\sigma}$을 이용하면 다음을 얻는다.

$$r_i = \frac{e_i}{\hat{\sigma}\sqrt{1-p_{ii}}}. \tag{5.13}$$

반면에 σ의 추정치로 $\hat{\sigma}_{(i)}$을 이용하면 다음을 얻는다.

$$r_i^* = \frac{e_i}{\hat{\sigma}_{(i)}\sqrt{1-p_{ii}}}. \tag{5.14}$$

식 (5.13)의 잔차는 **내적 표준화잔차**(internally studentized residual)라고 불리며, 식 (5.14)의 잔차는 e_i가 $\hat{\sigma}_{(i)}$에 포함되어 있지 않기 때문에 **외적 표준화잔차**(externally studentized residual)라고 불린다.

표준화잔차들은 합계가 0은 아니지만 동일한 분산을 가진다. 외적 표준화잔차는 자유도 $n-p-2$를 가진 t-분포에 따르지만 내적 표준화잔차는 그렇지 않다. 그러나 표본크기가 충분히 클 때 이 잔차들은 근사적으로 표준정규분포를 따른다. 또한 잔차들은 엄밀하게는 서로 독립이 아니지만, 표본크기가 크면 독립성의 문제는 무시될 수 있다.

두 가지 형태의 잔차는 다음과 같이 연관되어 있다.

$$r_i^* = r_i \sqrt{\frac{n-p-2}{n-p-1-r_i^2}} \tag{5.15}$$

그러므로 하나는 다른 것의 단조변환이다. 따라서 잔차플롯을 작성함에 있어서 두 가지 형태의 잔차 중 어느 것을 사용하는가는 별로 문제가 되지 않는다. 이제부터는 내적 표준화잔차를 이용할 것이다. 또한 잔차플롯에서 내적 표준화잔차와 외적 표준화잔차를 구별하지 않는다. 회귀의 가정들을 검토하기 위하여 여러 가지 잔차플롯들이 사용될 것이다.

```
Hamilton <- read.table("C:/Temp/RABE6/Hamilton.Data.txt", sep = "\t",
                       header = TRUE)
head(Hamilton, 5)   # 데이터의 첫 5행을 출력

reg <- lm(Y ~ X1+X2, data = Hamilton)
Y.hat <- fitted(reg)
e <- residuals(reg)
h <- hatvalues(reg)
r <- rstandard(reg)
rs <- rstudent(reg)
resid <- data.frame(Hamilton, Y.hat, e, h, r, rs)
```

5.4 그래프적 방법들

그래프적 방법들은 데이터 분석에서 중요한 역할을 하며, 특히 데이터에 선형모형을 적합할 때 더욱 중요하다. Chambers et al.(1983, p. 1)에서 "잘 선택된 그래프만큼 강력한 통

계적 도구는 없다."라고 언급한 바와 같이 그래프적 방법들은 탐색적 도구로 간주될 수 있다. 또한 그래프적 방법들은 확증적 분석이나 통계적 추론의 필수적인 구성요소이기도 하다. Huber(1991)는 "눈으로 살펴보는 것은 정형화된 진단도구들이 줄 수 없는 통찰력을 제공한다."라고 말하였다. 이러한 점을 잘 묘사하는 가장 좋은 예로 Anscombe의 데이터를 들 수 있으며, 해당 데이터는 Anscombe.txt로 책의 웹사이트에서 확인할 수 있다. 데이터에는 Anscombe(1973)에 의하여 만들어진 네 개의 데이터 집합이 주어져 있는데, 모든 (Y, X)의 쌍들에 대하여 동일한 기술통계량(상관계수, 회귀직선, 표준오차 등)의 값들을 가지도록 되어 있다. 그러나 그들의 쌍별 산점도는 완전히 다른 패턴을 보여준다(이해를 돕기 위해 그림 5.1에 다시 제시되어 있다).

그림 5.1을 살펴보면, 그림 (a)는 선형모형이 적절함을 보여준다. 그림 (b)는 (아마도 선형화가 가능한)비선형모형을 나타낸다. 그림 (c)는 직선으로부터 멀리 떨어져 있는 하나의 점을 제외하면 데이터가 거의 선형모형을 따르고 있음을 보여준다. 이 점은 특이값일

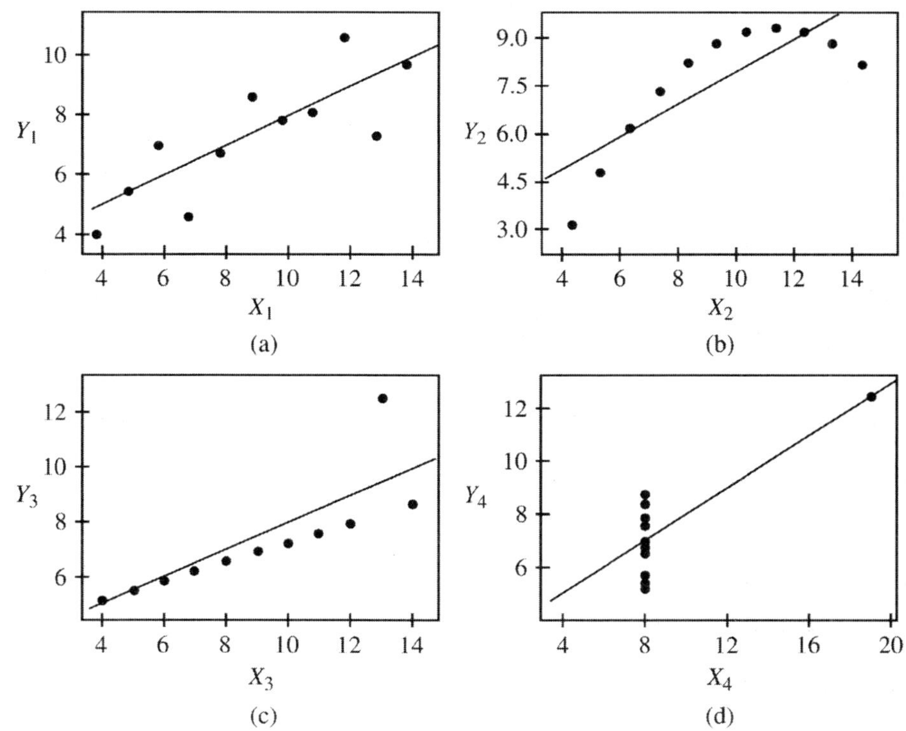

그림 5.1 최소제곱적합선과 산점도: Ancombe's Quartet

수 있으므로, 데이터로부터 어떤 결론을 도출하기 전에 조사되어야만 한다. 그림 (d)는 비효율적인 실험 또는 나쁜 표본임을 나타낸다. $X = 19$인 점에 대하여, (i) 대응되는 Y의 값이 아무리 크거나 작더라도 이 점에서의 잔차가 항상 0(분산 0을 가지는)이다. (ii) 이 점을 제외하고 나머지 데이터로부터 구한 최소제곱추정치는 더 이상 유일하지 않다는 것을 보일 수 있다. 회귀 결과에 과도하게 큰 영향을 주는 관측개체를 **영향력 있는 관측개체**(influential observation)라고 하는데, $X = 19$에 있는 점은 이것이 적합선의 절편과 기울기를 완전히 결정하기 때문에 극단적으로 영향력이 있다.

지금까지는 산점도를 탐색적 도구로 사용하였다. 그러나 그래프적 방법들은 확증적 분석에서 보조적인 수치적 방법으로 사용될 수 있다. Y와 X 사이에 양(+)의 상관이 존재한다(즉, Y와 X가 양의 기울기를 가지는 회귀선에 의하여 적합될 수 있다)는 것을 검정하고자 한다고 가정하자. 독자들은 그림 5.1의 네 개의 데이터가 모두 동일한 상관계수 $\mathrm{cor}(Y, X) = 0.80$과 동일한 회귀선 $Y = 3 + 0.5X$을 가진다는 것을 보일 수 있다. 따라서 이러한 수치적 요약에 근거하게 되면 네 개의 데이터들이 모두 동일한 모형에 의하여 묘사될 수 있다는 잘못된 결론에 도달하게 된다. 이때의 가정은 Y와 X사이의 관계가 선형이라는 것인데, 이 가정은 여기에서는 만족되지 않는다[예컨대, 그림 5.1(b)의 데이터에 대하여]. 그러므로 검정은 유효하지 않다. 다른 통계적 방법들과 마찬가지로 선형관계에 대한 검정은 어떤 기본적인 가정들에 근거한다. 따라서 이들 방법들에 기초한 결론은 기본적인 가정들이 만족될 때만 유효하다. 위의 예를 통해서 만약 분석이 수치적 결과에만 의존한다면 잘못된 결론에 도달할 수 있음을 볼 수 있다.

그래프적 방법들은 다음과 같이 여러 가지 방식으로 유용하게 사용될 수 있다.

1. 데이터에 존재하는 오류의 검출(예컨대, 특이값이 입력 오류의 결과일 수 있다.)
2. 데이터에 존재하는 패턴(예컨대, 군집성, 특이값, 단절성 등)의 파악
3. 변수들 사이의 관계에 대한 탐색
4. 새로운 현상의 발견
5. 가정들의 확인 또는 부인
6. 적합모형의 정확성에 대한 평가

7. 개선을 위한 행동들(데이터의 변환, 실험의 재설계, 더 많은 데이터를 수집하기 등)을 찾아내기
8. 수치적 분석의 질을 향상시키기

이 장에서는 회귀분석에서 유용한 그래프적 표현들을 제시하며, 이들은 다음과 같이 두 가지로 분류될 수 있다(상호배반적은 아님).

- 모형을 적합하기 이전의 그래프. 예를 들어, 이것은 데이터에 존재하는 오류를 고치고 모형을 선택하는 데 유용하다.
- 모형을 적합한 이후의 그래프. 이것은 특히 가정들을 검토하고 적합도를 평가하는 데 유용하다.

여기에서 제시되는 방법들은 주로 Hadi(1993)와 Hadi & Son(1997)에서 간추린 것이다. 특정 그래프를 탐색하기에 앞서, 어떤 가정이 만족될 때 그 그래프가 어떻게 나타나야 하는지를 알아야 한다. 그러고 나서 그 그래프가 기대와 일치하는지를 살펴보아야 한다. 이렇게 함으로써 가정의 올바름 또는 그릇됨을 확인할 수 있을 것이다.

5.5 모형을 적합하기 이전의 그래프

반응변수와 예측변수 사이의 관계를 나타내는 모형의 형태는 이론적 배경 또는 검정될 가설에 근거해야 한다. 그러나 모형의 형태에 대한 어떤 사전정보가 없다면 모형을 제안하기 위해 데이터가 사용될 수 있다. 모형이 적합되기 전에 데이터는 철저히 탐색되어야 한다. 데이터에 모형을 적합하기 이전에 그래프들을 살펴보는 것은 탐색적 도구로서의 역할을 한다. 그래프들에 대한 네 가지 그룹은 다음과 같다.

1. 일차원 그래프 (one-dimensional graph)
2. 이차원 그래프 (two-dimensional graph)
3. 회전도표 (rotating plot)
4. 동적 그래프 (dynamic graph)

5.5.1 일차원 그래프

일반적으로 데이터 분석은 연구에 있는 각 변수들을 탐색함으로써 시작한다. 그러한 목적은 개별 변수의 분포를 개략적으로 살펴보는 것이다. 다음의 그래프들이 하나의 변수를 탐색하기 위해 사용될 수 있다.

- 히스토그램 (histogram)
- 줄기-잎 그림 (stem-and-leaf disply)
- 점플롯 (dot plot)
- 상자그림 (box plot)

일차원 그래프들은 두 가지 중요한 기능을 가지고 있다. 이들은 어떤 변수가 대칭인지 아니면 치우쳐져 있는지 등에 대한 분포를 나타낸다. 어떤 변수가 매우 치우쳐져 있다면 변환이 수행되어야 한다. 비대칭의 정도가 심한 변수에 대하여 로그변환이 추천된다. 일변량 그래프는 원래의 변수를 이용해야 할지 아니면 변환된 변수를 가지고 분석을 수행해야 할지에 대하여 정보를 제공한다.

또한 일변량 그래프는 변수에 있는 특이값의 존재 유무를 제시한다. 특이값은 그것이 입력오류 등에 의한 것인지를 알아보기 위해 조사되어야 한다. 또한 특이값은 이후의 분석에서 문제를 발생시킬 수도 있기 때문에 분석을 수행할 때 주의 깊게 다루어져야 한다.

```
if(!require("DescTools")) install.packages("DescTools")
library(DescTools)
Desc(Hamilton[c("Y","X1","X2")], plotit = TRUE)
```

5.5.2 이차원 그래프

다차원 데이터가 주어져 있을 때, 이상적으로는 데이터의 차원과 같은 차원에서 그래프가 탐색되어야 한다. 이것은 변수의 수가 적을 경우만 가능하다. 그러나 변수들을 쌍으로 취하여 각 변수와 다른 변수들 간의 산점도를 살펴볼 수 있다. 이러한 쌍별 산점도의 목적은 각 변수들의 쌍에 대한 관계를 탐색하고 일반적인 패턴을 파악하기 위한 것이다.

변수의 수가 적다면 이들 쌍별 산점도를 행렬의 형태로 배열하는 것이 가능하며, 이것을 종종 **제도사의 플롯**(draftsman's plot) 또는 **산점도행렬**(plot matrix)이라고 부른다. 그림 5.2는 하나의 반응변수와 두 개의 예측변수에 대한 산점도행렬의 예이다. 쌍별 산점도는 산점도행렬의 위쪽 삼각형 부분에 위치하고 있다. 또한 대응되는 상관계수들도 배열할 수 있는데, 상관계수들은 산점도행렬의 아래쪽 삼각형 부분에 위치하고 있다. 이러한 배열은 산점도의 탐색을 용이하게 한다. 쌍별 상관계수는 대응되는 산점도와 연관하여 해석해야 한다. 이렇게 해야 하는 이유는 두 가지이다. (a) 상관계수는 오직 선형관계만을 측정한다. (b) 상관계수는 로버스트(robust)하지 않다. 즉, 상관계수의 값은 데이터에 있는 한두 개의 관측개체에 의해 크게 영향을 받을 수 있다.

```
plot(Hamilton[c("Y","X1","X2")], pch = 19, cex = 1)

if(!require("corrplot")) install.packages("corrplot")
library(corrplot)
cor <- cor(Hamilton[c("Y","X1","X2")])
round(cor, digits = 3)
corrplot(cor, method = "number", number.digits = 3)
corrplot(cor, method = "ellipse", diag = TRUE, type = "full")
```

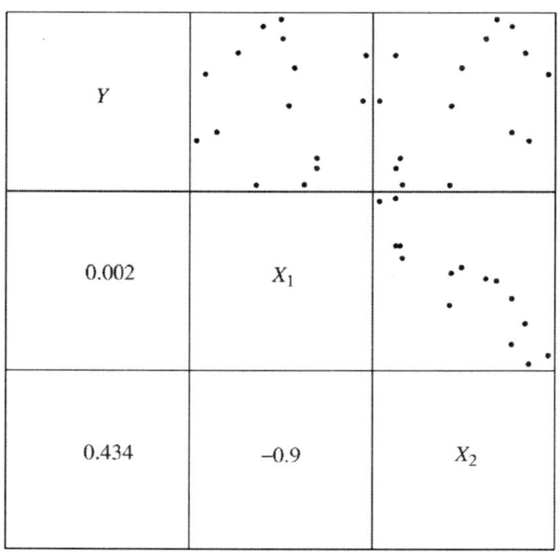

그림 5.2 Hamilton의 데이터에 대한 상관계수들과 산점도행렬

표 5.1 Hamilton의 데이터

Y_1	X_1	X_2	Y_1	X_1	X_2
12.37	2.23	9.66	12.86	3.04	7.71
12.66	2.57	8.94	10.84	3.26	5.11
12.00	3.87	4.40	11.20	3.39	5.05
11.93	3.10	6.64	11.56	2.35	8.51
11.06	3.39	4.91	10.83	2.76	6.59
13.03	2.83	8.52	12.63	3.90	4.90
13.13.	3.02	8.04	12.46	3.16	6.96
11.44	2.14	9.05			

산점도행렬에서 각 그래프의 형태가 어떻게 나타나야 하는가? 단순회귀에서는 Y 대 X의 산점도가 선형의 형태를 보일 것으로 기대된다. 그러나 다중회귀에서는 Y 대 각 예측변수의 산점도가 선형의 형태를 보일 수도 있고 그렇지 않을 수도 있다. 즉, 선형의 형태가 보이지 않는다고 해서 주어진 선형모형이 옳지 않다는 것을 의미하지는 않는다. 그러한 예가 다음에 주어진다.

사례: Hamilton의 데이터

Hamilton(1987)은 Y가 예측변수의 결합에는 의존하지만 개별적인 예측변수에는 의존하지 않는 데이터 집합을 생성하였다. 그러한 데이터 중 하나가 표 5.1에 주어져 있다. 이 데이터에 대한 산점도행렬(그림 5.2)로부터 Y 대 $X_1(R^2=0)$과 Y 대 $X_2(R^2=0.19)$의 플롯에 선형관계가 없음을 볼 수 있다. 그러나 X_1과 X_2에 대하여 Y를 동시에 회귀시키면 거의 완벽한 적합을 얻게 된다. 독자들은 다음의 적합식이 얻어진다는 것을 밝힐 수 있다(예를 들어 R을 사용해 보라).

$$\begin{aligned}
&\hat{Y}=11.989+0.004X_1; && t-\text{Test}=0.009; && R^2=0.0,\\
&\hat{Y}=10.632+0.195X_2; && t-\text{Test}=1.74; && R^2=0.188,\\
&\hat{Y}=-4.515+3.097X_1+1.032X_2; && F-\text{Test}=39222; && R^2=1.0.
\end{aligned}$$

```
reg1 <- lm(Y ~ X1, data = Hamilton)
summary(reg1)
reg2 <- lm(Y ~ X2, data = Hamilton)
summary(reg2)
reg3 <- lm(Y ~ X1+X2, data = Hamilton)
summary(reg3)
```

첫 두 개의 방정식은 Y가 X_1이나 X_2와 개별적으로는 관계가 없음을 나타낸다. 그러나 X_1과 X_2는 Y를 거의 완벽하게 예측한다. 덧붙여서 첫 번째 방정식은 수정 R^2의 값이 음수이다. 즉, $R_a^2 = -0.08$.

다른 모든 예측변수들에 대하여 조정된 후(즉, 다른 모든 예측변수들의 선형 효과를 제거한 후), Y 대 각 예측변수의 산점도는 선형으로 나타나야 한다. 두 종류의 이러한 그래프는 **첨가변수플롯**(added-variable plot)과 **성분잔차플롯**(residual plus component plot)으로 알려져 있으며, 5.13.1절에서 제시된다.

예측변수들이 선형적으로 독립임을 가정하고 있기 때문에, 예측변수들의 쌍별 산점도는 선형패턴을 보이지 않아야 한다(이상적으로는 선형이든 그렇지 않든 간에 인식할 수 있는 패턴이 없어야 한다). X_1과 X_2의 산점도(그림 5.2)에 명백한 선형패턴이 존재하기 때문에, Hamilton의 데이터는 이 가정을 만족하지 않는다. 그러나 이러한 산점도에 선형관계가 보이지 않는다는 것이 전체 예측변수들의 집합이 선형적으로 독립이라는 것을 의미하지는 않기 때문에 주의가 필요하다. 선형관계는 두 개의 이상의 변수들을 포함하고 있을 수도 있다. 쌍별 산점도를 통해서는 그러한 다변량 관계를 검출하는 것이 쉽지 않다. 다중공선성 문제는 제10장과 제11장에서 다룰 것이다.

5.5.3 회전도표

최근의 컴퓨터 하드웨어와 소프트웨어에 대한 발전은 3차원 이상에서 플롯을 그리는 것을 가능하게 한다. 이러한 플롯의 가장 간단한 형태는 3차원 회전도표이다. 회전도표는 3차원의 구조가 명백해지도록 다양한 방향으로 플롯을 회전시킬 수 있는 세 변수의 산점도이다. 회전도표의 효과를 말로 설명하기는 쉽지 않다. 회전도표의 실제 효과는 컴퓨터 화면 상에서 회전되는 플롯을 살펴봄으로써 느낄 수 있다. 회전은 데이터의 흥미 있는 측면을 보았을 때 멈출 수 있다. 예를 들어, 앞에서 Hamilton의 데이터에 대하여 X_1과 X_2가 Y를 거의 완벽하게 예측한다는 것을 알았으며, 이러한 발견은 Y 대 X_1과 X_2의 회전도표를 통해 확인할 수 있다. 이 플롯을 회전하다 보면, 점들이 거의 완벽한 평면에 위치함을 볼 수 있다. 흥미 있는 방향이 발견될 때까지 플롯이 회전된다. 그림 5.3은 그러한 방향을 보여주고 있는데, 여기에서 마치 직선처럼 보이는 평면에 점들이 위치하고 있음을 볼 수 있다.

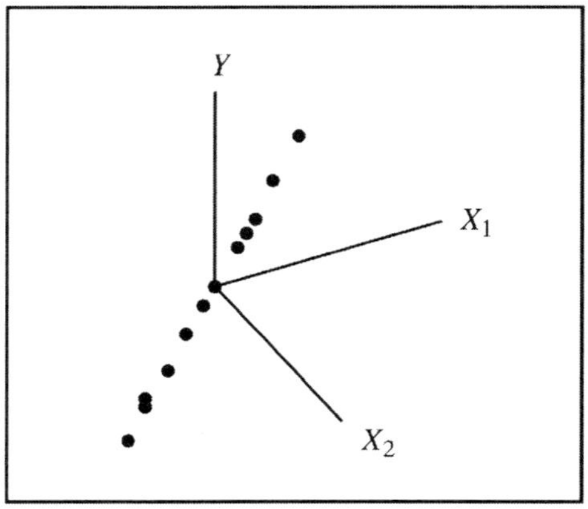

그림 5.3 Hamilton 데이터의 회전도표

```
if(!require("scatterplot3d")) install.packages("scatterplot3d")
library(scatterplot3d)
scatterplot3d(Hamilton[c("X1","X2","Y")], angle = 20)
```

5.5.4 동적 그래프

동적 그래프는 특히 다변량 데이터의 구조와 관계를 탐색하는 데 유용한 도구이다. 동적 그래픽 환경하에서 분석자는 단지 정적인 그래프를 살펴보는 것 이상을 할 수 있다. 컴퓨터 화면상에서 그래프가 조작될 수 있고, 즉시 변화를 살펴볼 수 있다. 예를 들어, 두 개 이상의 3차원 회전도표를 작성할 수 있고, 3차원 이상에서 구조와 관계를 탐색하기 위해 동적 그래픽 기법들이 사용될 수 있다. 이 주제에 대하여 많은 논문과 책들이 출간되어 있고, 동적 그래픽 도구들(예컨대, 회전, 브러싱, 연결 등)을 포함하는 많은 통계 소프트웨어 프로그램들이 개발되어 있다. 관심 있는 독자들은 Becker, Cleveland, Wilks(1987), Velleman(1999)를 참조하기 바란다.

```
if(!require("rgl")) install.packages("rgl")
library(rgl)
plot3d(Hamilton[c("X1","X2","Y")], size = 10)
```

5.6 모형을 적합한 이후의 그래프

앞 절에서 제시된 그래프들은 데이터 검토와 모형설정 단계에서 유용하다. 데이터에 모형을 적합한 이후의 그래프들은 가정들을 검토하고 주어진 모형의 적합도를 평가하는 데 도움을 준다. 이 그래프들은 다음과 같은 분류들로 그룹화될 수 있다.

1. 선형성과 정규성 가정을 검토하기 위한 그래프
2. 특이값과 영향력 있는 개체를 검출하기 위한 그래프
3. 변수들의 효과에 대한 진단플롯

5.7 선형성과 정규성 가정에 대한 검토

변수의 수가 적을 경우, 앞절에서 소개된 플롯들을 동적으로 조작함으로써 선형성 가정을 검토할 수 있다. 변수의 수가 많을 때는 선형성 가정을 검토하는 작업이 쉽지 않다. 그러나 데이터에 모형을 적합한 후 잔차들을 탐색함으로써 선형성과 정규성 가정을 검토할 수 있다.

표준화잔차에 대한 다음 플롯들은 선형성과 정규성 가정을 검토하는 데 이용될 수 있다.

1. **표준화잔차의 정규확률플롯:** 이것은 순서화된 표준화잔차 대 **정규점수**(normal score)의 플롯이다. 정규점수는 표준정규분포로부터 크기 n의 표본을 취하였을 때 얻어질 것으로 기대되는 값이다. 잔차가 정규분포에 따른다면 순서화된 잔차는 근사적으로 순서화된 정규점수와 같아야 한다. 정규성 가정하에서 이 플롯은 절편이 0, 기울기가 1(이들은 각각 표준화잔차의 평균과 표준편차이다)인 직선의 형태를 가져야 한다.

```
qqnorm(resid$r, ylim = c(-3,3))
qqline(resid$r, lwd = 1, col = "red")
```

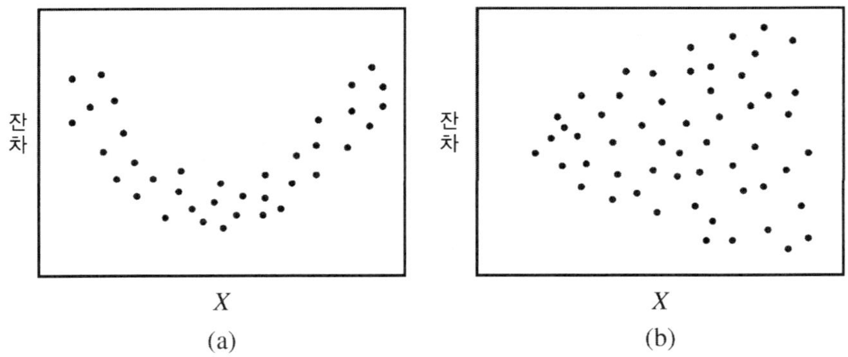

그림 5.4 모형가정의 위반을 묘사하는 두 개의 플롯
(a) 비선형성을 나타내는 패턴, (b) 이분산성을 나타내는 패턴

2. **표준화잔차 대 각 예측변수들의 산점도:** 표준적인 가정하에서 표준화잔차는 각 예측변수들과 상관되어 있지 않다. 이 가정이 만족된다면 이 플롯은 랜덤하게(임의로) 흩어진 점들을 나타내야 한다. 이 플롯에 발견할 수 있는 패턴이 존재한다면 어떤 가정들이 위반되었음을 의미할 수 있다. 그림 5.4(a)는 선형성 가정이 만족되지 않을 때 나타나는 플롯의 형태 중 하나이다. 이 경우 Y 또는 특정 예측변수에 대한 변환이 선형성을 위하여 필요할 수 있다. 그림 5.4(b)와 같은 그림은 이분산성을 나타낸다. 이 경우 분산의 안정화를 위한 데이터 변환이 필요할 것이다. 모형의 어떤 결함을 수정하기 위한 여러 유형의 변환들이 제6장에서 설명된다.

```
plot(r ~ X1, data = resid, pch = 19)
abline(h = c(-2,0,2), lty=2)
plot(r ~ X2, data = resid, pch = 19)
abline(h = c(-2,0,2), lty=2)
```

3. **표준화잔차 대 적합값의 플롯:** 표준적인 가정하에서 표준화잔차는 적합값과도 상관되어 있지 않다. 따라서 이 가정이 만족된다면 이 플롯은 랜덤하게(임의로) 흩어진 점들을 나타내야 한다. 단순회귀에서는 표준화잔차 대 X의 플롯과 표준화잔차 대 적합값의 플롯이 동일한 패턴을 가진다.

```
plot(r ~ Y.hat, data = resid, pch = 19)
abline(h = c(-2,0,2), lty=2)
```

4. **표준화잔차의 인덱스플롯:** 인덱스플롯(index plot)은 표준화잔차 대 관측개체 번호의 플롯이다. 관측개체의 취해진 순서에 큰 의미가 없다면 이 플롯은 필요하지 않다. 그러나 순서가 중요한 의미를 가진다면(예컨대, 개체가 시간 또는 공간 상의 순서에 따라 취해졌을 때), 연속적인 순서에 의한 잔차플롯은 오차의 독립성 가정을 검토하기 위해 사용될 수 있다. 독립성 가정하에서 점들은 0 주위의 수평 띠(밴드) 안에서 랜덤하게(임의로) 흩어져 있어야 한다.

```
plot(row.names(resid), resid$r, pch = 19)
abline(h = c(-2,0,2), lty=2)
```

5.8 지레점, 영향력, 특이값

주어진 데이터에 모형을 적합함에 있어서 한두 개의 관측개체들에 의해 적합이 과도하게 결정되기를 바라지는 않는다. 예를 들어, Anscombe의 데이터에서 그림 5.1(d)의 데이터에 대한 직선은 오직 한 점에 의하여 완전히 결정된다. 이 극단점이 제외된다면 전혀 다른 직선이 얻어질 것이다. 여러 개의 변수들이 있다면 그러한 상황을 그래프적으로 파악하는 것이 쉽지 않다. 그러나 그러한 점들의 존재 여부를 알 필요가 있다. 이 경우에 그 점에 대한 잔차가 0이기 때문에 잔차를 살펴보는 것은 거의 도움이 되지 않는다. 즉, 그 점은 큰 잔차를 가지지 않기 때문에 특이값이 아니다. 그러나 그 점은 영향력이 있는 개체이다.

어떤 점이 제외되었을 때 혼자서 또는 다른(두 개 또는 세 개) 점들과 결합하여 적합모형(추정된 회귀계수, 적합값, t-값 등)에 큰 변화를 준다면 그 점을 **영향력이 있는**(influential) 점이라고 한다. 일반적으로 어떤 점을 제외하면 약간이라도 적합에 변화가 있을 것이다. 여기에서의 관심은 그 점을 제외하였을 때 큰 변화가 발생하는가이다(즉, 과도한 영향력이 있는가이다). 다음 예를 살펴보자.

사례: 뉴욕 강 데이터

1.3.5절에서 설명되었던 뉴욕 강 데이터를 고려하자. 데이터는 책의 웹사이트에서 확인할 수 있다(NYRivers.txt). 평균 질소농도 Y와 네 개의 예측변수들을 다음과 같은 선형모형을 적합시켜 보자.

$$Y = \beta_0 + \beta_1 X_1 + \beta_2 X_2 + \beta_3 X_3 + \beta_4 X_4 + \epsilon \quad (5.16)$$

다음의 R 명령줄을 이용하면, 데이터를 R의 작업공간에 읽어 들일 수 있다.

```
NYRivers <- read.table("C:/Temp/RABE6/NYRivers.txt", sep = "\t",
                       header = TRUE, row.names = 1)
head(NYRivers, 5)   # 데이터의 첫 5행을 출력
```

위 코드에서 row.names=1은 R에게 데이터 파일의 첫 번째 열에 강의 이름(row)이 포함되어 있다는 것을 알려주는 인수이다. 표 5.2는 데이터의 세 부분집합들에 대하여 계수의 유의성을 검정하기 위한 t-검정 값을 보여준다. 표 5.2에서 두 번째 열은 모든 20개의 개체(강)에 근거하여 얻은 결과이다. 다음 R 명령줄을 사용하여 동일한 결과를 얻을 수 있다.

```
if(!require("olsrr")) install.packages("olsrr")
library(olsrr)
ols_regress(Nitrogen ~ ., data = NYRivers)

reg <- lm(Nitrogen ~ ., data = NYRivers)
plot(reg, which = 1, col = c("blue"))   # which = 1~6 지정 가능
```

표 5.2　뉴욕 강 데이터: 개별 계수에 대한 t−검정 값

검정	제거된 관측개체		
	없음	Neversink	Hackensack
t_0	1.40	1.21	2.08
t_1	0.39	0.92	0.25
t_2	−0.93	−0.74	−1.45
t_3	−0.21	−3.15	4.08
t_4	1.86	4.45	0.66

세 번째 열은 Neversink 강(4번 개체)을 제외하고 얻은 결과이다. 이 결과는 다음 R 명령줄을 사용하여 얻을 수 있다.

```
df4 <- NYRivers[-4,]   # df4는 4번째 행을 제거한 데이터
ols_regress(Nitrogen ~ ., data = df4)
```

네 번째 열은 Hackensack 강(5번 개체)을 제외하고 얻은 결과이다. R을 이용해 동일한 결과를 얻는 것은 독자들을 위하여 남겨두고자 한다.

단지 하나의 관측개체를 제외함으로써 서로 매우 다른 회귀분석 결과가 얻어짐을 주목하여라. 예를 들어, β_3에 대한 t-검정 값을 살펴보자. 모든 데이터에 근거하면 검정은 유의하지 않다. 그러나 Neversink 강을 제외하고 얻은 결과에서는 유의한 음의 값을 가지며, Hackensack 강을 제외하고 얻은 결과에서는 유의한 양의 값을 가진다. 단지 하나의 관측개체가 매우 다른 결과와 결론을 유도한다. Neversink와 Hackensack 강은 데이터의 다른 개체들에 비하여 회귀의 결과에 큰 영향을 미치기 때문에 영향력 있는 개체이다. NYRivers.txt의 원데이터를 자세히 살펴보면, Hackensack 강은 비정상적으로 큰 X_3(주거 용지의 비율)의 값을 가지고 있다는 것을 쉽게 알 수 있다. 이와 같은 이유는 Hackensack 강이 높은 인구밀도를 가지고 있는 뉴욕 시에 인접한 도시 지역에 위치하고 있는 유일한 강이기 때문이다. 다른 강들은 시골 지역에 위치하고 있다. Neversink 강이 영향력이 있음에도 불구하고(표 5.2에서 본 것처럼), 이 강이 데이터에 있는 다른 강들과 다른가는 데이터상에서 명확하지 않다.

따라서 영향력 있는 관측개체가 데이터에 존재한다면 그것을 파악하는 것이 중요하다. 여기에서는 영향력 있는 관측개체를 검출하는 방법들을 설명한다. 영향력 있는 개체는 일반적으로 반응변수 Y 또는 예측변수(X-공간)에 대하여 특이값이다.

5.8.1 반응변수에 대한 특이값

큰 표준화잔차를 가지는 관측개체는 Y-방향에서 적합식으로부터 멀리 떨어져 있기 때문이 반응변수 Y에 대한 특이값이다. 표준화잔차는 평균 0과 표준편차 1을 가지는 정규분포에 근사적으로 따르기 때문에, 평균(0)으로부터 2 또는 3보다 큰 표준화잔차를 가지

는 점은 **특이값**(outlier)으로 간주된다. 특이값은 모형이 그러한 점에 대하여 적절하지 않을 수 있음을 의미한다. 특이값은 정식화된 검정절차를 이용하여 파악될 수 있으며[예컨대, Hawkins(1980), Barnett & Lewis(1994), Hadi & Simonoff(1993), Hadi & Velleman(1997)을 참조하여라], 여기에서 소개하는 잔차플롯들을 통해서 파악될 수 있다. 잔차플롯은 존재하는 총체적인 모형위반들을 나타낼 것이며, 잔차플롯의 탐색은 분석에서 주요 도구 중 하나이다.

5.8.2 예측변수들에 대한 특이값

특이값은 예측변수들(X-공간)에 대하여 발생할 수도 있다. 그들은 회귀의 결과에도 영향을 준다. 앞에서 설명한 지레값 p_{ii}는 X-공간에서 특이성을 측정하는 데 이용될 수 있다. 이것은 단순회귀에서 식 (5.7)에 주어진 p_{ii}의 공식을 살펴봄으로써 알 수 있다. 즉, 어떤 점이 $\bar{x}$로부터 멀어질수록 더 큰 p_{ii} 값을 갖게 된다. 이것은 다중회귀에서도 성립한다. 큰 p_{ii} 값을 가지는 관측개체는 X-공간에서 특이값이기 때문에(예측변수의 공간에서 다른 점들과 비하여), p_{ii}는 X-공간 상에서 특이성의 측도로 사용될 수 있다. 반응변수에 대한 특이값(큰 표준화잔차를 가진 점)과 구별하기 위하여, X-공간에서의 특이값[예컨대, 그림 5.1(d)에서 X_4에 대하여 가장 큰 값을 가지는 점]을 **높은 지레점**(high leverage point)이라고 한다.

지레점은 여러 가지 흥미 있는 성질을 가지고 있다[Dodge & Hadi(1999), Chatterjee & Hadi(1988)의 제2장을 참조하여라]. 예를 들어, 지레점은 0과 1 사이에 존재하며 그들의 평균은 $(p+1)/n$이다. 일반적으로 $2(p+1)/n$(즉, 평균의 2배)보다 큰 p_{ii}를 가진 점들은 높은 지레점으로 간주될 수 있다(Hoaglin & Welsch, 1978).

분석을 수행함에 있어서, 높은 지레점은 그것이 또한 영향력이 있는지를 알아보기 위하여 탐색되어야 한다. 지레값플롯(예컨대, 인덱스플롯, 점플롯, 상자그림 등)은 높은 지레점이 있는지를 나타낼 것이다. 이외의 다른 흥미 있는 플롯은 Gary & Ling(1984)을 참고하여라.

5.8.3 가면문제와 수렁문제

표준화잔차는 선형성, 정규성, 특이값의 존재를 평가하기 위하여 가치 있는 정보를 제공한다. 그러나 잔차에만 근거하여 분석을 수행하면 다음과 같은 이유로 인해 특이값이나 영향력 있는 관측개체를 찾는 데 실패할지도 모른다.

1. **높은 지레점의 존재:** 통상적인 잔차 e_i와 지레점 p_{ii}는 다음의 관계를 가지고 있다.

$$p_{ii} + \frac{e_i^2}{\mathrm{SSE}} \le 1, \tag{5.17}$$

   여기에서 SSE는 잔차제곱합이다. 위 부등식은 높은 지레점(큰 p_{ii} 값을 가진 점)이 작은 잔차를 가지는 경향이 있음을 의미한다. 예를 들어, 그림 5.1(d)에서 X = 19에 있는 점은 그의 잔차가 0임에도 불구하고 영향력이 극단적으로 크다. 그러므로 특이값을 찾기 위해 표준화잔차를 탐색하는 것뿐만 아니라, 문제가 있는 점들을 식별하기 위해 지레점을 탐색하는 것도 추천된다.

2. **가면문제와 수렁문제:** 데이터가 특이값을 가지고 있으나 그것을 검출하지 못하는 것을 가면문제(masking problem)라고 한다. 이것은 어떤 특이값들이 다른 특이값들에 의하여 숨겨져 있음으로 인해 발생할 수 있다. 특이값이 아닌 점을 특이값으로 간주하는 것을 수렁문제(swamping problem)라고 한다. 이것은 특이값이 회귀선을 자기 쪽으로 끌어당겨서 다른 점들을 적합선으로부터 멀게 함으로써 발생할 수 있다. 따라서, 가면문제가 거짓부정(false negative)의 결정인 반면에 수렁문제는 거짓긍정(false positive)의 결정이다. 가면문제와 수렁문제를 가지고 있는 데이터의 예가 다음에 주어진다. 표준화잔차와 지레점보다 가면문제와 수렁문제에 덜 영향을 받는 방법들이 Hadi & Simonoff(1993)에 제시되어 있다.

이와 같은 이유 때문에 관측개체의 영향력에 대한 추가적인 측도들이 필요하다. 이 방법들을 제시하기 전에 실제 사례를 이용하여 위의 개념들을 설명한다.

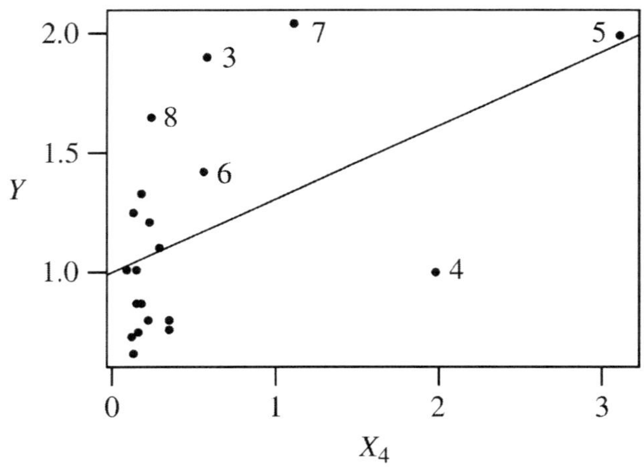

그림 5.5 뉴욕 강 데이터: Y 대 X_4의 산점도

사례: 뉴욕 강 데이터

뉴욕 강 데이터를 고려하자. 그러나 설명을 위해 다음과 같은 단순회귀모형을 적합시키자.

$$Y = \beta_0 + \beta_4 X_4 + \epsilon, \tag{5.18}$$

이 모형은 평균 질소농도 Y와 상업/산업 용지의 비율 X_4를 관계시킨다. 최소제곱적합선과 Y 대 X_4의 산점도가 그림 5.5에 주어져 있다.

```
plot(Nitrogen ~ ComIndl, data = NYRivers, pch = 19)
text(Nitrogen ~ ComIndl, data = NYRivers, pos = 2)
reg <- lm(Nitrogen ~ ComIndl, data = NYRivers)
abline(reg)
```

대응되는 표준화잔차 r_i와 지레값 p_{ii}가 표 5.3에 주어져 있으며, 각각에 대한 인덱스플롯이 그림 5.6에 제시되어 있다.

```
r <- rstandard(reg)
h <- hatvalues(reg)
resid <- data.frame(r, h, row.names = c(1:20))
round(resid, digits = 2)
```

```
plot(rownames(resid), resid$r, pch = 19, ylim = c(-2,2))
abline(h = c(-2,0,2), lty = 2)

plot(rownames(resid), resid$h, pch = 19)
abline(h=2*(1+1)/20, lty=2)
```

표준화잔차의 인덱스플롯은 모든 잔차들이 작고 데이터에 특이값이 없음을 나타내고 있다. 그림 5.5의 산점도에서 두 개의 명백한 특이값을 볼 수 있으므로 이것은 잘못된 결론이다. 따라서 가면문제가 발생하고 있다. 식 (5.17)의 지레값과 잔차 사이의 관계 때문에 $p_{ii} = 0.67$의 큰 지레값을 가진 Hackensack 강은 작은 잔차를 가지고 있다. 잔차의 작은 값이 바람직하기는 하지만, 여기에서 잔차가 작은 이유는 적합이 좋기 때문이 아니다. 관측개체 5번은 높은 지레점이며, 4번과 협력하여 회귀선을 그들 쪽으로 끌어당기고 있다.

표 5.3 뉴욕 강 데이터: 적합모형 5.18로부터 얻은 표준화잔차 r_i와 지레값 p_{ii}

번호	r_i	p_{ii}	번호	r_i	p_{ii}
1	0.03	0.05	11	0.75	0.06
2	−0.05	0.07	12	−0.81	0.06
3	1.95	0.05	13	−0.83	0.06
4	−1.85	0.25	14	−0.83	0.05
5	0.16	0.67	15	−0.94	0.05
6	0.67	0.05	16	−0.48	0.06
7	1.92	0.08	17	−0.72	0.06
8	1.57	0.06	18	−0.50	0.06
9	−0.10	0.06	19	−1.03	0.06
10	0.38	0.06	20	0.57	0.06

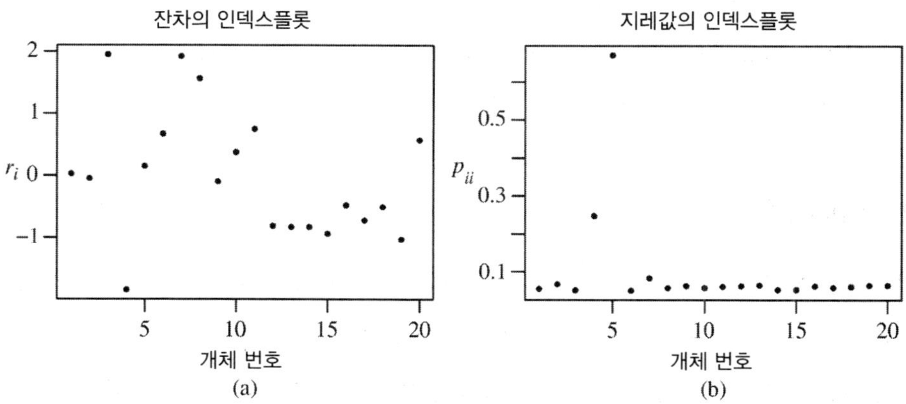

그림 5.6 뉴욕 강 데이터: 표준화잔차 r_i와 지레값 p_{ii}의 인덱스플롯

통상적으로 사용되는 p_{ii}에 대한 임계값(cutoff value; 기준값)은 $2(p+1)/n$ = 0.2이다 (Hoaglin & Welsch, 1978). 따라서 그림 5.5의 산점도에서 눈에 띄는 두 점(Hackensack, p_{ii} = 0.67, Neversink, p_{ii} = 0.25)은 그림 5.6(b)의 인덱스플롯에서 볼 수 있듯이 높은 지레점으로 간주될 수 있다(이 두 점은 다른 점들과 멀리 떨어져 있다). 이 사례는 잔차플롯을 살펴보는 것만으로는 충분하지 않음을 명백히 보여준다.

5.9 영향력의 측도

어떤 관측개체의 영향력을 평가하는 방법 중 하나는 그 점을 적합 과정에서 제외시켰을 때 일어나는 효과를 검토하는 것이다. 대부분의 경우 개체는 한 번에 하나씩 제거하게 된다. 이제, i번째 관측개체를 제외하고 수행한 분석 결과에서 얻어진 회귀계수를 $\hat{\beta}_{0(i)}, \hat{\beta}_{1(i)}, \ldots, \hat{\beta}_{p(i)}$라고 표시하자($i$ = 1, 2, ⋯, n). 이와 유사하게 $\hat{y}_{1(i)}, \hat{y}_{2(i)}, \ldots, \hat{y}_{n(i)}$와 $\hat{\sigma}^2_{(i)}$를 각각 i번째 개체를 제외하고 구한 예측값과 잔차평균제곱이라고 하자. i번째 개체를 제외하고 적합식이 얻어졌을 때 m번째 관측개체에 대한 적합값은 다음과 같다.

$$\hat{y}_{m(i)} = \hat{\beta}_{0(i)} + \hat{\beta}_{1(i)}x_{m1} + \cdots + \hat{\beta}_{p(i)}x_{mp}. \tag{5.19}$$

이때 i번째 개체가 가지는 영향력의 정도는 $(\hat{\beta}_j - \hat{\beta}_{j(i)})$ 또는 $(\hat{y}_j - \hat{y}_{j(i)})$와 같은 차이를 통해 잴 수 있다. 많은 영향력 측도들이 제안되어 있으며, 자세한 내용을 원하는 독자들은 Belsley, Kuh, Welsch(1980), Cook & Weisberg(1982), Atkinson(1985), Chatterjee & Hadi(1988) 등을 참조하라. 여기에서는 세 가지 측도를 설명한다.

5.9.1 Cook의 거리

널리 사용되는 영향력의 측도 중 하나는 Cook(1977)에 의해 제안되었다. **Cook의 거리**(Cook's distance)는 전체 데이터로부터 얻은 회귀계수들과 i번째 개체를 제거하고 얻은 회귀계수들의 차이를 측정한다. 또는 동일하게 전체 데이터로부터 얻은 적합값들과 i번째 개체를 제거하고 얻은 적합값들의 차이를 측정한다. 결과적으로 Cook의 거리는 i번째 관측개체에 대한 영향력을 다음과 같이 측정한다.

$$C_i = \frac{\sum_{j=1}^{n}(\hat{y}_j - \hat{y}_{j(i)})^2}{\hat{\sigma}^2(p+1)}, \quad i = 1, 2, \ldots, n. \tag{5.20}$$

C_i가 다음과 같이 표현될 수 있음을 보일 수 있다.

$$C_i = \frac{r_i^2}{p+1} \times \frac{p_{ii}}{1-p_{ii}}, \quad i = 1, 2, \ldots, n. \tag{5.21}$$

따라서 Cook의 거리는 기본적인 두 값의 곱임을 알 수 있다. 첫 번째 식 (5.13)에서 정의된 표준화잔차 r_i의 제곱이고, 두 번째 값은 소위 **잠재성**(potential) 함수라고 불리는 $p_{ii}/(1-p_{ii})$이다(여기에서 p_{ii}는 앞에서 소개된 지레값이다). 만약 어떤 관측개체의 영향력이 크다면 그 개체를 제외할 때 회귀분석의 결과에 큰 변화가 일어날 것이고, 이때 C_i의 값은 크게 될 것이다. 따라서 큰 C_i의 값은 그 점이 영향력이 있음을 나타낸다. C_i의 값이 자유도가 $(p+1, n-p-1)$인 F-분포의 50% 백분위점보다 큰 경우 i번째 개체를 영향력이 큰 점으로 분류하는 방법이 제안되어 있다. 좀 더 실제적인 방법으로 1보다 큰 C_i 값을 가지는 경우를 모두 영향력이 있는 관측개체로 분류하기도 한다. 그러나 어떤 고정된 방법을 사용하는 것보다는 모든 C_i 값을 검토하는 융통성 있는 방법이 추천된다. 점플롯이나 인덱스플롯은 유용한 그래프적 도구이다. 만약 모든 C_i 값들이 비슷한 값을 가진다면 굳이 특별한 조치를 할 필요가 없을 것이다. 반면에 나머지 점들에 비하여 특별히 돋보이는 C_i 값을 가지는 데이터 점들이 있다면 이는 면밀하게 검토될 필요가 있다. 때로는 이들이 가지는 효과를 살펴보기 위해 이들을 제외하고 모형을 재적합해 볼 수도 있을 것이다.

5.9.2 Welsch & Kuh의 측도

Cook의 거리와 유사한 측도로 Welsch & Kuh(1977)에 의해 제안된 DFITS는 다음과 같이 정의된다.

$$\text{DFITS}_i = \frac{\hat{y}_i - \hat{y}_{i(i)}}{\hat{\sigma}_{(i)}\sqrt{p_{ii}}}, \quad i = 1, 2, \ldots, n. \tag{5.22}$$

즉, DEITS$_i$는 전체 데이터로부터 얻은 적합값과 i번째 개체를 제거하고 얻은 적합값의 차이를 $\hat{\sigma}_{(i)}\sqrt{p_{ii}}$에 의하여 척도화한 것이다. DEITS$_i$는 다음과 같이 표현될 수 있다.

$$\text{DFITS}_i = r_i^* \sqrt{\frac{p_{ii}}{1-p_{ii}}}, \quad i = 1, 2, \ldots, n, \tag{5.23}$$

여기에서 r_i^*는 식 (5.14)에서 정의된 표준화잔차이다. DEITS$_i$는 $\hat{\sigma}$ 대신에 $\hat{\sigma}_{(i)}$를 사용하여 표준화하였을 때의 $\sqrt{C_i}$ 값에 대응된다. $2\sqrt{(p+1)/(n-p-1)}$ 보다 큰 $|\text{DEITS}_i|$ 값을 가지는 경우를 통상적으로 영향력이 있는 관측개체로 분류한다. 여기에서도, 엄격한 임계값을 사용하는 것보다는 정상보다 상대적으로 큰 영향력을 가지는 관측개체들을 가려내는 측도로 활용하기를 권한다. 인덱스플롯, 점플롯, 상자그림 등은 유용한 그래프적 도구이다. 이 두 방법은 대부분 비슷한 결론을 제공하며 둘 사이의 특별한 선호는 없다. 대부분의 컴퓨터 소프트웨어들은 둘 중 적어도 하나의 측도는 제공하고 있으므로, 어느 하나를 살펴보는 것으로 충분할 것이다.

5.9.3 Hadi의 영향력 측도

Hadi(1992)는 영향력 있는 개체가 반응변수 또는 예측변수에 대하여 특이값이라는 사실에 근거하여 i번째 관측개체의 영향력 측도를 제안하였다. 결론적으로 i번째 관측개체의 영향력은 다음과 같이 측정될 수 있다.

$$H_i = \frac{p_{ii}}{1-p_{ii}} + \frac{p+1}{1-p_{ii}}\frac{d_i^2}{1-d_i^2}, \quad i = 1, 2, \ldots, n, \tag{5.24}$$

여기에서 $d_i = e_i / \sqrt{\text{SSE}}$ 는 소위 **정규화잔차**(normalized residual)라고 불린다. 식 (5.24)에 있는 우변의 첫 항은 X-공간에서 특이성을 측정하는 잠재성 함수이다. 두 번째 항은 반응변수에서 특이성을 측정하는 잔차의 함수이다. 만약 어떤 개체가 반응변수 또는 예측변수에 대하여 특이값이면(즉, r_i와 p_{ii} 중 하나 또는 둘 다 큰 값을 가지면), 큰 H_i 값을 가질 것임을 보일 수 있다. H_i는 특정한 회귀의 결과에 초점을 두지 않는다. 그러나 적어도 어느 하나의 결과에 대하여 영향을 미치는 관측개체를 찾아내는 포괄적인 측도로 간주될 수 있다.

C_i와 DFITS$_i$가 잔차와 지레값에 대한 승법적 함수인 반면에 H_i는 가법적 함수임을 주목하여라. 영향력 측도 H_i는 Cook의 거리나 Welsch & Kuh의 측도와 마찬가지로 그래프적인 방법에 의해 잘 탐색될 수 있다.

사례: 뉴욕 강 데이터

식 (5.18)의 단순회귀모형을 적합하는 것을 다시 고려하자. 이 모형은 평균 질소농도 Y와 상업/산업 용지의 비율 X_4를 관계시킨다. 최소제곱적합선과 Y 대 X_4의 산점도가 그림 5.5에 주어져 있다. 관측개체 4번(Neversink 강)과 5번(Hackensack 강)은 다른 데이터 점들로부터 멀리 떨어져 있음을 볼 수 있다. 또한 7, 3, 8, 6번도 그래프의 위의 왼쪽 영역에서 다소 분산되어 있다. 모형 (5.18)을 적합하여 얻은 세 영향력 측도들이 표 5.4에 주어져 있으며, 대응되는 인덱스플롯들이 그림 5.7에 제시되어 있다.

```
CooksD <- cooks.distance(reg)
Dffits <- dffits(reg)
Hadi <- ols_hadi(reg)$hadi
inf <- data.frame(CooksD, Dffits, Hadi, row.names = c(1:20))
round(inf, digits = 2)

plot(rownames(inf), inf$CooksD, pch = 19)
plot(rownames(inf), inf$Dffits, pch = 19)
abline(h = c(-2/3,0,2/3), lty = 2)
plot(rownames(inf), inf$Hadi, pch = 19)
```

어떤 C_i 값도 임계값 1을 넘지 않는다. 그러나 그림 5.7(a)의 인덱스플롯은 4번(Neversink) 개체가 영향력 있는 개체로 검토되어야 함을 명백하게 보여주고 있다. 이 관측개체의 DFITS$_i$ 값은 임계값 $2\sqrt{(p+1)/(n-p-1)}$=2.3보다 크다. 그림 5.7에서 볼 수 있듯이 5번(Hackensack) 개체의 C_i 또는 DFITS$_i$ 값은 주목할 만하지 않다. 이것은 이 측도들의 승

표 5.4 뉴욕 강 데이터. 식 (5.18)을 적합하여 얻은 영향력 측도들: Cook의 거리 C_i, Welsch & Kuh의 측도 DFITS$_i$, Hadi의 영향력 측도 H_i

번호	C_i	DFITS$_i$	H_i	번호	C_i	DFITS$_i$	H_i
1	0.00	0.01	0.06	11	0.02	0.19	0.13
2	0.00	−0.01	0.07	12	0.02	−0.21	0.14
3	0.10	0.49	0.58	13	0.02	−0.22	0.15
4	0.56	−1.14	0.77	14	0.02	−0.19	0.13
5	0.02	0.22	2.04	15	0.02	−0.22	0.16
6	0.01	0.15	0.10	16	0.01	−0.12	0.09
7	0.17	0.63	0.60	17	0.02	−0.18	0.12
8	0.07	0.40	0.37	18	0.01	−0.12	0.09
9	0.00	−0.02	0.07	19	0.04	−0.27	0.19
10	0.00	0.09	0.08	20	0.01	0.15	0.11

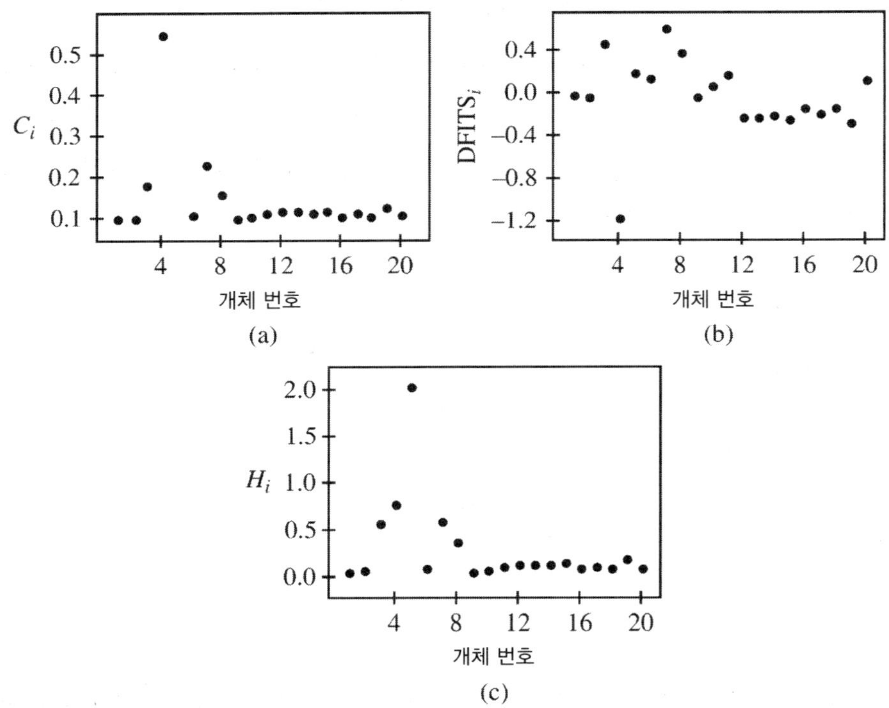

그림 5.7 뉴욕 강 데이터: 영향력 측도들의 인덱스플롯 (a) Cook의 거리 C_i, (b) Welsch & Kuh의 측도 DFITS$_i$, (c) Hadi의 영향력 측도 H_i

법적 성격에 의한 결과이다. 즉, 지레값이 높더라도 잔차가 작으면 그 둘의 곱이 작아지기 때문이다. 그림 5.7(c)에 있는 H_i의 인덱스플롯은 5번(Hackensack) 개체가 가장 영향력이 있으며 그 다음은 4번(Neversink) 개체가 영향력이 있음을 나타내고 있다. 이는 그림 5.5의 산점도와도 일치한다.

```
influence.measures(reg)
plot(reg, which = 1, col = c("blue")) # which = 1~6 지정 가능
```

5.10 잠재성-잔차플롯

식 (5.24)의 H_i에 대한 공식은 높은 지레점 또는 특이값(혹은 이 둘의 결합)으로 비정상적인 개체를 분류하는 데 도움을 주는 간단한 그래프를 제시한다. 이 그래프는 다음의 산점도이므로

$$\begin{array}{ccc} \text{잠재성 함수} & & \text{잔차 함수} \\ \dfrac{p_{ii}}{1-p_{ii}} & \text{대} & \dfrac{p+1}{1-p_{ii}}\dfrac{d_i^2}{1-d_i^2} \end{array} \tag{5.25}$$

잠재성–잔차플롯(potential-residual plot; P-R plot)으로 불린다(Hadi, 1992). P-R플롯은 Gray(1986)와 McCulloch & Meeter(1983)에 의해서 제안된 L-R(leverage- residual)플롯과 관련이 있다. L-R플롯은 p_{ii} 대 d_i^2의 산점도이며, 두 플롯 사이의 비교는 Hadi(1992)를 참조하여라.

```
res <- ols_hadi(reg)$residual
pot <- ols_hadi(reg)$potential
plot(res, pot, pch = 19)
text(res, pot, pos = 3)
```

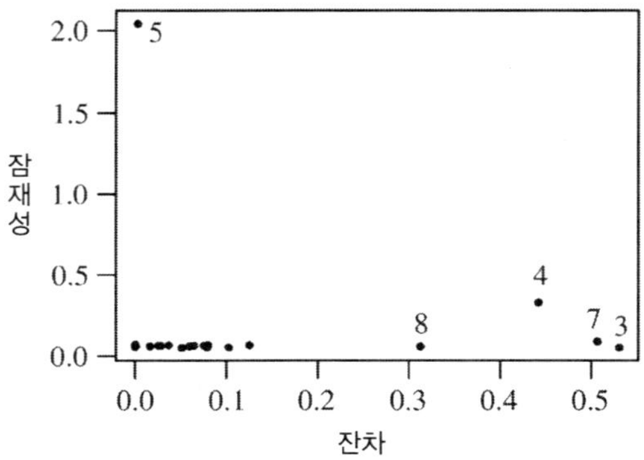

그림 5.8 뉴욕 강 데이터: 잠재성–잔차플롯

모형 (5.18)을 적합하여 얻은 P-R플롯이 그림 (5.8)에 주어져 있다. 높은 지레점인 5번 개체는 플롯에서 위의 왼쪽에 혼자서 위치하고 있다. 네 개의 특이한 개체들(3, 7, 4, 8번)은 플롯에서 아래의 오른쪽에 위치하고 있다.

이제, 어떤 데이터 점들은 상황에 따라 특이값, 높은 지레점, 영향력 있는 점 등으로 구별될 수 있다는 것이 분명해졌다. 지레값과 영향력 측도들의 유용함은 모형적합의 전체 과정에서 개체들의 역할에 대한 모습을 분석자에게 제시한다는 것이다. 일단 이들 범주 중의 어느 하나에 속하는 관측개체가 있다면 그 개체에 대한 기록오류 등이 없었는지, 분명히 그 데이터 집합에 소속되는 것인지, 비정상적인 조건이나 특이한 상황에서 일어난 것이 아닌지 등에 대한 검토가 있어야 한다. 앞에서 언급한 바와 같이 특이값은 언제나 조심스럽게 조사되어야 한다. 지레대 효과는 높으나 영향력이 작은 경우는 큰 문제를 일으키지는 않는다. 그러나 높은 지레값을 가지며 영향력이 큰 점들은 예측변수들의 공간에서 보통의 것들에 비해 멀리 떨어져 있으며 적합에 유의적인 영향을 끼치기 때문에 잘 검토할 필요가 있다. 이러한 점들이 분석에 미치는 민감도를 알아보기 위해서, 그 점들을 제외하고 모형적합을 시도하여 이때의 회귀계수들을 살펴볼 것을 권한다.

5.11 R에서의 회귀진단

R에는 5.3절부터 5.10절까지 설명한 회귀진단 통계량을 계산할 수 있는 다양한 함수가 있다. 이 함수들은 기본 패키지에 포함되어 있는 stats 패키지에도 있고, olsrr 패키지에도 있다. olsrr은 기본 패키지가 아니므로, 먼저 if(!require("olsrr")) install.packages("olsrr")를 사용하여 olsrr를 다운로드해야 한다. 그런 다음 lm() 함수를 적용하여 데이터 프레임에 회귀 모델을 적합시킨다: reg = lm(Y ~ ., data=df). 이제 생성된 reg 객체를 이용해 표 5.5에 있는 다양한 진단 통계량 값을 계산할 수 있다. 예를 들어, 표 5.5의 함수가 포함된 아래의 명령줄을 사용하여 표 5.4의 결과를 생성할 수 있다.

```
round(cbind(cooks.distance(reg), dffits(reg), ols_hadi(reg)$hadi), 2)
```

표 5.5 회귀진단 통계량 계산을 위한 R 함수

함수	출력
residuals(reg)	OLS 잔차, e_i
rstandard(reg)	내적 표준화 잔차, r_i
rstudent(reg)	외적 표분화 잔차, r_i^*
cooks.distance(reg)	쿡의 거리, C_i
ols_leverage(reg)	영향력 값, p_{ii}
ols_plot_dffits(reg)	$DFITS_i$의 인덱스 플롯
ols_hadi(reg)	식 (5.24) 하디의 영향력 측도 출력은 세 개의 구성 요소인 $hadi, $potential, $residual로 구성된 리스트.
ols_plot_hadi(reg)	하디의 영향력(H_i)의 인덱스 플롯
ols_plot_resid_pot(reg)	식 (5.25)의 잠재성-잔차 플롯

5.12 특이값에 대한 처리

특이값이나 영향력 있는 개체들은 그것들이 언제나 나쁜 개체가 아니기 때문에 기계적으로 제외되거나 사소하게 간주되어서는 안 된다. 그것들이 옳다면 오히려 데이터에서 가장 중요한 정보를 가지고 있을지도 모른다. 예를 들어, 그것들은 데이터가 정상적인 모집단으로부터 추출되지 않았다든가 또는 모형이 선형이 아니라는 것을 의미할 수도 있다. 특이값이나 영향력 있는 개체들이 데이터에서 가장 중요한 정보를 가지고 있을 수 있다는 사례를 들기 위하여, 다음 예에서 설명되는 지수적 성장(exponential growth) 데이터를 이용한다.

사례: 지수적 성장 데이터

그림 5.9는 어떤 개체수 Y와 시간 X의 산점도이다. 그림 5.9에서 볼 수 있듯이 대부분의 점들은 개체수와 시간 사이에 선형관계의 형태를 보여주고 있다(이것은 직선으로 나타나 있다). 이 모형에 따르면 위의 오른쪽에 있는 22, 23번의 두 점은 특이값이다. 그러나 이 점들이 옳다면 그래프에 보여지는 바와 같이 데이터가 비선형(예컨대, 지수곡선 형태의) 모형을 따른다는 것을 나타내는 특별한 개체들이다. 이것은 일정 시간까지는 개체수가

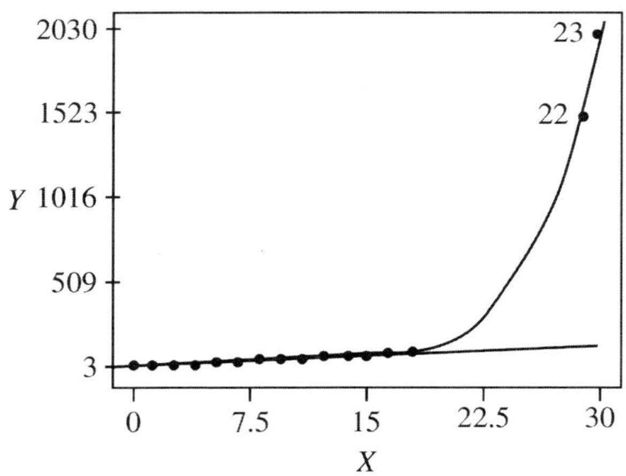

그림 5.9 개체수 Y 대 시간 X의 산점도. 곡선은 전체 데이터에 대하여 지수함수를 적합하여 얻어졌다. 직선은 22, 23번 개체를 제외하고 얻은 최소제곱직선이다.

서서히 증가하다가 어떤 시간의 임계값을 지나면 개체수가 폭발적으로 증가하는 박테리아의 경우로 생각될 수 있다.

그것들이 식별되면 특이값과 영향력 있는 개체들은 어떻게 처리되어야 하는가? 특이값이나 영향력 있는 개체들은 데이터에서 가장 중요한 정보를 가지고 있을지도 모르므로 기계적으로 제거해서는 안 된다. 그것들이 왜 특이하고 영향력이 있는지 탐색하여야 한다. 이러한 탐색에 근거하여 적절한 수정작업이 취해져야 하는데, 다음과 같은 작업들이 포함된다: 데이터에 있는 오류의 수정, 특이값의 제외 또는 가중치를 작게 하기, 데이터의 변환, 다른 모형을 고려하기, 실험이나 표본조사를 재설계하기, 더 많은 데이터를 수집하기.

5.13 변수들의 효과에 관한 진단플롯

연속적인 변수들이 순차적으로 회귀방정식에 도입될 수 있다. 현재 p개의 예측변수를 포함하는 회귀모형이 주어져 있을 때, 하나의 예측변수를 빼거나 더함으로써 생기는 효과는 무엇인가 하는 실제 문제에서 자주 발생하는 질문 중 하나이다. 흔히 이에 대한 답은 각 변수에 대한 t-검정을 통해 얻어지는데, t-검정의 절댓값이 크면 그 변수가 보유되고 그렇지 않으면 제거된다. 이것은 기본적인 가정들이 만족될 때만 유효하다. 따라서 t-검정은 적절한 그래프와 연결하여 해석되어야 한다. 다음에 설명되는 두 가지 플롯은 이에 관련된 정보를 시각적으로 나타낼 뿐만 아니라, 때때로 상황의 본질을 분명하게 해주는 역할을 한다. 이것들은 회귀방정식에 어떤 변수를 보유해야 할 것인지 아니면 제거해야 할 것인지를 결정하기 위하여 t-검정에 대한 보조도구로 사용될 수 있다. 첫 번째는 **첨가변수플롯**(added-variable plot)이라고 불리고 두 번째는 **성분잔차플롯**(residual plus component plot)이라고 불린다.

5.13.1 첨가변수플롯

Mosteller & Tukey(1977)에 의해 소개된 첨가변수플롯(added-variable plot)은 회귀모형에 특정 예측변수를 포함시킬 것인지의 여부를 검토할 때, 그 대상이 되는 예측변수에 대한 회귀계수의 크기를 그래프를 통하여 표현한다. 플롯에 나타나는 점들의 기울기는 곧 해당 예측변수에 대한 회귀계수를 나타낸다. 또한 이 플롯은 그 계수의 크기를 결정하는 데 중요한 역할을 하는 데이터 점을 제시해 주기도 한다. 첨가변수플롯은 각 예측변수 X_j에 대하여 구축될 수 있으며, X_j에 대한 플롯은 다음과 같은 두 개의 서로 다른 잔차들의 그래프이다. 첫 번째는 X_j를 제외한 모든 예측변수들에 Y를 회귀시켰을 때의 잔차이며, Y-잔차라고 불린다. 두 번째는 모든 다른 예측변수들에 X_j(일시적으로 반응변수처럼 다루어진다)를 회귀시켰을 때의 잔차이며, X_j-잔차라고 불린다. 따라서 X_j에 대한 첨가변수플롯은 단순히 다음의 산점도이다.

$$Y\text{-잔차} \quad \text{대} \quad X_j\text{-잔차}$$

그러므로 이용 가능한 p개의 예측변수가 있다면 각 예측변수에 하나씩 p개의 첨가변수플롯을 작성할 수 있다.

X_j에 대한 첨가변수플롯에서의 Y-잔차는 X_j를 제외한 다른 예측변수들에 의하여 설명되지 않은 Y의 부분을 의미한다. 유사하게 X_j-잔차는 다른 예측변수들에 의하여 설명되지 않은 X_j의 부분을 의미한다. 만약 이와 같은 두 개의 잔차들을 최소제곱법으로 적합시켰을 때, 적합된 회귀직선의 기울기는 X_j를 포함한 모든 예측변수들에 Y를 회귀시켰을 때 얻은 회귀계수 $\hat{\beta}_j$와 같게 된다. 이것은 편회귀계수에 대하여 4.5절에서 설명한 것과 동일한 해석이다.

앞에서 설명한 바와 같이 첨가변수플롯에서 점들의 기울기는 해당 예측변수를 회귀모형에 포함시켰을 때 그 변수가 가지는 회귀계수의 크기를 나타낸다. 따라서 이 플롯에 나타난 점들이 뚜렷한 기울기를 보이지 않는다면 이는 그 변수가 모형에서 별로 유용하지 않음을 나타낸다. 또한 이 플롯은 데이터 점들 중 어느 것이 그들의 기울기와 대응되는 t-검정의 값을 결정하는 데 중요한 역할을 하고 있는지를 시각적으로 파악하게 해준다. 즉,

수치적인 회귀계수의 최소제곱추정량에 대한 하나의 기하적인 표현이라고 할 수 있다. 이러한 첨가변수플롯은 **편회귀플롯**(partial regression plot)으로도 알려져 있다. 이와 같은 잔차들은 모든 예측변수들의 집합에 Y를 적합시킬 때 간단히 얻어질 수 있는 것이기 때문에 이 작업을 따로 수행할 필요는 없다. 이 문제에 관한 더 상세한 내용은 Velleman & Welsch(1981)과 Chatterjee & Hadi(1988)를 참조하기 바란다.

5.13.2 성분잔차플롯

성분잔차플롯(component plus residual plot)은 Ezekiel(1924)에 의해 소개된 것으로 회귀분석에서 가장 오래된 그래프적 기법 중의 하나이다. 이는 Larsen & McCleary (1972)에 의해 재고되었는데, 그들은 이 기법을 **편잔차플롯**(partial residual plot)이라고 불렀다. 여기에서는 이 플롯이 가지는 내용을 더 잘 묘사하는 이름으로써 Wood(1973)가 지은 대로 이를 성분잔차플롯이라고 부르기로 한다.

X_j에 대한 성분잔차플롯은 다음의 산점도이다.

$$e+\hat{\beta}_j X_j \qquad \text{대} \qquad X_j$$

여기에서 e는 모든 예측변수들에 Y를 회귀시켰을 때 얻은 통상적인 최소제곱잔차이고 $\hat{\beta}_j$은 X_j에 대한 회귀계수이다. $\hat{\beta}_j X_j$은 j번째 예측변수가 적합값에 기여하는 공헌도(성분)임을 주목하여라. 첨가변수플롯과 마찬가지로 이 플롯에서 점들의 기울기는 X_j에 대한 회귀계수 $\hat{\beta}_j$이다. 따라서 이 플롯은 해당 예측변수의 기울기를 보여줄 뿐 아니라 Y와 X_j 사이의 비선형성의 존재도 알려줌으로써 필요할 경우 예측변수에 관한 구체적인 선형변환의 내용까지도 제시한다는 것이다. 이에 대해 앞서 설명한 첨가변수플롯은 플롯의 가로축이 해당 예측변수 그 자체가 아니므로 비선형성의 여부를 나타내주지는 않는다. 물론 두 플롯은 모두 유용하지만, 성분잔차플롯이 첨가변수플롯보다 특정 예측변수를 회귀모형에 도입해야 하는냐 하는 문제에 대한 대답이나 그 예측변수가 가지는 비선형성의 여부를 탐색하는 데 더 민감한 것으로 알려져 있다. 반면에 첨가변수플롯은 그의 해석이 쉽고, 특히 영향력 있는 관측개체나 특이값을 찾아내는 데 용이한 것으로 알려져 있다.

사례: 스코틀랜드 언덕 경주 데이터

스코틀랜드 언덕 경주(Scottish Hills Races) 데이터는 1984년에 스코틀랜드에서 있었던 35개의 경주에 대하여 하나의 반응변수(기록 시간, 단위: 초)와 두 개의 설명변수(거리, 단위: 마일; 경사, 단위: 피트)로 구성되어 있다. 데이터는 책의 웹사이트에서 확인할 수 있다(Scottish.Hills.txt). 이 데이터는 3차원이기 때문에, 먼저 탐색적 도구로서 3차원 회전도표를 살펴보기로 하자. 이 회전도표에서 흥미 있는 방향이 그림 5.10에 제시되어 있다.

```
Scottish <- read.table("C:/Temp/RABE6/Scottish.Hills.txt", sep = "\t",
                       header = TRUE, row.names = 1)
head(Scottish, 5)   # 데이터의 첫 5행을 출력

library(scatterplot3d)
scatterplot3d(Scottish[c("Climb","Distance","Time")], angle = 70)

library(rgl)
plot3d(Scottish[c("Time","Distance","Climb")], size = 10)
```

이 플롯에서 5개의 점이 표시되어 있다. 명백하게, 7번과 18번 개체는 대부분의 점들에 의하여 형성되는 평면으로부터 시간(Time)의 방향으로 멀리 떨어져 있으므로 특이값이다. 7번 개체는 경사(Climb)의 방향으로도 멀리 떨어져 있다. 33번과 31번은 정도가 덜하기

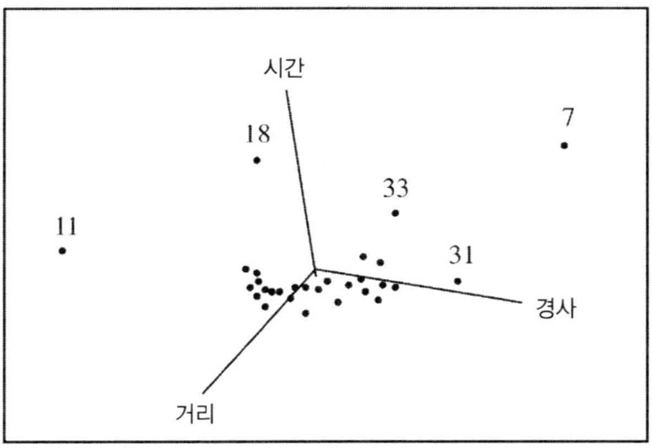

그림 5.10 스코틀랜드 언덕 경주 데이터에 대한 회전도표

는 하지만 특이값이다. 반면에 11번과 31번은 대부분의 점들에 의하여 형성되는 평면 상에 존재하지만, 평면 상의 나머지 점들과는 떨어져 있다(11번은 거리의 방향으로, 31번은 경사의 방향으로). 회전도표는 데이터가 비정상적인 점들(특이값, 높은 지레점, 영향력 있는 개체)을 가지고 있음을 보여준다.

```
reg = lm(Time ~ Distance+Climb, data = Scottish)
summary(reg)
```

적합식은 다음과 같다.

$$Time = -539.483 + 373.073\,Distance\ + 0.662888\,Climb \tag{5.26}$$

이제 다음과 같은 질문을 고려하자 . 다른 변수가 모형에 포함되어 있을 때 각 예측변수가 유의하게 공헌하는가? 두 예측변수들에 대한 t-값은 각각 10.3과 5.39이며, 이는 매우 유의함을 나타낸다. 이것은 위의 질문에 대한 답변이 두 변수 모두에 대하여 "그렇다"라는 것임을 의미한다. 이러한 결론의 타당성은 대응되는 첨가변수플롯과 성분잔차플롯을 검토함으로써 확인될 수 있으며, 플롯들은 그림 5.11과 5.12에 주어져 있다.

```
if(!require("car")) install.packages("car")
library(car)
avPlots(reg, id = TRUE)
crPlots(reg, id = TRUE)
```

예를 들어, 그림 5.11(a)의 거리(Distance)에 대한 첨가변수플롯에서, 세로좌표의 값은 경사(Climb)에 대한 시간(Time)의 회귀로부터 얻어진 것이고, 가로좌표의 값은 경사(Climb)에 대한 거리(Distance)의 회귀로부터 얻어진 것이다. 유사하게, 그림 5.11(b)의 경사(Climb)에 대한 첨가변수플롯에서, 세로좌표의 값은 거리(Distance)에 대한 시간(Time)의 회귀로부터 얻어진 것이고, 가로좌표의 값은 거리(Distance)에 대한 경사(Climb)의 회귀로부터 얻어진 것이다.

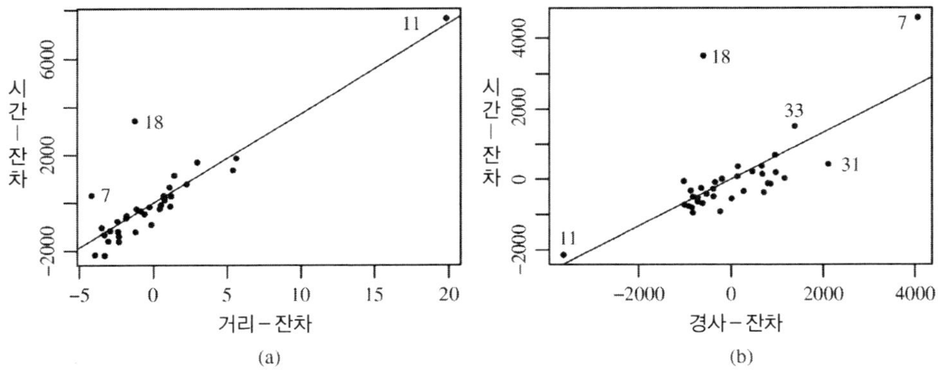

그림 5.11 스코틀랜드 언덕 경주 데이터: (a) 거리(Distance), (b) 경사(Climb)에 대한 첨가변수플롯

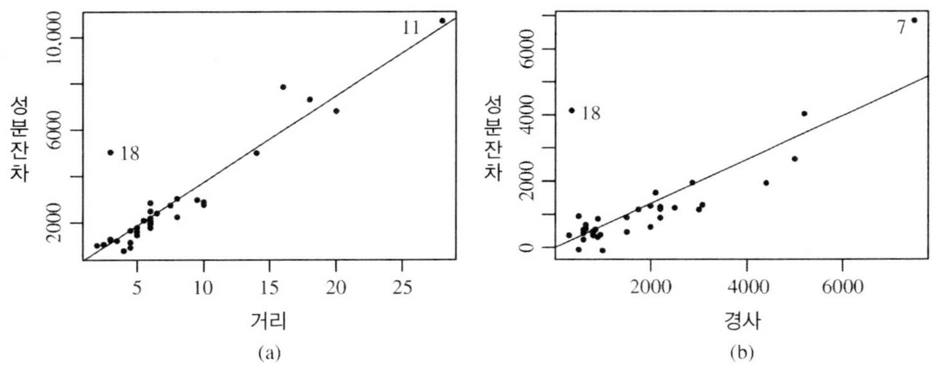

그림 5.12 스코틀랜드 언덕 경주 데이터: (a) 거리(Distance), (b) 경사(Climb)에 대한 성분잔차플롯

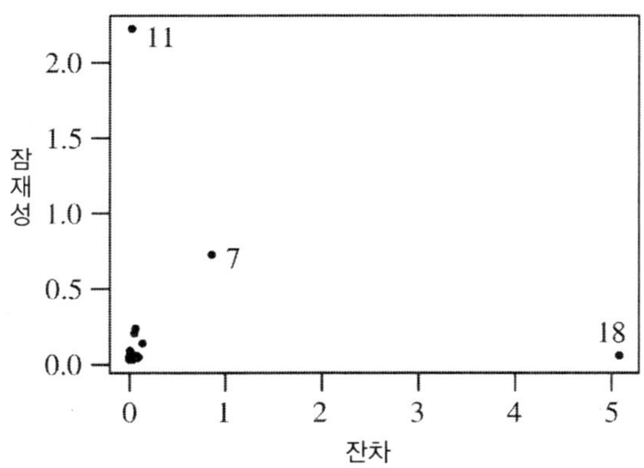

그림 5.13 스코틀랜드 언덕 경주 데이터: 잠재성–잔차플롯

모든 네 개의 그래프에서 위의 t-검정의 결론을 지지하는 강한 선형적 경향을 볼 수 있다. 그러나 그래프들은 결과와 결론에 영향을 줄 수 있는 몇 개의 점들이 있음을 보여준다. 7, 11, 18번 경주는 명백하게 눈에 띈다. 이 점들은 그래프에 번호가 표시되어 있다. 31, 33번 경주는 정도는 덜 하지만 주의가 필요하다. 위의 적합식으로부터 얻은 P-R플롯(그림 5.13)은 11번 경주를 높은 지레점으로, 18번 경주를 특이값으로, 7번 경주를 높은 지레점과 특이값의 조합으로 분류한다. 이 점들은 분석을 계속하기 전에 조심스럽게 조사되어야 한다.

```
res <- ols_hadi(reg)$residual
pot <- ols_hadi(reg)$potential
plot(res, pot, pch = 19, ylim = c(0,2.5))
text(res, pot, pos = 3)
```

5.14 추가적인 예측변수의 효과

여기에서는 회귀식에 새로운 변수를 도입하는 것의 효과에 대하여 논의한다. 두 개의 질문이 논의되어야 한다: (a) 새로운 변수의 회귀계수가 유의한가? (b) 새로운 변수를 도입함으로써 회귀식에 이미 포함되어 있는 변수들의 회귀계수를 유의하게 변화시키는가? 회귀식에 새로운 변수를 도입하였을 때, 위의 질문에 대한 답변에 따라서 네 가지 가능한 결과가 있다.

- **경우 A:** 새로운 변수가 유의하지 않은 회귀계수를 가지며, 다른 회귀계수들은 이전의 값에 비하여 거의 변화가 없다. 어떤 다른 외부적인 조건(예컨대, 이론 또는 주제에 대한 고려)에 의하여 필요성이 있지 않다면, 이 경우 새로운 변수는 회귀식에 포함되지 않아야 한다.
- **경우 B:** 새로운 변수가 유의한 회귀계수를 가지며, 이전에 도입된 다른 변수들의 회귀계수에 큰 변화가 있다. 이 경우 새로운 변수가 유지되어야 하며, 그러나 공선성[1])에 대한 탐색이 필요하다. 공선성의 증거가 없다면, 그 변수는 방정식에 포함되어야 하며 다

른 추가적인 변수의 도입에 대한 탐색이 수행되어야 한다. 한편, 그 변수가 공선성을 보인다면, 제11장에서 설명되는 수정작업이 취해져야 한다.

- **경우 C:** 새로운 변수가 유의한 회귀계수를 가지며, 다른 회귀계수들은 이전의 값에 비하여 큰 변화가 없다. 이것은 이상적인 상황이며 새로운 변수가 이전에 도입된 변수들과 상관되어 있지 않을 때 발생한다. 이 경우 새로운 변수는 방정식에 포함되어야 한다.
- **경우 D:** 새로운 변수가 유의하지 않은 회귀계수를 가지며, 이전에 도입된 다른 변수들의 회귀계수에 큰 변화가 있다. 이것은 명백한 공선성의 증거이며, 회귀식에 새로운 변수를 포함시킬 것인지 아니면 제외시킬 것인지를 결정하기 전에 수정작업이 취해져야 한다.

이러한 논의로부터 어떤 변수가 회귀식에 미치는 효과가 적합식에 그 변수가 포함되어야 할지를 결정한다는 것이 명확하다. 이 장에서 제시된 결과들은 변수선택을 위한 다른 전략들의 형성에 영향을 준다. 변수선택 절차들은 제12장에서 제시된다.

5.15 로버스트 회귀

특이값과 영향력 있는 관측개체를 식별하는 데 유용한 다른 접근방법은 **로버스트 회귀**(robust regression)이다(여기에서 논의되지는 않는다). 이것은 높은 지레값을 가지는 관측개체에 상대적으로 낮은 가중치를 주고 회귀직선을 적합시킨다. 로버스트 회귀에 대하여 많은 문헌들이 있으며 관심 있는 독자들은 Huber(1981), Hampel et al.(1986), Rousseeuw and Leroy(1987), Staudte & Sheather(1990), Birkes & Dodge(1993) 등의 책과 Krasker & Welsch(1982), Coakley & Hettmansperger(1993), Chatterjee & Mächler(1997), Billor, Chatterjee, Hadi(2006) 등의 논문을 참조하기 바란다. 14.5절에서는 로버스트 회귀에 대하여 간단히 설명하고 로버스트 적합을 위한 수치적 알고리즘을 제시한다. 또한 설명을 위한 두 개의 사례가 주어진다.

---

1) 공선성은 예측변수들이 높은 상관성을 가질 때 발생한다. 이 문제는 제10장과 제11장에서 논의된다.

연습문제

5.1 다음의 데이터들에 대하여 표준적인 회귀의 가정들이 만족되는지를 검토하여라.

(a) 1.3.1절에서 설명된 우유 생산량 데이터
(b) 1.3.2절에서 설명되고 표 1.3에 주어진 노동권 법안 데이터
(c) 1.3.4절에서 설명된 이집트인 두개골 데이터
(d) 1.3.3절에서 설명된 국내 인구이동 데이터
(e) 1.3.5절에서 설명되고 표 1.9에 주어진 뉴욕 강 데이터

5.2 흥미 있는 질문들에 답하기 위하여 회귀분석이 적용될 수 있는 데이터를 하나 찾아라.

(a) 통상적인 다중회귀의 가정들이 만족되는지를 검토하여라.
(b) 지금까지 제시된 회귀의 방법들을 이용하여 데이터를 분석하여라. 흥미 있는 질문들에 답하여라.

5.3 3.3절에서 논의된 컴퓨터 수리시간의 문제를 고려하자. 두 번째 데이터 수집 기간에서, 수리시간과 부품의 수에 대하여 10개의 추가적인 관측개체가 얻어졌다. 모든 관측개체들이 고정된 환경으로부터 동일한 방법에 의해 수집되었기 때문에, 모든 24개의 개체들은 하나의 데이터로 합쳐질 수 있다. 데이터는 책의 웹사이트에서 확인할 수 있다(Computer.Repair.Expanded.txt).

(a) 수리시간(Minutes)과 부품의 수(Units)를 관계시키는 선형회귀모형을 적합하여라.
(b) 표준적인 회귀의 가정들을 검토하고, 어떤 가정들이 위반되는지를 서술하여라.

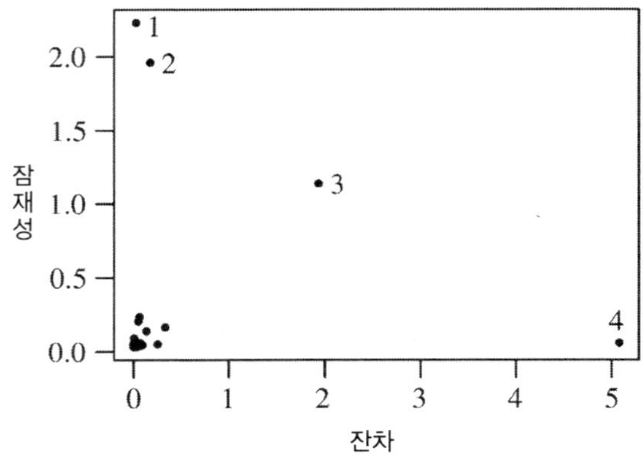

그림 5.14 연습문제 5.4에서의 P-R플롯

5.4 회귀 데이터에서 비정상적인 점들을 찾기 위하여, 한 분석자가 그림 5.14와 같은 P-R 플롯을 작성하였다. 이 플롯에서 비정상적인 점들을 유형에 따라서 분류하여라.

5.5 다음의 각 가정들을 평가하는 데 사용될 수 있는 하나 이상의 그래프를 나열하여라. 각 그래프에 대하여, 대응되는 가정이 만족될 때와 가정이 명백하게 위반될 때의 예를 개략적으로 설명하여라.

(a) 반응변수와 예측변수들 사이에 선형관계가 있다.
(b) 관측개체들이 서로 독립이다.
(c) 오차항이 상수 분산을 가진다.
(d) 오차항이 상관되어 있지 않다.
(e) 오차항이 정규분포에 따른다.
(f) 관측개체들이 최소제곱 결과에 동일하게 영향을 미친다.

5.6 X_1, X_2, …, X_p에 대한 Y의 회귀에서, 다음 그래프들은 통상적인 최소제곱회귀의 가정들을 평가하기 위해 사용된다.

1. Y 대 각 예측변수 X_j의 산점도
2. $X_1, X_2, \ldots, X_p$의 산점도행렬
3. 내적 표준화잔차의 정규확률플롯
4. 잔차 대 적합값플롯

5. 잠재성-잔차플롯
6. Cook의 거리에 대한 인덱스플롯
7. Hadi의 영향력 측도에 대한 인덱스플롯

이들 각 그래프에 대하여

(a) 각 그래프에 의해 확인될 수 있는 가정들은 무엇인가?
(b) 가정들이 위반되지 않는 것으로 보이는 그래프의 예를 그려라.
(c) 가정들이 위반되었음을 나타내는 그래프의 예를 그려라.

5.7 연습문제 4.17에서 설명되었고 책의 웹사이트에 주어진 담배 소비량 데이터를 다시 고려하자(Cigarette.Consumption.txt).

(a) 판매량(Sales)과 다른 예측변수들 어떤 관계(즉, 양(+)의 또는 음(-)의)가 있을 것으로 기대되는가? 그 이유를 설명하여라.
(b) 상관계수행렬을 계산하고 대응되는 산점도행렬을 작성하여라.
(c) 상관계수 대응되는 산점도에 일치하지 않는 부분이 있는가?
(d) (a)에서의 기대와 상관계수행렬 및 산점도행렬에서 보여지는 것 사이에 어떤 차이가 있는가?
(e) 여섯 개의 예측변수에 판매량(Sales)을 회귀시켜라. (a)에서의 기대와 회귀계수에서 보여지는 것 사이에 어떤 차이가 있는가? 있다면 불일치를 설명하여라.
(f) 회귀계수와 판매량과 여섯 개의 예측변수 사이의 상관계수 사이의 차이를 어떻게 설명할 수 있는가?
(g) 연습문제 4.17에서 수행한 검정과 거기서 얻은 결론에 잘못된 부분이 있는가?

5.8 연습문제 4.4에서 사용되었고 책의 웹사이트에 주어진 시험성적 데이터를 다시 고려하자(Examination.Data.txt).

(a) 세 모형에 대하여 P-R플롯을 그려라. 모든 비정상적인 관측개체의 번호를 식별하고 특이값, 높은 지레점, 영향력 있는 개체를 분류하여라.
(b) 기말시험 성적 F를 예측하기 위하여 어떤 모형을 사용하겠는가?

5.9 다음을 수리적으로 증명하여라. 또는 연습문제 4.17에서 설명한 담배 소비량 데이터를 이용하여 수치적으로 이것을 보여라.

(a) 통상적인 최소제곱잔차의 합계는 0이다.

(b) $\hat{\sigma}^2$과 $\hat{\sigma}^2_{(i)}$의 관계는 다음과 같다.

$$\hat{\sigma}^2_{(i)} = \hat{\sigma}^2\left(\frac{n-p-1-r_i^2}{n-p-2}\right). \tag{5.27}$$

5.10 그림 5.15는 n개의 고유한 관측치에 대한 Y 대 X의 산점도이며, 최소 제곱선이 그림에 그려져 있다. 이 그림에는 A, B, C, D, E로 표시된 다섯 개의 점이 있다.

(a) n은 무엇인가?

(b) 표시된 다섯 개의 점들을 표 5.6의 각 열에서 해당 되는 행에 체크 표시하여 분류하여라.

(c) 잠재성-잔차 플롯을 그리고 다섯 개점을 표시하여라.

(d) 다섯 개의 점 중에서 쿡의 거리의 값이 가장 작은 것은 무엇인가?

(e) 다섯 개의 점 중에서 영향력 값이 가장 작은 점은 어느 것인가?

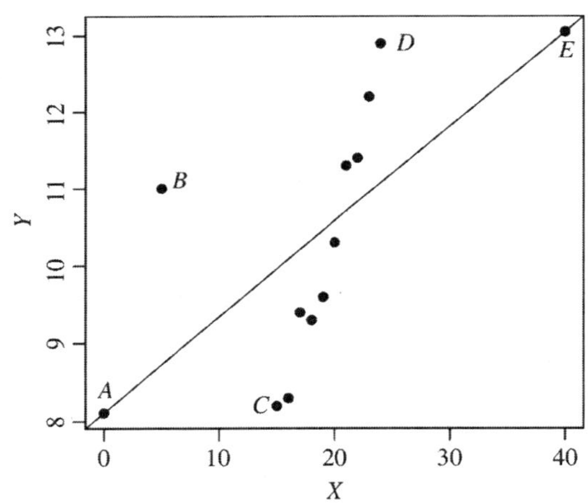

그림 5.15 X와 Y의 플롯. n개의 관측치에 대한 최소제곱 적합선과 다섯 개의 점

표 5.6 그림 5.15에 있는 다섯 개의 점에 대한 분류

점	특이치	높은 지렛점	수렁점	가면점	Cook의 영향력 관찰치	Hadi의 영향력 관찰치
A						
B						
C						
D						
E						

5.11 스코틀랜드 언덕 경주 데이터를 고려하자. 데이터는 책의 웹사이트에서 확인할 수 있다 (Scottish.Hills.txt). 관측개체의 번호를 i라고 할 때, 어떤 하나의 관측개체에 대하여 지시 변수(indicator variable 또는 dummy variable) U_i를 생성하여라. 여기에서 U_i의 값은 i번째 개체에 대하여 1이고 그렇지 않으면 0이다. 이제 다음의 모형들을 비교하자.

$$H_0 : \text{Time} = \beta_0 + \beta_1 \text{Distance} + \beta_2 \text{Climb} + \epsilon, \tag{5.28}$$

$$H_1 : \text{Time} = \beta_0 + \beta_1 \text{Distance} + \beta_2 \text{Climb} + \beta_3 U_i + \epsilon, \tag{5.29}$$

r_i^*를 모형 (5.28)을 적합하여 얻은 외적 표준화잔차라고 하자. 다음을 보여라(또는 예를 통해 확인하여라).

(a) 모형 (5.29)에서 $\beta_3 = 0$을 검정하기 위한 t-검정은 모형 (5.28)로부터 얻은 i 번째 외적 표준화잔차와 동일하다. 즉, $t_3 = r_i^*$.

(b) 모형 (5.28) 대 (5.29)를 검정하기 위한 F-검정은 i 번째 외적 표준화잔차의 제곱과 동일하다. 즉, $F = r_i^{*2}$.

(c) i 번째 관측개체를 제외하고 스코틀랜드 언덕 경주 데이터에 모형 (5.28)을 적합하여라.

(d) 모형 (5.29)의 $\beta_0, \beta_1, \beta_2$가 (c)에서 얻은 것들과 동일함을 보여라. 즉, i 번째 관측개체에 지시변수를 추가하는 것은 대응되는 관측개체를 제외하는 것과 같다.

5.12 책의 웹사이트에 있는 Exercise5.12.txt 데이터를 고려하자. 이것은 반응변수 Y와 여섯 개의 예측변수로 구성되어 있다. Y와 여섯 개의 X-변수를 관계시키는 선형모형을 고려하자.

(a) 최소제곱의 가정이 위반되는 것으로 보이는 것은 무엇인가?(있다면)

(b) r_i, C_i, DFITS_i, H_i를 계산하여라.

(c) r_i, C_i, DFITS_i, H_i의 인덱스플롯과 잠재성-잔차플롯을 작성하여라.

(d) 데이터에 있는 비정상적인 관측개체를 식별하고 유형(특이값, 높은 지레점, 영향력 있는 개체 등)에 따라 분류하여라.

5.13 연습문제 5.12의 데이터를 다시 고려하자. 이제 Y와 첫 세 개의 X-변수를 관계시키는 선형모형을 적합한다고 가정하자. 적절한 첨가변수플롯을 가지고 다음의 각 질문에 답을 정당화 하여라.

(a) 위의 모형에 X_4를 추가해야 하는가? 그렇다면 모형에 X_4를 유지하여라.

(b) 위의 모형에 X_5를 추가해야 하는가? 그렇다면 모형에 X_5를 유지하여라.

(c) 위의 모형에 X_6을 추가해야 하는가?

(d) Y에 대한 최적의 설명을 위해 어떤 모형을 추천하겠는가? 위의 결과들을 이용하고, 필요하다면 추가적인 분석을 수행하여라.

5.14 연습문제 5.12의 데이터에 모형 $Y = \beta_0 + \beta_1 X_1 + \beta_2 X_2 + \beta_3 X_3 + \epsilon$을 적합하는 것을 고려하자. 이제 u를 X_1에 Y를 회귀시켜 얻은 잔차라고 하자. 또한 v를 X_1에 X_3을 회귀시켜 얻은 잔차라고 하자. 다음을 이론적으로 증명하여라(또는 데이터를 이용하여 이를 확인하여라).

(a) $\hat{\beta}_3 = \sum_{i=1}^{n} u_i v_i \Big/ \sum_{i=1}^{n} v_i^2$,

(b) $\hat{\beta}_3$의 표준오차는 $\hat{\sigma} \Big/ \sqrt{\sum_{i=1}^{n} v_i^2}$ 이다.

◎ 부록: 5.A SAS 코드

```
LIBNAME mysas "C:\temp\SAS_Data";

/*****************************
* 5.3
*****************************/

PROC IMPORT DATAFILE="C:\temp\RABE6\Hamilton.Data.txt" OUT=mysas.Hamilton
            DBMS=TAB REPLACE;
RUN;

PROC REG DATA=mysas.Hamilton;
    MODEL Y = X1 X2 / P R INFLUENCE;
RUN;

/*****************************
* 5.5
*****************************/

PROC UNIVARIATE DATA=mysas.Hamilton PLOT;
    VAR Y X1 X2;
    HISTOGRAM Y X1 X2;
RUN;

/* 그림 5.2 */

PROC SGSCATTER DATA=mysas.Hamilton;
    MATRIX Y X1 X2 / ELLIPSE DIAGONAL=(HISTOGRAM KERNEL);
RUN; QUIT;

PROC CORR DATA=mysas.Hamilton;
    VAR Y X1 X2;
RUN;

PROC REG DATA=mysas.Hamilton;
    MODEL Y = X1;
    MODEL Y = X2;
    MODEL Y = X1 X2;
RUN;

/* 그림 5.3 */

PROC G3D DATA=mysas.Hamilton;
    SCATTER X1*X2 = Y / GRID;
```

```
RUN; QUIT;

PROC G3GRID DATA=mysas.Hamilton OUT=surface;
    GRID X1*X2 = Y;
RUN; QUIT;

PROC G3D DATA=surface;
    PLOT X1*X2 = Y / GRID;
RUN; QUIT;

/******************************
* 5.7
******************************/

PROC REG DATA=mysas.Hamilton;
    MODEL Y = X1 X2;
    OUTPUT OUT=resid STUDENT=r;
RUN; QUIT;

PROC UNIVARIATE DATA=resid PLOT;
    VAR r;
    PROBPLOT r;
    QQPLOT r;
RUN;

SYMBOL V=DOT CV=BLUE H=1;
PROC REG DATA=mysas.Hamilton;
    MODEL Y = X1 X2;
    PLOT STUDENT.*(X1 X2 PRED. OBS.) / VREF=-2 0 2;
RUN; QUIT;

/******************************
* 5.8
******************************/

PROC IMPORT DATAFILE="C:\temp\RABE6\NYRivers.txt" OUT=mysas.NYRivers
            DBMS=TAB REPLACE;
RUN;

PROC REG DATA=mysas.NYRivers;
    ID River;
    MODEL Nitrogen = Agr Forest Rsdntial ComIndl / P R INFLUENCE;
RUN;

PROC REG DATA=mysas.NYRivers;
```

```
    WHERE River ^= 'Neversink';
    ID River;
    MODEL Nitrogen = Agr Forest Rsdntial ComIndl / P R INFLUENCE;
RUN;

PROC REG DATA=mysas.NYRivers;
    WHERE River ^= 'Hackensack';
    ID River;
    MODEL Nitrogen = Agr Forest Rsdntial ComIndl / P R INFLUENCE;
RUN;

/* 표 5.3, 그림 5.5, 그림 5.6 */

PROC REG DATA=mysas.NYRivers;
    ID River;
    MODEL Nitrogen = ComIndl / P R INFLUENCE;
    PLOT Nitrogen*ComIndl;
    PLOT STUDENT.*OBS. / VREF=-2 0 2;
    PLOT H.*OBS. / VREF=0.2;
RUN;

/******************************
* 5.9
******************************/

/* 표 5.4, 그림 5.7 */

PROC REG DATA=mysas.NYRivers;
    ID River;
    MODEL Nitrogen = ComIndl / P R INFLUENCE;
    PLOT Nitrogen*ComIndl;
    PLOT COOKD.*OBS.;
    PLOT DFFITS.*OBS. / VREF=-0.67 0 0.67;
RUN;

/******************************
* 5.10
******************************/

PROC REG DATA=mysas.NYRivers;
    MODEL Nitrogen = ComIndl / INFLUENCE;
    OUTPUT OUT=resid R=r H=h COOKD=cookd DFFITS=dffits;
RUN;
```

```
DATA resid1;
   SET resid;
   id = _N_;
   d = r/SQRT(2.59540);
   hadi = h/(1-h) + ((1+1)/(1-h))*(d**2/(1-d**2));
   KEEP hadi d id  dffits cookd h;
RUN;

/* 그림 5.7 (c) */

AXIS1 ORDER=(1 TO 20 BY 1);
SYMBOL V=DOT CV=BLUE H=1;
PROC GPLOT DATA=resid1;
    PLOT hadi*id / HAXIS=AXIS1;
RUN;

/* 그림 5.8 */

DATA resid2;
    SET resid1;
    po = h/(1-h);
    re = ((1+1)/(1-h))*(d**2/(1-d**2));
RUN;

SYMBOL V=DOT CV=BLUE H=1;
PROC GPLOT DATA=resid2;
    PLOT po*re;
RUN;

/******************************
* 5.13
******************************/

PROC IMPORT DATAFILE="C:\temp\RABE6\Scottish.Hills.txt" OUT=mysas.Scottish
            DBMS=TAB REPLACE;
RUN;

PROC SGSCATTER DATA=mysas.Scottish;
    MATRIX Time Distance Climb / ELLIPSE DIAGONAL=(HISTOGRAM KERNEL);
RUN; QUIT;

/* 그림 5.10 */

PROC G3D DATA=mysas.Scottish;
    SCATTER Distance*Climb = Time / GRID;
```

```
RUN; QUIT;

PROC G3GRID DATA=mysas.Scottish OUT=surface;
    GRID Distance*Climb = Time;
RUN; QUIT;

PROC G3D DATA=surface;
    PLOT Distance*Climb = Time / GRID;
RUN; QUIT;

/* 그림 5.11 */

PROC REG DATA=mysas.Scottish;
    ID
    MODEL Time = Distance Climb / P R INFLUENCE PARTIAL PARTIALDATA;
RUN; QUIT;
```

Chapter 06

질적 예측변수

Qualitative Variables as Predictors

6.1 소개

성별, 결혼여부, 혹은 소속 정치단체 등과 같은 질적(qualitative) 또는 범주형(categorical) 요인들이 회귀분석에서 반응변수의 변화를 설명하는 데 매우 유용한 예측변수 역할을 할 때가 있다. 이런 질적요인들을 예측변수로 이용할 경우 이들은 다음에 설명되는 바와 같이 **지시변수**(indicator variable) 또는 **가변수**(dummy variable)의 형식으로 표현된다. 가변수들은 관측개체가 취하는 질적 상태에 따라 0 또는 1의 두 가지 값을 갖는 경우가 많으며, 이 두 가지 값은 곧 그 설명변수가 취할 수 있는 두 개의 가능한 범주를 나타낸다. 물론 이런 두 가지 가능한 값은 범주의 양적 순서를 나타내기 위한 것이 아니라 단지 관측개체가 속하는 범주나 집단을 식별하는 역할만을 할 뿐이다. 예를 들면, 컴퓨터 프로그래머의 급여액에 영향을 미치는 변수로서 교육수준, 경력년수, 성별을 예측변수로 고려한다고 하자. 이때 성별을 나타내는 설명변수는 여성에게 0, 그리고 남성에게 1을 주는 식으로 수치화할 수 있을 것이다. 이런 형식의 가변수는 3개 또는 그 이상의 범주나 수준을 가지는 질적요인을 구분할 경우에도 쉽게 확장할 수 있다. 또한 각 관측개체에 대해 그가 시스템 프로그래머인지 혹은 응용 프로그래머인지를 구분하는 하나의 가변수와 남녀의 성을 나타내는 가변수를 합쳤을 경우 이들 조합에 따라 전체 4가지의 상황을 표현할 수도 있을 것이다.

가변수는 다양한 용도를 가지고 있으며, 회귀관계에 영향을 주는 질적요인을 고려할 때마다 항상 사용할 수 있다. 여기에서 제시되는 몇 가지 예제들을 살펴보면 이 기법이 가지는 넓은 응용 영역을 연상할 수 있을 것이다. 첫 번째 예로는 컴퓨터 관련 전문인의 급료를 조사한 데이터로서, 급료에 대한 회귀관계에 영향을 미치는 여러 범주요인은 모두 가변수를 통해 처리된다. 두 번째 예는 한 모집단을 구성하고 있는 여러 부분집단이 모두 동일한 회귀관계를 가지는지의 여부를 가변수를 이용하여 분석하는 방법을 설명한다.

앞에서와 동일하게 반응변수는 양적인 연속변수임을 가정한다. 그러나 예측변수들은 양적일 수도 질적일 수도 있다. 반응변수가 지시변수인 경우는 제12장에서 다룬다.

6.2 급료조사 데이터

이 데이터는 어떤 회사에 근무하는 컴퓨터 전문인들의 급료조사(salary survey)로부터 얻은 것이다. 이 조사의 목적은 급료의 차이를 결정하는 여러 요인을 식별하고 이들을 수량화하는 데 있다. 나아가, 이 데이터는 회사의 급료관리 가이드라인이 제대로 지켜지고 있는지 알아보는 데도 활용될 수 있을 것이다. 데이터는 책의 웹사이트에서 확인할 수 있다 (Salary.Survey.txt).[1] 다음의 R 명령줄을 이용하면, 데이터를 R의 작업공간에 읽어 들일 수 있다.

```
Salary <- read.table("C:/Temp/RABE6/Salary.Survey.txt", sep = "\t",
                     header = TRUE)
head(Salary, 5)   # 데이터의 첫 5행을 출력
```

반응변수는 급료(S)이고, 예측변수는 (1) 경력연수(X), (2) 교육수준(E), (3) 관리(M)이다. 여기에서 교육수준(E)은 고졸의 경우는 1, 대학 학부졸업은 2, 그 이상의 학력은 3으로 입력되어 있으며, 관리(M)는 관리책임이 있는 사람은 1로, 그렇지 않은 사람은 0으로 입력되어 있다. 이제, 회귀분석을 활용하여 위의 세 변수가 급료에 미치는 영향을 살펴보기로 하자.

급료(S)와 경력연수(X)에 대해서는 선형관계를 사용할 것이다. 즉, 양적인 변수로서 경력연수가 1년 많으면 이에 대한 고정된 (기울기만큼의)급료 증분이 있다고 가정한다. 교육수준(E)도 보통의 양적인 변수로 간주하여 역시 선형으로 다루어질 수도 있을 것이다. 만일 이 변수의 값을 원시 데이터에서 주어진 그대로 학력에 따라 1, 2, 3을 사용한다면, 이는 학력에서의 한 단계 증가가, 1에서 2로 혹은 2에서 3으로 증가함에 관계 없이, 곧 급료에서의 일정한 금액의 인상 효과가 있음을 의미하게 된다. 즉, 모든 다른 변수들을 고정시켰을 경우 급료와 교육수준은 선형관계가 있다는 것을 의미한다. 그러나 이런 가정은 현실적인 상황을 지나치게 단순화시키고 있음을 알 수 있다. 대신에 만일 교육수준을

1) http://www.aucegypt.edu/faculty/hadi/RABE6

질적인 범주형 변수로 간주한다면, 우리는 가변수(혹은 지시변수)를 이용해서 교육수준 범주별로 서로 다른 급료의 효과를 가정할 수 있어 좀 더 현실적이고 신축적인 상황을 모형에 반영할 수 있을 것이다. 교육수준 변수가 가지는 3개의 범주를 나타내기 위하여 아래와 같은 2개의 가변수를 정의하자. 그리고 관리(M)도 질적요인으로 생각하고, 여기에 있는 2개의 범주를 나타내는 가변수로서 관측개체가 관리직에 있으면 1로, 보통의 스탭진에 속하면 0으로 나타내기로 하자.

여러 범주를 표현하기 위하여 가변수를 사용할 경우 필요한 가변수의 개수는 일반적으로 가능한 범주의 수보다 하나 작게 잡으면 된다. 이 예에서 교육수준(E) 변수가 취하는 가능한 범주는 3개이므로, 이를 처리하기 위해 다음과 같이 두 개의 가변수 E_1과 E_2만 있으면 충분할 것이다.

$$E_{i1} = \begin{cases} 1, i\text{번째 관측개체가 고교졸업의 범주에 속하는 경우} \\ 0, \text{그 외의 경우} \end{cases}$$

$$E_{i2} = \begin{cases} 1, i\text{번째 관측개체가 대학졸업의 범주에 속하는 경우} \\ 0, \text{그 외의 경우} \end{cases}$$

이 두 개의 가변수는 R 코드를 이용해 변수를 생성하고 데이터 프레임에 추가할 수 있다.

```
E1 <- as.numeric(Salary$E == 1)
E2 <- as.numeric(Salary$E == 2)
E3 <- as.numeric(Salary$E == 3)
Salary <- cbind(Salary, E1, E2, E3)
head(Salary, 5)
```

다시 말해 위의 2개 가변수를 다음과 같이 종합하면 교육수준에 관한 3개의 범주를 나타낼 수 있다는 의미이다. $E_1 = 1, E_2 = 0$이면 고교졸업, $E_1 = 0, E_2 = 1$이면 대학 학부졸업, 그리고 $E_1 = 0, E_2 = 0$이면 대학원 이상의 경우에 해당한다. 이와 같이 3개의 범주는 2개의 가변수를 이용하여 구분 지을 수 있음에도 불구하고 만일 관측개체의 학력이 대학원 이상인지의 여부에 따라 0과 1을 취하는 제3의 가변수 E_3를 모형에 포함시켰다고 하자. 그러면 각 관측개체에 대해 3개의 예측변수 간에는 $E_1 + E_2 + E_3 = 1$(즉, $E_3 = 1 - E_1 - E_2$)와 같은 관계가 생기므로 당장 3변수들 중에서 어느 하나는 불필요하게 됨을 알 수 있다.[2)] 마찬가지로 관리(M) 변수는 2개의 수준을 가지므로 이에 대해서는 정의된 바와 같이 단 하나의 가변수만 생각하면 될 것이다. 지시변수에 의하여 표현되지 않는 범주는 **기저범주**(base category) 또는 **대조그룹**(control group)이라고 불리는데, 지시변수의 회귀계수가 대조그룹에 대한 상대적인 값으로 해석되기 때문이다.

앞에서 설명한 가변수들을 사용한 회귀모형은 다음과 같다.

$$S = \beta_0 + \beta_1 X + \gamma_1 E_1 + \gamma_2 E_2 + \delta_1 M + \epsilon. \tag{6.1}$$

이 모형은 다음의 R 코드를 이용하여 적합될 수 있다.

```
reg <- lm(S ~ X+E1+E2+M, data = Salary)
summary(reg)
```

모형 (6.1)은 여기에 포함된 두 개의 가변수들이 취하는 값에 따라 표 6.1에서와 같이 가능한 6개의 범주조합(교육수준에 따른 3가지와 관리직 여부에 따른 2가지)에 대한 회귀모형으로 구분할 수 있을 것이다. 또한 여기에 제시된 모형들을 통해, 경력년수가 가지는 효과를 조정한 후에, 교육수준과 관리직 여부에 따른 기본 급료수준을 결정하는 데도 가변수들이 유용하게 사용되고 있음을 보여주고 있다.

식 (6.1)에 주어진 모형에 대한 회귀분석의 결과가 표 6.2에 주어져 있다. 반응변수인 급료(S)가 가지는 전체 변이 중 예측변수들에 의해 설명되는 비율은 $R^2 = 0.957$로 꽤 높은 편이다. 이 시점에서 현재의 회귀모형에 규정된 가정을 검토하기 위하여 잔차분석을 수행해야 하지만, 이는 잠시 뒤로 미루고 모형이 일단 만족스럽다는 가정하에서 회귀 결과에 대한 해석을 먼저 시도해 보자.

우선 경력년수(X)의 계수가 546.16이므로, 경력년수가 1년 많으면 이에 대한 연봉의 증분은 약 546달러가 됨을 알 수 있다. 나머지 회귀계수들은 표 6.1의 관계에 따라 쉽게 그 의미를 해석할 수 있을 것이다. 즉, 관리직 여부에 대한 가변수의 계수 δ_1은 \$6883.53으

2) E_1, E_2, E_3를 모두 사용하면, 예측변수들 간에 완벽한 선형관계가 성립된다. 이것은 다중공선성의 극단적인 경우이며, 제10장과 제11장에서 논의된다.

표 6.1 교육수준과 관리의 6개 범주조합에 대한 회귀방정식

범주	E	M	회귀방정식
1	1	0	$S = (\beta_0 + \gamma_1) \quad + \beta_1 X + \varepsilon$
2	1	1	$S = (\beta_0 + \gamma_1 + \delta_1) \quad + \beta_1 X + \varepsilon$
3	2	0	$S = (\beta_0 + \gamma_2) \quad + \beta_1 X + \varepsilon$
4	2	1	$S = (\beta_0 + \gamma_2 + \delta_1) \quad + \beta_1 X + \varepsilon$
5	3	0	$S = \beta_0 \quad + \beta_1 X + \varepsilon$
6	3	1	$S = (\beta_0 + \delta_1) \quad + \beta_1 X + \varepsilon$

표 6.2 급료조사 데이터 대한 회귀분석 결과

변수	계수	표준오차	t–검정	p–값
상수	11031.81	383.22	28.79	〈.0001
X	546.18	30.52	17.90	〈.0001
E_1	−2996.21	411.75	−7.28	〈.0001
E_2	147.82	387.66	0.38	0.7049
M	6883.53	313.92	21.93	〈.0001
n = 46	$R^2 = 0.957$	$R_a^2 = 0.953$	$\hat{\sigma} = 1027$	df = 41

로 추정되었다. 이 값은 관리직에 있을 경우 연봉의 평균 증가분에 해당된다. 한편 교육수준을 나타내는 가변수 E_1과 E_2에 대하여 회귀계수 γ_1은 고교졸업 범주가 대학원 이상 범주에 대해 가지는 연봉의 차이를, 그리고 γ_2는 대학졸업 범주가 대학원 이상 범주에 대해 가지는 연봉의 차이를 측정한다. 따라서 이 두 회귀계수의 차이인 $\gamma_2 - \gamma_1$은 대학졸업 범주가 고교졸업 범주에 대해 가지는 연봉의 차이를 나타내게 된다. 따라서 위의 표에 의하면, 컴퓨터 전문인들의 급료에 있어서, 대학원 이상의 학력을 가진 사람은 고졸의 경우보다 2996달러를 더 받으며, 대졸 학력은 대학원 이상의 학력보다 148달러 더 받는다는 것을 알 수 있다(이 경우 $t = 0.38$로써 그 차이가 유의하지는 않다). 나아가, 대졸학력은 고졸보다 약 3144달러 더 받는 것으로 나타났다. 이러한 급여의 차이는 경력연수를 일정한 수준에 고정시켰을 경우에 해당한다.

6.3 상호작용 변수

이제, 모형설정에 관한 문제로 돌아와서 교육수준(E)에 대한 잔차플롯을 살펴보자(그림 6.1 참조).[3]

```
r <- rstandard(reg)
plot(Salary$X, r, pch = 19)
abline(h = c(-2,0,2), lty=2)
# plot(reg, which = 1, col = c("blue"))
```

이 플롯은 셋 또는 그 이상의 서로 다른 수준의 잔차가 있음을 나타내고 있다. 이는 교육수준과 관리직 여부의 영향을 나타내는 가변수가 적절하지 않음으로써 생긴 현상일 수도 있다. 잔차플롯을 교육수준 × 관리의 가능한 6가지 범주조합별로 다시 구성하였다(그림 6.2 참조).

```
Salary$cat[Salary$E==1 & Salary$M==0] = 1
Salary$cat[Salary$E==1 & Salary$M==1] = 2
Salary$cat[Salary$E==2 & Salary$M==0] = 3
Salary$cat[Salary$E==2 & Salary$M==1] = 4
Salary$cat[Salary$E==3 & Salary$M==0] = 5
Salary$cat[Salary$E==3 & Salary$M==1] = 6
plot(Salary$cat, r, pch = 19)
abline(h = c(-2,0,2), lty=2)
```

이 그림에 따르면 잔차가 교육수준 ×관리의 6개 범주조합에 따라 체계적인 군집을 이루고 있음을 볼 수 있다. 각 조합 내에서 잔차들은 거의 전부 양이거나 음의 값을 취하고 있다. 이러한 현상은 식 (6.1)의 회귀모형이 급료, 경력년수, 교육수준, 관리직 여부의 관계를 적절히 표현하지 못한다는 것을 의미한다. 이와 같이 그래프를 통한 분석기법은 대수적인 방법으로는 때때로 잘 밝혀지지 않은 데이터 속에 숨겨진 구조에 관해 좋은 정보를 제공하기도 한다.

---

3) 이 책에 있는 모든 그래프를 생성하는 R 프로그램은 이 책의 웹사이트에서 확인할 수 있다. http://www.aucegypt.edu/faculty/hadi/RABE6.

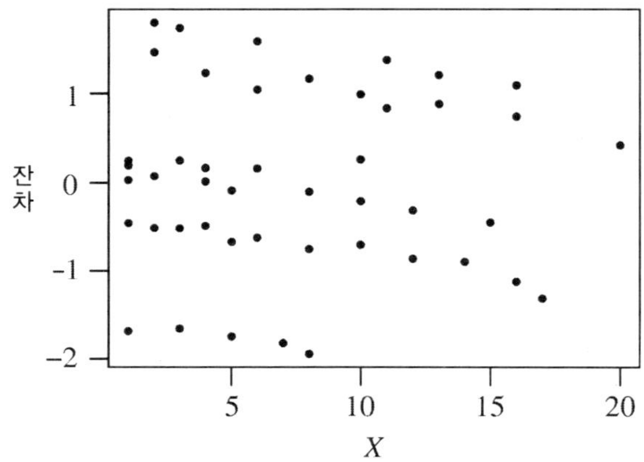

그림 6.1 표준화잔차 대 경력연수(X)

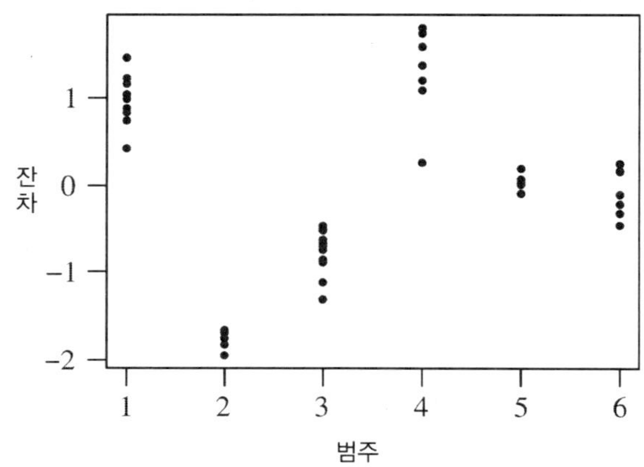

그림 6.2 표준화잔차 대 교육수준-관리의 조합

이 그래프는 급료에 미치는 교육수준과 관리직 여부의 효과가 가법적(additive)이지 않음을 나타내고 있다. 그러나 식 (6.1)과 표 6.1에 의하면 두 가변수의 증감이 급료에 대한 상수의 증감 형태로 표현되어 가법적임을 알 수 있다. 예를 들면, 이 모형에서 관리직 여부가 급료에 대해 가지는 효과는 그 관측개체가 가지는 교육수준과 무관하게 상수계수 δ_1으로 표현되고 있다. 만약 이와 같은 가법적인 모형이 부적절하다면 설명변수 간의 비가법적 효과를 반영하기 위해 **승법**(multiplica- tive) 또는 **상호작용 효과**(interactive effect)를 나타내는 새로운 예측변수들을 모형에 포함하면 이런 문제가 해결될지도 모른다. 실제로 위에서 본 그래프들은 교육수준과 관리 변수가 급료 결정에 대해 가법적이 아니라는 사실을 강하게 시사한다. 상호작용 효과를 나타내는 변수들은 기존의 가변수들의 곱의 꼴로, 예를 들어 $(E_1 \cdot M)$, $(E_2 \cdot M)$과 같이 표현될 수 있다. 이 두 변수를 식 (6.1)의 우변에 포함시키면 교육수준과 관리에 대해 가법적 요소는 물론 승법적인 요소까지를 함께 고려하는 회귀모형이 될 것이다.

상호작용 효과를 고려하여 확장된 모형은 다음과 같이 표현할 수 있다.

$$\begin{aligned} S = & \beta_0 + \beta_1 X + \gamma_1 E_1 + \gamma_2 E_2 + \delta_1 M \\ & + \alpha_1 (E_1 \cdot M) + \alpha_2 (E_2 \cdot M) + \epsilon \end{aligned} \tag{6.2}$$

이 모형은 다음의 R 코드를 이용하여 적합될 수 있다.

```
reg <- lm(S ~ X+E1+E2+M+E1*M+E2*M, data = Salary);
summary(reg)
```

이 확장모형에 대한 회귀분석의 결과는 표 6.3에 주어져 있으며, 경력연수(X)에 대한 잔차플롯은 그림 6.3에 주어져 있다.

```
r <- rstandard(reg)
plot(Salary$X, r, pch = 19)
abline(h = c(-2,0,2), lty=2)
```

그림 6.3에서 관측개체 33은 특이값으로 판명되며, 이 관측개체에 대한 급료는 모형에 의해

표 6.3 **급료조사 데이터 대한 회귀분석 결과: 확장된 모형**

변수	계수	표준오차	t-검정	p-값
상수	11203.43	79.07	141.7	<.0001
X	496.99	5.57	89.3	<.0001
E_1	−1730.75	105.33	−16.4	<.0001
E_2	−349.08	97.57	−3.6	0.0009
M	7047.41	102.59	68.7	<.0001
$E_1 \cdot M$	−3066.04	149.33	−20.5	<.0001
$E_2 \cdot M$	1836.49	131.17	14.0	<.0001
n = 46	R^2 = 0.999	R_a^2 = 0.999	$\hat{\sigma}$ = 173.8	df = 39

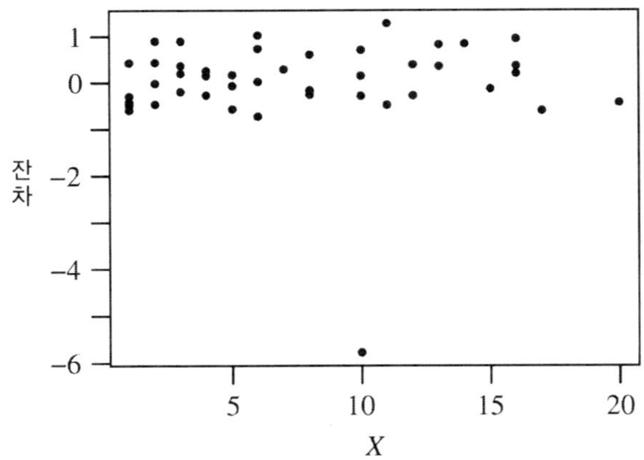

그림 6.3 표준화잔차 대 경력연수(X): 확장된 모형

표 6.4 급료조사 데이터 대한 회귀분석 결과: 확장된 모형, 관측개체 33 제외

변수	계수	표준오차	t-검정	p-값
상수	11199.71	30.53	366.8	<.0001
X	498.42	2.15	231.6	<.0001
E_1	−1741.34	40.68	−42.8	<.0001
E_2	−357.04	37.68	−9.5	<.0001
M	7040.58	39.62	177.7	<.0001
$E_1 \cdot M$	−3051.76	57.67	−52.9	<.0001
$E_2 \cdot M$	1997.53	51.79	38.6	<.0001
n = 45	R^2 = 0.9998	R_a^2 = 0.998	$\hat{\sigma}$ = 67.12	df = 38

과대추정되고 있다. 실제 이 관측개체를 원시 데이터의 목록에서 살펴본 결과 비슷한 특성을 가진 다른 관측개체들과 비교할 때 급료가 200달러 정도 적은 것으로 드러났다. 이제, 이와 같은 단 하나의 관측개체에 의해 회귀계수의 추정값이 지나치게 많은 영향을 받지 않도록 하기 위해, 이 특이값을 제외하고 시행한 회귀분석의 결과가 표 6.4에 주어져 있다.

```
Salary.A = Salary[which(row.names(Salary) != 33),]
reg <- lm(S ~ X+E1+E2+M+E1*M+E2*M, data = Salary.A);
summary(reg)
```

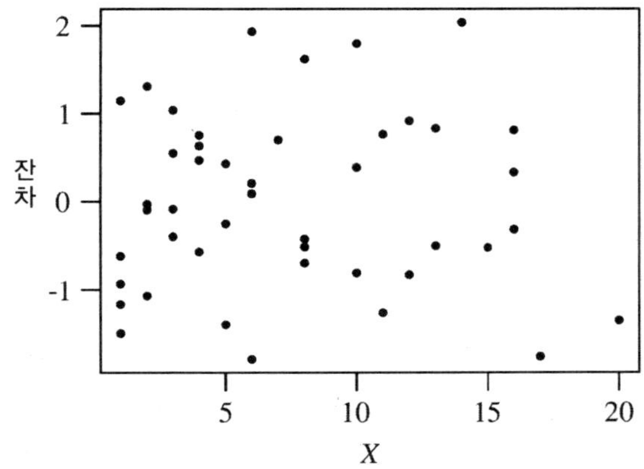

그림 6.4 표준화잔차 대 경력연수(X): 확장된 모형, 관측개체 33 제외

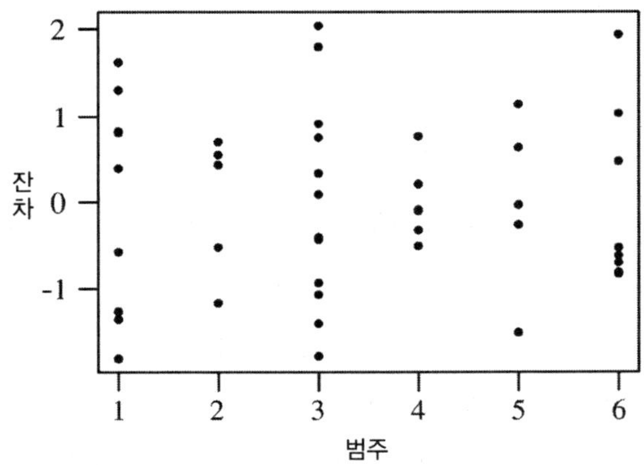

그림 6.5 표준화잔차 대 교육수준-관리의 조합: 확장된 모형, 관측개체 33 제외

전체적으로 회귀계수의 추정값에는 별 변동이 없다. 그러나 잔차들의 표준편차가 67.12달러로 현저히 줄어들었으며, 결정계수는 0.9998까지 늘어났다. 경력연수(X)에 대한 잔차플롯(그림 6.4)은 가법모형의 그것에 비해 더 만족스러워 보인다. 나아가, "교육수준-관리"의 6가지 범주에 대한 잔차플롯(그림 6.5)도 각 범주마다 0에 대해 대칭적으로 랜덤하게 분포되어 있음을 볼 수 있다.

```
r <- rstandard(reg)
plot(Salary.A$X, r, pch = 19)   # 그림 6.4
abline(h = c(-2,0,2), lty=2)
```

```
plot(Salary.A$cat, r, pch = 19)   # 그림 6.5
abline(h = c(-2,0,2), lty=2)
```

따라서 상호작용을 나타내는 항목을 고려한 모형이 급료의 변이를 더 잘 설명하고 있다고 볼 수 있다. 급여와 경력, 교육, 관리자 여부 간의 관계는 식 (6.2)에 주어진 모형으로 충분해 보인다.

잔차의 표준 오차는 67.12 정도로 작은 값이므로, 잘 관리될 수 있는 급료에 관한 공식을 밝힌 것으로 생각할 수 있다. β_1의 95% 신뢰구간을 계산해 보면 1년의 추가적인 경력이 494.06달러에서 502.77달러 사이의 급료증가 효과가 있는 것으로 추정된다. 즉, 6개 "교육수준 – 관리"의 범주조합의 초임에 매년 약 500달러의 급료인상이 따른다는 것이다.

```
confint(reg)
```

그러나 최종모형이 가법모형이 아니기 때문에 가변수에 대한 회귀계수를 직접 해석하는 데는 약간의 어려움이 있다고 할 수 있다. 그러므로 질적 변수가 급료의 차이에 어떻게 영향을 주는가를 알아보기 위하여 다음과 같이 각 가능한 범주별로 나눠 보면 좀 더 명백해질 것이다. 표 6.5는 6개 범주에 대하여 기본급료[경력연수(X) = 0일 때의 급료]에 대한 추정값을 회귀계수를 사용하여 나타낸 것으로, 각 추정값의 표준오차와 신뢰구간이 함께 제시되어 있다. 표준오차는 제4장의 식 (A.12)를 사용해서 계산한 것이다.

```
X <- c(0,0,0,0,0,0)
E1 <- c(1,1,0,0,0,0)
E2 <- c(0,0,1,1,0,0)
M <- c(0,1,0,1,0,1)
Salary.T <- data.frame(X, E1, E2, M)
test <- predict(reg,newdata=Salary.T,interval='confidence',level=0.95)
Salary.T <- data.frame(Salary.T, test)
round(Salary.T, digits = 0)
```

표 6.5 식 (6.2)의 비가법모형을 사용한 기본급료의 추정

범주	E	M	계수	기본급료의 추정치[a]	표준오차[a]	95% 신뢰구간
1	1	0	$\beta_0 + \gamma_1$	9459	31	(9398, 9520)
2	1	1	$\beta_0 + \gamma_1 + \delta + \alpha_1$	13448	32	(13385, 13511)
3	2	0	$\beta_0 + \gamma_2$	10843	26	(10792, 10894)
4	2	1	$\beta_0 + \gamma_2 + \delta + \alpha_2$	19880	33	(19815, 19945)
5	3	0	β_0	11200	31	(11139, 11261)
6	3	1	$\beta_0 + \delta$	18240	29	(18183, 18297)

[a] 소수점 이하는 반올림되었음.

결론적으로 가변수들과 그들 간의 상호작용을 나타내는 항목들을 모두 사용한 회귀모형으로 컴퓨터 전문인들의 급료가 가지는 변이를 잘 설명할 수 있었으며, 모형이 가지는 정확성의 수준도 상당히 만족스러운 것이었다. 또한 이 회사의 급료관리도 정밀하게 짜여 있으며, 엄격하게 지켜지고 있다고 추측되었다.

앞에서 고려한 방법과는 다른 형식의 가변수들을 사용하여도 위와 동등한 모형을 만들 수 있다. 예를 들어, 6개의 "교육수준－관리" 범주를 표현하기 위해 0과 1을 취하는 5개의 서로 다른 가변수들을 이용하여 처리할 수도 있다. 이 경우 기본급료의 추정값이나 표준오차 등은 표 6.5의 것과 같게 된다. 그러나 앞에서 사용한 방법이 가지는 장점은 3가지 예측변수 (1) 교육수준, (2) 관리, (3) 교육수준－관리가 가지는 효과를 명백히 구분할 수 있다는 것이다. 가법모형이 급료의 변이를 잘 설명하지 못하고 있는 것을 확인한 후에 상호작용 변수를 추가로 고려한 점을 상기할 필요가 있다. 일반적으로 모형구축의 과정은 간단한 모형으로부터 시작하여 필요에 의해 점차 복잡한 모형으로 발전하게 된다. 이는 잔차 구조에 이상이 없는 한 언제나 가장 간단한 모형을 원하는 것이 상례이기 때문이다.

6.4 회귀방정식의 체계: 두 집단의 비교

하나의 데이터가 각각 다른 회귀식을 필요로 하는 두 개 또는 그 이상의 부분집단으로 구성되어 있을 수도 있다. 이런 경우에 모든 부분집단들이 합쳐진 전체 데이터에 대하여 단 하나의 회귀관계만 사용된다면 심각한 편향의 문제가 발생할 수 있다. 이런 문제는 회귀분석을 시도할 때 앞서 설명한 집단을 나타내는 가변수를 사용함으로써 해결할 수 있다.

데이터의 부분집합들에 대해 별도의 회귀분석을 수행하는 기법은 **횡단면**(cross-sectional) 데이터나 **시계열**(time series) 데이터 등에 응용될 수 있다. 다음 예는 횡단면 데이터에 관한 것이다. 시계열 데이터에 대한 응용은 6.5절에서 다루어진다.

두 집단에 대한 모형은 모든 측면에서 다를 수도 있고 아니면 몇 가지 측면에서만 다를 수도 있다. 이 절에서는 세 가지 구별되는 경우를 다룬다.

1. 각 집단이 분리된 회귀모형을 가지는 경우
2. 모형들이 동일한 절편항을 가지지만 기울기는 다른 경우
3. 모형들이 동일한 기울기를 가지지만 절편항은 다른 경우

오직 하나의 양적 예측변수를 가지고 있는 경우를 사례로 들 것이다. 이러한 아이디어는 하나 이상의 양적 예측변수를 가지고 있는 경우로 바로 확장될 수 있다.

6.4.1 다른 기울기와 다른 절편항을 가지는 모형

첫 번째 예는 고용에 있어서 동등한 기회부여라는 과제에 연관된 데이터에 대한 분석이다. 대부분의 큰 회사나 정부기관들은 입사지원자들을 일차적으로 거르는 방법의 하나로써 고용전 검사를 시행한다. 검사내용은 지원자의 업무에 대한 적성을 측정하는 것으로 이는 최종적으로 고용여부를 결정하는 데 중요한 정보의 일부분이 된다. 관련 법에 따르면 이런 검사는 (1) 고려되고 있는 직무에 직접적으로 연관되어 있는 능력을 평가할 것과, (2) 인종이나 소속 국가 등에 의해 차별되지 않도록 해야 한다고 명시되어 있다.[4] 이러한 내용은 실제 운용에 있어 쉽게 빠져나갈 수 있는 여러 가지 애매한 측면을 가지고 있다. 여기에서는 이 법의 운용에 관한 구체적인 문제는 관심 밖이다. 대신 우리는 백인과 소수민족으로 대표되는 두 인종 집단이 개입된 문제를 다루어 보기로 한다. 검토되는 가설은 두 인종 집단에서 업무수행능력과 고용 전 검사점수의 회귀관계가 서로 다르다는 것으로, 고용에 인종차별의 문제라는 입장에서 이 가설이 가지는 의미를 논의할 것이다.

이제, 업무수행능력을 나타내는 반응변수를 Y로, 그리고 고용 전 검사점수를 X로 표기하고 다음과 같은 모형들을 비교하여 보자.

---

4) Tower amendment to Title VII, Civil Right Act of 1964.

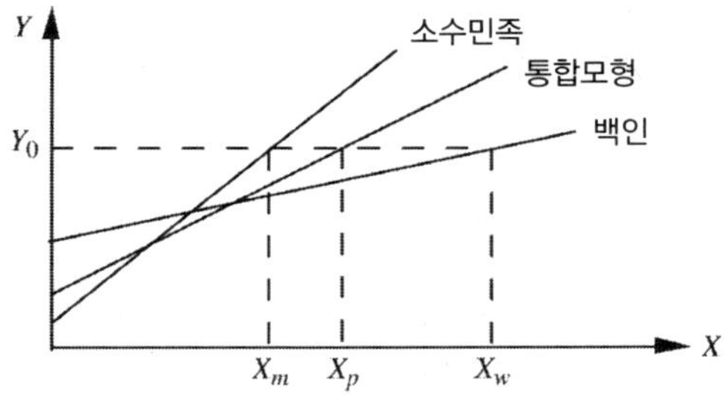

그림 6.6 고용 전 검사에 기초한 고용자격조건

$$
\begin{aligned}
&\text{모형 1 (통합모형):} && y_{ij} = \beta_0 + \beta_1 x_{ij} + \epsilon_{ij},\ \ j = 1, 2;\ \ i = 1, 2,\ \dots, n_j, \\
&\text{모형 2 (소수민족):} && y_{i1} = \beta_{01} + \beta_{11} x_{i1} + \epsilon_{i1}, \\
&\text{모형 2 (백인):} && y_{i2} = \beta_{02} + \beta_{12} x_{i2} + \epsilon_{i2}.
\end{aligned}
\tag{6.3}
$$

그림 6.6은 위의 두 모형을 묘사하고 있다. 모형 1은 인종 간의 차이가 없다고 생각하고 통합된 데이터에 대해 하나의 회귀직선을 고려한다. 이에 대해 모형 2는 두 인종 집단에 대해 각각 따로따로 회귀관계를 고려한다. 이때 각 인종 집단에 대한 잔차의 분산은 동일하다고 가정한다.

이 데이터를 구체적으로 분석하기에 앞서, 얻어진 결과를 해석하고 이를 응용할 때 범할지도 모를 가능한 오류 몇 가지를 생각해 보자. 그림 6.6에서, Y_0을 고용에서 요구되는 최소한의 업무수행능력이라고 하자. 이때 모형 1을 사용하는 경우에는 고용 전 검사점수가 적어도 X_p보다 높아야 선발될 것이다. 그러나 만일 모형 2가 옳다면 요구되는 고용 전 검사점수는 백인의 경우 X_w, 그리고 소수민족에게는 X_m 이상이면 될 것이다. X_m이나 X_w 대신에 일괄적으로 X_p를 사용한다는 것은 백인에게는 고용 전 검사점수에 혜택을 주는 반면에 소수민족에게는 불이익이 가게 됨을 의미한다. 따라서 만일 틀린 모형을 사용하여 지원자를 평가한다면 이는 곧 인종차별의 문제를 일으킬 소지가 있다고 할 수 있다. 우리는 우선 업무수행능력과 고용 전 검사점수에 관해 두 개의 서로 다른 회귀관계가 존재하는지, 그렇지 않으면 두 집단에 동일한 관계를 인정하여 통합시킨 데이터로부터 하나의 관계식을 추정하는 것이 옳은지를 결정할 필요가 있다. 물론 모형 1 또는 모형 2 중에서 어느 하나가 선택되었다고 하더라도 점수 X_m, X_w, X_p는 표본오차를 동반하는 추정값이므로 이들의 해석에는 적절한 신뢰구간을 활용하는 것이 바람직하다(신뢰구간의 구축 문제는 나중에 다룰 것이다).

표 6.6 고용 전 검사 프로그램 데이터

번호	TEST	RACE	JPERF	번호	TEST	RACE	JPERF
1	0.28	1	1.83	11	2.36	0	3.25
2	0.97	1	4.59	12	2.11	0	5.30
3	1.25	1	2.97	13	0.45	0	1.39
4	2.46	1	8.14	14	1.76	0	4.69
5	2.51	1	8.00	15	2.09	0	6.56
6	1.17	1	3.30	16	1.50	0	3.00
7	1.78	1	7.53	17	1.25	0	5.85
8	1.21	1	2.03	18	0.72	0	1.90
9	1.63	1	5.00	19	0.42	0	3.85
10	1.98	1	8.04	20	1.53	0	2.95

분석을 위하여 특정 고용 프로그램으로부터 다음과 같은 방법으로 데이터를 구하였다. 20명의 지원자를 시험적으로 6주 동안 고용하였다. 1주는 훈련학습에 사용되었고, 나머지 5주는 실제 업무에 배치되었다. 참가자들은 고용 전 검사점수와 무관하게 전체 지원자들로부터 추출되었다. 참가자들은 첫째 주 훈련이 끝난 다음 고용 전 검사(X)로서 시험을 치렀고 여섯째 주의 마지막에 업무수행능력(Y)을 평가받았다. 데이터는 표 6.6에 주어져 있고, 이 책의 웹사이트에서도 찾을 수 있다. 이 데이터 집합은 **고용 전 검사** (Preemployment Testing) 데이터로 언급될 것이다. 다음의 R 명령줄을 이용하면, 데이터를 R의 작업공간에 읽어 들일 수 있다.

```
Preemployment <- read.table("C:/Temp/RABE6/Preemployment.txt", sep = "\t",
                           header = TRUE)
head(Preemployment, 5)   # 데이터의 첫 5행을 출력
```

여기에서는 모수들에 어떤 차이가 없다는 대립가설에 대하여 귀무가설 H_0: $\beta_{11} = \beta_{12}$, $\beta_{01} = \beta_{02}$를 검정하고자 한다. 이때 인종을 나타내는 예측변수로서 가변수 Z를 소수민족 지원자의 경우에는 1, 백인 지원자의 경우에는 0으로 정의하자. 이를 이용하면 모형 1과 모형 2를 하나로 통합한 다음과 같은 모형 3을 구축할 수 있다.

$$\text{모형 } 1: \ y_{ij} = \beta_0 + \beta_1 x_{ij} + \epsilon_{ij},$$

$$\text{모형 } 3: \ y_{ij} = \beta_{01} + \beta_1 x_{ij} + \gamma z_{ij} + \delta(z_{ij} \cdot x_{ij}) + \epsilon_{ij}. \quad (6.4)$$

변수 $(z_{ij} \cdot x_{ij})$는 집단(인종) 변수 Z와 고용 전 검사 X의 상호작용을 나타낸다. 모형 3이 모형 2와 동일함을 주목하여라. 즉, 소수민족 집단에 대하여 $x_{ij} = x_{i1}$, z_{ij} = 1이기 때문에 모형 3은 다음과 같게 된다.

$$
\begin{aligned}
y_{i1} &= \beta_0 + \beta_1 x_{i1} + \gamma + \delta x_{i1} + \epsilon_{i1} \\
&= (\beta_0 + \gamma) + (\beta_1 + \delta) x_{i1} + \epsilon_{i1} \\
&= \beta_{01} + \beta_{11} x_{i1} + \epsilon_{i1}
\end{aligned}
$$

$\beta_{01} = \beta_0 + \gamma$, $\beta_{11} = \beta_1 + \delta$로 두면, 이것은 소수민족 집단에 대한 모형 2와 동일하다. 유사하게, 백인 집단에 대하여 $x_{ij} = x_{i2}$, z_{ij} = 0이기 때문에 모형 3은 다음과 같게 된다.

$$
y_{i2} = \beta_0 + \beta_1 x_{i2} + \epsilon_{i2},
$$

$\beta_{02} = \beta_0$, $\beta_{12} = \beta_1$로 두면, 이것은 백인 집단에 대한 모형 2와 동일하다. 그러므로 모형 1과 2를 비교하는 것은 모형 1과 3을 비교하는 것과 동일하다. 모형 3에 $\gamma = \delta$ = 0을 대입함으로써 모형 1을 얻을 수 있으므로, 모형 3을 완전모형(FM)으로 모형 1을 축소모형(RM)으로 간주할 수 있음을 주목하여라. 따라서 앞의 귀무가설 H_0는 $H0 : \gamma = \delta = 0$과 일치하게 된다. 이에 대한 검정법은 제4장에서 두 개의 모형을 비교할 때 설명된 바와 같이 다음 형식의 F 통계량

$$
F = \frac{[\mathrm{SSE}() - \mathrm{SSE}(\mathrm{FM})] / 2}{\mathrm{SSE}(\mathrm{FM}) / 16} \tag{6.5}
$$

이며 자유도는 2, 16이다(왜 그런가?). 주어진 데이터에 기초하여 모형 1과 모형 3을 회귀분석한 결과가 각각 표 6.7과 표 6.8에 주어져 있다. 이 결과는 다음의 R 코드를 이용하여 얻을 수 있다.

```
reg1 <- lm(JPERF ~ TEST, data = Preemployment)                # 모형 1
summary(reg1)
reg3 <- lm(JPERF ~ TEST+RACE+RACE*TEST, data = Preemployment) # 모형 3
summary(reg3)
```

표 6.7 고용 전 검사 데이터 대한 회귀분석 결과: 모형 1

변수	계수	표준오차	t-검정	p-값
상수	1.03	0.87	1.19	0.2486
TEST(X)	2.36	0.54	4.39	0.0004
$n = 20$	$R^2 = 0.52$	$R_a^2 = 0.49$	$\hat{\sigma} = 1.59$	df = 18

표 6.8 고용 전 검사 데이터 대한 회귀분석 결과: 모형 3

변수	계수	표준오차	t-검정	p-값
상수	2.01	1.05	1.19	0.0736
TEST(X)	1.31	0.67	1.96	0.0677
RACE(Z)	−1.91	1.54	−1.24	0.2321
RACE·TEST($X \cdot Z$)	2.00	0.95	2.09	0.0527
$n = 20$	$R^2 = 0.664$	$R_a^2 = 0.601$	$\hat{\sigma} = 1.41$	df = 16

예측변수에 대한 잔차플롯(그림 6.7, 그림 6.8)도 모두 받아들일 만하다. 단지 모형 1의 오른쪽 아래의 잔차는 좀 더 검토할 필요가 있다고 생각된다.

```
r1 <- rstandard(reg1)
plot(Preemployment$TEST, r1, pch = 19)
abline(h = c(-2,0,2), lty=2)
r3 <- rstandard(reg3)
plot(Preemployment$TEST, r3, pch = 19)
abline(h = c(-2,0,2), lty=2)
```

구체적으로 위의 가설 H_0에 대한 식 (6.5)의 F 통계량의 값은

$$F = \frac{(45.568 - 31.655)/2}{31.655/16} = 3.52 \tag{6.6}$$

으로 계산되며, 이는 5%보다 약간 큰 정도에서 유의하다.

```
library(olsrr)
ols_regress(JPERF ~ TEST, data = Preemployment)
ols_regress(JPERF ~ TEST+RACE+RACE*TEST, data = Preemployment)

anova(reg1, reg3)
```

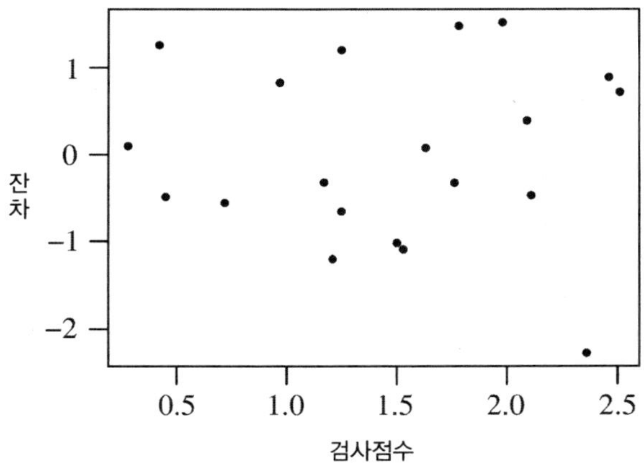

그림 6.7 **표준화잔차 대 검사점수: 모형 1**

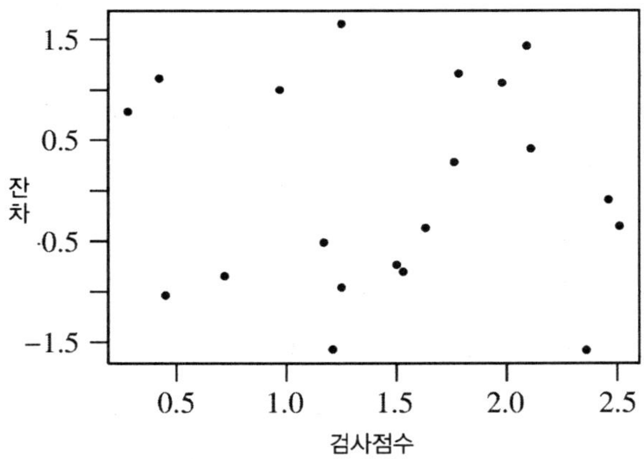

그림 6.8 **표준화잔차 대 검사점수: 모형 3**

따라서 이 검정 결과에 의하면 두 집단의 회귀관계가 유의적으로 서로 다르다고 결론지을 수 있다. 소수민족 집단에 대해서는

$$Y_1 = 0.10 + 3.31X_1$$

이고, 백인 집단에 대해서는

$$Y_2 = 2.01 + 1.32X_2$$

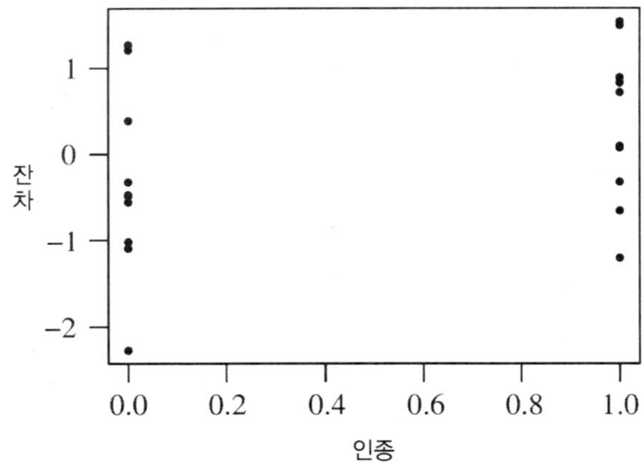

그림 6.9 표준화잔차 대 인종: 모형 1

와 같은 추정회귀직선을 가지게 된다. 이러한 결과는 앞의 그림 6.5에서 논의되었던 바와 유사한 상황을 제공하고 있다. 즉, 소수민족에 대한 회귀직선은 백인에 대한 회귀직선보다 기울기는 더 큰 한편, 절편은 더 작은 것으로 드러난다. 따라서 이와 같이 인종별로 이질적인 두 개의 데이터임을 무시하고 만일 통합모형을 사용한다면 그림 6.6에서 언급되었던 종류의 편향의 문제가 제기될 수 있을 것이다.

위와 같이 지시변수 혹은 가변수를 활용하여 두 집단에 각기 다른 회귀식이 있다는 그럴듯한 결론을 이끌어냈지만 각 집단의 데이터에 대한 면밀한 검토는 아직 하지 않았다. 먼저, 두 집단의 분산이 동일하다고 가정하였던 사실을 상기해 보자. 이 가정은 사실 두 집단의 차이가 있다면 이는 곧 두 회귀계수에서의 차이뿐이라는 결론을 위해 필요했었다. 이를 위해 그림 6.9에 있는 지시변수별 잔차플롯을 검토하였을 때 두 잔차들의 변이의 폭에 별 차이는 없는 것으로 보아 특별한 문제가 없는 것으로 판단된다.

```
plot(Preemployment$RACE, r1, pch = 19)
abline(h = c(-2,0,2), lty=2)
```

이제, 각 집단에 대한 분석 결과를 좀 더 자세히 살펴보자. 각 표본(인종) 집단별 회귀계수가 표 6.9에 주어져 있으며, 잔차플롯은 그림 6.10과 그림 6.11에 주어져 있다.

표 6.9 분리된 회귀분석 결과

표본	$\hat{\beta}_0$	$\hat{\beta}_1$	t_1	p–값	R^2	$\hat{\sigma}$	df
소수민족	0.10	3.31	5.31	0.001	0.78	1.29	8
백인	2.01	1.31	1.82	0.106	0.29	1.51	8

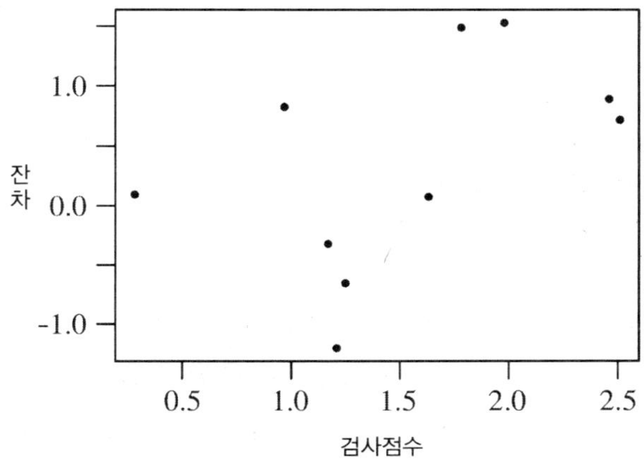

그림 6.10 표준화잔차 대 검사점수: 소수민족

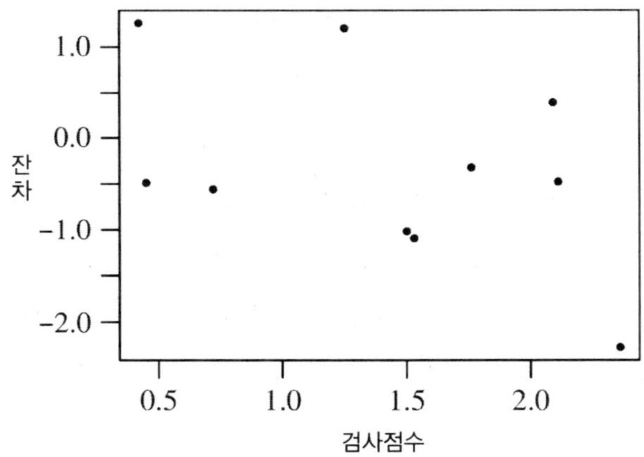

그림 6.11 표준화잔차 대 검사점수: 백인

```
Preemployment.A = Preemployment[which(Preemployment$RACE == 1),]
reg.A = lm(JPERF ~ TEST, data = Preemployment.A)
summary(reg.A)
Preemployment.B = Preemployment[which(Preemployment$RACE == 0),]
reg.B = lm(JPERF ~ TEST, data = Preemployment.B)
summary(reg.B)

r.A <- rstandard(reg.A)
plot(Preemployment.A$TEST, r.A, pch = 19)
abline(h = c(-2,0,2), lty=2)
r.B <- rstandard(reg.B)
plot(Preemployment.B$TEST, r.B, pch = 19)
abline(h = c(-2,0,2), lty=2)
```

여기에서의 회귀계수는 모형 3에 대하여 구한 값이며 잔차의 표준오차는 소수민족 집단과 백인 집단 각각 1.29와 1.51로 계산되었다. 고용 전 검사점수에 대한 잔차플롯은 두 집단 모두 받아들일 만하다. 앞서 발견하지 못한 사실 중 흥미로운 것 하나는 소수민족 집단에게는 고용 전 검사점수가 전체 변이 중 주요 부분을 설명할 수 있는 데 반해서 백인 집단에게는 그렇지 못하다는 점이다.

유도된 두 개의 회귀식은 회귀계수에서뿐만 아니라 오차항의 표준편차도 약간 다르다. 중요한 점은 R^2의 값이 크게 다르다는 것인데, 백인 집단의 경우는 R^2 = 0.29와 같이 너무 작으므로(t = 1.82, 유의성에 대한 임계값은 2.306), 고용 전 검사점수가 업무수행능력의 예측에 유의적인 공헌을 하지 못하고 있음을 알 수 있다. 이제, 고용 전 검사의 타당성에 대한 결론을 내리자면 법에서 명시된 바 그대로(즉, 인종에 무관하게) 고용 전 검사내용을 최종적 고용 결정에 적용할 경우 두 집단에게 모두 편향된 결과를 제공하게 된다는 것이다. 나아가, 이런 식의 사전검사는 백인 지원자를 적절히 선발하는 데도 별 효과가 없다고 말할 수 있다.

앞서 잠깐 언급한 고용 전 검사를 사용할 때 적절한 합격점수를 결정하는 문제도 중요한 과제일 것이다. 소수민족 집단의 경우를 살펴보자. Y_m을 적절한 업무수행에 필요한 최소점수라고 하면 그에 대응되는 고용 전 검사의 최소점수 X_m은 유도된 회귀식으로부터 다음 관계를 얻을 수 있다(그림 6.6 참고).

$$X_0 = \frac{Y_0 - \hat{\beta}_0}{\hat{\beta}_1},$$

여기에서 $\hat{\beta}_0$와 $\hat{\beta}_1$은 추정된 회귀계수이다. 그런데 여기에서 X_0은 표본통계량에 의해 결정되었으므로 표본오차를 수반하게 된다. 이 점을 고려한 X_0에 대한 근사(approximate) 신뢰구간은 다음의 형태로 주어진다(Scheffé, 1959, p. 52).

$$X_0 \pm \frac{t_{(n-2,\,\alpha/2)}(\hat{\sigma}/n)}{\hat{\beta}_1},$$

여기에서 $t_{(n-2,\,\alpha/2)}$는 신뢰계수에 대응하는 t-분포의 백분위수, 그리고 $\hat{\sigma}^2$은 σ^2의 최소제곱추정치이다. 예를 들어 $Y_0 = 4$이면, X_0 = (4 − 0.10)/3.31 = 1.18이고 고용 전 검사점수의 합격점에 대한 95% 신뢰구간은 (1.09, 1.27)이 된다.

6.4.2 동일한 기울기와 다른 절편항을 가지는 모형

앞의 소절에서 식 (6.3)의 모형 1과 2 그리고 그림 6.6에서 표현된 바와 같이, 두 집단이 다른 계수들의 집합을 갖는 구별되는 모형을 가지는 경우를 다루었다. 이제 두 집단이 동일한 기울기 β_1을 가진다는 것을 믿을 만한 이유가 있다고 가정하고, 두 집단이 동일한 절편항을 가진다는 가설 $H_0 : \beta_{01} = \beta_{02}$을 검정하는 경우를 다루어 보자. 이 경우 다음을 비교하는 것이 된다.

$$\begin{aligned}
&\text{모형 1 (통합모형):} \quad && y_{ij} = \beta_0 + \beta_1 x_{ij} + \epsilon_{ij}, \;\; j = 1, 2; \;\; i = 1, 2, \;\ldots, n_j, \\
&\text{모형 2 (소수민족):} && y_{i1} = \beta_{01} + \beta_1 x_{i1} + \epsilon_{i1}, \\
&\text{모형 2 (백인):} && y_{i2} = \beta_{02} + \beta_1 x_{i2} + \epsilon_{i2}.
\end{aligned} \tag{6.7}$$

두 모형이 동일한 기울기 β_1을 가지고 있으나 서로 다른 절편항 β_{01}과 β_{02}를 가지고 있음을 주목하여라. 앞에서 정의된 지시변수 Z를 이용하여, 모형 2를 다음과 같이 표현할 수 있다.

$$\text{모형 3:} \quad y_{ij} = \beta_{01} + \beta_1 x_{ij} + \gamma z_{ij} + \epsilon_{ij}. \tag{6.8}$$

식 (6.8)의 모형 3에서 상호작용 변수 $(z_{ij} \cdot x_{ij})$가 없음을 주목하여라. 식 (6.4)에서와 같이 이 항이 있으면, 두 집단은 다른 기울기와 다른 절편항을 갖는 두 모형을 가지게 된다.

모형 2와 모형 3의 동일성은 다음과 같이 쉽게 보일 수 있다. 즉, 소수민족 집단에 대하여 $x_{ij} = x_{i1}$, z_{ij} = 1이므로 모형 3은 다음과 같게 된다.

$$\begin{aligned} y_{i1} &= \beta_0 + \beta_1 x_{i1} + \gamma + \epsilon_{i1} \\ &= (\beta_0 + \gamma) + \beta_1 x_{i1} + \epsilon_{i1} \\ &= \beta_{01} + \beta_1 x_{i1} + \epsilon_{i1} \end{aligned}$$

$\beta_{01} = \beta_0 + \gamma$로 두면, 이것은 소수민족 집단에 대한 모형 2와 동일하다. 유사하게, 백인 집단에 대한 모형 3은 다음과 같게 된다.

$$y_{i2} = \beta_0 + \beta_1 x_{i2} + \epsilon_{i2}.$$

따라서 모형 2(또는 모형 3)는 절편항 $\beta_0 + \gamma$와 β_0를 가진 두 개의 평행인 직선(동일한 기울기)을 나타낸다.[5] 그러므로 귀무가설은 모형 3에 γ에 대한 제약조건을 부과한 $H_0 : \gamma = 0$이 된다. 이 가설을 검정하기 위한 F-검정은

$$F = \frac{[\text{SSE}() - \text{SSE}(\text{FM})]/1}{\text{SSE}(\text{FM})/17} \tag{6.9}$$

이고 자유도 1, 17을 가진다. 동일하게, 모형 3에서 γ = 0을 검정하는 t-검정을 이용할 수 있다. 즉,

$$t = \frac{\hat{\gamma}}{\text{s.e.}(\hat{\gamma})} \tag{6.10}$$

이는 자유도 17을 가진다. 어떤 결론이 이들 검정으로부터 도출되기 전에, 모형 3의 가정들에 대한 타당성이 검토되어야 한다. 현재의 사례에 대한 이들 작업은 독자들을 위한 연습문제로 남긴다.

---

5) 모형이 $X_1, X_2, \ldots, X_p$와 지시변수 Z를 포함하는 일반적인 경우, 모형 3은 절편항만 다르고 평행인 두 개의 평면을 나타낸다.

```
ols_regress(JPERF ~ TEST, data = Preemployment)
ols_regress(JPERF ~ TEST+RACE, data = Preemployment)
reg1 <- lm(JPERF ~ TEST, data = Preemployment)
reg2 <- lm(JPERF ~ TEST+RACE, data = Preemployment)
anova(reg1, reg2)
```

6.4.3 동일한 절편항과 다른 기울기를 가지는 모형

두 집단이 동일한 절편항 β_0을 가지고 있으며, 두 집단이 기울기도 동일하다는 가설 $(H_0 : \beta_{11} = \beta_{12})$을 검정하는 세 번째 경우를 다루어 보자. 이 경우 다음을 비교하는 것이 된다.

$$
\begin{aligned}
&\text{모형 1 (통합모형):} \quad y_{ij} = \beta_0 + \beta_1 x_{ij} + \epsilon_{ij}, \;\; j = 1, 2; \;\; i = 1, 2, \;\ldots, n_j, \\
&\text{모형 2 (소수민족):} \quad y_{i1} = \beta_0 + \beta_{11} x_{i1} + \epsilon_{i1}, \\
&\text{모형 2 (백인):} \quad y_{i2} = \beta_0 + \beta_{12} x_{i2} + \epsilon_{i2}.
\end{aligned}
\tag{6.11}
$$

두 모형이 동일한 절편항 β_1을 가지고 있으나 서로 다른 기울기 β_{11}과 β_{12}를 가지고 있음을 주목하여라. 앞에서 정의된 지시변수 Z를 이용하여, 모형 2를 다음과 같이 표현할 수 있다.

$$
\text{모형 3:} \quad y_{ij} = \beta_{01} + \beta_1 x_{ij} + \delta(z_{ij} \cdot x_{ij}) + \epsilon_{ij}. \tag{6.12}
$$

이 모형에서 상호작용 변수 $(z_{ij} \cdot x_{ij})$가 있지만 변수 Z의 개별 공헌은 없음을 주목하여라. 모형 2와 모형 3의 동일성은 다음과 같이 쉽게 보일 수 있다. 즉, 소수민족 집단에 대하여 $x_{ij} = x_{i1}$, $z_{ij} = 1$이므로 모형 3은 다음과 같게 된다.

$$
\begin{aligned}
y_{i1} &= \beta_0 + \beta_1 x_{i1} + \delta x_{i1} + \epsilon_{i1} \\
&= \beta_0 + (\beta_1 + \delta) x_{i1} + \epsilon_{i1} \\
&= \beta_{01} + \beta_{11} x_{i1} + \epsilon_{i1}
\end{aligned}
$$

$\beta_{11} = \beta_1 + \delta$로 두면, 이것은 소수민족 집단에 대한 모형 2와 동일하다. 유사하게, 백인 집단에 대한 모형 3은 다음과 같게 된다.

$$
y_{i2} = \beta_0 + \beta_{12} x_{i2} + \epsilon_{i2}.
$$

그러므로 귀무가설은 모형 3에 δ에 대한 제약조건을 부과한 $H_0 : \delta = 0$이 된다. 이 가설을 검정하기 위한 F-검정은

$$F = \frac{[\text{SSE}() - \text{SSE}(\text{FM})] / 1}{\text{SSE}(\text{FM}) / 17}$$

이고 자유도 1, 17을 가진다. 동일하게, 모형 3에서 $\delta = 0$을 검정하는 t-검정을 이용할 수 있다. 즉,

$$t = \frac{\hat{\delta}}{\text{s.e.}(\hat{\delta})}$$

이는 자유도 17을 가진다. 어떤 결론이 이들 검정으로부터 도출되기 전에, 모형 3의 가정들에 대한 타당성이 검토되어야 한다. 현재의 사례에 대한 이들 작업은 독자들을 위한 연습문제로 남긴다.

```
ols_regress(JPERF ~ TEST, data = Preemployment)
ols_regress(JPERF ~ TEST+RACE:TEST, data = Preemployment)
reg1 <- lm(JPERF ~ TEST, data = Preemployment)
reg2 <- lm(JPERF ~ TEST+RACE:TEST, data = Preemployment)
anova(reg1, reg2)
```

6.5 지시변수에 대한 다른 응용들

앞 절에서 묘사된 지시변수의 응용들은 다양한 문제를 해결하기 위해 확장될 수 있다[예컨대, Fox(1984), Kmenta(1986) 등을 참조하여라]. 예를 들어, $k(\geq 2)$개의 모집단 평균을 비교하는 경우를 고려하자. 여기에서 사용되는 기법은 **분산분석**(ANOVA; analysis of variance)으로 알려져 있다. 크기 n_j의 표본이 j번째 모집단으로부터 추출되었다고 하자 $(j = 1, \ldots, k)$. 반응변수에 대하여 총 $n = n_1 + \cdots + n_k$개의 관측개체가 주어진다. y_{ij}를 j번째 표본에서 i번째 반응값이라고 하자. 그러면 y_{ij}에 대한 모형은 다음과 같이 표현될 수 있다.

$$y_{ij} = \mu_0 + \mu_1 x_{i1} + \cdots + \mu_p x_{ip} + \epsilon_{ij} \tag{6.13}$$

이 모형에서는 $p = k - 1$개의 지시 예측변수들 $x_{i1}, \cdots, x_{ip}$이 있다. 각 변수 x_{ij}는 대응되는 반응값이 j번째 모집단으로부터 나왔을 때 1을 가지며, 그렇지 않으면 0을 가진다. 생략된 모집단은 **대조**(control)집단으로 알려져 있다. 대조집단에 대한 모든 지시변수들은 0이다. 따라서, 대조집단에 대하여 식 (6.13)은 다음과 같게 된다.

$$y_{ij} = \mu_0 + \epsilon_{ij} \tag{6.14}$$

식 (6.13)과 (6.14)에서 ϵ_{ij}는 평균 0, 분산 σ^2을 가지고 독립인 정규분포에 따르는 것으로 가정되는 랜덤오차이다. 상수항 μ_0는 대조집단의 평균을 나타내며, 회귀계수 μ_j는 대조집단과 j번째 집단의 평균차이로 해석될 수 있다. 만약 $\mu_j = 0$이면 대조집단과 j번째 집단의 평균은 같다. 모든 집단이 동일한 평균을 가진다는 귀무가설 $H_0 : \mu_1 = \cdots = \mu_p = 0$은 모형 (6.14)에 의해서 표현될 수 있다. μ_j들 중 적어도 하나는 0과 다르다는 대립가설은 모형 (6.13)에 의해서 표현될 수 있다. 모형 (6.13)과 (6.14)는 각각 완전모형과 축소모형으로 간주될 수 있다. 따라서 H_0은 식 (4.47)에 있는 F-검정을 이용하여 검정될 수 있다. 그러므로 지시변수의 사용은 회귀분석의 특별한 경우로서 ANOVA 기법을 표현할 수 있도록 한다. 양적 예측변수들의 개수와 지시변수에 의해서 표현되는 집단의 수는 증가될 수 있다.

앞에서 논의된 사례들은 횡단면(cross-sectional) 데이터에 기초를 두고 있다는 것을 주목하여라. 가변수는 시계열(time series) 데이터에서도 활용될 수 있다. 나아가, 가변수가 종속변수로 사용되는 성장 과정 모형과 같은 것도 있다. 이 모형은 **로지스틱 회귀모형**(logistic regression model)으로 알려져 있으며, 제13장에서 다룬다.

다음 두 절에서는 시계열 데이터에 대하여 가변수를 응용하는 예를 살펴본다. 특히, **계절성**(seasonality)과 시간의 경과에 따른 모수의 **안정성**(stability)의 문제가 다루어진다. 과제의 내용을 설명하고 이에 따른 데이터가 주어질 것이다. 분석은 독자들에게 연습문제로 남긴다.

6.6 계절성

여기에서 이용할 데이터는 스키 판매액(Ski Sales) 데이터이며, 이 책의 웹사이트에서 찾을 수 있다. 데이터는 다음의 R 명령줄을 이용하여 R의 작업공간에 불러올 수 있다.

```
Ski <- read.table("C:/Temp/RABE6/Ski.Sales.txt", sep = "\t",
                  header = TRUE)
head(Ski, 5)   # 데이터의 첫 5행을 출력
```

사용되는 모형은 스키 판매액(S)과 개인의 가처분소득(PDI: personal disposable income)[6] 사이의 관계를 설명하는 것으로 데이터는 매 4분기별로 주어진다. 이 데이터는 제9장에서 **상관된 오차**(correlated errors)의 문제를 설명하기 위해 사용된다. 고려되는 기본모형은 아래와 같다.

$$S_t = \beta_0 + \beta_1 \mathrm{PDI_t} + \epsilon_t$$

단, S_t와 PDI_t는 각각 기간 t의 매출액과 개인 가처분소득액이다. 여기에서의 접근방법은 분기별로 주어지는 매출액에 영향을 주는 계절성의 존재를 가정한다. 이런 영향을 반영하기 위하여 계절성을 특성지우는 3개의 가변수를 다음과 같이 정의하기로 한다.

$$\begin{aligned}
z_{t1} &= \begin{cases} 1, t\text{번째 기간이 1/4분기인 경우} \\ 0, \text{그 외의 경우} \end{cases} \\
z_{t2} &= \begin{cases} 1, t\text{번째 기간이 2/4분기인 경우} \\ 0, \text{그 외의 경우} \end{cases} \\
z_{t3} &= \begin{cases} 1, t\text{번째 기간이 3/4분기인 경우} \\ 0, \text{그 외의 경우} \end{cases}
\end{aligned}$$

위의 가변수들은 다음의 R 코드를 이용하여 생성하고, 데이터 프레임에 추가할 수 있다.

6) 이는 개인이 가지는 잠재구매력를 재는 척도이다.

```
Q <- rep(1:4, 10)
Z1 <- as.numeric(Q == 1)
Z2 <- as.numeric(Q == 2)
Z3 <- as.numeric(Q == 3)
Ski <- cbind(Ski[,-1], Z1, Z2, Z3)
```

이에 대한 분석과 해석은 독자에게 남긴다. 이 데이터를 분석해 본 결과 실제로 두 개의 계절효과가 있음이 밝혀졌다(제9장에는 두 개의 계절에 대한 분석을 위해 하나의 가변수를 사용한 결과가 나와 있다). 이런 유형의 계절성을 분석하기 위해 가변수를 사용하는 경우에 관한 좀 더 상세한 토론 내용이 Kmenta(1986)에 주어져 있다.

6.7 회귀모수의 시간에 걸친 안정성

시간에 걸친 회귀계수의 안정성을 분석하거나 또는 구조적 변화를 검정하기 위해서도 가변수를 사용할 수 있다. 여기에서는 일정 시점과 그 시점 이후에 구해진 데이터가 모두 있을 경우에 대해 통상적인 회귀 문제를 확장시키는 과정을 살펴보기로 한다. 이런 식의 분석은 회귀관계가 시간에 대해 불변성을 가지느냐에 초점을 두고 있다. 여기에서 논의되는 방법은 시간 또는 공간별 비교가 필요할 때 적절하게 활용될 수 있을 것이며, 다중회귀에서 이분산성의 문제(제7장)와도 연관되어 있다. 여기에서 사용되는 데이터는 교육비 지출(Education Expenditure) 데이터로서 책의 웹사이트에서 찾을 수 있다(Edu.Expend.txt). 데이터는 다음의 R 명령줄을 이용하여 R의 작업공간에 불러올 수 있다.

```
Edu <- read.table("C:/Temp/RABE6/Edu.Expend.txt", sep = "\t",
                  header = TRUE)
head(Edu, 5)   # 데이터의 첫 5행을 출력
```

표 6.10 교육비 지출 데이터의 변수 설명

변수	설명
State	주 이름(약자)
Y	공공교육에 사용되는 개인의 교육비 지출
Year	1960, 1970, 1975
X_1	개인소득
X_2	1,000명당 18세 미만의 인구수
X_3	1,000명당 도심거주 인구수

데이터의 50개 주별로 측정된 변수에 대한 설명은 표 6.10에 주어져 있다. 변수 지역(Region)은 지리적 지역을 나타내는 범주형 변수이다.

1 = 북동부, 2 = 북중부, 3 = 남부, 4 = 서부.

이 데이터는 다중회귀에서 이분산성을 다루는 방법을 설명하기 위해 그리고 지역적 특성이 회귀관계에 미치는 영향을 분석하기 위해 제8장에 사용된다. 이 절에서는 시간에 대한 교육비 지출의 안정성에 초점을 맞추어 본다.

전체 4개의 변수에 대해 1960, 1970, 1975년에 걸쳐 얻은 50개 주의 데이터가 주어져 있다. 3개년 모두 똑같은 변수들로 규정되는 회귀관계를 가진다는 전제하에서,[7] 안정성의 분석은 시간에 대한 추정된 회귀계수의 변이를 평가함으로써 수행할 수 있을 것이다. 모두 150개(50개 주의 3년간 데이터)의 통합 데이터에 대하여 다음과 같이 3개년을 나타내는 2개의 가변수를 정의한다.

$$T_{i1} = \begin{cases} 1, i\text{번째 관측값이 1960년에 해당하는 경우} \\ 0, \text{그 외의 경우} \end{cases}$$
$$T_{i2} = \begin{cases} 1, i\text{번째 관측값이 1970년에 해당하는 경우} \\ 0, \text{그 외의 경우} \end{cases}$$

위의 2개의 가변수는 다음의 R 코드를 이용하여 생성하고, 데이터 프레임에 추가할 수 있다.

7) 여기에서 규정(specification)이라는 용어는 각 방정식에 동일한 변수들이 나타난다는 의미이다. 이러한 가정은 경험적으로 타당성이 입증되어야 한다.

```
T1 <- as.numeric(Edu$Year == 1960)
T2 <- as.numeric(Edu$Year == 1970)
Edu <- cbind(Edu, T1, T2)
```

이때 회귀모형은 다음과 같이 표현될 수 있다.

$$\begin{aligned} Y = \beta_0 &+ \beta_1 X_1 + \beta_2 X_2 + \beta_3 X_3 + \gamma_1 T_1 + \gamma_2 T_2 + \delta_1 T_1 \cdot X_1 \\ &+ \delta_2 T_1 \cdot X_2 + \delta_3 T_1 \cdot X_3 + \alpha_1 T_2 \cdot X_1 + \alpha_2 T_2 \cdot X_2 \\ &+ \alpha_3 T_2 \cdot X_3 + \epsilon. \end{aligned}$$

앞에서 정의된 가변수 T_1과 T_2를 이용하여 위의 모형을 연도별로 구분해서 다시 써보면

$$\begin{aligned} \text{For 1960}: \quad Y &= (\beta_0 + \gamma_1) + (\beta_1 + \delta_1) X_1 + (\beta_2 + \delta_2) X_2 \\ &\quad + (\beta_3 + \delta_3) X_3 + \epsilon, \\ \text{For 1970}: \quad Y &= (\beta_0 + \gamma_2) + (\beta_1 + \alpha_1) X_1 + (\beta_2 + \alpha_2) X_2 \\ &\quad + (\beta_3 + \alpha_3) X_3 + \epsilon, \\ \text{For 1975}: \quad Y &= \beta_0 + \beta_1 X_1 + \beta_2 X_2 + \beta_3 X_3 + \epsilon. \end{aligned}$$

과 같게 된다. 이미 언급한 바와 같이 이런 분석 방법은 회귀함수의 변이가 3년에 걸쳐 같다는 가정을 반드시 필요로 한다. 여기에서 관심의 대상이 되는 가설 중의 하나는

$$H_0 : \gamma_1 = \gamma_2 = \delta_1 = \delta_2 = \delta_3 = \alpha_1 = \alpha_2 = \alpha_3 = 0$$

로서, 이는 전체 조사 기간(1960-1975)에 걸쳐 회귀관계가 불변하다는 것을 의미한다. 앞에서 언급된 분석을 수행하는 것은 연습문제로서 독자에게 남긴다.

연습문제

6.1 식 (6.8)에 정의된 모형을 이용하여

(a) 통상적인 최소제곱 가정이 만족하는지를 검토하여라.

(b) F-검정을 이용하여 $H_0 : \gamma = 0$을 검정하여라.

(c) t-검정을 이용하여 $H_0 : \gamma = 0$을 검정하여라.

(d) 위의 두 검정이 동일함을 보여라.

6.2 (6.9)와 (6.10)의 F와 $t-$검정을 계산하고, 이를 바탕으로 결론을 서술하여라.

6.3 식 (6.12)에 정의된 모형을 이용하여

(a) 통상적인 최소제곱 가정이 만족하는지를 검토하여라.

(b) F-검정을 이용하여 $H_0 : \delta = 0$을 검정하여라.

(c) t-검정을 이용하여 $H_0 : \delta = 0$을 검정하여라.

(d) 위의 두 검정이 동일함을 보여라.

6.4 6.6절에 제시된 내용들을 이용하여 스키 판매액 데이터(Ski.Sales.txt)에 대한 분석을 수행하여라.

6.5 6.7절에 제시된 내용들을 이용하여 교육비 지출 데이터(Edu.Expend.txt)에 대한 분석을 수행하여라.

표 6.11 주당 급여 Y에 X(성별, 1=남자, 0=여자)를 적합시킨 회귀 결과

분산분석표				
요인	제곱합	자유도	평균제곱	F-검정
회귀	98.8313	1	98.8313	14
잔차	338.449	48	7.05101	
회귀계수표				
변수	계수	표준오차	t-검정	p-값
상수	15.58	0.54	28.8	<.0001
X_1	−2.81	0.75	−3.74	0.0005

6.6 고용전 검사 데이터에 대해 아래 분석을 위한 R 코드를 작성하여라.

(a) (6.6)의 F-검정 값을 계산하고 유의수준 5%하에서 p-값과 임계값을 찾아라.

(b) 표 6.9와 같은 결과를 생성하여라.

6.7 표 6.11은 n명의 종업원이 있는 회사의 자료에 모형 $Y = \beta_0 + \beta_1 X + \epsilon$을 적합하여 얻은 회귀결과이다. 여기에서 Y는 주급(단위: 100달러)이고 X는 성별이다. 성별은 남자는 1, 여자는 0으로 입력되었다.

(a) 이 자료에는 몇 명의 종업원이 있는가?

(b) Y의 분산을 계산하여라.

(c) $\overline{X}$=0.52일 때 $\overline{Y}$을 계산하여라.

(d) $\overline{X}$=0.52일 때 데이터에는 몇 명의 여성이 포함되어 있는가?

(e) Y 변동의 몇 퍼센트가 X에 의해서 설명되는가?

(f) Y와 X의 상관계수를 계산하여라.

(g) 추정된 회귀계수 $\hat{\beta}_1$을 해석하여라.

(h) 회사 종업원 중에서 무작위로 뽑힌 남자의 주급 추정치는 얼마인가?

(i) 회사 종업원 중에서 무작위로 뽑힌 여자의 주급 추정치는 얼마인가?

(j) β_1의 95% 신뢰구간을 계산하여라.

(k) 남자와 여자의 평균 주급이 같다는 가설을 검정하여라. [a. 귀무가설과 대립가설을 설정하고, b. 검정통계량을 제시하고, c. 임계값을 설정하고, d. 결론을 도출하여라.]

표 6.12 자동차 데이터에 3개 모형 적합 시 회귀 결과

분산분석표 1				
요인	제곱합	자유도	평균제곱	F-검정
회귀	4604.7	1	4604.7	253
잔차	1604.44	88	18.2323	
회귀계수표				
변수	계수	표준오차	t-검정	p-값
상수	−6.107	1.487	−4.11	0.0001
X_1	0.169	0.011	15.9	0.0001

분산분석표 2				
요인	제곱합	자유도	평균제곱	F-검정
회귀	4818.84	4	1204.71	73.7
잔차	1390.31	85	16.3566	
회귀계수표				
변수	계수	표준오차	t-검정	p-값
상수	−4.117	1.582	−2.6	0.0109
Horsepower	0.174	0.011	16.6	0.0001
USA	−3.162	1.351	−2.34	0.0216
Japan	−3.818	1.357	−2.81	0.0061
Germany	0.311	1.871	0.166	0.8682

분산분석표 3				
요인	제곱합	자유도	평균제곱	F-검정
회귀	4889.3	7	698.471	43.4
잔차	1319.85	82	16.0957	
회귀계수표				
변수	계수	표준오차	t-검정	p-값
상수	−10.882	4.216	−2.58	0.0116
Horsepower	0.237	0.038	6.21	0.0001
USA	2.076	4.916	0.42	0.6740
Japan	4.755	4.685	1.01	0.3131
Germany	11.774	9.235	1.28	0.2059
HP*USA	−0.052	0.042	−1.23	0.2204
HP*Japan	−0.077	0.041	−1.88	0.0631
HP*Germany	−0.095	0.066	−1.43	0.1560

6.8 자동차 가격은 엔진의 마력(HP)과 생산된 국가에 의존한다고 알려져 있다. 국가(Country) 변수는 4개의 범주(USA, Japan, Germany, Other)로 되어 있다. 국가변수를 회귀모형에 포함시키기 위해서 3개의 지시변수(USA, Japan, Germany)를 생성하였다. 추가적으로 마력과 국가 사이에 세 개의 교호작용 변수를 모형에 포함하였다(HP*USA, HP*Japan, HP*Germany). 세 개의 회귀모형을 적합한 결과가 표 6.12에 나타나 있으며 통상적인 회귀모형의 가정을 만족한다.

(a) 가격과 마력 사이의 상관계수를 계산하여라.
(b) 100마력 엔진을 가진 USA 자동차의 추정 가격은 얼마인가?
(c) 엔진의 마력이 동일하다는 가정에서 가장 비싼 자동차는 어느 국가에서 생산된 것인가? 이유는 무엇인가?
(d) 국가와 마력 사이의 교호작용이 있는지 검정하여라. 귀무가설, 대립가설, 검정통계량과 결론을 제시하여라.
(e) 자동차의 마력이 주어졌을 때, 국가가 가격의 예측에 중요한 변수인지 검정하여라. 귀무가설, 대립가설, 검정통계량과 결론을 제시하여라.
(f) 국가 범주의 수를 축소할 수 있는가? 그렇다면 어떠한 범주들을 하나의 범주로 합칠 수 있는가?
(g) 마력이 동일하다는 가정하에서, USA와 Japan 자동차 가격이 동일함을 검정하는 검정통계량의 식을 기술하여라.

6.9 더 많은 옥수수를 생산할 수 있는지를 알아보기 위하여 세 종류의 비료를 시험하였다. 40개의 유사한 토지 구획이 사용 가능하였다. 40개의 구획은 4개의 집단으로 랜덤하게 구분되었고, 각 집단에 10개씩의 구획이 할당되었다. 집단 4에 있는 옥수수에는 비료가 주어지지 않았으며, 이는 대조집단의 역할을 할 것이다. 표 6.13은 40개의 각 구획에 대한 옥수수 생산량 y_{ij}를 제시한다.

(a) 각 비료에 대하여 하나씩 세 개의 지시변수 F_1, F_2, F_3을 만들어라.
(b) 모형 $y_{ij} = \mu_0 + \mu_1 F_{i1} + \mu_2 F_{i2} + \mu_3 F_{i3} + \epsilon_{ij}$를 적합하여라.
(c) 평균적으로 세 종류의 비료 중 어느 것도 옥수수 생산량에 영향을 미치지 않는다는 가설을 검정하여라. 검정될 가설, 검정법, 5% 유의수준하에서의 결론을 구체화하여라.
(d) 평균적으로 세 종류의 비료가 옥수수 생산량에 미치는 영향이 같으나 대조집단의 그것과는 다르다는 가설을 검정하여라. 검정될 가설, 검정법, 5% 유의수준하에서의 결론을 구체화하여라.
(e) 세 종류의 비료 중 어느 것이 옥수수 생산량에 가장 큰 영향을 미치는가?

표 6.13 비료집단에 의한 옥수수 생산량

비료1	비료2	비료3	대조집단
31	27	36	33
34	27	37	27
34	25	37	35
34	34	34	25
43	21	37	29
35	36	28	20
38	34	33	25
36	30	29	40
36	32	36	35
45	33	42	29

6.10 대통령 선거 데이터(1916~1996): 이 데이터는 Yale 대학교의 Ray Fair 교수에 의하여 제공된 것이다. 그는 미국의 대통령 선거에서 어느 한 후보자의 득표율은 3개의 거시경제적 변수, 현직 대통령에 관련된 변수, 그리고 선거가 전쟁 중에 실시되었는지 아니면 전쟁 후에 실시되었는지를 나타내는 지시변수 등에 의해 상당히 정확히 예측될 수 있음을 지적하였다. 이에 관한 변수들의 내역은 표 6.14에 주어져 있다. 데이터는 이 책의 웹사이트에서 찾을 수 있다(Election.txt). 데이터에 다음과 같은 초기 모형을 적합하는 것을 고려하자.

$$V = \beta_0 + \beta_1 I + \beta_2 D + \beta_3 W + \beta_4 (G \cdot I) + \beta_5 P + \beta_6 N + \epsilon. \tag{6.15}$$

(a) 식 (6.15)에 D의 값에 따른 가능한 3가지 회귀모형을 쓰고, D의 회귀계수 β_2를 해석하여라.

표 6.14 대통령 선거 데이터(1916~1996)에 대한 변수들

변수	정의
Year	선거 연도
V	(민주/공화) 양당 투표에서 민주당의 득표율
I	지시변수. 현직자가 민주당 소속인 경우 = 1, 현직자가 공화당 소속인 경우 = −1
D	범주형 변수. 민주당 현직자가 입후보한 경우 = 1. 공화당 현직자가 입후보한 경우 = −1, 그렇지 않으면 0
W	지시변수. 1920, 1944, 1948년 대하여는 1, 그렇지 않으면 0
G	선거 당해년의 첫 3분기에서 실질 1인당 GDP 성장률(%)
P	현 행정부의 첫 15분기에서 GDP 성장률의 절댓값(%)
N	현 행정부의 첫 15분기에서 실질 1인당 GDP 성장률이 3.2% 이상인 분기의 수

(b) 위의 모형에서 변수 I를 보유할 필요가 있는가?
(c) 위의 모형에서 상호작용 변수 $(G \cdot I)$를 보유할 필요가 있는가?
(d) 미래의 대통령 선거 결과를 잘 예측할 수 있을 것으로 기대되는 최적의 모형을 도출하여 보아라. 필요하다면 상호작용 항들을 포함시켜라.

6.11 연습문제 6.10의 대통령 선거 데이터에서, D는 세 개의 범주를 가진 범주형 변수이다. 다음과 같이 D를 두 개의 가변수로 변환하자.

D_1=1 (if D=1), D_1=0 (if $D \neq 1$)

D_2=1 (if D=-1), D_2=0 (if $D \neq$-1)

그러면 모형 (6.15)는 다음과 같이 쓸 수 있다.

$$V = \beta_0 + \beta_1 I + \alpha_1 D_1 + \alpha_2 D_2 + \beta_3 W + \beta_4 (G \cdot I) + \beta_5 P + \beta_6 N + \epsilon \quad (6.16)$$

(a) 식 (6.16)을 세 개의 D 값에 각각 대응되는 회귀식으로 표현하고 D_1과 D_2의 회귀계수를 해석하여라.
(b) 모형 (6.16)은 식 (6.15)에서 $\alpha_1 = -\alpha_2$를 가정함으로써 얻어질 수 있음을 보여라.
(c) 데이터는 $\alpha_1 = -\alpha_2$의 가정을 뒷받침하는가?

6.12 1.3.6절에서 소개한 신업생산 데이터(ndustrial.Production.txt)를 사용하여 아래 물음에 답하여라.

(a) 광택 작업 시간과 제품의 직경, 제품 종류(Bowl, Casserole, Dish, Tray, Plate) 사이의 연관관계를 살펴보라. 범주들에 따라 연관관계도 달라지는가?
(b) 광택 작업 시간은 비용 면에서 중요한 요소이다. 가격과 제품 종류, 광택 작업 시간, 제품의 지름 간의 관계를 설명하는 회귀모형을 구축하여라.

6.13 한 통계학 과목을 수강하는 모든 학생에 대한 개인정보가 수집되었다. 학생들의 나이(년), 키(인치), 체중(파운드)이 데이터에 포함되어 있고(Class.data.txt), 이는 이 책의 웹사이트에서 찾을 수 있다. 각 학생의 성은 여자에 대하여 1, 남자에 대하여 0으로 입력되었다. 학생들의 키와 몸무게의 관계를 연구하고자 한다. 몸무게가 반응변수로, 키가 예측변수로 취해졌다.

(a) 변수들의 역할에 동의하는가? 아니면 역할이 바뀌어야 한다고 생각하는가?

(b) 두 집단의 학생들에 대한 키와 몸무게의 관계를 하나의 방정식으로 묘사할 수 있는가? 통합 데이터에 그 모형을 적합하고 표준화잔차를 검사하여라.

(c) 학생들의 키와 몸무게의 관계를 묘사하는 최적의 모형을 찾아라. 이 장에서 설명된 상호작용변수와 방법론을 이용하여라.

(d) 몸무게를 예측하기 위한 변수로서 나이를 포함시켜야 한다고 생각하는가? 대답에 대한 직관적 견해를 제시하여라.

⊙ 부록: 6.A SAS 코드

```
LIBNAME mysas "C:\temp\SAS_Data";

/*****************************
* 6.2
*****************************/

PROC IMPORT DATAFILE="C:\temp\RABE6\Salary.Survey.txt" OUT=mysas.Salary
            DBMS=TAB REPLACE;
RUN;

DATA mysas.Salary;
    SET mysas.Salary;
    IF E=1 THEN E1=1; ELSE E1=0; IF E=. THEN E1=.;
    IF E=2 THEN E2=1; ELSE E2=0; IF E=. THEN E2=.;
    IF E=3 THEN E3=1; ELSE E3=0; IF E=. THEN E3=.;
RUN;

/* 표 6.2, 그림 6.1 */

SYMBOL V=DOT CV=BLUE H=1;
PROC REG DATA=mysas.Salary;
    MODEL S = X E1 E2 M / P R;
    PLOT STUDENT.*X / VREF=-2, 0, 2 LVREF=3;
    OUTPUT OUT=regout STUDENT=sres;
RUN; QUIT;

/*****************************
* 6.3
*****************************/

/* 그림 6.2 */

DATA regout;
    SET regout;
    IF E=1 AND M=0 THEN category=1;
    ELSE IF E=1 AND M=1 THEN category=2;
    ELSE IF E=2 AND M=0 THEN category=3;
    ELSE IF E=2 AND M=1 THEN category=4;
    ELSE IF E=3 AND M=0 THEN category=5;
    ELSE IF E=3 AND M=1 THEN category=6;
RUN;
```

```
SYMBOL1 V=1 CV=RED; SYMBOL2 V=2 CV=BLUE;
SYMBOL3 V=3 CV=RED; SYMBOL4 V=4 CV=BLUE;
SYMBOL5 V=5 CV=RED; SYMBOL6 V=6 CV=BLUE;
PROC GPLOT DATA=regout;
    PLOT sres*X=category;
RUN;

SYMBOL V=DOT CV=BLUE H=1;
PROC GPLOT DATA=regout;
    PLOT sres*category;
RUN;

/* 표 6.3, 그림 6.3 */

DATA mysas.Salary;
    SET mysas.Salary;
    E1_M = E1*M;
    E2_M = E2*M;
RUN;

SYMBOL V=DOT CV=BLUE H=1;
PROC REG DATA=mysas.Salary;
    MODEL S = X E1 E2 M E1_M E2_M / P R;
    PLOT STUDENT.*X / VREF=-2, 0, 2 LVREF=3;
    OUTPUT OUT=regout STUDENT=sres;
RUN; QUIT;

/* 표 6.4, 그림 6.4 */

DATA mysas.Salary_A;
    SET mysas.Salary;
    IF _N_=33 THEN DELETE;
RUN;

SYMBOL V=DOT CV=BLUE H=1;
PROC REG DATA=mysas.Salary_A;
    MODEL S = X E1 E2 M E1_M E2_M / P R CLB;
    PLOT STUDENT.*X / VREF=-2, 0, 2 LVREF=3;
    OUTPUT OUT=regout STUDENT=sres;
RUN; QUIT;

/* 그림 6.5 */

DATA regout;
```

```
    SET regout;
    IF E=1 AND M=0 THEN category=1;
    ELSE IF E=1 AND M=1 THEN category=2;
    ELSE IF E=2 AND M=0 THEN category=3;
    ELSE IF E=2 AND M=1 THEN category=4;
    ELSE IF E=3 AND M=0 THEN category=5;
    ELSE IF E=3 AND M=1 THEN category=6;
RUN;

SYMBOL1 V=1 CV=RED; SYMBOL2 V=2 CV=BLUE;
SYMBOL3 V=3 CV=RED; SYMBOL4 V=4 CV=BLUE;
SYMBOL5 V=5 CV=RED; SYMBOL6 V=6 CV=BLUE;
PROC GPLOT DATA=regout;
    PLOT sres*X=category;
RUN;

SYMBOL V=DOT CV=BLUE H=1;
PROC GPLOT DATA=regout;
    PLOT sres*category;
RUN;

/* 표 6.5 */

DATA Salary_T;
    INPUT X E M;
    IF E=1 THEN E1=1; ELSE E1=0;
    IF E=2 THEN E2=1; ELSE E2=0;
    E1_M = E1*M;
    E2_M = E2*M;
CARDS;
0 1 0
0 1 1
0 2 0
0 2 1
0 3 0
0 3 1
;
RUN;

DATA Salary_T;
    SET mysas.Salary_A Salary_T;
RUN;
```

```
PROC REG DATA=Salary_T;
    MODEL S = X E1 E2 M E1_M E2_M / P R CLM CLI;
RUN; QUIT;

/******************************
* 6.4
******************************/

PROC IMPORT DATAFILE="C:\temp\RABE6\Preemployment.txt" OUT=mysas.Preemployment
            DBMS=TAB REPLACE;
RUN;

/* 표 6.7, 그림 6.7, 그림 6.9 */

SYMBOL V=DOT H=1 C=BLUE;
PROC REG DATA=mysas.Preemployment;
    VAR Race;
    MODEL Jperf = Test;
    PLOT STUDENT.*Test STUDENT.*Race;
RUN; QUIT;

/* 표 6.8, 그림 6.8 */

DATA mysas.Preemployment;
    SET mysas.Preemployment;
    Race_Test = Race*Test;
RUN;

PROC REG DATA=mysas.Preemployment;
    MODEL Jperf = Test Race Race_Test;
    PLOT STUDENT.*Test;
    TEST Race=0, Race_Test=0;
RUN; QUIT;

/* 표 6.9, 그림 6.10, 그림 6.11 */

PROC SORT DATA=mysas.Preemployment;
    By Race;
RUN;

PROC REG DATA=mysas.Preemployment;
    BY Race;
    MODEL Jperf = Test;
    PLOT STUDENT.*Test;
RUN; QUIT;
```

```
/* 6.4.2 */

PROC REG DATA=mysas.Preemployment;
    MODEL Jperf = Test Race;
    PLOT STUDENT.*Test;
    TEST Race=0;
RUN; QUIT;

/* 6.4.3 */

PROC REG DATA=mysas.Preemployment;
    MODEL Jperf = Test Race_Test;
    PLOT STUDENT.*Test;
    TEST Race_Test=0;
RUN; QUIT;

/******************************
* 6.6
******************************/

PROC IMPORT DATAFILE="C:\temp\RABE6\Ski.Sales.txt" OUT=mysas.Ski
            DBMS=TAB REPLACE;
RUN;

DATA mysas.Ski;
    SET mysas.Ski;
    Q = SUBSTR(Date,2,1);
    IF Q='1' THEN Z1=1; ELSE Z1=0;
    IF Q='2' THEN Z2=1; ELSE Z2=0;
    IF Q='3' THEN Z3=1; ELSE Z3=0;
RUN;

/******************************
* 6.7
******************************/

PROC IMPORT DATAFILE="C:\temp\RABE6\Edu.Expend.txt" OUT=mysas.Edu
            DBMS=TAB REPLACE;
RUN;

DATA mysas.Edu;
    SET mysas.Edu;
    IF Year=1960 THEN T1=1; ELSE T1=0;
    IF Year=1970 THEN T2=1; ELSE T2=0;
RUN;
```

Chapter 07

변수변환

Transformation of Variables

7.1 소개

항상 데이터가 분석에 즉시 사용될 수 있도록 되어 있는 것은 아니다. 따라서 분석을 수행하기에 앞서 종종 변수들을 변환해야만 한다. 선형성 또는 정규성의 확보, 분산의 안정화와 같은 어떤 목적을 달성하기 위하여 변환이 적용된다. 어떤 경우에는 원래의 변수들보다는 변환된 변수들에 선형회귀모형을 적합할 필요도 있는데, 실제 문제에서 이런 경우는 매우 흔하다. 이 장에서는 변수변환이 필요한 상황, 변환 가능한 선택, 변환된 데이터에 대한 분석 등을 설명한다.

여기에서는 주로 단순회귀를 이용하여 변환의 사례를 들 것이다. 여러 개의 예측변수들이 있는 다중회귀에서는 어떤 변수들에는 변환이 필요하고 다른 변수들에는 그렇지 않을 수 있다. 유사한 기법이 다중회귀에 적용될 수 있지만, 다중회귀에서의 변환에는 더 많은 노력과 주의가 필요하다.

데이터에 변환이 필요한 이유는 원래의 변수들 또는 원래의 변수들의 항으로 구성된 모형이 표준적인 회귀의 가정들을 위반하기 때문이다. 가장 흔하게 위반되는 가정은 고려하는 모형의 선형성과 오차분산들의 동일성이다. 제2장과 제3장에서 언급된 바와 같이, 선형회귀모형에서 "선형"이라고 함은 변수 간의 선형관계라기보다는 가정된 회귀모형이 회귀모수에 대해 선형적임을 의미하는 것이다. 예를 들어, 다음 네 개의 모형들은 선형이다.

$$
\begin{aligned}
Y &= \beta_0 + \beta_1 X + \epsilon, \\
Y &= \beta_0 + \beta_1 X + \beta_2 X^2 + \epsilon, \\
Y &= \beta_0 + \beta_1 \log X + \epsilon, \\
Y &= \beta_0 + \beta_1 \sqrt{X} + \epsilon.
\end{aligned}
$$

왜냐하면 이 모형들은 모두 회귀모수 $\beta_0, \beta_1, \beta_2$에 대해 선형이기 때문이다. 반면에 다음 모형

$$Y = \beta_0 + e^{\beta_1 X} + \epsilon$$

은 모수 β_1에 대해 선형 꼴이 아니기 때문에 비선형모형이 된다. 고려하는 변수 간의 관계가 표준적인 선형회귀모형의 형태를 가지지 않을 경우 원래의 변수 대신 이들을 변환한 변수들을 통해 분석하면 될 것이다. 변수변환이 필요하게 되는 몇 가지 이유들을 다시 요약해 보면 다음과 같다.

1. 이론적인 측면에서 규정되는 모형이 비선형이나 적절한 변수변환에 의해 이를 선형모형으로 바꿀 수 있는 경우이다. 학습이론(실험심리) 분야의 한 예로서 어떤 (학습) 임무를 반복적으로 수행할 때 i번째 수행에서 걸리는 시간 T_i는 이론적으로 다음

$$T_i = \alpha\beta^i, \quad \alpha > 0, \quad 0 < \beta < 1 \tag{7.1}$$

과 같은 관계를 가진다고 하자. 이 경우 T_i와 i의 관계는 모수 α, β에 관해 비선형이 되므로 선형회귀분석에서의 기법을 직접 적용할 수 없다. 반면에 위 모형의 양변에 로그를 취하면 다음을 얻게 되는데,

$$\log T_i = \log\alpha + i\log\beta, \tag{7.2}$$

$Y_i = \log T_i, \beta_0 = \log\alpha, \beta_1 = \log\beta, X_i = i$로 변환시키면 식 (7.2)는 $Y_i = \beta_0 + \beta_1 X_i$가 되어 모수 β_0, β_1에 관해 선형꼴이므로, 이제 여기에 표준적인 회귀방법들을 사용할 수 있게 된다. 즉, 원래 변수들의 관계는 비선형이지만 변화된 변수들 사이의 관계는 선형이다. 이와 같이 적합모형의 선형성을 위하여 변환이 필요하다.

2. 반응변수 Y에 대한 분산이 평균에 의존하는 확률분포를 가지는 경우가 있다. 통상 반응변수 Y의 평균이 예측변수 X와 관계를 가지게 되므로, 만일 Y의 분산이 그의 평균에 의존한다면 이는 더 이상 상수가 아니고 X에 따라 변하게 될 것이다. 통상적으로 이런 경우 Y는 정규분포를 따르지 않는다. 그런데 회귀분석에서 대부분의 기본적인 유의성 검정은 Y(혹은 오차항 ϵ)의 정규성 가정하에서 성립하므로 이와 같은 비정규성은 문제가 될 수 있다(표본이 큰 경우에 이는 주문제가 아닐 수 있지만). 이처럼 반응변수 혹은 오차항의 분산이 예측변수들이 취하는 상태에 따라 서로 다르게 되어 회귀모형의 기본가정 중의 하나인 등분산성을 위반할 경우, 회귀모수에 대한 추정량들은 그의 불편성(unbiasedness)은 유지되지만 정확성(precision)의 관점에서는 더 이상 최적

추정량이 아니다. 이때 변수변환기법을 이용하여 데이터가 등분산성과 정규성을 동시에 가지도록 할 수 있다. 실제로 오차항이 등분산성을 가지도록 하는 **분산안정화 변환**(variance-stabilizing transformation)은 많은 경우에 정규성도 어느 정도 만족시키게 한다는 사실이 알려져 있다.

3. 어떤 상황에서 특정 변수변환이 유용하다는 식으로 사전에 그 변환방법을 구체적으로 지정할 수 있는 이론적인 근거가 있는 경우는(몇 가지 특수한 상황을 제외하고는) 많지 않다고 할 수 있다. 실제 변환의 필요성과 방법은 주로 모형적합의 과정에서 구한 잔차를 검토함으로써 알 수 있다.

이들에 대한 구체적인 사례들은 다음 절들에서 다루기로 한다.

7.2 선형성을 위한 변환들

앞서 언급한 바와 같이 선형회귀분석에 수반된 기본가정들 중의 하나는 데이터를 묘사하는 회귀모형의 형태가 변수들 간의 선형적 관계를 가져야 하며, 동시에 회귀모수에 관해 선형적이어야 한다는 것이다. 이론적인 근거로부터 또는 Y와 예측변수 X_j의 산점도를 검토함으로써 두 변수의 관계가 비선형적임을 알게 될 경우가 있다. 그런데 비선형모형들 중에는 적절한 변수변환을 통하여 선형모형으로 바꿀 수 있는 것들도 있다. 표 7.1에는 선형화될 수 있는 모형들이 제시되고 있으며, 이들 각각에 대한 그래프도 그림 7.1~7.4에 주어져 있다.

만일 두 변수의 플롯에서 뚜렷한 곡선적 추세가 발견되면, 그림 7.1~7.4에 주어진 것과 같은 선형화가 가능한 함수들 중의 어느 하나를 선택하여 이에 따른 변환을 고려할 수도 있을 것이다. 그러나 선형화할 수 없는 단순한 비선형모형들도 많이 있다. 예컨대, 수정지수(modified exponential) 곡선 $Y = \alpha + \beta\delta^X$이나

$$Y = \alpha_1 e^{\theta_1 X} + \alpha_2 e^{\theta_2 X}$$

표 7.1 선형화가 가능한 함수와 연관된 변환

함수	변환	선형 형태	그림
$Y=\alpha X^{\beta}$	$Y'=\log Y,\ X'=\log X$	$Y'=\log\alpha+\beta X'$	그림 7.1
$Y=\alpha e^{\beta X}$	$Y'=\ln Y$	$Y'=\ln\alpha+\beta X$	그림 7.2
$Y=\alpha+\beta\log X$	$X'=\log X$	$Y=\alpha+\beta X'$	그림 7.3
$Y=\dfrac{X}{\alpha X-\beta}$	$Y'=\dfrac{1}{Y},\ X'=\dfrac{1}{X}$	$Y'=\alpha-\beta X'$	그림 7.4(a)
$Y=\dfrac{e^{\alpha+\beta X}}{1+e^{\alpha+\beta X}}$	$Y'=\ln\dfrac{Y}{1-Y}$	$Y'=\alpha+\beta X$	그림 7.4(b)

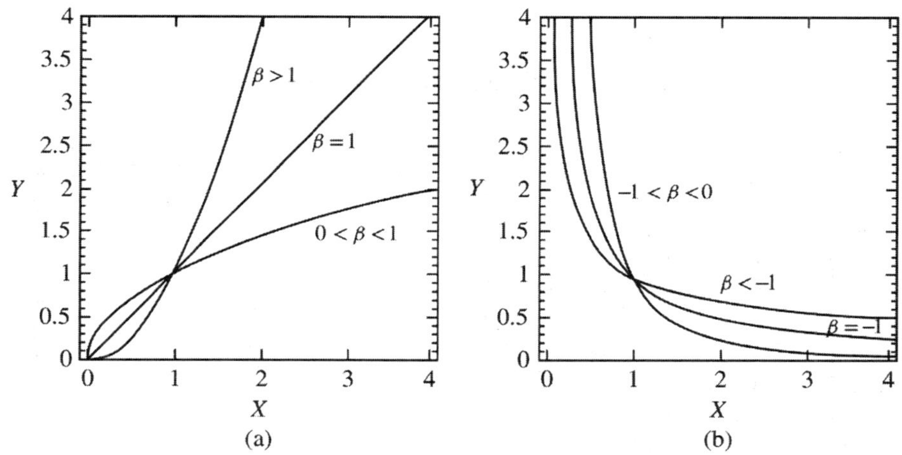

그림 7.1 선형화가 가능한 함수의 그래프: $Y=\alpha X^{\beta}$

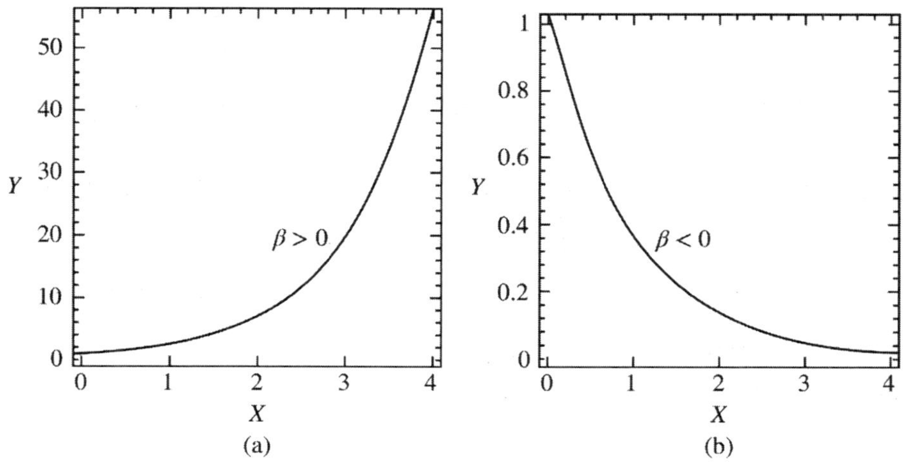

그림 7.2 선형화가 가능한 함수의 그래프: $Y=\alpha e^{\beta X}$

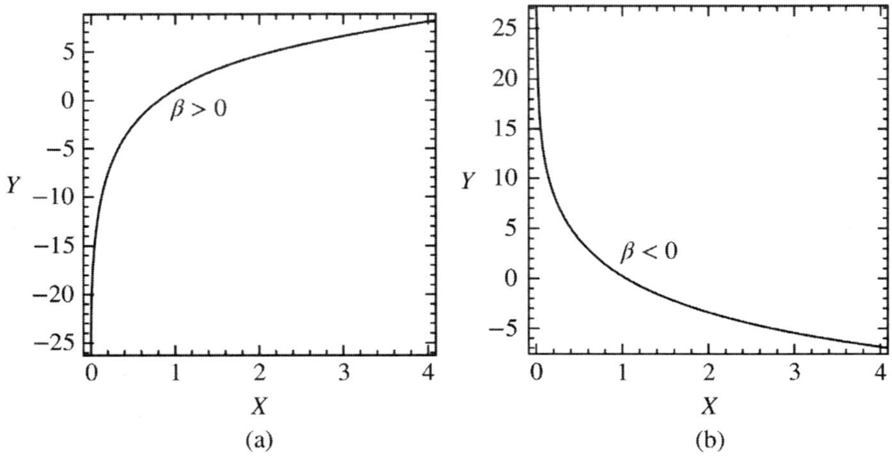

그림 7.3 선형화가 가능한 함수의 그래프: $Y = \alpha + \beta \log X$

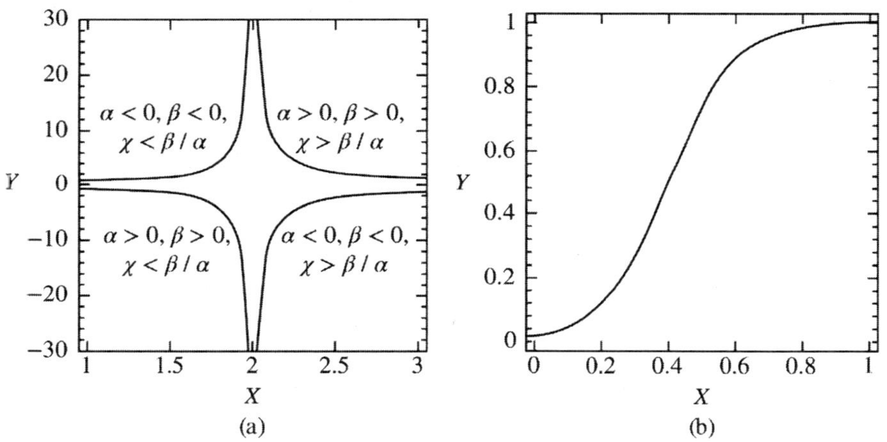

그림 7.4 선형화가 가능한 함수의 그래프: (a) $Y = X/(\alpha X - \beta)$, (b) $Y = (e^{\alpha + \beta X})/(1 + e^{\alpha + \beta X})$

와 같이 두 지수함수의 선형합 등은 간단한 예가 된다. 이런 선형화될 수 없는 비선형모형을 적합하기 위해서는 이 책에 포함된 내용과는 아주 다른 방법들을 사용해야 한다. 여기에서는 이를 다루지 않을 것이며, 이 부분에 관심이 있는 독자들은 Watts(1988), Seber & Wild(1989), Ratkowsky(1990)을 참고하기 바란다.

다음의 예는 이론적인 관점에서는 비선형모형이지만, 선형화가 가능하므로 이에 따라 변수변환을 시킨 후에 회귀분석을 시도한 것이다.

7.3 X-선 방사에 의한 박테리아 사망률

표 7.2에 주어진 데이터는 어떤 해양 박테리아에 200킬로볼트 X-선을 6분 간격으로 $t = 1$부터 15구간까지 노출시킨 실험에서 얻은 결과이다. 이 데이터는 이 책의 웹사이트에서도 찾을 수 있다(Bacteria.txt).[1] 데이터는 다음의 R 명령줄을 이용하여 R의 작업공간에 불러올 수 있다.

```
Bacteria <- read.table("C:/Temp/RABE6/Bacteria.txt", sep = "\t",
                        header = TRUE)
head(Bacteria, 5)   # 데이터의 첫 5행을 출력
```

이 데이터에는 n_t = 생존하는 박테리아의 수(100마리 단위)와 노출시간(t)이 주어져 있다. 이 분야의 이론에 의하면 각 박테리아에는 하나의 생명중심체가 있고 이것이 X-선에 맞았을 때 그 박테리아는 죽게 되며, 생존한 박테리아 수의 로그값은 노출시간에 대해 직선적 관계를 가진다고 한다.

즉, 노출시간 t 후에 생존한 박테리아의 수를 n_t라고 하면, 두 변수 사이에는 다음 관계가 성립한다.

$$n_t = n_0 e^{\beta_1 t}, \quad t \geq 0, \tag{7.3}$$

여기에서 모수 n_0는 실험을 시작할 시점($t = 0$)에서의 박테리아의 수이고, β_1은 감소율

표 7.2 생존하는 박테리아의 수(100마리 단위)

t	n_t	t	n_t	t	n_t
1	355	6	106	11	36
2	211	7	104	12	32
3	197	8	60	13	21
4	166	9	56	14	19
5	142	10	38	15	15

1) http://www.aucegypt.edu/faculty/hadi/RABE6

을 의미한다. 식 (7.3)의 양변에 자연로그를 취하면 다음을 얻는다.

$$\ln n_t = \ln n_0 + \beta_1 t = \beta_0 + \beta_1 t, \tag{7.4}$$

여기에서 $\beta_0 = \ln n_0$이고, $\ln n_t$는 t에 대해 선형함수의 형태가 된다. 이제 랜덤오차 ϵ_t를 사용하면 식 (7.4)의 선형모형은

$$\ln n_t = \beta_0 + \beta_1 t + \epsilon_t \tag{7.5}$$

의 형태가 되고, 이제 여기에 관련된 회귀모수 $\beta_0(\ln n_0)$와 β_1을 추정하기 위해 최소제곱법을 응용하면 될 것이다.

위와 같이 변환된 모형 (7.5)가 가법(additive)모형이기 위해서는 오차항 ϵ_t가 원래모형 (7.3)에서는 곱의 형태로 표현되어야 한다. 즉, 원래모형에서 오차항 $\epsilon_t{}'$가 다음과 같이 곱의 형태로 되어 있을 경우,

$$n_t = n_0 e^{\beta_1 t} \epsilon_t{}' \tag{7.6}$$

두 식 (7.5)와 (7.6)을 비교하면 $\epsilon_t = \ln \epsilon_t{}'$가 될 것이다. 이 모형에 최소제곱법을 사용하여 통계적 추론을 시도하기 위해서는 통상 ϵ_t의 정규성이 요구되며 이는 곧 $\epsilon_t{}'$가 로그정규분포에 따르는 것을 의미하게 된다.[2] 실제 회귀분석에서는 변환된 모형에 데이터를 적합한 후 얻어진 잔차를 일단 살펴본 다음, 모형에 대한 가정들이 적절한가를 검토하게 된다. 따라서 일반적으로 원래모형에서의 랜덤오차 부분인 $\epsilon_t{}'$에 대한 검토는 시도되지 않는다.

7.3.1 선형모형의 부적절성

첫 단계는 원래 데이터에 대하여 n_t 대 t의 플롯을 그려보는 것이다. 그림 7.5에 나타난 플롯은 n_t와 t의 관계가 비선형임을 보여주고 있다.[3]

```
plot(N_t ~ t, data = Bacteria, pch = 19)   # 그림 7.5
```

2) $\ln Y$가 정규분포를 따를 때 확률변수 Y는 로그정규분포를 따른다고 한다.
3) 이 책에 있는 모든 그래프의 생성 R 코드는 웹사이트에서 확인할 수 있다.
http://www.aucegypt.edu/faculty/hadi/RABE6

그러나 이런 데이터에 회귀모형을 잘못 선택하여 생기는 결과를 설명하기 위하여 우선 다음과 같은 단순선형모형을 적합하여 보자. 즉, 변수변환을 고려하기 전의 원래 모형은 다음과 같다.

$$n_t = \beta_0 + \beta_1 t + \epsilon_t \tag{7.7}$$

여기에서 β_0와 β_1은 모집단 회귀계수이며, ϵ_t는 서로 상관되어 있지 않은 평균이 0이고 분산이 동일한 랜덤오차라고 가정한다. 모수 β_0와 β_1에 대한 최소제곱추정치와 그들의 표준오차 그리고 결정계수(R^2) 값이 표 7.3에 주어져 있다.

```
reg1 <- lm(N_t ~ t, data = Bacteria)
summary(reg1)   # 표 7.3

r <- rstandard(reg1)
plot(Bacteria$t, r, pch = 19)   # 그림 7.6
abline(h = c(-2,0,2), lty=2)
```

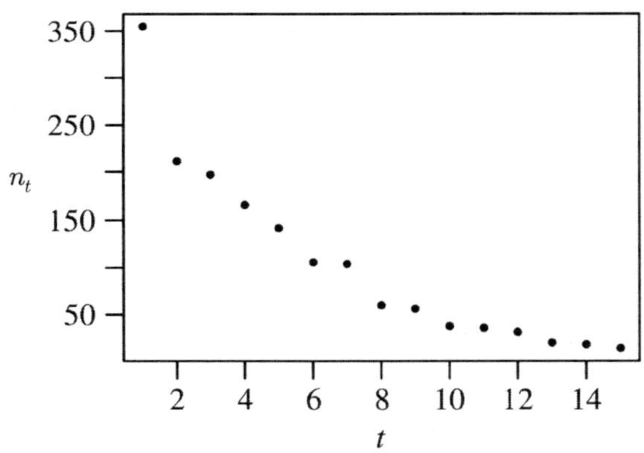

그림 7.5　n_t 대 시간 t의 플롯

표 7.3　모형 (7.7)로부터 추정된 회귀계수

변수	계수	표준오차	t-검정	p-값
상수	259.58	22.73	11.42	<.0001
시간(t)	-19.46	2.50	-7.79	<.0001
	$n = 15$	$R^2 = 0.823$	$\hat{\sigma} = 41.83$	df = 13

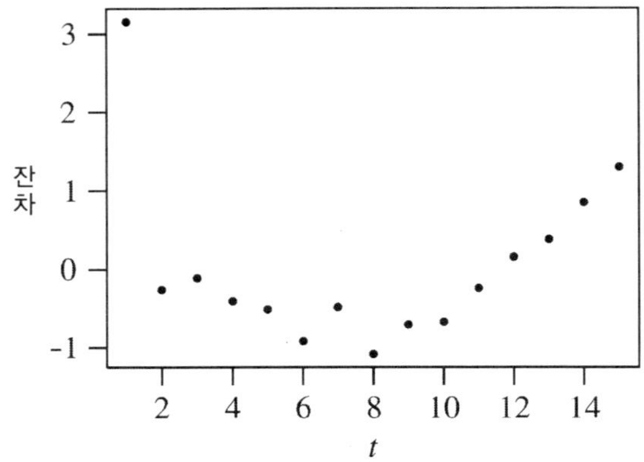

그림 7.6　모형 (7.7)로부터 얻은 표준화잔차 대 시간 t의 플롯

여기에서 노출시간 t에 대한 회귀계수가 유의하고 R^2의 값이 높음에도 불구하고 이 데이터에 대한 선형모형은 적절하지 않다. 왜냐하면 n_t 대 t의 플롯에서 시간(t)의 값이 큰 경우 선형성에서 상당히 벗어남을 보이고 있기 때문이다(그림 7.5). 이러한 현상은 시간에 대한 표준화잔차들의 플롯(그림 7.6)을 보면 더 명료하게 나타남을 알 수 있다. 이 잔차플롯은 매우 특이한 형태를 보이고 있다. t = 2부터 t = 11까지의 잔차는 모두 음(-)인 데 비해 t = 12부터 t = 15까지는 모두 양(+)이 될 뿐 아니라, 특히 t = 1에 대한 관측값이 매우 큰 잔차를 가지므로 일단 이 자료점은 특이값으로 판단된다. 이와 같이 잔차플롯이 어떤 체계적인 형태를 나타낸다는 사실은, 곧 이 데이터에 대한 선형모형이 적합하지 못함을 입증해 주고 있다고 할 수 있다.

7.3.2 선형성을 위한 로그변환

이 데이터의 경우 변수 n_t와 t 간의 비선형관계가 뚜렷이 보이므로, 이제 이 분야에서의 이론적 내용과 그림 7.7의 선형성에 근거하여 변환된 변수 $\ln n_t$를 기초로 하는 회귀분석을 시도하여 보기로 한다.

```
Bacteria$ln.N_t <- log(Bacteria$N_t)
plot(ln.N_t ~ t, data = Bacteria, pch = 19)   # 그림 7.7

reg2 <- lm(ln.N_t ~ t, data = Bacteria)
summary(reg2)   # 표 7.4
```

```
r <- rstandard(reg2)
plot(Bacteria$t, r, pch = 19)   # 그림 7.8
abline(h = c(-2,0,2), lty=2)
```

표 7.4 설명변수 시간 t에 대한 $\ln n_t$의 회귀로부터 추정된 회귀계수

변수	계수	표준오차	t-검정	p-값
상수	5.973	0.0598	99.9	<.0001
시간(t)	−0.218	0.0066	−33.2	<.0001
	$n = 15$	$R^2 = 0.988$	$\hat{\sigma} = 0.11$	df = 13

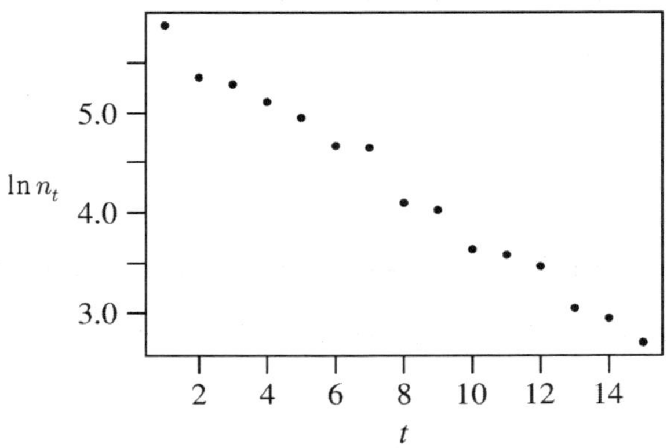

그림 7.7 $\ln n_t$ 대 시간 t의 플롯

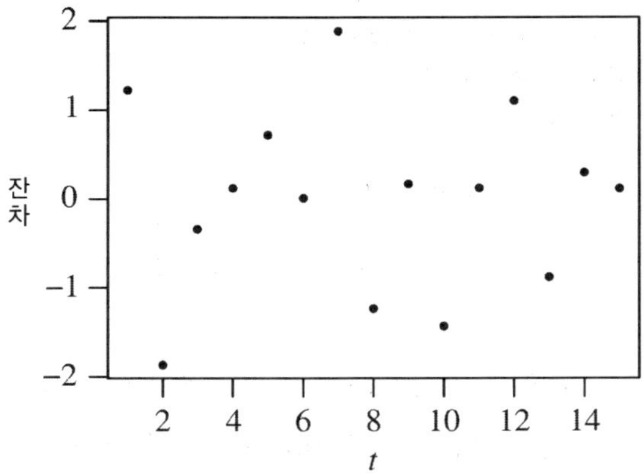

그림 7.8 변화된 후의 표준화잔차 대 시간 t의 플롯

노출시간 t에 대한 $\ln n_t$의 플롯은 일단 선형적인 모습을 보이므로 여기에서는 로그변환이 적절해 보인다. 식 (7.5)에 대한 적합결과는 표 7.4에 주어져 있다. 여기에서 회귀계수는 모두 매우 유의적이며 표준오차들도 앞에서의 경우보다 훨씬 줄어들어 있으며, 데이터가 가지는 전체변이 중 거의 99%가 이 모형에 의해서 설명되고 있음을 알 수 있다. 노출시간 t에 대한 표준화잔차가 그림 7.8에 주어져 있다. 잔차들의 분포에도 특별히 체계적인 형태가 없이 대체적으로 만족스럽게 보인다. 따라서 X-선 방사에 따른 박테리아 데이터의 경우 $\ln n_t$가 t에 선형관계가 있다는 가정은 데이터에 의해 잘 확증되고 있다고 할 수 있다.

변환된 변수를 대상으로 회귀분석을 시도하는 경우 원래 회귀모수에 대한 추정은 다음 예에서와 같이 처리하면 된다. 즉, β_1의 최소제곱추정치는 -0.218이며 그의 95% 신뢰구간은 $(-0.232, -0.204)$이다.

```
confint(reg)
```

그리고 회귀식의 상수항에 대한 추정치는 모수인 $\beta_0 = \ln n_0$의 최량선형불편추정량(BLUE)이 된다. $\hat{\beta}_0$을 β_0에 대한 추정치라고 하면, n_0의 추정치로는 $e^{\hat{\beta}_0}$를 사용할 수 있을 것이다.

```
Y.hat1 <- fitted(reg1)
# Y.hat2 <- exp(5.973)*exp(-0.217*Bacteria$t)
Y.hat2 <- exp(fitted(reg2))
SST <- sum((Bacteria$N_t - mean(Bacteria$N_t))^2)
SSE <- sum((Bacteria$N_t - Y.hat2)^2)
1 - SSE/SST       # R-Square

plot(N_t ~ t, data = Bacteria, pch = 19)
points(Bacteria$t, Y.hat1, type = "b")              # 선형 회귀
points(Bacteria$t, Y.hat2, type = "b", pch = 5)   # 변환된 회귀
```

여기에서 $\hat{\beta}_0 = 5.973$이므로 n_0의 추정치는 $e^{\hat{\beta}_0} = 392.68$이 된다. 그러나 이 값은 n_0의 불편추정치가 아니다. 즉, 편향추정량(biased estimator)이다. 이 경우 n_0의 불편추정치를

얻기 위해서 위의 편향추정량을

$$\exp\left[\hat{\beta}_0 - \frac{1}{2}\mathrm{Var}(\hat{\beta}_0)\right]$$

와 같이 수정하면 되는 것으로 알려져 있다. 이 예에서는 n_0의 불편추정량이 $\hat{n}_0$ = 391.98과 같이 계산된다. 여기에서 n_0의 추정에 수반되는 편향 부분은 회귀계수 β_1에 대한 통계적 추론이나 사망률의 추정에는 아무런 영향을 미치지 않는다는 것을 주목하여라.

일반적으로 변수들 간에 비선형적인 관계가 존재하는 경우, 이는 데이터의 플롯에서 잘 드러나게 된다. 만약 데이터에 대한 플롯이 그림 7.1~7.4에 주어진 그래프 중의 어느 하나와 유사하다면 그에 해당하는 변환을 시도하여 볼 수 있을 것이다. 이때 선택된 어떤 변환이 가지는 적절성은 앞의 제5장에서 설명된 바와 같은 과정을 거쳐 자세히 검토되어야 한다.

7.4 분산안정화 변환

앞 절에서는 회귀모형이 선형성을 가지기 위한 변수변환기법에 대하여 논의하였다. 이러한 변수변환은 오차항의 분산을 안정시켜 **등분산성**(homoscedasticity; 오차분산이 상수임)을 유지할 목적으로 활용될 수 있다. 오차항의 등분산성은 앞에서 언급한 바와 같이 최소제곱 이론의 적정성을 보장해 주는 기본가정 중의 하나이다. 오차항의 분산이 모든 관측값에 대하여 똑같은 상수값을 취하지 않을 경우 오차항은 **이분산성**(heteroscedasticity)을 가진다고 말한다. 그림 7.9의 플롯은 이분산을 가지는 데이터의 전형적인 예를 보여준다. 잔차들의 변이가 X의 값에 따라서 점점 커지거나 작아지는 깔때기 형태의 분포를 가지는 경향이 있다.

이분산성이 존재하면, 원 데이터에 최소제곱추정법을 적용하는 것이 이론적 타당성을 보장받지 못하며, 회귀계수의 추정치나 그의 표준오차도 정확성의 관점에서 신뢰할 수 없게 된다.

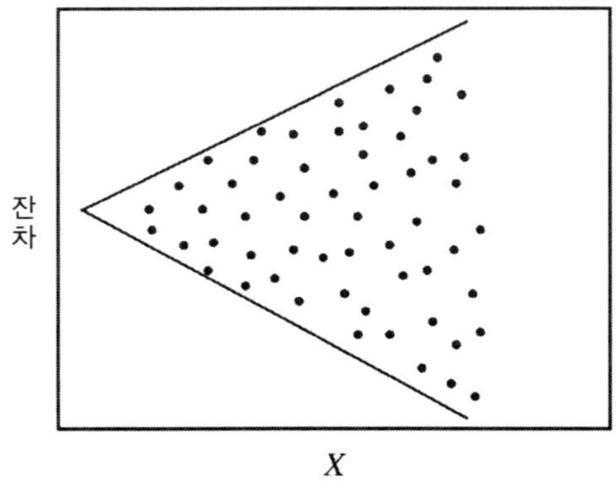

그림 7.9 이분산성 잔차의 예

많은 경우 이분산성은 다음에 설명되는 바와 같이 적절한 변수변환에 의해 제거될 수 있다. 이제 (a) 이분산성의 영향과 그것을 찾아내는 방법, (b) 이분산성을 제거하기 위해 필요한 변환기법에 대하여 알아본다.

희귀분석에 있어서 반응변수 Y의 분산이 그의 평균값의 함수인 경우가 있다. 이항(binomial) 확률변수나 포아송(Poisson) 확률변수가 그러한 전형적인 예이다(정규분포의 특성 중 하나는 그의 평균과 분산에 있어서 어느 하나가 다른 하나의 함수가 아니라는 점에서 서로 독립이라는 것이다). 이항확률변수 $B(n, \pi)$의 경우 그의 평균은 $n\pi$, 그리고 분산은 $n\pi(1-\pi)$이며, 포아송의 경우에는 그의 평균과 분산이 모두 같은 값을 가지게 된다. 때때로 이와 같이 고려하는 (확률)변수의 평균과 분산의 관계를 알고 있는 경우 그의 분산을 근사적으로 상수가 되게 하는(즉, 분산을 안정시키는) 비교적 단순한 변수변환 방법을 찾아내는 일이 가능하다. 표 7.5에는 분산이 평균의 함수인 몇 개의 확률분포에 대하여 분산을 안정시키기 위한 변환방법이 제시되어 있다. 앞에서 언급한 바와 같이 이런 변환들은 분산을 안정시킬 뿐만 아니라 변환된 변수의 분포가 정규분포에 가깝도록 하는 이중 효과도 가지고 있는 것으로 알려져 있다.

다음 예를 고려해 보자. 어느 기계공장에서 선반의 운행속도(X)와 사고발생횟수(Y) 사이에 다음과 같은 선형적 관계가 있다고 가정하자.

$$Y = \beta_0 + \beta_1 X + \epsilon$$

표 7.5 분산안정화를 위한 변환들

Y의 확률분포	Y의 평균 μ에 따른 Y의 분산	변환	분산의 결과
포아송[a]	μ	$\sqrt{Y}$ 또는 $(\sqrt{Y}+\sqrt{Y+1})$	0.25
이항[b]	$\mu(1-\mu)/n$	$\sin^{-1}\sqrt{Y}$(각도) $\sin^{-1}\sqrt{Y}$(래디안)	$821/n$ $0.25/n$
음이항[c]	$\mu+\lambda^2\mu^2$	$\lambda^{-1}\sinh^{-1}(\lambda\sqrt{Y})$ 또는 $\lambda^{-1}\sinh^{-1}(\lambda\sqrt{Y}+0.5)$	 0.25

[a] Y의 작은 값에 대해서는, 종종 $\sqrt{Y+0.5}$가 추천된다.
[b] n은 표본크기를 나타낸다. $Y=r/n$에 대해서는 $\sin^{-1}\sqrt{(r+3/8)/(n+3/4)}$가 조금 더 좋은 변환이다.
[c] $\lambda=1/\sqrt{r}$이다.

여기에서 ϵ은 오차항이다. 이때 Y의 평균은 X가 증가함에 따라 같이 증가할 것으로 예상할 수 있을 것이다. 그런데 경험에 비추어 볼 때 사고발생과 같이 '드물게' 발생하는 사건은 포아송 확률과정을 따르는 경우가 많다. 이를 근거로 (확률)변수 Y가 포아송분포를 따른다고 가정하면 Y는 그의 평균과 분산이 같게 되므로,[4] Y의 분산은 더 이상 상수가 아니고, 따라서 Y의 등분산성은 성립되지 않는다. 그런데 표 7.5로부터 포아송 확률변수의 제곱근(여기에서는 $\sqrt{Y}$)는 그의 분산이 평균과 독립이며, 약 0.25라는 사실을 알 수 있다. 따라서 오차항의 등분산성을 만족시키기 위해서는 X에 대한 $\sqrt{Y}$의 회귀를 시도하면 될 것이다. 이런 변환은 Y의 분산을 안정시키도록 선택된 것으로 그 근거는 반응변수의 확률분포에 의한 것이다. 이런 변환에 대한 실제 사례가 다음 예에서 다루어진다.

⊙ 항공사 사상사고 데이터

뉴욕으로부터 미국 내의 주요 9개 주(州)로 운항하는 항공편에서 어느 한 해에 일어난 사상사고 발생 건수와 전체 항공편의 운항률에 관한 데이터와 플롯이 표 7.6과 그림 7.10에 주어져 있다.

4) 포아송 확률변수 Y의 확률질량함수는 $\Pr(Y=y)=e^{-\lambda}\lambda y/y!$이다(여기에서 λ는 모수이다). 포아송 확률변수의 평균과 분산은 모두 λ이다.

표 7.6 사상사고 발생 건수 Y와 운항률 N

번호	Y	N	번호	Y	N	번호	Y	N
1	11	0.0950	4	19	0.2078	7	3	0.1292
2	7	0.1920	5	9	0.1382	8	1	0.0503
3	7	0.0750	6	4	0.0540	9	3	0.0629

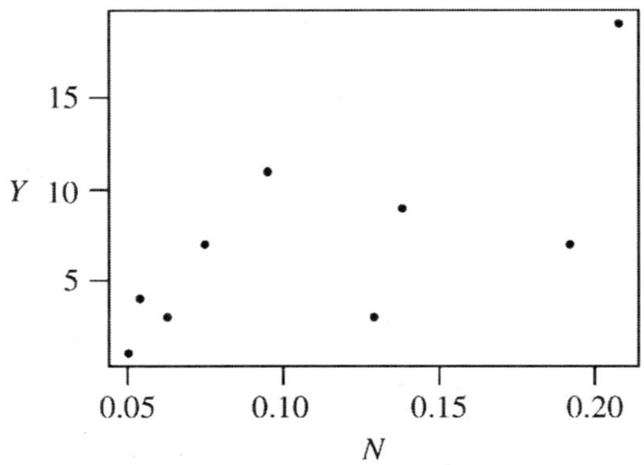

그림 7.10 Y 대 N의 플롯

```
Injury <- read.table("C:/Temp/RABE6/Injury.txt", sep = "\t",
                     header = TRUE)
head(Injury, 5)   # 데이터의 첫 5행을 출력

plot(Y ~ N, data = Injury, pch = 19)   # 그림 7.10
```

i번째 항공편의 전체 운항회수를 f_i 그리고 사상사고 발생건수를 y_i로 표기하자. 그러면 i번째 항공편의 운항률은

$$n_i = \frac{f_i}{\sum f_j}$$

이 된다. 모든 항공편의 안정성 정도가 동일하다면, 사상사고 발생은 다음 선형회귀모형으로 설명될 수 있다.

$$y_i = \beta_0 + \beta_1 n_i + \epsilon_i, \tag{7.8}$$

여기에서 β_0와 β_1은 상수이고 ϵ_i는 랜덤오차이다.

표 7.7 추정된 회귀계수 (N에 대한 Y의 회귀)

변수	계수	표준오차	t-검정	p-값
상수	−0.14	3.14	−0.045	0.9657
N	64.98	25.20	2.580	0.0365
	$n=9$	$R^2=0.487$	$\hat{\sigma}=4.201$	df = 7

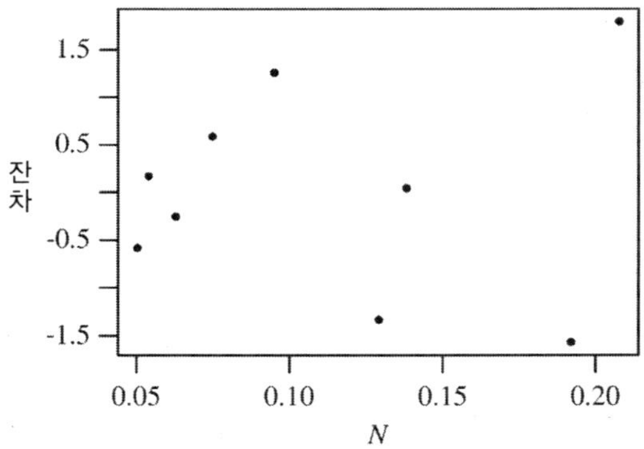

그림 7.11 표준화잔차 대 N의 플롯

이 데이터에 대한 회귀모형적합의 결과가 표 7.7에 주어져 있으며, n_i에 대한 잔차플롯은 그림 7.11에 주어져 있다.

```
reg <- lm(Y ~ N, data = Injury)
summary(reg)   # 표 7.7

r <- rstandard(reg)
plot(Injury$N, r, pch = 19)   # 그림 7.11
abline(h = c(-2,0,2), lty=2)
```

그림 7.11에서 잔차는 n_i와 함께 그의 변화폭이 증가하는 것으로 나타나고 있다. 따라서 이로부터 오차항의 등분산성 가정이 위배되고 있는 것으로 결론지을 수 있다. 그러나 많은 경우에 사상사고의 발생 건수는 그의 분산과 평균이 같은 포아송 확률변수의 성질을 가질 수 있는 점으로 미루어 이는 그리 놀라운 일은 아니다. 앞에서 언급된 바와 같이 등분산성의 가정을 만족시키기 위하여 위의 포아송 변수에 대해 제곱근변환을 시도해 보자. 즉, Y를 $\sqrt{Y}$로 변환하면 그의 분산은 약 0.25가 되며, 이때 변환된 변수의 분포는 원래 변수의 분포보다 더 정규분포에 가깝게 된다.

결과적으로 다시 시도할 회귀모형은 다음 식 (7.9)와 같다.

$$\sqrt{y_i} = \beta_0{}' + \beta_1{}' n_i + \epsilon_i. \tag{7.9}$$

모형 7.9를 적합한 결과가 표 7.8에 주어져 있으며, n_i에 대한 잔차플롯이 그림 7.12에 주어져 있다.

```
Irjury$sqrt.Y <- sqrt(Injury$Y)
reg <- lm(sqrt.Y ~ N, data = Injury)
summary(reg)

r <- rstandard(reg)
plot(Injury$N, r, pch = 19)
abline(h = c(-2,0,2), lty=2)
```

위와 같이 변환된 모형으로부터 얻은 잔차는 앞의 경우와는 달리 n_i와 더불어 변화하는 양상을 보이지 않고 있다. 이는 변환된 모형에서는 오차항에 대한 등분산성의 가정이 위

표 7.8 추정된 회귀계수 (n_i에 대한 $\sqrt{y_i}$의 회귀)

변수	계수	표준오차	t-검정	p-값
상수	1.169	0.578	2.02	0.0829
N	11.856	4.638	2.56	0.0378
	$n = 9$	$R^2 = 0.483$	$\hat{\sigma} = 0.773$	df = 7

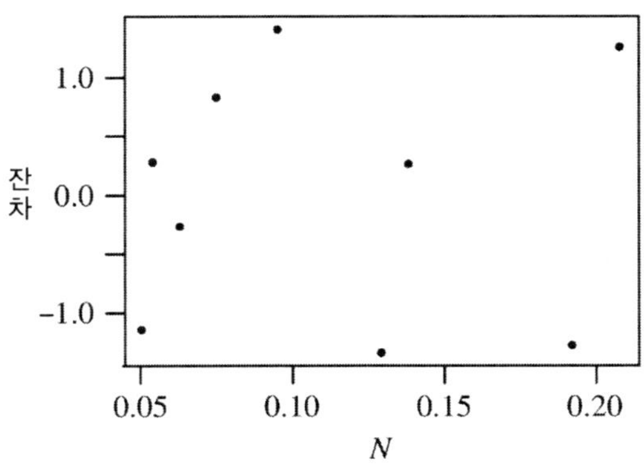

그림 7.12 n_i에 대한 $\sqrt{y_i}$의 회귀로부터 얻은 표준화잔차플롯

배되지 않음을 뜻하므로 n_i에 관한 $\sqrt{y_i}$의 회귀를 통상적인 방법에 따라 수행하면 될 것이다. 이에 따른 회귀분석의 결과를 살펴보면, 회귀계수들에 대한 t 통계량들은 유의적이긴 하지만 그 정도가 그리 강한 것으로 보이지는 않으며, 항공운항률은 사상사고 발생변수가 가지는 전체변이의 48%밖에 설명하지 못하고 있다. 따라서 사상사고 발생에 대한 더 나은 설명을 위해서는 다른 요인들을 모형에 고려해야 할 것으로 생각된다.

```
Injury$Y.hat1 <- fitted(reg1)
# Injury$Y.hat2 <- (1.169 + 11.856*Injury$N)**2
Injury$Y.hat2 <- fitted(reg2)**2
SST <- sum((Injury$Y - mean(Injury$Y))^2)
SSE <- sum((Injury$Y - Injury$Y.hat2)^2)
1 - SSE/SST       # R-Square

Injury.A <- Injury[order(Injury$N),]
plot(Y ~ N, data = Injury.A, pch = 19)
points(Y.hat1 ~ N, data = Injury.A, type = "b")          # 선형 회귀
points(Y.hat2 ~ N, data = Injury.A, type = "b", pch = 5) # 변환된 회귀
```

앞의 예에서는 반응변수(사상사고 발생건수)의 성격상 오차항의 분산이 적합직선에 대해 상수가 아닐 것은 쉽게 짐작된다. 이 경우에 대해 고려한 제곱근변환은 사건의 발생건수와 같은 변수가 포아송 확률분포를 따르는 경향이 있다는 경험적 사실에 근거를 두고 있다. 그러나 때때로 오차항의 분산이 상수가 아닐 뿐더러, 이에 대해 취할 수 있는 적절한 변환이 무엇인지에 관한 사전지식이나 근거를 찾기 어려운 경우도 있다. 이럴 때는 경험적 접근에 따른 분석이 문제의 실마리를 제공할 수도 있으며, 또 이를 통해 적절한 변환도 발견할 수 있게 된다. 이분산성이 있음에도 불구하고 이를 적절히 제거하지 않으면 회귀계수의 추정량이 그의 불편성은 유지되나 표준오차 값은 커지게 된다. 이에 따라 회귀계수의 신뢰구간은 넓어지며 유의성 검정의 민감성이 떨어진다. 이러한 유형의 이분산성이 있는 경우에 대한 분석방법으로 다음의 예를 살펴보자.

7.5 이분산성의 검출

어느 제조업계에 속하는 서로 다른 규모의 27개 공장별 종업원의 수(X)와 감독자의 수(Y)에 대한 데이터가 표 7.9에 주어져 있다. 데이터는 책의 웹사이트에서도 찾을 수 있다(Supervised.Workers.txt). 이 두 변수 간의 관계를 알아보기 위하여 다음과 같은 선형회귀모형

$$y_i = \beta_0 + \beta_1 x_i + \epsilon_i \tag{7.10}$$

을 우선 사용하여 보았다. 이 데이터에 관한 플롯 그림 7.13은 분석의 출발점에서 단순선형모형을 가지고 시도할 수 있음을 제시하고 있다. 이 모형에 대한 적합의 결과가 표 7.10에 주어져 있다.

```
Supervised <- read.table("C:/Temp/RABE6/Supervised.Workers.txt", sep = "\t",
                         header = TRUE)
head(Supervised, 5)   # 데이터의 첫 5행을 출력

plot(Y ~ X, data = Supervised, pch = 19)   # 그림 7.13

reg1 <- lm(Y ~ X, data = Supervised)
summary(reg1)   # 표 7.10

r <- rstandard(reg1)
plot(Supervised$X, r, pch = 19)   # 그림 7.14
abline(h = c(-2,0,2), lty=2)
```

표 7.9 27개 제조회사의 종업원과 감독자의 수

번호	X	Y	번호	X	Y	번호	X	Y
1	294	30	10	697	78	19	700	106
2	247	32	11	688	80	20	850	128
3	267	37	12	630	84	21	980	130
4	358	44	13	709	88	22	1025	160
5	423	47	14	627	97	23	1021	97
6	311	49	15	615	100	24	1200	180
7	450	56	16	999	109	25	1250	112
8	534	62	17	1022	114	26	1500	210
9	438	68	18	1015	117	27	1650	135

표 7.10 추정된 회귀계수: 종업원의 수(X)에 대한 감독자의 수(Y)의 회귀

변수	계수	표준오차	t-검정	p-값
상수	14.448	9.562	1.51	0.1433
X	0.105	0.011	9.30	<.0001
	$n = 27$	$R^2 = 0.776$	$\hat{\sigma} = 21.73$	df = 25

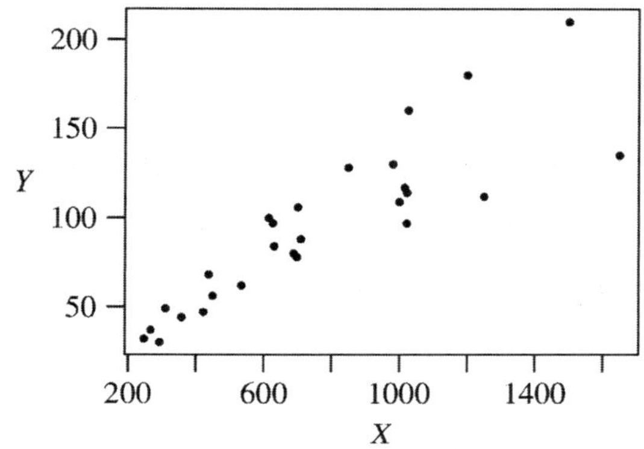

그림 7.13 감독자의 수(Y) 대 종업원의 수(X)

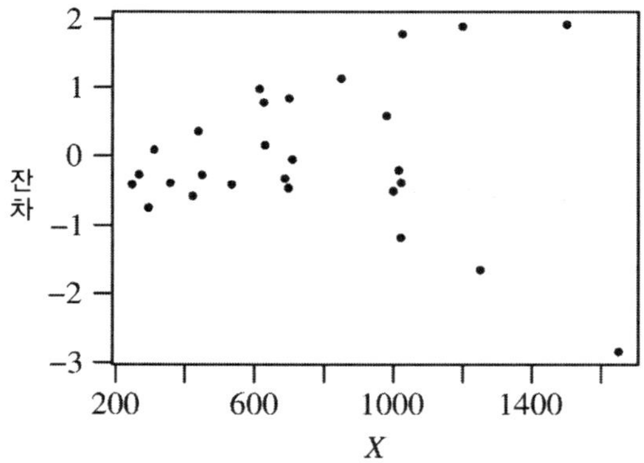

그림 7.14 종업원의 수(X)에 대한 감독자의 수(Y)의 회귀로부터 얻은 표준화잔차플롯

그림 7.14에 있는 X에 대한 표준화잔차의 플롯을 보면, 예측변수 X의 값이 증가함에 따라 표준화잔차들은 그의 폭이 점차로 커지는 띠(band) 안에 포함되는 것으로 나타나고 있다. 일반적으로 잔차들을 포함한 띠가 X의 증가에 따라 넓어지면 오차항의 분산 역시 X와 같이 증가하게 된다. 그 반대의 경우로 띠의 폭이 좁아지면 X에 따라 오차항의 분산

도 감소한다. 만약에 잔차를 포함하는 띠가 X축에 평행인 두 개의 직선으로 나타나면 이분산성에 대한 증거가 없다는 것을 의미한다.

7.6 이분산성의 제거

산업, 경제, 생물 등 많은 통계 응용분야에서, 오차항의 등분산성이 만족되지 않을 때 잔차플롯에서 잔차의 변이가 예측변수의 값에 따라 같이 변화하는 경향을 보이는 경우가 많다. 이러한 경험적 사실에 근거하여, 다음 식 (7.11)과 같이 오차항의 분산이 X의 관측값에 비례하는 경우의 예를 다루어 보자(이러한 경향은 그림 7.14와 같은 잔차플롯으로부터 살펴볼 수 있다).

$$\mathrm{Var}(\epsilon_i) = k^2 x_i^2, \quad k > 0. \tag{7.11}$$

먼저, 식 (7.10)의 양변을 x_i로 나누면 다음을 얻는다.

$$\frac{y_i}{x_i} = \frac{\beta_0}{x_i} + \beta_1 + \frac{\epsilon_i}{x_i}. \tag{7.12}$$

이제, 변수와 계수들을 다음과 같이 새롭게 표현하자.

$$Y' = \frac{Y}{X}, \quad X' = \frac{1}{X}, \quad \beta_0{}' = \beta_1, \quad \beta_1{}' = \beta_0, \quad \epsilon' = \frac{\epsilon}{X}.$$

새로운 변수들의 항으로 식 (7.12)를 다시 쓰면 다음과 같다.

$$y_i{}' = \beta_0{}' + \beta_1{}' x_i{}' + \epsilon_i{}' \tag{7.13}$$

이렇게 모형을 변환시켰을 때 변환된 오차항 $\epsilon_i{}'$의 분산 $\mathrm{Var}(\epsilon_i{}')$은 상수이며 k^2이 됨을 알 수 있다. 따라서 식 (7.11)과 같은 가정이 오차항에 대하여 성립한다면, 모형을 적합할 때 원래 변수들 대신 변환된 변수들 Y/X, $1/X$을 각각 반응변수와 예측변수로 사용하면 될 것이다. 이때, 변환된 데이터에 대한 모형은

$$\frac{\widehat{Y}}{X} = \hat{\beta}_0{}' + \hat{\beta}_1{}' \frac{1}{X}$$

이므로, 원래의 변수들에 대한 적합모형은

$$\widehat{Y} = \hat{\beta}_1{}' + \hat{\beta}_0{}' X \tag{7.14}$$

이 될 것이다. 두 식 (7.12), (7.13)과 앞의 표현을 비교해 보면, 변환모형에서의 상수가 원래 모형에서는 X에 대한 회귀계수가 되며, 그 반대로 변환모형에서의 회귀계수는 원래 모형에서의 상수항이 되고 있다.

```
Supervised$Y.prime <- Supervised$Y/Supervised$X
Supervised$X.prime <- 1/Supervised$X
reg2 <- lm(Y.prime ~ X.prime, data = Supervised)
summary(reg2)   # 표 7.11

r <- rstandard(reg2)
plot(Supervised$X.prime, r, pch = 19)   # 그림 7.15
abline(h = c(-2,0,2), lty=2)
```

변환모형에 데이터를 적합한 후 구한 잔차플롯이 그림 7.15에 주어져 있다. 변환모형에서 예측변수인 $1/X$에 대한 잔차는 뚜렷한 형태 없이 랜덤하게 분포되어 있어, 변환모형에서는 오차항의 이분산성에 대한 특별한 단서를 발견할 수 없다. 다시 말해 변환된 모형은 등분산성을 충족하고 있으며, 이에 따라 최소제곱추정에 대한 기본가정들이 만족됨을 알 수 있다.

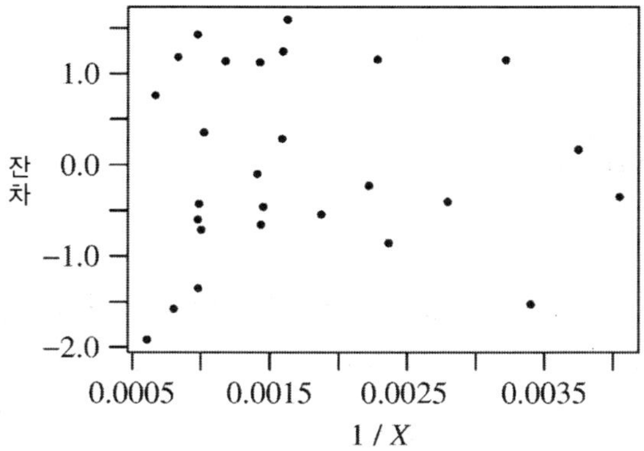

그림 7.15 $1/X$에 대한 Y/X의 회귀로부터 얻은 표준화잔차플롯

표 7.11 추정된 회귀계수: 변환된 변수 Y/X와 $1/X$를 적합한 회귀

변수	계수	표준오차	t-검정	p-값
상수	3.803	4.570	0.832	0.4131
X	0.121	0.009	13.44	<.0001
	$n = 27$	$R^2 = 0.758$	$\hat{\sigma} = 22.577$	df = 25

변환된 변수 Y/X와 $1/X$를 적합하여 구한 회귀식은 $Y/X = 0.121 + 3.803/X$이고, 따라서 이를 원래의 변수들의 항목으로 표현하면 $\hat{Y} = 3.803 + 0.121X$가 된다. 이러한 결과들이 표 7.11에 요약되어 있다. 표 7.10과 표 7.11을 비교해 보면 변수변환을 통한 경우 추정량의 표준오차가 훨씬 줄어든 것을 볼 수 있다. 예를 들어 기울기에 대한 추정량의 분산은 33%나 감소하였다.

```
Supervised$Y.hat1 <- fitted(reg1)
# Supervised$Y.hat2 <- 3.803 + 0.121*Supervised$X
Supervised$Y.hat2 <- fitted(reg2)*Supervised$X
SST <- sum((Supervised$Y - mean(Supervised$Y))^2)
SSE <- sum((Supervised$Y - Supervised$Y.hat2)^2)
sqrt(SSE / 25)   # RMSE (Hat sigma)
1 - SSE/SST      # R-Square

Supervised.A <- Supervised[order(Supervised$X),]
plot(Y ~ X, data = Supervised.A, pch = 19)
points(Y.hat1 ~ X, data = Supervised.A, type = "b")         # 선형 회귀
points(Y.hat2 ~ X, data = Supervised.A, type = "b", pch=5)  # 변환된 회귀
```

7.7 가중최소제곱법

이분산적 오차항을 가진 선형회귀모형은 **가중최소제곱**(weighted least squares; WLS)의 원리를 이용하여 적합시킬 수 있다. 이 방법에서 회귀모수들은 오차항의 분산에 반비례하는 가중값을 준 가중오차제곱합을 최소화하여 추정하게 된다. 이는 통상적 최소제곱(OLS)

추정법이 모든 오차제곱에 같은 가중값을 주는 것에 비교될 수 있다. 앞의 예에서 WLS 추정치는 다음과 같은 통상적인 오차제곱합

$$\sum(y_i - \beta_0 - \beta_1 x_i)^2 \tag{7.15}$$

대신 다음 형식의 가중오차제곱합

$$\sum \frac{1}{x_i^2}(y_i - \beta_0 - \beta_1 x_i)^2 \tag{7.16}$$

을 최소화하여 구한다. 이 방법은 앞에서 고려한 변환된 변수 Y/X와 $1/X$에 통상적 최소제곱추정법을 이용한 것과 같은 결과를 제공한다. 이것은 독자를 위한 연습문제로 남긴다.

추정방법으로서의 가중최소제곱법은 제7장에서 보다 자세하게 논의된다.

7.8 데이터에 대한 로그변환

로그(log)변환은 회귀분석에서 가장 널리 쓰이는 변환 중의 하나이다. 이는 원데이터를 그대로 사용하지 않고 로그변환을 취한 후에 분석을 시도하는 것으로, 분석 대상 변수가 평균에 비해서 큰 표준편차를 가졌을 경우에 특히 유용한 것으로 알려져 있다. 원래 변수를 로그척도로 변환시키면 이는 그의 변이를 무디게 하는 동시에 비대칭성을 줄이는 효과가 있다. 또한 이 변환은 이분산성을 제거하는 데도 효과적이다. 이제 이분산성이 지적된 표 7.9에 있는 공장종업원과 감독자의 수에 관한 데이터를 가지고 이 효과를 설명하여 보자. 여기에서는 이분산성을 제거할 목적으로 사용하는 로그변환에 관한 설명은 물론, 이 데이터에 대해 적절하다고 생각되는 모형 몇 개를 추가적으로 제시하고자 한다.

식 (7.10)에 주어진 모형 대신, 이제는 다음과 같이 반응변수를 로그변환한 모형을 고려하여 보자.

$$\ln y_i = \beta_0 + \beta_1 x_i + \epsilon_i. \tag{7.17}$$

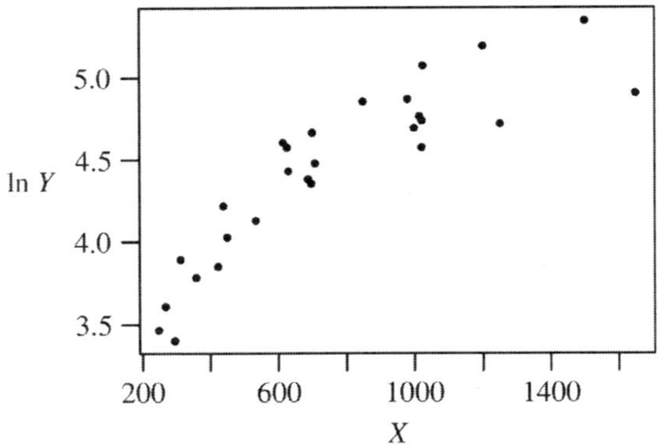

그림 7.16 ln Y 대 X의 산점도

표 7.12 추정된 회귀계수: X에 대한 ln Y의 회귀

변수	계수	표준오차	t-검정	p-값
상수	3.5150	0.1110	31.65	<.0001
X	0.0012	0.0001	9.15	<.0001
	$n = 27$	$R^2 = 0.77$	$\hat{\sigma} = 0.252$	df = 25

대응되는 산점도는 그림 7.16에 주어져 있다. 표 7.12에 주어진 결과를 살펴보면, 회귀계수가 유의하며, R^2 값은 0.77로서 이는 모형 7.10에 대한 표 7.10의 결과에 비교할 만하다.

```
Supervised$ln.Y <- log(Supervised$Y)
reg3 <- lm(ln.Y ~ X, data = Supervised)
summary(reg3)   # 표 7.12

r <- rstandard(reg3)
plot(Supervised$X, r, pch = 19)   # 그림 7.15
abline(h = c(-2,0,2), lty=2)
```

예측변수에 대한 잔차플롯이 그림 7.17에 주어져 있다. 이 플롯은 다음과 같은 몇 가지 중요한 내용을 보이고 있다. 즉, 이분산성은 제거되었으나 대신 명백한 비선형성이 지적되고 있다. 이와 같이 잔차들이 2차 곡선 모양을 보인다는 점에서 이 데이터에는 다음과 같은 모형이 더 적절할 수도 있다.

$$\ln y_i = \beta_0 + \beta_1 x_i + \beta_2 x_i^2 + \epsilon_i \tag{7.18}$$

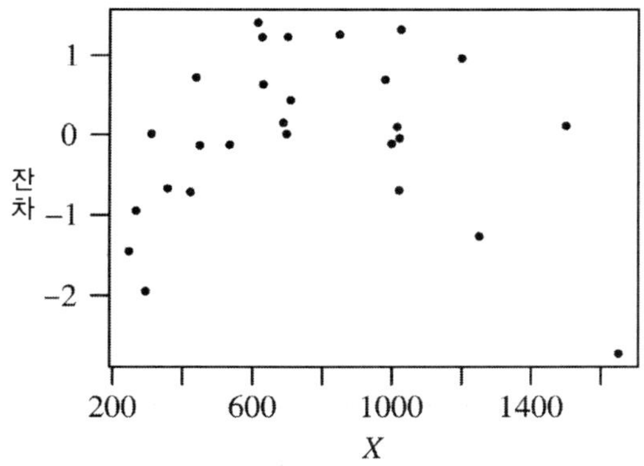

그림 7.17 X에 대한 $\ln Y$의 회귀로부터 얻은 표준화잔차플롯

이 모형은 2개의 설명변수 X와 X^2이 있는 다중회귀모형으로 생각하면 된다. 제5장에서 설명하였듯이 모형의 부적절성을 찾아내고 가능한 수정방법을 제시하는 데에 잔차플롯이 효과적으로 사용될 수 있다. 이러한 내용을 보이기 위하여 모형 7.18에 대한 적합결과를 표 7.13에 제시하였다. 이 모형에 대한 적합값과 예측변수들에 대한 잔차플롯이 각각 그림 7.18~7.20에 주어져 있다.[5)]

```
Supervised$X2 <- Supervised$X**2
reg4 <- lm(ln.Y ~ X + X2, data = Supervised)
summary(reg4)    # 표 7.13

r <- rstandard(reg4)
plot(fitted(reg4), r, pch = 19)     # 그림 7.18
abline(h = c(-2,0,2), lty=2)
plot(Supervised$X, r, pch = 19)     # 그림 7.19
abline(h = c(-2,0,2), lty=2)
plot(Supervised$X2, r, pch = 19)    # 그림 7.20
abline(h = c(-2,0,2), lty=2)
```

5) 제5장에서 설명된 바와 같이, 단순회귀에서는 잔차 대 적합값의 플롯과 잔차 대 X_1의 플롯이 동일하다는 것을 주목하여라. 따라서 단순회귀에서는 두 플롯 중 하나만을 살펴보는 것으로 충분하다. 다중회귀에서는 잔차 대 적합값의 플롯과 잔차 대 각 예측변수의 플롯이 다른 형태를 가진다.

표 7.13 추정된 회귀계수: X와 X^2에 대한 $\ln Y$의 회귀

변수	계수	표준오차	t-검정	p-값
상수	2.8516	0.1566	18.2	<.0001
X	3.11267E-3	0.0004	7.80	<.0001
X^2	-1.10226E-6	0.220E-6	-4.93	<.0001
	$n = 27$	$R^2 = 0.886$	$\hat{\sigma} = 0.1817$	df = 24

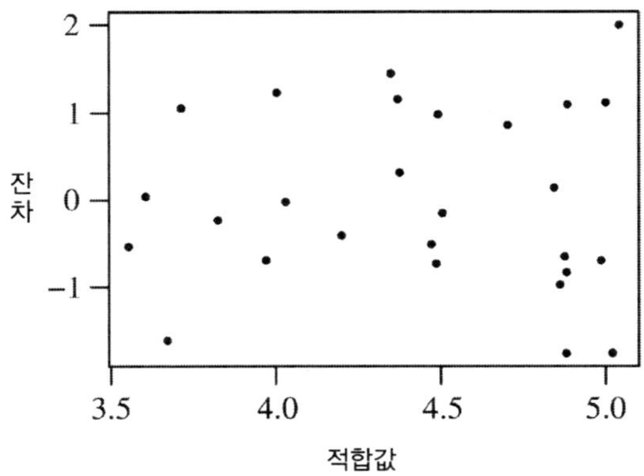

그림 7.18 표준화잔차 대 적합값의 플롯: X와 X^2에 대한 $\ln Y$의 회귀

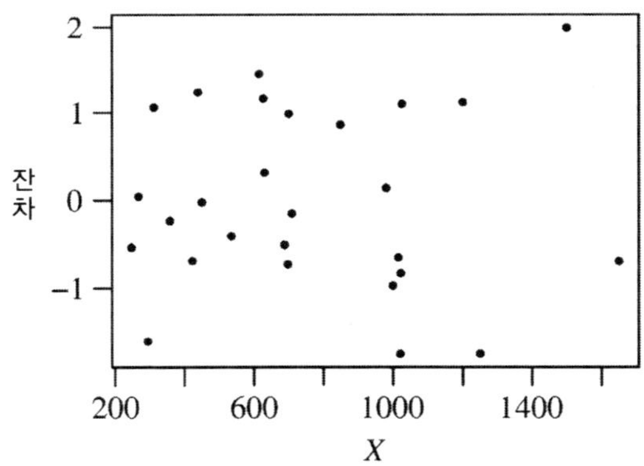

그림 7.19 표준화잔차 대 X의 플롯: X와 X^2에 대한 $\ln Y$의 회귀

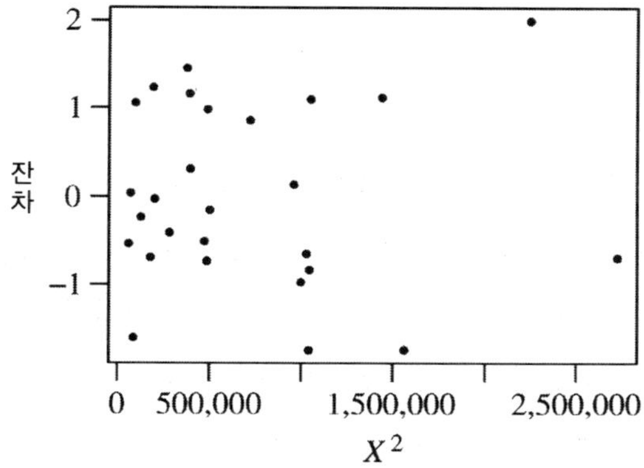

그림 7.20 표준화잔차 대 X^2의 플롯: X와 X^2에 대한 $\ln Y$의 회귀

우선 이차항을 포함하는 모형으로부터 얻은 잔차는 꽤 만족스러워 보인다. 잔차에 이분산성이나 비선형성은 보이지 않는다. 따라서 동일한 데이터에 대하여 두 개의 받아들일 만한 모형이 주어지게 된다. 표 7.13에 대한 모형이 더 큰 R^2 값을 가지기 때문에 약간 더 선호될 수도 있겠다. 그러나 표 7.11에 주어진 모형은 원래의 변수만을 사용하고 있어 간명성과 분석 결과에 대한 해석에서의 용이성이라는 장점이 있다고 할 수 있다.

```
SST <- sum((Supervised$Y - mean(Supervised$Y))^2)
SSE1 <- sum((Supervised$Y - Supervised$Y.hat1)^2)
1 - SSE1/SST       # R-Square - 선형 회귀
SSE2 <- sum((Supervised$Y - Supervised$Y.hat2)^2)
1 - SSE2/SST       # R-Square - 변환 1
Supervised$Y.hat4 <- exp(fitted(reg4))
SSE4 <- sum((Supervised$Y - Supervised$Y.hat4)^2)
1 - SSE4/SST       # R-Square - 변환 2

Supervised.A <- Supervised[order(Supervised$X),]
plot(Y ~ X, data = Supervised.A, pch = 19)
points(Y.hat1 ~ X, data = Supervised.A, type = "b")        # 선형 회귀
points(Y.hat2 ~ X, data = Supervised.A, type = "b", pch=5) # 변환 1
points(Y.hat4 ~ X, data = Supervised.A, type = "b", pch=4) # 변환 2
```

7.9 멱변환

앞에서 여러 가지 유형들의 변환을 사용하였다(예컨대, 역수변환 $1/Y$, 제곱근변환 $\sqrt{Y}$, 로그변환 $\ln Y$ 등). 이러한 변환들은 선형성의 확보, 정규성의 달성, 오차분산의 안정화 등을 위하여 이론적 또는 경험적 근거에 의하여 선택되었다. 이들 변환은 멱변환(power transformation)의 일반적이 경우로 생각될 수 있다. 멱변환에서는 반응변수 Y 또는 예측변수들의 일부에 멱수(거듭제곱수)를 부여한다. 예를 들어, Y 대신에 Y^{λ}를 사용할 수 있는데, 여기에서 λ는 이론적 또는 경험적 근거로부터 데이터 분석에 의하여 선택되는 멱수이다. 만약 $\lambda = -1$로 두면 역수변환이 되고 $\lambda = 0.5$로 두면 제곱근변환이 된다. $\lambda = 0$인 경우는 로그변환을 얻는다.[6)]

만약 λ가 이론적 근거로부터 얻어질 수 없다면, λ의 적당한 값을 결정하기 위해 데이터가 사용될 수 있다. 이것은 수치적 방법을 이용하여 수행될 수 있다. 실제 문제에서는 여러 λ 값들이 시도되고 그 중에서 최적의 값이 선택된다. 통상 시도되는 λ 값은 2, 1.5, 1.0, 0, -0.5, -1, -1.5, -2이다. 이것들은 **변환의 사닥다리**(ladder of transformation)로 알려져 있다. 다음에서 이에 대한 예를 살펴보자.

⊙ 사례: 두뇌 데이터

본 데이터는 큰 데이터 집합으로부터 일부가 취해진 것이다. 이 데이터는 이 책의 웹사이트에서도 찾을 수 있으며(Animals.txt), MASS 패키지에도 포함되어 있다. 데이터의 원래 출처는 Jerison(1973)이다. 또한 Rousseeuw & Leroy(1987)에 의해서도 분석되었다. 두뇌의 평균 중량(그램) Y와 평균 몸무게(킬로그램) X가 28개 동물에서 측정되었다. 이 데이터의 목적 중 하나는 더 무거운 신체를 제어하기 위하여 더 큰 두뇌가 필요한지를 알아보는 것이다. 다른 하나의 목적은 몸무게에 대한 두뇌 중량의 비율이 지능의 측도로서 사용될 수 있는지를 알아보는 것이다. 그림 7.21의 산점도는 어떤 명확한 관계를 보이지 않는다. 이것은 매우 큰 동물들이 존재하는 것에 주로 기인한다(두 개의 코끼리류와 세 개의

6) 만약 $\lambda = 0$이면 Y의 모든 값에 대하여 $Y^{\lambda} = 1$이 된다. 이러한 문제를 피하기 위하여 $(Y^{\lambda}-1)/\lambda$가 사용된다. 이 식에서 λ가 0에 가까워지면 $(Y^{\lambda}-1)/\lambda$는 $\ln Y$에 가깝게 된다. 이 변환은 Box-Cox 멱변환으로 알려져 있다. 보다 자세한 사항은 Carroll & Ruppert(1988)을 참조하여라.

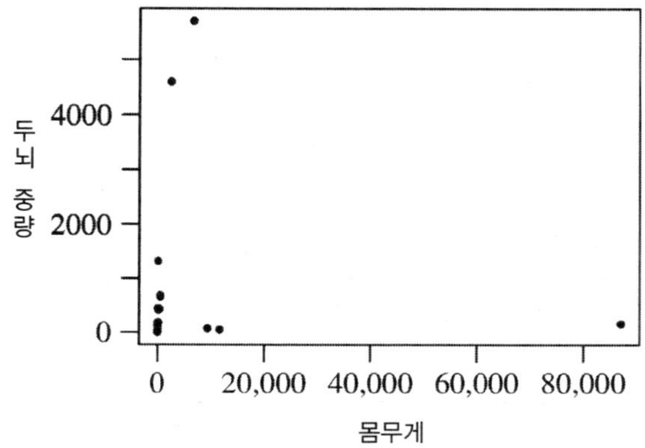

그림 7.21 두뇌 데이터: 두뇌 중량 대 몸무게

공룡류). Y와 X 모두에 멱변환을 적용하여 보자. 변환의 사닥다리에 있는 λ의 여러 값에 대하여 Y^λ 대 X^λ의 산점도가 그림 7.22에 제시되어 있다.

```
Animals <- read.table("C:/Temp/RABE6/Animals.txt", sep = "\t",
                      header = TRUE, row.names = 1)
head(Animals, 5)   # 데이터의 첫 5행을 출력

plot(BrainWeight ~ BodyWeight, data = Animals, pch = 19)   # 그림 7.21
Animals$TY1 <- sqrt(Animals$BrainWeight)
Animals$TX1 <- sqrt(Animals$BodyWeight)
plot(TY1 ~ TX1, data = Animals, pch = 19)   # 그림 7.22 - 1
Animals$TY2 <- log(Animals$BrainWeight)
Animals$TX2 <- log(Animals$BodyWeight)
plot(TY2 ~ TX2, data = Animals, pch = 19)   # 그림 7.22 - 2
Animals$TY3 <- 1/sqrt(Animals$BrainWeight)
Animals$TX3 <- 1/sqrt(Animals$BodyWeight)
plot(TY3 ~ TX3, data = Animals, pch = 19)   # 그림 7.22 - 3
Animals$TY4 <- 1/Animals$BrainWeight
Animals$TX4 <- 1/Animals$BodyWeight
plot(TY4 ~ TX4, data = Animals, pch = 19)   # 그림 7.22 - 4
```

$\lambda = 0$(로그변환에 대응되는)이 가장 적절해 보인다. $\lambda = 0$에 대하여 플롯은 선형의 꼴로 보인다. 그러나 세 개의 공룡류들은 다른 점들에 의하여 형성되는 선형의 패턴을 따르지 않는다. 이 플롯은 공룡류의 두뇌 중량이 과소추정되거나 또는 몸무게가 과다추정된다는 것을 암시한다.

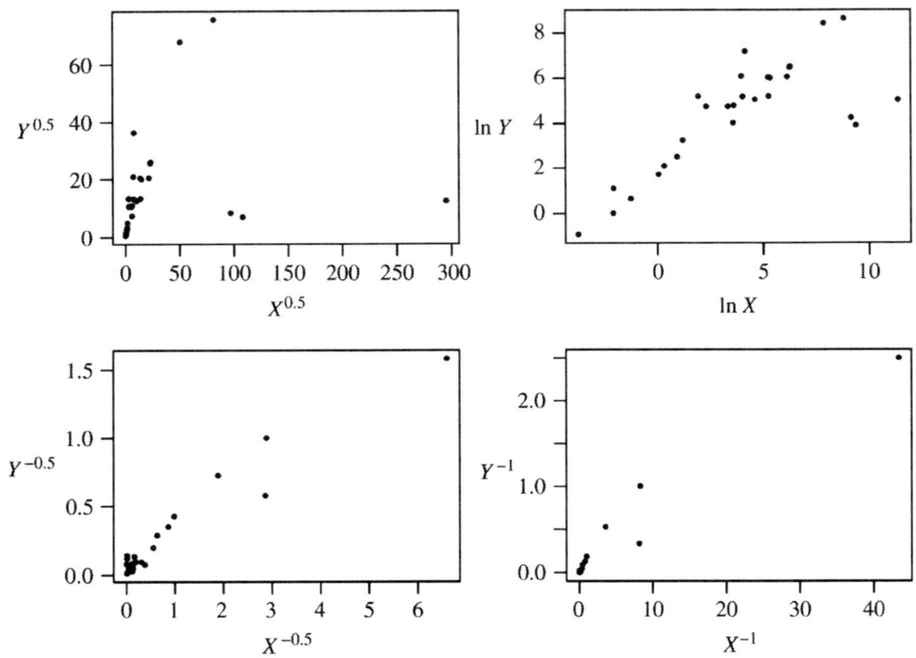

그림 7.22 여러 λ 값들에 대한 Y^{λ} 대 X^{λ}의 산점도

이 예에서는 반응변수와 예측변수 모두에 변환을 취하였고 두 변수에 동일한 멱수의 값을 사용하였다는 것에 주목하여라. 다른 경우에서는 한 변수에만 변환을 취하거나 두 변수에 다른 멱수를 부여하는 것이 더 좋을 수도 있다. 데이터 변환에 대하여 더 자세한 내용은 Carroll & Ruppert(1988)와 Atkinson(1985)을 참조하여라.

7.10 요약

선형회귀모형을 적합한 후에는 잔차분석 등을 통해 오차항의 이분산성에 대한 검토가 반드시 이루어져야 한다. 예측변수의 값이 증감함에 따라 잔차가 증가하거나 감소하면 이분산성이 존재하는 것으로 파악되며, 이런 현상은 잔차플롯을 통해 쉽게 알아볼 수 있다. 만일 이분산성이 존재하면 모형적합에 이를 고려해야만 한다. 그러지 않고 그냥 통상적 최소제곱추정량을 구하면 이는 최적성(최소분산)을 가지지 못하게 된다. 이분산성은 적절한 변수변환을 통하여 제거할 수 있다. 변화된 모형으로부터 추정된 모수들은 원래의 모형에 있는 적절한 모수들을 대체할 수 있다. 적절하게 변환된 모형에서의 잔차는 더 이상 이분산성을 보이지 않아야 한다.

연습문제

7.1 박테리아 데이터는 책의 웹사이트에서 찾을 수 있다(Bacteria.txt).

(a) 표 7.3과 표 7.4의 결과를 재현하기 위한 R 코드를 작성하라.

(b) 그림 7.5와 그림 7.6의 그래프를 재현하기 위한 R 코드를 작성하라.

7.2 표 7.6의 데이터는 책의 웹사이트에서 찾을 수 있다(Injury.txt).

(a) R의 작업공간에 데이터를 읽어오기 위한 R 코드를 작성하라.

(b) 데이터에 모형 (7.8)을 적합시키고 표 7.7과 표 7.8의 결과를 재현하기 위한 R 코드를 작성하라.

7.3 감독자 및 근로자 데이터는 책의 웹사이트에서 찾을 수 있다(Supervised.Workers.txt).

(a) R의 작업공간에 데이터를 읽어오기 위한 R 코드를 작성하라.

(b) 데이터에 모형 (7.10)을 적합시키고 표 7.10의 결과를 확인하기 위한 R 코드를 작성하라.

(c) 데이터에 모형 (7.13)을 적합시키고 표 7.11의 결과를 확인하기 위한 R 코드를 작성하라.

7.4 연습문제 7.3에서 사용된 데이터에 대해 다음을 위한 R 코드를 작성하여라.

(a) 모형 (7.17)을 적합하여라.

(b) 표 7.12를 재현하여라.

(c) 그림 7.17을 재현하여라.

7.5 연습문제 7.3에서 사용된 데이터에 대해 다음을 위한 R 코드를 작성하여라.

(a) 모형 (7.18)을 적합하고, 표 7.13의 결과를 재현하여라.

(b) 그림 7.18 ~ 그림 7.20을 재현하여라.

7.6 두 변수 X, Y는 강한 비선형적인 관계를 가지고 있다고 하자. 이때 멱변환 Y^{λ}를 취하면 X와 선형관계를 가지게 된다고 한다. 표 7.14에는 몇 개의 λ값에 대해 X와 Y^{λ}의 상관계수 값이 나타나 있다.

(a) X와 Y의 상관계수는 얼마인지 설명하여라.

(b) 표 7.14에서 나타나는 경향으로 볼 때 가장 설명하기 좋은 λ값은 무엇인지 설명하여라.

(c) 위의 질문 (b)에서의 선택한 λ를 이용하여 두 변수 사이의 관계식을 써라.

7.7 두 변수 X, Y는 강한 비선형적인 관계를 가지고 있다고 하자. 이때 멱변환 Y^{λ}와 X^{λ}를 통해 선형관계를 가지게 된다고 한다. 표 7.15에는 몇 개의 λ값에 대해 Y^{λ}와 X^{λ}의 상관계수 값이 나타나 있다.

(a) X와 Y의 상관계수는 얼마인지 설명하여라.

(b) 표 7.16에서 나타나는 경향으로 볼 때 가장 설명하기 좋은 λ값은 무엇인지 설명하여라.

(c) 위의 질문 (b)에서의 선택한 λ를 이용하여 두 변수 사이의 관계식을 써라.

표 7.14 λ값에 따른 X와 Y^{λ}의 상관계수

λ	1	0.5	0.001	-0.001	-0.5	-1	-2
상관계수	-0.777	-0.852	-0.930	0.930	0.985	0.999	0.943

표 7.15 λ값에 따른 Y^{λ}와 X^{λ}의 상관계수

λ	-1	-0.5	-0.001	0.001	0.5	1
상관계수	-0.524	-0.680	0.992	0.992	0.698	0.543

7.8 7.9절에서 논의된 Animals 데이터셋을 MASS 패키지 또는 책의 웹사이트에서 다운로드하고 df라는 이름의 객체에 저장한 후 아래를 수행하여라.

(a) df의 두 변수에 대한 산점도를 작성하라.

(b) 산점도에서 점 근처를 클릭하여 이상치를 식별하는 함수 identify(df, labels = rownames(df))를 사용하라. 작업이 끝나면 Esc 키를 눌러라.

7.9 변수변환 함수가 포함된 ladder.R 파일이 있다. 이 파일을 R의 작업공간에 다운로드하고 아래 작업을 수행하여라.

(a) source("ladder.R")을 사용하여 파일을 읽어들이자. 이제 작업공간에 ladder()라는 함수가 있다.

(b) ladder(df, lambda = seq(-2, 2, 0.5), tr.opt = 3)을 사용하여 이 함수를 호출하여라. 이 함수는 세 개의 인수를 가진다. 첫 번째는 두개의 열을 가진 df 데이터셋이다. 두 번째는 변환을 위해 기본적으로 설정된 람다(lambda) 값이다. 세 번째는 변환 옵션이다(1은 df[, 1]만 변환, 2는 df[, 2]만 변환, 3은 df의 두 변수 모두 변환하는 것을 의미). 이 함수는 각 람다 값에 대한 변환된 데이터의 산점도를 작성한다. 각 그래프를 통해 더 선형적으로 만드는 람다 값을 시각적으로 결정할 수 있다. 독자들이 선택한 데이터에 대해 이 함수를 적용해 보아라.

7.10 잡지 광고: 잡지에 게재된 광고의 수익성을 연구하기 위해, 1986년에 41개 잡지를 조사하였다. 수집된 데이터는 게재된 광고 쪽수와 광고 수익에 관한 정보이며 잡지의 이름이 함께 포함되어 있다. 데이터는 이 책의 웹사이트에서 찾을 수 있다(Magazine.Advertising.txt).

(a) 광고 쪽수에 광고 수입을 관련시키는 선형 회귀방정식을 적합하여라. 이 모형에 대한 데이터의 적합도가 좋지 않음을 보여라.

(b) 데이터에 대하여 적절한 변환을 선택하고 변환된 데이터에 모형을 적합하여라. 적합도를 평가하여라.

(c) 잡지를 출간하는 회사들이 상당히 이질적일 뿐 아니라 이들 모두를 통합하여 단 하나의 함수관계를 고려하는 것이 비현실적인 점을 감안한다면, 여러 개의 특이값들이 나타나는 것은 그리 놀랄 만한 일이 아니다. 일단 특이값들을 제거한 후 광고 쪽수와 광고 수익 간의 관계를 묘사하는 합당한 회귀방정식을 도출하여 보아라.

표 7.16 다양한 풍속(mph)과 온도(F)의 값에 따른 바람 냉각 요인(F)

	실제 공기 온도											
V	50	40	30	20	10	0	−10	−20	−30	−40	−50	−60
5	48	36	27	17	5	−5	−15	−25	−35	−46	−56	−66
10	40	29	18	5	−8	−20	−30	−43	−55	−68	−80	−93
15	35	23	10	−5	−18	−29	−42	−55	−70	−83	−97	−112
20	32	18	4	−10	−23	−34	−50	−64	−79	−94	−108	−121
25	30	15	−1	−15	−28	−38	−55	−72	−88	−105	−118	−130
30	28	13	−5	−18	−33	−44	−60	−76	−92	−109	−124	−134
35	27	11	−6	−20	−35	−48	−65	−80	−96	−113	−130	−137
40	26	10	−7	−21	−37	−52	−68	−83	−100	−117	−135	−140
45	25	9	−8	−22	−39	−54	−70	−86	−103	−120	−139	−143
50	25	8	−9	−23	−40	−55	−72	−88	−105	−123	−142	−145

7.11 바람 냉각의 요인: 표 7.16은 정지 대기에서 잰 실제 온도(T)와 풍속(V)하에서 바람으로 인해 일어나는 냉각 효과가 반영된 체감 온도(W)를 나타내고 있다. 바람이 없는 상태(zero-wind condition)는 사람이 정지 대기에서 걸을 때 느끼는 냉기의 비율로 취해진다. 원래는 국립기상국(National Weather Service)에서 출간한 데이터이나, 여기에서는 Boston의 과학박물관에서 출간한 것을 재편집하여 사용하고자 한다. 온도는 모두 화씨(℉)로 잰 것이며, 풍속은 시간당 마일(mph) 단위로 측정하였다.

(a) 표 7.16의 데이터는 회귀분석 프로그램에서 직접 사용하기에는 적절하지 않은 형태로 되어 있다. 따라서 변수 W, T, V에 대응하는 세 개의 열을 가지는 다른 데이터 표를 작성할 필요가 있다. 이 표는 이 책의 웹사이트에서 찾을 수 있다.

(b) 변수 W, T, V 사이의 선형회귀모형을 적합하여라. 잔차들의 패턴을 검토하여 선형모형의 적절성 여부를 조사하여라.

(c) T의 효과에 대하여 W를 조정한 후(즉, T를 고정시킨 상태에서) W와 V 사이의 관계를 살펴보아라. 이들 두 변수 사이의 관계가 선형적인가?

(d) V의 효과에 대하여 W를 조정한 후 W와 T 사이의 관계를 살펴보아라. 이들 두 변수 사이의 관계가 선형적인가?

(e) 다음 모형을 적합하여라.

$$W = \beta_0 + \beta_1 T + \beta_2 V + \beta_3 \sqrt{V} + \epsilon. \tag{7.19}$$

이 모형의 적합이 적절하게 나타나고 있는가? W값은 국립기상국에서 다음 공식(반올림에 따른 오차는 제외)을 사용하여 얻은 것이다.

$$W = 0.0817(3.71\sqrt{V} + 5.81 - 0.25V)(T - 91.4) + 91.4. \quad (7.20)$$

이 공식의 정확도를 주어진 데이터를 통해 검토하여라.

(f) 식 (7.19)와 (7.20)에 있는 모형들보다 더 좋은 모형을 제안할 수 있는가?

7.12 이 책의 웹사이트에 있는 대통령 선거 데이터(Election.txt)를 고려하자. 이 데이터에서 반응변수 V는 미국 대통령 선거에서 얻어진 득표율이다. 반응변수가 비율이기 때문에 그 값은 0과 1 사이에 존재한다. 변환 $Y = \log[V/(1-V)]$는 0과 1 사이의 값을 가진 변수 V를 $-\infty$와 $+\infty$ 사이의 값을 가지는 변수 Y로 바꾸는 역할을 한다. 따라서 V보다는 Y가 정규성 가정을 만족할 것으로 기대하는 것이 타당하다. 식 (6.15)와 동일하나 V를 Y로 바꾼 모형을 고려하자.

(a) 두 모형 각각에 대하여, 모형이 표준적인 가정들을 만족하는지를 검토하기 위해 제5장에서 논의된 적절한 잔차플롯들을 살펴보아라. 원래 변수 V와 변환된 변수 Y 중 어느 것을 사용하는 것이 더 좋은가?

(b) 원래 변수 V와 예측변수들의 항에 대하여 위 (a)의 모형이 의미하는 관계의 함수형태는 무엇인가? 즉, 다음의 함수형태를 찾아라.

$$V = f[\beta_0 + \beta_1 I + \beta_2 D + \beta_3 W + \beta_4 (G \cdot I) + \beta_5 P + \beta_6 N + \epsilon] \quad (7.21)$$

[힌트: 이것은 제13장에서 논의되는 것으로 **로지스틱 함수**(logistic function)라고 불리는 비선형 함수이다.]

7.13 모형 (6.16)에서 V를 Y로 변환하여 연습문제 7.12를 반복하고, 두 결과를 비교하여라.

7.14 원유 생산 데이터: 표 7.17에 있는 데이터는 1880~1988년 동안의 연간 세계 원유 생산량이다(단위: 백만 배럴). 데이터는 Moore & McCabe(1993), p. 147로부터 취한 것이다.

(a) 원유 생산량(OIL) 대 연도(Year)의 산점도를 작성하여라. 플롯 상의 점들이 선형의 형태가 아님을 살펴보아라. 이 데이터에 선형모형을 적합하기 위해서 변수 원유 생산량(OIL)이 변환되어야 한다. 데이터는 책의 웹사이트에서 찾을 수 있다(Oil.Production.txt).

표 7.17 연간 세계 원유 생산량 (단위: 백만 배럴, 기간: 1880~1988년)

연도	원유	연도	원유	연도	원유
1880	30	1940	2,150	1972	18,584
1890	77	1945	2,595	1974	20,389
1900	149	1950	3,803	1976	20,188
1905	215	1955	5,626	1978	21,922
1910	328	1960	7,674	1980	21,722
1915	432	1962	8,882	1982	19,411
1920	689	1964	10,310	1984	19,837
1925	1,069	1966	12,016	1986	20,246
1930	1,412	1968	14,104	1988	21,338
1935	1,655	1970	16,690		

표 7.18 메가바이트당 평균 가격 (단위: 달러, 기간: 1988~1998년)

연도	가격	연도	가격
1988	11.54	1994	0.705
1989	9.30	1995	0.333
1990	6.86	1996	0.179
1991	5.23	1997	0.101
1992	3.00	1998	0.068
1993	1.46		

(b) log(OIL) 대 Year의 산점도를 작성하여라. 이제 플롯의 점은 1880-1973년 기간에서 직선을 따른다. 1973년 이후에는 중동의 정치적 혼란이 원유 생산량의 패턴에 영향을 주었다.

(c) Year에 대한 log(OIL)의 선형회귀를 적합하여라. 이 모형의 적합도를 평가하여라.

(d) 표준화잔차의 인덱스(index) 플롯을 작성하여라. 이 플롯은 표준적인 가정 중 어느 것이 위배되는지를 명확하게 보여준다. 그것은 무엇인가?

7.15 컴퓨터 산업 분야에서 놀랄 만한 기술적 진보 중 하나는 하드디스크에 정보를 저장할 수 있는 능력이다. 저장에 드는 비용은 지속해서 감소되었다. 표 7.18에는 1988~1998년 동안 메가바이트당 평균 가격이 주어져 있다.

(a) 데이터를 묘사하는 선형 추세가 있는가? 1988년→1, 1989→2와 같은 식으로 입력시키는 새로운 변수 t를 정의하여라.

(b) 모형 $P_t = P_0 e^{\beta t}$ 를 적합하여라. 여기에서 P_t는 시간 t에서의 가격이다. 이 모형이 데이터를 잘 묘사하는가?

(c) 1988~1991년 기간에는 0, 다른 기간에는 1을 가지는 지시변수를 만들어라. $\log(P_t)$를 '시간 t, 지시변수, 시간 × 지시변수'에 연결시키는 모형을 적합하여라. 적합된 모형의 계수들을 해석하여라.

⊙ 부록: 7.A SAS 코드

```
LIBNAME mysas "C:\temp\SAS_Data";

/******************************
* 7.3
******************************/

PROC IMPORT DATAFILE="C:\temp\RABE6\Bacteria.txt" OUT=mysas.Bacteria
            DBMS=TAB REPLACE;
RUN;

/* 표 7.3, 그림 7.5, 그림 7.6 */

SYMBOL V=DOT CV=BLUE H=1;
PROC REG DATA=mysas.Bacteria;
    MODEL N_t = t / P R;
    PLOT N_t*t;
    PLOT STUDENT.*t / VREF=-2, 0, 2;
    OUTPUT OUT=reg1 P=Y_hat1;
RUN; QUIT;

/* 표 7.4, 그림 7.7, 그림 7.8 */

DATA mysas.Bacteria;
    SET mysas.Bacteria;
    ln_N_t = LOG(N_t);
RUN;

SYMBOL V=DOT CV=BLUE H=1;
PROC REG DATA=mysas.Bacteria;
    MODEL ln_N_t = t / P R CLB;
    PLOT ln_N_t*t;
    PLOT STUDENT.*t / VREF=-2, 0, 2;
    OUTPUT OUT=reg2 P=fitted2;
RUN; QUIT;

DATA reg2;
    MERGE reg1 reg2;
    Y_hat2 = EXP(fitted2);
RUN;

SYMBOL1 V=DOT CV=BLACK H=1;
SYMBOL2 V=CIRCLE CV=RED H=1 I=JOIN CI=RED W=1;
SYMBOL3 V=DIAMOND CV=BLUE H=1 I=JOIN CI=BLUE W=1;
```

```
PROC GPLOT DATA=reg2;
    PLOT (N_t Y_hat1 Y_hat2)*t / OVERLAY;
RUN;

/*****************************
* 7.4
*****************************/

PROC IMPORT DATAFILE="C:\temp\RABE6\Injury.txt" OUT=mysas.Injury
            DBMS=TAB REPLACE;
RUN;

/* 표 7.7, 그림 7.10, 그림 7.11 */

SYMBOL V=DOT CV=BLUE H=1;
PROC REG DATA=mysas.Injury;
    MODEL Y = N / P R;
    PLOT Y*N;
    PLOT STUDENT.*N / VREF=-2, 0, 2;
    OUTPUT OUT=reg1 P=Y_hat1;
RUN; QUIT;

/* 표 7.8, 그림 7.12 */

DATA mysas.Injury;
    SET mysas.Injury;
    sqrt_Y = SQRT(Y);
RUN;

SYMBOL V=DOT CV=BLUE H=1;
PROC REG DATA=mysas.Injury;
    MODEL sqrt_Y = N / P R CLB;
    PLOT sqrt_Y*N;
    PLOT STUDENT.*N / VREF=-2, 0, 2;
    OUTPUT OUT=reg2 P=fitted2;
RUN; QUIT;

DATA reg2;
    MERGE reg1 reg2;
    Y_hat2 = fitted2**2;
RUN;

PROC SORT DATA=reg2;
    BY N;
```

```
RUN;

SYMBOL1 V=DOT CV=BLACK H=1;
SYMBOL2 V=CIRCLE CV=RED H=1 I=JOIN CI=RED W=1;
SYMBOL3 V=DIAMOND CV=BLUE H=1 I=JOIN CI=BLUE W=1;
PROC GPLOT DATA=reg2;
    PLOT (Y Y_hat1 Y_hat2)*N / OVERLAY;
RUN;

/******************************
* 7.5
******************************/

PROC IMPORT DATAFILE="C:\temp\RABE6\Supervised.Workers.txt" OUT=mysas.Supervised
            DBMS=TAB REPLACE;
RUN;

/* 표 7.10, 그림 7.13, 그림 7.14 */

SYMBOL V=DOT CV=BLUE H=1;
PROC REG DATA=mysas.Supervised;
    MODEL Y = X / P R;
    PLOT Y*X;
    PLOT STUDENT.*X / VREF=-2, 0, 2;
    OUTPUT OUT=reg1 P=Y_hat1;
RUN; QUIT;

/******************************
* 7.6
******************************/

/* 표 7.11, 그림 7.15 */

DATA mysas.Supervised;
    SET mysas.Supervised;
    Y_prime = Y/X;
    X_prime = 1/X;
RUN;

SYMBOL V=DOT CV=BLUE H=1;
PROC REG DATA=mysas.Supervised;
    MODEL Y_prime = X_prime / P R CLB;
    PLOT Y_prime*X_prime;
    PLOT STUDENT.*X_prime / VREF=-2, 0, 2;
```

```
    OUTPUT OUT=reg2 P=fitted2;
RUN; QUIT;

DATA reg2;
    MERGE reg1 reg2;
    Y_hat2 = fitted2*X;
RUN;

SYMBOL1 V=DOT CV=BLACK H=1;
SYMBOL2 V=CIRCLE CV=RED H=1 I=JOIN CI=RED W=1;
SYMBOL3 V=DIAMOND CV=BLUE H=1 I=JOIN CI=BLUE W=1;
PROC GPLOT DATA=reg2;
    PLOT (Y Y_hat1 Y_hat2)*X / OVERLAY;
RUN;

/*****************************
* 7.8
*****************************/

/* 표 7.12, 그림 7.16, 그림 7.17 */

DATA mysas.Supervised;
    SET mysas.Supervised;
    ln_Y = LOG(Y);
RUN;

SYMBOL V=DOT CV=BLUE H=1;
PROC REG DATA=mysas.Supervised;
    MODEL ln_Y = X / P R CLB;
    PLOT ln_Y*X;
    PLOT STUDENT.*X / VREF=-2, 0, 2;
RUN; QUIT;

DATA mysas.Supervised;
    SET mysas.Supervised;
        X2 = X**2;
RUN;

SYMBOL V=DOT CV=BLUE H=1;
PROC REG DATA=mysas.Supervised;
    MODEL ln_Y = X X2 / P R CLB;
    PLOT STUDENT.*P. / VREF=-2, 0, 2;
    PLOT STUDENT.*X / VREF=-2, 0, 2;
    PLOT STUDENT.*X2 / VREF=-2, 0, 2;
```

```
    OUTPUT OUT=reg4 P=fitted4;
RUN; QUIT;

DATA reg4;
    MERGE reg2 reg4;
    Y_hat4 = EXP(fitted4);
RUN;

SYMBOL1 V=DOT CV=BLACK H=1;
SYMBOL2 V=CIRCLE CV=RED H=1 I=JOIN CI=RED W=1;
SYMBOL3 V=DIAMOND CV=BLUE H=1 I=JOIN CI=BLUE W=1;
SYMBOL4 V=STAR CV=GREEN H=1 I=JOIN CI=GREEN W=1;
PROC GPLOT DATA=reg4;
    PLOT (Y Y_hat1 Y_hat2 Y_hat4)*X / OVERLAY;
RUN;

/*****************************
* 7.9
*****************************/

PROC IMPORT DATAFILE="C:\temp\RABE6\Animals.txt" OUT=mysas.Animals
            DBMS=TAB REPLACE;
RUN;

DATA mysas.Animals;
    SET mysas.Animals;
    BrainWeight1 = BrainWeight**.5;   BodyWeight1 = BodyWeight**.5;
    BrainWeight2 = LOG(BrainWeight);  BodyWeight2 = LOG(BodyWeight);
    BrainWeight3 = BrainWeight**-.5;  BodyWeight3 = BodyWeight**-.5;
    BrainWeight4 = 1/BrainWeight;     BodyWeight4 = 1/BodyWeight;
RUN;

SYMBOL V=DOT H=1.0 C=BLUE;
PROC GPLOT DATA=mysas.Animals;
    PLOT BrainWeight*BodyWeight;
    PLOT BrainWeight1*BodyWeight1;
    PLOT BrainWeight2*BodyWeight2;
    PLOT BrainWeight3*BodyWeight3;
    PLOT BrainWeight4*BodyWeight4;
RUN; QUIT;
```

Chapter 08

가중최소제곱

Weighted Least Squares

8.1 소개

지금까지의 회귀분석에 관한 논의에서 고려된 회귀모형은 다음과 같은 형태를 갖는다.

$$y_i = \beta_0 + \beta_1 x_{i1} + \cdots + \beta_p x_{ip} + \epsilon_i, \tag{8.1}$$

여기에서 ϵ_i는 평균이 0이고 분산이 σ^2인 서로 독립이고 동일한 분포를 가지는(*i.i.d.*; independent and identically distributed) 확률오차이다. 이러한 가정들을 점검하기 위하여 다양한 잔차플롯들이 사용되었다(제5장). 만일 잔차들이 모형에 규정된 가정의 내용들과 부합하지 않는다면, 회귀식이 부적절하거나, 설명변수가 더 필요하거나 또는 관측개체들 중의 일부에 특이값이 있는 경우 등을 그 이유로 생각할 수 있을 것이다.

이러한 분석에서 예외적인 경우가 하나 있었다. 7.5절에서 다룬 공장종업원과 감독자에 관한 데이터의 경우에서, 모형의 잔차가 *i.i.d*가 아닌 것에 대해 논의하였다. 특히 잔차가 상수분산(등분산성)을 만족하지 않았다. 이러한 데이터의 경우, 변수변환을 적용하여 일단 이분산성의 상황을 수정한 후, 통상적인 최소제곱(OLS; Ordinary Least Square)추정법을 사용하여 보다 나은 추정치를 구할 수 있었다.

제8장과 제9장에서는 회귀모형에서 오차항이 서로 독립이고 동일한 분포를 가진다는 기본가정이 만족되지 않는 경우를 주로 다룬다. 이 장에서는 **이분산성**(hetero- scedasticity)의 문제에 대해서 다루며, 여기에서 이분산성이란 오차들이 같은 분산을 가지지 못하는 것을 말한다. 제9장에서는 **자기상관**(autocorrelation)의 문제를 다루며, 여기에서 자기상관이란 오차들이 독립이 아닌 것을 말한다.

제7장에서 이분산성은 분산을 안정화시키는 변환을 이용하여 다루어졌다. **가중최소제곱**(WLS; weighted least squares)법은 변환된 변수들에 대하여 OLS를 수행하는 것과 동일한 것이다. 여기에서 제시되는 WLS법은 이분산성을 갖는 오차를 다루는 방법과 그 추정방법에 관한 것이다. 예를 들어 WLS는 8.5절의 **함량–반응곡선**(dose-response curve)과 8.5절 및 제13장의 **로지스틱 모형**(logistic model)에 대한 적합에서 OLS보다 더 우수하다.

이 장에서는 등분산의 가정이 완화된다. 따라서 ϵ_i는 평균이 0이고 분산이 $\mathrm{Var}(\epsilon_i) = \sigma^2$이며 서로 독립이라고 가정된다. 이러한 경우에는, 식 (8.1)의 회귀계수를 추정하기 위하여

WLS법을 사용한다. β_0, β_1, ..., β_p에 대한 WLS 추정은 다음의 식을 최소화함으로써 얻어진다.

$$\sum_{i=1}^{n} w_i(y_i - \beta_0 - \beta_1 x_{i1} - \cdots - \beta_p x_{ip})^2$$

여기에서 w_i는 분산에 반비례하는 가중치이다. 즉, $w_i = 1/\sigma_i^2$이다. 따라서 WLS 방법을 사용할 경우 작은 가중치를 가지는 관찰값은 회귀계수 β_0, β_1, ..., β_p의 값을 결정하는 데 적은 영향을 미치게 된다. 극단적인 경우 $w_i = 0$이면 i번째 관측개체는 추정 과정에서 제외되는 효과를 가지게 된다.

WLS에서는 데이터 생성에 관한 사전지식이나, 직관, 잔차분석 등 이분산성을 탐색하는 과정에서 얻은 정보를 종합적으로 활용하게 된다. 만약 가중치가 알려져 있지 않다면, 앞에서의 방법은 다음 두 단계로 나누어진다. 첫 단계에서는 OLS에 의한 결과로부터 가중치를 추정하고, 두 번째 단계는 첫 단계에서 구한 가중치를 기초로 WLS를 적용하여 추정치를 구하게 된다. 뒷부분에서 예를 들어 이를 설명할 것이다.

8.2 이분산성 모형

이분산성의 문제가 제기될 수 있는 다음 세 가지 상황을 구별하기로 하자. 처음 두 가지 예들은 이분산성의 원인이 밝혀짐에 따라 제1단계에서 바로 WLS를 이용하여 추정이 이루어질 수 있는 비교적 간단한 경우이다. 그러나 세 번째 예는 조금 복잡하며 앞에서 언급한 바와 같이 2단계 추정이 필요하다. 우선 제7장의 예에서 나타난 이분산성의 첫 번째 예가 먼저 재검토될 것이다. 두 번째 예는 데이터 분석 없이 그 과정만 살펴보겠으며, 이분산성에 관한 세 번째 예는 두 개의 경우를 들어 설명하기로 한다.

8.2.1 공장종업원과 감독자 데이터

7.5절에서 사용된 데이터는 27개 공장의 종업원의 수(X)와 감독자의 수(Y)에 관한 것으

로, 고려된 회귀모형은

$$y_i = \beta_0 + \beta_1 x_i + \epsilon_i \tag{8.2}$$

이었다. 그런데 여기에서 오차항 ϵ_i의 분산이 설명변수인 종업원의 수(x_i)에 의존하는 것이 문제였다. 즉, $\sigma_i^2 = k^2 x_i^2$(단, k는 양의 상수)의 관계가 있었다(자세한 것은 제7.5절을 참조). 이런 종류의 이분산성에 대한 경험적 증거는 최소제곱잔차(표준화)를 X에 대하여 플롯해봄으로써 쉽게 얻을 수 있다. 그림 8.1은 이런 경우에 대한 전형적인 플롯이다. 잔차는 깔때기 모양을 가지며 X 값에 대하여 벌어지거나 좁아지고 있다. 이런 사실에도 불구하고 데이터에 아무런 보정 없이 OLS를 사용하면, 얻어진 추정량은 앞에서 언급한 바와 같이 이론적인 면에서 통계적 정확도를 잃게 된다. 나아가, 데이터에 이분산성이 존재하는 경우에 회귀계수의 표준오차는 때때로 과소추정되어 이로 인해 잘못된 결론에 이를 수도 있다. 이런 문제는 단순회귀모형의 경우 앞서 제7장에서 간단히 소개하였던 WLS법을 사용함으로써 해결할 수 있다.

이런 접근방법은 다중회귀의 경우에서도 마찬가지로 활용될 수 있다. 식 (8.1)에서 잔차의 분산은 예측변수들 중의 하나에 의해 영향을 받을 수 있다(두 개 이상의 예측변수로부터 영향을 받는 경우는 뒤에 다루어진다). 의심되는 변수와 최소제곱잔차의 플롯을 통해 경험적 증거를 얻을 수 있다. 예를 들어, 원래의 모형이 (8.1)과 같이 주어지고 X_2에 대한 잔차플롯이 그림 8.1과 같은 형태라면 $\text{Var}(\epsilon_i) = k^2 x_{i2}^2$ 와 같은 관계를 규정할 수 있겠다

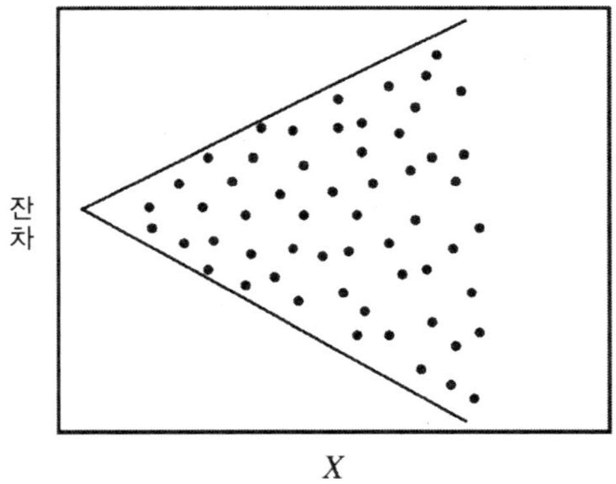

그림 8.1 이분산성을 갖는 잔차플롯의 예

$(k > 0)$. 이때 회귀계수의 추정치는 다음의 식을 최소화함으로써 얻어진다.

$$\sum_{i=1}^{n} \frac{1}{x_{i2}^2}(y_i - \beta_0 - \beta_1 x_{i1} - \cdots - \beta_p x_{ip})^2.$$

만약 소프트웨어에 별도의 WLS 처리를 해주는 절차가 있을 경우에는 가중변수를 $1/x_{i2}^2$로 두면 된다.

```
Supervised$wgt <- 1 / Supervised$X**2
reg <- lm(Y ~ X, data = Supervised, weights = wgt)
summary(reg)
```

한편, 소프트웨어가 OLS 처리만 수행할 수 있다면, 제7장에서와 같이 먼저 데이터를 변환한다. 즉, 식(8.1)의 양변을 x_{i2}^2로 나누어 다음과 같은 식을 얻는다.

$$\frac{y_i}{x_{i2}} = \beta_0 \frac{1}{x_{i2}} + \beta_1 \frac{x_{i1}}{x_{i2}} + \cdots + \beta_p \frac{x_{ip}}{x_{i2}} + \frac{\epsilon_i}{x_{i2}}.$$

이때 $1/X_2$의 OLS 추정치는 β_0의 WLS 추정량이 되고, 변수 X_j/X_2의 계수는 β_j의 WLS 추정량이 된다$(j \neq 2)$. 이 방법을 단순회귀모형에 적용하는 자세한 방법은 제7장을 참조하여라.

8.2.2 대학학비 데이터

두 번째 형태의 이분산성은 잘 정의된 그룹이나 군집으로부터 얻어진 개별 추출단위들의 평균을 관측치로 다루는 대규모 표본조사에서 발생한다. 일반적으로 표본개체에 대한 평균과 개체수는 각 군집별로 보고된다. 군집별 표준편차나 범위와 같은 변이의 측도도 보고의 항목에 들어가기도 한다.

예를 들어, 대학학비와 이에 관련된 변수 간의 관계를 알아보기 위하여 처음에는 대학생(또는 부모) 각각을 하나의 관측개체로 하는 표본조사를 수행하였다고 하자(표 8.1의 변수 설명 참조). 이때 사용할 수 있는 회귀모형으로 다음과 같은 관계를 생각할 수 있을 것이다.

표 8.1 대학학비 조사에서의 변수

변수	설명
Y	연간 총비용
X_1	학교 소재 도시의 크기
X_2	가장 가까운 도시 중심까지의 거리
X_3	학교 종류 - 공립, 사립
X_4	학생수
X_5	졸업하는 신입생 비율
X_6	집으로부터의 거리

$$Y = \beta_0 + \beta_1 X_1 + \beta_2 X_2 + \cdots + \beta_6 X_6 + \epsilon. \tag{8.3}$$

이 예에서 군집은 학교이고 개별 추출단위는 학생이다. 데이터는 몇 개의 학교를 임의추출하고, 각 학교에서 미리 정해진 수의 학생을 임의추출하여 설문조사함으로써 수집되었다. 식 (8.3)의 반응변수 Y는 i번째 학교의 평균학비이다. 예측변수는 해당 학교의 특성치들이다. 변수들의 수치값은 학교에서 발표되는 공식 통계를 이용하였다.

그런데 평균학비의 정밀도는 평균이 기초하고 있는 표본의 크기(n)의 제곱근에 비례하게 된다. 즉, $\bar{y}_i$의 표준편차는 $\sigma/\sqrt{n_i}$이다. 여기에서 n_i는 i번째 기관에서 인터뷰한 학생의 숫자를 나타내고, σ는 학생 모집단에서의 연간 학비의 표준편차이다. 따라서 모형 (8.1)의 ϵ_i에 대한 표준편차는 $\sigma_i = \sigma/\sqrt{n_i}$이다. 회귀계수에 대한 추정은 가중치 $w_i = 1/\sigma_i^2$를 가진 WLS를 이용하여 수행된다. $\sigma_i^2 = \sigma^2/n_i$이므로, 회귀계수는 다음의 가중잔차제곱합을 최소화하여 추정하면 될 것이다.

$$S = \sum_{i=1}^{n} n_i \left(y_i - \beta_0 - \sum_{j=1}^{6} \beta_j x_{ij} \right)^2. \tag{8.4}$$

실제 이런 절차는 묵시적으로, 같은 조건에서 많은 수의 학생들이 설문조사된 학교로부터의 결과가 더 적은 수의 학생들이 조사된 것으로부터의 결과보다 더 믿을 만하고, 또한 회귀계수의 추정에서도 그런 표본개체에 더 큰 가중치가 주어져야 한다는 것을 의미하고 있다. 이 점은 각 표본개체 단위가 서로 다른 정확도를 가질 경우, 회귀계수의 추정에서 이들 각각에게 서로 다른 가중치를 부여해야 한다는 WLS의 취지를 정당화시키고 있다고 할 수 있다.

회귀계수의 추정치와 요약통계의 계산은 WLS에 따른 처리를 해주는 프로그램을 사용하던지, 또는 다음과 같이 데이터를 변환시킨 후 OLS를 사용하면 된다. 즉, 식 (8.1)의 양변에 $\sqrt{n_i}$ 를 곱하면 다음의 새로운 모형식을 얻게 된다.

$$y_i\sqrt{n_i} = \beta_0\sqrt{n_i} + \beta_1 x_{i1}\sqrt{n_i} + \cdots + \beta_6 x_{i6}\sqrt{n_i} + \epsilon_i\sqrt{n_i} \tag{8.5}$$

위 식의 오차항 $\epsilon_i\sqrt{n_i}$ 는 이제 상수분산(등분산)의 가정을 만족하게 된다. 모형 (8.5)에는 반응변수 $y_i\sqrt{n_i}$ 에 대하여 예측변수로서 $\sqrt{n_i}$ 와 6개의 변환된 변수 $x_{ij}\sqrt{n_i}$ 를 포함하는 전체 7개의 예측변수가 포함되어 있다. 이 경우 변환된 변수에 대한 회귀계수를 추정할 때는 상수항이 없게 된다. 즉, 원래 모형에서 절편 β_0가 변환모형에서는 $\sqrt{n_i}$ 의 계수가 되어 식 (8.5)에는 절편항이 없는 것과 같다. 이에 대한 자세한 내용은 8.4절에서 수치예를 통해 좀 더 상세히 살펴보기로 한다.

8.3 이단계 추정

앞의 두 예제에서는 이분산성의 문제가 처음부터 예상될 수 있는 상황이었다. 첫 번째 예제에서는 연구의 성격상 예측변수의 크기가 커짐에 따라 잔차의 분산이 커질 것이 기대되었다. 두 번째 예제에서는 데이터 수집과 분석 방법의 특성상 이분산성이 자동적으로 개입되고 있음을 사전에 알 수 있는 경우에 해당한다. 두 경우 모두 변수변환에 의하여 등분산성을 유지시킬 수 있었으며, 이런 변환은 원시 데이터로부터 직접 구해졌다. 이 절에서 다룰 문제는 분산이 동일하지 않다는 사전의 예상이 가능하나, 이분산성의 구체적인 구조는 표본을 얻은 이후에 경험적으로 결정되는 경우에 해당한다. 결과적으로 여기에서의 회귀계수는 이단계(two stage)의 추정 절차를 필요로 하게 된다.

일반적인 다중회귀의 경우 이분산성를 찾아내는 일은 그리 간단하지 않다. 그것이 존재하는 경우, 때로는 관측개체들을 몇 개의 집단으로 구분지을 수 있다는 식의 분석자가 가지는 훌륭한 직관에 의해 발견되기도 한다. 다중회귀모형에서는 반응변수의 적합값에 대한 잔차의 플롯이 첫 출발점이 된다. 즉, 잔차의 크기가 적합값 $\hat{y}_i$나 x_{ij}의 값에 따라 체계적으로 변하면 이는 곧 이분산성을 의미하게 된다. 물론, 플롯 자체가 이분산성의 근원 문제를 항상 제시하는 것은 아니다.

등분산성이 어긋나는 상황을 대수적으로 조사하는 한 가지 방법으로 데이터가 고정된 예측변수의 값에 대해 반응변수를 여러 번 반복적으로 측정되었을 때를 들 수 있다. 하나의 예측변수가 있는 경우를 예로 들어 보자. 이때, $X = x_i$에서 반응변수에 대한 n_1개의 측정값 $y_{11}, y_{21}, \ldots, y_{n_1 1}$을 반복적으로 얻고, $X = x_2$에서 n_2개의 반복적인 측정값 $y_{12}, y_{22}, \ldots, y_{n_2 2}$을, 이러한 과정을 계속해서 $X = x_k$에서는 n_k개의 $y_{1k}, y_{2k}, \ldots, y_{n_k k}$를 독립적으로 얻었다고 하자. 예를 들어, 그림 8.2의 k = 5인 경우에 대한 플롯을 참조하여라.[1] 그림에서 보는 바와 같이, 이 경우는 이분산성이 $\text{Var}(\epsilon_i) = k^2 x_i^2$와 같이 단순한 형태의 체계적 모습을 가지지 않음이 분명하다. 여기에서 변이의 정도는 X가 x_4까지 증가함에 따라 먼저 감소하다가 x_5에서 다시 크게 증가하는 현상을 볼 수 있다. 회귀모형은 다음과 같이 표현될 수 있다.

$$y_{ij} = \beta_0 + \beta_j x_{ij} + \epsilon_{ij}, \quad i = 1, 2, \ldots, n_j; \quad j = 1, 2, \ldots, 5, \tag{8.6}$$

여기에서 $\text{Var}(\epsilon_{ij}) = \sigma_j^2$이다.

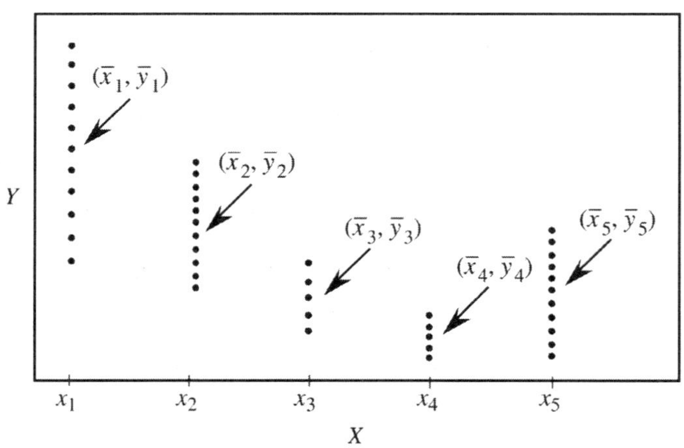

그림 8.2 반복측정된 데이터에서의 이분산성

1) 모든 그래프와 필요한 R 코드는 책의 웹사이트에서 확인할 수 있다.
http://www.aucegypt.edu/faculty/hadi/RABE6

j번째 군집 또는 그룹에 있는 i번째 관측개체에 대한 잔차는 $e_{ij} = y_{ij} - \hat{y}_{ij}$이다. j번째 군집에 대한 반응변수의 평균값 $\bar{y}_j$를 빼고 더하면 잔차는 다음과 같이 표현할 수 있다.

$$e_{ij} = (y_{ij} - \bar{y}_j) + (\bar{y}_j - \hat{y}_{ij}). \tag{8.7}$$

위 식에서 잔차는 두 부분으로 나누어지는데, 이는 y_{ij}와 $\bar{y}_j$의 차이, $\bar{y}_j$와 회귀직선 위의 점 $\hat{y}_{ij}$의 차이이다. 첫 부분을 **순수오차**(pure error)라고 하면, 둘째 부분은 데이터의 적합도를 측정한다고 할 수 있다. 여기에서 이분산성에 대한 평가는 순수오차에 근거를 둔 것이다.[2] WLS에서의 가중값은 $w_i = 1/s_j^2$으로 추정된다. 여기에서

$$s_j^2 = \sum_{i=1}^{n_j} (y_{ij} - \bar{y}_j)^2 / (n_j - 1)$$

은 j번째 그룹에서의 반응변수의 표본분산이다.

데이터가 통제된 실험실에서 얻어질 때, 연구자는 관측개체를 반복하여 얻기 위해 예측변수의 어떠한 값이라도 선택할 수 있다. 그러나 모든 값들에 대해 데이터를 비실험적 상태에서 수집하는 경우, 주어진 X의 한 값에 대하여 반응변수의 값을 여러 개체로부터 반복적으로 측정하는 것은 거의 불가능하다. 예측변수가 하나만 있는 경우는 몇 개의 반복값이 생길 수도 있을 것이다. 그러나 여러 개의 예측변수가 있는 경우는 어느 두 개의 관측값이 모든 예측변수에 대하여 같은 값을 가지는 것은 실제로 불가능하다. 그러나 예측변수의 값들이 근사적으로 같도록(반올림 등을 통해) 관측값들끼리 군집(cluster)을 형성시킴으로써 '가짜' 반복값을 만들 수도 있을 것이다. 이에 대한 자세한 설명을 얻고자 하는 독자들은 Daniel & Wood(1980)를 참조하여라. 또한 다중회귀에서 이분산성의 문제를 처리하는 좀 더 그럴듯한 방법으로는 분석의 이전에 자연스럽고 의미 있는 관계에 따라 관측값들을 군집화시키는 것이다. 이 부분에 대한 예로서 제6장에서 이미 언급된 주별 교육비 지출에 관한 데이터를 다음 절에서 분석해 보기로 한다.

2) 순수오차의 개념은 모형의 적합성 검정에도 사용된다. 자세한 내용은 Draper & Smith(1998)를 참조하여라.

8.4 교육비 지출 데이터

교육비 지출 데이터는 6.7절에서 사용되었으며, 회귀계수의 안정성을 검토하기 위해서 시간에 걸쳐서 살펴볼 필요가 있음이 제안되었다(데이터는 1965, 1970, 1975년에 대한 것이다). 여기에서는 이 데이터를 다중회귀에서 이분산성을 다루는 방법을 설명하는 데 사용할 것이고 회귀의 연관에 대한 지역적 특성의 효과를 분석하고자 한다. 여기에서는 1975년의 데이터 부분만을 분석해 보기로 한다. 데이터는 이 책의 웹사이트에 있는 Edu.Expend.txt에서 확인할 수 있다.[3] Edu.Expend.txt 파일은 모든 3년에 대한 데이터가 포함되어 있다. 다음의 R 코드를 이용하여 1975년 데이터를 추출하자.

```
Edu <- read.table("C:/Temp/RABE6/Edu.Expend.txt", sep = "\t",
                  header = TRUE)
Edu75 <- dplyr::filter(Edu, Edu$Year == 1975)
head(Edu75, 5)   # 데이터의 첫 5행을 출력
```

위의 코드는 **dplyr** 패키지가 미리 설치되어 있음을 가정하였고, 1975년 데이터는 객체 Edu75에 있다.

분석의 목표는 50개 주의 데이터를 사용하여 교육비와 그 외의 변수들과의 가장 좋은 관계를 찾는 것이다. 데이터는 자연스럽게 지리적인 몇 개의 영역을 바탕으로 그룹화되었다. 각 지리적 영역별로 전체적인 회귀관계의 구조는 같을 것으로 생각되지만 잔차분산과 회귀계수는 서로 다를 가능성이 있음을 가정한다. 서로 다른 분산으로 인해 이분산성의 문제를 고려하게 된다. 변수의 이름과 정의는 표 8.2에 제시되었고, 모형은 다음과 같다.

$$Y = \beta_0 + \beta_1 X_1 + \beta_2 X_2 + \beta_3 X_3 + \epsilon. \tag{8.8}$$

50개 주는 지리적 동질성이 존재한다는 가정에 기반하여 4개의 영역으로 나누었다. 4개의 영역은 (1) 북동, (2) 북부중앙, (3) 남부, (4) 서부 지역으로 그룹화되었다. 이때 지역

3) http://www.aucegypt.edu/faculty/hadi/RABE6

표 8.2 교육비 지출 데이터에 대한 변수 목록

변수	설명
Y	1인당 교육비 지출 (1975년에 계획된)
X_1	1인당 소득 (1973년)
X_2	1,000명당 18세 이하의 주민 (1974년)
X_3	1,000명당 도시 지역 주민 (1970년)

별 차이를 검토하거나 동일성에 대한 검정을 하기 위해서는 앞에서 설명한 바와 같이 적절한 가변수를 사용하여 분석할 수 있을 것이다. 그러나 여기에서는 모든 지역과 주에 걸쳐 가장 좋은 적합을 가지는 회귀관계를 구축하는 데에 분석 목적이 있다. 이러한 분석 목적은 지역별 차이에 관한 정보를 가중최소제곱법에 확장함으로써 달성될 수 있다.

네 개의 지역별로 서로 다른 오차분산이 존재하는 것을 가정한다. 분산은 각각 $(c_1\sigma)^2$, $(c_2\sigma)^2$, $(c_3\sigma)^2$, $(c_4\sigma)^2$으로 표기하자. 여기에서 σ는 공통부분이고, c_j는 지역별 특성을 나타내는 값이다. WLS에 따라 유도되는 모회귀계수의 최소제곱추정량은 다음을 최소화함으로써 결정된다.

$$S_w = S_1 + S_2 + S_3 + S_4,$$

여기에서,

$$S_j = \sum_{i=1}^{n_j} \frac{1}{c_j^2}(y_i - \beta_0 - \beta_1 x_{i1} - \beta_2 x_{i2} - \beta_3 x_{i3})^2; \quad j = 1, 2, 3, 4. \tag{8.9}$$

이때 S_1부터 S_4 각각은 지역에 대응되고, 합(sum)은 해당 지역에 있는 주들에 대해서 취해졌다. $1/c_j^2$는 회귀계수 추정에 있어 j번째 지역적 요소가 소속된 주의 잔차에 미치는 영향을 나타내는 가중치이다. 이런 식으로 가중치를 부여하는 것은 오차가 큰 관측값(큰 오차분산을 갖는 관측값)이 회귀계수의 결정에 작은 영향을 끼치게 하는 효과를 가지게 된다.

WLS 추정치가 가지는 다른 한 논리는, 모형에 있는 회귀계수는 그대로 두고 변환모형에서 오차항의 분산이 상수가 되도록 데이터 변환을 시키는 데 근거를 둔다. 앞서 다룬 예에서 각 관측값에 있는 정보는 그에 해당되는 c_j로 나누어 $1/c_j$, X_1/c_j, X_2/c_j, X_3/c_j와 같이 변환된 예측변수에 대한 변환된 반응변수 Y/c_j를 회귀하게 된다.[4] 그러면 오차항들도 c_j로 나누게 되므로 변환된 오차항들은 모두 공통된 분산 σ^2을 가지게 되고 최소제곱추정량이 최적성을 가지기 위한 기본가정들을 만족하게 된다.

그런데 여기에서 c_j도 미지의 값이므로 σ^2이나 β와 마찬가지로 데이터로부터 추정되어야 한다. 이를 위해서 다음과 같은 이단계 추정법을 이용할 수 있을 것이다. 이단계 추정에서, 첫째는 원래 데이터에 식 (8.8)의 모형을 사용한 회귀분석을 수행하고, 지역별로 얻은 경험적 잔차들로부터 지역별 오차분산의 추정값을 계산한다. 지역 j에 대한 분산 σ_j^2에 대한 추정치는 다음과 같다.

$$\hat{\sigma}_j^2 = \frac{1}{n_j - 1}\sum e_i^2, \quad j = 1, 2, 3, 4, \tag{8.10}$$

여기서 n_j는 지역 j에 있는 주의 개수이고, 각 주에 대한 잔차들의 제곱합을 통해 계산된다. 50개의 주의 잔차에 대한 합은 0이지만, 각 지역에서의 잔차합은 0일 필요는 없음에 주의하자. 식 (8.10)에서 $n_j - 1$로 나누는 것은 각 지역에서 자유도 1을 상실했기 때문이다.

두 번째 단계에서 식 (8.9)의 c_j^2의 추정치는 다음으로 대체된다.

$$\hat{c}_j^2 = \frac{\hat{\sigma}_j^2}{\sum_{i=1}^{n} e_i^2 / n} \tag{8.11}$$

전체 50개 주의 데이터에 대한 첫 단계 회귀분석의 결과는 표 8.3에 있다. 모형에 관한 가정을 검토하기 위해 두 개의 잔차플롯을 준비하였다. 그림 8.3은 적합값에 대한 표준화잔차의 플롯이고, 그림 8.4는 지역을 나타내는 범주변수에 대해 표준화잔차들이 플롯되어 있다.

---

4) 각 변수에 지리적 영역을 나타내는 첨자 j와 그 지역 내의 주를 지칭하는 첨자 i를 동시에 사용할 경우, 지역 j의 관측값들에 대한 각 변수들은 c_j로 나누어진다. β_0는 변환된 변수 $1/c_j$의 회귀계수임에 주의하여라. 변환된 모형은

$$\frac{y_{ij}}{c_j} = \beta_0 \frac{1}{c_j} + \beta_1 \frac{x_{1ij}}{c_j} + \beta_2 \frac{x_{2ij}}{c_j} + \beta_3 \frac{x_{3ij}}{c_j} + \epsilon_{ij}'$$

으로 표현되고 ϵ_{ij}'의 분산은 σ^2이다. 변환된 모형에서 원 모형과 같은 회귀계수들이 나타남을 주목하여라. 변환된 모형 또한 절편이 없는 모형이다.

표 8.3 회귀분석 결과: 교육비 지출 데이터($n = 50$)

변수	계수	표준오차	t-검정	p-값
상수	−556.568	123.200	−4.52	<.0001
X_1	0.072	0.012	6.24	<.0001
X_2	1.552	0.315	4.93	<.0001
X_3	−0.004	0.051	−0.08	0.9342
$n = 50$	$R^2 = 0.591$	$R_a^2 = 0.565$	$\hat{\sigma} = 40.47$	df = 46

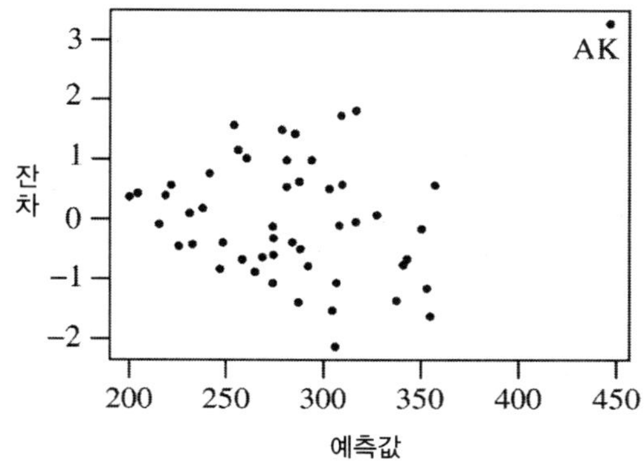

그림 8.3 표준화잔차 대 적합값의 플롯

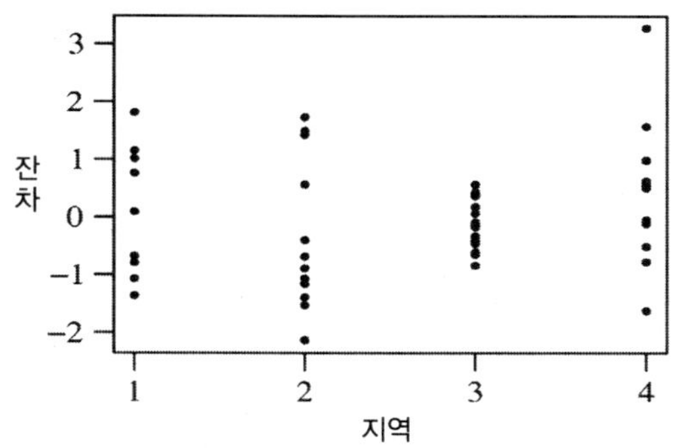

그림 8.4 표준화잔차 대 지역의 플롯

```
reg <- lm(Y ~ X1+X2+X3, data = Edu75)
summary(reg)   # 표 8.3

plot(fitted(reg), rstandard(reg), pch = 19)    # 그림 8.3
abline(h = c(-2,0,2), lty=2)
plot(Edu75$Region, rstandard(reg), pch = 19)   # 그림 8.4
abline(h = c(-2,0,2), lty=2)
```

그림 8.3의 목적은 적합값에 대한 잔차의 변이와 크기를 포함하는 일반적 형태를 파악하고자 함이다. 산점도가 깔때기 모양을 보이고 있으며, 이는 이분산성의 있음을 의미한다. 그림 8.4는 지역별로 잔차의 흐트러진 정도가 서로 다른 것을 볼 수 있는데, 이는 곧 분산이 지역별로 서로 다름을 의미한다. 표준화잔차와 각 예측변수들에 대한 산점도(그림 8.5에서 그림 8.7)를 보면 변수 X_1에 대해 잔차의 분산이 증가하고 있음을 알 수 있다.

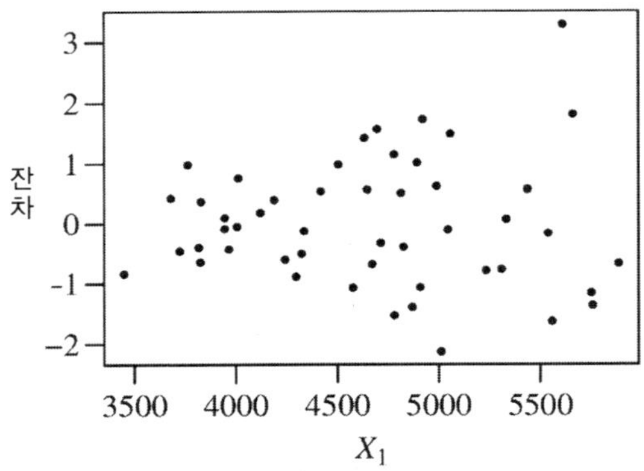

그림 8.5 표준화잔차와 예측변수 X_1의 플롯

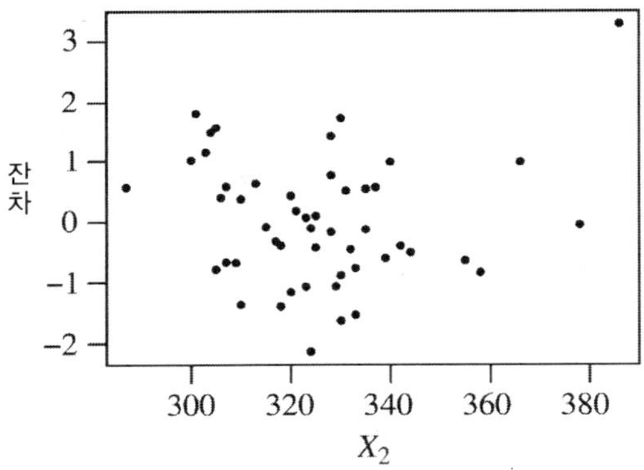

그림 8.6 표준화잔차와 예측변수 X_2의 플롯

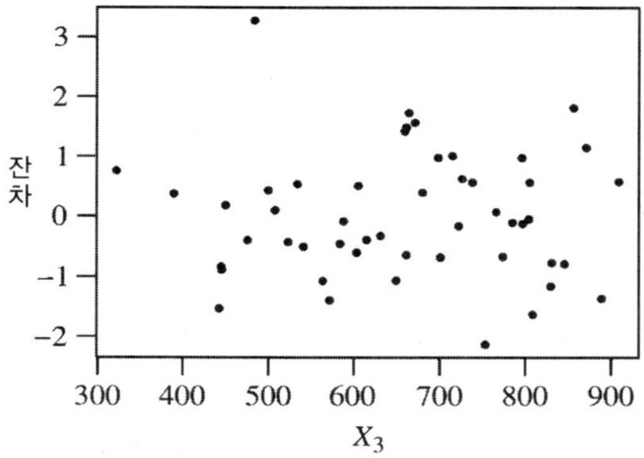

그림 8.7 표준화잔차와 예측변수 X_3의 플롯

```
plot(Edu75$X1, rstandard(reg), pch = 19)    # 그림 8.5
abline(h = c(-2,0,2), lty=2)
plot(Edu75$X2, rstandard(reg), pch = 19)    # 그림 8.6
abline(h = c(-2,0,2), lty=2)
plot(Edu75$X3, rstandard(reg), pch = 19)    # 그림 8.7
abline(h = c(-2,0,2), lty=2)
```

여기에서 잔차들과 영향력에 관련된 측도들을 좀 더 살펴볼 필요가 있다. 49번(Alaska) 개체는 표준화잔차가 3.28인 특이값임을 볼 수 있다(그림 8.3 참조). 한편 44번(Utah)과 49번(Alaska)은 지레값(leverage value)이 각각 0.29와 0.44로서 높은 지레점임을 알 수 있다. 그러나 실제 Utah 주는 높은 지레대 효과를 가지나 영향력이 높은 관측값은 아니다. 이에 비해 Alaska 주는 Cook의 거리 = 2.13, DFITS = 3.30를 가진 영향력이 큰 동시에 높은 지레대 효과를 가진 특이값인 것으로 판단된다(5.9절 참고).

```
infmat <- data.frame(influence.measures(reg)$infmat,
                     row.names = Edu75$STATE)
round(infmat, digits = 2)
```

사실 다른 주에 비해서 Alaska 주는 매우 작은 규모의 인구를 가진 한편, 당시(1975년) 석유채굴로 인해 재정수입의 큰 증대가 있었던 특별한 상황이었다. 따라서 당시의 상황에서 Alaska 주의 교육예산은 다른 주와 직접 비교되어서는 안 될 것으로 생각된다. 이런 점에서 Alaska 주는 회귀분석의 결과에 중대한 영향을 미칠 수 있는 관측개체로서 전체 데이터에 대한 회귀분석의 전체적인 모습을 왜곡시킬 우려가 있어 추후의 분석에서 이를 제외하는 것이 타당하다고 할 수 있다. 회귀 결과에 중대한 영향을 주는 특수한 상황은 전체 그림을 왜곡하게 된다.

Alaska 주에 대한 데이터는 회귀계수의 결정에 좋지 않은 영향을 끼칠 수도 있다. 이런 가능성을 알아보기 위하여 Alaska 주를 빼고 회귀분석을 시도하였다.

```
Edu75.A <- Edu75[which(row.names(Edu75) != 49),]   # Alaska 제외
reg <- lm(Y ~ X1+X2+X3, data = Edu75.A)            # 표 8.4
summary(reg)

plot(fitted(reg), rstandard(reg), pch = 19)         # 그림 8.8
abline(h = c(-2,0,2), lty=2)
plot(Edu75.A$Region, rstandard(reg), pch = 19)      # 그림 8.9
abline(h = c(-2,0,2), lty=2)
```

그 결과 회귀계수의 추정값에 상당한 변화가 있었다. 표 8.4를 보아라. 특수한 상황이 전체 회귀결과에 너무 큰 영향을 주게 되므로 Alaska 주는 이후의 분석에서 제외된다. 그림 8.3 및 그림 8.4와 거의 비슷한 플롯이 그림 8.8 및 그림 8.9에 각각 주어져 있다. Alaska 주를 제외한 그림 8.8과 그림 8.9를 보면 여전히 이분산성이 나타나고 있음을 알 수 있다.

표 8.4 회귀분석 결과: 교육비 지출 데이터(n=49, Alaska 주 제외)

변수	계수	표준오차	t-검정	p-값
상수	−277.577	132.400	−2.10	0.0417
X_1	0.048	0.012	3.98	0.0003
X_2	0.887	0.331	2.68	0.0103
X_3	0.067	0.049	1.35	0.1826
$n = 49$	$R^2 = 0.497$	$R_a^2 = 0.463$	$\hat{\sigma} = 35.81$	df = 45

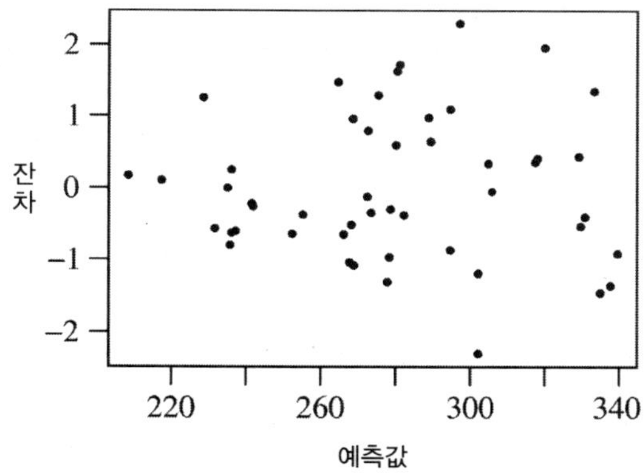

그림 8.8 표준화잔차 대 적합값의 플롯(Alaska 주 제외)

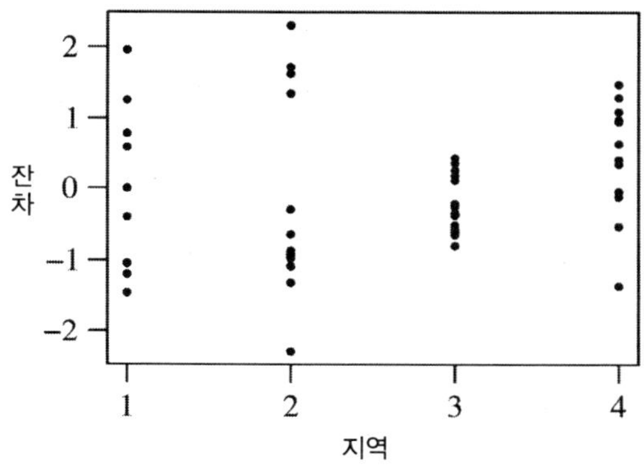

그림 8.9 표준화잔차 대 지역의 플롯(Alaska 주 제외)

분석을 진행하려면 가중치를 구해야만 한다. 이들은 위에서 설명한 방법을 이용하여 OLS 잔차로부터 계산되며, 표 8.5에 주어져 있다.

```
Edu75.A$e2 <- residuals(reg)**2
if(!require("doBy")) install.packages("doBy")
library(doBy)
fun <- function(x){c(sum(!is.na(x)), sum(x)/(sum(!is.na(x))-1))}
ss <- summaryBy(e2 ~ Region, data = Edu75.A, FUN=fun)
ss$c <- sqrt(ss$e2.FUN2/(sum(Edu75.A$e2)/49))
print(ss)
```

표 8.5 가중최소제곱(WLS)을 위한 가중값 c_j

지역 j	n_j	$\hat{\sigma}_j^2$	c_j
Northeast	9	1632.50	1.177
North Central	12	2658.52	1.503
South	16	266.06	0.475
West	12	1036.83	0.938

표 8.6 육비 지출 데이터(n=49)에 대한 OLS와 WLS 회귀계수. Alaska 제외

변수	OLS			WLS		
	계수	표준오차	t	계수	표준오차	t
상수	−277.577	132.40	−2.10	−316.024	77.42	−4.08
X_1	0.048	0.01	3.98	0.062	0.01	8.00
X_2	0.887	0.33	2.68	0.874	0.20	4.41
X_3	0.067	0.05	1.35	0.029	0.03	0.85
	$R^2=0.497$		$\hat{\sigma}=35.81$	$R^2=0.477$		$\hat{\sigma}=36.52$

WLS의 결과는 표 8.6에 주어져 있는데, 비교를 목적으로 OLS의 결과가 함께 나와 있다. 변환된 모형으로부터의 표준화잔차가 그림 8.10과 그림 8.11에 나타나 있다.

```
Edu75.A$wgt[Edu75.A$Region == 1] = 1/(1.177*1.177)
Edu75.A$wgt[Edu75.A$Region == 2] = 1/(1.503*1.503)
Edu75.A$wgt[Edu75.A$Region == 3] = 1/(0.475*0.475)
Edu75.A$wgt[Edu75.A$Region == 4] = 1/(0.938*0.938)
reg <- lm(Y ~ X1+X2+X3, data = Edu75.A, weights = wgt)
summary(reg)

plot(fitted(reg), rstandard(reg), pch = 19)       # 그림 8.10
abline(h = c(-2,0,2), lty=2)
plot(Edu75.A$Region, rstandard(reg), pch = 19)    # 그림 8.11
abline(h = c(-2,0,2), lty=2)
```

그림 8.10을 보면 특별한 패턴은 보이지 않는다. 또한 그림 8.11에서는 지역별 잔차가 앞의 플롯 그림 8.4와 그림 8.9에 비해 많이 평준화되었음을 볼 수 있다.[5] 따라서 이 경우에 OLS보다 WLS가 더 선호됨을 알 수 있다. 표 8.6을 살펴보면 $\hat{\sigma}$나 R^2를 적합도의 기준으

5) (역주) 그림 8.10과 그림 8.11은 원서에 가중치가 반영되지 않은 것으로 제시되어 있다. 독자들은 R 또는 SAS의 그래프를 참조하기 바란다.

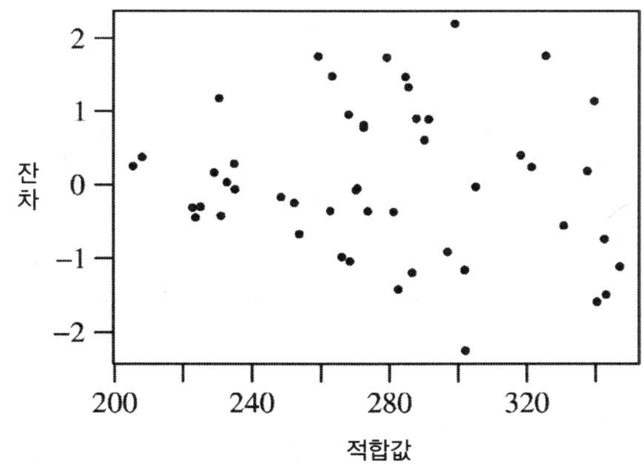

그림 8.10 WLS 해에 대한 표준화잔차 대 적합값의 플롯

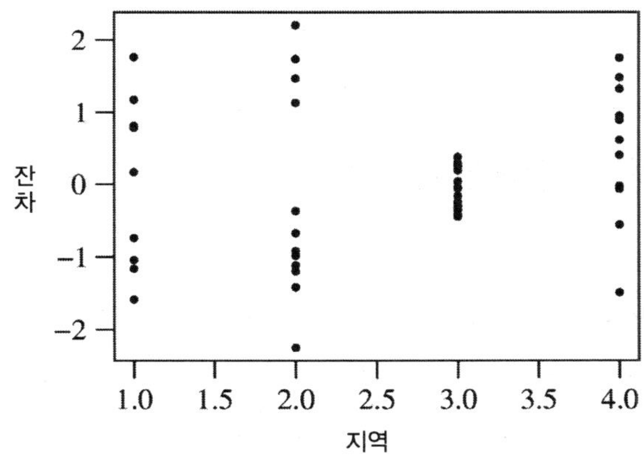

그림 8.11 WLS 해에 대한 표준화잔차 대 지역의 플롯

로 할 때 WLS는 OLS만큼 데이터를 잘 적합시키지 않음을 알 수 있다.[6] 이런 결과는 OLS가 $\hat{\sigma}$의 최소화(또는 동등하게 R^2의 최대화)를 꾀한다는 사실로부터 쉽게 예상할 수 있는 일이다. 그럼에도 불구하고 우리가 WLS를 선호하는 이유는 잔차가 취하는 형태에 중요한 의미를 부여하기 때문이다.

---

6) 비교의 목적으로, $\hat{\sigma}$의 WLS 해는 다음식의 제곱근으로 계산된다.

$$\hat{\sigma}^2 = \frac{1}{45}\sum_{i=1}^{n}(y_i - \hat{y}_i)^2,$$

여기에서, $\hat{y}_i = -316.024 + 0.062\,x_{i1} + 0.874\,x_{i2} + 0.029\,x_{i3}$은 WLS 추정치와 가중치 c_j를 이용한 적합값이다. 가중치는 $\hat{\sigma}$를 계산하는 데 있어 더 이상의 역할을 하지 않는다.

가중최소제곱법의 이단계 추정 결과에 대한 정확한 분포이론이 알려져 있지 않아서 이에 대한 정밀한 유의성 검정은 가능하지 않다. 만일 가중치들이 미리 알려져서 이들을 데이터로부터 추정할 필요가 없다면 가중최소제곱법에 근거한 검정법은 정확할 것이다. 물론 가중치가 미리 알려진 경우는 매우 드문 일이다. 하지만 위에서와 같은 경험적 분석 결과에 의하면 이분산성의 문제를 해결하기 위해서는 가중회귀기법이 사용되어야 한다. 나아가 회귀모형으로부터는 Y의 변이의 50%도 채 설명하지 못하고 있으므로(R^2 = 0.477) 다른 요인들을 더 찾아보는 노력이 필요하다고 할 수 있다. 어쩌면 4개의 지리적 영역을 나타내는 3개의 가변수를 사용한 회귀모형을 고려할 필요가 있을지도 모른다. 제6장에서 지적되었듯이 4개의 범주를 갖는 예측변수는 3개의 가변수만 필요하다. 실제로 이분산성은 이와 같이 데이터의 서로 다른 부그룹에 대응되는 가변수를 모형에 도입함으로써 제거시킬 수도 있다.

8.5 함량 - 반응 연관곡선의 적합

가중최소제곱분석법의 중요한 응용 분야 중의 하나로 비율의 형태(0과 1 사이의 값)를 취하는 반응변수를 선형회귀를 통해 적합시키는 경우를 생각할 수 있다. 다음과 같은 상황을 고려하여 보자. 어떤 연구자가 피실험대상에게 여러 가지 다른 수준의 자극을 주는 실험을 수행한다고 하자. 실험대상들은 여러 수준의 자극들에 임의 배치되고 각 대상이 그 자극에 반응하느냐의 여부에 따른 이항반응(binary response)을 관찰한다고 하자. 연구자는 이런 관측 결과로부터 부여된 자극의 수준과 자극에 대한 반응 비율의 관계에 관심을 가지고 있다. 이런 유형의 분석 예는 자극의 수준이 투여된 약이나 독극물의 함량으로 표현되고, 이항반응이 사망 또는 생존을 나타내는 약학이나 생물시험(bioassay) 분야에서 주로 많이 찾아볼 수 있다. 또 다른 예로는 여기에서의 자극을 어떤 제품에 대한 할인액에 대응시킬 때 이항반응이 그 제품의 구매여부로 표현되는 소비자행동을 연구하는 경우를 생각할 수도 있다.

구체적인 예로서 어떤 벌레에게 k개의 서로 다른 수준의 살충제를 살포하였다고 하자. j번째 수준에 해당하는 살충제의 함량 x_j를 투여한 전체 n_j마리의 벌레 중에서 r_i마리가 죽었다고 할 때($j = 1, 2, \ldots, k$), 연구자의 관심은 함량과 사망률의 관계를 추정하는 데 있다. 함량 x_j에서의 미지의 모집단 사망확률을 π_j라고 할 때, 표본비율 $p_j = r_j/n_j$은 기댓값이 $\mathrm{E}(p_j) = \pi_j$이고 분산이 $\mathrm{Var}(p_j) = \pi_j(1-\pi_j)/n_j$인 확률변량이 된다. 또한 π_j와 x_j의 관계는 함수 $f(\cdot)$가 X에 대하여 증가함수이며 0과 1 사이의 값을 가진다고 할 때 다음과 같은 형태로 표현할 수 있을 것이다.

$$\pi = f(X), \tag{8.12}$$

여기에서의 함수 $f(\cdot)$는 다음의 성질을 만족해야 한다. (1) π는 확률이므로 0과 1 사이의 값을 가져야 하며, (2) 만일 살충제가 독극물이라면 함량이 높을수록 생존확률은 작아지므로 $f(\cdot)$가 증가함수라는 가정은 자연적으로 만족된다고 할 수 있다. 이런 점들을 생각할 때

$$\pi_j = \alpha + \beta x_j + \epsilon_j \tag{8.13}$$

와 같은 모형은 π_j를 0과 1 사이의 값으로 국한시키지 않기 때문에 부적절하므로 고려 대상에서 제외하게 된다.

자극함량과 반응과의 관계는 일반적으로 비선형적 관계를 가지는 것으로 알려져 있다. 투여함량 x_j와 모집단 사망(치사)률 사이의 관계는 다음과 같다.

$$\pi_j = \frac{e^{\beta_0 + \beta_1 x_j}}{1 + e^{\beta_0 + \beta_1 x_j}} \tag{8.14}$$

식 (8.14)와 같은 관계를 **로지스틱 반응함수**(logistic response function)라고 부르는데, 이는 그림 8.12와 같이 0과 1 사이의 값을 취하는 단조증가함수이다. 임계값(threshold value)의 개념에 기반한 물리적 사고가 자극-반응 관계에 대한 식 (8.14)의 사용에 대하여 정당성을 부여한다(Cox, 1989).

이런 예는 실험자가 투여함량(또는 자극량)을 조절할 수 있으며, 각 투여 수준에서 반응의 변이를 추정하기 위하여 반복적으로 측정값을 얻을 수 있는 상황이라는 점에서 앞서 다룬 다른 것들과는 명백히 구분지을 수 있다. 다시 말해 대부분의 다른 예들이 관측에 의해 데이터를 얻었다면, 여기에서는 계획된 실험에 근거하여 데이터를 구하는 경우라는 점이다.

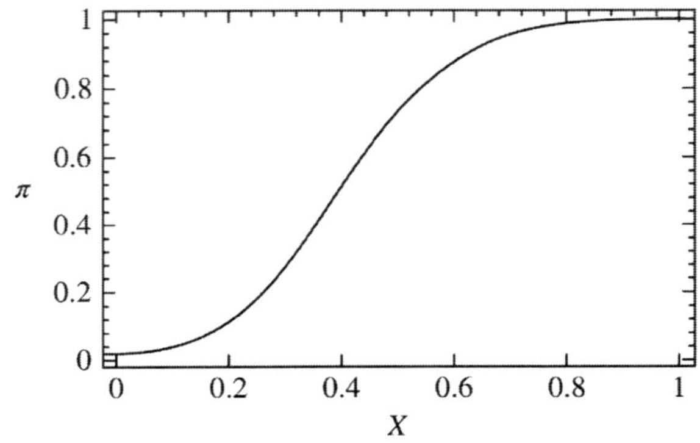

그림 8.12 **로지스틱 반응함수**

여기에서 통계분석의 목적은 투여함량-반응 사이의 관계를 결정하는 것뿐 아니라, 어떤 지정된 수준의 반응 결과를 얻기 위해 필요한 투여량의 추정도 포함된다. 특별히 흥미가 있는 것은 중위투여함량(median dose)이라고 부르는 모집단의 50%가 반응을 하게 되는 투여량이다.

로지스틱 모형(또는 **로짓 모형**(logit model)이라고도 함)은 생물학이나 역학 분야에서 많이 사용되고 있으며, 특히 이항반응에 관한 데이터에서 반응 비율에 대한 분석에 매우 타당하고 적합하기 쉬운 방법이라고 할 수 있다.

이항반응 데이터를 분석하기 위해 사용할 수 있는 다른 대안으로 로지스틱 반응함수 대신 누적정규분포함수를 반응함수로 하는 분석기법이 Finney(1964)에 의해 제안되었다. 여기에서 누적정규분포함수는 위에서 본 로지스틱 함수와 그 형태에서 매우 비슷한 것으로, 이에 기초한 분석을 **프로빗 모형**(probit model)이라고 부른다. 관심 있는 독자는 Finney(1964)를 참조하여라.

의학, 약학에 추가하여 로지스틱 모형은 리스크 분석, 학습이론, 소비자행동(선택모형) 이론, 시장 프로모션 연구 등에도 널리 사용된다.

식 (8.14)의 반응변수는 비선형이기 때문에 변환된 변수들도 다룰 수 있다. 변환은 반응함수를 선형으로 만들도록 선택하게 된다. 그러나 변환된 변수는 등분산을 가지지 않게 된다. 따라서 변환된 데이터의 적합에는 가중최소제곱법을 사용해야만 한다.

제13장에서 로지스틱 회귀모형에 대해서 논의할 것이며, 실제 많은 응용 분야에서 중요한 역할을 하고 있다. 로지스틱 모형의 적합과 적절성에 대한 일반적 의문들은 제13장에서 고려된다.

연습문제

8.1 1975년에 대한 교육비 지출 데이터에 대하여, 표 8.3의 데이터를 생성하고, 그림 8.3과 그림 8.4를 그리는 R 코드를 작성하여라.

8.2 1965년에 대한 교육비 지출 데이터(Edu.Expend.txt)에 대하여, 8.4절의 분석을 수행하여 보아라.

8.3 1970년에 대한 교육비 지출 데이터(Edu.Expend.txt)에 대하여, 8.4절의 분석을 수행하여 보아라.

8.4 1975년에 대한 교육비 지출 데이터에 대하여, 반응변수 Y와 3개의 예측변수 X_1, X_2, X_3의 회귀모형을 세우고, 지레값, 표준화잔차, Cook의 거리, DFITS를 계산하여라. 또한 각각의 측도에 대하여 적절한 그래프를 그려라. 그래프를 통하여 Alaska와 Utah 둘 다 높은 지레점이지만 Alaska만이 영향력 있는 관측개체임을 보여라.

8.5 1975년에 대한 교육비 지출 데이터에 대하여, 반응변수 Y와 예측변수 X_1, X_2, X_3에 추가하여 지역을 나타내는 가변수도 포함한 선형회귀모형을 적합하여라. 8.4절의 WLS 결과와 적합된 모형의 결과를 비교하여라. 지역들에 대한 회귀직선의 동일성을 검정하여라.

8.6 이 책의 Edu.Expend.txt 데이터에 대하여 연습문제 8.5를 수행하여라.

8.7 식 (8.11)을 사용하여 표 8.5의 결과를 생성하여 보아라.

8.8 표 8.6의 OLS와 WLS 결과를 생성하여 보아라.

◎ 부록: 8.A SAS 코드

```
LIBNAME mysas "C:\temp\SAS_Data";

/******************************
* 8.2
******************************/

DATA mysas.Supervised;
    SET mysas.Supervised;
    wgt = 1/X**2;
RUN;

PROC REG DATA=mysas.Supervised;
    MODEL Y = X;
    WEIGHT wgt;
RUN; QUIT;

/******************************
* 8.4
******************************/

PROC IMPORT DATAFILE="C:\temp\RABE6\Edu.Expend.txt" OUT=mysas.Edu
            DBMS=TAB REPLACE;
RUN;

DATA mysas.Edu75;
    SET mysas.Edu;
    IF Year = 1975;
RUN;

/* 표 8.3, 그림 8.3 ~ 그림 8.7 */

SYMBOL V=DOT H=1 C=BLUE;
PROC REG DATA=mysas.Edu75;
    ID State;
    VAR Region;
    MODEL Y = X1 X2 X3 / R INFLUENCE;
    PLOT STUDENT.*(P. Region X1 X2 X3) / VREF=-2, 0, 2;
RUN; QUIT;

/* 표 8.4, 그림 8.8, 그림 8.9 */

DATA mysas.Edu75_A;
    SET mysas.Edu75;
```

```
    IF State='AK' THEN DELETE;
RUN;

SYMBOL V=DOT H=1 C=BLUE;
PROC REG DATA=mysas.Edu75_A;
    ID State;
    VAR Region;
    MODEL Y = X1 X2 X3 / R INFLUENCE;
    PLOT STUDENT.*(P. Region) / VREF=-2, 0, 2;
    OUTPUT OUT=outr R=resid;
RUN; QUIT;

/* 표 8.5 */

PROC MEANS DATA=outr N USS;
    VAR resid;
RUN;

PROC MEANS DATA=outr USS;
    CLASS region;
    VAR resid;
RUN;

/* 표 8.6, 그림 8.10, 그림 8.11 */

DATA mysas.Edu75_A;
    SET mysas.Edu75_A;
    IF Region=1 THEN wgt=1/(1.177*1.177);
    ELSE IF Region=2 THEN wgt=1/(1.503*1.503);
    ELSE IF Region=3 THEN wgt=1/(0.475*0.475);
    ELSE IF Region=4 THEN wgt=1/(0.938*0.938);
RUN;

SYMBOL V=DOT H=1 C=BLUE;
PROC REG DATA=mysas.Edu75_A;
    ID State;
    VAR Region;
    MODEL Y = X1 X2 X3 / R INFLUENCE;
    WEIGHT wgt;
    PLOT STUDENT.*(P. Region) / VREF=-2, 0, 2;
RUN; QUIT;
```

Chapter 09

상관된 오차항의 문제

The Problem of Correlated Errors

9.1 소개: 자기상관

선형회귀모형의 기본 가정들 중 하나는 i 번째와 j 번째 관측개체에 대한 오차항인 ϵ_i와 ϵ_j가 서로 상관되어 있지 않다는 것이다. 즉, 이들은 서로 독립적인 확률변량이라는 가정이다. 회귀모형에서 오차항이 가지는 의미에 비추어 볼 때 이들 사이의 상관관계 존재는 곧 모형에 반영되지 않은 추가적 예측변수의 존재 가능성을 의미할 수도 있다. 관측값들이 얻어지는 **자연스러운**(natural) 순서에 따라 그들이 서로 연관되어 있을 경우 오차항(혹은 반응변수의 관측값)들이 **자기상관**(autocorrelation)을 가지고 있다고 한다.

자기상관성의 문제는 여러 가지 이유로 일어날 수 있다. 시간적 또는 공간적으로 인접되어 있는 관측개체들에 대한 오차항들은 유사한 경향을 가지기 쉽다. 예를 들어, 경제문제에 관련된 시계열 데이터에서 연속된 관측개체에 대한 오차항은 양의 상관관계를 가지는 경향이 있다. 즉, 오차항에 대한 추정치가 되는 잔차의 항목으로 보았을 때, 큰 양(+)의 잔차 다음에는 다른 양의 잔차가 따르고, 이와 반대로 큰 음(−)의 잔차 다음에는 또 음의 잔차가 따르기 쉽다. 또한 공간적으로 인접한 실험구역에서 얻은 관측값들은 공유하는 외적 환경의 영향으로 말미암아 상관된 잔차를 가지는 경향이 있다.

앞서 언급한 바와 같이 자기상관의 징후는 회귀방정식에 중요한 예측변수를 빠뜨린 결과로부터 유래할 수 있다. 빠뜨린 예측변수에 대한 연속된 값들이 서로 상관관계를 가지면, 이런 상관의 효과는 오차항에 반영되고 이에 따라 모형의 오차항은 상관관계를 보이게 될 것이다. 따라서 이 경우에 그 예측변수를 회귀모형에 포함시키면 자기상관의 문제는 자연히 소멸되는 것이다.

오차항의 자기상관성 문제는 회귀분석에 여러 가지 영향을 미치게 되는데, 그 내용을 요약하면 다음과 같다.

1. 최소제곱추정량이 그의 불편성은 유지하지만 더 이상 최소분산을 가지지 않는다는 점에서 추정량의 효율성이 없어진다.
2. σ^2이나 모회귀계수의 표준오차의 추정량은 실제보다 심각하게 과소추정될 수 있으며, 이에 따라 추정된 회귀계수는 그의 정확도가 높은 것으로 잘못 판단될 수 있다.
3. 통상적으로 사용되는 신뢰구간이나 유의성 검정 등이 엄격한 의미에서 더 이상 타당하지 않다.

이와 같은 이유로 오차항들 간의 자기상관은 심각한 문제이며 간단히 무시되어서는 안 될 것이다.

자기상관성의 문제는 일반적으로 다음 두 가지 유형으로 구분할 수 있다. 첫 번째는 회귀모형에 포함되어야 할 예측변수가 빠짐으로써 생기는 경우이므로 이때는 그 예측변수만 찾아내면 문제는 곧 해결된다. 두 번째 유형은 순수자기상관이라고 불리는 것으로 이 경우에는 데이터의 변환 등을 통해 해결될 수 있다. 각 기법에 연관된 이론부분은 Johnston(1984)와 Kmenta(1986)에 잘 정리되어 있다.

9.2 소비자 지출액과 통화량 데이터

표 9.1에는 1952년부터 1956년까지 미국의 매 분기별 소비자 지출액(Y)과 통화량(X)에 관한 데이터가 주어져 있다. 데이터의 단위는 10억 달러이다. 데이터는 이 책의 웹사이트에서도 얻을 수 있다(CEMS.txt).[1]

이 두 변수에 대해 아주 간략한 다음 모형을 고려해 보자.

$$y_t = \beta_0 + \beta_1 x_t + \epsilon_t, \tag{9.1}$$

여기에서 β_0와 β_1은 상수이고 ϵ_t는 오차항을 나타낸다. 경제학자들은 **승수**(multiplier)라고 부르는 β_1의 추정과 그의 표준오차에 주로 흥미를 가지고 있다. 여기에서 β_1은 통화량의 한 단위 변화에 대한 소비자 지출액의 변화를 나타내는 값으로 이는 재정 및 금융정책의 입안에 매우 중요한 의미를 가지는 값이 된다. 이 데이터는 시간에 따라 순서적으로 얻어졌기 때문에 쉽게 자기상관의 존재를 의심할 수 있을 것이다. 회귀분석 결과를 요약한 내용이 표 9.2에 주어져 있다. 이 결과는 다음의 R 코드를 사용하여 얻을 수 있다.

1) http://www.aucegypt.edu/faculty/hadi/RABE6

표 9.1 소비자 지출액과 통화량 데이터(단위: 10억 달러)

연도	분기	소비자 지출액	통화량	연도	분기	소비자 지출액	통화량
1952	1	214.6	159.3	1954	3	238.7	173.9
	2	217.7	161.2		4	243.2	176.1
	3	219.6	162.8	1955	1	249.4	178.0
	4	227.2	164.6		2	254.3	179.1
1953	1	230.9	165.9		3	260.9	180.2
	2	233.3	167.9		4	263.3	181.2
	3	234.1	168.3	1956	1	265.6	181.6
	4	232.3	169.7		2	268.2	182.5
1954	1	233.7	170.5		3	270.4	183.3
	2	236.5	171.6		4	275.6	184.3

출처: Friedman & Meiselman(1963). p. 206

표 9.2 통화량에 소비자 지출액을 회귀시켰을 때의 결과

변수	계수	표준오차	t-검정	p-값
상수	−154.72	19.850	−7.79	<.0001
X	2.30	0.115	20.10	<.0001
$n = 20$	$R^2 = 0.957$	$R_a^2 = 0.955$	$\hat{\sigma} = 3.983$	df = 18

```
CEMS <- read.table("C:/Temp/RABE6/CEMS.txt", sep = "\t",
                   header = TRUE)
head(CEMS, 5)   # 데이터의 첫 5행을 출력

reg <- lm(Expenditure ~ Stock, data = CEMS)   # 표 8.3
summary(reg)
confint(reg)
```

여기에서 회귀계수는 매우 유의적이며, 그의 표준오차는 0.115이다. 또한 95% 신뢰구간은 (2.06, 2.54)가 된다. 결정계수 R^2의 값에 의하면 소비자 지출액이 가지는 총 변이의 약 96%가 통화량의 변이에 의해 설명되고 있다. 이때 모형에 대한 기본적인 가정들이 타당하면 분석은 완결된다. 오차항에 대한 가정을 점검하기 위하여 잔차의 내용을 살펴보아야 하는데, 만약 여기에 자기상관이 존재하는 것으로 판단되면 회귀모형은 이를 일단 제거한 다음 다시 추정되어야 할 것이다.

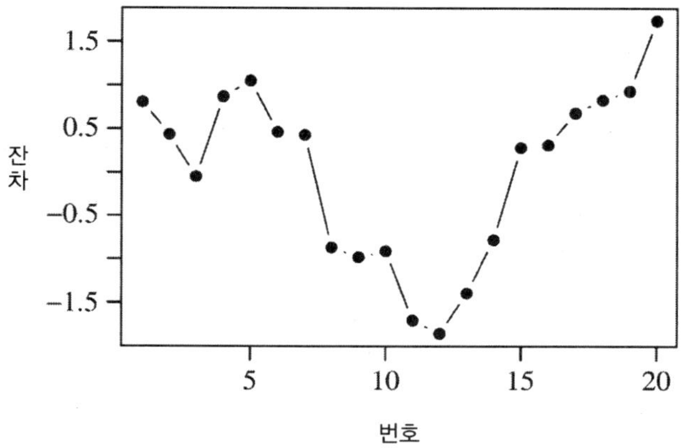

그림 9.1 **표준화잔차의 인덱스플롯**

시계열 데이터의 분석에서 가장 유용한 그래프는 잔차를 시간에 대해 플롯한 **인덱스플롯**(index plot)이다. 소비자 지출액과 통화량 데이터에 대한 기간별 잔차플롯이 그림 9.1에 주어져 있다.2)

```
plot(row.names(CEMS), rstandard(reg), pch = 19, type = "b")   # 그림 9.1
abline(h = c(-2,0,2), lty=2)
```

이 플롯은 오차항이 서로 상관되어 있는 모습을 나타내고 있다. 즉, 계속된 몇 개의 양의 잔차들이 있고, 그다음 여러 개의 음의 잔차가 따라오는 식의 같은 부호를 가진 잔차들이 군집화하는 상황을 볼 수 있을 것이다. 구체적으로 그림 9.1에서 처음 7개의 잔차는 모두 양이며, 다음 7개는 음이고, 나머지 마지막 6개는 다시 양의 값을 가진다. 잔차의 이런 형태는 모형의 오차항 간에 강력한 상관관계가 있다는 증거로서 추가적인 분석이 필요하다는 것을 의미한다.

자기상관성에 대한 이와 같은 그래프적 결론은 잔차에 관한 연(run)의 개수를 기초로 하는 대수적 방법으로도 확인될 수 있다. 이 예에서 잔차들의 부호를 나타내는 **계열플롯**(sequence plot)을 보면 다음과 같다.

2) 결과와 그래프를 도출하기 위한 R 코드는 이 책의 웹사이트에서 확인할 수 있다.
http://www.aucegypt.edu/faculty/hadi/RABE6

+ + + + + + + + − − − − − − − − + + + + + +

여기에는 전체 3개의 연이 나타나고 있다. 만일 주어진 데이터에 양의 잔차가 n_1개, 그리고 음의 잔차가 n_2개 있다면, n_1과 n_2가 충분히 크고 오차항이 랜덤이라는 가정하에서, 연의 개수의 기댓값 μ와 분산 σ^2은 각각

$$\mu = \frac{2n_1 n_2}{n_1 + n_2} + 1,$$

$$\sigma^2 = \frac{2n_1 n_2 (2n_1 n_2 - n_1 - n_2)}{(n_1 + n_2)^2 (n_1 + n_2 - 1)}$$

으로 주어진다. 소비자 지출액과 통화량 데이터에서 $n_1 = 13$, $n_2 = 7$이므로, 연의 기댓값은 10.1이고 표준편차는 $\sigma = 1.97$이다. 이때 관측된 연의 개수는 3이다. 그 차이는 5.1이고, 이는 2배의 표준편차(2σ)보다 더 큼을 알 수 있다. 이것은 곧 잔차가 랜덤성으로부터 유의하게 벗어났다는 사실을 지적하고 있다. 이러한 **연검정**(run test)은 시각적으로 잔차에 패턴이 있다는 앞의 결론을 확인해 주는 것이라고 할 수 있다.

대부분의 컴퓨터 패키지는 연검정이 선택사항으로 포함되어 있으므로 이를 통해 오차항의 랜덤성 검정을 쉽게 수행할 수 있을 것이다. 그러나 n_1과 n_2가 작은 경우(10 이하)에는 연검정에 대한 유의성을 알아보기 위해 정확한 확률분포표가 필요하다. 연검정에 관한 좀 더 상세한 내용을 알려면 비모수적 통계분석에 관련된 문헌들을 참고하면 될 것이다. Lehmann(1975), Conover(1980), Gibbons(1993), Hollander & Wollfe(1999) 등을 참조하여라. 그래프 분석에 추가하여 연의 크기를 이용하여 오차항의 자기상관성을 검색하는 방법 외에 다음에 설명되는 더빈-왓슨 통계량을 이용할 수도 있다(Durbin & Watson, 1951).

9.3 더빈-왓슨 통계량

더빈-왓슨(Durbin-Watson) 통계량은 회귀분석에서 오차항의 자기상관성 여부를 대수적 방법으로 검정하기 위해 널리 사용되는 방법이다. 더빈-왓슨 검정은 오차항들이 다음 형식의 1차의 자기상관계열을 이룬다는 가정에 그 근거를 두고 있다. 즉,

$$\epsilon_t = \rho \epsilon_{t-1} + \omega_t, \quad |\rho| < 1, \tag{9.2}$$

여기에서 ω_t는 서로 독립이며, 평균이 0이고 분산이 상수인 정규분포를 따르며, ρ는 ϵ_t와 ϵ_{t-1}의 상관계수이다. 이 경우에 오차는 **1차 자기회귀구조**(first-order autoregressive structure) 또는 **1차 자기상관**(first-order autocorrelation)을 가진다고 말한다. 대부분의 경우 오차항 ϵ_t는 보다 복잡한 상관구조를 가지고 있다. 식 (9.2)의 1차 종속구조는 실제 오차구조에 대한 하나의 단순한 근사로 생각할 수도 있을 것이다.

더빈-왓슨 통계량 d는 다음과 같이 정의된다.

$$d = \frac{\sum_{t=2}^{n}(e_t - e_{t-1})^2}{\sum_{t=1}^{n} e_t^2},$$

여기에서 e_i는 i번째 OLS 잔차이다. 통계량 d는 귀무가설 $H_0 : \rho = 0$ 대 대립가설 $H_0 : \rho > 0$에 대한 검정통계량으로 사용될 수 있다. 식 (9.2)에서 $\rho = 0$이면, ϵ들은 무상관이다.

ρ는 알려지지 않았기 때문에, ρ는 $\hat{\rho}$으로 추정된다.

$$\hat{\rho} = \frac{\sum_{t=2}^{n} e_t e_{t-1}}{\sum_{t=1}^{n} e_t^2}, \tag{9.3}$$

d와 $\hat{\rho}$ 사이에는 다음과 같은 근사관계가 있다.

$$d \simeq 2(1 - \hat{\rho})$$

여기에서 d는 0과 4 사이의 값을 가진다. 또한 $\hat{\rho}$은 의 추정값이므로 $\rho = 0$이면 d는 2에 가깝고 $\rho = 1$이면 d는 0에 가까운 값이 될 것이다. 따라서 계산된 d 값이 2에 가까울수록 오

차항에는 자기상관관계가 존재하지 않는다는 강한 증거가 된다. 즉, 오차항의 자기상관성에 대한 증거는 d 값이 2에서 얼마나 떨어져 있는가 하는 정도에 따라 좌우된다고 할 수 있다. 오차항의 자기상관성에 대한 공식적인 검정법은 다음과 같다. 일단 통계량 d를 계산한다. 만약

1. $d < d_L$이면, H_0를 기각한다.
2. $d > d_U$이면, H_0를 기각하지 않는다.
3. $d_L < d < d_U$이면, 결론을 유보한다.

여기에서 검정의 임계값이 되는 (d_L, d_U)는 선택된 주요 백분위수에 대하여 더빈-왓슨(1951)에 의하여 표로 만들어졌다. 하지만 표를 찾아 값을 확인하는 대신, 여기서는 R을 사용하고자 한다. R에서 DescTools 패키지의 DurbinWatsonTest 함수와 car 패키지의 durbinWatsonTest 함수를 사용하여 검정의 p-값을 계산할 수 있다. 다음 R 코드는, 필요한 경우 DescTools 패키지를 설치한 후, 회귀모형을 적합시키고, DurbinWatsonTest 함수를 사용하여 더빈 왓슨-검정값을 계산한다.

```
if(!require("DescTools")) install.packages("DescTools")
library(DescTools)
DurbinWatsonTest(reg$residuals ~ 1, alternative="greater")
```

```
Durbin-Watson test
data:  reg$residuals ~ 1
DW = 0.32821, p-value = 2.809e-07
alternative hypothesis: true autocorrelation is greater than 0
```

다른 방법으로는, 다음의 R 코드처럼 car 패키지를 설치한 후 회귀모형을 적합시키고, DurbinWatsonTest 함수를 사용하여 더빈 왓슨-검정값을 계산한다.

```
if(!require("car")) install.packages("car")
library(car)
durbinWatsonTest(lm(Expenditure ~ Stock, data = CEMS),
                 alternative="positive")
```

```
lag Autocorrelation D-W Statistic p-value
  1       0.7506122     0.3282113       0
Alternative hypothesis: rho > 0
```

위 출력에서 볼 수 있듯이, d의 값은 0.328이고 p-값은 실질적으로 0에 가깝기 때문에 H_0은 기각되며, 양의 자기상관이 존재함을 보여준다. 이는 본질적으로 잔차의 인덱스 플롯에서 도출한 결론을 재확인한 것이라 할 수 있다.

위 검정은 양의 자기상관에 대해 수행되었다. 음의 자기상관에 대한 검정은 거의 수행되지 않지만 검정이 필요한 경우, alternative = "greater"를 alternative = "less"로, alternative = "positive"를 alternative = "negative"로 대체하면 된다. 마찬가지로 양측 검정을 하고자 한다면 위의 두 함수에서 alternative = two.sided로 설정해야 한다.

이미 언급한 바와 같이 오차항의 자기상관은 표준오차의 추정값, 신뢰구간, 검정의 내용 등을 왜곡시키게 되므로 회귀방정식은 재추정되어야 한다. 자기상관 오차가 존재하는 경우 다음과 같은 두 가지 접근방법이 가능하다. 첫째는 변수변환을 시도하는 것이고, 둘째는 시간의 효과를 가지는 새로운 예측변수들을 추가해 보는 것이다. 첫 번째 방법에 대해서는 소비자 지출액과 통화량에 관한 데이터를 예제로 사용할 것이며, 두 번째 방법은 9.6절에서 설명된다.

9.4 변환을 통한 자기상관성의 제거

잔차플롯이나 더빈-왓슨 통계량 등이 오차항의 자기상관성이 있음을 나타낼 때, 추정된 회귀방정식은 이 점을 고려하여 다시 적합되어야 한다. 이때 한 가지 가능한 방법으로는 미지의 자기상관계수 ρ가 포함된 다음과 같은 변환을 시도하는 것이다. 이 변환에는 미지의 ρ가 사용됨에 따라 회귀모형은 비선형이 되고, 따라서 최소제곱법은 가능하지 않게 된다. 그러나 비선형의 문제를 우회적으로 해결하는 많은 방법들이 있다(Johnston, 1984). 여기에서는 Cochrane-Orcutt(1949)에 의해 제안된 방법을 고려하기로 한다.

식 (9.1)로부터 ϵ_t와 ϵ_{t-1}은 다음과 같이 표현된다.

$$\begin{aligned} \epsilon_t &= y_t - \beta_0 - \beta_1 x_t, \\ \epsilon_{t-1} &= y_{t-1} - \beta_0 - \beta_1 x_{t-1}. \end{aligned}$$

이를 식 (9.2)에 대체하면 다음과 같다.

$$y_t - \beta_0 - \beta_1 x_t = \rho(y_{t-1} - \beta_0 - \beta_1 x_{t-1}) + \omega_t.$$

위 식을 재정리하면 다음과 같다.

$$\begin{array}{ccccccc} y_t - \rho y_{t-1} &=& \beta_0(1-\rho) &+& \beta_1(x_t - \rho x_{t-1}) &+& \omega_t, \\ y_t{}^* &=& \beta_0{}^* &+& \beta_1{}^* x_t{}^* &+& \omega_t, \end{array} \tag{9.4}$$

여기에서

$$\begin{aligned} y_t{}^* &= y_t - \rho y_{t-1}, \\ x_t{}^* &= x_t - \rho x_{t-1}, \\ \beta_0{}^* &= \beta_0(1-\rho), \\ \beta_1{}^* &= \beta_1. \end{aligned}$$

ω들은 무상관이기 때문에, 식 (9.4)는 무상관의 오차를 갖는 선형모형을 표현할 수 있다. 따라서 $y_t{}^*$를 반응변수로, $x_t{}^*$를 예측변수로 하는 OLS를 수행하면 된다. 원방정식에서의 모수의 추정치는 다음과 같다.

$$\hat{\beta}_0 = \frac{\hat{\beta}_0{}^*}{1-\hat{\rho}}, \quad \beta_1 = \hat{\beta}_1{}^*. \tag{9.5}$$

따라서, 식 (9.1)의 오차항이 (9.2)에 주어진 자기상관구조를 가진다면, 식의 양변을 변환하여 무상관 오차의 가정을 만족하는 변수변환을 할 수 있다.

여기에서 ρ 값은 미지이므로 이는 데이터로부터 추정되어야 할 것이다. Cochrane-Orcutt(1949)는 다음과 같은 반복적 추정절차를 제안하였다.

1. 우선 원데이터로부터 모형 (9.1)을 적합하여 β_0와 β_1의 OLS 추정량을 계산한다.
2. 위의 결과로부터 잔차를 계산하고, 잔차로부터 (9.3)을 이용하여 ρ를 추정한다.

3. 변환된 변수로 $(y_t - \hat{\rho} y_{t-1})$와 $(x_t - \hat{\rho} x_{t-1})$를 사용하여 모형 (9.4)를 적합시키고 (9.5)를 이용하여 $\hat{\beta}_0$과 $\hat{\beta}_1$를 얻는다.
4. 새로 적합된 회귀식에서의 잔차들을 검토한다. 새로운 잔차들이 자기상관을 계속 보인다면 추정치 $\hat{\beta}_0$, $\hat{\beta}_1$을 사용하여 위의 과정을 되풀이 수행한다. 그렇지 않고 만일 새로운 잔차에 자기상관이 보이지 않으면 분석은 끝나고 원데이터에 대해 적합된 식은 다음과 같다.

$$\hat{y}_t = \hat{\beta}_0 + \hat{\beta}_1 x_t.$$

그러나 Cochrane-Orcutt 절차를 적용한 결과가 자기상관이 없는 잔차를 제공하지 못할 경우에는 다른 방법을 시도해 보는 것이 바람직하다. R을 이용하여 Cochrane-Orcutt의 처리방법을 표 9.1의 데이터에 응용하여 보자.

```
reg <- lm(Expenditure ~ Stock, data = CEMS) # 식 (9.1)
e <- reg$residuals; n = length(e)
rho <- sum(e[2:n]*e[1:(n-1)])/sum(e^2)       # 식 (9.3)
print(rho)
```

```
[1] 0.7506122
```

```
y <- CEMS$Expenditure; y = y[2:n]-rho*y[1:(n-1)]
x <- CEMS$Stock; x = x[2:n]-rho*x[1:(n-1)]
reg1 <- lm(y ~ x)
DurbinWatsonTest(reg1$residuals ~ 1)
```

```
Durbin - Watson test
data: reg1$residuals ~ 1
DW=1.426, p-value = 0.09667
alternative hypothesis: true autocorrelation is greater than 0
```

```
summary(reg1)
```

```
            Estimate Std. Error t value Pr(>|t|)
(Intercept) -53.6959    13.6164  -3.943  0.00105 **
x             2.6434     0.3069   8.614 1.32e-07 ***
```

앞서 durbinWatsonTest() 함수로 계산한 ρ의 추정치(0.7506)가 Cochrane-Orcutt 절차의 첫 번째 적용을 한 번 수행한 것과 일치하는 것은 매우 흥미롭다. 원데이터에 대한 d 값은 0.328로 매우 유의적이었다. 여기에서 ρ의 추정값은 $\hat{\rho} = 0.751$이므로 변환된 변수 $(y_t - 0.751\, y_{t-1})$와 $(x_t - 0.751\, x_{t-1})$를 고려한다. Cochrane-Orcutt 추정방법의 결과로 얻어지는 d 값은 1.426으로 계산된다. p-값은 0.09667로 5% 수준하에서 유의하지 않다. 따라서, $H_0 : \rho = 0$는 기각되지 않는다.[3] 이때 회귀적합식은

$$\hat{y}_t^* = -53.70 + 2.64\, x_t^*$$

이고, (9.5)를 이용하여, 원변수의 항으로 적합식을 바꾸면 다음과 같다.

$$\hat{y}_t = -215.31 + 2.64\, x_t$$

기울기에 대한 추정된 표준오차는 0.307이며, 원래의 최소제곱법에 의한 적합식은 $\hat{y}_t = -154.7 + 2.3\, x_t$이고, 기울기의 표준오차는 0.115이다. 새로 계산된 회귀계수의 표준오차가 거의 3배나 커져 있음을 알 수 있다. 변환된 예측변수로부터 계산한 적합식에 따른 잔차플롯이 그림 9.2에 주어져 있다.

```
plot(c(1:19), rstandard(reg1), pch = 19, type = "b")   # 그림 9.2
abline(h = c(-2,0,2), lty=2)
```

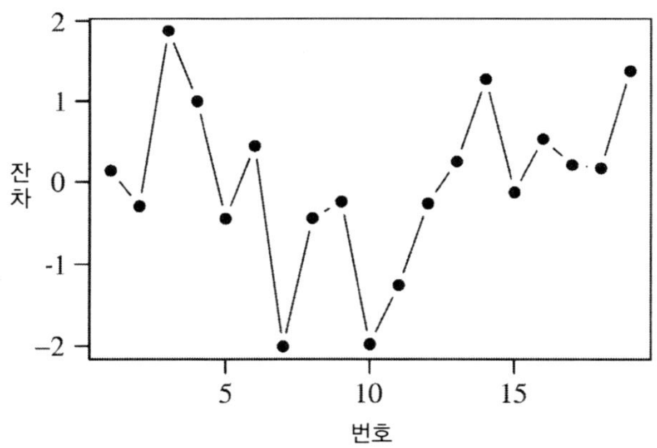

그림 9.2 Cochrane–Orcutt 방법을 1회 적용한 표준화잔차의 인덱스플롯

3) 이 검정에서는 모집단 자기상관계수 대신 $\hat{\rho}$이 사용되고 있으므로 해당되는 유의수준이 정확하다고 할 수는 없다. 그러나 이 경우 계산된 d=1.43을 변환 이전의 d=0.328과 비교해 보았을 때 오차항의 자기상관에 큰 증진이 있었음을 확인할 수 있을 것이다.

이 잔차플롯을 보면 인접되어 있는 잔차들이, 우선 부호만을 보았을 때, 좀 덜 모여 있는 상황을 보이고 있어 Cochrane-Orcutt의 방법이 어느 정도 작동하고 있음을 알 수 있다.

9.5 자기상관된 오차항에 대한 반복적 추정방법

Cochrane-Orcutt 방법의 장점은 최소제곱법에 의해 모수의 추정값이 구해지므로 비록 이단계 처리가 필요하지만 그 절차가 비교적 단순하다는 점을 들 수 있다. 이와는 달리 관련된 모든 모수 ρ, β_0, β_1을 이단계를 거치지 않고 한꺼번에 추정하는 것을 생각할 수 있다. 모형의 추정을 위해서는 변환된 변수$(y_t - \rho y_{t-1})$와 $(x_t - \rho x_{t-1})$를 구성한다. 모수의 추정은 다음 식과 같이 제곱오차의 합을 최소화함으로써 얻어진다.

$$S(\beta_0, \beta_1, \rho) = \sum_{t=2}^{n} [y_t - \rho y_{t-1} - \beta_0(1-\rho) - \beta_1(x_t - \rho x_{t-1})]^2$$

만일 여기에서 ρ 값이 알려져 있다면, β_0과 β_1 은 $(y_t - \rho y_{t-1})$ 을 $(x_t - \rho x_{t-1})$ 에 회귀시킴으로서 쉽게 구할 수 있을 것이다. 최종 추정값은 가능한 여러 개의 ρ 값에 대해서 $S(\rho, \beta_0, \beta_1)$을 최소화하는 ρ, β_0, β_1의 조합을 찾아내면 될 것이다. 이러한 탐색은 통상적인 회귀분석 프로그램에 의해서도 가능하지만 Hildreth & Lu(1960)에 의한 자동탐색 방법을 활용하면 더욱 효과적일 것이다. 이에 대한 추정 절차와 유도된 추정량이 가지는 성격들은 Kmenta(1986)에 잘 설명되어 있다.

일단 $S(\beta_0,\ \beta_1,\ \rho)$를 최소화하는 값 $\tilde{\rho}, \tilde{\beta}_0, \tilde{\beta}_1$가 구해지면 β_1의 추정치에 대한 표준오차는 제2장의 식 (2.25)를 이용하여 근사시킬 수 있다. 이 공식은 마치 ρ 값을 알고 $(y_t - \rho y_{t-1})$를 $(x_t - \rho x_{t-1})$에 회귀한다고 가정하여 다음과 같이 계산한 것이다.

$$\text{s.e.}(\hat{\beta}_1) = \frac{\hat{\sigma}}{\sqrt{\sum[x_t - \tilde{\rho}\, x_{t-1} - \bar{x}(1-\tilde{\rho})]^2}},$$

표 9.3 회귀계수 추정치의 비교

추정 방법	$\hat{\rho}$	$\hat{\beta}_0$	$\hat{\beta}_1$	$s.e.(\hat{\beta}_1)$
OLS	–	−154.700	2.300	0.115
Cochrane-Orcutt	0.874	−324.440	2.758	0.444
반복적인 방법	0.827	−235.509	2.753	0.436

여기에서, $\hat{\sigma}$는 $S(\tilde{\rho}, \tilde{\beta}_0, \tilde{\beta}_1)/(n-2)$의 제곱근이다. 반복처리를 수행하기 쉬운 적절한 컴퓨터 시설이 있으면 이 방법을 권한다. 그러나 추정값과 그의 표준오차를 구하는 데 반복적 방법과 Cochrane-Orcutt 방법 간에 큰 차이가 있을 것으로 생각되지는 않는다. 이상에서 설명된 세 가지 방법을 비교하기 위하여, 표 9.1의 데이터에 대해 통상적 최소제곱(OLS)추정법, Cochrane-Orcutt 방법, 반복적인 방법에 대한 결과가 표 9.3에 주어져 있다.

```
if(!require("orcutt")) install.packages("orcutt")
library(orcutt)
cochrane.orcutt(reg)
summary(cochrane.orcutt(reg))
```

9.6 자기상관성과 결손된 예측변수

잔차들이 오차항들 간의 자기상관성을 보일 경우 때때로 그 이유가 자기상관성 그 자체보다 모형설정에서의 오류일 수도 있다. 앞의 예에서는 시간에 대한 잔차플롯과 더빈-왓슨 통계량에 의한 검정을 통해 오차항에 유의적인 자기상관성이 있는 것으로 결론지었다. 그러나 실제 잔차플롯이 보이는 군집성이라던가 또는 작은 더빈-왓슨 통계량 값(d)은 자기상관성이 가지는 특징 중의 일부일 뿐이다.

일반적으로, 잠재적 예측변수를 택하여 이에 대한 잔차플롯을 살펴보면 반응변수의 변이를 설명하는 데 유용할 수 있는 추가적 정보를 얻을 수 있다. 시간에 대해 플롯된 잔차가 앞의 예에서와 같은 형태를 보인다면, 시간에 따라 변하는 중요한 예측변수를 회귀모형에서 빠뜨린 결과일지도 모른다고 의심할 수도 있다. 즉, 관측된 자기상관성의 징후는 잘못된 모형설정에서 비롯된 현상으로 해석할 수도 있다는 의미이다.

이런 경우에는 가능한 모든 수정방법을 고려해야 할 필요가 있을 것이다. 실제로 지적된 자기상관의 오차구조를 반영하는 자기회귀(autoregressive) 모형을 가지고 새로 분석을 시작하기보다는 새로운 예측변수의 도입 가능성을 타진해보는 것이 더 바람직할 때가 많다. 만일 이와 같이 모형에 예측변수를 새로 추가함으로써 자기상관의 명백한 근원을 이해할 수 있다면 그 예측변수가 가지는 주변효과의 추정은 물론, 그 예측변수가 반응변수에 대해 가지는 정보를 활용할 수 있다는 점에서 더욱 만족스러운 결론을 얻을 것으로 기대된다. 자기상관을 수정하기 위해 변수변환 방법을 고려하는 일은 마지막으로 시도해볼 만한 것이다.

9.7 주택착공 데이터

중요한 예측변수를 모형에 빠트림으로써 자기상관성의 문제가 나타나는 예를 들기 위하여 미국의 중서부 지역 건설협회에 의해 수행된 다음 연구 내용을 살펴보기로 하자. 이 협회는 주택착공수(housing starts)와 인구의 변화 사이의 관계를 이해하고, 이를 통해 건축활동을 예측하는 데 흥미를 가지고 있다. 협회는 연도별 당해지역의 주택착공에 관한 데이터를 작성해서, 이를 그 지역의 잠재적 주택구매자와의 관계를 알고자 하였다. 그러나 잠재적 주택구매자의 수를 정확히 측정한다는 것이 거의 불가능하다는 것을 깨닫고, 그 대신 각 지역에서 22~44세 사이에 있는 인구집단의 크기를 잠재적 주택구매자를 반영하는 변수로 삼았다. 이렇게 해서 그들은 그 지역의 지난 25년 동안의 데이터를 수집하였고, 데이터는 이 책의 웹사이트에서 얻을 수 있다(Housing.Starts.txt). 분석의 목적은 주택착공수와 인구 사이의 단순선형회귀모형을 구축하는 것이다.

$$H_t = \beta_0 + \beta_1 P_t + \epsilon_t. \tag{9.6}$$

단순회귀모형의 적합을 통하여 인구변화에 대한 새집의 수요 추이를 추정하였다. 건설협회는 인구와 주택착공수의 관계는 일반적으로 매우 복합적이라는 사실을 알고 있었다. 예를 들어 새로운 주택의 착공이 그 지역에 인구의 유입에 영향을 줄 수 있는 것과 같이, 규정된 원래의 회귀모형과는 달리 인과의 방향에 역관계를 설정할 수도 있을 것이다. 비록 제안된 모형이 너무 단순하지만 분석의 출발점으로는 유용할 것으로 생각하였다.

분석

25년간의 데이터에 모형 (9.6)을 적합한 회귀결과가 표 9.4이다. 인구수에 의해 설명되는 비율이 $R^2 = 0.925$이며, 인구 100만 명의 증가에 따라 약 71,000채의 주택착공이 추가적으로 이루어짐을 알 수 있다.

```
Housing <- read.table("C:/Temp/RABE6/Housing.Starts.txt", sep = "\t",
                      header = TRUE)
head(Housing, 5)   # 데이터의 첫 5행을 출력

reg = lm(H ~ P, data = Housing)
summary(reg)   # 표 9.4

durbinWatsonTest(lm(H ~ P, data = Housing), alternative = "positive")
plot(row.names(Housing), rstandard(reg), pch=19, type="b") # 그림 9.3
abline(h = c(-2,0,2), lty=2)
```

더빈-왓슨 통계량과 시간에 대한 잔차플롯 그림 9.3은 강한 자기상관관계를 시사하고 있다. 그러나 여기에서 반응변수의 변이를 추가로 설명할 수 있는 동시에, 관측된 오차항의 자기상관에 대한 가능한 원인이 될 수 있는 다른 예측변수들을 생각해내는 일은 그리 어려운 일이 아니다. 예를 들어 실업률, 결혼풍속의 변화, 가족관계, 정부의 주택정책, 건설과 담보융자자금 등을 생각할 수 있을 것이다. 추가되는 예측변수로서 담보융자자금(D)을 선택하여 이것을 포함하는 다음 회귀모형을 고려하자.

$$H_t = \beta_0 + \beta_1 P_t + \beta_2 D_t + \epsilon_t. \tag{9.7}$$

표 9.4 회귀분석 결과: 주택착공수(H) 대 인구수(P)의 회귀

변수	계수	표준오차	t-검정	p-값
상수	−0.0609	0.0104	−5.85	<.0001
P	0.0714	0.0042	16.90	<.0001
$n = 25$	$R^2 = 0.925$	$d = 0.621$	$\hat{\sigma} = 0.0041$	df = 23

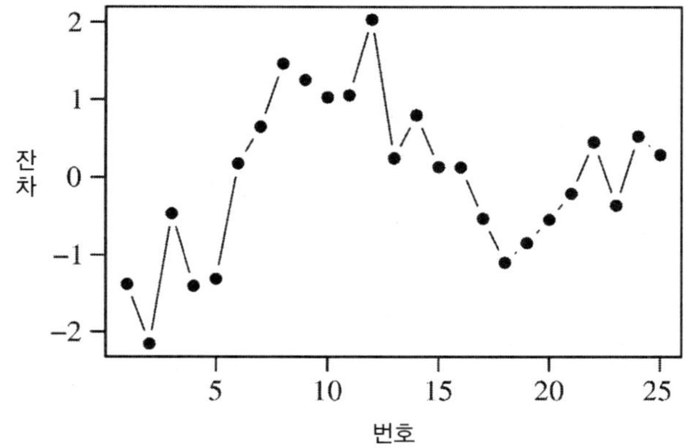

그림 9.3 표준화잔차의 인덱스플롯: P에 대한 H의 회귀

표 9.5 회귀분석 결과: 주택착공수(H) 대 인구수(P), 담보융자자금(D)의 회귀

변수	계수	표준오차	t-검정	p-값
상수	−0.0104	0.0103	−1.01	0.3220
P	0.0347	0.0064	5.39	〈.0001
D	0.7605	0.1216	6.25	〈.0001
n = 25	R^2 = 0.973	d = 1.85	$\hat{\sigma}$ = 0.0025	df = 22

결과적으로 예측변수를 모형에 추가함으로써 오차항의 자기상관성의 문제가 제거되는 효과를 얻을 수 있었다.

```
reg <- lm(H ~ P+D, data = Housing)
summary(reg)   # 표 9.5

durbinWatsonTest(lm(H ~ P+D, data = Housing), alternative = "positive")
plot(row.names(Housing), rstandard(reg), pch=19, type="b") # 그림 9.4
abline(h = c(-2,0,2), lty=2)
```

위의 모형에 대한 회귀분석결과인 표 9.5를 보면, 더빈-왓슨 통계량은 $d = 1.852$로 받아들일 만한 값이 되었고, 그림 9.4의 시간에 대한 잔차플롯 또한 많이 개선되었음을 알 수 있다. 회귀계수와 그에 해당하는 t-값은 인구수 P에 대해 유의함을 보이고 있으나, 계수가 첫 번째 경우에 비해 절반 수준으로 작게 되는 것으로 보아 첫 번째 회귀식에서는 인구수의 효과가 과장되었음을 알 수 있다. 어떤 면에서는 인구수를 고정시킬 때 담보융자자금

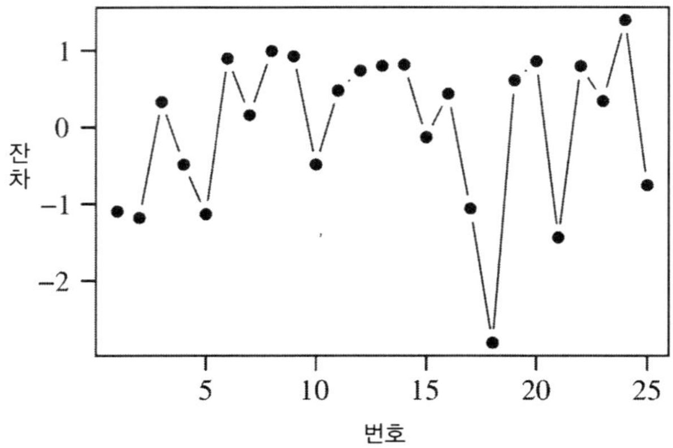

그림 9.4 표준화잔차의 인덱스플롯: (P, D)에 대한 H의 회귀

의 변화가 고정된 담보융자자금에 대한 인구수의 변이보다 주택건설 활동에 더 중요한 영향을 미친다고 할 수도 있다.

만일 회귀방정식에서 각 변수를 평균 0, 그리고 분산 1이 되도록 표준화시켰을 때 결과는 다음과 같다.

$$\widetilde{H}_t = 0.4668\widetilde{P}_t + 0.5413\widetilde{D}_t,$$

여기에서 $\widetilde{H}$은 H를 표준화한 값이다. 즉, $\widetilde{H}= (H- \overline{H})/s_H$.

```
if(!require("lm.beta")) install.packages("lm.beta")
library(lm.beta)
summary(lm.beta(reg))
```

위의 결과는 표준화된 변수 $\widetilde{P}_t$가 1단위 증가할 때 표준화된 H_t 값이 0.4668 증가함을 의미한다. 즉, 인구수가 1 표준편차만큼 증가하면 주택착공수는 0.4668 표준편차만큼 증가한다. 마찬가지로 담보융자자금이 1 표준편차만큼 증가하면 주택착공수는 0.5413 표준편차만큼 증가한다. 이와 같이 표준화변수는 원래 변수의 측정단위나 변이의 영향을 제거하는 효과를 가지기 때문에 표준화회귀계수는 해당되는 예측변수들 간의 효과를 직접 비교하는 데 이용할 수 있다. 이 예의 경우 담보융자자금의 지표가 인구수보다 주택착공수에 상대적으로 더 큰 효과가 있음을 알 수 있다.

주택착공 데이터에 대한 분석 예는 다음과 같은 두 가지 중요한 점을 시사하고 있다. 첫째는 큰 R^2 값이 곧 데이터가 잘 적합되었고, 설명이 잘 되고 있다는 것을 뜻하지는 않는다는 사실이다. 시간의 변화에 대해 어떤 경향을 보이는 두 변수는 대개 높은 상관관계를 가지는 것이 일반이다. 즉, 큰 R^2 값이 언제나 두 변수 사이의 관계를 잘 특징짓는 것은 아니라는 점이다. 둘째로, 더빈-왓슨 통계량이나 잔차플롯이 모형에 포함되어야 할 적절한 예측변수들을 빠뜨림으로 인해 나타나는 자기상관의 존재를 지적할 수 있다. 더빈-왓슨 통계량은 오차항의 1차 자기상관을 전제로 고안된 것이기는 하지만 모형에 예측변수를 잘못 지정한 것 등을 포함하는 모형구축에서의 가정을 위반한 경우에도 유의적인 값을 제공하기도 한다. 일반적으로 더빈-왓슨 통계량의 값이 유의적이면, 이 사실을 결손된 예측변수가 있을 가능성이나 자기상관의 문제가 존재하는 증거로 보면 될 것이다.

9.8 더빈-왓슨 통계량의 제한성

앞서 고려한 소비자 지출액 대 통화량이나 주택착공수 대 인구크기와 같은 사례에서 초기 회귀방정식으로부터의 잔차들은 시간에 관련해서 모형이 잘못 규정된 것을 나타내었다. 두 경우 모두 더빈-왓슨 통계량이 유의적인 양의 자기상관관계가 있다는 결론을 내리기에 충분히 작은 값을 보였으며, 시간에 대한 잔차플롯도 오차항들이 시간에 종속하고 있음을 나타냈다. 그런데 두 경우에서 자기상관에 대한 대처방법은 서로 달랐다. 주택착공 데이터의 경우에는 자기상관에 책임이 있는 추가적 예측변수를 도입하여 처리하였으며, 소비자 지출액과 통화량 데이터의 경우에는 이를 순수한 자기상관관계로 보고 Cochrane-Orcutt의 변수변환 방법으로 해결하였다. 두 경우 모두 잔차에 나타난 시간종속성은 1차 종속의 형태였다. 즉, 더빈-왓슨 통계량이나 잔차플롯의 형태는 모두 시간적으로 인접된 잔차들 사이에 나타나는 종속관계를 보여주고 있었다. 시간종속성이 1차가 아닌 경우라도 잔차플롯은 일반적으로 오차항의 자기상관성에 대해 유용한 정보를 지닌다. 이에 비해 더빈-왓슨 통계량은 1차보다 더 높은 차수의 시간종속성을 탐색하기 위해 고안된 검정통계량이 아니기 때문에 오차항의 시간종속성이 2차 이상인 경우에 대해서는 특별히 유용한 정보를 제공한다고는 할 수 없다.

어느 스키장비를 생산, 판매하는 회사는 분기별 판매액(S, 단위: 백만 달러)과 선행경기지표 사이의 관계를 구하고자 한다. 고려된 선행경기지표는 개인가처분소득 PDI (personal disposal income)로서 이는 10억 달러 단위로 표시되었다. 고려된 초기모형은 다음과 같다.

$$S_t = \beta_0 + \beta_1 \mathrm{PDI}_t + \epsilon_t, \tag{9.8}$$

여기에서 S_t는 시점 t에서 스키 판매량(단위: 백만 달러)이고 PDI_t는 같은 시점에서의 개인가처분소득이다. 이에 대한 10년(40분기) 동안의 데이터가 Ski.Sales.txt에 주어져 있다. 데이터는 이 책의 웹사이트에서 얻을 수 있다. 이에 대한 회귀분석의 결과는 표 9.6에, 그리고 잔차에 대한 인덱스플롯은 그림 9.5에 주어져 있다.

표 9.6 스키 판매액 대 가처분소득

변수	계수	표준오차	t-검정	p-값
상수	12.3921	2.539	4.88	〈.0001
PDI	0.1979	0.016	12.40	〈.0001
$n = 40$	$R^2 = 0.801$	$d = 1.968$	$\hat{\sigma} = 3.019$	df = 38

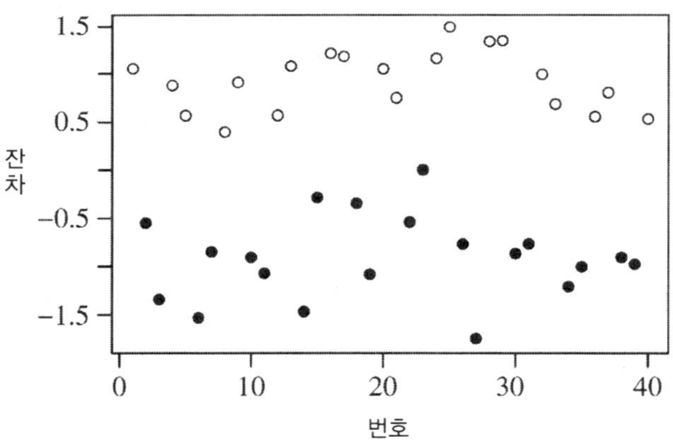

그림 9.5 표준화잔차의 인덱스플롯: 1분기와 4분기는 빈 원, 2분기와 3분기는 채워진 원으로 표시되었다.

```
Ski <- read.table("C:/Temp/RABE6/Ski.Sales.txt", sep = "\t",
                  header = TRUE)
head(Ski, 5)   # 데이터의 첫 5행을 출력

reg <- lm(Sales ~ PDI, data = Ski)
summary(reg)   # 표 9.6

durbinWatsonTest(lm(Sales ~ PDI, data = Ski), alternative = "positive")
Q <- rep(1:4, 10)
plot(row.names(Ski), rstandard(reg), pch=19, col=factor(Q)) # 그림 9.5
abline(h = c(-2,0,2), lty=2)
```

얼핏 보면 표 9.6의 결과는 매우 고무적이다. 스키 판매액이 개인가처분소득에 의해 설명되는 비율은 0.80이고, PDI의 한 단위 증가가 스키판매액에 대해 가지는 주변효과는 신뢰계수 95%에서 165,420달러와 230,380달러 사이가 된다($\hat{\beta}_1 = 0.1979$). 더빈-왓슨 통계량의 값은 1.968로 오차항은 자기상관관계를 나타내지 않고 있다고 할 수 있다.

매 기간에 PDI와 스키 판매액이 같이 증가하기 때문에 PDI가 판매액의 많은 부분을 설명할 것으로 기대하는 것은 쉬운 일이다. 즉, R^2이 0.80으로 매우 높지만 이를 모형적합의 최종지표로 사용해서는 안 된다. 또한 더빈-왓슨 통계량 값도 받아들일 만하다. 그러나 그림 9.5를 잘 살펴보면 오차항들에 분명한 시간종속성이 있음을 볼 수 있다. 즉, 1/4분기와 4/4분기에 대한 잔차는 양인 한편, 2/4분기와 3/4분기의 잔차는 모든 기간에 걸쳐 음인 것으로 나타나고 있다. 스키 활동은 기후조건의 영향을 받으므로, 계절적인 효과를 지나쳐 버리지 않았나 하고 생각할 수 있을 것이다. 다시 말해 잔차의 형태를 보면, 스키 판매가 부진한 따뜻한 계절에 해당하는 2/4분기와 3/4분기가 있으며, 겨울에 해당하는 4/4분기와 1/4분기의 경우는 스키 판매가 활발한 것을 나타내고 있다. 이러한 계절효과는 겨울철에는 1을, 그리고 여름철에는 0을 가지는 가변수를 정의함으로써 특징지을 수도 있을 것이다(제6장 참조). 이에 대한 데이터는 Ski.Sales.expanded.txt에 있으며, 이 책의 웹사이트에서 얻을 수 있다.

9.9 계절성을 제거하기 위한 가변수의 이용

계절성을 나타내는 추가적인 예측변수를 사용한 다음 모형을 살펴보자.

$$S_t = \beta_0 + \beta_1 \text{PDI}_t + \beta_2 Z_t + \epsilon_t, \tag{9.9}$$

여기에서 Z_t 는 앞에서 설명한 바와 같이 계절을 구분하는 0 또는 1을 취하는 가변수이며, β_2는 계절효과를 나타내는 Z_t 에 대한 회귀계수이다. 식 (9.9)의 모형은 두 개의 모형으로 재표현된다(하나는 $Z_t = 1$인 겨울철 모형과 $Z_t = 0$인 여름철 모형).

$$\begin{aligned}
\text{겨울철}: \quad S_t &= (\beta_0 + \beta_2) + \beta_1 \text{PDI}_t + \epsilon_t, \\
\text{여름철}: \quad S_t &= \quad \beta_0 \quad + \beta_1 \text{PDI}_t + \epsilon_t.
\end{aligned}$$

따라서, 모형은 판매량 S 가 겨울철과 여름철 각각 PDI의 선형함수로 근사될 수 있다는 것을 가정하고 있다. 다시 말해, 여기에서는 계절과 가처분소득의 상호작용의 효과를 감안하고 있지 않으므로 두 계절에 대한 회귀직선은 평행하며 PDI의 변화에 대한 주변 효과는 두 계절 모두 같다는 것이다. 그러나 절편에 의해 반영되는 스키 판매액의 수준은 계절별로 다르게 된다(그림 9.6 참조).

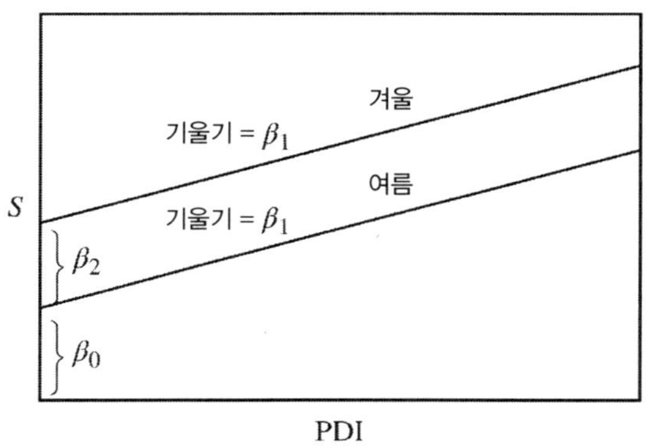

그림 9.6 계절에 의해 조정된 스키 판매액과 PDI

```
Z <- as.numeric(Q == 1 | Q == 4)
Ski <- cbind(Ski, Z)
reg <- lm(Sales ~ PDI+Z, data = Ski)
summary(reg)   # 표 9.7

durbinWatsonTest(lm(Sales ~ PDI+Z, data = Ski), alternative="positive")
plot(row.names(Ski), rstandard(reg), pch=19, col=factor(Ski$Z)) # 그림 9.7
abline(h = c(-2,0,2), lty=2)
```

회귀분석 결과는 표 9.7에 요약되어 있다. 시간에 대한 잔차플롯인 그림 9.7을 보면 계절성에 대한 모든 징후가 제거되었음을 알 수 있다. 나아가, PDI에 대한 주변효과의 추정값은 그의 정밀성이 한층 높아졌으며, 신뢰구간은 186,520달러와 210,880달러 사이가 된다. 또한 계절효과가 정량화되었으며, 고정된 수준의 PDI에서 겨울철은 여름철에 비해 (95% 신뢰수준에서) 4,734,109달러와 6,194,491달러 사이의 판매액의 증가가 있음을 알 수 있다.

표 9.7 스키 판매액 대 가처분소득, 계절변수

변수	계수	표준오차	t–검정	p–값
상수	9.5402	0.9748	9.79	0.3220
PDI	0.1987	0.0060	32.90	<.0001
Z	5.4643	0.3597	15.20	<.0001
$n = 40$	$R^2 = 0.972$	$d = 1.772$	$\hat{\sigma} = 1.137$	df = 37

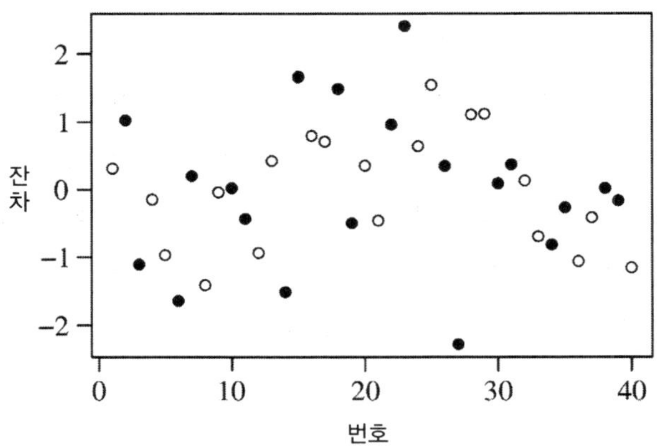

그림 9.7 계절변수를 고려한 표준화잔차의 인덱스플롯: 1분기와 4분기는 빈 원, 2분기와 3분기는 채워진 원으로 표시되었다.

```
confint(reg)
```

가처분소득과 스키 판매액 데이터는 오차항의 자기상관에 관해서 다음 두 가지 중요한 사실을 지적하고 있다. 첫째, 더빈-왓슨 통계량은 인접된 관측값 사이에 상관관계가 있을 경우(즉, 1차의 자기상관)에만 민감하다는 사실이다. 실제 스키 판매액 데이터에서 1차의 자기상관계수는 -0.001에 불과하였으나, 2차, 4차, 6차, 8차의 자기상관계수는 각각 -0.81, 0.76, -0.71, 0.73이었다. 이 경우에 더빈-왓슨 통계량은 물론 유의하지 않았다. 높은 차수의 자기상관관계를 찾아내는 검정 방법도 있다(Box & Pierce, 1970). 그러나 여기에서 언급한 예들에서 잔차플롯은 오차항의 시간종속성을 잘 지적하고 있었음에 유의할 필요가 있다.

둘째, 유의적인 자기상관이 보이면 모형은 일단 재적합되어야 한다. 앞서 설명된 바와 같이 때로는 시간에 종속된 예측변수가 모형에서 빠짐으로써 자기상관이 나타나기도 한다. 이때 빠트린 예측변수를 모형에 추가하면 관측된 자기상관은 없어지게 될 것이다. 그러나 때로는 그런 성질을 가지는 예측변수가 없을 수도 있으며, 이때에도 자기상관을 제거하기 위해 원래 변수에 차분을 취하는 식의 변환을 시도할 수도 있다.

관측개체들이 시간에 따라 순서화되어 있지 않은 경우 더빈-왓슨 통계량은 엄격한 의미에서 타당하지는 않으나 그래도 진단 도구로서는 활용될 수 있다. 만약 데이터가 가나다라 순 등으로 어떤 외적인 기준에 따라 순위가 주어져 있다면 더빈-왓슨 통계량은 거의 2.0에 가까울 것이다. 이런 상황인데도 d 값이 2보다 훨씬 작은 값이 관측되면 원래 데이터에 대한 정밀한 조사가 필요하다고 생각된다.

실제 관측 데이터들은 해당 연구에서 정한 어떤 기준에 의해 순위가 정해져 있는 경우가 많다. 예를 들어 도시나 회사의 목록은 대개 그의 크기에 따라 순위가 정해져 있다. 이때 작은 더빈-왓슨 통계량 d는 관측값들에 유의적인 크기효과(size effect)가 포함되고 있을지도 모른다. 따라서 이런 경우에는 크기를 나타내는 예측변수를 추가적으로 고려하면 좋을 것이다. 이런 경우에 차분을 취하거나 Cochrane- Orcutt와 같은 식의 변환은 적절한 방법이 될 수 없다.

9.10 두 개의 시계열에 대한 회귀

이 장에서 분석된 데이터들은 모두 시간을 축으로 하는 시계열(time series) 데이터라는 공통된 특징을 지니고 있다(관측값들은 연속적인 시간에 대해 발생한다). 이는 앞 장에서와 같이 모든 관측값들이 한 시점에서 동시적으로 얻어지는 것과는 상당히 다른 상황이라고 할 수 있다. 이러한 예들의 관측값들은 동시적인 **횡단면 데이터**(cross-sectional data)이다. 관측값들이 동시에 생성되면 횡단면 데이터를 얻게 된다. 시계열 데이터와 횡단면 데이터 사이의 차이점은, 이 장에서 다루었던 가처분소득과 스키 판매액 데이터에 대해 4.3절에서 다루어진 감독자 직무수행능력 데이터를 비교하면 쉽게 이해할 수 있을 것이다.

하나의 시계열 데이터를 다른 시계열 데이터에 대하여 회귀분석하는 예는 경제학, 경영학, 공중보건, 그리고 다른 사회과학 분야 등에서 많이 찾아볼 수 있다. 시계열 데이터에는 횡단면 데이터에는 없는 독특한 내용이 있다. 여기에서는 이러한 특징을 살펴보고 이를 다루는 기법을 제시하고자 한다.

횡단면 데이터에서 자기상관의 개념은 적절하지 않다. 즉, 횡단면 데이터에서 관측값이 나타나는 순위라는 것은 임의적이며, 따라서 인접된 잔차들 사이의 상관성이란 하나의 인공적 상황에 불과하다고 할 수 있다. 그러나 시계열 데이터의 경우 자기상관은 매우 유의한 요소가 된다. 즉, 자기상관의 존재는 바로 발견되지 않는 숨겨진 데이터 구조가 있음을 의미한다. 나아가, 대부분의 시계열 데이터는 계절성을 띠고 있으며 연구자는 이 계절성이 지니는 형태를 구분해 내야 할 필요가 있다. 스키 판매액 데이터에서와 같이 잔차 플롯에서 본 시간종속적인 변화는 곧 계절성의 존재를 가리킨다. 앞서 설명된 바와 같이 이 경우 분기별 또는 월별 데이터를 나타내는 가변수(지시변수)를 도입하는 것이 하나의 해결책이 될 수 있다. 분기별 데이터에는 4개의 분기를 구분하는 3개의 가변수를 사용하면 될 것이다(제4장 참조). 월별 데이터일 경우에는 다중공선성의 문제를 회피하기 위하여 12개의 개월을 나타내는 11개의 가변수만 있으면 충분할 것이다(제6장 참조). 물론 모든 지시변수가 다 유의할 필요는 없을 것이고 그들 중 일부는 마지막 분석 단계에서 제외될 수도 있다.

y_t와 x_{1t}, x_{2t}, $\cdots, x_{pt}$ 사이의 관계를 탐색하기 위해 때로는 다음과 같이 예측변수의 계차값(lagged value)을 포함시키는 확대된 모형을 고려할 수도 있다. 가령, 다음과 같은 모형

$$y_t = \beta_0 + \beta_1 x_{1t} + \beta_2 x_{1t-1} + \beta_3 x_{2t} + \epsilon_t \tag{9.10}$$

은 시계열 데이터에서는 상당히 의미 있는 것이 될 것이나, 횡단면 데이터에서는 아무 의미를 가지지 못할 것이다. 위의 모형은 주어진 기간 동안 Y 값이 그 기간의 X_1과 X_2의 값뿐 아니라 그 전 기간의 X_1의 값으로부터 영향을 받는다는 것을 규정하고 있다. 이런 내용은 한 기간 이상의 계차 간격이 있는 변수들도 예측변수의 집합에 포함하는 방식으로 더 확대될 수 있을 것이다.

시계열 데이터는 그들 스스로 어떤 경향성을 내포할 가능성이 많다. 이와 같이 데이터에 시간에 따른 경향성이 개재되어 있을 경우 때로는 단순히 시간(t)의 함수인 t 또는 t^2 등을 예측변수에 포함하기도 한다. 이들은 시간에 관한 선형 또는 2차식의 경향을 설명할 것으로 기대되는 것이다. 단순한 1차 차분 $(y_t - y_{t-1})$ 또는 Cochrane-Orcutt 식의 좀 더 복잡한 $(y_t - a\,y_{t-1})$와 같은 변환도 가능할 것이다. 자세한 내용은 Shumway(1988)와 Hamilton(1994) 같은 시계열분석에 관한 책을 참조하는 것이 바람직하다.

요약하자면, 시계열 데이터에 대한 회귀분석을 시도할 경우 분석자는 데이터에 있을지도 모를 가능한 오차항의 자기상관성과 계절적 요인을 자세히 검토하여야 한다. 반응변수 또는 예측변수들의 계차값을 나타내는 변수를 모형에 포함시키는 것도 고려 대상이 된다.

연습문제

9.1 olsrr 패키지의 ols_regress 함수를 사용하여 식 (9.1)의 모델을 소비 지출 및 통화량 데이터에 적합시키고 다음에 답하여라.

(a) 표 9.2의 결과와 그림 9.1을 생성하여라.

(b) β_1의 95% 신뢰 구간이 (2.06, 2.54)인지 확인하여라.

9.2 표 9.3의 결과를 생성하기 위한 R 코드를 작성하여라

9.3 이 책의 웹사이트에 있는 Housing.Starts.txt 데이터에 식 (9.6)을 적합시키고 다음에 답하여라.

(a) 표 9.4의 결과와 그림 9.3을 생성하여라.

(b) 더빈-왓슨 통계량 d를 계산하여라. d로부터 자기상관의 존재에 대해 어떠한 결론을 도출할 수 있는가?

(c) Housing.Starts.txt 데이터에 식 (9.6)을 적합시킬 때 연(run)의 수를 그 기댓값과 표준편차와 비교하여라. 이 비교를 통하여 자기상관 존재 여부에 관한 결론을 도출하여라.

9.4 이 책의 웹사이트에 있는 Housing.Starts.txt 파일의 데이터에 식 (9.7)을 적합시키고 표 9.5와 그림 9.4의 결과를 생성하여라.

9.5 이 책의 웹사이트에 있는 Ski.Sales.txt 데이터에 식 (9.8)을 적합시키고 다음에 답하여라.

(a) 표 9.6의 결과와 그림 9.5를 재현하여라.

(b) 더빈-왓슨 통계량 d를 계산하여라. d로부터 자기상관의 존재에 대한 결론을 도출하여라.

9.6 이 책의 웹사이트에 있는 Ski.Sales.txt 데이터에 식 (9.9)를 적합시키고 표 9.7과 그림 9.7의 결과를 재현하여라.

9.7 원유 생산량 데이터: 표 7.17의 원유 생산량 데이터를 참조하여라. log(OIL)에 대한 선형회귀적합 후에 얻어진 잔차의 인덱스플롯은 반복적인 패턴이 있음을 보여주고 있다.

(a) 더빈-왓슨 통계량 d를 계산하여라. d로부터 자기상관 존재여부에 관한 결론을 도출하여라.

(b) 연(run)의 수를 그 기댓값과 표준편차와 비교하여라. 이 비교를 통하여 자기상관 존재여부에 관한 결론을 도출하여라.

9.8 이 책의 웹사이트에 있는 대통령 선거 데이터를 참조하여라(Election.txt). 데이터는 여러 기간(1916–1996 선거년)에 걸쳐서 얻어졌으므로 (6.15)의 모형을 적합하였을 때는 자기상관의 문제를 의심할 수 있을 것이다.

(a) 여러분은 동의하는가? 설명하여라.

(b) 시간의 추세(예: 연도)를 예측변수로 추가하는 것이 자기상관의 문제를 향상시키거나 더욱 심화시키는가? 설명하여라.

9.9 다우존스 공업주 평균(DJIA): 이 데이터는 모든 거래일에 대한 일별 다우존스 공업주 평균값이다. 데이터는 이 책의 웹사이트에서도 얻을 수 있다(DJIA.txt). DJIA는 많이 이용되는 금융지수로서 뉴욕 주식거래소의 주가 수준을 반영하고 있다. 지수는 30개의 주식으로 구성되어 있다. 변수 Day는 거래일을 나타낸다. 1996년에는 262일의 거래일이 있으므로 Day 변수는 1부터 262까지의 값을 갖는다.

(a) 1996년의 262 거래일 모두를 이용하여 DJIA와 Day의 선형회귀모형을 적합하여라. 선형성을 가지는 모형이 적절한가? 시간에 의존하는 잔차를 살펴보아라.

(b) $DJIA_{(t)}$에 $DJIA_{(t-1)}$을 적합하여라. 즉, DJIA에 한 시점 이전의 자신의 값을 적합하라. 이는 적절한 모형인가? 잔차에 자기상관의 증거가 있는가?

(c) 일별 DJIA의 변동성이 크므로, 이를 조절하기 위해 DJIA의 로그값에 대한 분석을 실시한다. DJIA 대신 log(DJIA)를 사용하여 위의 예제를 다시 수행하여라. 결론이 유사한가? 어떤 차이를 발견하였는가?

9.10 연습문제 9.9의 DJIA 데이터를 다시 참조하여라.

(a) 연습문제 9.4에서 적절하다고 판단하였던 모형을 사용하여, 1996년의 첫 6개월에 대한 영업일 데이터(DJIA.txt의 130일)에 적합하여라. 잔차평균제곱(residual mean square)을 계산하여라.

(b) 1996년 7월의 첫 15 영업일에 대한 DJIA에 위의 모형을 적합하여라. **예측오차**(prediction error)를 이용하여 실제값과 예측값을 비교하여라. 예측오차는 실제값과 예측값의 차이를 의미한다.

(c) 제곱예측오차의 평균을 계산하고 잔차평균제곱과 비교하여라.

(d) DJIA의 두 번째 6개월(132일)에 대한 데이터에 대해 위의 과정을 모두 수행하여라.

(e) DJIA와 Day의 산점도로부터 위에서 얻은 결론을 설명하여 보아라.

9.11 연습문제 9.9와 9.10에서 사용한 DJIA 데이터를 계속 사용한다. 주가의 **임의보행모형**(random walk model)이라고 불리는 가장 간단한 형태는, t 시점의 Day에 대한 예측값으로 $t-1$ 시점의 Day 값을 이용하는 것이다. 회귀모형의 용어로 하면, 연습문제 9.9와 9.10에서 적합된 모형의 상수항은 0이고 회귀계수는 1이라는 것과 같다.

(a) 적절한 통계적 유의성 검정을 실시하여라(회귀계수들의 값을 개별적으로 먼저 검정한 다음 동시 검정을 수행하여라). 개별적인 검정과 동시 검정 중 어느 것이 더 적절한 검정인가?

(b) 임의보행 이론에서 1차 차분값(연속한 값의 차이값)은 평균이 0이고 상수 분산을 갖는 독립적인 정규분포를 가져야 한다. DJIA의 1차 차분값과 log(DJIA)의 1차 차분값을 살펴보고 이 가설이 참인지를 밝혀라.

(c) DJIA 데이터는 얻기가 쉽다. 가장 최근의 데이터를 수집하고, 1996년의 데이터에서 발견한 사실들이 최근의 데이터에서도 유효한지 살펴보라.

⊙ 부록: 9.A SAS 코드

```
LIBNAME mysas "C:\temp\SAS_Data";

/******************************
* 9.2
******************************/

PROC IMPORT DATAFILE="C:\temp\RABE6\CEMS.txt" OUT=mysas.CEMS
            DBMS=TAB REPLACE;
RUN;

/* 표 9.2, 그림 9.1 */

SYMBOL V=DOT H=1 C=BLACK;
PROC REG DATA=mysas.CEMS;
    MODEL Expenditure = Stock;
    PLOT STUDENT.*OBS. / VREF=-2, 0, 2;
RUN; QUIT;

/******************************
* 9.3
******************************/

PROC REG DATA=mysas.CEMS;
    MODEL Expenditure = Stock / DW DWPROB;
RUN; QUIT;

/******************************
* 9.4
******************************/

DATA mysas.CEMS;
    SET mysas.CEMS;
    Y = Expenditure - 0.751*LAG1(Expenditure);
    X = Stock - 0.751*LAG1(Stock);
RUN;

SYMBOL V=DOT H=1 C=BLUE;
PROC REG DATA=mysas.CEMS;
    MODEL Y = X / DW DWPROB;
    PLOT STUDENT.*OBS.;
RUN; QUIT;

/******************************
```

```
* 9.5
******************************/

PROC AUTOREG DATA=mysas.CEMS;
    MODEL Expenditure = Stock / METHOD=ITYW NLAG=1 DW=1 DWPROB;
RUN; QUIT;

/******************************
* 9.7
******************************/

PROC IMPORT DATAFILE="C:\temp\RABE6\Housing.Starts.txt" OUT=mysas.Housing
            DBMS=TAB REPLACE;
RUN;

/* 표 9.4, 그림 9.3 */

SYMBOL V=DOT H=1 C=BLUE;
PROC REG DATA=mysas.Housing;
    MODEL H = P / DW DWPROB;
    PLOT STUDENT.*OBS.;
RUN; QUIT;

/* 표 9.5, 그림 9.4 */

SYMBOL V=DOT H=1 C=BLUE;
PROC REG DATA=mysas.Housing;
    MODEL H = P D / DW DWPROB STB;
    PLOT STUDENT.*OBS.;
RUN; QUIT;

/******************************
* 9.8
******************************/

PROC IMPORT DATAFILE="C:\temp\RABE6\Ski.Sales.txt" OUT=mysas.Ski
            DBMS=TAB REPLACE;
RUN;

/* 표 9.6, 그림 9.5 */

SYMBOL V=DOT H=1 C=BLUE;
PROC REG DATA=mysas.Ski;
    ID Date;
    MODEL Sales = PDI / DW DWPROB;
```

```
    PLOT STUDENT.*OBS.;
    OUTPUT OUT=resid STUDENT=Student;
RUN; QUIT;

DATA resid;
    SET resid;
    ID_num = _N_;
    Q = SUBSTR(Date,2,1);
RUN;

SYMBOL1 V=CIRCLE H=1 C=BLUE I=NONE;
SYMBOL2 V=DOT H=1 C=RED I=NONE;
SYMBOL3 V=DOT H=1 C=RED I=NONE;
SYMBOL4 V=CIRCLE H=1 C=BLUE I=NONE;
PROC GPLOT DATA=resid;
    PLOT Student*ID_num = Q / VREF=-2 0 2;
RUN;

/*****************************
* 9.9
*****************************/

/* 표 9.7, 그림 9.7 */

DATA mysas.Ski;
    SET mysas.Ski;
    ID_num = _N_;
    Q = SUBSTR(Date,2,1);
    IF Q IN ('1', '4') THEN Z=1;
    ELSE Z=0;
RUN;

SYMBOL V=DOT H=1 C=BLUE;
PROC REG DATA=mysas.Ski;
    ID Date;
    MODEL Sales = PDI Z / DW DWPROB CLB;
    PLOT STUDENT.*OBS.;
    OUTPUT OUT=resid STUDENT=Student;
RUN; QUIT;

SYMBOL1 V=CIRCLE H=1 C=BLUE I=NONE;
SYMBOL2 V=DOT H=1 C=RED I=NONE;
SYMBOL3 V=DOT H=1 C=RED I=NONE;
```

```
SYMBOL4 V=CIRCLE H=1 C=BLUE I=NONE;
PROC GPLOT DATA=resid;
    PLOT Student*ID_num = Q / VREF=-2 0 2;
RUN;
```

Chapter 10

공선형 데이터의 분석

Analysis of Collinear Data

10.1 소개

데이터로부터 추정된 다중회귀방정식은 예측변수 간에 상호의존관계가 심각하지 않다는 묵시적인 가정하에서 해석되어 진다. 통상적으로 회귀계수는 그에 대한 예측변수를 제외한 나머지 모든 예측변수들이 일정한 값에 고정되어 있다는 전제하에서 그 예측변수의 한 단위 증가에 따른 반응변수에서의 변화를 나타내는 양이다. 그러나 만약 예측변수 간에 강한 선형적 연관관계가 있을 경우 이런 형식의 해석은 타당하지 않게 된다. 또한 추정된 회귀방정식에서 나머지 모든 예측변수를 고정시켜 놓은 상태에서 어느 한 변수를 변화시킨다는 것은 개념적으로만 가능한 것에 불과하며, 추정에 사용한 데이터를 이런 조건에 맞도록 조작할 경우에 발생되는 결과에 대해서도 우리는 아무런 정보도 가지고 있지 않다. 더욱이 실제로 연구가 진행되는 과정에서 다른 모든 예측변수를 고정시켜 놓고 어느 한 변수만을 변화시킨다는 것이 불가능할지도 모른다. 이와 같이 회귀방정식의 해석에 있어 고려해야 할 조건들이 있는 한 어떤 회귀계수를 단순히 그만의 주변효과로 해석할 수는 없는 일이다.

예측변수 간에 선형적인 연관관계가 전혀 없는 경우 그들은 서로 **직교**(orthogonal)한다고 말한다. 그러나 회귀분석의 실제 응용에서는 예측변수들이 직교하지 않는 경우가 대부분이라고 할 수 있다. 통상 이와 같은 직교성의 결여는 회귀분석에 중대한 영향을 미칠 만큼 심각하지는 않으나, 예측변수들이 너무 강하게 연관되어 있으면 회귀분석의 결과가 애매모호해질 우려도 있다. 이와 같이 회귀방정식에 있는 어느 한 개별적인 예측변수만의 효과를 추정한다는 것은 실제적으로 아무 의미가 없다고도 할 수 있다. 한편, 회귀계수의 추정치는 때때로 데이터에서의 작은 변화나 회귀모형식에서 예측변수를 추가하거나 제거함에 따라 상당히 민감하게 움직이며, 그 추정치가 가지는 큰 표준오차는 이 회귀모형에 기초한 통계적 추론과 예측 모두에 악영향을 주게 된다.

앞에서 언급한 예측변수 간의 강한 비직교적 상태는 흔히 공선성 혹은 **다중공선성**(multicollinearity)의 문제라고 불린다. 이런 상태는 회귀잔차를 검토함으로써 밝혀낼 수 있는 그런 성질의 것이 아니다. 다중공선성은 대부분 회귀모형에서의 오류라기보다 데이터의 결함에 의해 나타나는 결과라고 할 수 있다. 이 장에서 설명하는 바와 같이 다중공선성이 어떤 경우에 존재하게 되는지, 그리고 이에 따라 어떤 결과가 초래되는지를 안다는 것은 매우 중요한 일이다. 다중공선성이 존재할 경우 통상적 회귀분석에만 기초하여 어떤 실질적인 결론을 내리는 일은 매우 조심스럽게 이루어져야 한다.

이 장은 다음 3가지 질문에 초점을 두고 있다.

1. 다중공선성은 통계적 추론과 예측에 어떤 영향을 미치는가?
2. 다중공선성은 어떻게 탐색될 수 있는가?
3. 다중공선성과 관련된 여러 문제들은 어떻게 해결될 수 있는가?

실제 데이터를 분석할 때 이들 3가지 문제는 각자 독자적으로 대답될 수 있는 성질의 것은 아니라고 할 수 있다. 만일 다중공선성의 가능성이 있다면 반드시 위 3가지 문제는 동시에 다루어져야만 한다.

이 장은 두 개의 예를 가지고 시작된다. 예들은 다중공선성이 통계적 추론과 예측 각각에 미치는 영향을 보여주기 위해 선정되었다. 이어서 다중공선성을 탐색하기 위한 몇 가지 방법들을 설명하고, 끝으로 다중공선성의 문제들을 해결하기 위한 방법론들이 제시된다. 여기에서는 양질의 데이터를 수집하기 위한 방책이 고려되나, 이 부분에 대한 논의의 초점은 현재 사용하고 있는 데이터를 잘 해석하는 데 맞춰진다. 다중공선성이 존재할 경우 통상적 최소제곱(OLS)법에 대한 대안으로써 몇 가지 기법들이 제11장에 소개된다.

10.2 통계적 추론에 미치는 효과

여기에 주어지는 첫 예를 통해 선형적으로 상호의존관계에 있는 일단의 예측변수 중에서 중요한 몇 개를 식별하고자 할 경우 일어나는 모호성을 설명하고자 한다. 사용된 데이터는 공공교육에서 기회균등에 관련된 Coleman et al.(1966), Mosteller & Moynihan(1972) 등의 연구 보고로부터 빌려온 것이다.

1964년 평등권조례(Civil Rights Act)와 연계하여 미의회는 "공공 교육기관에서 교육기회의 균등이 개인의 인종, 피부색, 종교, 국적을 이유로 얼마나 침해받는지"에 관한 조사를 요청하였다. 데이터는 미국 전역에 걸친 학교 구역을 횡단면 조사하여 수집되었다. 여기에는 학업성취도와 교육시설에 관련된 변수들에 대한 요약통계량이 요구되었고, 학업성취도에 중요한 영향을 미치는 요인들을 찾아내기 위해 회귀분석기법이 사용되었다. 이 데이터는 1965년도에 랜덤으로 선택된 70개 학교로부터 학생의 학업성취도(ACHV)와 학교의 시설(SCHOOL), 교사의 자질(FAM), 교우관계(PEER) 등을 재는 변수에 대해 얻어진 정보로 구성되어 있는데, 여기에서의 주목적은 학교의 시설 환경에 관련된 요인이 학생의 학업성취도(ACHV)에 미치는 영향을 평가하고자 하는 것이다.

학업성취도에 영향을 주는 학교의 교육환경들을 나타내는 지표들은 잘 측정되었다고 가정하자. 학업성취도에 영향을 미치는 교육환경 요인은 자연과학 시설, 교육 데이터, 특별 프로그램, 교사의 훈련과 학습의욕 유발 등에 관한 지표들을 포함하게 될 것이다. 학업성취도(ACHV)는 표준화된 시험성적 지수를 통해 측정된다. 이 외에도 학업성취도에 영향을 주는 학교 환경 변수들이 있다. 학업능력은 학생들의 가정환경과 친구(PEER)들에 의해서도 유의적인 영향을 받게 될 것으로 기대된다. 이런 변수들 또한 분석의 목적에 맞게끔 적절히 지표화된 값으로써, 이들은 학교시설요인(SCHOOL)의 효과가 평가되기에 앞서 감안되어야 할 것이다. 실제 데이터는 EEO.txt에 있으며, 이 책의 웹사이트에서 확인할 수 있다.[1] 다음의 R 명령어를 이용하여 작업공간으로 불러오자.

```
EEO <- read.table("C:/Temp/RABE6/EEO.txt", sep = "\t",
                  header = TRUE)
head(EEO, 5)   # 데이터의 첫 5행을 출력
```

위에서 언급한 두 개의 기본변수(ACHV, SCHOOL)에 대한 조정은 다음과 같은 회귀모형을 통해 처리할 수 있다.

$$\text{ACHV} = \beta_0 + \beta_1\text{FAM} + \beta_2\text{PEER} + \beta_3\text{SCHOOL} + \epsilon. \tag{10.1}$$

이때 학교요인 SCHOOL의 공헌도는 β_3에 대한 t-값을 통해 검정될 수 있는데, t는 예측변수 FAM과 PEER이 일단 모형에 포함되었을 때, SCHOOL이 유의적으로 추가적인 공

1) http://www.aucegypt.edu/faculty/hadi/RABE6

헌을 하느냐를 검정하는 통계량이다. 학교요인의 공헌도는 FAM과 PEER에 대한 조정이 이뤄진 후 평가된다는 점에서 실제로 위의 모형은 다음 모형에 비교될 수 있다.

$$\mathrm{ACHV} - \beta_1 \mathrm{FAM} - \beta_2 \mathrm{PEER} = \beta_0 + \beta_3 \mathrm{SCHOOL} + \epsilon. \tag{10.2}$$

또 다른 '조정'이라는 개념을 살펴보면, 우선 등호 왼편은 ACHV로부터 FAM과 PEER가 가지는 선형적 공헌부분을 제거한 후에 남게 되는 '조정'된 학업성취도의 지표가 되므로, 이 모형은 예측변수 SCHOOL에 관한 '조정'된 학업성취도의 회귀관계를 나타내고 있음을 볼 수 있다. 물론 이런 식의 표현은 설명을 위해 고안한 것일 뿐으로, 실제 모수인 β들에 관한 추정은 식 (10.2)에 주어진 회귀모형으로부터 직접 이루어진다. 이 모형에 대한 회귀분석의 결과는 표 10.1에 요약되어 있으며, ACHV의 예측값에 대한 잔차플롯이 그림 10.1에 주어져 있다.[2)]

```
if(!require("olsrr")) install.packages("olsrr")
library(olsrr)
ols_regress(ACHV ~ FAM+PEER+SCHOOL, data = EEO) # 표 10.1

reg <- lm(ACHV ~ FAM+PEER+SCHOOL, data = EEO)
plot(fitted(reg), rstandard(reg), pch = 19)      # 그림 10.1
abline(h = c(-2,0,2), lty=2)
```

표 10.1 EEO 데이터: 회귀분석 결과

분산분석표				
요인	제곱합	자유도	평균제곱	F-검정
회귀	73.506	3	24.502	5.72
잔차	282.873	66	4.286	
회귀계수표				
변수	계수	표준오차	t-검정	p-값
상수	−0.070	0.251	−0.28	0.7810
FAM	1.101	1.411	0.78	0.4378
PEER	2.322	1.481	1.57	0.1218
SCHOOL	−2.281	2.220	−1.03	0.3080
$n = 70$	$R^2 = 0.206$	$R_a^2 = 0.170$	$\hat{\sigma} = 2.07$	df = 66

2) 결과와 그림의 생성에 필요한 R 코드는 이 책의 웹사이트에서 확인할 수 있다.

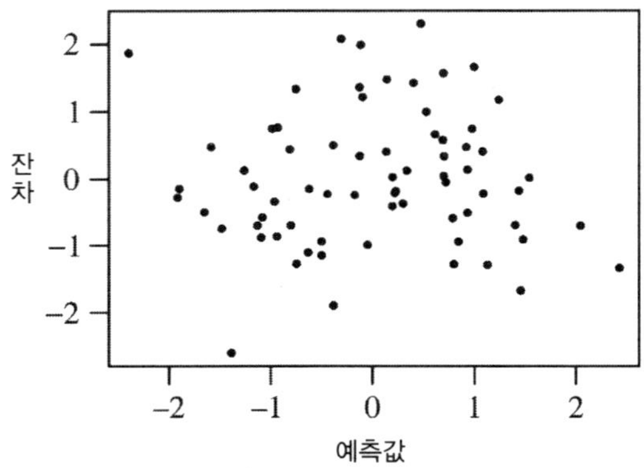

그림 10.1 표준화잔차 대 ACHV의 적합값에 대한 플롯

우선 그림 10.1의 잔차플롯을 살펴볼 때, 모형구축에는 눈에 띌 만한 오류의 근거는 없는 것으로 보인다. 다만, 그림 왼쪽 하단부에 약 2.5 표준편차거리의 잔차를 가지는 한 데이터 점이 눈에 띄는데, 이 관측값에 대해서는 특별한 검토가 요구된다고 할 수 있다. 그러나 이 관측값을 제거하였을 경우에도 회귀분석의 결과에는 거의 변동이 없기 때문에 이는 앞으로의 분석에서 계속 보유하기로 한다.

표 10.1에서 반응변수인 학업성취도 점수가 가지는 총변이의 약 20%가 3개의 예측변수에 의해 설명(R^2 = 0.206)되며, 이에 대한 F-값(= 5.72)은 자유도 (3, 66)을 가진 F-분포로부터 α = 0.01 수준에서 유의함을 알 수 있다. 다시 말해 총 변이에 대한 예측변수의 설명비율이 약 20%인데도 불구하고 이 결과는 예측변수 FAM, PEER, SCHOOL이 반응변수의 변이를 설명함에 유용한 역할을 하고 있다는 것을 나타내고 있다. 그러나 각 예측변수에 대한 개별적 t-값은 모두 작다. 이와 같이 요약통계량들이 보여주는 내용을 종합해 보면, 3개의 예측변수가 모두 함께 사용되었을 때 전체적으로는 유의하나 개별적으로 보았을 때는 모든 t-값은 유의하지 않다. 즉, 어느 한 예측변수는 나머지 두 변수가 모형에서 보유될 경우 모형으로부터 제거해도 좋다는 뜻이다.

이와 같은 결과는 심각한 다중공선성이 존재할 때 일어나는 전형적인 상황이라고 할 수 있다. 예측변수들이 매우 높은 상관관계를 가지게 되면, 각 예측변수는 전체 설명력에 거의 영향을 끼치지 않고 회귀방정식에서 다른 변수의 대리역할을 할 수 있게 된다. 따라서 학교요인 변수의 학업성취도에 대한 중요성을 평가하기 위해 사용된 회귀분석은 이에

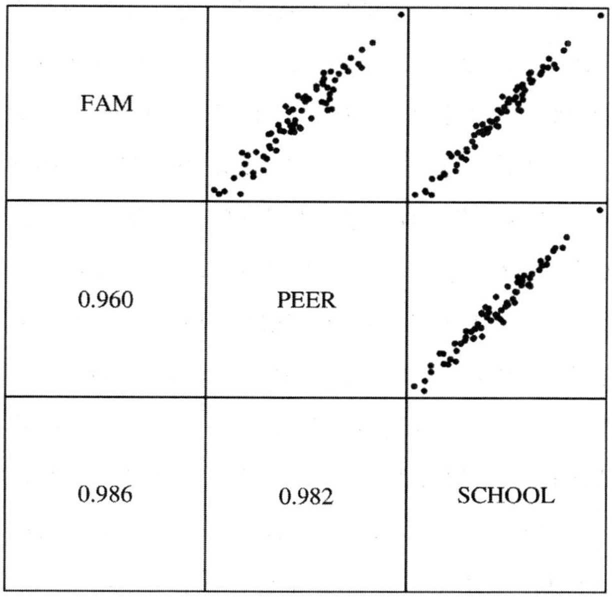

그림 10.2 세 예측변수 FAM, PEER, SCHOOL의 산점도와 상관계수

적절한 정보를 제공하는 데 실패한 셈이 된다. 이때의 주범은 명백히 다중공선성이다. 실제 모든 가능한 예측변수 짝들 (FAM, PEER), (FAM, SCHOOL), (PEER, SCHOOL) 간의 상관계수를 살펴보면 각각 0.960, 0.986, 0.982로 여기에는 매우 강한 선형관계가 개재되어 있음을 알 수 있다(그림 10.2 참조). 모든 상관계수는 높으며, 산점도를 통해서 알 수 있듯이 모든 관측값들이 직선에 가깝게 나타나고 있다.

```
cor(EEO[c("FAM","PEER","SCHOOL")])
plot(EEO[c("FAM","PEER","SCHOOL")], pch = 19, cex = 1)   # 그림 10.2
```

이 예에서 다중공선성은 당연히 기대되었어야 한다. 여기에서 각 변수가 다른 변수들의 선형함수에 의해 결정됨은 이들 세 변수가 가지고 있는 속성이라고 할 수 있다. 예측변수 간에 이렇게 큰 상관계수를 가질 경우 여기에는 3개의 변수가 있다기보다 실제로는 단 하나의 예측변수만 있다고 결론지어도 불합리하지 않을 것이다. 불행히도, 이런 식의 결론은 학업성취도에 관한 학교요인의 효과를 평가하려는 목적에 아무런 도움이 되지 못한다. 이에 대한 원인으로서 다음 두 가지를 생각할 수 있다. 첫째는 다중공선성이 표본 데이터의 결합으로 인해 발생하는 경우로서 이때는 관측값을 표본에 추가함으로써 다중공선성의 문제를 해결할 수도 있을 것이다. 둘째, 다중공선성의 원인이 되는 예측변수 간의 밀접한 상호연관관계가 해당연구에서 추론의 대상이 되는 모집단의 고유특성일 경우이다. 이와 같은 두 가지 유형이 가지는 내용을 좀 더 상세히 살펴보기로 하자.

첫 번째 경우, 표본은 예측변수 간의 상관관계가 너무 크지 않도록 선정되어야 한다. 예를 들어, 그림 10.2의 위 오른쪽에 있는 예측변수 FAM과 SCHOOL 간의 산점도를 보면, 오른쪽 하단과 왼쪽 상단에 위치하는 데이터 점(학교)이 전혀 없는 상태이다. 즉, 이 데이터에는 FAM이 높고 SCHOOL이 낮거나, FAM이 낮고 SCHOOL이 높은 값을 가질 경우의 ACHV에 대한 아무런 정보를 포함하고 있지 않다고 할 수 있다. 다시 말해 이 데이터로는 ACHV에 관한 SCHOOL과 FAM 각각의 개별효과만이 평가가 가능하다는 것이다. 예를 들어 위의 그래프에서 왼쪽 상단 4분면에 관측점들이 있다면 FAM의 값을 고정시킨 상태에서 적어도 SCHOOL의 높고, 낮은 값의 두 가지 경우에 대해 ACHV의 평균값을 비교하는 것은 가능할 것이다.

모형에는 3개의 예측변수가 있으므로, 이때 데이터는 표 10.2에서와 같이 8가지$(=2^3)$ 가능한 조합으로 구분될 수 있는데, 여기에서 '+'는 평균 이상의 값을, 그리고 '−'는 평균 이하의 값을 나타내고 있다.

이 분석에서 문제가 된 예측변수 간의 높은 상관관계는 얻어진 데이터가 표 10.2에서 조합 1과 8에 해당하는 정보만을 대표함으로써 발생한 것이다. 이와 같은 현상이 우연히 발생한 것으로 판명되면 다중공선성의 문제를 해결하기 위한 처방으로는 다른 가능한 조

표 10.2 세 개 예측변수의 경우 가능한 데이터의 조합

조합	변수		
	FAM	PEER	SCHOOL
1	+	+	+
2	+	+	−
3	+	−	+
4	−	+	+
5	+	−	−
6	−	+	−
7	−	−	+
8	−	−	−

합에 해당하는 표본을 추가로 수집하는 방안을 생각할 수 있다. 그런데 예를 들어 조합 1과 2에 해당하는 데이터만을 가지고 있는 경우, 이 데이터는 FAM와 PEER를 그들의 평균 이상(+)의 위치에 고정시킨 상태에서 ACHV에 관한 SCHOOL의 효과를 평가하는 데 사용될 수 있을 것이다. 만약 이들이 데이터를 대표하는 유일한 조합이라면, 자연히 분석내용은 ACHV에 관한 SCHOOL의 단순회귀가 될 것이고, 따라서 이 분석의 결과는 FAM와 PEER가 평균 이상일 때 학교요인 대 학업성취도 간의 연관관계의 평가라는 원래의 질문에 대한 부분적인 해답이 될 수밖에 없다.

그러나 다중공선성의 문제를 해결하기 위한 하나의 방법으로 추가적으로 데이터를 수집한다는 일이 항상 만병통치약이 될 수는 없다. 실제로 데이터를 나중에 추가하는 일은 예산이나 시간, 혹은 연구수행원 등에 관한 제약으로 인해 항상 가능한 일이라고는 할 수 없기 때문이다. 바람직한 것은 가능한 데이터의 결함을 사전에 인지하여 사려 깊게 짜여진 표본설계에 따라 데이터를 수집하는 것이다. 그러나 불행하게도 사전적 표본설계라는 것 또한 실제로 항상 가능한 것도 아니다. 앞서 보았던 것과 같은 조사에서 예측변수들의 값은 특정 관찰개체가 표본으로서 일단 선정되고, 그들에 대해 상당한 비용과 시간을 들여 구체적인 측정값이 얻어질 때까지는 표본 데이터의 총체적 현황을 알지 못하는 경우가 일반적이라고 할 수 있다. 따라서 이런 절차에 따를 경우 균형잡힌 표본이 얻어졌는지를 사전에 확인하는 일은 상당히 어렵다고 할 수 있다.

다중공선성이 발생할 수 있는 두 번째 이유는 모집단 고유의 특성으로 인하여 예측변수 간에 원천적으로 큰 상관관계가 있는 경우이다. 만약 모집단에서 FAM, PEER, SCHOOL이 표 10.2에서의 조합 1과 8의 경우에만 제한되어 있다면, 학업성취도에 관한 이들 세 변수의 개별적인 효과를 추정하는 일은 불가능해진다. 이때 예측변수 각각에 대한 개별적인 효과를 설명하기 위한 유일한 방안은 그 변수 간의 상관관계를 설명할 수 있는 저변의 이유를 찾는 일이 하나가 될 수 있을 것이다. 이런 과정을 거쳐 연구자는 교육과 성취라는 과제에서 교육 기회의 균등에 영향을 미치는 좀 더 본질적인 결정요인이 무엇인지를 찾을 수 있을지도 모르는 일이다.

10.3 예측에 미치는 효과

이제 다중회귀방정식에 기초하여 예측을 시도할 경우 다중공선성이 이에 미치는 효과를 살펴보자. 여기에서는 관측값이 연도별로 나열되어 있는 데이터를 사용하기로 한다. 반응변수에 대한 예측값은 추정된 회귀방정식에서 미래의 예측변수값들을 대입하여 얻게 된다. 이때 예측변수에 대한 미래값들은 이미 알려져 있거나, 혹은 다른 데이터나 모형으로부터 추측해야 될 것이다. 여기에서 예측되는 예측변수가 가지는 불확실성의 문제는 일단 고려 대상에서 제외하고, 예측변수의 예측값들은 일단 우리에게 주어져 있다고 가정하기로 한다.

선정된 예는 프랑스 경제의 수입활동에 관한 총계 데이터인데, 이 데이터는 Malinvaud (1968)에 의해 분석된 것으로, 여기에서는 그가 발표한 내용에 맞추어 살펴보기로 한다. 고려된 변수는 총수입(IMPORT), 국내총생산(DOPROD), 주식형성(STOCK), 국내총소비(CONSUM)이며, 모든 변수는 1949년부터 1966년까지 10억 프랑스 프랑(franc) 단위로 측정된 것이다. 데이터는 책의 웹사이트에서 얻을 수 있다(Import.txt). 이 데이터에 대해 고려된 모형은 다음과 같다.

$$\text{IMPORT} = \beta_0 + \beta_1 \text{DOPROD} + \beta_2 \text{STOCK} + \beta_3 \text{CONSUM} + \epsilon. \quad (10.3)$$

회귀분석의 결과는 표 10.3에 주어져 있다. 그림 10.3의 연도별 잔차플롯이 매우 분명한 패턴을 나타내고 있음을 보아 식 (10.3)의 회귀모형이 제대로 설정되지 않고 있음을 알 수 있다.

```
Import <- read.table("C:/Temp/RABE6/Import.txt", sep = "\t",
                     header = TRUE)
head(Import, 5)   # 데이터의 첫 5행을 출력

ols_regress(IMPORT ~ DOPROD+STOCK+CONSUM, data = Import)   # 표 10.3

reg <- lm(IMPORT ~ DOPROD+STOCK+CONSUM, data = Import)
plot(row.names(Import), rstandard(reg), pch=19, type="b") # 그림 10.3
abline(h = c(-2,0,2), lty=2)
```

표 10.3 IMPORT 데이터(1949~1966): 회귀분석 결과

분산분석표				
요인	제곱합	자유도	평균제곱	F-검정
회귀	2576.92	3	858.974	168
잔차	71.39	14	5.099	
회귀계수표				
변수	계수	표준오차	t-검정	p-값
상수	−19.725	4.125	−4.78	0.0003
DOPROD	0.032	0.187	0.17	0.8656
STOCK	0.414	0.322	1.29	0.2195
CONSUM	0.243	0.285	0.85	0.4093
$n=18$	$R^2=0.973$	$R_a^2=0.967$	$\hat{\sigma}=2.258$	df = 14

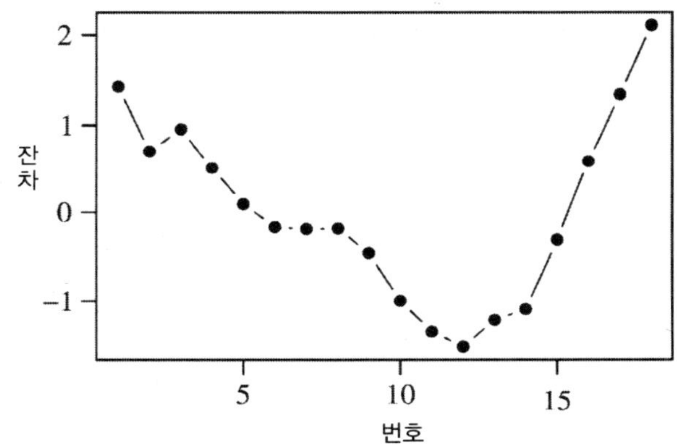

그림 10.3 IMPORT 데이터(1949~1966): 표준화잔차의 인덱스플롯

표 10.3에서 보는 바와 같이 $R^2=0.973$은 매우 크나 이에 비해 모든 t-값이 매우 작은 것과 같은 결과는 심각한 다중공선성의 문제가 있는 전형적인 상황을 나타내고 있으며, 잔차플롯 또한 이 모형을 가지고 더 이상의 분석을 시도해서는 안 된다는 것을 시사해주고 있다. 다중공선성은 일단 회귀모형이 만족스럽게 구체화되었을 경우 점검해야 할 과제인 것이다. 식 (10.3)의 모형이 가지고 있는 눈에 띄는 문제는 유럽공동시장(European Common Market)이 1960년부터 운영되기 시작함에 따라 이 시기를 기점으로 수출입관계에 중대한 변화가 생겼다는 데 있다. 이 장에서는 다중공선성의 효과를 설명하는 데에 주목적이 있으므로 1959년도 이후에 일어난 경제활동 상황을 포착하려는 시도로 인해 모형을 굳이 복잡하게 만들 필요는 없다고 생각된다. 따라서 우리는 현재의 시점을 1960년이라고

하고 그 이전 11년간에 해당하는 1949년부터 1959년까지의 상황만을 고려하기로 한다. 부분 데이터에 대한 회귀분석의 결과가 표 10.3에 요약되어 있다. 이에 대한 잔차플롯 그림 10.4는 대체적으로 만족스러운 것으로 나타나고 있다.

```
Import.A <- Import[which(Import$YEAR <= 59),]
ols_regress(IMPORT ~ DOPROD+STOCK+CONSUM, data = Import.A)   # 표 10.4

reg <- lm(IMPORT ~ DOPROD+STOCK+CONSUM, data = Import.A)
plot(row.names(Import.A), rstandard(reg), pch=19, type="b") # 그림 10.4
abline(h = c(-2,0,2), lty=2)
```

표 10.4 IMPORT 데이터(1949~1959): 회귀분석 결과

분산분석표				
요인	제곱합	자유도	평균제곱	F-검정
회귀	204.776	3	68.2587	286
잔차	1.673	7	0.2390	
회귀계수표				
변수	계수	표준오차	t-검정	p-값
상수	−10.128	1.212	−8.36	<.0001
DOPROD	−0.051	0.070	−0.73	0.4883
STOCK	0.587	0.095	6.20	0.0004
CONSUM	0.287	0.102	2.81	0.0263
$n = 11$	$R^2 = 0.992$	$R_a^2 = 0.988$	$\hat{\sigma} = 0.4889$	df = 7

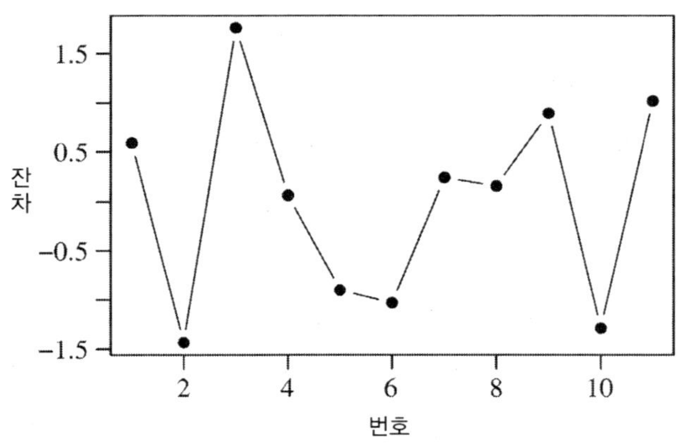

그림 10.4 IMPORT 데이터(1949~1959): 표준화잔차의 인덱스플롯

그러나 여기에서 예측변수들에 의한 총변이의 설명비율은 매우 높으나(R^2 = 0.99), 사전의 기대와는 상반되게 DOPROD에 대한 회귀계수가 음수이며, 통계적으로도 유의하지 않은 결과를 보이고 있다. 경제이론에 의하면, 만약 STOCK과 CONSUM을 일정 수준에 고정시켰을 때 DOPROD의 증가는 원자재나 제조장비의 수입으로 인해 IMPORT의 증가를 초래할 것으로 기대된다. 분석의 결과가 이런 경제이론과 상호모순된 상황을 보이게 되는 원인 중의 하나로서 다중공선성을 생각할 수 있는데, 사실상 이것이 바로 그 경우에 해당한다.

두 예측변수 CONSUM과 DOPROD 간의 상관계수는 0.997이며, 이들 관계를 좀 더 들여다보면 CONSUM은 전체 연구연도 11년에 걸쳐 DOPROD의 약 2/3가 됨을 확인할 수 있다.

```
cor(Import.A[c("DOPROD","STOCK","CONSUM")])
summary(lm(CONSUM ~ DOPROD, data = Import.A))
```

실제 이 두 예측변수 간의 추정된 회귀방정식은 다음과 같다.

$$\text{CONSUM} = 6.259 + 0.686\,\text{DOPROD}.$$

이와 같이 아주 심각한 다중공선성이 존재함에도 불구하고 회귀방정식을 예측에 사용될 경우에는 별 문제없이 좋은 결과를 얻을 수 있다. 표 10.4에 따른 예측방정식은 다음과 같게 될 것이다.

$$\text{IMPORT} = -10.13 - 0.051\,\text{DOPROD} + 0.587\,\text{STOCK} + 0.287\,\text{CONSUM}.$$

표 10.4에서 보는 바와 같이 이 데이터에 대한 회귀모형의 적합은 아주 좋고, 이때의 잔차는 순전히 랜덤한 것으로 나타났다. 단, 예측을 위해서는 관련된 변수 간의 포괄적인 함수관계의 성격이나 강도가 미래의 예측 대상 기간에 걸쳐 일관되게 작용하리라는 것에 대한 확신이 있으면 된다. 이런 확신의 문제는 다중공선성의 문제와 관계없이 모든 유형의 예측모형에서 공통된 사항이라고 할 수 있다. 이 예의 경우 변수 간의 전반적인 연관관계가 미래의 예측 대상 기간에 걸쳐 변하지 않음을 가정하기로 한다.[3)] 여기에서 DOPROD과 CONSUM 간의 관계를 묵시적으로 가정하는 것으로, 이때 DOPROD과 STOCK, 그리

고 CONSUM의 미래값들이 근사적으로 0.7×DOPROD의 관계를 유지하는 한 반응변수의 값은 매우 정확히 예측될 수 있다고 말할 수 있다.

예를 들어 STOCK과 CONSUM을 현재의 수준에 묶어 놓은 상태에서 DOPROD을 10단위 증가시킴으로 인해 변화되는 내년도의 IMPORT의 양을 예측한 결과는 다음과 같이 된다.

$$\mathrm{IMPORT}_{1960} = \mathrm{IMPORT}_{1959} - 0.051 \times 10.$$

즉, IMPORT가 −0.51만큼 감소하게 된다. 그러나 만약 DOPROD과 CONSUM의 관계가 그대로 유지될 경우 CONSUM은 약 2/3 × 10 = 6.67만큼 증가될 것이므로, IMPORT에 대한 다음 예측식

$$\mathrm{IMPORT}_{1960} = \mathrm{IMPORT}_{1959} - 0.51 + 0.287 \times 6.67 = \mathrm{IMPORT}_{1959} + 1.4$$

의 관계에 따라 IMPORT는 약 1.5단위 증가하게 됨으로써 좀 더 현실적인 예측을 하게 되는 것으로 생각할 수 있다. 앞의 예에서와 같이 CONSUM에 관계 없이 DOPROD만이 변화한다고 가정하는 경우가 현실적인 타당성을 지니려면 모형에 있는 모수를 추정할 때 사용된 데이터의 기본구조가 변화해야 할 것이다. 따라서 이런 비현실적인 가정으로부터 의미 있는 예측 결과를 기대하기가 어려울 것이다.

전체적으로 종합해 보면, 앞에서 본 두 가지 예는 비직교적인 데이터에 대한 추론이나 예측을 위해 회귀분석을 고려할 경우 그 이용에는 매우 심각한 제한성이 있음을 시사해 주고 있다. 다시 말해 다중공선성이 의심되는 상황에서 회귀분석의 결과를 해석할 때는 상당한 주의가 요구된다는 점이다. 10.4절에서는 예측변수 간의 극단적인 공선성을 탐색하는 방법들을 살펴본다.

---

3) 유럽공동시장은 1960년에 형성되었다. 편의상 여기에서는 1960년 이후에 변수들 간의 연관관계의 변질로 인해 일어나는 분석에서의 어려움은 무시하기로 한다. 그러나 이와 같은 구조적 변화는 설령 역사적 데이터에 대한 적합이 뛰어나다고 하더라도 이에 기초한 예측을 시도하는 데에는 매우 미묘한 문제가 게재되어 있음을 인지할 필요가 있다.

10.4 다중공선성의 탐색

앞 절에서, 몇 가지 예들을 통해 다중공선성을 탐색하기 위한 몇 가지 아이디어를 소개한 바 있다. 여기에서는 그 내용을 다시 음미해 보고 공선성의 정도를 파악하는 데 사용될 수 있는 추가적인 판정 기준들을 소개하고자 한다.

10.4.1 다중공선성의 간단한 징후

다중공선성은 추정된 회귀계수의 불안정성과 관련되어 있다. 이런 상황은 예측변수 간에 심각한 선형적 연관관계가 존재함으로써 일어나는 것이지, 모형구축에서의 오류로부터 오는 것은 아니다. 그러므로 공선성을 가진 데이터로부터 발생된 문제를 경험적으로 조사한다는 것은 일단 회귀모형이 만족스럽게 구체화된 후에나 시작될 수 있는 일이다. 그러나 때로는 표본점이나 변수를 추가, 제거 또는 변환시키는 등 좋은 모형을 찾기 위한 일련의 과정에서 다중공선성을 나타내는 상황을 만나게 될 경우도 있다. 다중공선성은 다음 경우에서와 같이 일단 추정된 회귀계수의 불안정성의 형태로 표출될 수 있다.

- 한 변수를 추가 또는 삭제할 때 추정된 회귀계수가 크게 변화할 경우
- 한 데이터 점을 변화시키거나 제거할 때 추정된 회귀계수가 크게 변화할 경우

일단 잔차플롯을 볼 때 모형이 만족스럽게 구체화되었음이 확인된다면, 다음의 경우는 곧 다중공선성의 징후를 나타낸다고 할 수 있다.

- 추정된 회귀계수의 대수적인 부호가 사전에 기대한 (이론적인) 것과 일치되지 않을 경우
- 이론적으로 중요한 변수에 대한 회귀계수가 큰 표준오차를 가지는 경우

앞서 토론한 IMPORT 데이터의 경우, DOPROD에 대한 회귀계수가 음이고 비유의적이었다. 이 결과는 모두 사전의 기대에 부합되지 않은 내용이다. 어느 한 변수를 추가하거나 제거함으로 인한 효과는 표 10.5에서와 같이 다른 변수에 대한 회귀계수에 큰 영향을 미치게 됨을 볼 수 있다. EEO 데이터의 경우(EEO.txt) 회귀계수가 가지는 대수적 부호에는 문제가 없었으나, 그들의 표준오차가 지나치게 커서 통계적으로 유의적인 회귀계수

표 10.5 IMPORT 데이터: 모든 가능한 회귀모형에 대한 회귀계수

회귀	변수			
	상수	DOPROD	STOCK	CONSUM
1	−6.558	0.146	−	−
2	19.611	−	0.691	−
3	−8.013	−	−	0.214
4	−8.440	0.145	0.622	−
5	−8.884	−0.109	−	0.372
6	−9.743	−	0.596	0.212
7	−10.128	−0.051	0.587	0.287

는 하나도 없었다. 그러나 실제 이들은 모두 이론적으로 중요한 변수들로 기대되었던 것들이다.

다중공선성의 존재는 예측변수 사이의 상관계수 크기를 통해서 검색될 수 있다. 한 쌍의 예측변수 간에 큰 상관관계가 있다면, 이는 곧 그 두 변수 간에 강한 선형적 연관관계가 있음을 뜻한다. EEO 데이터(그림 10.2)에서 짝지은 예측변수 간의 상관계수는 모두 컸으며, IMPORT 데이터의 경우도 DOPROD와 CONSUM 간의 상관계수는 0.997이었다.

다중공선성의 원천은 두 변수 간의 상관관계를 넘어 훨씬 더 미묘할 수도 있다. 어떤 선형적인 연관관계는 여러 개의 예측변수를 포함할 수도 있는데, 이 경우 두 변수 간의 단순상관계수만을 통해 다중공선성를 탐색하는 것은 불가능하다. 한 예로서 어느 기업에서 기간 t에서의 총매출액(S_t)에 관한 광고비(A_t)와 판촉비(P_t), 그리고 판매수당(E_t)의 효과를 분석하는 경우를 살펴보기로 하자. 광고(ADVER) 데이터는 이 기업이 상당히 안정된 상태로 운영되어 온 지난 23년간에 대한 것이다. 데이터는 이 책의 웹사이트에서도 얻을 수 있다. 이때 제안된 회귀모형은 아래와 같다.

$$S_t = \beta_0 + \beta_1 A_t + \beta_2 P_t + \beta_3 E_t + \beta_4 A_{t-1} + \beta_5 P_{t-1} + \epsilon_t, \tag{10.4}$$

여기에서, A_{t-1}과 P_{t-1}은 전년도의 광고비와 판촉비이다. 회귀분석 결과는 표 10.6에 주어져 있는데, 그림 10.5와 그림 10.6에 있는 잔차 대 총매출액과 잔차 대 연도의 플롯 모두 모형구축에는 아무런 문제가 없는 것으로 판명되었으며, 여기에 주어지지는 않았지만 각 예측변수에 대한 잔차의 플롯도 그러하였다. 더욱이 예측변수 간의 단순상관계수 또한 표 10.7에 보는 바와 같이 모두 매우 작음을 볼 수 있다.

```
Advertising <- read.table("C:/Temp/RABE6/Advertising.txt", sep = "\t",
                          header = TRUE)
head(Advertising, 5)  # 데이터의 첫 5행을 출력

ols_regress(St ~ At+Pt+Et+At.1+Pt.1, data = Advertising)  # 표 10.6

reg <- lm(St ~ At+Pt+Et+At.1+Pt.1, data = Advertising)
plot(fitted(reg), rstandard(reg), pch = 19)  # 그림 10.5
abline(h = c(-2,0,2), lty=2)
plot(row.names(Advertising), rstandard(reg), pch=19, type="b") # 10.6
abline(h = c(-2,0,2), lty=2)

round(cor(Advertising[c("At","Pt","Et","At.1","Pt.1")]), digits = 3) # 표 10.7
```

표 10.6 광고비 데이터의 회귀분석 결과

분산분석표				
요인	제곱합	자유도	평균제곱	F-검정
회귀	307.572	5	61.514	35.3
잔차	27.879	16	1.742	
회귀계수표				
변수	계수	표준오차	t-검정	p-값
상수	−14.194	18.715	−0.76	0.4592
A	5.361	4.028	1.33	0.2019
P	8.372	3.586	2.33	0.0329
E	22.521	2.142	10.51	<.0001
A_{t-1}	3.855	3.578	1.08	0.2973
P_{t-1}	4.125	3.895	1.06	0.3053
$n = 22$	$R^2 = 0.917$	$R_a^2 = 0.891$	$\hat{\sigma} = 1.320$	df = 16

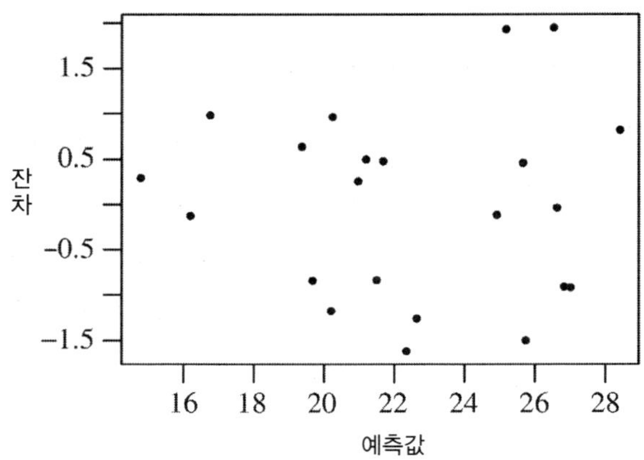

그림 10.5 표준화잔차 대 매출액의 적합값

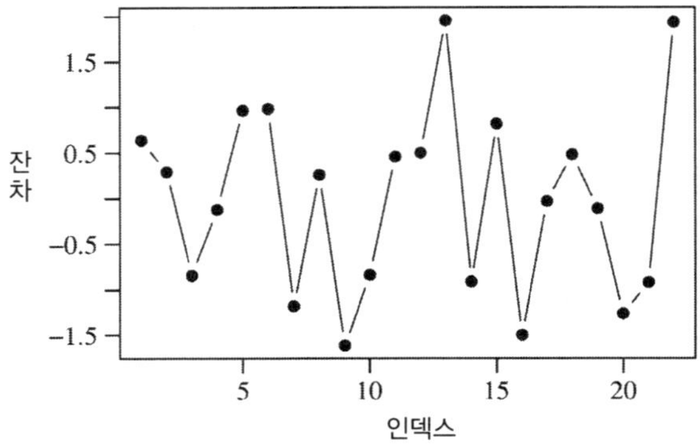

그림 10.6 표준화잔차의 인덱스플롯

표 10.7 광고비 데이터에 대한 상관계수

	A_t	P_t	E_t	A_{t-1}	P_{t-1}
A_t	1.000				
P_t	−0.357	1.000			
E_t	−0.129	0.063	1.000		
A_{t-1}	−0.140	−0.316	−0.166	1.000	
P_{t-1}	−0.496	−0.296	0.208	−0.358	1.000

그러나 회귀계수의 안정성을 검토하기 위하여 모형에서 당해연도의 광고비 변수인 A를 제거해 보면 많은 내용들이 심하게 변동됨을 알 수 있다.

```
summary(lm(St ~ Pt+Et+At.1+Pt.1, data = Advertising))
```

P_t의 추정된 회귀계수는 8.37에서 3.70으로 떨어지고, A_{t-1}과 P_{t-1}의 추정된 회귀계수는 그의 부호가 바뀌며 더 이상 통계적으로 유의하지도 않게 된다. 이에 대해 E_t의 계수는 매우 안정적이고, R^2 또한 그리 크게 변화하지 않음을 알 수 있다.

이와 같은 사실은 변수 A와 P의 당해연도 및 전년도 값들을 포함하는 어떤 유형의 연관관계가 있음을 암시해 주고 있다. 이에 따라 이들 모든 변수 간의 회귀관계를 분석하였을 때 얻어지는 P_t, A_{t-1}, P_{t-1}에 관한 A_t의 회귀방정식은

$$\hat{A}_t = 4.63 - 0.87P_t - 0.86A_{t-1} - 0.95P_{t-1} \tag{10.5}$$

이 되고, 이때의 $R^2 = 0.973$이 됨을 알 수 있다.

```
summary(lm(At ~ Pt+At.1+Pt.1, data = Advertising))
```

여기에서 이 기업의 운용상태를 좀 더 들여다보면 지난 23년간 지출예산에 관한 엄격한 통제가 있어 왔음을 발견할 수 있다. 특히 이 기업에는 지출예산에 부과된 일종의 규칙이 있었는데, 그 내용은 매 2년 동안에 걸쳐 A_t, A_{t-1}, P_t, P_{t-1}의 합이 근사적으로 5가 되도록 묶어져 있었다. 따라서 이 경우 다중공선성은 이와 같은 예산상의 제한성을 반영하는 다음과 같은 선형관계가 주원인이었음을 알 수 있다.

$$A_t + P_t + A_{t-1} + P_{t-1} \simeq 5. \tag{10.6}$$

앞서 언급한 다중공선성의 탐색 지표(예를 들어, 회귀계수 추정 시 계산의 불안정, 사전의 기대와 배치되는 회귀 결과, 두 변수 간의 큰 상관계수 값)는 다중공선성의 전체 그림을 파악하는 데에는 충분하지 않다. 다중공선성을 측정하는 분산확대인자(VIF)와 상태지수(condition index) 방법을 아래에서 설명하고자 한다.

10.4.2 분산확대인자

다중공선성을 탐색하는 한 가지 방법으로써 각 예측변수를 나머지 모든 예측변수들로부터 회귀시켜 얻어지는 R^2를 검색하는 것을 생각할 수 있다. 이와 같은 예측변수 간의 선형적 연관관계는 통상 **분산확대인자**(variance inflation factor; VIF)로 알려진 통계량을 통해 판단된다. 여기에서 R_j^2를 예측변수 X_j가 나머지 모든 예측변수들에 의해 회귀될 경우의 다중상관계수의 제곱(결정계수)이라고 할 때 변수 X_j에 대한 분산확대인자는 다음과 같다.

$$\text{VIF}_j = \frac{1}{1-R_j^2}, \quad j = 1, \ldots, p, \tag{10.7}$$

여기에서 p는 예측변수의 수이다. 따라서 만약 X_j가 나머지 모든 예측변수들과 강한 선형관계를 가질 경우 R_j^2은 1에 접근하게 되고, 이어서 VIF_j는 매우 커지게 될 것이다. 통상 분산확대인자의 값이 10을 초과하면 이는 그 데이터에 심각한 공선성의 문제가 있다는 신호가 된다.

한편 예측변수 간에 선형적 연관관계가 없을 경우(즉, 그들이 서로 직교한다면), $R_j^2 = 0$ 그리고 $\text{VIF}_j = 1$이 된다. 따라서 VIF의 1로부터의 차이는 곧 예측변수들의 직교성으로부터의 이탈 정도를, 다시 말해 공선성으로의 정도를 나타낸다고 할 수 있다. 또한 $(1 - R_j^2)$의 역수라는 점에서 VIF_j는 j번째 추정회귀계수의 분산이 X_j가 다른 예측변수들과 가지는 선형관계에 의해 증가되는 양을 재는 것으로, 이는 표준화된 X_j가 다른 예측변수들과 선형적으로 연관되지 않았을 경우 얻어지는 분산에 대한 상대적인 양이 된다. 분산확대인자라는 용어는 특별히 이와 같은 관점을 통해 공선성을 진단하는 데 사용한다는 의미에서 지어진 이름이다.

R_j^2이 1에 가까워짐에 따라 예측변수들에 선형관계가 있음을 나타내게 되며, $\hat{\beta}_j$의 VIF는 무한대로 접근하게 된다. VIF가 10을 넘게 되면 추정에 영향을 줄 수 있는 다중공선성이 있다고 판단한다.

일반적인 OLS 추정치의 정확성은 그것의 분산으로 측정되며, 회귀모형에서 오차항의 분산인 σ^2에 비례한다. 그 비례상수가 VIF이다. 따라서 VIF는 OLS 추정량과 그 참값으로부터의 제곱거리에 대한 기댓값의 표현으로 사용되기도 한다. 그 제곱거리를 D^2으로 표현하면 다음과 같다.

$$D^2 = \sigma^2 \sum_{j=1}^{p} \text{VIF}_j.$$

이 거리는 최소제곱추정량의 정도를 평가하는 또 다른 측도이다. 작은 값을 가질수록 추정량은 더 정확하다. 만일 예측변수들이 직교한다면 VIF는 모두 1이 되고 D^2은 $p\sigma^2$이 된다. 여기에서 다음과 같은 비를 생각하자.

$$\frac{\sigma^2 \sum_{i=1}^{p} \mathrm{VIF}_i}{p\sigma^2} = \frac{\sum_{i=1}^{p} \mathrm{VIF}_i}{p} = \overline{\mathrm{VIF}}.$$

이 식에서 보듯이 VIF의 평균은 데이터가 직교일 때 OLS 추정량의 상대적인 오차제곱의 크기를 측정한다. 따라서 $\overline{\mathrm{VIF}}$ 또한 다중공선성의 측도로서 사용될 수 있다.

대부분의 컴퓨터 패키지는 각 예측변수별 VIF_j 값을 제공해 주고 있는데, 그중 어떤 것은 큰 VIF_j가 관찰될 경우 이에 대해 미리 내장해 놓은 메시지를 보내주는 것도 있다. 어떤 회귀모형이든 이용자는 항상 이 VIF_j 값을 점검함으로써, 공선성을 가진 데이터를 OLS법으로 적합시킴으로 인해 일어나는 오류로부터 탈피하도록 해야 할 것이다.

앞의 3가지 예(EEO 데이터, IMPORT 데이터, ADVER 데이터) 각각에서 공선성에 관한 여러 가지 증거를 본 바 있다. VIF_j와 그 평균값이 표 10.8에 주어져 있다.

```
if(!require("car")) install.packages("car")
library(car)

reg <- lm(ACHV ~ FAM+PEER+SCHOOL, data = EEO)
ols_vif_tol(reg)   # vif(reg)
reg <- lm(IMPORT ~ DOPROD+STOCK+CONSUM, data = Import)
ols_vif_tol(reg)   # vif(reg)
reg <- lm(St ~ At+Pt+Et+At.1+Pt.1, data = Advertising)
ols_vif_tol(reg)   # vif(reg)
```

EEO 데이터에서 VIF는 [30.2, 83.2]의 범위에 있으며, 따라서 EEO 데이터에서 VIF는 세 변수 모두 강한 연관관계를 가지고 있어 그 중 어느 하나를 제거시킨다고 해도 공선성을

표 10.8 세 데이터에 대한 분산확대인자(VIF)

EEO		IMPORT		ADVER	
변수	VIF	변수	VIF	변수	VIF
FAM	37.6	DOPROD	469.7	A_t	36.9
PEER	30.2	STOCK	1.0	P_t	33.5
SCHOOL	83.2	CONSUM	469.4	E_t	1.1
				A_{t-1}	25.9
				P_{t-1}	43.5
평균	50.3	평균	313.4	평균	28.2
중앙값	37.6	중앙값	469.4	중앙값	33.5

해소할 수 없음을 알 수 있다. VIF의 평균값인 50.3은 OLS 추정치의 제곱오차가 예측변수들이 모두 직교일 때 비해 50배나 크다는 것을 나타낸다.

IMPORT 데이터의 경우에는 OLS 추정량의 제곱오차가 예측변수들이 모두 직교일 때에 비해 313배나 크다. 그러나 VIF값을 보면 DOPROD와 CONSUM는 높은 관계를 가지나 이들은 STOCK와 연관관계가 없기 때문에 회귀방정식에 STOCK와 (CONSUM, DOPROD) 중의 하나만을 포함시킨다면 공선성의 문제는 자연히 제거될 수 있음을 보여주고 있다.

한편 ADVER 데이터의 경우 E에 대한 VIF_E 는 1.1이므로 변수 E가 다른 예측변수와 상관되지 않고 있음을 뜻한다. 그러나 나머지 4개 변수의 VIF는 매우 큰 편으로 그 값은 [22.6, 44.1]의 범위에 걸쳐 있다. 이런 상황은 이미 앞서 본 바와 같이 4개 변수 간에 밀접한 선형관계가 있음을 나타낸다. 이런 경우에 대한 처방으로는 E와 나머지 4개 변수 (A_t, P_t, A_{t-1}, S_{t-1})에서 선택한 3개를 반응변수 S에 회귀시키는 방법을 생각할 수 있으며, 이때도 공선성의 문제가 확실히 제거되었는지의 여부를 확인하기 위해 VIF를 다시 살펴보아야 한다.

여기에서 주의해야 할 것은, 특정변수들을 제거하는 것이 항상 다중공선성을 감소시키는 가장 좋은 방법인 것은 아니며 전혀 개선되지 않을 때도 있다는 것이다. 예를 들어 5.5.2절과 5.5.3절의 Hamilton 자료에서 보듯이, 두 예측 변수는 약한 다중공선성을 가지며 개별 변수는 반응변수 Y에 의존하지 않지만 두 예측변수를 함께 고려하였을 때 Y에 의존하게 된다. 여기에서 만일 하나의 예측변수를 제거하게 된다면 나머지 하나의 변수만으로 Y를 정확하게 예측하기는 어렵게 된다. 다중공선성을 다룰 수 있는 더 우수한 방법들은 11장에서 기술할 것이다.

10.4.3 상태지수

데이터에서 다중공선성을 발견하는 또 다른 방법은 예측변수들의 상관행렬에 대한 상태지수(condition indices)를 검토하는 것이다. p개 변수 $X_1, \ldots, X_p$의 짝별 상관계수들은 정방행렬로 간단하게 표현할 수 있으며, 이를 상관계수행렬(correlation matrix)이라고 한다. 예를 들어 1949년부터 1959년까지의 수입(import) 데이터에서 세 개의 예측변수에 대한 상관계수 행렬은 다음과 같다.

$$
\begin{array}{l} \\ \text{DOPROD} \\ \text{STOCK} \\ \text{CONSUM} \end{array}
\begin{array}{c} \begin{array}{ccc} \text{DOPROD} & \text{STOCK} & \text{CONSUM} \end{array} \\ \begin{pmatrix} 1.000 & 0.026 & 0.997 \\ 0.026 & 1.000 & 0.036 \\ 0.997 & 0.036 & 1.000 \end{pmatrix} \end{array} \tag{10.8}
$$

예를 들어 cor(DOPROD, CONSUM) = 0.997이고, 이는 두 변수가 매우 상관되어 있음을 나타낸다. 행렬의 왼쪽 상단 첫 번째에서 오른쪽 하단 마지막으로 대각하여 이어지는 원소들을 대각원소(diagonal elements)라고 한다. 상관계수 행렬에서 대각원소는 모두 1이다.

변수 집합들이 서로 선형적인 관계가 없으면 직교(orthogonal)라고 부른다. 만일 표준화된 예측 변수들이 직교라면 분산-공분산행렬(상관행렬)의 대각원소는 1이 되고 비대각원소는 0이 된다.

p개의 예측 변수들의 상관행렬은 p개의 **고윳값**(eigenvalue)을 갖는다.[4] 통상 고윳값을 내림차순으로 정렬하고 $\lambda_1 \geq \lambda_2 \cdots \geq \lambda_p$과 같이 표현한다. 만일 어떤 λ들이 완전히 0에 가까운 값을 가지면 원 변수들 사이에 완전한 선형관계가 있다는 것이며 이는 극단적인 다중공선성을 의미한다. 만일 어떤 λ가 다른 값에 비해서 아주 많이 작을 경우(0에 가까운) 다중공선성이 존재함을 알 수 있다.

다중공선성 탐지의 경험적 방법은 고윳값의 역수에 대한 합에 의한 방법이다. 즉,

$$
\sum_{j=1}^{p} \frac{1}{\lambda_j}. \tag{10.9}
$$

만일 위의 합이 예측변수의 수보다 5배 이상 크다면 다중공선성이 있다고 판단한다.

전체 예측변수들을 고려할 경우 이들 간의 다중공선성에 관한 또 다른 포괄적 측도로는 다음과 같이 정의되는 예측변수 간의 상관계수행렬로부터 계산한 **상태지수**(condition indices)를 생각할 수 있다. j번째 상태지수는 다음과 같이 정의된다.

$$
\kappa_j = \sqrt{\frac{\lambda_1}{\lambda_j}}, \quad j = 1, 2, \ldots, p. \tag{10.10}
$$

4) 고윳값에 익숙하지 않은 독자들은 Matrix Algebara as a Tool(Hadi, 1996)을 참고하면 좋을 것이다.

표 10.9 세 데이터에 대한 상태지수

	EEO		IMPORT		ADVER	
j	λ_j	κ_j	λ_j	κ_j	λ_j	κ_j
1	2.952	1	2.084	1	1.701	1
2	0.040	8.59	0.915	1.51	1.288	1.14
3	0.008	19.26	0.001	44.23	1.145	1.21
4					0.859	1.40
5					0.007	15.29

첫 번째 상태지수, κ_1은 항상 1이지만 나머지 지수는 1보다 크다. 가장 큰 상태지수는 다음과 같다.

$$\kappa_p = \sqrt{\frac{\text{상관행렬의 최대고유값}}{\text{상관행렬의 최소고유값}}} = \sqrt{\frac{\lambda_1}{\lambda_p}}. \tag{10.11}$$

이 값을 **상태수**(condition number)라고 한다. 상태수 κ_p가 작으면 예측변수들에 다중공선성이 없고, 큰 상태수의 값은 곧 강한 공선성의 증거가 된다. 실제로는 상태수가 15를 초과할 때 데이터의 공선성이 회귀분석에 해로운 결과를 초래하는 것으로 판단하면 된다(이는 λ_1이 λ_p에 비해 255 크다는 것을 의미함). 기준점으로 제안된 15라는 숫자는 어떤 이론적인 근거를 가지는 것이 아니고 경험적인 기준일 뿐이다. 그러나 상관행렬의 상태수가 30을 넘을 경우에는 이에 대한 조치가 반드시 취해져야 한다.

표 10.9는 세 개의 데이터(EEO, IMPORT, ADVER 데이터)에 대한 고윳값들과 상태지수를 나타내고 있다. 상태수를 살펴보면 세 데이터 모두에서 다중공선성이 있음을 나타내고 있다.

```
EEO.S <- as.data.frame(scale(EEO))
reg <- lm(ACHV ~ FAM+PEER+SCHOOL, data = EEO.S)
ols_eigen_cindex(reg)
Import.S <- as.data.frame(scale(Import))
reg <- lm(IMPORT ~ DOPROD+STOCK+CONSUM, data = Import.S)
ols_eigen_cindex(reg)
Advertising.S <- as.data.frame(scale(Advertising))
reg <- lm(St ~ At+Pt+Et+At.1+Pt.1, data = Advertising.S)
ols_eigen_cindex(reg)
```

표 10.10 IMPORT 데이터: 예측 변수의 상관계수 행렬에서 고윳값과 대응되는 상태지수, 고유벡터

λ_j	1.999	0.998	0.003
κ_j	1	1.42	27.26
V_j	V_1	V_2	V_3
DOPROD	0.706	−0.036	−0.707
STOCK	0.044	0.999	−0.007
CONSUM	0.707	−0.026	0.707

어떤 데이터에 대하여 상태수가 커서 다중공선성이 발견되었다면 그다음 의문은 "다중공선성에 어떠한 변수들이 관련되었는가?"이다. 이 의문에 대한 답은 **고유벡터** (eigenvector)를 통해 알 수 있다. p개의 예측변수들에 대한 상관행렬은 p개의 고윳값 (eigenvalues) $\lambda_1 \geq \lambda_2 \cdots \geq \lambda_p$을 갖는다. 각 고윳값 λ_j에는 대응되는 고유벡터 V_j $(j = 1,2,\cdots,p)$가 존재한다. p개의 고유벡터 $V_1, V_2, \cdots, V_p$는 서로 직교한다. 이들은 다음의 $p \times p$ 행렬로 표현될 수 있다.

$$V = \begin{pmatrix} V_1 & V_2 & \cdots & V_P \end{pmatrix}$$
$$\downarrow \quad \downarrow \quad \downarrow \quad \downarrow$$
$$= \begin{pmatrix} v_{11} & v_{12} & \cdots & v_{1p} \\ v_{21} & v_{22} & \cdots & v_{2p} \\ \vdots & \vdots & \ddots & \vdots \\ v_{p1} & v_{p2} & \cdots & v_{pp} \end{pmatrix} \tag{10.12}$$

표 10.10에는 IMPORT 데이터의 상관계수 행렬에서 고윳값과 대응되는 고유벡터, 상태지수가 나타나 있다.

```
eigen(cor(Import.A[c("DOPROD","STOCK","CONSUM")]))
```

상태지수 중 하나만 큰 값을 가지므로 하나의 다중공선성 집합이 존재함을 알 수 있다. 이 다중공선성 집합에 속한 변수들은 예측변수들의 선형결합을 상수로 만들 수 있다. 상수값은 가장 작은 고윳값 λ_3이고 선형결합 함수의 계수값은 대응되는 고유벡터인 V_3의 원소들이다. 즉, 변수들은 다음과 같이 연결되어 있다.

$$v_{13}\widetilde{X_1} + v_{23}\widetilde{X}_2 + v_{33}\widetilde{X_3} \doteq \lambda_3$$

$$-0.707\widetilde{X_1} - 0.007\widetilde{X}_2 + 0.707\widetilde{X_3} \doteq 0.003, \tag{10.13}$$

여기에서 $\widetilde{X}_j$는 j번째 예측 변수의 표준화 변수이다.[5] 식 (10.13)에서 $\lambda_3(0.003)$과 $\widetilde{X_2}$ (-0.007)을 0으로 두면 다음의 식과

$$-0.707\widetilde{X_1} + 0.707\widetilde{X_3} \doteq 0, \tag{10.14}$$

또는 다음의 식을 얻을 수 있다.

$$\widetilde{X_1} \doteq \widetilde{X_3}. \tag{10.15}$$

위의 식은 예측변수 CONSUM과 DOPROD의 표준화 변수 사이에 존재하는 함수관계를 나타내며, 이 결과는 앞에서 살펴본 CONSUM과 DOPROD 간의 단순상관계수가 $r = 0.997$이라는 사실과 잘 부합된다(독자들은 CONSUM과 DOPROD의 산점도를 통해 상관계수가 큼을 확인할 수 있다). 여기에서는 κ_3만 큰 값을 가지므로, 예측변수들 간의 상호의존 구조는 단순히 식 (10.15)에 주어진 바와 같이 CONSUM과 DOPROD 사이의 연관관계를 가지고 있음을 말해주고 있다.

5) 4.6절을 참조하여라.

연습문제

10.1 이 책의 웹사이트에 있는 EEO.txt 데이터에 식 (10.1)을 적합하고 아래에 답하여라.

(a) 표 10.1의 결과를 재현하여라.

(b) 표 10.1의 F-검정에 대한 유의 수준 5%에서의 p-값과 임계치를 계산하여라.

(c) 표 10.1의 t-값에 대한 유의 수준 5%에서의 임계치를 계산하여라.

(d) 그림 10.1의 그래프를 재현하여라.

(e) 그림 10.1의 산점도에서 점 근처를 클릭함으로써 잔차가 가장 작은 관측치를 식별할 수 있는 함수 identify(df, labels = 1:nrow(df))를 적용하여라. 작업이 끝나면 Esc 키를 눌러 빠져나온다.

(f) 그림 10.2의 산점도 행렬을 재현하여라.

10.2 이 책의 웹사이트에 있는 Import.txt 데이터를 R의 작업공간에 불러온 후 다음에 답하여라.

(a) 상관행렬을 계산하여라.

(b) 그림 10.2와 같은 산점도 행렬을 재현하여라.

(c) 식 10.3을 적합시키고 표 10.3의 결과를 재현하여라.

(d) 그림 10.2의 산점도 행렬을 재현하여라.

(e) 그림 10.3의 잔차 인덱스 플롯을 재현하여라.

10.3 이 책의 웹사이트에 있는 Import.txt 데이터를 df라는 이름의 객체로 R 작업공간에 불러온 후 다음에 답하여라.

(a) df1 <- df[df[, 1]<=1959,]를 사용하여 1949년부터 1959년까지의 데이터를 추출하고 df1이라는 이름의 객체에 할당하여라.

(b) lm() 함수를 사용하여 df1의 데이터에 식 10.3을 적합시키고 표 10.4의 결과를 재현하여라. 결과를 reg라는 이름의 객체에 저장하여라.
(c) 그림 10.4의 잔차 인덱스 플롯을 재현하여라.
(d) 표 10.5를 재현하여라.

10.4 연습문제 10.3의 데이터를 다시 고려하자.

(a) cor() 및 eigen() 함수를 사용하여 예측(독립)변수에 대한 상관행렬과 고윳값 및 고유벡터(표 10.10 참조)를 계산하여라.
(b) 위에서 찾은 고윳값을 사용하여 예측변수의 상태지수를 계산하여라.
(c) 패키지 DescTools의 VIF(reg)를 사용하여 모든 예측변수에 대한 VIF를 계산하여라.

10.5 이 책의 웹사이트에 있는 광고 데이터인 Advertising.txt를 살펴보아라.

10.6 이 책의 웹사이트에 있는 Advertising.txt 데이터를 df라는 이름의 객체로 R 작업 공간에 불러온 후 다음에 답하여라.

(a) 모형 10.4를 데이터에 적합시키고 표 10.6과 그림 10.5, 10.6을 재현하여라.
(b) 잔차 대 각 예측 변수의 산점도를 작성하여라. 이 중 어떤 산점도가 모형의 부적합 문제를 시사하는지 검토하여라.
(c) 식 (10.5)과 (10.6)을 검증하여라.
(d) 광고 변수 A를 제외한 후 10.4의 모형을 데이터에 적합하고, 얻은 결과를 표 10.6과 비교하여라.

10.7 예측변수들의 상관계수 행렬에 대한 고윳값이 4.603, 1.175, 0.203, 0.015, 0.003, 0.001이고, 대응되는 고유벡터는 표 10.11에 주어져 있다.

(a) 자료에 몇 개의 다중공선성 집합이 존재하는지 설명하여라.
(b) 각 다중공선성 집합에 속하는 변수들은 무엇인지 설명하여라.

표 10.11 예측변수들의 상관계수 행렬에 대한 6개의 고유벡터

	V_1	V_2	V_3	V_4	V_5	V_6
X_1	−0.462	0.058	−0.149	−0.793	0.338	−0.135
X_2	−0.462	0.053	−0.278	0.122	−0.150	0.818
X_3	−0.321	−0.596	0.728	−0.008	0.009	0.107
X_4	−0.202	0.798	0.562	0.077	0.024	0.018
X_5	−0.462	−0.046	−0.196	0.592	0.549	−0.312
X_6	−0.465	0.001	−0.128	0.052	−0.750	−0.450

10.8 10.4절의 ADVER 데이터의 분석에서, 판매량 S_t를 반응변수로 하고 E_t와 다중공선성을 갖는 나머지 4개의 변수(A_t, P_t, A_{t-1}, S_{t-1}) 중 3개의 변수를 예측변수로 하는 회귀모형이 제안되었다. 4개의 예측변수를 갖는 회귀모형들을 수행해보고 각각의 모형에서 공선성이 제거되었는지 VIF_j를 통해서 살펴보아라.

10.9 가솔린 소비량: 가솔린 자동차의 연비를 결정하는 요인들을 연구하기 위하여 30개 자동차 모형으로부터 데이터를 수집하였다. 반응변수 Y는 1갈론당 주행거리(마일)을 나타내는 가솔린 연료소모량이고, 이에 영향을 끼치는 11개 예측변수들은 자동차의 물리적인, 기계적인 성격과 관련된 것들이다. 표 10.12에 사용된 변수의 내역과 데이터가 주어져 있다. 이 책의 웹사이트에 있는 Gasolin.Consumption.txt 데이터는 1975년도 자동차 관련 잡지인 Motor Trend로부터 얻어진 것이다. 여기에서는 데이터에 공선성이 존재하는지를 파악하고자 한다.

(a) 예측변수 X_1, ⋯, X_{11}의 상관계수 행렬을 계산하고, 대응하는 짝별 산점도를 그려라. 공선성의 증거를 찾아보아라.

(b) 상관계수로부터 고윳값, 고유벡터, 상태수를 계산하여라. 이 데이터에는 다중공선성이 존재하는가?

(c) 작은 고윳값을 갖는 고유벡터를 살펴봄으로써 다중공선성을 가지는 변수들을 찾아보아라.

(d) 반응변수 Y와 11개의 예측변수에 대한 회귀를 적합시키고, 각 예측변수에 대한 VIF를 계산하여라. 어떠한 변수들이 공선성에 영향을 받고 있는가?

표 10.12 가솔린 소비량 데이터의 변수 설명

변수	정의
Y	주행거리 (마일/갈론)
X_1	배기량 (입방 인치)
X_2	마력 (피트/파운드)
X_3	염력 (피트/파운드)
X_4	압축비
X_5	후진축비
X_6	내연 기화기 (배럴)
X_7	변속기수
X_8	전체길이 (인치)
X_9	폭 (인치)
X_{10}	무게 (파운드)
X_{11}	변속기 형태(1=자동식, 0=수동식)

10.10 이 책의 웹사이트에 있는 Election.txt 파일의 대통령 선거 데이터를 참조하여 V와 모든 예측변수(선거 연도를 나타내는 시간 경향 변수도 포함)에 더하여 2차 또는 3차 교호작용 항을 가능한 많이 포함하는 회귀모형을 고려하자.

(a) 이러한 데이터를 적합하기 위한 선형회귀모형에서 최대 항의 수는 얼마인가? [힌트: 데이터에서 관측개체의 수를 생각하여 보아라.]

(b) 위의 모형에 대한 다중공선성 여부를 위해 각 예측변수들을 조사하여 보아라. (상관계수 행렬, 상태수, VIF를 계산하여라.)

(c) 공선성을 포함하는 변수들의 집합을 찾아라. 다중공선성을 가지는 몇몇 변수들을 제거하여 다중공선성의 문제를 해결하여 보아라.

(d) V와 다중공선성이 없다고 판단되는 예측변수들에 대해 회귀모형을 적합시켜라.

10.10 연습 문제 10.10의 대통령 선거자료와 모형 (6.16)의 적합을 고려하자.

(a) 모형에 포함되는 예측변수들에 대한 다중공선성의 존재 여부를 살펴보아라. (상관행렬과 상태지수, VIF를 계산하여라.)

(b) 다중공선성을 보이는 변수들의 그룹을 찾아내어라. 또한 특정 변수들을 제거함으로써 다중공선성의 문제를 해결하여 보아라.

(c) 다중공선성이 없는 예측변수들과 V의 회귀모형을 적합하여라.

(d) 연습문제 10.10에서의 결과와 비교하여라.

⊙ 부록: 10.A SAS 코드

```
LIBNAME mysas "C:\temp\SAS_Data";

/******************************
* 10.2
******************************/

PROC IMPORT DATAFILE="C:\temp\RABE6\EEO.txt" OUT=mysas.EEO
            DBMS=TAB REPLACE;
RUN;

/* 표 10.1, 그림 10.1 */

SYMBOL V=DOT H=1 C=BLUE;
PROC REG DATA=mysas.EEO;
    MODEL Achv = Fam Peer School;
    PLOT STUDENT.*P.;
RUN; QUIT;

/* 그림 10.2 */

PROC SGSCATTER DATA=mysas.EEO;
    MATRIX Fam Peer School / ELLIPSE DIAGONAL=(HISTOGRAM KERNEL);
RUN; QUIT;

PROC CORR DATA=mysas.EEO;
    VAR Fam Peer School;
RUN;

/******************************
* 10.3
******************************/

PROC IMPORT DATAFILE="C:\temp\RABE6\Import.txt" OUT=mysas.Import
            DBMS=TAB REPLACE;
RUN;

/* 표 10.3, 그림 10.3 */

SYMBOL V=DOT H=1 C=BLUE;
PROC REG DATA=mysas.Import;
    MODEL Import = Doprod Stock Consum;
    PLOT STUDENT.*OBS. / VREF=-2 0 2;
RUN; QUIT;
```

```
/* 표 10.4, 그림 10.4 */

DATA mysas.Import_A;
    SET mysas.Import;
    IF Year<=59;
RUN;

SYMBOL V=DOT H=1 C=BLUE;
PROC REG DATA=mysas.Import_A;
    MODEL Import = Doprod Stock Consum;
    PLOT STUDENT.*OBS. / VREF=-2 0 2;
RUN; QUIT;

PROC CORR DATA=mysas.Import_A;
    VAR Doprod Stock Consum;
RUN;

PROC REG DATA=mysas.Import_A;
    MODEL Consum = Doprod;
RUN; QUIT;

/*****************************
* 10.4
*****************************/

PROC IMPORT DATAFILE="C:\temp\RABE6\Advertising.txt" OUT=mysas.Advertising
            DBMS=TAB REPLACE;
RUN;

/* 표 10.6, 그림 10.5, 그림 10.6 */

SYMBOL V=DOT H=1 C=BLUE;
PROC REG DATA=mysas.Advertising;
    MODEL St = At Pt Et At_1 Pt_1;
    PLOT STUDENT.*(P. OBS.) / VREF=-2 0 2;
RUN; QUIT;

/* 표 10.7 */

PROC CORR DATA=mysas.Advertising;
    VAR At Pt Et At_1 Pt_1;
RUN;

PROC REG DATA=mysas.Advertising;
    MODEL St = Pt Et At_1 Pt_1;
```

```
RUN; QUIT;

PROC REG DATA=mysas.Advertising;
    MODEL At = Pt At_1 Pt_1;
RUN; QUIT;

/* 표 10.8, 표 10.9 */

PROC REG DATA=mysas.EEO;
    MODEL Achv = Fam Peer School / TOL VIF COLLINOINT;
RUN; QUIT;

PROC REG DATA=mysas.Import;
    MODEL Import = Doprod Stock Consum / TOL VIF COLLINOINT;
RUN; QUIT;

PROC REG DATA=mysas.Advertising;
    MODEL St = At Pt Et At_1 Pt_1 / TOL VIF COLLINOINT;
RUN; QUIT;

/* 표 10.10 */

PROC REG DATA=mysas.Import_A;
    MODEL Import = Doprod Stock Consum / TOL VIF COLLINOINT;
RUN; QUIT;

PROC PRINCOMP DATA=mysas.Import_A;
    VAR Doprod Stock Consum;
RUN;
```

Chapter 11

공선형 데이터의 처리

Working with Collinear Data

11.1 소개

앞의 제10장에서는 예측변수 사이에 공선성이 있는 경우 개별 회귀계수의 통상적인 최소제곱추정치는 불안정한 경향이 있으며 이로 인하여 잘못된 추론을 할 수 있음을 설명하였다. 이 장에서는 데이터에 다중공선성이 있는 경우 이를 해결할 수 있는 방법에 대하여 설명할 것이다. 앞의 10.4.2절에서 설명한 바와 같이, 다중공선성을 감소시키는 방법으로 몇몇 예측변수들을 제거하는 것이 항상 최선은 아니며 어떤 경우에는 전혀 모형의 성능을 개선시키지 못한다. 이 장에서는 다중공선성 데이터를 다루는 두 가지 방법을 고려하고자 한다. 첫 번째로는, 회귀모수에 제약조건을 두는 것이고, 두 번째로는 통상적 최소제곱법의 대안으로 주성분회귀와 능형회귀 추정 방법을 이용하는 것이다. 배경 설명을 위하여 먼저 주성분(principal component) 방법에 대해서 알아보고자 한다.

11.2 주성분

주성분방법은 모든 p개의 변수들, $X_1, X_2, \ldots, X_p$의 집합은 직교하는 p개의 변수 집합으로 변환할 수 있다는 사실에 기초한다. 이와 같이 새로운 직교변수들은 **주성분**(principal components; PCs)이라고 하고 $C_1, \cdots, C_p$로 쓴다. 각 변수 C_j는 표준화[1] 변수 $\tilde{X}_1, \cdots, \tilde{X}_p$의 선형결합이다. 즉, 다음과 같다.

$$C_j = v_{1j}\widetilde{X}_1 + v_{2j}\widetilde{X}_2 + \cdots + v_{pj}\widetilde{X}_p, \quad j = 1, 2, \ldots, p. \tag{11.1}$$

선형결합의 계수들은 $C_1, \cdots, C_p$가 서로 직교하도록 선택된다.[2] j번째 주성분 C_j의 계수들은 p개 변수들의 상관계수행렬에서 j번째 큰 고윳값 λ_j에 대응되는 j번째 고유벡터의 원소들이다.[3] 상관계수행렬의 고유벡터는 다음과 같다.

---

1) 4.6절을 참조하여라.
2) 행렬대수와 관련된 기법들은 이 책의 부록을 참고하여라.
3) 고윳값에 익숙하지 않은 독자들은 Matrix Algebra as a Tool(Hadi, 1996)을 참고하면 좋을 것이다.

$$V = (V_1 \quad V_2 \quad \cdots \quad V_P) = \begin{pmatrix} v_{11} & v_{12} & \cdots & v_{1p} \\ v_{21} & v_{22} & \cdots & v_{2p} \\ \vdots & \vdots & \ddots & \vdots \\ v_{p1} & v_{p2} & \cdots & v_{pp} \end{pmatrix}. \tag{11.2}$$

j번째 주성분의 분산은 다음과 같다.

$$\mathrm{Var}(C_j) = \lambda_j, \quad j=,1,2,\ \cdots\ ,p. \tag{11.3}$$

또한, 주성분의 분산-공분산행렬은 다음의 형태를 가진다.

$$\begin{array}{c} \\ C_1 \\ C_2 \\ \vdots \\ C_p \end{array} \begin{array}{c} \begin{array}{cccc} C_1 & C_2 & \cdots & C_p \end{array} \\ \begin{pmatrix} \lambda_1 & 0 & \cdots & 0 \\ 0 & \lambda_2 & \cdots & 0 \\ \vdots & \vdots & \ddots & \vdots \\ 0 & 0 & \cdots & \lambda_p \end{pmatrix} \end{array}.$$

주성분들은 직교하기 때문에 분산-공분산행렬에서 모든 비대각원소들은 0이 된다. j번째 대각원소인 λ_j는 j번째 주성분인 C_j의 분산이다. 주성분은 $\lambda_1 \geq \lambda_2 \geq \ldots \geq \lambda_p$의 순서로 정렬된다. 즉, 첫 번째 주성분이 가장 큰 분산을 갖고 마지막 주성분이 가장 작은 분산을 갖는다. 10.4.2절에서 언급한 것처럼, 만약 어떤 λ들이 완전히 0에 가까운 값을 가지면 원래 변수들 사이에 완전한 선형관계가 있다는 것이며, 이는 극단적인 다중공선성을 의미한다. 만약 어떤 λ가 다른 값에 비해서 아주 많이 작을 경우(0에 가까운) 다중공선성이 존재한다.

예를 들어, 1949~1959의 수입(import) 데이터에서 세 개의 예측변수에 대한 상관계수 행렬은 다음과 같다.

$$\begin{array}{l} \\ \text{DOPROD} \\ \text{STOCK} \\ \text{CONSUM} \end{array} \begin{array}{c} \begin{array}{ccc} \text{DOPROD} & \text{STOCK} & \text{CONSUM} \end{array} \\ \begin{pmatrix} 1.000 & 0.026 & 0.997 \\ 0.026 & 1.000 & 0.036 \\ 0.997 & 0.036 & 1.000 \end{pmatrix} \end{array}. \tag{11.4}$$

식 (11.4)의 상관행렬에 대한 고윳값은 $\lambda_1 = 1.999$, $\lambda_2 = 0.998$, $\lambda_3 = 0.003$이며, 대응되는 고유벡터는 다음과 같다.

$$V_1 = \begin{pmatrix} 0.706 \\ 0.044 \\ 0.707 \end{pmatrix}, \quad V_2 = \begin{pmatrix} -0.036 \\ 0.999 \\ -0.026 \end{pmatrix}, \quad V_3 = \begin{pmatrix} -0.707 \\ -0.007 \\ 0.707 \end{pmatrix}.$$

따라서 IMPORT 데이터(1949~1959)의 주성분은 다음과 같다.

$$\begin{aligned} C_1 &= \quad 0.706\widetilde{X}_1 + 0.044\widetilde{X}_2 + 0.707\widetilde{X}_3, \\ C_2 &= -0.036\widetilde{X}_1 + 0.999\widetilde{X}_2 - 0.026\widetilde{X}_3, \\ C_3 &= -0.707\widetilde{X}_1 - 0.007\widetilde{X}_2 + 0.707\widetilde{X}_3. \end{aligned} \tag{11.5}$$

주성분은 표 11.1에 주어져 있다. 이 결과는 다음의 R 코드를 이용하여 얻을 수 있다.

```
Import <- read.table("C:/Temp/RABE6/Import.txt", sep = "\t",
                     header = TRUE)
Import.A <- Import[which(Import$YEAR <= 59),]
tail(Import.A, 5)   # 데이터의 마지막 5행을 출력

pc <- prcomp(scale(Import.A[,3:5]))   # 표준화 후 주성분 계산
round(pc$sdev**2, digits = 3)   # 고윳값
round(pc$rotation, digits = 3)  # 고유벡터
round(pc$x, digits = 3)         # 주성분, 표 11.1
```

표 11.1 IMPORT 데이터(1949~1959)의 주성분

연도	C_1	C_2	C_3
49	−2.126	0.639	−0.021
50	−1.619	0.556	−0.071
51	−1.115	−0.073	−0.022
52	−0.894	−0.082	0.011
53	−0.644	−1.307	0.073
54	−0.190	−0.659	0.027
55	0.360	−0.744	0.043
56	0.972	1.354	0.063
57	1.559	0.964	0.024
58	1.767	1.015	−0.045
59	1.931	−1.663	−0.081

새로운 변수의 분산-공분산행렬은 다음과 같다.

$$\begin{array}{c} \\ C_1 \\ C_2 \\ C_3 \end{array}\begin{array}{c} \begin{array}{ccc} C_1 & C_2 & C_3 \end{array} \\ \begin{pmatrix} 1.999 & 0 & 0 \\ 0 & 0.998 & 0 \\ 0 & 0 & 0.003 \end{pmatrix} \end{array}.$$

주성분은 원래 변수들이 혼합된 형태를 가지기 때문에 이에 대한 해석이 쉽지는 않다. 그러나 이러한 새로운 변수들은 다중공선성에 관한 정보를 포함한 통합된 방법을 제공하고, 이후에 설명할 대안적인 추정 방법의 기본이 된다.

이런 식의 분석을 통해 얻을 수 있는 또 다른 하나의 유용한 정보는 다음과 같다. 앞에서의 고윳값 λ_j 는 j 번째 주성분의 분산이 되었으므로, 만약 이 λ_j가 근사적으로 0이 된다면 이는 곧 대응되는 주성분 C_j가 거의 변이를 가지지 않고 근사적으로 상수와 같음을 나타낸다. 이에 따라 그 주성분을 정의하는 식을 살펴봄으로써 다중공선성을 일으키는 예측변수 간의 관계에 관한 아이디어를 얻을 수 있을 것이다. 예를 들어, IMPORT 데이터에서 $\lambda_3 = 0.003 \doteq 0$이다. 따라서 C_3는 근사적으로 상수가 되고 그 상수값은 곧 C_3의 평균값인 0이 될 것이다. 사실 모든 주성분의 평균은 0이 되는데, 이는 주성분이 표준화된 예측변수들의 선형함수이고, 표준화 변수는 그 자체가 평균값 0을 가지기 때문이다. 그러므로 다음 식과 같이 나타낼 수 있다.

$$C_3 = -0.707\widetilde{X}_1 - 0.007\widetilde{X}_2 + 0.707\widetilde{X}_3 \doteq 0.$$

위의 식을 정리하면 다음 관계를 얻는다.

$$\widetilde{X}_1 \doteq \widetilde{X}_3, \tag{11.6}$$

여기에서 $\widetilde{X}_2$의 계수(-0.007)는 0으로 근사되었다. 위의 식 (11.6)은 예측변수 CONSUM과 DOPROD의 표준화 변수 사이에 존재하는 함수관계를 나타내며, 이 결과는 앞에서 살펴본 CONSUM과 DOPROD 간의 단순상관계수가 0.997이라는 사실과 잘 부합된다. 여기에서는 λ_3만 작은 값을 가지므로, 예측변수 간의 상호의존 구조는 단순히 식 (11.6)에 주어진 바와 같이 CONSUM과 DOPROD 사이의 연관관계를 가지고 있음을 말해주고 있다.

ADVER 데이터의 경우 최소 고윳값 $\lambda_5 = 0.007$이고 이에 대응되는 주성분은 다음과 같다.

$$C_5 = 0.514\widetilde{X}_1 + 0.489\widetilde{X}_2 - 0.010\widetilde{X}_3 + 0.428\widetilde{X}_4 + 0.559\widetilde{X}_5. \qquad (11.7)$$

이 주성분 C_5를 0으로 놓고 표준화 변수 $\widetilde{X}_1$에 대해 풀면 다음과 같은 근사적인 관계식을 얻게 된다.

$$\widetilde{X}_1 \doteq -0.951\widetilde{X}_2 - 0.833\widetilde{X}_4 - 1.087\widetilde{X}_5, \qquad (11.8)$$

여기에서 $\widetilde{X}_3$의 계수는 0으로 근사되었다. 이 식은 앞에서 분석된 A_t, P_t, A_{t-1}, P_{t-1}의 관계를 나타내고 있다. 더구나 여기에서 λ_4=0.859이고 나머지 λ들은 모두 크므로 식 (11.8)에 나타난 A_t, P_t, A_{t-1}, P_{t-1} 간의 관계가 다중공선성을 일으키는 유일한 원천인 것으로 생각할 수 있다.

이 절에서 다룬 다중공선성의 탐색은 주로 예측변수들 사이의 상관계수나 상관행렬의 고윳값이라는 지표의 크기를 통해 이루어졌다. 우리는 이 지표의 값이 '크다' 혹은 '작다'라는 식으로 말하였지만 실제 이런 표현을 명확히 정의하는 임계값을 결정하는 방법은 없다. 여기에서의 크기는 상대적인 개념으로서, '모든 것이 제대로 되어 있다'라거나 '무엇인가 잘못되어 있다' 둘 중의 하나를 지적하는 데 이용될 수 있다는 것이다. 이와 같이 명확히 금을 긋기 어려운 지표의 크기에 의존하여 판단해야 할 경우, 하나의 합리적 기준은 '다중공선성으로 인해 일어나는 모호성이 당면한 문제에 대해 얼마나 실질적인 중요성을 가지느냐'라고 할 수 있다.

여기에서 또한 우리가 주의해야 할 것은 다양한 다중공선성의 측도(예를 들어 상관계수, 고윳값, 상태수 등)에 좋지 않은 영향을 주는 관측값이 분석 데이터에 하나 또는 몇 개씩 포함되어 있을 가능성이 있다는 것이다. 이러한 관측치를 **공선성-영향 관측치**(collinearity-influential observation)라고 한다. 자세한 것은 Hadi(1988)를 참고하여라.

11.3 주성분에 관련된 계산

주성분분석을 위해서는 최소제곱과 관련된 표준적인 컴퓨터 프로그램에 몇 가지 추가적인 사항들이 필요하다. 예측변수의 상관행렬로부터 고윳값과 고유벡터, 주성분을 계산하려면 주성분분석이 원 데이터에 대해 수행되어야 한다. 예를 들어, 광고비 데이터에서 원래 예측변수들의 항으로 표현한 회귀모형은 다음과 같다.

$$S_t = \beta_0 + \beta_1 A_t + \beta_2 P_t + \beta_3 E_t + \beta_4 A_{t-1} + \beta_5 P_{t-1} + \epsilon_t. \qquad (11.9)$$

이를 표준화 변수들에 의해 표현하면 아래 식이 된다.

$$\widetilde{Y} = \theta_1 \widetilde{X}_1 + \theta_2 \widetilde{X}_2 + \theta_3 \widetilde{X}_3 + \theta_4 \widetilde{X}_4 + \theta_5 \widetilde{X}_5 + \epsilon', \qquad (11.10)$$

여기에서 $\widetilde{Y}$는 반응변수를 표준화한 것이고, $\widetilde{X}_j$는 j번째 예측변수를 표준화한 것이다. 식 (11.10)에서의 회귀계수는 소위 **베타계수**(beta coefficient)라 부르는데, 이는 표준편차 단위로 표현한 예측변수의 주변효과를 나타낸다. 예를 들면, 위 식에서 θ_1은 광고비 지출액(A)의 1 표준편차 단위의 증가에 대응하는 표준화된 매출액(S)의 변화량을 재는 것이다.

$\hat{\beta}_j$를 모형 (11.9)가 적합되었을 때의 β_j에 대한 최소제곱 추정치라고 하자. 비슷하게 $\hat{\theta}_j$를 모형 (11.10)이 적합되었을 때의 θ_j에 대한 최소제곱 추정치라고 하자. 그러면 $\hat{\beta}_j$와 $\hat{\theta}_j$는 다음과 같이 연관되어 있다.

$$\hat{\beta}_j = \frac{s_y}{s_j} \hat{\theta}_j, \quad j = 1, 2, 3, 4, 5, \qquad (11.11)$$

$$\hat{\beta}_0 = \bar{y} - \sum_{j=1}^{5} \hat{\beta}_j x_j,$$

여기에서 $\bar{y}$는 Y의 평균이고, s_y와 s_j는 각각 반응변수와 j번째 예측변수의 표준편차이다.

표 11.2 광고 데이터: 예측변수 상관행렬의 고윳값과 대응되는 고유벡터

고윳값					
λ_j	1.701	1.288	1.145	0.859	0.007
고유벡터					
V_j	V_1	V_2	V_3	V_4	V_5
$\widetilde{A}_t$	0.532	−0.024	−0.668	0.074	−0.514
$\widetilde{P}_t$	−0.232	0.825	0.158	−0.037	−0.489
$\widetilde{E}_t$	−0.389	−0.022	−0.217	0.895	0.010
$\widetilde{A}_{t-1}$	0.395	−0.260	0.692	0.338	−0.428
$\widetilde{P}_{t-1}$	−0.596	−0.501	−0.057	−0.279	−0.559

```
Advertising <- read.table("C:/Temp/RABE6/Advertising.txt", sep = "\t",
                          header = TRUE)
head(Advertising, 5)   # 데이터의 첫 5행을 출력

eigen(cor(Advertising[,-1]))   # 표 11.2
```

표 11.2의 고유벡터로부터, 6개의 주성분을 계산하면 다음과 같다.

$$\begin{aligned} C_1 &= \quad 0.532\widetilde{X}_1 - 0.232\widetilde{X}_2 - 0.389\widetilde{X}_3 + 0.395\widetilde{X}_4 - 0.595\widetilde{X}_5, \\ C_2 &= -0.024\widetilde{X}_1 + 0.825\widetilde{X}_2 - 0.022\widetilde{X}_3 - 0.260\widetilde{X}_4 - 0.501\widetilde{X}_5, \\ C_3 &= -0.668\widetilde{X}_1 + 0.158\widetilde{X}_2 - 0.217\widetilde{X}_3 + 0.692\widetilde{X}_4 - 0.057\widetilde{X}_5, \\ C_4 &= \quad 0.074\widetilde{X}_1 - 0.037\widetilde{X}_2 + 0.895\widetilde{X}_3 + 0.338\widetilde{X}_4 - 0.279\widetilde{X}_5 \\ C_5 &= -0.514\widetilde{X}_1 - 0.489\widetilde{X}_2 + 0.010\widetilde{X}_3 - 0.428\widetilde{X}_4 - 0.559\widetilde{X}_5. \end{aligned} \tag{11.12}$$

여기에서 C_1을 정의하는 식에 있는 계수들은 예측변수들의 상관행렬의 최대 고윳값에 대응하는 고유벡터의 원소이다(표 11.2를 보라). 이와 유사하게 $C_2 \sim C_5$를 정의하는 계수 또한 상관행렬의 고윳값들을 내림차순으로 놓았을 때 두 번째부터 다섯 번째까지의 고윳값 각각에 대응되는 고유벡터의 원소들이 된다. 변수 C_1, ..., C_5는 앞 11.2절에서 설명한 것처럼 예측변수의 표준화된 값들과 연관되어 있다.

```
pc <- prcomp(Advertising[,-1], center=TRUE, scale=TRUE) # 주성분 분석
round(pc$sdev**2, digits = 3)   # 고윳값
round(pc$rotation, digits = 3)  # 고유벡터
round(pc$x, digits = 3)         # 주성분 점수
```

주성분들의 항으로 모형을 다음과 같이 나타낼 수 있다.

$$\hat{Y} = \alpha_1 C_1 + \alpha_2 C_2 + \alpha_3 C_3 + \alpha_4 C_4 + \alpha_5 C_5 + \epsilon'. \tag{11.13}$$

추정치 $\hat{\theta}_1, \cdots, \hat{\theta}_p$는 두 가지 동일한 방법으로 계산될 수 있다. 먼저 표준화된 변수들에 대한 회귀분석의 결과를 식 (11.10)과 같이 재표현하여 바로 얻을 수 있다. 이 회귀에 대한 결과가 표 11.3에 주어져 있다.

```
Advertising.S <- as.data.frame(scale(Advertising))
summary(lm(St ~ At+Pt+Et+At.1+Pt.1, data = Advertising.S))   # 표 11.3
```

다른 방법은, 표준화된 반응변수에 5개의 주성분을 예측변수로 하는 최소제곱 회귀분석을 수행함으로써 모형 (11.13)을 적합시킬 수 있으며 추정치 $\hat{\alpha}_1, \cdots, \hat{\alpha}_p$를 얻는다. 이 회귀의 결과는 표 11.4에 주어져 있다.

```
St <- as.vector(Advertising.S$St)
pc.A <- as.data.frame(cbind(St, pc$x))
reg <- lm(St ~ ., data = pc.A)
summary(reg)   # 표 11.4
```

$\hat{\theta}_1, \cdots, \hat{\theta}_p$는 $\hat{\alpha}_1, \cdots, \hat{\alpha}_p$을 이용하여 다음과 같이 계산될 수 있다.

$$\begin{aligned}
\hat{\theta}_1 &= 0.532\hat{\alpha}_1 - 0.024\hat{\alpha}_2 - 0.668\hat{\alpha}_3 + 0.074\hat{\alpha}_4 - 0.514\hat{\alpha}_5, \\
\hat{\theta}_2 &= -0.232\hat{\alpha}_1 + 0.825\hat{\alpha}_2 + 0.158\hat{\alpha}_3 - 0.037\hat{\alpha}_4 - 0.489\hat{\alpha}_5, \\
\hat{\theta}_3 &= -0.389\hat{\alpha}_1 - 0.022\hat{\alpha}_2 - 0.2173\hat{\alpha}_3 + 0.895\hat{\alpha}_4 + 0.010\hat{\alpha}_5, \\
\hat{\theta}_4 &= 0.395\hat{\alpha}_1 - 0.260\hat{\alpha}_2 + 0.692\hat{\alpha}_3 + 0.338\hat{\alpha}_4 - 0.428\hat{\alpha}_5, \\
\hat{\theta}_5 &= -0.595\hat{\alpha}_1 - 0.501\hat{\alpha}_2 - 0.057\hat{\alpha}_3 - 0.279\hat{\alpha}_4 - 0.559\hat{\alpha}_5
\end{aligned} \tag{11.14}$$

표 11.3 모형 11.10을 적합하여 얻은 회귀분석 결과

변수	계수	표준오차	t-검정	p-값
$\tilde{X}_1$	0.583	0.438	1.33	0.2019
$\tilde{X}_2$	0.973	0.417	2.33	0.0329
$\tilde{X}_3$	0.786	0.075	10.50	<.0001
$\tilde{X}_4$	0.395	0.367	1.08	0.2973
$\tilde{X}_5$	0.503	0.476	1.06	0.3053
$n = 22$	$R^2 = 0.917$	$R_a^2 = 0.891$	$\hat{\sigma} = 0.3303$	df = 16

표 11.4 모형 11.13을 적합하여 얻은 회귀분석 결과

변수	계수	표준오차	t-검정	p-값
C_1	−0.346	0.053	−6.55	<.0001
C_2	0.418	0.064	6.58	<.0001
C_3	−0.151	0.067	−2.25	0.0391
C_4	0.660	0.078	8.46	<.0001
C_5	−1.220	0.846	−1.44	0.1683
$n = 22$	$R^2 = 0.917$	$R_a^2 = 0.891$	$\hat{\sigma} = 0.3303$	df = 16

예를 들어, $\hat{\theta}_1$은 다음과 같이 계산될 수 있으며

$$\begin{aligned}\hat{\theta}_1 = &\ (0.532)(-0.3460) + (-0.024)(0.4179) + (-0.668)(-0.1513) \\ &+ (0.074)(0.6599) + (-0.514)(-1.2203) = 0.583\end{aligned}$$

이것은 표 11.3에서 $\widetilde{X}_1$의 계수와 같다.

```
V <- as.matrix(pc$rotation)
alpha.hat <- as.matrix(reg$coefficients)
alpha.hat <- alpha.hat[2:6,]
theta.hat <- V%*%alpha.hat
theta.hat
```

(11.14)의 계수들을 이용하여, $\hat{\theta}_1, \cdots, \hat{\theta}_p$의 표준오차를 계산할 수 있다. 예를 들어 $\hat{\theta}_1$의 분산에 대한 추정치는 다음과 같다.

$$
\begin{aligned}
\mathrm{Var}(\hat{\theta}_1) = {} & [0.532 \times \mathrm{s.e.}(\alpha_1)]^2 + [-0.024 \times \mathrm{s.e.}(\alpha_2)]^2 + [-0.668 \times \mathrm{s.e.}(\alpha_3)]^2 \\
& + [0.074 \times \mathrm{s.e.}(\alpha_4)]^2 + [-0.514 \times \mathrm{s.e.}(\alpha_5)]^2 \\
= {} & (0.532 \times 0.0529)^2 + (-0.024 \times 0.0635)^2 + (-0.668 \times 0.0674)^2 \\
& + (0.074 \times 0.0780)^2 + (-0.514 \times 0.8456)^2 = 0.1918,
\end{aligned}
$$

따라서 $\hat{\theta}_1$의 표준오차는 다음과 같다.

$$
\mathrm{s.e.}(\hat{\theta}_1) = \sqrt{0.1918} = 0.438.
$$

이는 표 11.3에서 $\widetilde{X}_1$의 표준오차와 같다.

한 가지 주목할 것은 가설 β_j=0에 대한 t-검정 통계량과 가설 θ_j=0에 대한 t-검정 통계량이 같다는 것이다. 베타계수 θ_j는 β_j의 척도화 버전이다. $\hat{\beta}_j/\mathrm{s.e.}(\hat{\beta}_j)$ 또는 $\hat{\theta}_j/\mathrm{s.e.}(\hat{\theta}_j)$의 t-검정 통계량을 계산할 때 척도화 요인이 사라지게 된다.

11.4 제약의 부과

주지한 바와 같이 다중공선성은 데이터의 결함에 관련된 하나의 조건이지 모형구축에서의 오류로 인한 것은 아니다. 여기에서는 회귀모형이 신중히 구축되었고, 다중공선성을 고려하기에 앞서 잔차들은 모두 만족할 만한 상태에 있는 것으로 가정한다. 통상 데이터의 결함을 보완한다는 것은 실제적이지도 못하고 때로는 불가능하기 때문에, 여기에서는 최소제곱법을 직접 적용하여 얻은 내용 그 자체보다는 주어진 데이터를 더 잘 해석하기 위한 방법에 관심을 두기로 한다. 이 절에서는 개별 회귀계수의 의미를 해석하려는 노력보다는 유용하게 쓰일 수 있는 회귀계수들의 선형함수를 식별하고 이를 추정해 보기로 한다. 회귀계수를 추정하기 위해 사용되는 기존의 접근방법과 기타 몇 가지 대안들이 이 장에서 설명된다.

다중공선성으로 인한 문제는 데이터 탐색에 앞서 모형의 구축과정에서 회귀계수들 간의 선형적인 제약관계를 부과함으로써 보정될 수 있다. 다시 말해 여기에서는 다중공선성에 관련지을 수 있는 예측변수들 간의 연관관계를 구체화하기보다 회귀계수들 사이에 존재하는 이론적 함수관계를 알아내고자 한다. 예를 들어, IMPORT 데이터에 대하여 다음 모형을 고려하였다.

$$\mathrm{IMPORT} = \beta_0 + \beta_1 \mathrm{DOPROD} + \beta_2 \mathrm{STOCK} + \beta_3 \mathrm{CONSUM} + \epsilon \qquad (11.15)$$

어떤 연구자는 DOPROD와 CONSUM의 개별적인 주변효과가 동일하다는 생각을 가질 수도 있다. 즉, 데이터를 구체적으로 들여다보기에 앞서, 경제이론에 기초하여 $\beta_1 = \beta_3$ 혹은 $\beta_1 - \beta_3 = 0$이 된다는 주장이다. 4.10.3절에서 설명한 방법에서와 같이 모형 (11.15)는 다음과 같게 된다.

$$\begin{aligned}\mathrm{IMPORT} &= \beta_0 + \beta_1 \mathrm{DOPROD} + \beta_2 \mathrm{STOCK} + \beta_1 \mathrm{CONSUM} + \epsilon \\ &= \beta_0 + \beta_2 \mathrm{STOCK} + \beta_1 (\mathrm{DOPROD} + \mathrm{CONSUM}) + \epsilon.\end{aligned}$$

따라서, β_1과 β_3의 공통모수는 IMPORT를 STOCK과 새로 만들어진 예측변수 NEWVAR =DOPROD+CONSUM에 관해 회귀시켜 추정할 수 있을 것이다. 여기에서 새로운 변수 NEWVAR은 모수 β_1과 β_3의 공통모수의 추정치를 얻기 위해 기술적으로 조작한 변수로서의 의미만을 지닌다. IMPORT 데이터의 경우 두 예측변수인 STOCK와 NEWVAR 간의 상관계수는 0.03이고, 이때 고윳값들은 각각 λ_1=1.030, λ_2=0.970이므로 여기에는 더 이상 다중공선성의 징후가 없다.

```
Import.A$NEWVAR = Import.A$DOPROD + Import.A$CONSUM
cor(Import.A[c("STOCK","NEWVAR")])

if(!require("olsrr")) install.packages("olsrr")   # 표 11.5
library(olsrr)
ols_regress(IMPORT ~ STOCK+NEWVAR, data = Import.A)
Import.S <- as.data.frame(scale(Import.A))
reg <- lm(IMPORT ~ STOCK+NEWVAR, data = Import.S)
ols_eigen_cindex(reg)
```

잔차 대 연도 및 예측값의 플롯 또한 모형구축에서 다른 문제점이 없음을 알려주고 있어 (그림 11.1과 그림 11.2 참조)[4],

4) 결과와 그래프 생성을 위한 R 코드는 이 책의 웹사이트에서 확인할 수 있다.

표 11.5 IMPORT 데이터: 제약조건이 있는 회귀분석 결과

분산분석표				
요인	제곱합	자유도	평균제곱	F-검정
회귀	203.856	2	101.928	314
잔차	2.593	8	0.324	
회귀계수표				
변수	계수	표준오차	t-검정	p-값
상수	−9.007	1.245	−7.23	<.0001
STOCK	0.612	0.109	5.60	0.0005
NEWVAR	0.086	0.004	24.30	<.0001
$n = 11$	$R^2 = 0.987$	$R_a^2 = 0.984$	$\hat{\sigma} = 0.5693$	df = 8

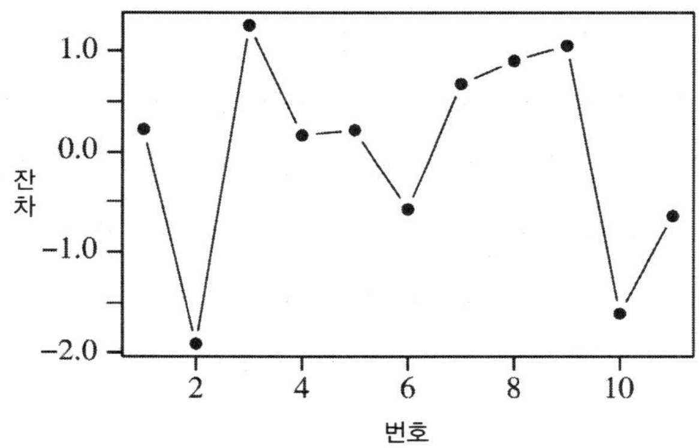

그림 11.1 표준화잔차의 인덱스플롯: IMPORT 데이터, 제약조건: $\beta_1 = \beta_3$.

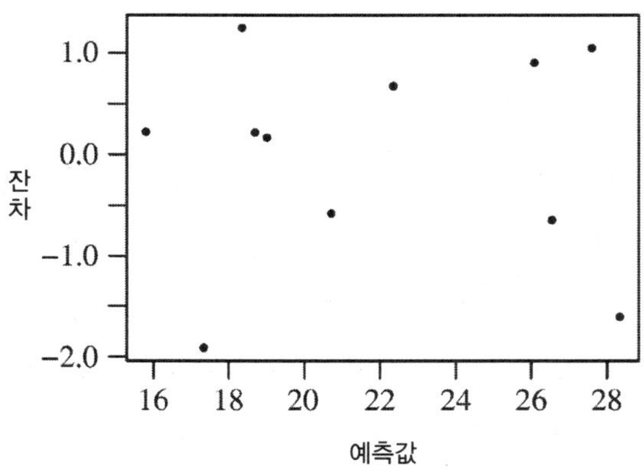

그림 11.2 표준화잔차 대 예측값의 플롯: IMPORT 데이터, 제약조건: $\beta_1 = \beta_3$.

```
reg = lm(IMPORT ~ STOCK+NEWVAR, data = Import.A)
plot(row.names(Import.A), rstandard(reg), pch=19, type="b") # 그림 11.1
abline(h = c(-2,0,2), lty=2)
plot(fitted(reg), rstandard(reg), pch = 19) # 그림 11.2
abline(h = c(-2,0,2), lty=2)
```

통상적인 회귀분석에서의 문제들이 제거된 셈이다. 따라서 추정된 회귀방정식은 다음과 같게 된다.

$$\text{IMPORT} = -9.007 + 0.086\,\text{DOPROD} + 0.612\,\text{STOCK} + 0.086\,\text{CONSUM}.$$

4.10.3절에서 설명한 방법에 따라 여기에서 부과된 제약조건인 가설 $\beta_1 = \beta_3$을 검정할 수 있을 것이다. 즉, $\beta_1 = \beta_3$라는 주장이 현존하는 경제이론에 의해 부여된 것이라고 할지라도 원래의 회귀모형(혹은 완전모형, full model)에 대한 설명력에서 이와 같은 제약이 가지는 효과를 경험적인 데이터를 통해 평가해 본다는 것은 흥미로운 일이다. 완전모형과 축소모형(restricted model)에서의 R^2는 각각 0.992와 0.987이 되며, 가설 H_0 : $\beta_1 = \beta_3$에 대하여 관찰된 F = 3.36은 자유도 (1, 8)을 가지므로 귀무가설은 기각될 수 없다. 따라서 부과된 제약조건 $\beta_1 = \beta_3$는 데이터와 적절히 부합하고 있다고 할 수 있다.

```
reg1 = lm(IMPORT ~ DOPROD+STOCK+CONSUM, data = Import.A)
summary(reg1)
reg2 = lm(IMPORT ~ STOCK+NEWVAR, data = Import.A)
summary(reg2)
anova(reg2, reg1)
```

물론 여기에서의 제약조건 $\beta_1 = \beta_3$는 회귀모형을 구체화할 때 사용될 수 있는 여러 유형의 제약조건 중의 한 예에 불과한 것이다. 이런 제약조건들은 대부분 제4장에서 서술한 형식의 선형적 제약들이 될 것이다. 이런 제약조건들은 통상적으로 해당 연구분야의 이론을 기초로 정당화되며, 때때로 다중공선성에 의해 나타나는 문제를 해결하는 데 일조할 수 있다. 또한 어떤 특별한 제약조건은 검정가능한 가설로 고려되어, 이는 제4장에 설명된 방법에 따라 검정될 수도 있을 것이다.

11.5 β에 관한 선형함수의 탐색

우선 다음과 같은 회귀모형이 신중하게 구축되었다는 전제하에서, 모형에 있는 회귀계수가 이에 관련된 의사결정과 정책에서 주요 관심 대상이 된다고 가정한다.

$$Y = \beta_0 + \beta_1 X_1 + \cdots + \beta_p X_p + \epsilon.$$

우리는 다중공선성이 개별적 회귀계수를 정밀하게 추정하는 데 장애가 됨을 앞에서 살펴보았다. 그러나 다음에 설명하는 바와 같이 회귀계수들의 특정한 선형함수는 높은 정밀도를 가지고 추정될 수도 있다(Silvey, 1969). 이때의 질문은 β들의 어떤 함수가 추정가능한 것이며, 추정가능한 것 중 어떤 것이 우리의 관심 대상이 되느냐 하는 것이다. 이 절에서는 데이터를 사용하여 정확하게 추정할 수 있는 회귀계수의 선형함수들을 식별해 보고자 한다.

우선 정확하게 추정할 수 있는 β들의 선형함수가 존재한다는 것을 간접적으로 보여주고자 한다.[5] 다시 IMPORT 데이터를 생각해 보자. 이 데이터에는 근사적으로 CONSUM=(2/3)DOPROD라는 관계가 있음은 앞에서 본 바와 같다. 이 관계를 원래의 모형에 대입하면 다음과 같다.

$$\text{IMPORT} = \beta_0 + \left(\beta_1 + \frac{2}{3}\beta_3\right)\text{DOPROD} + \beta_2 \text{STOCK} + \epsilon. \tag{11.16}$$

앞에서 언급한 것과 같이 원래 모형으로부터 예측변수 CONSUM을 제거함으로써 β_1 +(2/3)β_3과 β_2는 정확히 추정할 수 있게 된다. 이때 DOPROD와 STOCK 간의 상관계수는 0.026이다.

```
cor(Import.A[c("DOPROD","STOCK")])
ols_regress(IMPORT ~ DOPROD+STOCK, data = Import.A)   # 표 11.6
```

5) 이 부분에 대한 추가적인 내용이 이 장의 부록에 주어진다.

표 11.6 IMPORT 데이터에 모형 11.16을 적합한 결과(1949~1959)

분산분석표				
요인	제곱합	자유도	평균제곱	F-검정
회귀	202.894	2	101.447	228
잔차	3.555	8	0.444	
회귀계수표				
변수	계수	표준오차	t-검정	p-값
상수	−8.440	1.435	−5.88	0.0004
DOPROD	0.145	0.007	20.70	<.0001
STOCK	0.622	0.128	4.87	0.0012
$n = 11$	$R^2 = 0.983$	$R_a^2 = 0.987$	$\hat{\sigma} = 0.667$	df = 8

이 모형에 대한 회귀분석의 결과가 표 11.6에 주어져 있는데, 여기에서 R^2는 거의 변화가 없으며 잔차플롯도 만족할 만하다는 것을 알 수 있다. 이 예에서 DOPROD와 STOCK에 대한 IMPORT의 회귀에서 DOPROD의 회귀계수는 β들의 선형함수 꼴인 β_1+(2/3)β_3이라는 정보가 추가됨으로써 원래 데이터에는 다중공선성이 존재할지라도 이와 같은 모수들의 선형함수는 정확히 추정될 수 있음을 알 수 있다. 물론 개별적 회귀계수 대신 β_1+(2/3)β_3의 추정값을 안다는 것이 얼마나 유용할지는 또 다른 문제이다. 그러나 여기에서 중요한 사항은 적어도 이 회귀모형에서 DOPROD에 대한 모수의 추정값이 DOPROD의 순수한 주변효과만은 아니고 CONSUM에 의한 효과의 일부분을 포함하고 있다는 사실이다.

위의 예제는 정확하게 추정될 수 있는 β의 선형함수가 항상 있다는 것을 간접적으로 설명한 것이다. 그러나 정확하게 추정될 수 있는 β의 선형조합을 찾아내는 다른 방법이 있다. 이를 설명하기 위해 10.4절에서 다루었던 광고비(ADVER) 데이터를 예로 사용해 보자. 이 방법은 이 장의 다른 절에서 보았던 것들보다 덜 직관적이긴 하지만, 여기에서는 내용을 단순화시켜 설명하도록 하고 이 방법에 대한 이론 부분은 부록에 남기기로 한다.

우선 11.2절과 11.3절에서 소개한 선형변환에서와 같이 표준화된 예측변수들을 서로 직교하는 일단의 새로운 변수들로 바꾸는 것으로 시작해 보자. 광고비 데이터에서 X_1, ..., X_5를 변환하여 새로 얻은 서로 직교하는 변수집단 C_1, ..., C_5는 식 (11.12)와 같다. 이 변환에서 주어진 계수들은 식 (11.12)에서 정의된 계수들과 동일함에 주목하여라. 여기에서 원래 모형에 대해 변환된 모형이 가지는 장점은 주성분이 서로 직교한다는 사실이다. 이에 따라 추정된 회귀계수의 정확도는 추정된 회귀계수 $\hat{\alpha}$의 분산을 이용하여 쉽게 계산할 수 있다. $\hat{\alpha}_j$의 분산의 추정값은 $\hat{\alpha}/\lambda_j$로서 이는 j번째 고윳값인 λ_j에 역비례한다. 이때 λ_1=1.701, λ_2=1.288, λ_3=1.145, λ_4=0.859, λ_5=0.007로서 λ_5만이 작은 값을 가지므로 $\hat{\alpha}_5$를 제외한 모든 회귀계수는 정확히 추정될 수 있음을 알 수 있다.

여기에서 $\hat{\alpha}$는 $\hat{\theta}$를 분석하기 위한 하나의 수단으로써 징검다리의 역할을 할 뿐이다. 식 (11.14)와 같은 재표현에 따라 $\hat{\theta}$의 분산이나 표준오차를 쉽게 계산할 수 있다. $\hat{\theta}_j$의 분산은 다음과 같다.

$$\mathrm{Var}(\hat{\theta}_j)=\sum_{i=1}^{p}v_{ij}^2\mathrm{Var}(\hat{\alpha}_i),\quad j=1,\ \ldots,p, \tag{11.17}$$

여기에서 v_{ij}는 식 (11.14)의 j번째 식에 있는 $\hat{\alpha}_i$의 계수이다. $\hat{\alpha}_i$의 분산 추정치는 $\hat{\sigma}^2/\lambda_j$ 이므로(여기에서 $\hat{\sigma}^2$은 잔차평균제곱), 식 (11.17)은 다음과 같이 쓸 수 있다.

$$\mathrm{Var}(\hat{\theta}_j)=\hat{\sigma}^2\sum_{i=1}^{p}\frac{v_{ij}^2}{\lambda_i}. \tag{11.18}$$

예를 들어 $\hat{\theta}_1$의 분산 추정치는 다음과 같다.

$$\hat{\sigma}^2\left[\frac{(0.532)^2}{\lambda_1}+\frac{(-0.024)^2}{\lambda_2}+\frac{(-0.668)^2}{\lambda_3}+\frac{(0.074)^2}{\lambda_4}+\frac{(-0.514)^2}{\lambda_5}\right]. \tag{11.19}$$

앞의 분석에서 $\lambda_1 \geq \lambda_2 \geq \cdots \geq \lambda_5$이고 λ_5=0.007만이 작은 값임을 상기하자. 따라서 $\hat{\theta}_1$의 분산을 크게 하여 이 추정량의 정확도를 손상시키는 부분은 식의 제일 마지막 항이다. 나머지 $\hat{\theta}_j$들에 대한 추정된 분산 또한 위의 식 (11.19)와 유사한 형태를 취하게 되는데, 이런 추정 분산의 값이 작아지려면 $1/\lambda_5$에 대한 계수가 같은 수준으로 작아지면 된다. $\{\hat{\alpha}_i\}$들로부터 $\{\hat{\theta}_j\}$들로 변환을 정의하는 수식 관계에서 $1/\lambda_5$에 해당하는 계수를 살펴볼 때, $\hat{\theta}_3$의 경우가 $(-0.01)^2$= 0.00001로서 가장 작게 되므로 $\hat{\theta}_3$가 다른 추정값보다 상대적으로 높은 정확도를 가질 것으로 기대할 수 있다.

이러한 형식의 분석 과정을 확대하면, 이 방법은 개별적인 θ보다 더 정확히 추정될 수 있는 θ들의 선형함수를 식별하는 데 이용될 수도 있을 것이다. 예를 들어, 우리는 개별적인 θ_1 혹은 θ_2보다 $\theta_1 - \theta_2$에 더 많은 관심을 가질 수도 있다. 앞에서 다룬 모형의 경우 $\theta_1 - \theta_2$는 당해연도 광고비 예산액(X_1)의 한 단위 증가와 동시에 당해연도 판촉비 예산액(X_2)의 한 단위 감소에 대응하는 매출액의 증분을 측정하고 있다. 다시 말해 $\theta_1 - \theta_2$는 당해연도에 재원 이용에 있어서 전이효과를 나타낸다고 할 수 있다. 따라서 $\theta_1 - \theta_2$의 추정량인 $\hat{\theta}_1 - \hat{\theta}_2$의 분산은 식 (11.14)로부터 해당하는 두 식의 차이를 통해 α들로 표현하고, 여기에 앞에서 설명한 방법에 따라 다음과 같이 추정분산을 구하면 될 것이다. 즉,

$$\hat{\theta}_1 - \hat{\theta}_2 = 0.764\hat{\alpha}_1 - 0.849\hat{\alpha}_2 - 0.826\hat{\alpha}_3 + 0.111\hat{\alpha}_4 - 0.025\hat{\alpha}_5$$

이고, 이로부터 $\hat{\theta}_1 - \hat{\theta}_2$의 분산을 다음과 같이 추정할 수 있다.

$$\begin{aligned}&(0.764)^2 \mathrm{Var}(\hat{\alpha}_1) + (-0.849)^2 \mathrm{Var}(\hat{\alpha}_2) + (-0.826)^2 \mathrm{Var}(\hat{\alpha}_3) \\ &\quad + (0.111)^2 \mathrm{Var}(\hat{\alpha}_4) + (-0.025)^2 \mathrm{Var}(\hat{\alpha}_1),\end{aligned} \tag{11.20}$$

또는, 다음과 같이 표현할 수 있다.

$$\hat{\sigma}^2 \left[\frac{(0.764)^2}{\lambda_1} + \frac{(-0.849)^2}{\lambda_2} + \frac{(-0.826)^2}{\lambda_3} + \frac{(0.111)^2}{\lambda_4} + \frac{(-0.025)^2}{\lambda_5} \right]. \tag{11.21}$$

이 식에서 $1/\lambda_5$에 대한 계수가 매우 작으므로 $\theta_1 - \theta_2$은 비교적 정확히 추정된다고 할 수 있다.

($\theta_1 - \theta_2$)의 추정치는 $0.583 - 0.973 = -0.390$이다. ($\hat{\theta}_1 - \hat{\theta}_2$)의 분산은 식 (11.20)으로부터 0.008로 계산된다. 따라서 ($\theta_1 - \theta_2$)의 95% 신뢰구간은 $-0.390 \pm (2.12)\,(0.008)^{1/2}$ $=[-0.58, -0.20]$이 된다. 즉, 이는 당해연도에 판촉비 예산 한 단위를 광고비 예산으로 돌림으로써 일어나는 전이효과가 [0.20, 0.58] 사이 정도의 표준화된 매출액의 손실이라는 결과를 낳는다는 뜻이다.

또한 정확한 추정이 가능한 다른 선형함수를 생각할 수도 있다. 이 가능성은 해당되는 선형함수의 추정량의 분산에 관한 표현에서 $1/\lambda_5$에 대한 회귀계수가 작기만 하면 된다는 데에 기인한다. 예를 들어 식 (11.14)에서 $\hat{\theta}_1, \hat{\theta}_2, \hat{\theta}_4, \hat{\theta}_5$가 포함되는 모든 가능한 차이를 우선 고려할 수 있는데, 그중 일부는 현재의 문제에서는 의미를 부여할 수 있으나 항상

그러한 것은 아닐 것이다. 예를 들면, 앞에서 본 바와 같이 차이 $(\theta_1-\theta_2)$ 는 의미가 있으나, 차이 $(\theta_1-\theta_4)$ 에 특별한 의미를 부여하는 것은 그리 마땅하지 않음을 알 수 있다. 이는 실제 당해연도의 광고비 지출을 전년도의 광고비 지출로 전이시킬 때의 효과로서 시간적으로 볼 때 역방향적 자원의 이전을 의미하므로 그리 타당해 보이지 않는다. 즉, 설령 $(\theta_1-\theta_4)$ 가 정확히 추정될 수 있다고 하여도 매출액의 분석에서 이런 추정량은 흥미의 대상에서 제외되는 부분인 것이다.

일반적으로 식 (11.14)의 가중치들이 주어지고 해당 고윳값들이 알려진 경우, 이 가중치들을 살펴보면 원래 회귀계수들의 어떤 선형함수들이 높은 정밀도를 가지고 추정될 수 있는지를 알 수 있을 것이다. 이와 같이 정확히 추정될 수 있는 선형함수 중 다만 일부만이 연구 과정에서 흥미 있는 대상이 될 것이다.

요약해 보면, 우선 다중공선성의 징후가 나타나고, 실제적인 데이터의 보충이 불가능하더라도 어떤 특정 회귀계수나 그들의 선형함수는 높은 정밀도를 가지고 추정될 수도 있다. 과연 어떤 계수를 가진 선형함수가 정확히 추정될 수 있는지는 주성분변환을 통한 분석기법이 하나의 해결 방법이 될 수 있을 것이다. 실제 이 기법은 당면한 다중공선성의 문제를 극복하기 위한 것은 아니다. 왜냐하면 이 방법을 사용하더라도 정확히 추정할 수 없는 회귀계수나 회귀계수들의 함수들이 있기 때문이다. 그러나 이 기법은 정확히 추정 가능한 함수들이 어떤 것인지와 예측변수들 사이에 어떤 구조적 상호의존성이 존재하는지를 파악하는 데 도움을 준다고 할 수 있겠다.

11.6 회귀계수의 편향추정

다중공선성하에서 통상적 최소제곱추정법보다 데이터에 관해 더 많은 정보분석을 해주는 두 가지 추정 방법을 설명한다. 여기에서 고려되는 추정량은 편향(bias)되어 있으나 추정량에 대한 평균제곱오차(mean square error)의 관점에서 OLS 추정량보다 더 높은 정확도를 가지는 경향이 있다[Draper & Smith(1998), McCallum(1970), Hoerl & Kennard (1970) 참조]. 이 추정 방법들은 그에 따른 잔차제곱합이 OLS의 그것만큼 작지도 않으며,

이에 따라 결정계수도 OLS의 경우에 비해 크지도 않게 된다. 그러나 OLS 추정량과 비교할 때, 이 두 방법에 따른 회귀계수의 추정량은 더 높은 정확도를 가짐은 물론 이 추정 과정에서 사용되지 않은 새로운 데이터를 이용하여 예측을 시도할 경우 더 작은 예측오차를 가질 가능성이 있다.

그러나 이와 같은 대안들이 어떤 경우에 OLS 방법에 의해 제공되는 결과보다 좋게 되는지를 결정하는 기준들은 불행하게도 모두 미지의 모회귀계수 값에 의존하고 있다. 즉, OLS 방법 대신 여기에서 설명하는 대안적인 분석기법이 어떤 경우에 사용되어야 하는지를 구체적으로 결정할 수 없다는 것이다. 이런 점에도 불구하고 다중공선성이 의심되는 경우 이 장에서 설명되는 대안적 분석 방법들이 추천된다. 그 방법들에 의해 얻어진 회귀계수의 추정값들은 데이터에 관한 새로운 해석을 제안할 수도 있으며, 이에 따라 연구 대상에 대한 이해의 폭을 넓힐 수 있기도 하다.

OLS에 대한 두 가지 대안은 구체적으로 (1) 주성분회귀(principal components regression)와 (2) 능형회귀(ridge regression)이다. 주성분회귀는 11.7, 11.8, 11.10절에서 소개되고 논의된다. 주성분 추정 방법이 다음과 같은 두 가지 방식으로 해석될 수 있음을 설명할 것이다. 하나는 예측변수들의 비직교성(nonorthogonality)과 관련된 해석이고, 다른 하나는 회귀계수들에 부여되는 제약조건(constraint)과 관련된 것이다(11.9절). 또한 능형회귀 방법도 회귀계수에 관한 제약조건을 포함하고 있다고 할 수 있는데, 이 기법은 11.11, 11.12, 11.13절에서 소개되고 논의된다. 또한 제12장에서 고려하는 설명변수의 선택 문제에서 다시 적용되어질 것이다. 주성분회귀와 능형회귀 방법은 제10장에서 고려한 프랑스 수입(import) 데이터를 이용한 예시로 설명하고자 한다.

11.7 주성분회귀

다음과 같은 모형을 고려하자.

$$\text{IMPORT} = \beta_0 + \beta_1\text{DOPROD} + \beta_2\text{STOCK} + \beta_3\text{CONSUM} + \epsilon. \quad (11.22)$$

변수들은 10.3절에 정의되어 있다. $\overline{y}$와 $\overline{x}_j$를 각각 Y와 X_j의 평균이라고 하고 s_y와 s_j를

각 변수의 표준편차라고 하자. 식 (11.22)의 모형은 표준화된 변수들의 항으로 다음과 같이 쓸 수 있다(4.6절 참조).

$$\widetilde{Y} = \theta_1 \widetilde{X}_1 + \theta_2 \widetilde{X}_2 + \theta_3 \widetilde{X}_3 + \epsilon', \tag{11.23}$$

여기에서 $\widetilde{Y} = (y_i - \overline{y}) / s_y$는 반응변수를 표준화시킨 것이고, $\widetilde{X} = (x_{ij} - \overline{x}_j) / s_j$는 j번째 예측변수를 표준화시킨 것이다.

```
ols_regress(IMPORT ~ DOPROD+STOCK+CONSUM, data = Import.A)   # 표 11.7
```

대부분의 회귀분석 패키지들은 식 (11.22)와 (11.23)와 같은 통상적인 그리고 표준화된 회귀계수들 모두에 대하여 값들을 제공한다. 추정된 계수들은 다음을 만족한다.

$$\begin{aligned} \hat{\beta}_j &= (s_y / s_j)\hat{\theta}_j, \quad j = 1, 2, 3 \\ \hat{\beta}_0 &= \overline{y} - \hat{\beta}_1 \overline{x}_1 - \hat{\beta}_2 \overline{x}_2 - \hat{\beta}_3 \overline{x}_3 \end{aligned} \tag{11.24}$$

표준화된 예측변수들에 대한 주성분은 다음과 같다. 식 (11.5) 참조.

$$\begin{aligned} C_1 &= \quad 0.706 \widetilde{X}_1 + 0.044 \widetilde{X}_2 + 0.707 \widetilde{X}_3, \\ C_2 &= -0.036 \widetilde{X}_1 + 0.999 \widetilde{X}_2 - 0.026 \widetilde{X}_3, \\ C_3 &= -0.707 \widetilde{X}_1 - 0.007 \widetilde{X}_2 + 0.707 \widetilde{X}_3. \end{aligned} \tag{11.25}$$

이러한 주성분들은 표 11.1에 주어져 있다. (11.23)의 모형은 주성분의 항으로 다음과 같이 쓸 수 있다.

$$\widetilde{Y} = \alpha_1 C_1 + \alpha_2 C_2 + \alpha_3 C_3 + \epsilon'. \tag{11.26}$$

표 11.7 수입 데이터(1949~1959)에 모형 (11.23)을 적합시킨 결과

변수	계수	표준오차	t-검정	p-값
$\tilde{X}_1$	−0.339	0.464	−0.73	0.4883
$\tilde{X}_2$	0.213	0.034	6.20	0.0004
$\tilde{X}_3$	1.303	0.464	2.81	0.0263
n = 11	R^2 = 0.992	R_a^2 = 0.988	$\hat{\sigma}$ = 0.034	df = 7

표 11.8 수입 데이터(1949~1959)에 모형 (11.26)을 적합시킨 결과

변수	계수	표준오차	t-검정	p-값
C_1	0.690	0.024	28.70	<.0001
C_2	0.191	0.034	5.62	0.0008
C_3	1.160	0.656	1.77	0.1204
$n=11$	$R^2=0.992$	$R_a^2=0.988$	$\hat{\sigma}=0.034$	df = 7

```
pc <- prcomp(scale(Import.A[,3:5]))  # 표준화 후 주성분 계산
Y <- as.vector(scale(Import.A[,2]))
Import.B <- as.data.frame(cbind(Y, pc$x))
ols_regress(Y ~ ., data = Import.B)  # 표 11.8
```

회귀계수 α와 θ들 사이에 다음과 같은 관계가 있으므로 두 모형식 (11.23)과 (11.26)은 동등함을 보일 수 있다. 구체적으로

$$\begin{aligned} \alpha_1 &= 0.706\,\theta_1 + 0.044\,\theta_2 + 0.707\,\theta_3, \\ \alpha_2 &= -0.036\,\theta_1 + 0.999\,\theta_2 - 0.026\,\theta_3, \\ \alpha_3 &= -0.707\,\theta_1 - 0.007\,\theta_2 + 0.707\,\theta_3. \end{aligned} \tag{11.27}$$

또한 이 관계를 역으로 표현하면 다음 관계를 얻는다.

$$\begin{aligned} \theta_1 &= 0.706\,\alpha_1 - 0.036\,\alpha_2 - 0.707\,\alpha_3, \\ \theta_2 &= 0.044\,\alpha_1 + 0.999\,\alpha_2 - 0.007\,\alpha_3, \\ \theta_3 &= 0.707\,\alpha_1 - 0.026\,\alpha_2 + 0.707\,\alpha_3. \end{aligned} \tag{11.28}$$

이러한 관계는 α와 θ들의 최소제곱추정치 $\hat{\alpha}$와 $\hat{\theta}$들에 대해서도 성립한다. 따라서 $\hat{\alpha}$와 $\hat{\theta}$는 $\tilde{Y}$에 주성분 C_1, C_2, C_3를 적합하거나 원래의 표준화된 변수들을 적합함으로써 얻을 수 있다. 모형 (11.23)과 (11.26)을 적합시킨 결과가 표 11.7과 표 11.8에 제시되어 있다. 표 11.7로부터 θ_1, θ_2, θ_3의 추정치는 각각 -0.339, 0.213, 1.303임을 알 수 있고 표 11.8로부터 α_1, α_2, α_3의 추정치는 0.690, 0.191, 1.160임을 알 수 있다. 이 표들 중 하나는 식 (11.27)과 (11.28)을 이용하여 다른 표로부터 얻을 수 있다.

모형식 (11.23)과 (11.26)가 동등하지만, 식 (11.26)의 C들은 직교한다. 그러나 식 (11.25)에서와 같이 주성분의 항목으로 표현된 회귀관계는 그의 해석이 쉽지 않을 수 있다. 왜냐하면 이 모형에서의 예측변수인 주성분은 원래 예측변수들의 선형결합이기 때문이다. 따라서 θ와 달리 α들은 원래 예측변수들의 주변효과(marginal effect)와 같은 형식으로 단순히 해석할 수 있다. 그러므로 다중공선성 문제를 분석하기 위한 수단으로서만 주성분회귀를 이용하고, 최종적인 추정 결과에 대한 해석은 θ들의 항목으로 재서술한 후에 시도하는 것이 바람직하다고 할 수 있다.

11.8 분석 데이터에서의 다중공선성 감소

앞에서 서술한 바와 같이 주성분회귀는 두 가지 방향으로의 의미를 가진다. 이 절에서는 그 중 첫째로서, 분석 데이터에 있는 다중공선성을 감소시킨다는 관점에서 주성분 방법을 살펴보기로 한다. 여기에서는 반응변수가 가지는 변이를 설명함에 있어 모든 주성분들을 사용하지 않고 그들 중의 일부를 사용함으로써 다중공선성의 정도를 감소시킨다는 뜻이다. 세 개의 주성분이 모두 사용된다면 식 (11.28)을 이용하여 OLS 추정치를 정확히 재생성할 수 있다는 것에 유의하자.

주성분변수 C들은 각각 표본분산 $\lambda_1=1.999$, $\lambda_2=0.998$, $\lambda_3=0.003$을 가진다. 여기에서 λ들은 원래 변수인 DOPROD, STOCK, CONSUM의 상관행렬의 고윳값들이다. 여기에서 C_3는 분산 0.003을 가지기 때문에, C_3를 정의하는 선형함수는 근사적으로 0이 되고 이 부분이 다중공선성의 원천이 됨을 알 수 있다. 따라서 일단 C_3를 제거한 다음 생각할 수 있는 모형으로는 아래와 같이 C_1만을 사용한 회귀와 C_1과 C_2를 사용한 회귀를 고려할 수 있을 것이다.

$$\widetilde{Y}= \alpha_1 C_1 + \epsilon, \tag{11.29}$$

$$\widetilde{Y}= \alpha_1 C_1 + \alpha_2 C_2 + \epsilon. \tag{11.30}$$

두 모형 모두 원래의 회귀계수들 $\theta_1, \theta_2, \theta_3$에 대한 추정치를 유도해 주지만, 약간의 정보 [식 (11.30)에서는 C_3, 식 (11.29)에서는 C_2와 C_3]가 배제됨으로써 이런 모형으로부터 추정된 회귀계수는 자연적으로 편향되어 있을 것이다.

계수 α_1 혹은 α_1과 α_2의 추정값은 C_1에 대한 $\widetilde{Y}$ 그리고 C_1과 C_2에 대한 $\widetilde{Y}$를 회귀시켜 얻을 수 있다. 그러나 좀 더 계산을 간단히 하기 위하여 C_1, C_2, C_3들 간의 직교성(orthogonality)을 이용하는 방법을 생각할 수 있다.[6] 예를 들어, 식 (11.26), (11.29), (11.30)에서 C들은 서로 직교하기 때문에 α_1의 추정값은 이들 중 어떤 모형으로부터 계산해도 모두 같다. 이와 유사하게 α_2의 추정값도 식 (11.26) 혹은 (11.30)로부터 계산될 수 있다. 또한 만약 우리가 θ들에 관한 OLS 추정값을 가지고 있으면 식 (11.27)의 관계로부터 α들의 추정값을 얻을 수 있다. 그러므로 식 (11.29)와 (11.30)에 대응하는 θ의 주성분 회귀 추정값은 식 (11.28)로 되돌아가서 적절한 α들을 0으로 놓고 계산하면 될 것이다. 다음 예를 살펴보면 이 과정이 좀 더 명확해질 것이다.

```
ols_regress(Y ~ PC1, data = Import.B)
ols_regress(Y ~ PC1+PC2, data = Import.B)
```

식 (11.28)에서 $\alpha_1 = 0.690$, $\alpha_2 = \alpha_3 = 0$으로 놓고 대응되는 θ들의 값을 계산하면 이는 첫 주성분만을 사용하여 회귀한 경우에 해당하게 된다. 즉, 다음과 같다.

$$\begin{aligned} \hat{\theta}_1 &= 0.706 \times 0.690 = 0.487, \\ \hat{\theta}_2 &= 0.044 \times 0.690 = 0.030, \\ \hat{\theta}_3 &= 0.707 \times 0.690 = 0.487. \end{aligned} \tag{11.31}$$

따라서 다음을 얻는다.

$$\widetilde{Y} = 0.487\widetilde{X}_1 + 0.030\widetilde{X}_2 + 0.487\widetilde{X}_3.$$

첫 두 개의 주성분을 회귀시켰을 때의 θ의 추정값은 앞에서의 식 (11.30)과 유사하게 식 (11.28)에 $\alpha_1 = 0.690$, $\alpha_2 = 0.191$, $\alpha_3 = 0$을 대입하여 구하면 될 것이다. 식 (11.22)의 원래 변수에 대한 회귀계수 β_0, β_1, β_2, β_3의 추정치는 식 (11.24)에 $\hat{\theta}_1$, $\hat{\theta}_2$, $\hat{\theta}_3$를 대입하면 얻을 수 있다.

---

6) 만약 고려 대상에 있는 모든 가능한 예측변수들이 서로 직교한다면, 이들 중의 일부를 제거하거나 새로 추가하여도 회귀계수의 추정값들에는 아무런 변화가 없게 된다.

표 11.9 수입(IMPORT) 데이터에 대하여 주성분의 개수를 달리하여 얻은 주성분회귀 결과

변수	첫 번째 주성분, 식 (11.29)		첫 번째와 두 번째 주성분, 식 (11.30)		모든 주성분, 식 (11.26)	
	표준화	원래	표준화	원래	표준화	원래
상수	0	−7.735	0	−9.106	0	−10.130
DOPROD	0.487	0.074	0.480	0.073	−0.339	−0.051
STOCK	0.030	0.083	0.221	0.609	0.213	0.587
CONSUM	0.487	0.107	0.483	0.106	1.303	0.287
$\hat{\sigma}$	0.232		0.121		0.108	
R^2	0.952		0.988		0.992	

표 11.9에는 세 개의 주성분 모형들을 사용한 원래 및 표준화 회귀계수의 추정치가 제시되어 있으며, 서로 다른 개수의 주성분을 사용하였을 때 회귀분석의 결과가 어떻게 달라지고 있는지를 보여주고 있다. 이 데이터의 경우 앞서 본 바와 같이 OLS 추정값은 만족스럽지 않다. 예측변수 $\tilde{X}_1$(DOPROD)에 대한 회귀계수가 음수가 됨은 기대되지 않을 뿐 아니라 이에 의미 있는 해석을 할 수도 없다. 이런 현상은 주성분 C_3를 모형에 포함시킴으로써 일어나는 다중공선성의 문제인 것이다. 사실 이 주성분변수 C_3는 그의 분산이 거의 0이므로(λ_3=0.003), C_3는 근사적으로 0과 같다고 할 수 있다. 나머지 두 주성분 변수 중 첫 번째 주성분 C_1은 DOPROD와 CONSUM의 결합된 효과와 관련되어 있으며, 두 번째의 주성분 C_2는 오직 STOCK와 관계한다는 점이 명백히 드러나고 있다. 이런 결론은 표 11.9에 잘 나타나 있다. DOPROD와 CONSUM의 계수는 C_1만에 대한 IMPORT의 회귀로부터 완전히 결정되며, 이들 계수는 C_2가 추가적으로 사용되어도 거의 변화가 없음을 알 수 있다. 여기에서 C_2를 추가하면 STOCK에 대한 회귀계수는 0.083에서 0.609로 증가함을 볼 수 있다. 또한 당연한 결과이지만 R^2도 0.952로부터 0.988로 증가하게 된다. 첫 두 개의 주성분에 기초한 모형을 선택하였을 경우, 원래 예측변수들의 항목으로 표현한 예측식은 다음과 같다.

$$
\begin{aligned}
\text{IMPORT} = & -9.106 + 0.073\,\text{DOPROD} \\
& + 0.609\,\text{STOCK} + 0.106\,\text{CONSUM}.
\end{aligned}
\tag{11.32}
$$

이 결과는 OLS 결과로부터 얻은 내용보다 IMPORT와의 관계를 상당히 다르게 그러나 훨씬 그럴듯하게 표현해 주고 있음을 볼 수 있다. 이에 더해서 이 분석은 예측변수 간의 선형적인 종속관계에 대하여 (표준화 변수 단위로의) 분명한 양적 표현을 제공하고 있다. 즉, 우리가 얻은 C_3=0을 식 (11.25)를 통하여 표시하면 다음 결과를 얻게 된다.

$$-0.707\widetilde{X}_1 - 0.007\widetilde{X}_2 + 0.707\widetilde{X}_3 \doteq 0.$$

이는 DOPROD와 CONSUM의 표준화 값이 거의 같음을 나타내 준다. 이 결과는 만약 식 (11.32)에 주어진 적합식을 예측이나 정책 결정에 이용할 때 질적으로(qualitatively) 그리고 양적으로(quantitatively) 유용한 정보가 될 수 있음을 말해준다.

11.9 회귀계수들에 관한 제약조건

주성분회귀 방정식의 결과에 대한 해석의 두 번째 관점이 있는데, 그것은 제10장에서 소개한 바 있는 θ들에 대한 적절한 제약조건의 부여에 관하여 통계적 근거를 발견할 수 있다는 것이다. 식 (11.30)의 추정치들은 식 (11.28)에 α_3 = 0를 대입하여 계산하면 된다. 그런데 α_3 = 0이 가지는 의미를 식 (11.27)에서 보면 이는 곧 θ들에 관한 다음과 같은 관계를 나타낸다.

$$-0.707\,\theta_1 - 0.007\,\theta_2 + 0.707\,\theta_3 = 0 \tag{11.33}$$

또는 $\theta_1 \doteq \theta_3$. 식 (11.33)를 원래의 회귀계수 β의 단위로 표시하면 다음과 같게 된다.

$$-6.60\,\beta_1 + 4.54\,\beta_3 = 0 \tag{11.34}$$

또는 $\beta_1 = 0.69\,\beta_3$. 그러므로 반응변수에 C_1과 C_2를 회귀하여 구한 추정값은 식 (11.34)에 주어진 회귀계수들에 대해 선형 제약조건(linear constraint)하에서 얻은 OLS 추정값과 같게 될 것이다.

제10장에서는 회귀계수들에 대한 사전적인 제약조건으로 $\beta_1 = \beta_3$을 생각하였다. 그때 이런 제약은 연구 분야에서의 사전지식을 배경으로 추측한 일종의 질적 판단의 결과로서, 직접 데이터를 살펴보기 이전에 부여한 조건이었다. 그러나 실제 데이터를 이용할 경우 C_1과 C_2에 관한 주성분회귀가 합리적이라면, 이는 곧 모회귀계수에 관해 식 (11.34)과 같은 제약관계가 부여될 필요가 있음을 나타내고 있다. 이 제약식은 곧 수입액(IMPORT)에 대한 국내생산(DOPROD)의 주변효과가 수입액에 대한 국내소비(CONSUM)의 주변효과의 약 69%가 됨을 말해주고 있다.

이상의 내용을 요약해 보면 다음과 같다. 주성분회귀 방법은 회귀계수에 대한 대안적인 추정치를 제공할 뿐만 아니라, 그 데이터를 생성시키는 저변 구조에 관해 유용한 정보를 제공해 준다. 다시 말해 작은 분산(고윳값)을 가지는 주성분을 통해 다중공선성의 원인이 되는 원래 예측변수 간의 선형적 의존구조를 명시적으로 서술해 준다는 것이다. 또한 회귀에서 설명력을 가지지 못하는 하나 이상의 주성분을 버림으로써 다중공선성을 제거한다는 것은 곧 회귀계수들에 대한 선형 제약조건을 부과하는 것과 동일함을 알 수 있다. 즉, 이 방법은 데이터에 함유된 정보와 제안된 회귀모형의 내용을 상호부합시키는 제약 관계를 식별하는 데 사용될 수 있는 유용한 기법이라고 할 수 있다.

11.10 주성분회귀: 주의점

제9장에서 본 것처럼 주성분회귀분석은 다중공선성을 제거하는 데 효과적인 방법이다. 이 장에서는 다중공선성 상황에서 최소제곱 추정치를 얻는 대안으로서 주성분을 사용하였다. IMPORT 데이터에서는 첫 두 개의 주성분이 반응변수의 변동을 대부분 설명하고 있었기 때문에(표 11.9 참조), 주성분회귀 방법이 잘 작동하였다. 그러나 이러한 분석 방법이 모든 데이터에 대해서도 잘 적용된다고 할 수는 없다. 사실, 주성분회귀는 반응변수의 변동을 설명하는 데 실패할 수도 있다. 이러한 사실을 Hadi & Ling(1998)은 Hald의 데이터를 이용하여 설명하도록 한다. 원 데이터는 Draper & Smith(1998)의 p.348에서 찾을 수 있고 이 책의 웹사이트에서도 얻을 수 있다(Hald.txt).[7] 데이터는 4개의 예측변수를 가

표 11.10 반응변수 U와 주성분

U	C_1	C_2	C_3	C_4
0.955	1.467	1.903	−0.530	0.039
−0.746	2.136	0.238	−0.290	−0.030
−2.323	−1.130	0.184	−0.010	−0.094
−0.820	0.660	1.577	0.179	−0.033
0.471	−0.359	0.484	−0.740	0.019
−0.299	−0.967	0.170	0.086	−0.012
0.210	−0.931	−2.135	−0.173	0.008
0.558	2.232	−0.692	0.460	0.023
−1.119	0.352	−1.432	−0.032	−0.045
0.496	−1.663	1.828	0.851	0.020
0.781	1.641	−1.295	0.494	0.031
0.918	−1.693	−0.392	−0.020	0.037
0.918	−1.746	−0.438	−0.275	0.037

지고 있다. 반응변수 U와 4개의 예측변수에 대한 4개의 주성분 C_1, C_2, C_3, C_4가 표 11.10에 제시되어 있다. 변수 U는 사전에 표준화된 변수이다.

```
Hald <- read.table("C:/Temp/RABE6/Hald.txt", sep = "\t",
                   header = TRUE)
head(Hald, 5)   # 데이터의 첫 5행을 출력

pc <- prcomp(scale(Hald[,2:5]))   # 표준화 후 주성분 계산
round(pc$sdev**2, digits = 3)     # 고윳값
round(pc$rotation, digits = 3)    # 고유벡터
round(pc$x, digits = 3)           # 주성분, 표 11.10
```

네 개의 주성분에 대한 분산은 λ_1=2.2357, λ_1= 1.5761, λ_3=0.1866, λ_4=0.0016이다. 상태수가 $\kappa = \sqrt{\lambda_1/\lambda_4} = \sqrt{2.236/0.002}$ = 37로 매우 크므로 원 데이터에 다중공선성이 있음을 알 수 있다.

아래의 모형으로부터 얻어진 회귀분석 결과가 표 11.11에 제시되어 있다.

$$U = \alpha_1 C_1 + \alpha_2 C_2 + \alpha_3 C_3 + \alpha_4 C_4 + \epsilon \tag{11.35}$$

마지막 주성분 C_4의 회귀계수는 매우 유의하지만 다른 세 개의 회귀계수는 유의하지 않다. 이제 가장 작은 분산을 갖는 주성분 C_4를 제거하게 되면 표 11.12의 결과를 얻게 된다.

7) http://www.aucegypt.edu/faculty/hadi/RABE5

표 11.11와 표 11.12의 비교를 통해 알 수 있듯이, 네 개의 주성분이 U의 변동의 대부분을 설명하는 반면 첫 세 개의 주성분은 U의 변동을 거의 설명하지 못하고 있다. 따라서 주성분을 제거할 때는 매우 주의해야 한다.

```
Hald_U <- read.table("C:/Temp/RABE6/Hald_U.txt", sep = "\t",
                     header = TRUE)
head(Hald_U, 5)   # 데이터의 첫 5행을 출력

plot(U ~ C1, data = Hald_U, pch = 19)   # 그림 11.3
plot(U ~ C2, data = Hald_U, pch = 19)
plot(U ~ C3, data = Hald_U, pch = 19)
plot(U ~ C4, data = Hald_U, pch = 19)

summary(lm(U ~ C1+C2+C3+C4, data = Hald_U))   # 표 11.11
summary(lm(U ~ C1+C2+C3, data = Hald_U))      # 표 11.12
```

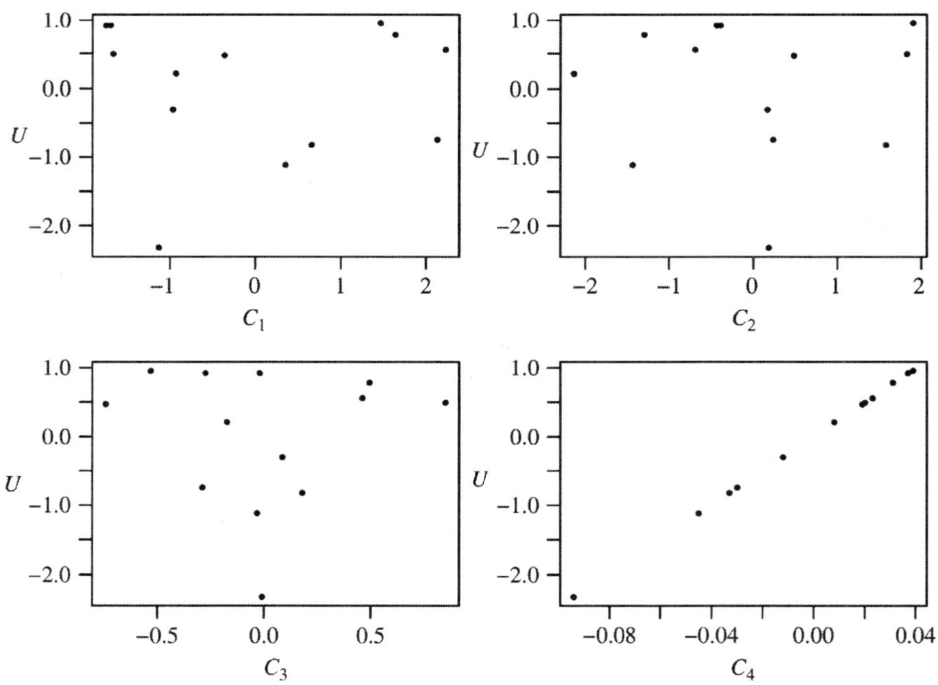

그림 11.3 반응변수 U와 주성분들의 산점도

표 11.11 네 주성분 모두를 사용한 회귀분석 결과

변수	계수	표준오차	t-검정	p-값
C_1	−0.002	0.001	−1.45	0.1842
C_2	−0.002	0.002	−1.77	0.1154
C_3	0.002	0.005	0.49	0.6409
C_4	24.761	0.049	502.00	<.0001
$n = 13$	$R^2 = 1.00$	$R_a^2 = 1.00$	$\hat{\sigma} = 0.0069$	df = 8

표 11.12 첫 세 주성분만을 사용한 회귀 결과

변수	계수	표준오차	t-검정	p-값
C_1	−0.001	0.223	−0.01	0.9957
C_2	−0.000	0.266	−0.00	0.9996
C_3	0.002	0.772	0.00	0.9975
$n = 13$	$R^2 = 0.00$	$R_a^2 = -0.33$	$\hat{\sigma} = 1.155$	df = 9

주성분회귀의 또 다른 문제점은 높은 지레점을 갖는 특이값에 대하여 심하게 영향을 받을 수 있다는 것이다(특이값과 영향력에 대한 내용은 제4장을 참조). 이는 주성분이 특이값에 영향을 많이 받는 상관행렬로부터 계산되기 때문이다. 만약 데이터에 특이값이 존재한다면 반응변수와 주성분들의 산점도, 주성분 간의 산점도를 통해 찾을 수 있다. 그림 11.3의 U와 각 주성분 간의 산점도를 통하여 데이터에 특이값이 존재하지 않고 U는 C_4에만 연관되어 있음을 알 수 있는데, 이는 표 11.11와 표 11.12에 나타난 결과와 일치하는 것이다. 여기에서 결과를 제시하지는 않았지만 주성분들끼리의 산점도에서도 특이값이 없는 것으로 나타났다. 주성분회귀의 다른 주의점들은 Hadi & Ling(1998)을 참조하여라.

11.11 능형회귀

능형회귀는 예측변수들이 상당히 공선적(비직교적)일 때 사용될 수 있는 또 다른 추정 방법이다.[8] 이 장에 있는 부록에서 설명되는 바와 같이 능형추정치는 여러 가지 방향으로 정의될 수 있으며, 계산 방법 또한 매우 다양할 수 있다. 여기에서는 **능형궤적도**(ridge trace)를 기준으로 분석하는 방법을 제시한다. 이는 그래프를 이용하는 일종의 탐색적 기법이다. 능형궤적도를 이용하는 능형분석은 다중공선성이 의심될 때 공선성의 탐색과 회귀계수의 추정을 동시에 처리해 주는 방법이다. 이 방법을 사용하여 계산한 회귀계수의 능형추정량들은 편향되어 있으나 일반적으로 OLS 추정량보다 더 작은 평균제곱오차(mean squared error)를 가지는 경향이 있는 것으로 알려져 있다(Hoerl & Kennard, 1970).

회귀계수에 대한 능형추정량은 정규방정식(제4장 참조)의 약간 변형된 형태의 방정식을 통하여 얻을 수 있다. 표준화된 회귀모형이 다음과 같이 주어졌다고 가정하자.

$$\widetilde{Y} = \theta_1\widetilde{X_1} + \theta_2\widetilde{X_2} + \theta_3\widetilde{X_3} + \theta_4\widetilde{X_4} + \theta_5\widetilde{X_5} + \epsilon'. \tag{11.36}$$

능형회귀계수를 추정하기 위한 방정식은 다음과 같다.

$$\begin{array}{lllll} (1+k)\,\theta_1 + & r_{12}\,\theta_2 & + \cdots + & r_{1p}\,\theta_p & = r_{1y}, \\ r_{21}\,\theta_1 & + (1+k)\,\theta_2 & + \cdots + & r_{2p}\,\theta_p & = r_{2y}, \\ \vdots & & \vdots \;\; \vdots \;\; \vdots & & \\ r_{p1}\,\theta_1 & + \quad r_{p2}\,\theta_2 & + \cdots + & (1+k)\,\theta_p & = r_{py}, \end{array} \tag{11.37}$$

여기에서 r_{ij}는 i번째 예측변수와 j번째 예측변수 사이의 상관계수이며 r_{iy}는 i번째 예측변수와 반응변수 $\widetilde{Y}$ 사이의 상관계수이다. 식 (11.13)의 해, $\hat{\theta}_1, \ldots, \hat{\theta}_p$는 능형회귀계수의 추정치가 된다. 능형추정치는 약간 변형된 데이터로부터 계산된다. 정형화된 이론 전개는 이 장의 부록을 참조하여라.

능형회귀가 OLS와 다른 점은 k에 있다. $k = 0$이면 $\hat{\theta}$은 OLS 추정치가 됨을 주목하여라. 이때 모수 k를 편향모수(bias parameter) 혹은 능형모수(ridge parameter)라고 하며, k가 0으로부터 증가하면 추정치의 편의(편향)도 증가하게 된다. 반면, **전체분산**(total variance; 추정된 회귀계수의 분산의 합)은 다음과 같이 k의 감소함수이다.

8) 능형회귀라는 이름은 Hoerl(1959)이 2차 반응표면(response surface)에 관한 그의 연구에서 사용한 능형분석(ridge analysis)과 이 방법의 유사성을 감안하여 붙인 것이다.

$$\text{Total Variance}(k) = \sum_{j=1}^{p} \text{Var}(\hat{\theta}_j(k)) = \sigma^2 \sum_{j=1}^{p} \frac{\lambda_j}{(\lambda_j + k)^2}. \qquad (11.38)$$

식 (11.38)은 회귀의 능형 추정량의 전체 분산에 대한 능형모수 k의 영향을 보여주고 있다. 식 (11.38)에 $k = 0$을 대입하면 아래의 식을 얻는다.

$$\text{Total Variance}(0) == \sigma^2 \sum_{j=1}^{p} \frac{1}{\lambda_j} \text{Total Variance}(0) = \sigma^2 \sum_{j=1}^{p} \frac{1}{\lambda_j}, \qquad (11.39)$$

이는 회귀계수에 대한 OLS 추정량의 전체분산에서 작은 값을 갖는 고윳값의 영향을 보여주고 있다.

k를 무한히 계속 증가시키면 회귀계수 추정치는 모두 0으로 접근하는 경향이 있다.[9] 능형회귀의 아이디어는 편의를 크게 증가시키지 않으면서 전체 분산을 감소시키는 적절한 k를 찾는 것이다.

데이터의 작은 변화에 대하여 능형추정치가 안정적인 값을 취하는 적절한 양수 k가 존재함을 보일 수 있다(Hoerl & Kennard, 1970). 실제 문제에서는 [0, 1] 사이의 범위에 있는 k에 대하여 일단 능형추정값 $\hat{\theta}_1, \ldots, \hat{\theta}_p$을 계산하고, 그 결과들을 k에 대해 플롯한 다음 추정값의 안정성 관점에서 적절한 k 값을 취하게 된다. 이때 주어진 k에 대한 능형추정치 $\hat{\theta}_1, \ldots, \hat{\theta}_p$의 그래프를 **능형궤적도**(ridge trace)라고 부른다. 능형궤적도로부터 적절한 k를 선택하기 위한 방법은 다음 예를 통해 설명된다.

11.12 능형 방법을 이용한 추정

능형분석으로부터 다중공선성의 탐색에 관련된 접근방법은 추정 데이터의 작은 변화에 대한 추정 회귀계수의 안정성을 고려하는 것이다. 이 안정성의 문제는 **능형궤적도**를 통해 파악할 수 있다. 능형궤적도는 편향모수 k에 따른 p개 능형회귀계수 $\hat{\theta}_1, \ldots, \hat{\theta}_p$의 값을 함께 도시한 그래프이며, 여기에서 k는 0.001, 0.002, ...과 같이 다양한 값이다.

9) 능형방법은 회귀계수의 추정치를 0으로 축소(shrink)시키는 경향이 있기 때문에 능형추정량을 축소추정량(shrinkage estimator)이라고도 한다(Vinod and Ullah, 1981 참고).

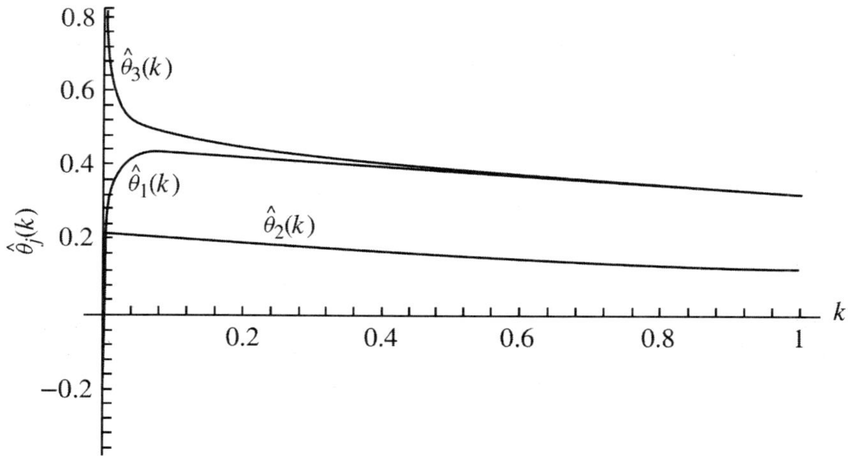

그림 11.4 능형궤적도: IMPORT 데이터(1949~1959)

```
if(!require("MASS")) install.packages("MASS")
library(MASS)

Import.S <- as.data.frame(scale(Import.A[,2:5]))
ridge <- lm.ridge(IMPORT ~ DOPROD+STOCK+CONSUM, data = Import.S,
                  lambda = seq(0, 1, 0.01))
plot(ridge)
```

그림 11.4는 IMPORT 데이터에 대하여 작성된 능형궤적도이다. 범위 [0, 1] 사이에 29개의 서로 다른 편향모수 k를 취할 경우 얻어지는 능형추정회귀계수가 표 11.14에 주어져 있고, 그림 11.4는 이 관계를 그래프로 나타낸 능형궤적도이다. 일반적으로 k는 범위 [0, 1]의 하한 부분에 있는 값들을 집중적으로 선택한다. 따라서 만약 매우 작은 값 k에 대해 추정된 회귀계수가 큰 파동을 보인다면 이는 곧 추정된 회귀계수의 불안정성을 나타내고, 이런 현상은 곧 다중공선성에 그 원인이 있음을 의미하게 된다.

그림 11.4의 능형궤적도나 표 11.13로부터 얻을 수 있는 분명한 사실은 모회귀계수 θ_1과 θ_3에 대한 능형추정치가 k의 매우 작은 값들에 대해서도 상당히 불안정하다는 것이다. 구체적으로 θ_1의 능형추정치는 미심쩍은 음수 -0.339로부터 시작해서 그런대로 안정적인 것으로 보이는 약 0.43에 이르기까지 k값에 따라 급격한 변화를 보이고 있다. 그

표 11.13 능형추정치: IMPORT 데이터(1949~1959)

k	$\hat{\theta}_1(k)$	$\hat{\theta}_2(k)$	$\hat{\theta}_3(k)$
0.000	−0.339	0.213	1.303
0.001	−0.117	0.215	1.080
0.003	0.092	0.217	0.870
0.005	0.192	0.217	0.768
0.007	0.251	0.217	0.709
0.009	0.290	0.217	0.669
0.010	0.304	0.217	0.654
0.012	0.328	0.217	0.630
0.014	0.345	0.217	0.611
0.016	0.359	0.217	0.597
0.018	0.370	0.216	0.585
0.020	0.379	0.216	0.575
0.022	0.386	0.216	0.567
0.024	0.392	0.215	0.560
0.026	0.398	0.215	0.553
0.028	0.402	0.215	0.548
0.030	0.406	0.214	0.543
0.040	0.420	0.213	0.525
0.050	0.427	0.211	0.513
0.060	0.432	0.209	0.504
0.070	0.434	0.207	0.497
0.080	0.436	0.206	0.491
0.090	0.436	0.204	0.486
0.100	0.436	0.202	0.481
0.200	0.426	0.186	0.450
0.300	0.411	0.173	0.427
0.400	0.396	0.161	0.408
0.500	0.381	0.151	0.391
0.600	0.367	0.142	0.376
0.700	0.354	0.135	0.361
0.800	0.342	0.128	0.348
0.900	0.330	0.121	0.336
1.000	0.319	0.115	0.325

리고 θ_3의 추정치도 1.303으로부터 감소하여 약 0.50 주변에서 안정적인 상태가 되었다. 그러나 예측변수 $\tilde{X}_2$(STOCK)에 대한 계수 θ_2는 다중공선성에 의해 영향을 받지 않고 약 0.21 부근에서 안정적인 값을 취하면서 k의 증가에 따라 서서히 감소하고 있음을 볼 수 있다.

능형분석에서 다음 단계는 적절한 편향모수 k를 선택하고, 이에 대응되는 회귀계수의 능형추정치를 얻는 것이다. 다중공선성이 심각하다면 k값이 0에서 천천히 증가함에 따라 능형추정치가 급격히 변할 것이다. k가 증가함에 따라 계수값은 결국 안정화된다. k는 편향모수이므로 추정량의 정밀도와 직접적으로 연결되어 있기 때문에 안정적인 상태를 보이는 지점의 가장 작은 k값을 선택하는 것이 바람직하다. k를 선택하는 여러 방법이 제안되어 있으며 이들은 다음과 같다.

1. **고정점**(fixed point): Hoerl, Kennard, and Baldwin(1975)은 다음의 k를 제안하였다.

$$k = \frac{p\,\hat{\sigma}^2(0)}{\sum_{j=1}^{p} [\hat{\theta}_j(0)]^2}, \tag{11.40}$$

   여기에서 $\hat{\theta}_1(0), \ldots, \hat{\theta}_p(0)$는 모형식 (11.36)에서 $\theta_1, \ldots, \theta_p$의 최소제곱추정치이고(즉, $k = 0$일 때), $\hat{\sigma}^2(0)$는 대응되는 잔차평균제곱(residual mean square)이다.

2. **반복적 방법**(iterative method): Hoerl and Kennard(1976)는 k값을 선택하는 방법으로 다음의 반복적인 과정을 제안하였다. 먼저 식 (11.40)에서 얻은 초기 k값으로 시작한다. 이 값을 k_0이라고 하자. 그런 후 다음을 계산한다.

$$k_1 = \frac{p\,\hat{\sigma}^2(0)}{\sum_{j=1}^{p} [\hat{\theta}_j(k_0)]^2}. \tag{11.41}$$

   이 k_1값을 다음의 k_2를 계산하는 데 사용한다.

$$k_2 = \frac{p\,\hat{\sigma}^2(0)}{\sum_{j=1}^{p} [\hat{\theta}_j(k_1)]^2}. \tag{11.42}$$

   이 과정을 k값의 변화가 무시할 만큼 작을 때까지 반복한다.

3. **능형궤적도**(ridge trace): k의 함수인 $\hat{\theta}_j(k)$의 변화는 능형궤적도를 통해서 쉽게 살펴볼 수 있다. k값은 모든 계수 $\hat{\theta}_j(k)$를 안정적으로 하는 가장 작은 값으로 선택한다. 또

한, 선택된 k의 지점에서 잔차제곱합은 최솟값에 근접하여야 한다. 분산확대인자(variance inflation factors)[10] $VIF_j(k)$도 10보다 작아야 한다(값이 1이면 직교 구조이고 10보다 작으면 비공선적 또는 안정적인 구조이다).

4. **다른 방법들:** 많은 문헌에서 k를 추정하는 다양한 방법들을 제안하고 있다. 예를 들어, Marquardt(1970), Mallows(1973), Goldstein & Smith(1974), McDonald & Galarneau (1975), Dempster et al.(1977), Wahba, Golub, and Health(1979), Hoerl & Kannard (1981), Masuo(1988), Khalaf & Shukur(2005), Dorugade & Kashid(2010) 등을 참조하여라. 그러나 능형궤적도의 장점은 다중공선성이 회귀계수 추정에 어떻게 영향을 미치는지 그래프를 통해 시각적으로 표현해주는 것에 있다고 할 수 있다.

```
select(ridge)
```

```
modified HKB estimator is 0.006855363
modified L-W estimator is 0.01283802
smallest value of GCV  at 0.012
```

수입(IMPORT) 데이터에 대하여 식 (11.40)의 고정점을 계산하면 다음과 같다.

$$k = \frac{3 \times 0.0012}{(-0.339)^2 + (0.213)^2 + (1.303)^2} = 0.0019. \tag{11.43}$$

반복적 방법은 다음의 값들을 갖는다. k_0=0.0164, k_1=0.0161, k_2=0.0161. 따라서 두 번의 반복으로 k=0.0161에 수렴한다. 그림 11.4의 능형궤적도와 표 11.13은 k=0.04 주변에서 안정화되고 있음을 보여준다. 따라서 k에 대한 세 개의 추정값을 얻었다(0.0164, 0.0161, 0.04).

10) $VIF_j(k)$의 공식은 이 장의 부록에 주어져 있다.

표 11.14 잔차제곱합과 분산확대인자: IMPORT 데이터(1949~1959)

k	SSE(k)	VIF$_1$(k)	VIF$_2$(k)	VIF$_3$(k)
0.000	0.0810	186.11	1.02	186.00
0.001	0.0837	99.04	1.01	98.98
0.003	0.0911	41.80	1.00	41.78
0.005	0.0964	23.00	0.99	22.99
0.007	0.1001	14.58	0.99	14.57
0.009	0.1027	10.09	0.98	10.09
0.010	0.1038	8.60	0.98	8.60
0.012	0.1056	6.48	0.98	6.48
0.014	0.1070	5.08	0.97	5.08
0.016	0.1082	4.10	0.97	4.10
0.018	0.1093	3.39	0.97	3.39
0.020	0.1102	2.86	0.96	2.86
0.022	0.1111	2.45	0.96	2.45
0.024	0.1118	2.13	0.95	2.13
0.026	0.1126	1.88	0.95	1.88
0.028	0.1132	1.67	0.95	1.67
0.030	0.1139	1.50	0.94	1.50
0.040	0.1170	0.98	0.93	0.98
0.050	0.1201	0.72	0.91	0.72
0.060	0.1234	0.58	0.89	0.58
0.070	0.1271	0.49	0.87	0.49
0.080	0.1310	0.43	0.86	0.43
0.090	0.1353	0.39	0.84	0.39
0.100	0.1400	0.35	0.83	0.35
0.200	0.2052	0.24	0.69	0.24
0.300	0.2981	0.20	0.59	0.20
0.400	0.4112	0.18	0.51	0.18
0.500	0.5385	0.17	0.44	0.17
0.600	0.6756	0.15	0.39	0.15
0.700	0.8191	0.14	0.35	0.14
0.800	0.9667	0.13	0.31	0.13
0.900	1.1163	0.12	0.28	0.12
1.000	1.2666	0.11	0.25	0.11

표 11.15 회귀계수에 대한 OLS와 능형추정치: IMPORT 데이터(1949~1959)

	OLS($k=0$)		능형($k=0.04$)	
변수	표준화계수	원계수	표준화계수	원계수
상수	0	−10.1300	0	−8.5537
DOPROD	−0.3393	−0.0514	0.4196	0.0635
STOCK	0.2130	0.5849	0.2127	0.5859
CONSUM	1.3027	0.2868	0.5249	0.1156
	$R^2=0.992$		$R^2=0.998$	

표 11.13에서 보면, 세 값 모두에서 θ_1에 대한 부적절한 음(−)의 부호는 사라지고 계수 값은 안정화된 것을 볼 수 있다(k=0.016에서 0.359, k=0.04에서 0.42). 표 11.14를 통해서 잔차제곱합[SSE(k)]은 k=0일 때 0.081에서 k=0.016일 때 0.108, k=0.04일 때 0.117로 아주 미미하게 증가함을 알 수 있다. 또한 분산확대인자 $VIF_1(k)$와 $VIF_3(k)$는 약 185 주변 값으로부터 1에서 4 사이의 값으로 감소하였다. 따라서 0.016에서 0.04 사이의 k 값은 만족스러워 보인다.

```
ridge <- lm.ridge(IMPORT ~ DOPROD+STOCK+CONSUM, data = Import.S,
                  lambda = seq(0.04))
ridge$coef
```

표준화변수와 원변수에 대한 추정 회귀계수가 표 11.15에 요약되어 있다. 원회귀계수 $\hat{\beta}_j$는 표준화회귀계수 $\hat{\theta}_j$를 식 (11.24)에 적용하여 얻은 것이다. 예를 들어 $\hat{\beta}_1$은 다음과 같이 계산된다.

$$\hat{\beta}_1 = \frac{s_y}{s_1}\hat{\theta}_1 = \frac{4.5437}{29.9995} \times 0.4196 = 0.0635.$$

따라서 k=0.04로 설정하고 원변수에 적합한 능형회귀분석의 결과는 다음과 같다.

$$\text{IMPORT} = -8.5537 + 0.0635\,\text{DOPROD} + 0.5859\,\text{STOCK} + 0.1156\,\text{CONSUM}.$$

이 식은 변수 간의 회귀관계를 적절하게 표현하고 있는 것으로 판단된다. 이 데이터에 대해 능형회귀와 주성분회귀의 결과를 비교할 때, 두 방법에 따른 계산 방법이 상당히 다름에도 불구하고, 능형회귀에 의한 최종 예측식은 첫 두 개의 주성분을 사용하여 얻은 결과(표 11.9 참조)와 특별히 차이가 없다는 사실을 주목할 필요가 있다.

11.13 능형회귀: 검토 사항

능형회귀는 최소제곱에 의한 데이터 분석의 안정성을 판단해 주는 도구로 사용된다. 앞에서 지적한 것처럼 매우 높은 다중공선성 상황에서는 데이터의 작은 변화에도 회귀계수의 추정값이 매우 크게 변하게 된다. 능형회귀는 이러한 상황을 잘 드러내어 준다. 이러한 상황에서 최소제곱회귀는 매우 조심스럽게 사용되어야 한다. 능형회귀추정량은 데이터의 작은 교란에 대해 최소제곱회귀보다는 좀 더 로버스트(robust)하다. 능형회귀는 데이터의 작은 변화에 대한 최소제곱 회귀계수의 민감도(sensitivity)를 나타내어 준다.

능형추정량은 추정 데이터의 작은 변화에 영향을 받지 않는다는 관점에서 안정적이다. 능형추정회귀계수의 평균제곱오차가 더 작은 성질이 있기 때문에 OLS 추정량보다 회귀계수의 참값에 더 가깝다. 또한 추정에 사용되지 않았던 개체에 대한 반응변수의 예측값도 더 정확하다.

편향모수 k를 추정하는 것은 다소 주관적이다. k를 추정하는 많은 방법이 있지만 어떠한 방법이 가장 좋은가에 대한 기준은 없다. 능형모수 k를 선택하는 방법들은 데이터의 특이치 존재 여부에 영향을 받는다. 따라서 k를 추정하는 어떠한 방법을 선택하든지 간에 특이치를 잘 살펴보아야 할 것이다.

주성분방법과 마찬가지로, 어떠한 경우에 능형추정량이 OLS 추정량보다 더 좋은지에 대한 것은 모형의 회귀계수의 참값에 따라 다르다. 이러한 값들이 알려져 있지 않더라도, 심각한 다중공선성이 의심될 경우에는 능형분석을 추천한다. 능형회귀계수는 관심 사건의 이해를 향상시킬 수 있는 데이터에 대한 또 다른 해석을 제공해 준다.

능형회귀분석의 또 다른 현실적인 문제는 많은 통계 패키지에 구현되어 있지 않다는 것이다. 만일 통계 패키지에 능형분석의 과정이 구현되어 있지 않다면, 데이터를 약간 변형시킨 후 최소제곱법을 사용하여 얻을 수 있다. 회귀계수의 능형추정치는 $X_1^*, \ldots, X_p^*$에 대한 Y^*의 회귀를 통해 얻을 수 있다. 새로운 변수 Y^*는 $\widetilde{Y}$에 값이 0인 p개의 가상적 관측개체를 추가한 것이다. 같은 방식으로, X_j^*는 $\widetilde{X}_j$에 p개의 가상적 관측개체를 추가한 것으로, 가상적 관측개체 각각은 j번째 변수만 $\sqrt{k}$이고 나머지는 0이다. 여기에서 k는 능형모수로 선택된 값이다. 능형추정치 $\hat{\theta}_1(k), \ldots, \hat{\theta}_p(k)$는 $X_1^*, \ldots, X_p^*$에 대한 Y^*의 절편이 없는 최소제곱회귀모형을 통해 계산할 수 있다.

11.14 요약

OLS에 대한 두 가지 대안으로 능형회귀와 주성분회귀를 고려하였는데, 이들은 모두 분석대상 데이터에 대하여 단순한 회귀계수의 추정은 물론, 데이터의 구조에 관한 유용한 정보를 추가적으로 제공한다. 여기에서 우리는 설명변수 간의 상관계수행렬이 다중공선성을 탐색하거나 그의 효과를 분석하는 데 중요한 역할을 하고 있음을 보아왔다. 이들 방법에 의해 추정된 회귀계수들은 모두 편향되어 있지만 평균제곱오차(MSE)의 항목으로 보았을 때 OLS 추정값보다 일반적으로 더 높은 정확도를 가질 수 있다는 장점이 있다. 그러나 어떤 특정 회귀 문제에 대해 정밀도라는 측면에서 얻는 이득의 크기를 평가하기 위해서는 OLS 방법에 대한 이 두 접근방법의 비교가 필요한데 이를 위해서는 모회귀계수에 관한 지식이 요구된다는 점에서 실제로는 불가능한 일이라고 할 수 있다. 그럼에도 불구하고 심각한 다중공선성이 의심될 경우 OLS 추정값에 더해서 여기에서 설명한 추정방법 중의 적어도 하나 이상을 고려해 보는 것은 가치 있는 일이라고 할 수 있다. 이런 추정값은 통상적인 추정 방법에서는 알 수 없는 데이터에 관한 새로운 해석을 가능하게 할지도 모르기 때문이다.

주성분방법이나 능형회귀방법의 사용을 정당화시키는 강한 이론적 근거는 없다. 우리는 이러한 방법들이 심각한 다중공선성 상황에서 최소제곱분석방법의 적합성 여부를 판단해 주는 시각적 진단도구로 사용되기를 추천한다. 주성분방법이나 능형회귀분석이 분석 데이터가 불안정하다고 진단하면, 분석자는 먼저 변수의 수를 줄인 자료에 대한 최소제곱회귀를 고려해야 한다(제10장에서 지적한 것처럼). 최소제곱법이 여전히 불만족스럽다면(VIF 값이 크다든지, 회귀계수의 부호가 반대라든지, 상태수 값이 크다든지), 그때 주성분이나 능형회귀를 사용한다.

11.15 문헌목록에 관하여

이 장에서 고려된 주성분분석 기법들은 다변량 통계분석에 관한 여러 교재에 그 내용이 잘 정리되어 있다. 다만 회귀분석의 경우 주성분분석은 예측변수들만을 그 대상으로 한다는 점이 다르다고 할 수 있다. 이 기법은 예측변수 사이에 상호의존관계가 존재할 경우 이를 식별하고 그 내용을 특성화하는 데 주목적을 두고 있다. 주성분분석에 관한 포괄적인 논의를 위해서 독자는 아래 문헌 중 Johnson & Wichern(1992)이나 Seber(1984)를 참고하면 좋을 것이다. 이 장에서 설명한 내용을 수행해 주는 다양한 상업적 통계 패키지 프로그램이 있으므로 활용하기 바란다.

최근에 Jensen & Ramirez(2008)는 능형회귀가 안정된 회귀계수 추정치와 더 작은 VIF를 제공하여 잘못된 선형관계를 실제로 개선하고 있는지에 대해 의문을 제기하였다. 그들은 능형회귀 추정치의 개선된 방법으로 대체능형회귀(surrogate ridge regression) 방법을 제시하였다. 대체능형회귀에 대한 간략한 설명은 Hadi(2011)와 이 장의 부록을 참고하여라.

연습문제

11.1 이 책의 웹사이트에 있는 광고비 데이터(Advertising.txt)를 사용하여 다음에 답하여라.

(a) 식 (11.14)를 사용하여 얻어진 추정 회귀계수와 표준오차가 표 11.3에서 주어진 결과와 같음을 보여라.

(b) 식 (11.12)와 같이 5개의 주성분을 계산하여라.

(c) 표 11.4의 회귀 결과를 작성하고 확인하여라.

11.2 세 개의 예측변수 각각이 평균 0과 분산 1을 갖는 자료에서 다음과 같은 모형을 적합하였다고 가정하자.

$$Y = \beta_0 + \beta_1 X_1 + \beta_2 X_2 + \beta_3 X_3 + \epsilon. \tag{11.44}$$

세 예측변수의 상관행렬에 대한 고윳값은 1.93, 1.06, 0.01이고 대응되는 고유벡터는 표 11.16과 같다. 표 11.17은 주성분 C_1, C_2, C_3 와 Y 사이의 회귀모형 적합결과이다.

(a) 자료에 모형 (11.44)를 적합하였을 때 β_0의 최소제곱추정치를 계산하여라.

(b) 예측변수들에 공선성이 보이는지 설명하여라.

(c) 모형 (11.44)의 결정계수는 얼마인가?

(d) 주성분 C_1을 계산하기 위해 사용된 식은 무엇인가?

(e) 모형 (11.44)의 $\hat{Y}_{PC}$ 예측을 위한 주성분들을 도출하여라.

표 11.16 모형 (11.44)에서 세 예측변수 상관행렬의 고유벡터

	V_1	V_2	V_3
X_1	0.500	−0.697	0.514
X_2	0.484	0.717	0.501
X_3	0.718	0.002	−0.696

표 11.17 주성분 C_1, C_2, C_3과 Y 사이의 회귀모형 적합결과

분산분석표				
요인	제곱합	자유도	평균제곱	F-검정
회귀	86.6542	3	28.8847	225
잔차	12.3458	96	0.128602	
회귀계수표				
변수	계수	표준오차	t-검정	p-값
C_1	0.67	0.03	25.9	0.0001
C_2	-0.02	0.03	-0.56	0.5782
C_3	-0.56	0.37	-1.53	0.1291

11.3 표 10.11에 주어진 고유벡터를 참고하여 다음에 답하여라.

(a) 이 데이터를 분석하기 위하여 몇 개의 주성분을 사용하겠는가?

(b) 사용한 주성분 중 두 개의 식을 써 보아라.

11.4 Longley(1967)의 데이터는 다중공선성 데이터의 대표적인 예이다. 이 데이터는 반응변수 S와 6개의 설명변수 X_1, ..., X_6로 구성되어 있다. 데이터는 이 책의 웹사이트에서 얻을 수 있다(longley.txt). 최초의 모형은 다음과 같다.

$$Y = \beta_0 + \beta_1 X_1 + \cdots + \beta_6 X_6 + \epsilon. \tag{11.45}$$

원변수들을 표준화변수로 변환하면 다음과 같이 쓸 수 있다.

$$\widetilde{Y} = \theta_1 \widetilde{X}_1 + \cdots + \theta_6 \widetilde{X}_6 + \epsilon'. \tag{11.46}$$

(a) 최소제곱법을 이용하여 (11.46)의 모형을 적합하여라. 데이터로부터 어떠한 결론을 얻을 수 있는가?

(b) 모형 (11.46)를 이용하여 얻은 결과로부터 모형 (11.45)의 회귀계수에 대한 최소제곱추정치를 계산하여라.

(c) 최소제곱법을 이용하여 모형 (11.45)을 적합시키고 (b)에서 얻은 결과와 일치하는지 확인하여라.

(d) 6개의 예측변수에 대한 상관행렬을 계산하고 산점도행렬을 그려 보아라. 다중공선성의 증거를 발견할 수 있는가?

(e) 6개의 예측변수에 대한 주성분과 주성분의 분산, 상태지수를 계산하여라. 데이터에 몇 개의 다중공선성 집합이 존재하는가? 각 다중공선성 집합에는 어떠한 변수들이 포함되어 있는가?

(f) 당신이 선택한 주성분의 수에 기초하여 모형 (11.45)와 (11.46)의 주성분 추정치를 계산하여라.

(g) 능형방법을 사용하여 능형궤적도를 만들어 보아라. 모형 (11.45)와 (11.46)에서의 회귀계수추정을 위한 적절한 k값은 무엇인가? 선택한 k값을 사용하여 모형 (11.45)와 (11.46)의 회귀계수에 대한 능형추정치를 계산하여라.

(h) 위에 세 가지 방법에서 각각 얻어진 추정치들을 비교하여라. 어떠한 추정치를 추천할지 설명하여라.

11.5 11.10절에서 논의되었던 Hald의 데이터를 이용하여 연습문제 11.4를 반복 수행하여 보라. 단, 원래 반응변수 Y와 네 개의 설명변수 $X_1, \ldots, X_4$를 사용하여라. 데이터는 이 책의 웹사이트에서 확인할 수 있다(Hald.txt).

11.6 Longley와 Hald의 데이터를 분석한 결과, 11.10절에서 제기되었던 문제점들을 발견하였는가?

11.7 이 책의 웹사이트에 있는 Collinear.data.txt를 다운로드하여라. 여기에는 종속변수 Y와 6개의 예측변수 $X_1, X_2, \ldots, X_6$로 구성되어 있다. 아래와 같이 다중공선성 분석을 실시하여라.

(a) X-변수들의 상태지수를 계산하여라. 다중공선성의 증거가 보이는가?

(b) 주성분들을 계산하고 모든 주성분을 예측변수로 하는 회귀모형을 적합하여라. 어떠한 주성분이 유의한가?

(c) 첫 두 주성분의 산점도를 작성하여라. 두 주성분 사이의 관계를 설명하는 주성분 간의 최소제곱회귀 기울기는 무엇이 되겠는가? 이유는 무엇인가?

(d) 자료에 몇 개의 다중공선성 집합이 존재하는가?

(e) 각 집합에 어떠한 변수들이 속해 있는가?

(f) 각 다중공선성 집합에서 변수들 사이의 관계는 어떠한가?

(g) 이 자료의 경우 다중공선성을 해결하기 위하여 몇 개의 주성분을 사용할 것인가?

(h) 예측변수와 Y 과의 관계를 설명하기 위하여 최종적으로 어떠한 모형을 추천하는가?

⊙ 부록: 11.A 주성분

여기에서는 다중공선성을 탐색하는 주성분 방법에 대해 행렬을 이용하여 설명하고자 한다.

11.A.1 모형

선형회귀모형은 다음과 같이 표현된다.

$$\mathbf{Y} = \mathbf{Z}\boldsymbol{\theta} + \boldsymbol{\varepsilon} \tag{11.A.1}$$

여기에서 $\mathbf{Y}$는 반응변수에 대한 크기 $n \times 1$ 관찰벡터, $\mathbf{Z} = (\mathbf{Z}_1, \cdots, \mathbf{Z}_p)$ 는 p 개의 예측변수들에 관해 얻어진 관측값들의 $n \times p$ 행렬, $\boldsymbol{\theta}$는 $p \times 1$의 회귀계수 벡터, ε은 $n \times 1$의 오차항 벡터라 하자. 여기에서 $E(\varepsilon) = 0$, $E(\varepsilon\varepsilon^T) = \sigma^2\mathbf{I}$이고 $\mathbf{I}$는 차수 n인 단위행렬이다. 또한 일반성을 잃지 않고 $\mathbf{Y}$와 $\mathbf{Z}$는 중심화되고 척도화되었으며, $\mathbf{Z}^T\mathbf{Z}$와 $\mathbf{Z}^T\mathbf{Y}$는 상관계수 행렬이라고 가정한다.[11)]

다음의 관계를 만족하는 정방행렬 $\mathbf{\Lambda}$와 $\mathbf{V}$가 있다.[12)]

$$\mathbf{V}^T(\mathbf{Z}^T\mathbf{Z})\mathbf{V} = \mathbf{\Lambda} \quad \text{그리고} \quad \mathbf{V}^T\mathbf{V} = \mathbf{V}\mathbf{V}^T = \mathbf{I} \tag{11.A.2}$$

여기에서 $\mathbf{\Lambda}$는 상관행렬 $\mathbf{Z}^T\mathbf{Z}$의 순서화된 고윳값을 대각원소로 갖는 대각행렬이다. 이러한 고윳값은 다음과 같이 표현된다. $\lambda_1 \geq \lambda_2 \geq \cdots \geq \lambda_p$. V는 p개의 고윳값에 대응하는 정규화된 고유벡터들이 열로 구성된 행렬이다. $\mathbf{V}\mathbf{V}^T = \mathbf{I}$이므로, (11.A.1)의 회귀모형은 주성분의 항으로 다음과 같이 재표현할 수 있다.

$$\mathbf{Y} = \mathbf{Z}\mathbf{V}\mathbf{V}^T\boldsymbol{\theta} + \boldsymbol{\varepsilon} = \mathbf{C}\boldsymbol{\alpha} + \boldsymbol{\varepsilon} \tag{11.A.3}$$

여기에서,

$$\mathbf{C} = \mathbf{Z}\mathbf{V} \quad \text{그리고} \quad \boldsymbol{\alpha} = \mathbf{V}^T\boldsymbol{\theta} \tag{11.A.4}$$

---

11) Z_j는 원변수 X_j를 다음과 같이 변환하여 얻어진다. $z_{ij} = (x_{ij} - \bar{x}_j)/\sqrt{\sum(x_{ij} - \bar{x}_j)^2}$, 즉 Z_j는 중심화되고 단위길이를 갖도록 척도화되었다. 즉, $\sum z_{ij}^2 = 1$.

12) Strang(1988)이나 Hadi(1996)을 참고하여라.

행렬 $\mathbf{C}$는 p개의 열 $\mathbf{C}_1, \cdots, \mathbf{C}_p$로 구성되며, 각각은 예측변수 $\mathbf{Z}_1, \cdots, \mathbf{Z}_p$의 선형함수이다. $\mathbf{C}$의 열들은 직교이며 예측변수 $\mathbf{Z}_1, \cdots, \mathbf{Z}_p$의 주성분이라고 한다. $\mathbf{C}$의 열들은 $\mathbf{C}_j^T\mathbf{C}_j = \lambda_j$이고 $\mathbf{C}_i^T\mathbf{C}_j = 0$, for $i \neq j$이다.

주성분과 고윳값들은 예측변수 사이의 공선성을 탐색하고, 이를 분석하는 데 이용될 수 있다. 식 (11.A.3)에 주어진 회귀모형은 서로 직교하는 예측변수들을 통해 식 (11.A.1)을 재모수화하여 표현한 것이다. 고윳값 λ들은 대응되는 주성분들의 표본분산이 된다. 따라서 만약 $\lambda_j = 0$이라면, j번째 주성분에 대한 모든 관찰값들 또한 0이 된다. 따라서 j번째 주성분은 예측변수들의 한 선형결합함수이므로 $\lambda_j = 0$이라고 함은 이는 예측변수들 사이에 정확한 선형적인 의존관계가 있음을 나타내고, λ_j 가 매우 작은 값(근사적으로 0)을 취하면 이는 예측변수 간에 근사적인 선형관계가 있음을 알 수 있다. 다시 말해 작은 고윳값은 곧 다중공선성을 지적한다는 뜻이다. 이에 더하여, 식 (11.A.4)으로부터 다음 관계식을 얻을 수 있다.

$$\mathbf{C}_j = \sum_{i=1}^{p} v_{ij} Z_i$$

이는 다중공선성을 일으키는 예측변수 간의 선형관계의 구체적인 형태를 식별하는 데에 사용된다.

11.A.2 $\hat{\theta}$의 선형함수의 정확도

모수 α, θ에 대한 최소제곱추정량을 각각 $\hat{\alpha}$, $\hat{\theta}$이라고 할 때, $\hat{\alpha} = \mathbf{V}^T\theta$, 또는 역으로 $\hat{\boldsymbol{\theta}} = \mathrm{V}\hat{\boldsymbol{\alpha}}$가 됨을 증명할 수 있다. 여기에서 $\hat{\alpha} = (\mathbf{C}^T\mathbf{C})^{-1}\mathbf{C}^T\mathbf{Y}$이고, $\hat{\alpha}$의 공분산행렬은 $\mathbf{V}(\hat{\boldsymbol{\alpha}}) = \mathbf{\Lambda}^{-1}\sigma^2$이므로, $\hat{\theta}$의 공분산행렬은 $\mathbf{V}(\hat{\boldsymbol{\theta}}) = \mathbf{V}\mathbf{\Lambda}^{-1}\mathbf{V}^T\sigma^2$가 된다. 여기에서 $\boldsymbol{L}$을 임의의 $p \times 1$ 상수벡터라 할 때, 선형함수 $\delta = \mathbf{L}^T\theta$의 최소제곱추정량은 $\hat{\delta} = \mathbf{L}^T\hat{\boldsymbol{\theta}}$이고, 그의 분산은 다음과 같다.

$$Var(\hat{\delta}) = \sigma^2 \mathbf{L}^T\mathbf{V}\mathbf{\Lambda}^{-1}\mathbf{V}^T\mathbf{L} \tag{11.A.5}$$

행렬 V의 j번째 열을 $\boldsymbol{V}_j$로 표기하자. 그러면 $\boldsymbol{L}$은 적절히 선택한 상수 $r_1, \ldots, r_p$에 대

해 다음과 같이 표현된다.

$$\mathbf{L} = \sum_{j=1}^{p} r_j \mathbf{V}_j$$

그러면 식 (11.A.5)는 $Var(\hat{\delta}) = \sigma^2 \mathbf{R}^T \mathbf{\Lambda}^{-1} \mathbf{R}$, 또는 다음과 같이 쓸 수 있다.

$$Var(\hat{\delta}) = \left(\sum_{j=1}^{p} \frac{r_j^2}{\lambda_j} \right) \sigma^2 \tag{11.A.6}$$

여기에서 $\mathbf{\Lambda}^{-1}$는 $\mathbf{\Lambda}$의 역행렬이다.

요약하면, $\hat{\delta}$의 분산은 고윳값의 역수들의 선형결합 형태를 취하게 된다. 따라서 만약 고윳값 중의 어느 것도 0에 가깝지 않거나, λ_j 가 작을 경우 $r_j{}^2$가 기껏해서 λ_j 만큼의 작을 값을 가지면 $\hat{\delta}$는 높은 정밀도를 가진 추정량이 될 것이다. 더욱이 적절한 상수벡터 $\mathbf{L}$을 선택하는 일은 항상 가능하고, 이에 따라 $\hat{\theta}$ 의 선형함수의 선정 또한 자유롭기 때문에 하나 또는 두 개의 고윳값이 작다고 하더라도 이것들이 추정량의 분산에 대해 가지는 악영향은 적절한 $\mathbf{L}$의 선택을 통해 감소시킴으로써 정확도가 높은 $\mathbf{L}^T\hat{\boldsymbol{\theta}}$을 얻는 데는 아무 문제가 없다. 이런 개념들과 연관된 좀 더 상세한 내용을 위해서는 Silvey(1969)를 참조하기 바란다.

부록: 11.B 능형회귀

이 부록에서는 능형회귀방법을 행렬 표현으로 설명할 것이다.

11.B.1 모형

식 (11.A.1)과 같은 회귀모형을 고려하자. θ 에 대한 최소제곱추정량은 $\hat{\boldsymbol{\theta}} = (\mathbf{Z}^T\mathbf{Z})^{-1}\mathbf{Z}^T\mathbf{Y}$이며, 다음 관계를 증명할 수 있다.

$$E[(\hat{\boldsymbol{\theta}} - \boldsymbol{\theta})^T(\hat{\boldsymbol{\theta}} - \boldsymbol{\theta})] = \sigma^2 \sum_{j=1}^{p} \lambda_j^{-1} \tag{11.B.1}$$

단, $\lambda_1 \geq \lambda_2 \geq \cdots \geq \lambda_p$는 $\mathbf{Z}^T\mathbf{Z}$의 고윳값들이다. 여기에서 식 (11.A.2)의 좌변을 **전체평균**

제곱오차(total mean square error)라고 부르는데, 이는 회귀계수의 최소제곱추정량들이 그들 각각의 모회귀계수들로부터 떨어져 있는 거리의 제곱들을 평균적으로 재는 척도가 된다.

11.B.2 다중공선성의 효과

제10장과 부록 10.A에서 다중공선성은 예측변수 간의 상관행렬에서 작은 고윳값이 가지는 것과 동일한 내용으로 해석하였다. 식 (11.B.1)을 고려할 경우 하나 또는 그 이상의 λ들이 매우 작게 되면 $\hat{\theta}$에 관한 전체평균제곱오차가 크게 되고, 이는 곧 최소제곱추정량의 부정확도를 나타내게 된다. 능형회귀 접근방법은 전체평균제곱오차의 값을 작게 하는 일종의 대체 추정량을 구축하는 시도로 해석할 수 있다.

11.B.3 능형회귀추정량

Hoerl and Kennard(1970)는 모수 ($k > 0$)를 지표로 하는 다음과 같은 추정량들의 족(family)을 제안하였다. 주어진 값 k에 대해 능형추정량들의 벡터 $\hat{\theta}(k)$는 다음 식과 같고,

$$\hat{\boldsymbol{\theta}}(k) = (\mathbf{Z}^T\mathbf{Z} + k\mathbf{I})^{-1}\mathbf{Z}^T\mathbf{Y} = (\mathbf{Z}^T\mathbf{Z} + k\mathbf{I})^{-1}\mathbf{Z}^T\mathbf{Z}\hat{\boldsymbol{\theta}} \tag{11.B.2}$$

이때, $\hat{\theta}(k)$의 기댓값과 공분산행렬은 다음과 같이 주어진다.

$$E[\hat{\boldsymbol{\theta}}(k)] = (\mathbf{Z}^T\mathbf{Z} + k\mathbf{I})^{-1}\mathbf{Z}^T\mathbf{Z}\boldsymbol{\theta} \tag{11.B.3}$$

$$Var[\hat{\boldsymbol{\theta}}(k)] = (\mathbf{Z}^T\mathbf{Z} + k\mathbf{I})^{-1}\mathbf{Z}^T\mathbf{Z}(\mathbf{Z}^T\mathbf{Z} + k\mathbf{I})^{-1}\sigma^2 \tag{11.B.4}$$

k의 함수인 $\mathrm{VIF}_j(k)$는 행렬 $(\mathbf{Z}^T\mathbf{Z} + k\mathbf{I})^{-1}\mathbf{Z}^T\mathbf{Z}(\mathbf{Z}^T\mathbf{Z} + k\mathbf{I})^{-1}$의 j번째 대각원소이다.

한편, 잔차제곱합은 다음과 같이 표현되며,

$$\begin{aligned} \mathrm{SSE}(k) &= (\mathbf{Y} - \mathbf{Z}\hat{\boldsymbol{\theta}}(k))^T(\mathbf{Y} - \mathbf{Z}\hat{\boldsymbol{\theta}}(k)) \\ &= (\mathbf{Y} - \mathbf{Z}\hat{\boldsymbol{\theta}})^T(\mathbf{Y} - \mathbf{Z}\hat{\boldsymbol{\theta}}) + (\hat{\boldsymbol{\theta}}(k) - \hat{\boldsymbol{\theta}})^T\mathbf{Z}^T\mathbf{Z}(\hat{\boldsymbol{\theta}}(k) - \hat{\boldsymbol{\theta}}) \end{aligned} \tag{11.B.5}$$

전체 평균제곱오차는 아래와 같다.

$$\begin{aligned}\text{TMSE}(k) &= E[(\hat{\boldsymbol{\theta}}(k)-\boldsymbol{\theta})^T(\hat{\boldsymbol{\theta}}(k)-\boldsymbol{\theta})] \\ &= \sigma^2 \text{ trace}[(\mathbf{Z}^T\mathbf{Z}+k\mathbf{I})^{-1}\mathbf{Z}^T\mathbf{Z}(\mathbf{Z}^T\mathbf{Z}+k\mathbf{I})^{-1}] \\ &\quad + k^2\boldsymbol{\theta}^T(\mathbf{Z}^T\mathbf{Z}+k\mathbf{I})^{-2}\boldsymbol{\theta} \\ &= \sigma^2\sum_{j=1}^{p}\lambda_j(\lambda_j+k)^{-2}+k^2\boldsymbol{\theta}^T(\mathbf{Z}^T\mathbf{Z}+k\mathbf{I})^{-2}\boldsymbol{\theta} \qquad (11.B.6)\end{aligned}$$

식 (11.B.6)에서 마지막 우변의 첫 부분은 벡터 $\hat{\theta}(k)$의 원소별 분산들의 합(총분산)이며, 둘째 부분은 편향량의 제곱에 해당한다. Hoerl and Kennard(1970)는 다음 관계를 만족하는 양수 k가 존재함을 증명하였다.

$$E[(\hat{\boldsymbol{\theta}}(k)-\boldsymbol{\theta})^T(\hat{\boldsymbol{\theta}}(k)-\boldsymbol{\theta})] < E[(\hat{\boldsymbol{\theta}}-\boldsymbol{\theta})^T(\hat{\boldsymbol{\theta}}-\boldsymbol{\theta})]$$

즉, 능형추정량 $\hat{\theta}(k)$의 평균제곱오차는 OLS 추정량 $\hat{\theta}$의 평균제곱오차보다 작다는 것이다. 그들은 능형궤적도나 $\hat{\theta}(k)$에 대한 요약통계량들, 즉 SSE(k), VIF$_j$(k) 등을 살펴봄으로써 적절한 k를 선택할 수 있음을 지적하였다. 선택되는 적절한 값 k는 $\hat{\theta}(k)$가 전체적으로 안정적인 상태를 유지하게 하는 k값 중 최소의 값이 된다. 이에 부가하여, 선택된 k에서 잔차제곱합은 가능한 최소잔차제곱합에 가깝게 유지되어야 하며, 제10장에서 논의한 것처럼 분산확대인자는 10보다 작아야 한다.

능형추정량은 여러 방향으로 일반화되어 왔다. 이들 모두를 총칭하여 **축소추정량**(shrinkage estimator)이라고 부르는데, 그 이유는 일반화된 절차들은 모두 회귀계수의 추정값을 0으로 축소시키는 경향이 있기 때문이다. 일반화된 능형추정의 한 예로써 예측변수들에 대한 주성분을 나타내는 행렬 $C = (C_1, \cdots, C_p)$ 의 항목으로 표현한 다음의 회귀모형을 생각해 보자(제10장의 부록 참조).

$$\mathbf{Y} = \mathbf{C}\boldsymbol{\alpha} + \boldsymbol{\varepsilon} \qquad (11.B.7)$$

단,

$$\begin{gathered}\mathbf{C} = \mathbf{Z}\mathbf{V}, \quad \boldsymbol{\alpha} = \mathbf{V}^T\boldsymbol{\theta}, \\ \mathbf{V}^T\mathbf{Z}^T\mathbf{Z}\mathbf{V} = \boldsymbol{\Lambda}, \quad \mathbf{V}^T\mathbf{V} = \mathbf{V}\mathbf{V}^T = \mathbf{I},\end{gathered} \qquad (11.B.8)$$

여기에서 Λ는 상관행렬 Z^TZ의 순서화된 고윳값들로 구성된 대각행렬이다. 즉,

$$\mathbf{\Lambda} = \begin{pmatrix} \lambda_1 & 0 & 0 & \cdots & 0 & 0 \\ 0 & \lambda_2 & 0 & \cdots & 0 & 0 \\ \vdots & \vdots & \vdots & \ddots & \vdots & \vdots \\ 0 & 0 & 0 & \cdots & \lambda_{p-1} & 0 \\ 0 & 0 & 0 & \cdots & 0 & \lambda_p \end{pmatrix}, \quad \lambda_1 \geq \lambda_2 \geq \cdots \geq \lambda_p$$

이때 (11.B.6)의 전체평균제곱오차는 다음과 같이 쓸 수 있다.

$$\begin{aligned} \text{TMSE}(k) &= E[(\hat{\boldsymbol{\theta}}(k) - \boldsymbol{\theta})^T(\hat{\boldsymbol{\theta}}(k) - \boldsymbol{\theta})] \\ &= \sigma^2 \sum_{j=1}^{p} \frac{\lambda_j}{(\lambda_j + k)^2} + \sum_{j=1}^{p} \frac{k^2\alpha_j^2}{(\lambda_j + k)^2} \end{aligned} \tag{11.B.9}$$

여기에서 $\alpha^T = (\alpha_1, \alpha_2, \cdots, \alpha_p)$. 이 장에서 설명한 능형회귀는 단 하나의 편향모수 k를 고려하고 있다. 따라서 단 하나의 k 대신 여러 개의 서로 다른 능형모수 $k_1, k_2, \cdots, k_p$를 도입하여 그 내용을 일반화시킨 경우를 생각할 수 있을 것이다. 즉, 이런 형식의 확장은 회귀계수 각각에 대해 능형모수를 따로 고려함으로써 앞에서의 스칼라 k는 벡터 꼴로 바뀌게 될 것이다. 이 경우 식 (11.B.9)에 주어진 전체 평균제곱오차는 $k = (k_1, k_2, \cdots, k_p)'$에 대해 다음과 같이 표현된다.

$$\begin{aligned} \text{TMSE}(\mathbf{k}) &= E[(\hat{\boldsymbol{\theta}}(\mathbf{k}) - \boldsymbol{\theta})^T(\hat{\boldsymbol{\theta}}(\mathbf{k}) - \boldsymbol{\theta})] \\ &= \sigma^2 \sum_{j=1}^{p} \frac{\lambda_j}{(\lambda_j + k_j)^2} + \sum_{j=1}^{p} \frac{k_j^2\alpha_j^2}{(\lambda_j + k_j)^2} \end{aligned} \tag{11.B.10}$$

식 (11.B.10)과 같은 전체평균제곱오차는 $k_j = \sigma^2/\alpha_j^2, j = 1, 2, \cdots, p$일 때 최소가 된다. 이와 같이 전체평균제곱오차를 최소로 하는 p개의 능형모수를 얻기 위해 반복적 추정 절차를 이용할 것이 제안되었다. 이는 첫 단계로 σ^2과 α_j의 통상적 최소제곱추정값을 이용하여 일단 k_j들을 계산한 후, 이 k_j들에 기초하여 다음과 같은 새로운 추정값을 계산한다.

$$\hat{\alpha}(\mathbf{k}) = (\mathbf{C}^T\mathbf{C} + \mathbf{K})^{-1}\mathbf{C}^T\mathbf{Y}$$

이런 과정은 $\hat{\alpha}(k)$에 있는 원소들의 변화가 무시할 수 있을 정도로 작게 되어 안정적으로 될 때까지 반복된다. 끝으로 이렇게 얻은 $\hat{\alpha}(k)$를 식 (11.B.8)의 α 대신 대입하여 θ에 대한 일반화 능형추정값을 얻게 된다.

$$\hat{\boldsymbol{\theta}}(\mathbf{k}) = \mathbf{V}\hat{\alpha}(\mathbf{k}) \tag{11.B.11}$$

통상적 최소제곱회귀 방법에 대한 대안으로써 지금까지 설명한 두 유형의 능형추정량(단 하나의 k와, p개의 k들을 사용한)을 포함한 몇 가지 기법들이 Dempster et al.(1977)에 의해 토론된 바 있다. 또한 서로 다른 기법들은 몬테칼로 방법을 통하여 비교, 평가되었다. 일반적으로 어떤 한 문제에 대해 최선의 추정 방법을 선택하는 문제는 결국 구축된 모형과 사용된 데이터에 의존한다고 할 수 있다. Dempster et al.(1977)은 일단 데이터가 주어졌을 때 이에 대한 최선의 추정 방법을 선정하는 방법에 대해 몇 가지를 언급한 바 있다. 본문에서 설명한 바와 같이 현재로서 우리가 선호하는 것은 능형궤적도를 조사한 후 이에 기초하여 적절한 한 값 k를 일단 선택하고, 이 값을 이용하여 가장 단순한 능형추정법을 적용하는 것이다.

부록: 11.C 대체 능형회귀

Jensen & Ramirez(2008)가 제안한 대체 능형회귀에 대해 간단하게 설명하고자 한다. 그들은 능형회귀가 안정된 회귀계수 추정치와 더 작은 VIF를 제공하여 잘못된 선형관계를 실제로 개선하고 있는지에 대해 의문을 제기하였다. 식 (11.B.2)의 능형 추정치는 아래 선형 시스템의 해(solution)이다.

$$(\mathbf{Z}^T\mathbf{Z}+k\mathbf{I}_P)\beta = \mathbf{Z}^T\mathbf{Y} \tag{11.C.1}$$

식 (11.C.1) 왼쪽에 있는 행렬 $(\mathbf{Z}^T\mathbf{Z} + k\mathbf{I}_P)$의 상태지수는 $\sqrt{(\lambda_1 + k)/(\lambda_p + k)}$ 이며, 이는 $\mathbf{Z}^T\mathbf{Z}$의 상태지수인 $\sqrt{\lambda_1/\lambda_p}$ 보다는 작다. 따라서 $\mathbf{Z}^T\mathbf{Z}$의 대각원소에 k를 더하는 것은 상태지수 값을 감소시키게 된다. 그러나 식 (11.C.1)의 오른쪽에 있는 행렬 $\mathbf{Z}$는 여전히 문제를 발생시킬 수 있다. 식 (11.C.1)의 오른쪽을 개선하기 위하여 Jensen & Ramirez는 식 (11.A.1)의 모형을 아래 식 (11.C.2)로 대체(surrogate)하였다.

$$\mathbf{Y} = \mathbf{Z}_k\beta + \epsilon \tag{11.C.2}$$

여기에서 $\mathbf{Z}_k = \mathbf{U}(\Lambda + k\mathbf{I}_P)^{1/2}\mathbf{V}^T$이고 행렬 $\mathbf{U}$와 $\mathbf{V}$는 $\mathbf{Z}=\mathbf{UDV}^T$의 비정칙치분해(singular value decomposition)를 통해 얻어진 것이다(Golub & van Loan, 1989를 참고). 여기에서

$\mathbf{D}^T\mathbf{U}=\mathbf{V}^T\mathbf{V}=\mathbf{I}_p$이고 $\mathbf{D}$는 $\mathbf{Z}$의 순서화된 비정칙치를 포함하고 있는 대각행렬이다. X의 비정칙치를 제곱한 것은 $\mathbf{Z}^T\mathbf{Z}$의 고윳값과 같다. 즉 $\mathrm{D}^2 = \Lambda$ 이다.

$\mathbf{Z}_K^T\mathbf{Z}_k = \mathbf{Z}^T\mathbf{Z}+k\mathbf{I}_p$이므로 식 (11.C.2)의 최소제곱 회귀추정치는 아래 선형시스템의 해가 된다.

$$(\mathrm{Z}^T\mathbf{Z}+k\mathbf{I}_p)\beta = \mathbf{Z}_K^T\mathbf{Y} \tag{11.C.3}$$

따라서 추정치는 다음과 같다.

$$\hat{\beta}(k) = (\mathbf{Z}^T\mathbf{Z}+k\mathbf{I}_p)^{-1}\ \mathbf{Z}_K^T\mathbf{Y} \tag{11.C.4}$$

Jensen & Ramirez(2008)는 식 (11.C.4) 대체 능형회귀추정치 β_s의 특성에 대해 연구하였고, 사례 분석을 통하여 식 (11.B.2)의 전통적인 능형추정치 $\hat{\beta}(k)$보다 더 개선됨을 설명하였다. 예를 들어, 그들은 대체 능형회귀추정치에 다음과 같은 특성을 발견하였다. 이는 기존 능형추정치 $\hat{\beta}(k)$에서는 성립되지 않는다. (a) $\| \hat{\beta}(k) \|$ 의 분산은 k에 대해 단조증가한다. (b) VIF의 최댓값은 k에 대해 단조감소한다.

부록: 11.D SAS 코드

```
LIBNAME mysas "C:\temp\SAS_Data";

/*****************************
* 11.2
*****************************/

PROC IMPORT DATAFILE="C:\temp\RABE6\Import.txt" OUT=mysas.Import
            DBMS=TAB REPLACE;
RUN;

DATA mysas.Import_A;
    SET mysas.Import;
    IF YEAR <= 59;
RUN;

/* 표 11.1 */

PROC PRINCOMP DATA=mysas.Import_A OUT=pc;
    VAR DOPROD STOCK CONSUM;
```

```
RUN;

/******************************
* 11.3
******************************/

PROC IMPORT DATAFILE="C:\temp\RABE6\Advertising.txt"
            OUT=mysas.Advertising DBMS=TAB REPLACE;
RUN;

/* 표 11.2 */

PROC PRINCOMP DATA=mysas.Advertising OUT=pc;
    VAR At Pt Et At_1 Pt_1;
RUN;

/* 표 11.3 */

PROC REG DATA=mysas.Advertising;
    MODEL St = At Pt Et At_1 Pt_1 / STB;
RUN;

/* 표 11.4 */

PROC STANDARD DATA=pc MEAN=0 STD=1 OUT=pc_A;
    VAR St;
RUN;

PROC REG DATA=pc_A;
    MODEL St = Prin1-Prin5;
RUN;

/******************************
* 11.4
******************************/

/* 표 11.5, 그림 11.1, 그림 11.2 */

DATA mysas.Import_A;
     SET mysas.Import_A;
     NEWVAR = DOPROD+CONSUM;
RUN;

PROC REG DATA=mysas.Import_A;
    MODEL IMPORT = STOCK NEWVAR / STB;
    PLOT RSTUDENT.*OBS.;
```

```
    PLOT RSTUDENT.*PREDICTED.;
RUN;

/* 상관계수, 고윳값 */

PROC PRINCOMP DATA=mysas.Import_A;
    VAR STOCK NEWVAR;
RUN;

/* 제약조건하에서의 추정과 검정 */

PROC REG DATA=mysas.Import_A;
    MODEL IMPORT = DOPROD STOCK CONSUM / STB;
    RESTRICT DOPROD = CONSUM;
RUN;

PROC REG DATA=mysas.Import_A;
    MODEL IMPORT = DOPROD STOCK CONSUM / STB;
    TEST DOPROD = CONSUM;
RUN;

/******************************
* 11.5
******************************/

/* 표 11.6 */


PROC REG DATA=mysas.Import_A;
    MODEL IMPORT = DOPROD STOCK / STB;
RUN;

/******************************
* 11.7
******************************/

/* 표 11.7 */

PROC REG DATA=mysas.Import_A;
    MODEL IMPORT = DOPROD STOCK CONSUM / STB;
RUN;

/* 표 11.8 */

PROC STANDARD DATA=mysas.Import_A MEAN=0 STD=1 OUT=mysas.Import_S;
    VAR IMPORT DOPROD STOCK CONSUM;
```

```
RUN;

PROC PRINCOMP DATA=mysas.Import_S OUT=pc;
    VAR DOPROD STOCK CONSUM;
RUN;

PROC STANDARD DATA=pc MEAN=0 STD=1 OUT=pc_A;
    VAR IMPORT;
RUN;

PROC REG DATA=pc_A;
    MODEL IMPORT = Prin1-Prin3;
RUN;

/*****************************
* 11.8
*****************************/

PROC REG DATA=pc_A;
    MODEL IMPORT = Prin1;
RUN;
PROC REG DATA=pc_A;
    MODEL IMPORT = Prin1 Prin2;
RUN;

/* 표 11.9 */

PROC REG DATA=mysas.Import_S OUTSEB OUTEST=a PCOMIT=2;
    MODEL IMPORT = DOPROD STOCK CONSUM;
RUN; QUIT;

PROC PRINT DATA=a;
RUN;

PROC REG DATA=mysas.Import_S OUTSEB OUTEST=a PCOMIT=1;
    MODEL IMPORT = DOPROD STOCK CONSUM;
RUN; QUIT;

PROC PRINT DATA=a;
RUN;

/*****************************
* 11.9
*****************************/

PROC REG DATA=mysas.Import_A;
```

```
    MODEL IMPORT = DOPROD STOCK CONSUM / STB;
    RESTRICT DOPROD = 0.69*CONSUM;
RUN;

/*****************************
* 11.10
*****************************/

/* 표 11.10 */

PROC IMPORT DATAFILE="C:\temp\RABE6\Hald.txt" OUT=mysas.Hald
            DBMS=TAB REPLACE;
RUN;

PROC PRINCOMP DATA=mysas.Hald OUT=pc;
    VAR X1 X2 X3 X4;
RUN;

/* 그림 11.3 */

PROC IMPORT DATAFILE="C:\temp\RABE6\Hald_U.txt" OUT=mysas.Hald_U
            DBMS=TAB REPLACE;
RUN;

SYMBOL1 V=DOT CV=BLUE H=1;
PROC GPLOT DATA=mysas.Hald_U;
    PLOT U * (C1-C4);
RUN;

/* 표 11.11 */

PROC REG DATA=mysas.Hald_U;
    MODEL U = C1-C4 / STB;
RUN;

/* 표 11.12 */

PROC REG DATA=mysas.Hald_U;
    MODEL U = C1-C3 / STB;
RUN;

/*****************************
* 11.12
*****************************/

/* 그림 11.4, 표 11.13, 표 11.14 */
```

```
PROC REG DATA=mysas.Import_S PLOTS=RIDGE(UNPACK VIFaxis=log) OUTVIF
         OUTEST=a RIDGE=0 TO 1 BY 0.001;
    MODEL IMPORT = DOPROD STOCK CONSUM;
RUN; QUIT;

/* 표 11.15 */

PROC REG DATA=mysas.Import_S OUTSEB OUTEST=b RIDGE=0.04;
    MODEL IMPORT = DOPROD STOCK CONSUM;
RUN; QUIT;

PROC PRINT DATA=b;
RUN;
```

Chapter 12

변수선택의 절차

Variable Selection Procedure

12.1 소개

회귀 문제에 관한 지금까지의 토론에서 모형에 포함되는 예측변수들은 분석에 앞서 미리 확정되어 있는 것으로 간주하였다. 이런 전제하에서 주요 관심은 회귀모수들에 관한 추론과 더불어 구축된 모형이 가지는 함수적 형태가 올바른지, 그리고 오차항에 대한 가정들이 타당한지의 여부에 관한 것들이었다. 그러나 대부분의 실제 응용에 있어 회귀모형에 포함되는 변수들은 사전에 미리 결정되는 것이 아니며, 이들 변수를 선정하는 일 자체가 분석의 첫 단계가 된다. 회귀모형에 포함되는 변수들이 연구에 관련된 이론이나 혹은 다른 고려에 의해 결정되는 경우라면 더 이상 변수의 선택 문제는 발생하지 않게 될 것이다. 그러나 해당 연구 분야에 대해 명백한 이론이 없을 경우, 회귀모형에서 변수의 선택은 당연히 가장 우선적으로 해결해야 될 중요한 과제로 대두하게 된다.

변수의 선택과 회귀모형에서 이들의 함수 형태에 관한 문제는 서로 연결되어 따로 뗄 수 없는 관계에 있다. 회귀모형의 함수 형태를 공식화함에 있어 고려해야 될 중요한 사항은 어떤 변수들이 어떤 함수 꼴로 모형에 들어가느냐 하는 것이다. 예로 어느 변수가 원래의 형태 X 그대로 모형에 들어가느냐, 혹은 X^2, 혹은 $\log X$등의 변환된 꼴을 취하느냐는 식의 문제이다. 이상적으로 이들은 동시에 해결해야 할 과제지만, 논리 전개의 단순성을 감안하여 이 두 문제를 단계적으로 처리하는 것이 좋다. 먼저 회귀방정식에 포함될 변수를 일단 결정한 후, 그 변수에 대한 적절한 함수 형태를 살펴볼 것이다. 이와 같은 접근은 방법론에서의 단순화뿐 아니라 변수선택의 문제를 다루기 쉽게 해준다. 일단 방정식에 포함될 변수들이 결정되면 앞의 여러 장에서 설명한 방법을 이용하여 적절한 함수 형태를 선택하게 될 것이다.

12.2 변수선택 문제의 정식화

q개의 예측변수 $X_1, X_2, \ldots, X_q$와 하나의 반응변수 Y에 관한 다음 형식의 선형회귀모형을 고려하자.

$$y_i = \beta_0 + \sum_{j=1}^{q} \beta_j x_{ij} + \epsilon_i, \tag{12.1}$$

여기에서 β_j는 모수이고 ϵ_i는 모형에서 랜덤오차항이다. 여기에서 전체 q개의 가능한 예측변수를 모두 포함하는 모형을 고려하는 대신 이들 중 일부를 버리고 나머지 변수들만을 이용하여 회귀방정식을 구축하는 것을 생각할 수 있다. 이 장에서는 어떤 예측변수들을 회귀방정식에 보유시킬 것인가, 혹은 어떤 예측변수를 버릴 것인가를 결정하는 문제를 다룬다. 편의상 방정식에서 보유되어지는 p개의 예측변수들을 $X_1, X_2, \ldots, X_p$, 그리고 제거되는 변수들을 $X_{P+1}, X_{p+2}, \ldots, X_q$라고 표시하기로 한다. 다음과 같은 두 가지 유형의 일반적인 조건에서 예측변수를 제거함으로써 일어나는 효과를 살펴보기로 한다.

1. 회귀모형에서 Y와 X들을 연결시키는 모든 모회귀계수 $\beta_0, \beta_1, \ldots, \beta_q$가 0이 아니다.
2. 회귀모형에서 $\beta_0, \beta_1, \ldots, \beta_p$는 0이 아니지만, $\beta_{p+1}, \beta_{p+2}, \ldots, \beta_q$는 0이다.

여기에서 식 (12.1)과 같이 모든 예측변수가 포함된 완전모형 대신 다음과 같이

$$y_i = \beta_0 + \sum_{j=1}^{p} \beta_j x_{ij} + \epsilon_i \tag{12.2}$$

예측변수들의 일부분만을 포함하는 부분모형(subset model; 혹은 축소모형)을 데이터에 적합시키는 것을 생각해 보자. 여기에서 주요 관심은 위에서 서술한 두 가지 서로 다른 상황이 완전모형과 부분모형에 대한 적합에 어떤 영향을 미치는가 하는 것이다. 두 가지 영향이란, 첫째 0이 아닌 모회귀계수에 대응되는 예측변수를 모형에 포함하지 않음으로 인한 효과와, 둘째 0의 모회귀계수를 가지는 예측변수를 제거하지 못하고 모형에 포함시킴으로써 일어나는 효과를 의미한다. 우선 예측변수의 제거가 모회귀계수의 추정과 반응변수값의 예측이라는 두 측면에 미치는 효과를 살펴본다. 회귀방정식에서 중요하지 않은 변수를 보유하거나 혹은 중요한 변수를 제거함으로 인한 효과를 잘 이해하고 있다면 예측변수의 선택 문제는 연구자에게 훨씬 명백해질 수 있기 때문이다.

12.3 변수제거의 결과

식 (12.1)의 완전모형에 따라 q개의 예측변수 $X_1, X_2, \ldots, X_q$ 모두를 이용하여 데이터를 적합시킬 경우에 회귀계수의 최소제곱추정값을 $\hat{\beta}_0^*, \hat{\beta}_1^*, \ldots, \hat{\beta}_q^*$라고 하고, 식 (12.2)의 부분모형에 있는 p개의 예측변수 $X_1, X_2, \ldots, X_p$를 이용할 때의 최소제곱추정값을 $\hat{\beta}_0, \hat{\beta}_1, \ldots, \hat{\beta}_p$로 표기하자. 그리고 예측변수들의 어느 한 관측값$(x_{i1}, x_{i2}, \ldots, x_{iq})$에 대하여, 완전모형과 부분모형에 따른 예측값을 각각 $\hat{y}_i^*$와 $\hat{y}_i$이라고 하자. 이때 예측변수의 일부를 제거할 때 일어나는 결과들을 요약하면 다음과 같다. 회귀계수 $\beta_{p+1}, \beta_{p+2}, \ldots, \beta_q$ 들이 동시에 모두 0이거나, 예측변수 $X_1, X_2, \ldots, X_p$들이 나머지 예측변수들 $X_{p+1}, X_{p+2}, \ldots, X_q$ 에 대해 직교하지 않은 한, $\hat{\beta}_0, \hat{\beta}_1, \ldots, \hat{\beta}_p$는 $\beta_0, \beta_1, \ldots, \beta_p$의 편향추정값이 된다. 이때 추정량 $\hat{\beta}_0^*, \hat{\beta}_1^*, \ldots, \hat{\beta}_p^*$의 정밀도는 $\hat{\beta}_0, \hat{\beta}_1, \ldots, \hat{\beta}_p$의 그것보다 같거나 작다. 즉,

$$\mathrm{Var}(\hat{\beta}_j^*) \geq \mathrm{Var}(\hat{\beta}_j), \quad j = 0, 1, \ldots, p.$$

다시 말해 부분모형에 있는 예측변수에 대한 추정회귀계수의 분산은 완전모형에서 해당 예측변수에 대응하는 추정회귀계수의 분산보다 크지 않다. 이는 예측변수들 중 일부를 제거하는 것이 보유된 회귀계수추정량의 분산을 결코 증가시키지 않는다는 것이다. 그러나 여기에서 $\hat{\beta}_j^*$는 β_j의 불편추정량이나 $\hat{\beta}_j$는 편향(bias)되어 있기 때문에 추정량의 정확도를 비교할 경우에는 $\hat{\beta}_j$의 평균제곱오차(MSE)와 $\hat{\beta}_j^*$의 분산을 살펴보는 것이 바람직하다. 그런데 $\hat{\beta}_j$의 MSE는 제거된 예측변수에 대한 모회귀계수가 그 회귀계수의 추정량의 표준편차보다 작다는 조건이 만족될 때만 $\hat{\beta}_j^*$의 분산보다 작게 된다. 또한 부분모형에 기초한 σ^2의 추정량은 일반적으로 위쪽(+)으로 편향된다.

이제 예측변수를 제거하는 것이 반응변수의 값을 예측하는 데 미치는 효과를 살펴보자. 이 경우에는 제거되는 예측변수들에 대한 모회귀계수가 0이 되거나, 보유되는 예측변수들이 제거되는 예측변수들에 대해 직교하지 않는 한 반응변수의 예측치는 편향된다. 한편 부분모형으로부터 예측치의 분산은 완전모형으로부터의 그것보다 같거나 작다. 즉,

$$\mathrm{Var}(\hat{y}_i) \le \mathrm{Var}(\hat{y}_i^*).$$

또한 MES($\hat{y}_i$)가 Var($\hat{y}_i$*)보다 작게 되는 조건은 앞에서 서술한 바와 같이 MES($\hat{\beta}_j$)가 Var($\hat{\beta}_j$*)보다 작게 되는 조건과 일치한다(Chatterjee & Hadi, 1988 참조).

예측변수의 선택에 관한 논리적 근거는 다음과 같이 요약할 수 있다. 제거되는 예측변수에 대한 모회귀계수가 설령 0이 아니라고 해도, 보유되는 예측변수에 대한 회귀계수는 완전모형에서보다 부분모형에서의 추정량이 더 작은 분산을 가질 수 있다는 점이다. 동일한 결과가 예측된 반응변수의 분산에 대해서도 적용된다. 그러나 이와 같이 예측변수의 제거로 인해 얻게 되는 정밀도에서의 장점은 추정량에 편향이 개입되는 대가로부터 얻어지는 것임을 주시해야 한다. 여기에서 편향된 추정량의 MSE가 불편추정량의 분산보다 작게 될 조건, 즉 정확도에서의 이득이 편향의 제곱에 의해 서로 상쇄되지 않게 될 조건들이 있다. 한편, 보유하는 예측변수들의 일부가 해당 회귀분석에서 별로 중요하지 않은 것으로 판단됨에도 불구하고, 다시 말해 이들에 대한 회귀계수가 0에 가깝다거나 크기가 그 추정량의 표준편차보다 작을 경우, 그 변수들을 회귀방정식에 포함시키면 추정이나 예측에서 정확도의 손실이 초래된다는 점이다.

회귀계수의 해석과 회귀 모형에서 변수의 역할에 대한 자세한 사항들은 4.5절, 5.13절, 5.14절을 참조하여라.

12.4 회귀방정식의 이용

회귀방정식은 여러 용도를 가지고 있다. 이들 내용을 요약하면 다음과 같다.

12.4.1 데이터의 묘사와 모형의 구축

회귀방정식의 목적은 주어진 데이터의 여러 측면을 잘 요약하여 묘사하고, 변수 간의 복잡한 인과관계 시스템을 잘 설명하는 모형을 구축하는 데 있다고 할 수 있다. 이런 측면에서 볼 때 다음의 두 가지 요구사항이 서로 모순되는 입장에 서게 된다. 즉, (1) 시스템이 가지는 변이의 가능한 많은 부분을 설명하기 위해 되도록 많은 수의 변수들을 모형에 포함시켜야 한다. (2) 간명성(parsimony)의 원칙에 충실하고, 시스템에 대한 이해의 용이성에 주안점을 두면 가능한 한 작은 개수의 변수를 가져야 한다. 따라서 이 두 입장을 감안할 때 회귀방정식은 반응변수가 가지는 변이의 주요 부분을 충분히 잘 설명하는 가능한 작은 개수의 예측변수들을 가지고 시도하는 것이 바람직하다고 할 수 있다.

12.4.2 추정과 예측

때때로 회귀방정식은 반응변수에 대한 각 예측변수의 영향을 나타내는 회귀계수의 추정과 반응변수의 예측을 주요 목적으로 구축된다. 구체적으로 예측에서는 도출된 회귀방정식으로부터 미래의 반응변수에 대한 값을 구하거나, 주어진 어느 한 관측값에 대응하는 평균반응값(mean response)을 알고자 한다. 이런 용도에서 볼 때, 예측변수들은 해당 추정량과 예측값의 MSE가 최소화되는 방향에서 선정하는 것이 합리적이다.

12.4.3 제어

회귀방정식은 고려 대상이 되는 변수들의 시스템을 제어하기 위한 수단으로 이용될 수 있다. 다시 말해 회귀방정식은 반응변수의 값이 구체화된 특정 목푯값을 가지기 위해서 어느 한 예측변수를 얼마만큼 변화시켜야 할지를 결정하는 것을 목표로 구축될 수 있다. 이 경우 회귀방정식은 일종의 반응함수라고 생각할 수도 있을 것이다. 이와 같이 회귀방정식을 제어의 목적으로 사용할 때, 회귀계수에 대한 추정값은 그의 표준오차가 작도록 정확하게 추정되어야 할 필요가 있다.

위의 내용들이 회귀방정식에 대한 개략적 용도라고 할 수 있다. 때때로 이런 주요 기능은 서로 중복될 경우도 있으며, 어떤 회귀방정식은 이들 목표 중 일부 혹은 전체를 목적으로 구축되기도 한다. 그러나 여기에서 주시할 내용은 회귀모형이 어떤 목적으로 구축되느냐 하는 문제는 곧 회귀 문제를 어떤 기준으로 최적화하느냐 하는 과제와 직결되어 있다는 점이다. 따라서 어느 한 목적을 기준으로 선택된 예측변수들의 집단이 다른 목적하에서는 최선의 선택이 아닐 수도 있을 것이다. 이런 관점에서 회귀방정식에 포함되는 예측변수들의 가장 좋은 부분집합이라 함은 이와 같이 목적의 다양성을 감안할 때 항상 추가적인 자격요건을 필요로 하는 조건부적 개념이라고 할 수 있다.

실제 변수선택 처리 절차를 설명하기 전에 다음 두 가지 사항을 미리 언급하고자 한다. 첫째, 다중회귀방정식에 어떤 예측변수들을 포함시키는 것이 '최선의 선택'인가를 언급하는 것에는 별 의미를 부여할 수 없다고 할 수 있다. 즉, 유일하게 '가장 좋은' 예측변수들의 집단은 있을 수 없다는 것이다. 왜냐하면 하나의 회귀방정식은 일반적으로 여러 가지 목적으로 사용되기 때문에, 어느 한 목적에 대해서 최적인 변수집단이 다른 목적에서는 그렇지 못할 수 있기 때문이다. 따라서 변수선택의 과정에서는 그와 같은 회귀방정식이 구축되는 목적이 무엇이냐 하는 점을 반드시 염두에 두어야 할 것이다. 회귀방정식을 구축하는 목적이 곧 이에 대한 예측변수의 선택과 서로 다른 변수들이 가지는 공헌도를 평가하는 기준이 됨을 나중에 설명하게 될 것이다.

둘째, 유일한 최선의 예측변수들의 집단은 없다는 전제하에서, 자연히 하나의 회귀방정식을 형성하는 데 적절히 사용될 수 있을 예측변수들의 여러 부분집합을 생각할 수 있을 것이다. 이런 점에서 '좋은' 변수선택 절차라고 한다면 단 하나의 최적인 예측변수들의 집단을 생성시키는 것보다 여러 개의 가능한 변수집단을 발췌해내는 절차가 될 필요가 있다. 이와 같이 여러 개의 적절한 예측변수들의 집단은 주어진 데이터의 구조를 분명하게 밝혀주고, 데이터 생성의 저변과정을 이해하는 데 도움을 주게 된다. 전체적으로 변수선택의 과정은 예측변수들이 어떤 상관구조를 가지고 있으며, 그들이 개별적으로 혹은 종합적으로 연구하에 있는 반응변수에 어떻게 작용하고 있는지를 포괄적으로 분석하는 과정이라고 이해하면 될 것이다.

12.5 회귀방정식을 평가하기 위한 기준들

여러 가지 가능한 예측변수들의 집단에 대해 데이터를 적합한 회귀방정식을 평가하기 위해서는 일정한 판정기준이 필요하다. 이를 위해 여러 기준들이 제안되어 왔으나, 여기에서는 가장 유용한 것으로 생각되는 두 가지를 소개한다. 변수선택의 문제에서 판정기준들에 관한 포괄적 설명은 Hocking(1976)에 주어져 있다.

12.5.1 잔차평균제곱

적합된 방정식의 적정성을 판단하는 데 사용할 수 있는 기준으로서 잔차평균제곱(residual mean square; RMS)은 p개의 항(상수항과 $p-1$개의 변수)이 있는 경우 다음과 같이 정의된다.

$$\mathrm{RMS}_p = \frac{\mathrm{SSE}_p}{n-p} = \hat{\sigma}_p^2, \tag{12.3}$$

여기에서 SSE_p는 p개의 항을 가진 회귀방정식으로부터의 잔차제곱합이다. 두 개의 회귀방정식을 비교할 때, 만일 예측이 분석의 목적이라면 RMS가 작은 쪽의 회귀방정식이 선호될 것이다.

이 기준 RMS_p는 적합식의 적정성 정도를 재는 측도로서 제3장에서 소개된 다중상관계수의 제곱인 R_p^2이나 조정된 다중상관계수의 제곱 R_{ap}^2에 직접 연관되어 있음은 명백하다. 여기에서는 R^2와 R_a^2에 첨자 p를 붙여 이 측도가 해당 예측식에 있는 p개의 예측변수에 의존함을 나타내기로 한다. 이 측도와 RMS_p 간의 관계를 보면 다음과 같다.

$$R_p^2 = 1-(n-p)\frac{\mathrm{RMS}_p}{\mathrm{SST}} \tag{12.4}$$

그리고

$$R_{ap}^2 = 1-(n-1)\frac{\mathrm{RMS}_p}{\mathrm{SST}}, \tag{12.5}$$

여기에서

$$\mathrm{SST} = \sum(\mathrm{y}_i - \bar{\mathrm{y}})^2.$$

이와 같이 조정된 다중상관계수 R_{ap}^2는 서로 다른 수의 예측변수를 포함하는 모형을 비교할 때 R_p^2보다 선호된다. 왜냐하면 R_{ap}^2는 모형에 있는 예측변수의 수에 의해 조정된(페널티를 부여한) 것이기 때문이다.

12.5.2 Mallows C_p

앞에서 지적한 바와 같이 전체 예측변수 중에서 일부를 사용한 예측식으로부터 계산한 반응변수의 예측값은 일반적으로 편향되어 있다. 따라서 이 경우 한 예측식이 가지는 수행능력을 예측값의 변이를 기준으로 평가한다면 예측값에 대한 분산보다는 그의 MSE를 고려해야 할 것이다. 여기에서 관측 데이터에 대한 예측값들의 표준화된 MSE를 나타내는 J_p는 다음과 같이 쓸 수 있다.

$$J_p = \frac{1}{\sigma^2}\sum_{i=1}^{n}\mathrm{MSE}(\hat{y}_i) \tag{12.6}$$

여기에서 $\mathrm{MSE}(\hat{y}_i)$는 p개의 항을 가진 회귀방정식으로부터 계산한 i번째 예측값에 대한 MSE를 나타내고 σ^2은 오차항의 분산이다. 이 경우 $\hat{y}_i$는 편향되어 있으므로, $\mathrm{MSE}(\hat{y}_i)$는 추정에서 일어나는 예측값의 분산성분과 예측변수의 제거로 인한 편향성분 두 부분으로 구성된다(Mallows, 1973).

J_p에 대한 추정값으로서 다음과 같이 정의되는 C_p를 이용할 것이 제안되어 왔다.

$$C_p = \frac{\mathrm{SSE}_p}{\hat{\sigma}^2} + (2p - n), \tag{12.7}$$

여기에서 $\hat{\sigma}^2$은 오차항의 분산인 σ^2의 추정값으로서, 이는 일반적으로 q개의 예측변수들을 모두 사용한 완전모형으로부터 얻어진다. 만일 p개의 항을 포함한 적합방정식이 편향되지 않았다면 C_p의 기댓값이 p임을 증명할 수 있다. 따라서 데이터로부터 계산한 C_p와 p의 차이가 곧 예측식이 가지는 편향에 대한 하나의 측도가 될 수 있을 것이다. 그러므로 통계량 C_p는 미지의 참모형이 무엇이던 간에 관찰된 데이터 점들에 대한 예측값의 전체 표준화된 MSE를 통해 예측변수가 가지는 수행능력이 재게된다. 또한 이는 예측에서의 분산과 편향을 동시에 고려하는 통계량이고 생각할 수 있다. 이 통계량 C_p는 그의 값이 p에 가까울수록 바람직한 예측변수들의 집합을 나타내므로, 좋은 예측변수의 부분집합을 찾기 위해 통상적으로 p에 대한 C_p의 그래프를 고려하게 된다. 여기에서 그래프 위에 직선 $C_p = p$을 그었을 때, 이 직선에 가까운 점에 대응되는 예측변수들의 집단이 회귀방정식을 구성하는 좋은, 혹은 바람직한 것으로 생각할 수 있을 것이다. 이와 같은 C_p 플롯은 12.10절에서 고려한 예를 통해 좀 더 상세히 설명될 것이다. C_p에 관한 전체적 내용은 Daniel & Wood(1980)에 의해 주어져 있다.

12.5.3 정보기준: Akaike와 다른 수정된 기준

회귀에서 변수선택은 모형선택의 문제와 동일하게 볼 수 있다. 지금부터 설명할 정보기준은 모형선택의 문제에서 처음 제시된 것이다. Akaike(1973) 정보기준(AIC; Akaike Information Criteria)은 모형 선택에 있어서 정확도(적합)와 간명성(작은 수의 변수) 사이의 상충을 잘 조절하려고 한 것이다. 4.10.2절에서 간명성의 원칙을 이미 논의한 바 있다. p개의 항을 갖는(상수항과 $p-1$개의 변수) 회귀식에 대한 AIC는 다음과 같다.

$$\mathrm{AIC}_p = n\ln(\mathrm{SSE}_p / n) + 2p. \tag{12.8}$$

더 작은 AIC를 갖는 모형이 선호된다.

식 (12.8)을 통해서, 비슷한 SSE를 갖는 두 모형에 대해 AIC는 많은 변수를 갖는 모형에 대해 페널티를 부여함을 알 수 있다. 단일 모형에 대한 AIC의 수치적인 값은 그다지 의미를 지니지 않는다. 그러나 AIC는 적합도와 간명성의 두 기준을 기초로 모형들의 순위를 부여할 수 있다. AIC 값이 2 정도의 차이가 나지 않는 모형들은 모형의 질을 동일하게 취급할 수 있다. 그러나 AIC 값에서 큰 차이를 보이면 모형의 질이 유의한 차이가 있음을 나타낸다. 더 작은 AIC를 갖는 모형을 선택해야 한다.

AIC의 장점은 내포되지 않은 모형들(non-nested models)을 비교할 수 있다는 것이다. 어느 한 모형이 그보다 더 큰 모형의 특수한 경우로서 얻어질 수 있다면 그 모형은 내포되었다고 한다(4.10절 참조). 예측변수 (X_1, X_2, X_3)에 기반한 모형과 (X_4, X_5)에 기반한 모형의 질 비교를 위해 부분 F-검정을 수행할 수는 없다. 이러한 서로 다른 두 예측변수들의 집합을 비교 · 선택하는 것이 문제의 본질이다. AIC는 F-검정으로는 할 수 없었던 이러한 비교를 가능하게 한다.

AIC로 모형을 비교하려면, 데이터에 결측값이 없어야 한다. AIC는 동일한 관측값에 대해서 계산되어야 한다. 어떤 변수에서 많은 결측값이 발생하게 되면 AIC는 효율적이지 못하다. 왜냐하면 결측값을 갖는 관측치를 제거하고 계산되기 때문이다.

AIC에 대한 여러 가지 수정된 방법들이 제안되었다. 하나의 유명한 방법은 Schwarz (1978)에 의해 제안된 베이즈 정보기준(BIC; Bayes Information Criteria) 이다. BIC는 다음과 같다.

$$\mathrm{BIC}_p = n\ln(\mathrm{SSE}_p / n) + p(\ln n). \qquad (12.9)$$

AIC와 BIC의 차이는 p에 대한 페널티 값의 정도이다. $n > 8$인 경우에 BIC 기준이 더 큰 페널티를 주게 된다. 이는 AIC가 과적합되는(큰 p를 선택하는 것) 경향을 제어하게 된다.

과적합을 방지하기 위한 AIC의 보정된 방법은 Hurvich & Tsai(1989) 에 의해 제안되었던 편의가 수정된 AIC^c이다. AIC^c는 다음과 같다.

$$\mathrm{AIC}_p^c = \mathrm{AIC}_p + \frac{2(p+2)(p+3)}{n-p-3}. \qquad (12.10)$$

식 (12.10)에서 n이 크고 적절한 p에 대해서 AIC 값에 대한 보정은 작게 된다. n이 작고 p가 크면 보정값은 커지게 된다. 작은 수의 관측값으로 크고 복잡한 모형을 구축하지 않을 것이다. 일반적으로 AIC 값의 보정은 미약하므로 AIC^c는 더 이상 논의하지 않을 것이다. 분석에서는 과적합을 방지하기 위하여 BIC를 이용할 것이다.

12.6 다중공선성과 변수선택

변수선택의 절차를 논의하기 위하여 다음의 두 가지 상황을 구분할 것이다.

1. 예측변수 간에 심각한 다중공선성(multicollinearity)의 증거가 없는 경우
2. 예측변수들이 높은 다중공선성을 가지는 경우

이를 위해서는 예측변수 간의 상관구조에 의한 다중공선성의 심각성 여부를 먼저 탐색할 필요가 있다. 예측변수의 상관구조에 따라 변수선택 방법이 달라야 한다.

우선 첫 단계로서, VIF와 예측변수 간의 상관행렬의 고윳값을 계산해 볼 것을 권유한다. 만약 10보다 큰 VIF가 없으면 다중공선성은 일단 문제되지 않는다고 본다. 또한 9장에서 설명하였듯이 예측변수들에 대한 상관계수행렬의 고윳값 중에 아주 작은 고윳값이 있다면 이는 다중공선성이 심각한 것으로 판단한다. 만일 상태수(condition number)[1)]가 15보다 크면 변수들은 다중공선성을 가지고 있다. 또한 고윳값의 역수들의 합을 보는 방법이 있다. 개별 고윳값 중에서 0.01보다 작은 값이 있거나, 고윳값들의 역수의 합이 고려 대상에 있는 예측변수 개수의 5배 이상이라면 강력한 다중공선성이 존재한다고 간주된다. 위의 어느 조건들이 만족되지 않는다면 예측변수들에는 다중공선성이 없는 것으로 간주한다.

12.7 가능한 모든 회귀방정식들의 평가

첫 번째 변수선택 방법은 매우 단순한 것으로서, 분석대상 데이터의 다중공선성 여부와 관계 없이 잘 적용할 수 있는 절차이다. 이는 주어진 데이터에 대해 가능한 모든 예측변수의 부분집합에 대한 회귀방정식을 고려하는 것이다. 따라서 q개의 예측변수가 있는 경우 고려하게 되는 서로 다른 회귀방정식들의 가짓수는 총 2^q개가 될 것이다. 이는 예측변수들을 모두 사용한 것으로부터 시작하여, 예측변수를 전혀 사용하지 않음으로써 단순히 $\hat{y}_i = \bar{y}$가 되는 경우까지가 포함된 것이다. 그러므로 이 방법은 반응변수와 예측변수들이 가지는 함수관계에 관해 얻을 수 있는 최대의 정보를 분석자에게 제공하게 된다. 그러나 이 절차는 살펴보아야 할 방정식의 개수나 보조적 정보의 양이 지나치게 많을 우려가 있다. 예를 들어 $q = 6$일 경우 고려해야 될 방정식의 개수는 $2^6 = 64$이며, $q = 7$이면 이 숫자는 $2^7 = 128$로 증가되어 현실적으로 가능하지도 않고 실제적이라고 할 수도 없다. 그러나 모든 가능한 방정식을 적합한 결과를 검토할 수 있는 기회가 주어진다는 점에서 유용성을 지닌다. 구체적으로 지정한 개수의 예측변수들을 포함하는 서너 개 정도의 '좋은' 회귀방정식을 선정하는 방법을 생각할 수도 있을 것이다. 여기에서 '좋은' 회귀방정식은 앞

1) 제10장에서 상태수의 정의는 다음과 같다. $\kappa = \sqrt{\lambda_{\max} / \lambda_{\min}}$, 여기에서 $\lambda_{\max}$과 $\lambda_{\min}$는 각각 상관계수행렬의 고윳값의 최댓값과 최솟값이다.

에서 설명한 R^2, C_p, RMS 등을 기준으로 선정할 수 있다. 이와 같은 과정을 통해 선정된 소수 몇 개의 회귀방정식은 좀 더 분석되어 최종적으로 최선의 회귀방정식에 이르게 된다. 모든 가능한 예측변수들의 부분집합을 고려할 경우 유망한 것으로 생각할 수 있는 회귀방정식들은 때때로 C_p나 RMS를 통해 식별되기도 한다. 이들 회귀식은 최종회귀식을 선택하기에 앞서 특이값이나 자기상관성, 혹은 변수변환의 필요성을 감안하기 위해 잔차의 검사 등 주의 깊은 분석이 이루어진다. 이와 같이 여러 가지 가능한 예측변수들의 부분집단을 고려함으로써 이 기법보다 더 제한적인 변수선택 방법을 사용할 경우에 지나칠지도 모를 데이터의 중요한 속성에 관한 해석을 도모할 수도 있게 된다.

앞에서 언급한 바와 같이 고려 대상에 있는 예측변수의 개수가 많을 경우 모든 가능한 예측변수들의 부분집합에 대한 고려는 실제적으로 가능하지 않을 수 있다. 이 경우 바람직한 부분집합을 찾기 위해 모든 가능한 회귀방정식 전체를 고려할 필요 없이 처리할 수 있는 손쉬운 방법들이 몇 가지 제안되어 있다(Furnival & Wilson, 1974; La Motte & Hocking, 1970). 그러나 변수의 수가 클 경우 제안된 방법들도 여전히 상당한 양의 계산 문제가 부담이 된다. 가능한 모든 회귀방정식을 평가하지 않고 예측변수의 최적집합을 찾는 몇 가지 절차들도 제안되어 있다. 그러나 이 절차들은 가능한 모든 회귀방정식을 적합시켜 얻은 결과만큼의 정보를 주지는 않는다. 그러나 수반되는 계산량이 상대적으로 훨씬 적다는 관점에서 실제적 유용성을 가진다고 할 수 있다. 이 방법들은 12.8절에서 논의된다. 이러한 절차들은 일반적으로 비공선성 데이터에 대해서는 매우 효율적인 것으로 알려져 있으나, 공선성을 가진 데이터의 경우에 이 방법은 추천되지 않는다.

12.8 변수선택 절차

잠재적인 예측변수들의 개수가 많을 경우 모든 가능한 회귀방정식을 계산하지 않고 적정 예측변수 집단을 선택하기 위한 몇 가지 방법들이 제안되었다. 이 절차들은 예측변수들이 한 번에 하나씩 회귀방정식에 추가되거나 제거되는 형식을 취하며, 모든 가능한 회귀식의 특정 부분집합만을 고려하는 특징을 가진다. q개의 잠재적인 예측변수가 있는 경우, 이 절차는 전체 2^q가지의 모든 가능한 방정식을 살펴보는 대신 기껏해야 $(q+1)$개의 회귀방정식을 평가하기만 하면 된다. 이 절차들은 대략 다음 두 가지 부류로 나누어 볼 수 있다. (1) **전진적 선택**(forward selection; FS) 절차, (2) **후진적 제거**(backward elimination: BE) 절차가 그것이다. 또한 FS 방법에 대한 하나의 변형으로 많이 이용되고 있는 **단계적**(stepwise) 방법도 있다. 이러한 세 절차들의 내용을 설명하고 그 성격들을 비교해 본다.

12.8.1 전진적 선택 절차

전진적 선택 절차는 예측변수 없이 상수(절편)항만을 가진 회귀방정식을 가지고 시작한다. 제1단계에 회귀방정식에 포함되는 첫 예측변수는 반응변수와 가장 큰 상관계수를 가지는 것이 선택된다. 이 예측변수에 대한 회귀계수가 0과 유의적으로 다를 경우 그 변수는 회귀방정식에 포함되고, 그 다음으로 방정식에 포함될 예측변수를 찾는 절차가 진행된다. 두 번째로 방정식에 도입되는 예측변수는, 일단 첫 예측변수가 반응변수에 대해 가지는 선형효과를 조정한 후, 이 조정된 반응변수와 최대상관을 가지는 것이 고려 대상이 된다. 즉, 제1단계로부터의 잔차와 최대상관계수를 가지는 예측변수가 선택 대상이 된다는 것이다. 이때 두 번째 예측변수의 회귀계수에 대한 유의성이 검정되며, 만일 그 회귀계수가 유의적이라면 동일한 방법에 따른 세 번째의 자격 있는 예측변수를 찾게 된다. 이와 같이 차례로 유의적인 회귀계수를 가지는 예측변수를 회귀방정식에 도입하는 전진적 선택 절차는 제일 마지막으로 회귀식에 들어가는 예측변수가 비유의적인 회귀계수를 가지던가, 혹은 잠재적인 예측변수들이 모두 포함된 경우가 될 것이다. 회귀식에 포함되는 최종 예측변수에 대한 회귀계수는 통상적으로 최종회귀식으로부터 계산된 t-통계량을 이용하여 그의 유의성이 검정된다. 전진적 선택 방법에 따른 알고리즘은 대부분 새롭게 추가되는 예측변수에 대한 회귀계수의 유의성 검정에서 상당히 작은 t의 임계값을 사용하는 것이 보통이다. 결과적으로 전진적 선택 방법은 상수 절편항으로부터 예측변수를 모두 사용한 회귀식까지, 결국 최대한 $q+1$개의 가능한 회귀방정식에 관한 정보를 고려하게 된다.

12.8.2 후진적 제거 절차

전진적 선택 방법과는 반대로 후진적 제거 방법은 모든 예측변수를 포함한 완전모형으로부터 시작해서 매번 하나씩 예측변수를 제거시켜 나가는 형식을 취한다. 이때 어느 한 예측변수는 그의 제거로 인한 오차제곱합의 감소에 대한 공헌도를 기준으로 그의 제거여부가 결정된다. 회귀식으로부터 제거되는 첫 변수는 오차제곱합의 감소에 공헌도가 가장 작은 것이 된다. 이는 회귀식에서 최소의 t-값을 가지는 변수를 제거하는 것과 동일하다. 여기에서 t-값은 물론 회귀계수의 추정값을 그의 표준오차로 나눈 값이다. 만약 모든 t-값이 유의적이라면 모든 예측변수들이 회귀식에 포함되는 완전모형을 선택하게 된다. 비유의적인 t-값이 하나 이상 있다고 가정할 때, 이 절차는 가장 비유의적인 t-값을 가지는 예측변수를 제거하게 된다. 그리고 나머지 $(q-1)$개의 예측변수를 이용한 적합이 이루어지고, 새로운 회귀계수에 대한 t-값이 조사된다. 이런 절차는 모든 t-값이 유의적이거나, 혹은 한 변수를 제외한 모든 변수들이 제거되었을 때 중단하게 된다. 따라서 이 절차는 q개의 예측변수를 가진 회귀식으로부터 시작하여 상수항만을 가진 회귀식에서 끝나게 되므로 후진적 제거 방법도 기껏해야 $q+1$개 회귀방정식의 적합을 고려하게 되는 것이다.

12.8.3 단계적 방법

단계적 방법은 기본적으로 전진적 선택 절차라고 할 수 있으나, 추가적인 조건으로서 매 단계에서 후진적 제거 절차에서와 같이 이미 모형에 선택되어 있는 한 예측변수의 제거 가능성을 배제하지 않는다는 점이 다르다고 할 수 있다. 따라서 이 절차에서는 앞 단계에서 이루어진 선택에 따라 회귀식에 일단 포함된 예측변수라도 나중 단계에서 제거될 가능성이 있다. 예측변수의 도입이나 제거에 관련된 처리절차는 FS와 BE의 경우와 동일하다. 때때로 한 예측변수를 방정식에 포함시키느냐, 혹은 제거하느냐를 결정하는 데 서로 다른 유의수준이 사용될 때도 있다.

AIC와 BIC 둘 다 단계적 방법(전진적 선택과 후진적 제거)에 사용될 수 있다. 전진적 선택에서 상수항만을 포함한 모형으로 시작하여 모형에 변수를 추가한다. 변수의 추가로 AIC(BIC) 값의 감소가 없으면 절차를 중단한다. 후진적 제거 절차에서는 모든 변수를 포함한 전체 모형에서 출발하여 변수들을 제거해 나간다. 변수를 제거함으로써 AIC(BIC) 값의 감소가 없으면 절차를 중단한다.

정보 기준을 바탕으로 하는 단계적 방법은 변수의 유의성 측정에 t-통계량을 사용하는 방법과는 전혀 다르다. 정보에 기반한 절차는 모형에 있는 모든 변수로부터 도출된다. 들어오고 나가는 변수에 대한 통계적 유의성이 아니라 오직 정보 기준의 감소 여부로 절차가 진행된다.

현재 대부분의 통계 소프트웨어가 AIC나 BIC를 자동으로 계산해 주지는 않는다. 그러나 제공되는 SSE 값을 통해 (12.8)과 (12.9)의 정보 기준을 쉽게 계산할 수 있다.

12.9 변수선택 방법들에 대한 논의

예측변수의 선택 문제에서 변수선택 절차의 이용은 매우 조심스러울 필요가 있다. 다시 말해 최량의 예측변수 집단을 선정할 목적으로 변수선택 절차를 단순히 기계적으로만 사용해서는 안 된다는 뜻이다. 또한 변수선택 절차에 따라 회귀식에 예측변수들을 포함시키거나 제거하는 순서가 곧 그 변수들의 상대적 중요성을 반영하는 것으로 해석해서도 안 된다. 이와 같은 경고를 염두에 둔다면 변수선택 절차는 비공선성 데이터에 대한 변수선택 방법으로 매우 유용한 수단이 될 수 있을 것이다. 위에서 설명한 3가지 절차는 비공선성 데이터의 경우 대부분 거의 비슷한 결과를 주게 된다. 물론 이 절차들은 앞에서 설명한 모든 가능한 예측변수들의 부분집합을 고려하는 경우에 비하면 훨씬 적은 양의 계산이 따르게 된다.

변수선택 절차에서 처리 과정을 중단시키는 데 사용될 수 있는 여러 가지 중단규칙들이 제안되어 왔다. 이들 중 상당히 효과적인 것으로 보고된 중단규칙은 다음과 같다.

- FS를 이용할 경우: 최소 t-값이 1보다 작을 때 반복처리를 중단한다.
- BE를 이용할 경우: 최소 t-값이 1보다 클 때 반복처리를 중단한다.

이제 다음 예를 통하여 변수선택에서 서로 다른 중단규칙에 따른 효과를 설명하기로 한다.

예측변수의 선택에서는 FS보다 BE 절차가 추천된다. 이에 대한 한 가지 분명한 이유로서 BE 절차는 일단 예측변수를 이용한 적합회귀식을 계산해 주며, 따라서 설령 이 식이 최종회귀식으로 사용되지 않는다고 해도 적어도 검토 대상으로 기회가 주어진다는 점이다. 또한 비록 공선성이 있는 데이터에 대해서는 일반적으로 위에서 설명한 변수선택 절차들의 이용을 추천하지는 않지만, 이 경우라고 할지라도 FS보다는 다중공선성의 문제를 해결하는 데에 BE가 더 유용한 것으로 알려져 있다(Mantel, 1970).

변수선택 절차를 설명하는 다음 예에서는 여러 개의 서로 다른 개수의 예측변수들을 가진 회귀방정식들을 생성하고, 생성된 회귀방정식들은 C_p, RMS, AIC, BIC와 같은 통계량을 사용하여 평가된다. 또한 각 회귀방정식들에 대한 잔차들을 검토한 후 불만족스러운 잔차플롯을 나타내는 방정식은 제외시킨다. 실제 유용한 회귀방정식을 얻기 위해서는 잠정적으로 선정된 예측변수들의 집단이 가지는 적절성에 대한 평가가 요구되고, 또 다른 포괄적이고 전반적인 분석이 요구된다고 할 수 있다. 변수선택에 관한 이와 같은 접근방법은 구체적으로 다음 예에서 설명된다.

12.10 감독자 직무수행능력 데이터에 대한 분석

비공선성 데이터에 대한 변수선택 절차를 설명하기 위해 4.3절에서 논의한 예를 고려해보자. 이 데이터는 좋은 감독자를 특징짓는 감독자의 질적 측면을 연구할 목적으로, 감독자에 대한 일반사무직 근로자로부터의 평가를 통해 얻어졌다. 이 절에서 회귀방정식은 감독행위의 과정과 서로 다른 예측변수 간의 상대적 중요성을 이해할 목적으로 구축된다. 이런 입장에서 회귀방정식은 예측만을 위해 사용되는 방정식이라기보다 회귀계수의 정확한 추정값을 얻는 데 목적이 있다고 할 수 있다. 이 예제에서 고려된 변수들은 표 4.2에 주어져 있다. 데이터는 이 책의 웹사이트에서 얻을 수 있다(Supervisor.txt).[2]

2) http://www.aucegypt.edu/faculty/hadi/RABE6

```
Supervisor <- read.table("C:/Temp/RABE6/Supervisor.txt", sep = "\t",
                         header = TRUE)
head(Supervisor, 5)   # 데이터의 첫 5행을 출력

round(cor(Supervisor[c("X1","X2","X3","X4","X5","X6")]), digits = 3)
reg <- lm(Y ~ X1+X2+X3+X4+X5+X6, data = Supervisor)

if(!require("olsrr")) install.packages("olsrr")
library(olsrr)
ols_vif_tol(reg)

Supervisor.S <- as.data.frame(scale(Supervisor))
reg.S <- lm(Y ~ X1+X2+X3+X4+X5+X6, data = Supervisor.S)
ols_eigen_cindex(reg.S)
```

6개의 예측변수 $X_1, X_2, \ldots, X_6$에 대한 반응변수 Y의 회귀에서 분산확대인자(VIF)를 보면 예측변수에 대해 각각 다음과 같다.

$$\begin{gathered}\mathrm{VIF}_1 = 2.7,\ \ \mathrm{VIF}_2 = 1.6,\ \ \mathrm{VIF}_3 = 2.3,\\ \mathrm{VIF}_4 = 3.1,\ \ \mathrm{VIF}_5 = 1.2,\ \ \mathrm{VIF}_6 = 2.0.\end{gathered}$$

여기에서 모든 VIF의 범위는 (1.2 ~ 3.1)이므로 이 데이터의 경우 다중공선성이 문제되지 않고 있음을 알 수 있다. 또한 이 데이터에 대한 상관계수행렬(표 12.1)의 고윳값을 조사해 보아도 동일한 결론에 이르게 된다. 상관계수행렬의 고윳값을 계산하면 다음과 같으며,

$$\begin{gathered}\lambda_1 = 3.169,\ \ \lambda_2 = 1.006,\ \ \lambda_3 = 0.763,\\ \lambda_4 = 0.553,\ \ \lambda_5 = 0.317,\ \ \lambda_6 = 0.192.\end{gathered}$$

표 12.1 상관행렬: 감독자 직무수행능력 데이터

	X_1	X_2	X_3	X_4	X_5	X_6
X_1	1.000					
X_2	0.558	1.000				
X_3	0.597	0.493	1.000			
X_4	0.669	0.445	0.640	1.000		
X_5	0.188	0.417	0.116	0.377	1.000	
X_6	0.225	0.343	0.532	0.574	0.283	1.000

표 12.2 전진적 선택 방법에 의해 선택된 변수들

선택된 변수	min(|t|)	RMS	C_p	p	Rank	AIC	BIC
X_1	7.74	6.993	1.41	2	1	118.63	121.43
X_1X_3	1.57	6.817	1.11	3	1	118.00	122.21
$X_1X_3X_6$	1.29	6.734	1.60	4	1	118.14	123.74
$X_1X_3X_6X_2$	0.59	6.820	3.28	5	1	119.73	126.73
$X_1X_3X_6X_2X_4$	0.47	6.928	5.07	6	1	121.45	129.86
$X_1X_3X_6X_2X_4X_5$	0.26	7.068	7.00	7	–	123.36	133.17

이 고윳값들의 역수의 합도 12.8임을 알 수 있다. 여기에는 어떤 고윳값도 그리 작다고 할 수 없을 뿐 아니라(상태수는 4.1이다), 이들의 역수의 합도 예측변수 개수의 약 2배인 점을 미루어 보아, 이 데이터에는 심각한 공선성의 문제가 없다고 여겨진다. 따라서 이 데이터에 대해서는 앞에서 설명한 변수선택 절차를 사용할 수 있다고 할 수 있다.

이 데이터에 대해 전진적 선택(FS) 절차를 적용한 결과가 표 12.2에 주어져 있다. 계속된 회귀방정식에 대해 선택된 예측변수들, RMS, C_p 통계량의 값이 제시되어 있다. 이 표의 제일 마지막 열에 있는 순위를 나타내는 (정수)값은 같은 개수의 예측변수를 가지는 모든 가능한 부분집합 중 RMS를 기준으로 하였을 때 해당되는 전진적 선택 절차에 의해 얻어진 부분집합의 순위를 나타낸다.

```
forward <- ols_step_forward_p(reg, p_val = 0.3)   # 전진 선택법
print(forward)
plot(forward)
```

이 표에서 p는 해당되는 회귀방정식에서의 상수항을 포함한 예측변수의 수를 나타낸다. 여기에서는 반복처리를 중단하는 데 아래의 두 가지 규칙이 사용된다.

1. 선택할 변수에 대하여, t-검정의 최소 절댓값이 $t_\alpha(n-p)$보다 작으면 중단
2. 선택할 변수에 대하여, t-검정의 최소 절댓값이 1보다 작으면 중단

이때 규칙 1이 규칙 2에 비해 좀 더 엄격한 편이어서 예측변수 X_1과 X_3만을 선택한 채 종결되었는데, 규칙 2에 따를 경우 보유되는 변수는 X_1, X_3, X_6이었다.

표 12.3 후진적 제거 방법에 의해 선택된 변수들

선택된 변수	min(|t|)	RMS	C_p	p	Rank	AIC	BIC
$X_1X_2X_3X_4X_5X_6$	0.26	7.068	7.00	7	–	123.36	133.17
$X_1X_2X_3X_4X_6$	0.47	6.928	5.07	6	1	121.45	129.86
$X_1X_2X_3X_6$	0.59	6.820	3.28	5	1	119.73	126.73
$X_1X_3X_6$	1.29	6.734	1.60	4	1	118.14	123.74
X_1X_3	1.57	6.817	1.11	3	1	118.00	122.21
X_1	7.74	6.993	1.41	2	1	118.63	121.43

한편 후진적 제거(BE) 절차에서 반복처리를 중단하는 데 아래의 두 가지 규칙이 사용된다.

1. 제거할 변수에 대하여, t-검정의 최소 절댓값이 $t_\alpha(n-p)$보다 크면 중단
2. 제거할 변수에 대하여, t-검정의 최소 절댓값이 1보다 크면 중단

```
backward <- ols_step_backward_p(reg, p_val = 0.3)   # 후진 제거법
print(backward)
plot(backward)

stepwise <- ols_step_both_p(reg, p_enter = 0.3, p_remove = 0.3)
print(stepwise)   # 단계적 방법
plot(stepwise)
```

후진적 제거의 절차에 따른 결과는 표 12.3에 주어져 있는데, 보는 바와 같이 FS에 따른 표 12.2의 결과와 동일한 구조를 가지고 있다. 그러나 항상 두 절차의 결과가 같은 것은 아니다(12.12절에 한 사례가 주어져 있다). 감독자의 직무능력을 묘사하는 회귀방정식으로는 다음 식을 추천할 수 있다.

$$Y = 13.58 + 0.62X_1 + 0.31X_3 - 0.19X_6 \tag{12.11}$$

여기에 주어지지 않았으나 이 최종 회귀방정식에 대한 잔차플롯들도 만족스러운 것으로 나타났다. 이 문제에는 다만 6개의 예측변수가 있기 때문에 적어도 하나 이상의 예측변수를 가지고 적합되는 회귀방정식들의 총 가짓수는 $2^6 - 1 = 63$이 된다. 이 모든 63가지 방정식에 대한 C_p 값이 표 12.4에, 그리고 회귀방정식에 포함된 항의 개수(p)에 대한 C_p 값의 플롯은 그림 12.1에 주어져 있다.[3] 또한 C_p에 근거하여 선택한 예측변수들의 최적 부분집합이 표 12.5에 제시되어 있다.

3) 분석 결과와 그래프 생성을 위한 R 코드는 이 책의 웹사이트에서 확인할 수 있다.

표 12.4 모든 가능한 회귀방정식에 대한 C_p 값

변수	C_p	변수	C_p	변수	C_p	변수	C_p
1	1.41	1 5	3.41	1 6	3.33	1 5 6	5.32
2	44.40	2 5	45.62	2 6	46.39	2 5 6	47.91
1 2	3.26	1 2 5	5.26	1 2 6	5.22	1 2 5 6	7.22
3	26.56	3 5	27.94	3 6	24.82	3 5 6	25.02
1 3	1.11	1 3 5	3.11	1 3 6	1.60	1 3 5 6	3.46
2 3	26.96	2 3 5	28.53	2 3 6	24.62	2 3 5 6	25.11
1 2 3	2.51	1 2 3 5	4.51	1 2 3 6	3.28	1 2 3 5 6	5.14
4	30.06	4 5	31.62	4 6	27.73	4 5	29.50
1 4	3.19	1 4 5	5.16	1 4 6	4.70	1 4 5 6	6.69
2 4	29.20	2 4 5	30.82	2 4 6	25.91	2 4 5 6	27.74
1 2 4	4.99	1 2 4 5	6.97	1 2 4 6	6.63	1 2 4 5 6	8.61
3 4	23.25	3 4 5	25.23	3 4 6	16.50	3 4 5 6	18.42
1 3 4	3.09	1 3 4 5	5.09	1 3 4 6	3.35	1 3 4 5 6	5.29
2 3 4	24.56	2 3 4 5	26.53	2 3 4 6	17.57	2 3 4 5 6	19.51
1 2 3 4	4.49	1 2 3 4 5	6.48	1 2 3 4 6	5.07	1 2 3 4 5 6	7
5	57.91	6	57.95	5 6	58.76		

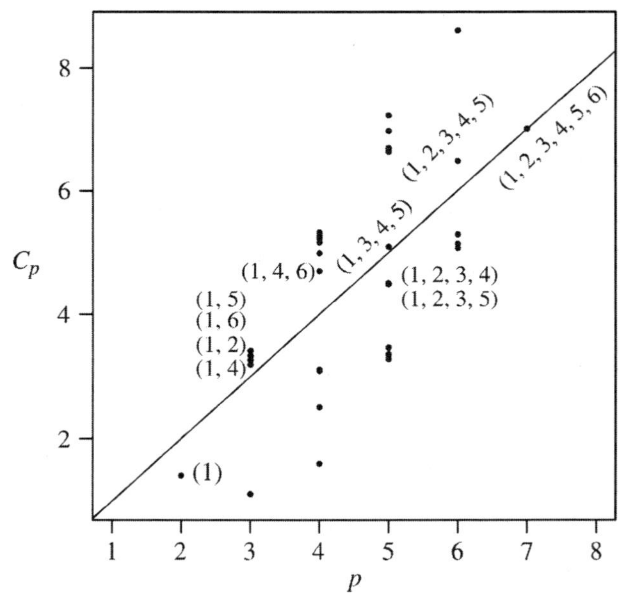

그림 12.1 감독자 직무수행능력 데이터: C_p 대 p의 산점도 (C_p<10)

표 12.5 C_p 통계량에 기초하여 선택된 변수들

선택된 변수	min(|t|)	RMS	C_p	p	Rank	AIC	BIC
X_1	7.74	6.993	1.41	2	1	118.63	121.43
X_1X_4	0.47	7.093	3.19	3	2	120.38	124.59
$X_1X_4X_6$	0.69	7.163	4.70	4	5	121.84	127.45
$X_1X_3X_4X_5$	0.07	7.080	5.09	5	6	121.97	127.97
$X_1X_2X_3X_4X_5$	0.11	7.139	6.48	6	4	123.24	131.65
$X_1X_2X_3X_4X_5X_6$	0.26	7.068	7.00	7	–	133.17	133.17

```
all <- ols_step_all_possible(reg)   # 모든 가능한 회귀
all$result
plot(all)
ols_step_best_subset(reg)   # 최적 부분집합합
```

이 내용을 살펴보면, C_p를 기준으로 선택된 예측변수들의 부분집합은 RMS에 의한 결과 및 변수선택 절차에 의한 결과와 상당히 다름을 알 수 있다. 이런 상호부합되지 않는 결과는 C_p 통계량이 가지고 있는 한 속성을 말해 주고 있는데, 이용자는 이 점에 각별한 주의를 기울일 필요가 있다. C_p 통계량을 이용하기 위해서는 회귀모형에서 오차항의 분산인 σ^2의 추정값 $\hat{\sigma}^2$이 필요하며, 이 추정값은 통상 모든 예측변수를 고려하는 완전모형에서의 잔차제곱합으로부터 구하게 된다. 그런데 만일 완전모형에 충분한 설명력을 가지지 못한(대응되는 모회귀계수가 0인) 많은 예측변수가 포함되어 있을 경우 완전모형의 잔차제곱합으로부터 계산한 σ^2의 추정값은 상당히 큰 값을 가지게 된다. 즉, 이 추정값을 구하는 식에서 분모의 자유도 감소는 분자에 있는 잔차제곱합의 감소를 서로 상쇄시킬 수 없으므로 그 값이 크게 된다는 것이다. 만약 $\hat{\sigma}^2$가 크면 C_p의 값은 작게 된다. 따라서 예측변수의 선택에 있어 적절히 작동하는 C_p를 가지기 위해서는 σ^2의 좋은 추정값을 얻는 것이 필수적이라고 할 수 있다. 만약 σ^2의 좋은 추정값을 얻을 수 없다면 변수선택 과정에서 C_p의 이용은 제한적일 수밖에 없다. 당면한 예에서 6개의 예측변수를 가진 완전모형에서의 RMS는 3개의 변수 X_1, X_3, X_6을 가진 식에서의 RMS보다 크다. 따라서 이 경우 C_p는 어느 정도 왜곡되었다고 할 수 있으므로 변수선택에서 이 통계량은 그리 유용하다고 할 수 없다. 방금 설명한 것과 같은 상황은 서로 다른 p에 대한 RMS 값을 관찰해봄으로

써 탐지해 낼 수 있는 것들이다. 일반적으로 RMS는 초반에 p와 더불어 감소하다가, 나중 단계에서는 증가하는 경향을 가진다. RMS의 이와 같은 행동 양상은 결국 나중에 회귀식에 포함되는 예측변수들은 잔차제곱합의 감소에 유의적으로 공헌하지 못함을 지적하고 있다. 다시 말해 변수선택에서 C_p 값을 적절히 이용하기 위해서는 이 통계량이 가지는 왜곡성을 회피한다는 측면에서 이와 나란히 RMS의 움직임을 추적해야 할 필요가 있는 것이다.

전진적 선택과 후진적 제거에 대한 AIC와 BIC의 값은 표 12.2와 표 12.3에 제시되어 있다. AIC의 최솟값(118.00)은 X_1, X_3일 때이다. AIC 값이 2 이내의 차이를 가질 때를 동일한 모형으로 생각한다면, X_1, X_1X_3, $X_1X_3X_6$, $X_1X_3X_6X_2$가 고려된다. 이들 4개의 후보 중 하나의 모형을 선택하면 된다. BIC의 최솟값(121.43)은 X_1일 때 얻어진다. BIC 값이 2 이내에 있는 모형은 (X_1X_3) 하나만 있다. BIC는 페널티 함수의 성질 때문에 변수의 수가 작은 모형을 선택한다. 변수선택은 기계적으로 이루어져서는 안 된다. 많은 상황에서 "최적모형" 또는 "변수들의 최적 집합"이 없을 수도 있다. 분석의 목적은 잘 적합된 모든 모형을 찾아내는 데 있어야 한다.

12.11 공선성 데이터에 대한 변수선택

제10장에서 지적한 바와 같이 공선성을 가지는 데이터에 대해 표준적인 회귀분석을 시도할 경우 심각히 왜곡된 결과가 도출된다는 사실을 보아 왔다. 이런 상황에서는 변수선택의 문제 또한 통상적인 것과는 다른 처리 절차를 사용해야 할 필요가 있다. 다중공선성은 상관행렬에 한 개 이상의 아주 작은 고윳값이 있을 경우에 해당된다. 다중공선성을 가지는 예측변수의 개수가 작을 경우에는 모든 가능한 회귀방정식을 평가해 보고, 이를 기초로 앞서 묘사한 방법들을 사용하여 그 중 적절한 하나의 회귀방정식을 택하면 될 것이다. 그러나 잠재적인 예측변수들의 개수가 클 경우 이런 접근방법은 실제적이 아닐 수도 있다.

이런 문제에 대해 두 가지 서로 다른 접근법이 제안되어 왔다. 첫째 방법은 데이터가 가지고 있는 공선성의 문제를 이에 관련된 변수의 제거를 통해 해결해 보는 것이다. 제10장과 제11장에서 본 바와 같이 예측변수들 사이에 존재하는 공선성 구조는 매우 작은 고윳값에 대응하는 고유벡터의 원소를 통해 그 모습이 드러난다. 따라서 이 접근방법은 일단 공선성이 식별되면 이에 연관된 예측변수들을 제거하여 비공선성적인 데이터를 만든 후, 앞서 설명한 방법들을 적용한다는 것이다. 이에 대해 둘째 접근방법은 주요수단으로 능형회귀법을 직접 적용하는 것이다. 능형회귀에서의 기본개념과 용어들은 이미 제11장에 설명되었으므로 생략하기로 한다. 이 두 가지 접근방법 중 첫째 방법, 다시 말해 서로 강한 상관관계를 가지는 예측변수들을 적절히 제거하는 방법이 대부분의 실제 응용에서 사용되는 것이라고 할 수 있다.

12.12 살인죄 데이터

디트로이트의 살인 범죄율의 증가에 대한 무기의 역할에 관한 연구에서 1961~1973년 사이의 데이터가 수집되었다. 데이터는 Gunst & Mason(1980)의 p. 360에서 보고되었다. 반응변수(살인 범죄율)와 살인 범죄율에 연관이 있거나 영향을 주는 예측변수들이 표 12.6에 정의되어 있고 데이터는 이 책의 웹사이트에서 얻을 수 있다(Homicide.txt).

표 12.6 살인죄 데이터: 변수에 대한 설명

번호	변수	정의
1	FTP	인구 100,000명당 전임 경찰관의 수
2	UEMP	고용되지 않은 인구의 비율(실업률)
3	M	제조업 근로자의 수(단위 : 1,000)
4	LIC	인구 100,000명당 권총 면허소지자의 수
5	GR	인구 100,000명당 등록된 권총의 수
6	CLEAR	체포에 의하여 해결된 살인죄의 비율
7	W	백인 남자의 수
8	NMAN	비제조업 근로자의 수(단위 : 1,000)
9	G	공무원의 수(단위 : 1,000)
10	HE	시간당 평균 임금
11	WE	주당 평균 임금
12	H	인구 100,000명당 살인죄의 수

이 데이터를 통해 공선성 상황에서 전진적 선택(FS)이나 후진적 제거(BE) 같은 기계적인 변수선택 절차의 위험성에 대해 설명할 것이다. 여기에서의 관심은 다음과 같은 모형을 적합하는 것이다.

$$H = \beta_0 + \beta_1 G + \beta_2 M + \beta_3 W + \epsilon. \tag{12.12}$$

변수들을 중심화 및 척도화 변환한 모형은 다음과 같다.

$$\tilde{H} = \theta_0 + \theta_1 \tilde{G} + \theta_2 \tilde{M} + \theta_3 \tilde{W} + \epsilon' \tag{12.13}$$

```
Homicide <- read.table("C:/Temp/RABE6/Homicide.txt", sep = "\t",
                       header = TRUE)
head(Homicide, 5)   # 데이터의 첫 5행을 출력

ols_regress(H ~ G+M+W, data = Homicide)   # 표 12.7
reg <- lm(H ~ G+M+W, data = Homicide)
ols_vif_tol(reg)
```

OLS 적합 결과는 표 12.7과 같다. 모형에서 예측변수의 수를 줄일 수 있을까? 기본적 가정을 만족한다면, 작은 t-값을 갖는 G(0.68)의 회귀계수가 유의하지 않으므로 G를 모형에서 제거할 수 있다. 이제 어떤 변수들이 모형에 선택되는지를 보기 위해 전진적 선택 절차와 후진적 제거 절차를 적용해 보자. 표준화 변수에 대해 두 방법을 구현하는 데 필요한 회귀분석 결과가 표 12.8에 요약되어 있다. 표에는 각 모형의 비교를 위해 추정된 회귀계수, t-검정, 수정된 다중 상관계수 R_a^2가 제시되어 있다.

```
forward <- ols_step_forward_p(reg, p_val = 0.3)   # 전진 선택법
print(forward)
plot(forward)
```

표 12.7 살인죄 데이터: 모형 (12.13)을 적합한 OLS 결과

변수	계수	표준오차	t-검정	VIF
G	0.235	0.345	0.68	42
M	−0.405	0.090	−4.47	3
W	−1.025	0.378	−2.71	51
$n = 13$	$R^2 = 0.975$	$R_a^2 = 0.966$	$\hat{\sigma} = 0.0531$	df = 9

표 12.8 살인죄 데이터: 추정된 계수, t-검정, 수정된 다중 상관계수 R_a^2

변수	모형 (a)	(b)	(c)	(d)	(e)	(f)	(g)
G : 계수	0.96			1.15	0.87	0.24	
t-검정	11.10			11.90	1.62	0.68	
M : 계수		0.55		-0.27		-0.40	-0.43
t-검정		2.16		-2.79		-4.47	-5.35
W : 계수			-0.95		-0.09	-1.02	-1.28
t-검정			-9.77		-0.17	-2.71	-15.90
R_a^2	0.91	0.24	0.89	0.95	0.90	0.97	0.97

전진적 선택(FS) 방법으로 선택되는 첫 변수는 G이다. 왜냐하면 하나의 변수만을 포함하는 세 모형[표 12.8의 모형 (a), 모형 (b), 모형 (c)] 중에서 t-통계량 값이 가장 크기 때문이다. 두 변수를 가지는 두 후보 모형에서는 모형 (d)가 모형 (e)보다 낫다. 따라서 회귀식에 들어오는 두 번째 변수는 M이다. 회귀식에 포함되는 세 번째 변수는 W이다[모형 (f)]. 왜냐하면 t-통계량 값이 유의하기 때문이다. 그러나 변수 G의 유의성이 모형 (a), (d), (f)에서 급격하게 변화되는 것에 주목하여라. 모형 (a), (d)에서는 유의하였으나 모형 (f)에서는 유의하지 않게 된다. 공선성이 의심되는 부분이다.

```
backward <- ols_step_backward_p(reg, p_val = 0.3)   # 후진 제거법
print(backward)
plot(backward)
```

후진적 제거(BE) 방법은 세 변수를 가진 모형 (f)로 시작한다. 첫 번째로 제거되는 변수는 가장 작은 t-통계량을 갖는 변수 G이며, 제거를 통해 모형 (g)로 된다. 모형 (g)에서 M과 W의 t-통계량이 둘 다 유의하므로 후진적 제거 절차는 멈추게 된다.

```
Homicide.S <- as.data.frame(scale(Homicide))
reg.S <- lm(H ~ G+M+W, data = Homicide.S)
ols_eigen_cindex(reg.S)
```

후진적 제거에서 가장 처음 제거되었던 변수 G는 전진적 선택에서 가장 처음 선택되었던 변수이다. 즉, 변수 G는 후진적 제거에서는 가장 중요한 변수로 선택되고, 전진적 선택에서는 가장 중요하지 않은 변수로 취급된다. 이러한 이례적인 결과는 공선성에 기인한 것이다. 상관행렬의 고유치는 λ_1=2.65, λ_2=0.343, λ_3=0.011이며, 최대 상태수는 k=15.6이다. 세 변수 중 두 변수 G와 W는 큰 VIF 값을 갖는다(42와 51). 고윳값 역수의 합도 96으로 매우 크다. 공선성에 추가하여, 관측치가 시간에 따른 데이터(1961~1973년)이므로 시계열 데이터로 다룰 것이다. 따라서 오차항은 자기상관으로 둘 수 있다(제8장 참조). 데이터에 대하여 대응 산점도들을 살펴보게 되면 다른 문제점들도 나타나게 될 것이다.

이 예제는 다중공선성 데이터에 대하여 자동화되고 기계적인 변수선택 절차가 잘못된 모형을 선택하게 한다는 것을 보여주고 있다. 12.13절과 12.14절에서, 다중공선성 상황의 변수선택 절차에서 능형회귀(ridge regression)를 사용하게 된다.

12.13 능형회귀를 이용한 변수선택

능형회귀의 주요 목적 중의 일부는 안정적이고 정확도(MSE의 관점에서)가 높은 회귀계수를 가진 회귀방정식을 만들어 내는 것이라고 할 수 있다. 여기에서 안정적인 회귀계수라고 함은 추정 데이터에서 약간의 변동에 그 결과가 별로 영향을 받지 않음을 뜻한다. 한편 좋은 변수선택 절차가 추구하는 목표는 (1) 연구하에 있는 과정에 대해 명쾌한 설명을 해줄 수 있는 간명한 예측변수들의 집단을 선정하고, (2) 연구에서 포함되지 않은 예측변수들의 값에 대응하는 반응변수의 값을 정확히 예측할 수 있는 회귀방정식을 구축하는 데 있다고 할 수 있다. 이런 관점에서 좋은 예측변수를 선택하는 기법과 능형회귀 방법이 가지는 목표는 상당히 유사하다고 할 수 있으며, 이에 따라 능형회귀라는 한 추론 방법은 변수선택이라는 다른 한 방법이 추구하는 목표를 이루는 데 사용될 수도 있을 것이다.

변수선택은 능형궤적도인 능형회귀계수에 대한 능형모수 k의 플롯을 검토하여 이루어질 수 있다. 다중공선성이 있는 시스템의 경우 능형궤적도가 가지는 특성을 이용한 방법을 제11장에서 설명하였다. 능형궤적도에 기초하여 예측변수를 제거할 때 사용되는 규칙으로는 다음과 같은 것들을 들 수 있다.

1. 안정적이나 그 값이 작은 회귀계수에 대한 예측변수는 제거한다. 능형회귀는 표준화시킨 데이터에 적용되므로 서로 다른 회귀계수의 추정값들은 직접 비교가 가능하다.
2. 예측력이 없으며 불안정한 회귀계수를 가지는 예측변수는 제거한다. 즉, 0으로 향하는 경향이 있는 불안정한 회귀계수의 추정값을 가지는 예측변수는 제거한다.
3. 불안정적인 회귀계수를 가지는 하나 이상의 예측변수를 제거한다. 따라서 원래 예측변수들로부터 남게 되는 p개의 변수를 사용하여 회귀방정식을 구축하게 된다.

위의 각 단계의 마지막에서, 다음 단계로 넘어가기 전에 모형에 남아 있는 변수들로 모형을 재적합한다.

제거 후에 남아 있는 변수들의 집합에 대해 공선성이 더 이상 존재하지 않는지 살펴보아야 한다. 이러한 절차를 다음의 예제를 통해서 설명할 것이다.

12.14 공기오염 데이터에서의 변수선택

McDonald & Schwing(1973)은 조(total)사망률을 기후 및 사회경제적 변수들과 공해 관련 변수들에 연계시키는 연구를 한 바 있다. 이 연구에서 고려된 예측변수는 전체 15개로 표 12.9에 주어져 있으며, 반응변수는 연령 요인에 의해 조정된 조사망률이다. 여기에서는 이 연구의 역학적 측면에 관한 언급 없이, 다만 예측변수의 선택과정을 설명하는 하나의 예로서 이 데이터를 이용하고자 한다. 이 부분은 McDonald & Schwing의 논문에 상세히 논의되었으므로 추가적인 정보를 원할 경우 그 논문을 참조하면 된다.

원자료는 이 책의 4판 이전에는 사용할 수 없었으나, 5판부터는 사용 가능해졌으며 Air.Pollution.txt 파일을 이 책의 웹사이트에서 얻을 수 있다. 4판에서는 반응변수와 15개 예측변수의 상관행렬만을 이용하여 분석을 시도하였으나 원자료 없이는 분석을 마무리하는 데에 필요한 모형진단을 할 수 없으므로 좋은 연습을 할 수 없었다. 이제는 원자료가

표 12.9 공기오염 데이터: 변수에 대한 설명, 평균, 표준편차(n = 60)

변수	내역	평균	표준편차
X_1	연평균 강우량(인치)	37.37	9.98
X_2	1월의 평균온도(F)	33.98	10.17
X_3	7월의 평균온도(F)	74.58	4.76
X_4	65세 이상 인구의 백분율	8.80	1.46
X_5	가구당 인구	3.26	0.14
X_6	중위 교육연한	10.97	0.85
X_7	건전한 가구단위의 백분율	80.91	5.15
X_8	제곱 마일당 인구수	3876.05	1454.10
X_9	유색인구의 백분율	11.87	8.92
X_{10}	사무직의 고용 백분율	46.08	4.61
X_{11}	$3000 이하 소득가구 백분율	14.37	4.16
X_{12}	탄화수소의 상대오염 잠재력	37.85	91.98
X_{13}	질산화물의 상대오염 잠재력	22.65	46.33
X_{14}	이산화유황의 상대오염 잠재력	53.77	63.39
X_{15}	상대습도 백분율	57.67	5.37
Y	연령에 의해 조정된 조사망률	940.36	62.21

있으므로 선형회귀모형의 기본 가정들의 타당성을 검토하기 위한 회귀진단을 수행할 수 있다. 이전 제5장에서 설명하였던 몇 개의 진단플롯을 통해 살펴본 결과 특이값과 높은 지렛값을 갖는 자료점을 발견하였다. 그러나 다행히도 그 자료점들은 별로 중요한 것들이 아니어서 그들을 포함한 모형이나 제외한 모형이나 결과는 큰 차이가 없었다.

```
Air <- read.table("C:/Temp/RABE6/Air.Pollution.txt", sep = "\t",
                  header = TRUE)
head(Air, 5)   # 데이터의 첫 5행을 출력

Air.S <- as.data.frame(scale(Air))
reg.S <- lm(Y ~ ., data = Air.S)
ols_eigen_cindex(reg.S)
```

예측변수들이 가지는 성격으로부터 기대되는 바와 같이 일부는 상당히 높은 상관관계를 가지고 있음을 볼 수 있다.

$$
\begin{array}{lll}
\lambda_1 = 4.5284, & \lambda_6 = 0.9604, & \lambda_{11} = 0.1664, \\
\lambda_2 = 2.7548, & \lambda_7 = 0.6127, & \lambda_{12} = 0.1270, \\
\lambda_3 = 2.0545, & \lambda_8 = 0.4720, & \lambda_{13} = 0.1140, \\
\lambda_4 = 1.3484, & \lambda_9 = 0.3709, & \lambda_{14} = 0.0460, \\
\lambda_5 = 1.2232, & \lambda_{10} = 0.2164, & \lambda_{15} = 0.0049,
\end{array}
$$

이런 다중공선성의 증거는 앞에 주어진 상관행렬의 고윳값을 살펴봄으로써 쉽게 찾아낼 수 있다. 15개 예측 변수의 상관계수 행렬에 대한 고윳값들은 다음과 같다. 우선 매우 작은 두 개의 고윳값이 눈에 띈다. 여기에서 가장 큰 고윳값(λ_1)은 가장 작은 것(λ_{15})의 무려 930배 가까이 된다. 또 이 고윳값들의 역수의 합은 265으로 예측변수 개수의 대략 17배 이상이다. 이 데이터에는 상당히 강한 다중공선성이 존재한다고 할 수 있다.

```
ols_regress(Y ~ ., data = Air)    # 표 12.10
reg <- lm(Y ~ ., data = Air)
ols_vif_tol(reg)
```

중심화와 척도화된 데이터에 선형모형을 적합시킨 최초 OLS 결과가 표 12.10에 제시되어 있다. 모형이 높은 R^2을 가지지만, 추정된 회귀계수 일부는 작은 t-통계량 값을 갖

표 12.10 공기오염 데이터에 대한 OLS 회귀분석 결과(15개의 예측변수)

변수	계수	표준오차	t-검정	VIF
X_1	0.306	0.148	2.06	4.11
X_2	−0.317	0.181	−1.75	6.14
X_3	−0.237	0.146	−1.63	3.97
X_4	−0.213	0.200	−1.07	7.47
X_5	−0.232	0.152	−1.53	4.31
X_6	−0.233	0.161	−1.45	4.86
X_7	−0.054	0.146	−0.37	3.99
X_8	0.084	0.094	0.89	1.66
X_9	0.640	0.190	3.36	6.78
X_{10}	−0.014	0.123	−0.11	2.84
X_{11}	−0.011	0.216	−0.05	8.72
X_{12}	−0.994	0.726	−1.37	98.64
X_{13}	0.998	0.749	1.33	104.98
X_{14}	0.088	0.150	0.59	4.23
X_{15}	0.009	0.101	0.09	1.91
$n = 10$	$R^2 = 0.765$	$R_a^2 = 0.685$	$\hat{\sigma} = 0.56$	df = 44

는다. 다중공선성이 존재하는 상황에서는, 작은 t-통계량 값을 갖는다고 해서 그 변수가 중요하지 않은 변수라는 것을 의미하지는 않는다. 작은 t-통계량 값은 다중공선성으로 인한 분산확대에 기인한 것일 수 있다. 표 12.10에서 보듯이 VIF_{12}와 VIF_{13}은 매우 크다.

15개 회귀계수에 대한 능형궤적도가 그림 12.2, 12.3, 12.4에 나타나 있다. 각 그림에는 5개의 곡선이 있다. 15개의 곡선을 하나의 그림에 표현한다면 그림이 혼란스러워져 곡선들을 추적하는 데 어려움이 있을 것이다. 세 그래프를 비교하기 위해 모든 그래프의 척도를 동일하게 하였다. 능형궤적도로부터, 일부 회귀계수는 불안정하며 일부는 능형모수 k에 관계없이 값이 작음을 볼 수 있다.

```
if(!require("MASS")) install.packages("MASS")
library(MASS)

ridge <- lm.ridge(Y ~ ., data = Air.S, lambda = seq(0, 0.5, 0.01))
plot(ridge)
print(ridge$coef)

plot(ridge$lambda, ridge$coef[1,], type = "l", ylim = c(-1, 1))
lines(ridge$lambda, ridge$coef[2,])
lines(ridge$lambda, ridge$coef[3,])
lines(ridge$lambda, ridge$coef[4,])
lines(ridge$lambda, ridge$coef[5,])
```

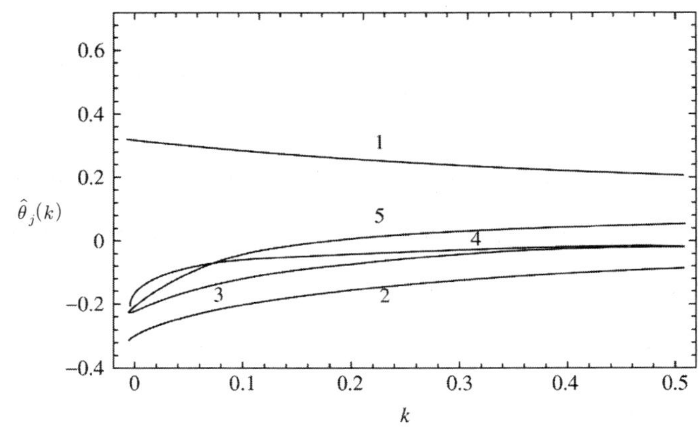

그림 12.2 공기오염 데이터: $\hat{\theta}_1, \cdots, \hat{\theta}_5$에 대한 능형궤적도(15개 변수)

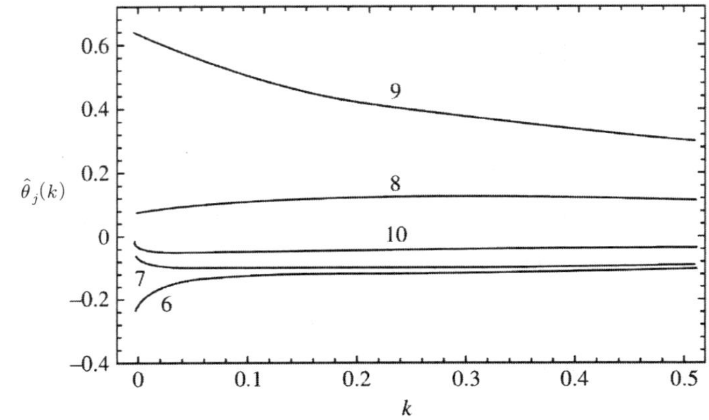

그림 12.3 공기오염 데이터: $\hat{\theta}_6, \cdots, \hat{\theta}_{10}$에 대한 능형궤적도(15개 변수)

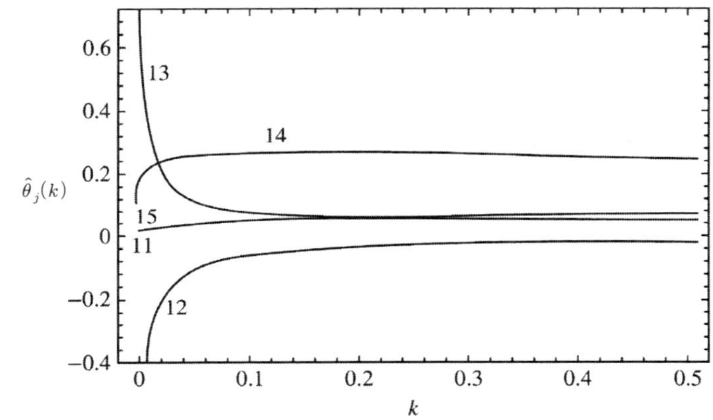

그림 12.4 공기오염 데이터: $\hat{\theta}_{11}, \cdots, \hat{\theta}_{15}$에 대한 능형궤적도(15개 변수)

이제 다중공선성 데이터에 변수선택을 위한 기준을 적용해 보자. 첫 번째 기준에 따라 일단 예측변수 번호 7, 8, 10, 11, 15를 제거한다. 이들은 모두 평평한 형태의 능형궤적을 가지는 것으로 보아 안정적인 상태를 유지하고는 있으나 너무 작은 회귀계수를 가진다. 변수 14는 $k = 0$에서 작은 값을 가지지만(표 12.10 참고), k가 증가함에 따라 급격히 증가하고 있다. 따라서 지금은 제거되지 않아야 한다.

표 12.11 공기오염 데이터에 대한 OLS 회귀분석 결과(10개의 예측변수)

변수	계수	표준오차	t-검정	VIF
X_1	0.306	0.135	2.26	3.75
X_2	−0.345	0.119	−2.91	2.88
X_3	−0.245	0.108	−2.26	2.39
X_4	−0.224	0.175	−1.28	6.22
X_5	−0.268	0.137	−1.97	3.81
X_6	−0.292	0.103	−2.85	2.15
X_9	0.664	0.140	4.75	3.99
X_{12}	−1.017	0.659	−1.54	88.86
X_{13}	1.018	0.674	1.51	92.99
X_{14}	0.096	0.127	0.76	3.30
$n = 10$	$R^2 = 0.760$	$R_a^2 = 0.711$	$\hat{\sigma} = 0.537$	df = 49

```
ols_regress(Y ~ X1+X2+X3+X4+X5+X6+X9+X12+X13+X14, data = Air)  # 표 12.11
reg <- lm(Y ~ X1+X2+X3+X4+X5+X6+X9+X12+X13+X14, data = Air)
ols_vif_tol(reg)

reg.S <- lm(Y ~ X1+X2+X3+X4+X5+X6+X9+X12+X13+X14, data = Air.S)
ols_eigen_cindex(reg.S)
```

나머지 10개의 변수를 이용해서 반복해 보자(변수 번호 1, 2, 3, 4, 5, 6, 9, 12, 13, 14). OLS 결과는 표 12.11에 주어져 있다.

```
ridge <- lm.ridge(Y ~ X1+X2+X3+X4+X5+X6+X9+X12+X13+X14, data = Air.S,
                  lambda = seq(0, 0.5, 0.01))
plot(ridge)
print(ridge$coef)

plot(ridge$lambda, ridge$coef[1,], type = "l", ylim = c(-1, 1))
lines(ridge$lambda, ridge$coef[2,])
lines(ridge$lambda, ridge$coef[3,])
lines(ridge$lambda, ridge$coef[4,])
lines(ridge$lambda, ridge$coef[5,])
```

여전히 다중공선성이 발견된다. 가장 큰 고윳값은 λ_1=3.378로서 가장 작은 고윳값 λ_{10} =0.005의 약 619배이다. 변수 12와 13의 VIF 또한 여전히 높다. 대응되는 능형궤적도가 그림 12.5와 그림 12.6에 나타나 있다. 변수 14는 여전히 $k = 0$에서 작은 계수값을 가지지만

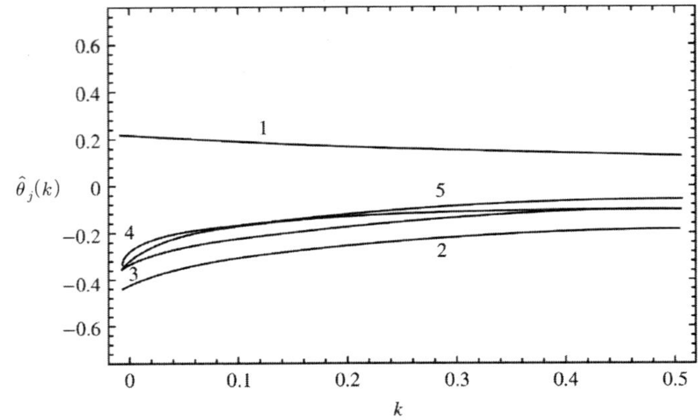

그림 12.5 공기오염 데이터: $\theta_1, \cdots, \theta_5$에 대한 능형궤적도(10개 변수)

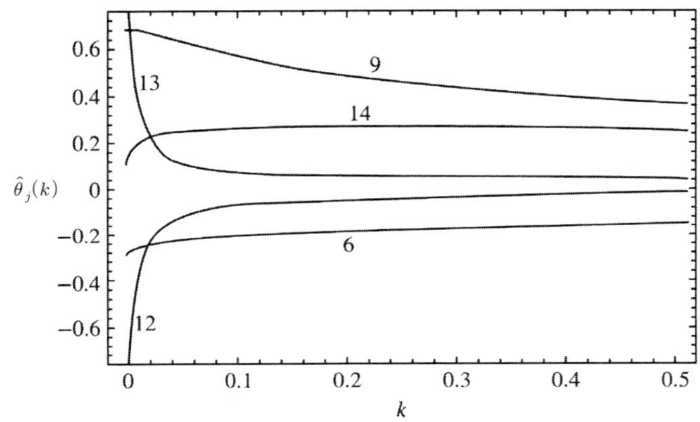

그림 12.6 공기오염 데이터: $\theta_6, \cdots, \theta_{10}$에 대한 능형궤적도(10개 변수)

k가 0으로부터 증가함에 따라 함께 증가한다. 따라서 이 단계에서 이 변수는 모형에 남아 있어야 한다. 다른 9개의 변수 모두 첫 번째 기준을 만족하지 않는다.

두 번째 기준은 회귀계수의 값이 0으로 향하는 경향을 가지는 불안정적인 변수들을 제거하는 것이었다. 능형궤적도를 보면 예측변수 번호 12와 13이 이 범주에 속함을 알 수 있다.

표 12.12 공기오염 데이터에 대한 OLS 회귀분석 결과(8개의 예측변수)

변수	계수	표준오차	t-검정	VIF
X_1	0.331	0.120	2.76	2.91
X_2	−0.351	0.106	−3.31	2.28
X_3	−0.217	0.104	−2.09	2.19
X_4	−0.155	0.163	−0.95	5.42
X_5	−0.221	0.134	−1.66	3.62
X_6	−0.270	0.102	−2.65	2.10
X_9	0.692	0.133	5.219	3.57
X_{14}	0.230	0.083	2.77	1.40
$n = 60$	$R^2 = 0.749$	$R_a^2 = 0.709$	$\hat{\sigma} = 0.539$	df = 51

```
ols_regress(Y ~ X1+X2+X3+X4+X5+X6+X9+X14, data = Air)   # 표 12.12
reg <- lm(Y ~ X1+X2+X3+X4+X5+X6+X9+X14, data = Air)
ols_vif_tol(reg)

reg.S <- lm(Y ~ X1+X2+X3+X4+X5+X6+X9+X14, data = Air.S)
ols_eigen_cindex(reg.S)
```

남아 있는 8개 변수에 대한 OLS 결과가 표 12.12에 나타나 있으며 공선성은 보이지 않는다. 가장 큰 고윳값과 가장 작은 고윳값은 각각 2.886과 0.094이며, 상태수($\kappa = 5.5$)는 작은 값을 갖는다. 고윳값들의 역수의 합은 23.5로서 예측변수 개수의 약 2배이다. 모든 변수의 VIF값은 10보다 작다. 이제 남아 있는 변수들은 공선성을 가지지 않으므로 12.7절과 12.8절에서 다루었던 비공선형 데이터에 대한 변수선택 방법을 적용할 수 있을 것이다. 이는 독자들에게 연습문제로 남긴다.

공기오염 데이터를 분석하는 또 다른 방법은 다음과 같다(원래 15개 변수의 공선성은 사실 다중공선성의 간단한 경우이다). 공선성은 단 2개의 변수에만 포함되어 있다(12번, 13번 변수). 따라서 둘 중 하나의 변수를 제거함으로써 분석을 진행할 수 있다. 독자들은 나머지 14개의 변수에 대해서 공선형이 아님을 증명할 수 있을 것이다. 비공선형 데이터에 대하여 일반적인 변수선택 방법을 사용할 수 있다. 이는 독자들을 위해 연습문제로 남겨둘 것이다.

공기오염 데이터 분석에서는 세 번째 기준을 사용하지 않았으나, 이 세 번째 기준이 필요한 상황도 있다. 이 예에서 변수선택의 도구로서 능형회귀가 성공적으로 사용되었음을 주목할 필요가 있다. 왜냐하면 중간단계에서 선택된 변수들은 비공선형이므로 일반적인 OLS를 사용할 수 있다.

실제 Henderson & Velleman(1981)은 이 데이터 분석에서 능형회귀적 방법을 고려하지는 않았다. 그들이 수행한 분석 전체에 관심이 있는 독자는 참고문헌에 있는 논문을 참조하기 바란다.

몇 가지 논의: 예측변수의 선택 문제는 분명 과학적 측면과 기술적 측면을 복합적으로 가지고 있는 것으로 이해하면 좋을 것이다. 실제 분석은 주의 깊은 사려를 가지고 수행되어야 할 것으로 생각된다. 이런 관점에서 여기에 서술된 내용은 어떤 공식적인 절차를 규정하기보다는 가능한 몇 가지의 접근방법들을 요약 정리한 것으로 보면 된다. 결론적으로 여기에서 강조하고자 하는 내용은 앞에서 언급한 바와 같이 변수선택은 그 자체를 하나의 목표로 생각하고 단순히 기계적으로 제안된 절차를 수행해서는 안 된다는 점이다. 오히려 변수선택은 분석하고자 하는 데이터의 구조를 탐색하기 위한 하나의 절차로 생각되어야 하며, 연구자는 진리를 탐구해 나가는 모든 과정에서 요구되는 바와 같이 관련 이론과 직관 그리고 상식으로 분석해야 할 것이다.

12.15 회귀모형의 적합을 위한 한 가지 가능한 전략

회귀모형을 만족스럽게 적합시키기 위해 사용될 수 있는 한 가지 가능한 전략을 제안하면서 이 장을 마무리 짓고자 한다. 먼저, 완벽히 올바른 단 하나의 접근방법이란 것은 애초부터 없는 것임을 강조하고 싶다. 어떤 연구자들은 여기에서 제안하는 것과는 다른 절차를 사용하는 것이 바람직하다고 생각할 수도 있으며, 이때 특정 절차를 따르는 데 구애받을 필요는 전혀 없다고 생각한다. 그러나 거의 대부분의 경우 여기에서 설명하는 일련의 단계가 현실에 대한 응용에서 유용하고, 의미가 있으며, 그리고 해석이 가능한 결과로 이끌게 될 것으로 생각한다.

반응변수 Y를 일단의 예측변수 $X_1, X_2, \ldots, X_p$ 혹은 그 일부를 통해 설명하고자 한다고 가정한다. 여기에서 가능한 전체 예측변수 집단 $X_1, X_2, \ldots, X_p$는 주로 외적인 상황을 고려하여 생성된 것이라고 하자. 때때로 이런 예측변수 집단의 크기가 상당히 커서 이를 적절히 수용할 만한 크기로 축약할 필요가 있을 경우가 생긴다. 우리의 목표는 타당성과 간명성, 그리고 실용적 의미를 동시에 가지는 회귀모형을 구축하고자 하는 것이다. 하나의 가능한 처리로서 다음과 같은 일련의 단계를 제안한다.

1. 포함된 모든 변수($Y, X_1, X_2, \ldots, X_p$)을 각자 하나씩 검토해 본다. 이를 위해 각 변수별 요약통계량을 계산하거나, 히스토그램, 점 플롯, 상자그림 등을 살펴보면 좋을 것이다(제4장 참조). 이때 각 변수별 값들의 분포가 지나치게 비대칭적이거나(큰 왜도) 관측값들의 범위가 너무 크면 곤란하다. 특이값에 세심한 주의가 요구된다. 대칭성을 가지도록 하기 위해 변수변환을 고려한다. 로그변환이 이 경우에 유용할 수도 있다(제7장 참조).
2. 모든 가능한 변수 짝들에 대한 산점도를 그려 본다. 예측변수들의 개수인 p가 매우 크면 이 작업은 실제적으로 어려울지도 모른다. 그러나 두 변수 사이의 짝지은 플롯은 그들 간의 관계를 파악하는 데 주요한 정보원이 된다. 또한 상관행렬의 내용을 살펴보면 명백한 공선성의 문제를 집어낼 수도 있을 것이다. 공선성의 심각성 여부에 관한 아이디어를 얻기 위해서 상관행렬에 대한 고윳값, 상태수, 혹은 VIF 등을 계산해 본다(제10장, 제11장 참조).
3. $X_1, X_2, \ldots, X_p$ 모두를 예측변수로 하는 완전모형을 적합시켜 본다. 이때 개별적으로 비유의적인 설명력(비유의적 t-값)을 가지는 변수는 제거한다. 그 후 축소된 모형으로부터 계산한 잔차를 다음 측면에서 검토한다.
   (가) 선형성을 점검한다. 이때 만약 선형성이 충족되지 않으면 변수변환을 시도한다(제7장 참조).
   (나) 이분산성과 자기상관성(시계열 데이터의 경우)을 점검한다. 만약 이런 성향이 발견되면 적절한 조치를 취해야 한다(제7장, 제8장 참조).
   (다) 특이값이나 높은 지렛대(leverage) 값을 가지는 관측값이나 큰 영향력을 가지는 관측점들을 점검한다. 만약 이런 관측값들이 존재한다고 판단될 경우 적절한 조치를 취한다(제5장 참조).

4. 모형의 본래 모습에 손상을 주지 않는 범위 내에서 추가적으로 예측변수들을 제거할 수 있는지를 검토해 본다. 또한 새로운 변수들을 모형에 도입하는 것이 바람직한 것인지도 생각할 필요가 있다. 이때 첨가변수플롯(added vari- able plot)이나 성분잔차플롯(residual plus component plot) 등을 이용할 수 있다(제5장, 제12장 참조). 이 경우 단계 3을 반복한다. 정보기준 AIC, BIC를 살펴보면서 적합 과정을 모니터링한다.

5. 최종적으로 적합된 모형에 대해, 분산확대인자(VIF)를 검토한다. 또한 잔차플롯이 만족스러운지, 그리고 어떤 부정적인 상황을 알려주는 진단 메시지가 없는지를 확인한다(제4, 6, 7, 10장 참조). 필요하다면 단계 4를 반복한다.

6. 이때 적합모형의 타당성을 확인하는 작업이 이루어져야 한다. 만약 데이터의 규모가 크다면, 그의 일부분을 이용하여 모형을 적합시키고 나머지 부분으로 적합모형의 타당성을 검토할 수도 있을 것이다. 사용할 수 있는 데이터가 특별히 크지 않은 경우 붓스트랩(bootstrap), 잭나이프(jackknife), 혹은 교차타당법(cross-validation)과 같은 재표본추출기법도 고려할 수 있는 방법이다(Efron, 1982; Diaconis & Efron, 1983).

여기에서 묘사된 처리단계는 실제 단계번호의 순서에 따라 진행되지 않을 수도 있으며, 때때로 순차적이라기보다 동시에 수행될 경우도 있을 것이다. 어쨌든 이와 같은 과정은 반복적인 처리형태를 취하게 되며, 만족스러운 모형에 이르기 위해 특정 단계들로 되돌아가는 등 정성스러운 다듬기 작업이 필요하다는 뜻이다. 여기에서는 이런 과정을 통해 하나의 만족스러운 모형을 구축하기 위해 반드시 고려되어야 할 요소들이 어떤 것인지를 단지 열거한 것으로 생각하면 된다.

위에 서술한 단계에 포함되지 않은 다른 하나의 중요한 요인이 있다. 이는 회귀모형이 구축되는 연구 영역에서 분석자가 연구 주제에 대해 가지는 지식으로서, 이런 지식은 모형구축 과정에 자연스레 반영될 것이다. 이와 같은 지식은 곧 만족할 만한 모형구축에 이르는 과정을 가속화시키게 되며, 적절히 예측변수를 선택하고, 이들에 대응되는 적절한 변환을 도모하는 데 큰 도움을 주게 된다. 결국 통계적인 방법으로 모형을 구축한다는 것은 하나의 기술(art)이라고도 할 수 있다. 이 책에서 묘사된 통계적 기법들은 수단으로서 그의 역할을 하고 있으며, 이런 수단을 통해 모형구축의 작업이 방법론적으로 시도될 수 있는 것이다.

12.16 문헌목록에 관하여

예측변수의 선택에 관한 상당한 양의 문헌들이 통계학 전문 논문집에 실려 있다. Hocking (1976)의 논문은 광범위한 문헌목록을 가지고 이 분야를 포괄적으로 개관하고 있다. 특히 C_p에 중점을 둔 변수선택기법에 관한 내용은 Daniel & Wood(1980)에서 상세히 다루어지고 있다. C_p 통계량의 응용에 관련된 좀 더 정교한 처리기법이 Mallows(1973)에 의해 주어져 있다. 변수선택 절차 부분은 Draper & Smith(1998)가 쓴 교재에서 논의되고 있으며, 변수선택의 문제 중 능형회귀에 관련된 부분은 Hoerl & Kennard(1970)과 McDonald & Schwing(1973)에 의해 토론된 바 있다.

연습문제

12.1 12.14절에서와 마찬가지로, 예측변수에 대하여 3개의 비공선형 부분집합이 나타났다. 각 부분집합에 대해 하나 이상의 변수선택 방법을 적용하고 최종모형을 비교하여라.

(a) 8개 변수의 부분집합: 1, 2, 3, 4, 5, 6, 9, 14

(b) 변수 12번을 제외한 후 얻어진 14개의 변수 부분집합

(c) 변수 13번을 제외한 후 얻어진 14개의 변수 부분집합

12.2 표 12.10의 추정된 회귀계수는 반응변수와 예측변수의 상관행렬을 이용하여 계산되었기 때문에 변수를 표준화하여 계산한 것과 같다. 표 12.9의 변수에 대한 평균과 표준편차를 이용하여 원변수(중심화와 척도화 변환 전의 원 변수)에 대한 추정된 회귀방정식을 도출하여라.

12.3 12.12절에서 논의되었던 살인죄 데이터에서, 식 (12.13)을 적합하는 데 FS 방법과 BE 방법은 반대되는 결론을 제시하였다. 사실 FS 방법과 BE 방법이 상반되는 결과를 주는 변수 부분집합은 많이 있다. 이러한 부분집합을 하나 이상 찾아보아라.

12.4 이 책의 웹사이트에 있는 Homicide.txt를 다운로드하여라. 이 데이터에 있는 반응변수 H를 가장 잘 설명하는 변수 부분집합을 변수선택 방법을 이용하여 하나 이상 찾아보아라.

12.5 자산평가: 과학적 감정은 선형회귀 방법을 자산평가 문제에 적용한 방법이다. 과학적 감정 방법의 목적은 건물의 물리적 특성들과 건물에 대한 세금 정보를 활용하여 집의 판매가격을 예측하는 것이다. Property.Valuation.txt는 주어진 24개의 관찰값들은 주택관련연명부에서 제 12지역으로 지정된 Erie 시(미국 펜실바니아 주)에 대한 것으로, 원래 Narula & Wellington(1977)에 의해 제공된 것이다. 데이터는 이 책의 웹사이트에서 얻을 수 있다. 변수의 리스트는 표 12.13에 제시되어 있다. 다음의 물음에 답하고, 적절한 분석을 통하여 여러분의 주장을 정당화하여라.

(a) 판매가격과 건물 특성들의 관계에 대한 회귀모형적합에서, 여러분은 모든 변수들이 모형에 포함시킬 것인가?

(b) 경험이 많은 부동산 중개업자는 지방세(local tax)와 방의 수, 건물의 나이가 판매가격을 설명하는 데 적절하다고 제시하였다. 동의하는가?

(c) 이 프로젝트를 의뢰한 부동산 전문가는 다음과 같이 설명하였다. 집의 판매가격은 그것의 적정성에 의해서 결정되고 이는 건물의 물리적 특성의 함수일 것이다. 이러한 전체적 평가는 집 소유자가 지불하는 지방세에 반영된다. 따라서 판매가격의 가장 좋은 예측변수는 지방세이다. 따라서 지방세를 포함하고 있는 회귀모형식에서 건물의 특성 변수들은 중복된 변수이다. 판매가격에 지방세 단독으로 영향을 주는 관계식이 적절할 것이다. 이러한 주장을 여러 개의 모형을 탐색해봄으로써 판단하여 보아라. 동의하는가? 집의 판매가격의 예측에 가장 적절하다고 생각되는 모형을 제시하여라.

표 12.13 **자산평가 데이터: 변수에 대한 설명**

변수	정의
Y	주택가격(단위 : $1,000)
X_1	공과세금 : 지방세, 군세, 교육세 등(단위 : $1,000)
X_2	화장실의 개수
X_3	대지면적(ft^2 × 1000)
X_4	전용면적(ft^2 × 1000)
X_5	차고의 개수
X_6	방의 개수
X_7	침실의 개수
X_8	건물연수(신축 후 경과연수)
X_9	벽난로의 개수

12.6 이 책의 웹사이트에 있는 가솔린 소비량 데이터(Gasoline.Consumption.txt)를 참조하여 다음에 답하여라.

(a) 자동차의 가솔린 소비량을 예측하는 데 모든 변수들을 포함할 것인가? 이유를 설명하여라.

(b) 아래와 같이 6개의 모형 후보가 제안되었다.

(i) X_1에 대한 Y의 회귀

(ii) X_{10}에 대한 Y의 회귀

(iii) X_1, X_{10}에 대한 Y의 회귀

(iv) X_2, X_{10}에 대한 Y의 회귀

(v) X_8, X_{10}에 대한 Y의 회귀

(vi) X_8, X_5, X_{10}에 대한 Y의 회귀

이들 모형 중에서, 자동차의 가솔린 소비량을 예측하는 모형으로 어떤 것을 선택할 것인가? 더 좋은 모형을 제시할 수 있는가?

(c) Y와 X_1, X_2, X_8, X_{10}에 대한 산점도를 동시에 그려라. 산점도가 Y와 11개 예측변수 사이의 연관관계가 선형이 아님을 말해 주고 있는가?

(d) 가솔린 소비량은 같은 거리(약 123마일)에 대해 같은 무게의 짐을 실은 각 차량으로부터 얻어진다. Y(마일/갤런)를 사용하는 대신 새로운 변수 $W = 100/Y$(갤런/100마일)를 고려한다. W와 X_1, X_2, X_8, X_{10}에 대한 산점도를 동시에 그리고 W와 11개 예측변수 사이의 관계가 Y와 11개 예측변수 사이의 관계보다 더 선형적인지를 살펴보아라.

(e) Y 대신 W를 사용하여 (b)를 수행하여 보아라. 여러분의 결론은 무엇인가?

(f) X_{13}에 대한 Y 회귀를 적합시켜라. 여기에서 $X_{13} = X_8/X_{10}$.

(g) 여러분이 발견한 사실을 간단하게 정리하여라. 자동차의 가솔린 소비량을 예측하는 데 사용될 모형을 추천하여 보아라.

12.7 이 책의 웹사이트에 있는 대통령 선거 데이터(Presidential.Election.txt)를 이용하여, 연습문제 10.9와 같이 전체 변수(선거연도를 나타내는 시간변수도 포함)와 2개 또는 3개의 변수에 대한 교호작용 항을 가능한 많이 포함하여 V에 대한 모형적합을 고려하여라.

(a) 연습문제 10.9(a)의 모형으로 시작하여, 미래의 대통령 선거의 예측을 가장 잘 수행하는 최적모형을 선택하기 위하여 2개 이상의 변수선택 방법을 적용하여라.

(b) 연습문제 10.9(d)의 모형으로 시작하여 위의 작업을 수행하여라.

(c) 얻어진 모형들 중 어떤 것이 더 좋다고 생각되는가?

(d) 위에서 선택된 모형을 사용하여 2000년, 2004년, 2008년의 미국 대통령 선거 후보자의 득표율을 예측하여라.

(e) 위의 연도별 세 예측 중에서 어떤 것이 가장 정확하다고 생각하는지 설명하여라.

(f) 2000년의 선거 결과는 이 책이 출판되었던 당시에는 알려지지 않았다. 여러분이 2000년 이후에 이 책을 읽고 있다면 그 결과를 알고 있을 것이다. 이 연습문제에서 예측한 여러분의 예측값이 정확하였는가?

12.8 담배 소비량 데이터: 이 책의 웹사이트에 있는 담배 소비량 데이터(Cigarette.Consumption.txt)를 생각해 보자. 미국 정부기관이 주(state) 전체의 담배 소비량(일인당)을 여러 가지 사회경제학적 변수와 인구통계학적 변수를 사용하여 회귀식을 구축하고, 이러한 변수들이 담배 소비량 예측에 유용한지를 알아보려고 한다.

(a) 일인당 담배 소비량을 설명하는 선형회귀모형을 구축하여라. 분석에서 특정한 특이값에 주의를 기울여 보아라. 특이값 하나를 제거하면 결과에 영향을 주는지 살펴보아라. 최종모형을 결정하기 전에 잔차플롯을 살펴보아라. 모형에 모든 변수를 포함시킬 필요는 없다. 분석의 목적은 담배 소비량을 의미 있고 적절하게 예측하는 가장 작은 수의 변수들을 포함한 모형을 찾는 것이어야 한다.

(b) 여러분이 찾은 회귀분석 결과물을 기술하는 보고서를 작성하여라.

⊙ 부록: 12.A 잘못된 모형설정의 영향

다음은 회귀모형에서 예측변수의 선택이 모회귀계수의 추정값과 예측값에 어떤 영향을 미치게 되는지를 논의하고 있다.

아래와 같은 행렬과 벡터를 정의하자.

$$\mathbf{X} = \left[\begin{array}{cccc|ccc} x_{10} & x_{11} & \cdots & x_{1p} & x_{1(p+1)} & \cdots & x_{1q} \\ x_{20} & x_{21} & \cdots & x_{2p} & x_{2(p+1)} & \cdots & x_{2q} \\ \vdots & \vdots & \ddots & \vdots & \vdots & \ddots & \vdots \\ x_{n0} & x_{n1} & \cdots & x_{np} & x_{n(p+1)} & \cdots & x_{nq} \end{array}\right] \qquad \mathbf{Y} = \begin{bmatrix} y_1 \\ \vdots \\ y_n \end{bmatrix}$$

$$\boldsymbol{\beta} = \begin{bmatrix} \beta_0 \\ \beta_1 \\ \vdots \\ \beta_p \\ \hline \beta_{p+1} \\ \vdots \\ \beta_q \end{bmatrix}, \quad \boldsymbol{\varepsilon} = \begin{bmatrix} \varepsilon_1 \\ \varepsilon_2 \\ \vdots \\ \varepsilon_n \end{bmatrix}$$

여기에서, $i = 1, 2, \cdots, n$에 대하여 $x_{i0} = 1$이다. 크기 $n \times (q+1)$의 행렬 $\mathbf{X}$는 두 개의 부분행렬 $\mathbf{X}_p$와 $\mathbf{X}_r$로 나눠지며, 이들은 각각 크기 $n \times (p+1)$과 $n \times r$이고, $r = q-p$이다. 이와 비슷하게 벡터 β도 β_p와 β_r로 분해되며, 이들은 각각 $(p+1)$개와 r개의 원소로 구성된 것이다.

이때 모든 q개의 예측변수를 포함하는 완전모형은 다음과 같이 표현할 수 있다.

$$\mathbf{Y} = \mathbf{X}\boldsymbol{\beta} + \boldsymbol{\varepsilon} = \mathbf{X}_p\boldsymbol{\beta}_p + \mathbf{X}_r\boldsymbol{\beta}_r + \boldsymbol{\varepsilon} \tag{12.A.1}$$

여기에서 ε_i는 모형의 오차항으로 각각 독립적인 정규분포 $N(0, \sigma^2)$에 따르는 것으로 가정한다.

첫 p개의 예측변수만을 (즉, 첫$(p+1)$개의 항목으로 이루어진) 포함하는 부분모형은 다음과 같다.

$$\mathbf{Y} = \mathbf{X}_p\boldsymbol{\beta}_p + \boldsymbol{\varepsilon} \tag{12.A.2}$$

식 (12.A.1)의 완전모형에서 β의 최소제곱추정량을 $\hat{\beta}^*$로 표현하면, 이는 다음과 같고,

$$\hat{\boldsymbol{\beta}}^* = \begin{pmatrix} \hat{\boldsymbol{\beta}}_p^* \\ \hat{\boldsymbol{\beta}}_r^* \end{pmatrix} = (\mathbf{X}^T\mathbf{X})^{-1}\mathbf{X}^T\mathbf{Y}$$

식 (12.A.2)의 부분모형에 대한 β_p의 최소제곱추정량 $\hat{\beta}_p$는 다음과 같이 주어진다.

$$\hat{\boldsymbol{\beta}}_p = (\mathbf{X}_p^T\mathbf{X}_p)^{-1}\mathbf{X}_p^T\mathbf{Y}$$

또한 위의 모형 (12.A.1)과 (12.A.2)로부터 σ^2에 대한 추정량을 각각 $\hat{\sigma}_q{}^2$과 $\hat{\sigma}_p{}^2$이라고 표시하면, 이들은 각각 다음과 같게 된다.

$$\hat{\sigma}_q^2 = \frac{\mathbf{Y}^T\mathbf{Y} - \hat{\boldsymbol{\beta}}^{*T}\mathbf{X}^T\mathbf{Y}}{n-q-1}$$

그리고

$$\hat{\sigma}_p^2 = \frac{\mathbf{Y}^T\mathbf{Y} - \hat{\boldsymbol{\beta}}_p^T\mathbf{X}_p^T\mathbf{Y}}{n-p-1}$$

여기에서 추정량 $\hat{\beta}^*$와 $\hat{\sigma}_p^2$는 이에 대응되는 모수 β와 σ^2의 불편추정량이 됨을 쉽게 증명할 수 있다. 그러나 추정량 $\hat{\beta}_p$는 다음의 관계를 가진다.

$$E(\hat{\boldsymbol{\beta}}_p) = \boldsymbol{\beta}_p + \mathbf{A}\boldsymbol{\beta}_r$$

여기에서

$$\mathbf{A} = (\mathbf{X}_p^T\mathbf{X}_p)^{-1}\mathbf{X}_p^T\mathbf{X}_r$$

더 나아가

$$\begin{aligned} Var(\hat{\boldsymbol{\beta}}_p) &= (\mathbf{X}_p^T\mathbf{X}_p)^{-1}\,\sigma^2 \\ Var(\hat{\boldsymbol{\beta}}^*) &= (\mathbf{X}^T\mathbf{X})^{-1}\,\sigma^2 \end{aligned}$$

그리고

$$\mathrm{MSE}(\hat{\boldsymbol{\beta}}_p) = (\mathbf{X}_p^T\mathbf{X}_p)^{-1}\sigma^2 + \mathbf{A}\boldsymbol{\beta}_r\boldsymbol{\beta}_r^T\mathbf{A}^T$$

이런 이론적 결과로부터 추정량 $\hat{\beta}_p$와 $\hat{\beta}_p{}^*$가 가지는 성질들을 요약하면 아래와 같다.

1. $\hat{\beta}_p$는 (1) $\beta_r = 0$ 또는 (2) $\mathbf{X}_p^T\mathbf{X}_p = 0$이 아닌 한 β_p의 편향추정량이 된다.

2. 행렬 $Var(\hat{\beta}^*) - Var(\hat{\beta}_p)$ 는 양반정치(positive semidefinite)행렬이다. 이에 따라 완전모형으로부터 얻은 회귀계수의 최소제곱추정량의 분산은 부분모형에서 대응되는 추정량의 분산보다 크게 된다. 다시 말해 일부 예측변수를 제거하면 모형에 남아 있는 예측변수에 대한 회귀계수의 분산을 항상 작게 하는 결과를 초래하게 된다.

3. 만약 $Var(\hat{\boldsymbol{\beta}}_r^*) - \boldsymbol{\beta}_r\boldsymbol{\beta}_r^T$이 양반정치행렬이라면 행렬 $Var(\hat{\beta}_p{}^*) - \mathrm{MSE}(\hat{\beta}_p)$ 도 양반정치행렬이 된다. 다시 말해서, 제거된 예측변수에 대한 모회귀계수가 그의 추정량의 표준편차보다 작을 경우, 부분모형으로부터 얻어진 회귀계수의 추정량의 평균제곱오차는 완전모형에서의 그것보다 작다.

4. σ^2의 추정값으로서 $\hat{\sigma}_p{}^2$는 일반적으로 위쪽(+) 방향으로 편향되어 있다.

회귀모형을 설정하는 과정에서 일어난 오류가 예측에 미치는 영향을 알아보기 위해, 한 관측점 $\mathbf{x}^T = (\mathbf{x}_p^T : \mathbf{x}_r^T)$에 대한 반응변수의 예측값을 살펴보기로 한다. 우선 완전모형의 식을 사용하였을 경우 $\mathbf{x}^T$에 대응되는 예측값은 $\hat{y}^* = \mathbf{x}^T\hat{\beta}^*$이고, 이것은 평균 $\mathbf{x}^T\beta$와 다음과 같은 분산을 가진다.

$$Var(\hat{y}^*) = \sigma^2(1 + \mathbf{x}^T(\mathbf{X}^T\mathbf{X})^{-1}\mathbf{x})$$

한편, 만약 부분모형의 식을 고려할 경우 추정된 예측값 $\hat{y} = \mathbf{x}_p^T\hat{\boldsymbol{\beta}}_p$는 다음의 평균과 분산을 가진다.

$$E(\hat{y}) = \mathbf{x}_p^T\boldsymbol{\beta}_p + \mathbf{x}_p^T\mathbf{A}\boldsymbol{\beta}_r$$

$$Var(\hat{y}) = \sigma^2(1 + \mathbf{x}_p^T(\mathbf{X}_p^T\mathbf{X}_p)^{-1}\mathbf{x}_p)$$

또한 예측값의 평균제곱오차는 다음과 같이 주어진다.

$$\text{MSE}(\hat{y}) = \sigma^2(1 + \mathbf{x}_p^T(\mathbf{X}_p^T\mathbf{X}_p)^{-1}\mathbf{x}_p) + (\mathbf{x}_p^T\mathbf{A}\boldsymbol{\beta}_r - \mathbf{x}_r^T\boldsymbol{\beta}_r)^2$$

위의 사실들을 기초로 $\hat{y}^*$와 $\hat{y}$가 가지는 성질들은 다음과 같이 요약할 수 있다.

1. $\hat{y}$는 $\mathbf{X}_p^T\mathbf{X}_r\boldsymbol{\beta}_r = 0$이 아닌 경우 편향되어 있다.
2. $Var(\hat{y}^*) \geq Var(\hat{y})$
3. 만약 행렬 $Var(\hat{\boldsymbol{\beta}}_r^*) - \boldsymbol{\beta}_r\boldsymbol{\beta}_r^T$이 양반정치라면, $Var(\hat{y}^*) \geq \text{MSE}(\hat{y})$가 된다.

변수선택의 관점에서 이러한 결과에 대한 유의성과 해석은 이 장의 본문에 주어져 있다.

부록: 12.B SAS 코드

```
LIBNAME mysas "C:\temp\SAS_Data";

/******************************
* 12.10
******************************/

PROC IMPORT DATAFILE="C:\temp\RABE6\Supervisor.txt" OUT=mysas.Supervisor
            DBMS=TAB REPLACE;
RUN;

/* 표 12.1 */

PROC REG DATA=mysas.Supervisor SIMPLE CORR;
    MODEL Y = X1-X6 / STB TOL VIF COLLINOINT;
RUN;

PROC PRINCOMP DATA=mysas.Supervisor;
    VAR X1-X6;
RUN;

/* 표 12.2 */

PROC REG DATA=mysas.Supervisor;
    MODEL Y = X1-X6 / SELECTION=FORWARD SLENTRY=0.30;
RUN;

/* 표 12.3 */
```

```
PROC REG DATA=mysas.Supervisor;
    MODEL Y = X1-X6 / SELECTION=BACKWARD SLSTAY=0.30;
RUN;

PROC REG DATA=mysas.Supervisor;
    MODEL Y = X1-X6 / SELECTION=STEPWISE SLENTRY=0.30 SLSTAY=0.30;
RUN;
/* 표 12.4, 그림 12.1 */

SYMBOL1 V=CIRCLE H=2 CV=GREEN;
PROC REG DATA=mysas.Supervisor;
    MODEL Y = X1-X6 / SELECTION=RSQUARE RMSE CP AIC BIC;
    PLOT CP.*NP. / CMALLOWS=BLUE VAXIS=0 TO 10 BY 2 HAXIS=1 TO 8 BY 1;
RUN;

/* 표 12.5 */

PROC REG DATA=mysas.Supervisor;
    MODEL Y = X1-X6 / SELECTION=CP RSQUARE RMSE AIC BIC;
RUN;

/******************************
* 12.12
******************************/

PROC IMPORT DATAFILE="C:\temp\RABE6\Homicide.txt" OUT=mysas.Homicide
            DBMS=TAB REPLACE;
RUN;

/* 표 12.7 */

PROC REG DATA=mysas.Homicide SIMPLE CORR;
    MODEL H = G M W / STB TOL VIF COLLINOINT;
RUN;

PROC REG DATA=mysas.Homicide SIMPLE CORR;
    MODEL H = G M W / SELECTION=FORWARD SLENTRY=0.30;
RUN;

PROC REG DATA=mysas.Homicide SIMPLE CORR;
    MODEL H = G M W / SELECTION=BACKWARD SLSTAY=0.30;
RUN;

PROC REG DATA=mysas.Homicide SIMPLE CORR;
    MODEL H = G M W / SELECTION=STEPWISE SLENTRY=0.30 SLSTAY=0.30;
```

```
RUN;
PROC PRINCOMP DATA=mysas.Homicide;
   VAR G M W;
RUN;

/*****************************
* 12.14
*****************************/

PROC IMPORT DATAFILE="C:\temp\RABE6\Air.Pollution.txt" OUT=mysas.Air
            DBMS=TAB REPLACE;
RUN;

PROC PRINCOMP DATA=mysas.Air;
   VAR X1-X15;
RUN;

/* 표 12.10 */

PROC REG DATA=mysas.Air SIMPLE CORR;
   MODEL Y = X1-X15 / STB TOL VIF COLLINOINT;
RUN;

/* 그림 12.2 ~ 12.4 */

PROC REG DATA=mysas.Air PLOTS=RIDGE(UNPACK VIFaxis=log)
        OUTVIF OUTEST=a RIDGE=0 TO 1 BY 0.001;
   MODEL Y = X1-X15;
RUN; QUIT;

/* 표 12.11 */

PROC REG DATA=mysas.Air SIMPLE CORR;
   MODEL Y = X1 X2 X3 X4 X5 X6 X9 X12 X13 X14 / STB TOL VIF COLLINOINT;
RUN;

/* 그림 12.5 ~ 12.6 */


PROC REG DATA=mysas.Air PLOTS=RIDGE(UNPACK VIFaxis=log)
        OUTVIF OUTEST=a RIDGE=0 TO 1 BY 0.001;
   MODEL Y = X1 X2 X3 X4 X5 X6 X9 X12 X13 X14;
RUN; QUIT;

SYMBOL1 V=NONE I=JOIN CI=BLUE;
```

```
SYMBOL2 V=NONE I=JOIN CI=RED;
PROC GPLOT DATA=a;
    WHERE _TYPE_='RIDGE';
    PLOT (X12 X13) * _RIDGE_ / OVERLAY VREF=0;
RUN;

/* 표 12.12 */

PROC REG DATA=mysas.Air SIMPLE CORR;
    MODEL Y = X1 X2 X3 X4 X5 X6 X9 X14 / STB TOL VIF COLLINOINT;
RUN;
```

Chapter 13

로지스틱 회귀

Logistic Regression

13.1 소개

지금까지의 회귀분석에 대한 논의는 반응변수가 연속적인 양적 데이터임을 간주한 것이었다. 그러나 예측변수(독립변수)에 대해서는 양적 데이터와 질적 데이터 모두를 다루었다. 반응변수가 질적 데이터인 상황이 존재할 수 있는데, 이 장에서는 이러한 상황을 다루는 방법론을 살펴볼 것이다. 이 장에서 제시되는 방법론은 앞의 장들에서 언급된 최소제곱법과는 상당히 다른 것이다.

종합시험 점수를 통하여 개인을 선발하는 과정을 고려해 보자. 개인들은 5년 후 '잘함(good)'과 '못함(poor)'으로 분류된다. 우리는 각 개인들의 업무수행능력을 예측하기 위한 종합시험의 역량을 조사하려고 한다. 반응변수인 업무수행능력은 이항(binary)변수이다. 여기에서 '잘함'은 1로 '못함'은 0으로 코딩할 수 있다. 이때 예측변수는 시험에서의 점수이다.

암에 대한 위험요인에 대한 연구에서는 여러 사람들의 건강기록을 연구한다. 나이, 성별, 흡연, 다이어트, 가족의 의료기록 등과 같은 다양한 변수들로 데이터가 구성될 수 있고, 반응변수는 암에 걸렸는지($Y = 1$), 암에 걸리지 않았는지($Y = 0$)를 나타내는 변수로 둘 수 있다.

금융관련 업무에서는 경영의 건전성이 주요 관심사이다. 반응변수는 회사의 지불능력(파산 = 0, 지불능력 있음 = 1)이고, 예측변수들은 회사와 관련된 다양한 금융정보들이 될 것이다. 이렇게 반응변수가 이항변수인 상황은 통계적 응용분야에서 일반적이며 광범위하게 발생하고 있다.

13.2 질적인 데이터의 모형화

우리가 다룰 질적 데이터인 이항(binary) 반응변수는 항상 0 또는 1을 갖는 값으로 부호화될 수 있다. 이러한 두 개의 값 모두를 예측하는 것보다는, 두 값 중 하나에 대한 반응확률을 모형화하려 한다. 앞서 고려되었던 일반적인 선형회귀모형으로는 한계가 있을 것이다.

이러한 한계점을 단순선형회귀의 문제를 고려함으로써 설명할 것이다. 다중선형회귀에서도 비슷하게 고려될 수 있다. π를 $X=x$일 때 $Y=1$의 확률이라고 두자. π를 묘사하기 위하여 표준적인 선형모형을 사용한다면, 확률에 대한 모형을 아래와 같이 표현할 수 있다.

$$\pi = \Pr(Y=1|X=x) = \beta_0 + \beta_1 x, \tag{13.1}$$

여기에서 π는 확률이므로 0과 1 사이의 값이다. (13.1)에 주어진 선형함수는 상한과 하한이 없으므로 확률을 모형화하는 데에는 사용될 수가 없다. 통상적 최소제곱(OLS; ordinary least squares)법이 사용될 수 없는 또 다른 이유가 있다. 반응변수 Y는 이항(binomial) 확률변수로서, 따라서 그의 분산이 π의 함수가 될 것이며 X에 의존한다. 즉, 등분산(equal variance; homoscedasticity)의 가정이 성립되지 않는다. 가중최소제곱(WLS; ordinary least squares)법이 사용될 수 있으나 몇 가지 문제점이 있다. π의 값이 알려져 있지 않다. 가중최소제곱법을 사용하기 위해서는 π에 대하여 추측된 초기값을 가지고 시작하여 반복적인 과정을 거쳐야 한다. 이러한 복잡한 방법 대신 확률을 모형화할 수 있는 대안적인 방법을 설명할 것이다.

13.3 로짓 모형

확률 π와 X 사이의 관계는 **로지스틱 반응함수**(logistic response function)로 흔히 표현될 수 있다. 이는 S-형태의 곡선으로 그림 13.1과 같은 모습이다. 확률 π는 X 값이 증가함에 따라 처음에는 서서히 증가하다가 급격히 증가하고, 마지막에는 값이 안정화되지만 1을 넘지는 않는다. 이는 직관적으로 타당해 보인다. 현금 보상의 함수로서 설문지가 회수되는 확률, 공부에 투입되는 시간의 함수로서 시험을 통과하는 확률을 생각하여 보아라.

그림 13.1에 주어진 S-곡선은 확률을 다음과 같이 모형화하여 재표현될 수 있다.

$$\pi = \Pr(Y=1|X=x) = \frac{e^{\beta_0+\beta_1 x}}{1+e^{\beta_0+\beta_1 x}}, \tag{13.2}$$

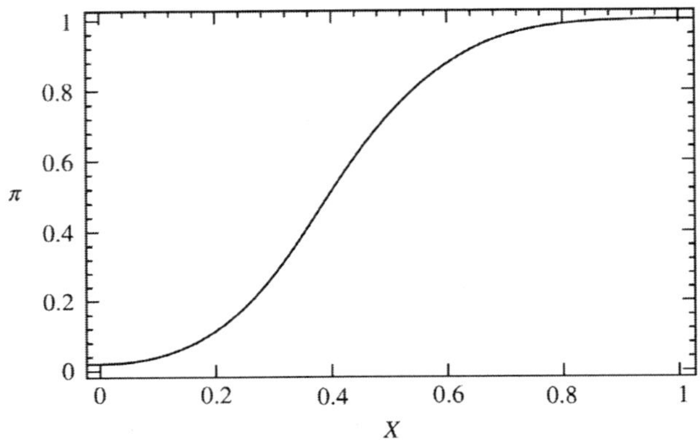

그림 13.1 로지스틱 반응함수

여기에서 e는 자연로그(natural logarithm)이다. 여기서의 확률은 로지스틱 분포의 분포함수(누적확률함수)로 모형화된 것이다. S-곡선을 생성하는 다른 확률 모형들도 있다. 정규곡선의 누적분포도 사용된다. 이것은 **프로빗**(porbit) 모형이라고 한다. 여기서는 프로빗 모형은 다루지 않을 것이다. 왜냐하면 로지스틱 모형이 프로빗 모형에 비해 더 간단하며 우수하기 때문이다.

로지스틱 모형은 여러 개의 설명변수가 있는 형태로 바로 일반화될 수 있다. 확률 π는 다음과 같이 모형화된다.

$$\begin{aligned}\pi &= \Pr(Y=1|X_1=x_1, \ldots, X_p=x_p) \\ &= \frac{e^{\beta_0+\beta_1 x_1+\beta_2 x_2+\cdots+\beta_p x_p}}{1+e^{\beta_0+\beta_1 x_1+\beta_2 x_2+\cdots+\beta_p x_p}}.\end{aligned} \tag{13.3}$$

식 (13.3)은 **로지스틱 회귀함수**(logistic regression function)라고 한다. 이는 모수 β_0, β_1, ..., β_p에 비선형이다. 그러나 **로짓 변환**(logit transformation)[1)]에 의해 선형화될 수 있다. π를 가지고 직접 작업하는 대신에, π의 변환된 값을 가지고 작업한다. π가 어떤 사건의 발생확률이라면, 비율 $\pi/(1-\pi)$는 그 사건의 **오즈비**(odds ratio)라고 부른다.

$$1-\pi = \Pr(Y=0|X_1=x_1, \ldots, X_p=x_p) = \frac{1}{1+e^{\beta_0+\beta_1 x_1+\cdots+\beta_p x_p}}$$

---

1) 제7장의 변수변환을 참조하여라.

이므로

$$\frac{\pi}{1-\pi} = e^{\beta_0 + \beta_1 x_1 + \cdots + \beta_p x_p} \tag{13.4}$$

이 된다. 식 (13.4)의 양쪽에 자연로그를 취하면 다음을 얻는다.

$$g(x_1, \ldots, x_p) = \ln\left(\frac{\pi}{1-\pi}\right) = \beta_0 + \beta_1 x_1 + \cdots + \beta_p x_p. \tag{13.5}$$

오즈비에 로그를 취한 것을 **로짓**(logit)이라 부른다. 식 (13.5)로부터 로짓 변환은 모수 β_0, β_1, …, β_p의 선형함수를 만들어 냄을 알 수 있다. 또한 (13.3)의 π는 0과 1 사이의 값이지만 $\ln(\pi/(1-\pi))$ 값의 범위는 $-\infty$에서 ∞이므로, 로짓(오즈비에 로그를 취한 것)이 선형회귀적합에 더 적절하다.

로지스틱 분포에 의한 반응확률 모형화와 식 (13.3)에 주어진 모형의 모수를 추정하는 것이 로지스틱 회귀를 적합시키는 것이다. 로지스틱 회귀에서 적합은 로짓을 가지고 작업함으로써 수행된다. 로짓 변환은 모수에 선형인 모형을 생성한다. 추정에 사용되는 방법은 **최대우도**(maximum likelihood)법이다. 최대우도 추정치는 반복적인 과정을 통하여 수치적으로 얻어진다. 최소제곱적합과는 달리, 모수 추정을 위한 폐형(closed form) 표현이 존재하지 않는다. 여기서는 계산적인 관점을 다루지 않을 것이며, 관심 있는 독자들은 McCullagh & Nelder(1989), Seber(1984), Hosmer & Lemeshow(1989), Dobson & Barnett(2008)를 참조하여라.

실전에서 로지스틱 회귀를 적합하려면 컴퓨터 프로그램이 필수적이다. 대부분의 회귀 프로그램은 로지스틱 회귀 옵션을 가지고 있다. 모형 적합 후에는, 선형회귀에서 고려되었던 일반적인 문제들이 동일하게 적용된다. 모형의 안정성, 포함되어야 하는 예측변수들, 적합도 등이 모두 고려되어야 한다. 최소제곱회귀에서 사용하였던 R^2, t-검정, F-검정을 사용하는 대신 대응되는 다른 통계량들을 제시한다. 가설검정은 다른 방법으로 수행된다. 왜냐하면 최소제곱이 아닌 최대우도추정방법이 사용되기 때문이다. AIC와 SBC 같은 정보기준(information criteria)이 모형선택에 사용될 수 있다. SSE 대신 적합된 모형에 대한 로그우도값이 사용된다. 명확한 공식은 13.6절에 제시되어 있다.

13.4 사례: 파산 확률의 추정

부실한 재무구조와 경영 상태를 가지는 기업을 찾아내는 것은 회계감사의 중요한 기능 중의 하나이다. 이런 기능이 체계적으로 수행되지 않을 경우 대형 금융사고에 이를 수도 있다. 여기서 분석되는 데이터는, 2년 후에 도산한 33개 기업과 같은 기간 동안 지불능력을 가지고 있는 33개 기업에 대한 여러 가지 재무비율에 관한 데이터이다. 데이터는 이 책의 웹사이트에서 얻을 수 있다(Financal.Ratios.txt).[2] 변수 X_1, X_2, X_3을 이용하여 다중 로지스틱 회귀모형을 적합한다. 적합된 모형의 결과는 표 13.1에 제시되어 있다.

```
Financal <- read.table("C:/Temp/RABE6/Financal.Ratios.txt",
                       sep = "\t", header = TRUE)
head(Financal, 5)   # 데이터의 첫 5행을 출력

logit1 <- glm(Y ~ X1+X2+X3, data = Financal, family="binomial")
summary(logit1)   # 표 13.1
logLik(logit1)    # 로그우도값
```

각 기업에 대한 3개 재무비율 변수는 다음과 같다.

$$X_1 = \text{총보유수입 / 총자산}$$
$$X_2 = \text{(세전, 이자전)총수입 / 총자산}$$
$$X_3 = \text{총매출 / 총자산}$$

표 13.1 X_1, X_2, X_3을 이용한 로지스틱 회귀의 결과

						95% 신뢰구간	
변수	계수	표준오차	Z-검정	p-값	오즈비	하한	상한
상수	−10.15	10.84	−0.94	0.349			
X_1	0.33	0.30	1.10	0.27	1.39	0.77	2.51
X_2	0.18	0.11	1.69	0.09	1.20	0.97	1.48
X_3	5.09	5.08	1.00	0.32	161.98	0.01	3.43×10^6
로그우도값 = −2.906		G = 85.683			df = 3	p−값 < .001	

2) http://www.aucegypt.edu/faculty/hadi/RABE6

반응변수는 다음과 같이 정의된다.

$$Y = \begin{cases} 0, \text{2년 후 도산한 경우} \\ 1, \text{그렇지 않은 경우} \end{cases}$$

표 13.1의 결과는 일반적인 회귀분석의 결과 형태와 유사하다. 로지스틱 회귀적합의 결과를 해석하여 보자. π를 2년 후에도 회사가 지불 능력을 가질 확률이라고 하면, 적합된 로짓은 다음과 같다.

$$\hat{g}(x_1, \ldots, x_p) = -10.15 + 0.33\,x_1 + 0.18\,x_2 + 5.09\,x_3. \tag{13.6}$$

이는 일반적인 회귀 결과에서의 적합된 회귀식에 해당한다. 여기서는 Y를 예측하는 대신 로짓, $\log(\pi/(1-\pi))$를 예측하는 모형이다. 또한 로짓을 변환하게 되면 예측 확률 π를 얻을 수 있다. 상수항과 계수값은 표의 두 번째 열을 통해 바로 알 수 있다. 계수의 표준오차(s.e)는 세 번째 열에 나타나 있다. 네 번째 열인 Z-검정은 계수값을 표준오차로 나눈 값이다. Z는 왈드 통계량(Wald Statistics)이라고도 한다. X_2에 해당하는 Z는 0.181을 0.107로 나눈 값이다. 일반적인 회귀분석에서는 t-검정에 해당하는 값이다. 이렇게 회귀계수와 표준오차의 비(ratio)는 선형회귀에서는 t-분포를 갖지만 로지스틱 회귀에서는 정규분포를 갖는다. 다섯 번째 열은 관측된 Z값에 해당하는 p-값이며, 다른 분석에서의 p-값과 동일하게 해석된다(3장과 4장 참조). 이러한 p-값으로 계수의 통계적 유의성을 판단하게 된다. 값이 0.05보다 작으면 5% 유의수준하에서 계수값이 0이 아니라고 결론 내릴 수 있다. 표 13.1의 p-값으로부터 관측개체의 로짓을 예측하기 위하여 개별적으로 유의한 변수가 없음을 알 수 있다.

일반적 회귀분석 결과에서의 회귀계수에 대한 해석은 간단하다. j번째 예측변수 X_j의 회귀계수는 X_j가 한 단위 변화할 때(다른 변수들은 고정되어 있음) Y의 기대 변화량이다. (13.6)의 X_2에 대한 계수는 X_2가 한 단위 변화할 때(다른 변수들은 고정되어 있음) 로짓의 기대 변화량이다. 로지스틱 회귀적합에서의 계수는 그 해석에 있어 매우 중요하다. X_1과 X_3을 고정시키고 X_2를 한 단위 증가시켰을 때 상대오즈(relative odds)

$$\frac{\text{Pr(2년 후에도 지불능력을 가짐)}}{\text{Pr(회사가 도산함)}}$$

은 $e^{\hat{\beta}_2} = e^{0.181} = 1.198$이 곱해지게 된다. 즉, 약 20% 증가하게 된다. 각 변수들에 대한 오즈비(odds ratio)가 여섯 번째 열에 나타나 있다.

```
round(exp(coef(logit1)), digits = 2)   # 오즈비

if(!require("CIplot")) install.packages("CIplot")
library(CIplot)
ORci(logit1)   # 오즈비의 신뢰구간
```

이는 다른 변수들이 상수로 고정되었을 때 특정 변수의 한 단위 변화에 따른 오즈비의 변화량을 나타낸다. 변수 X_j의 한 단의 변화에 따른 오즈비의 변화량은 $e^{\hat{\beta}_j}$이다. 만약 X_j가 0과 1을 갖는 이항변수일 경우에는 $e^{\hat{\beta}_j}$는 오즈비의 변화량이라기 보다는 오즈비 값 자체가 된다.

오즈비의 95% 신뢰구간은 표의 마지막 두 열에 나타나 있다. 신뢰구간이 1을 포함하지 않으면 해당 변수는 오즈비에 유의한 영향을 가진다. 신뢰구간이 1 아래이면 해당 변수는 오즈비를 유의하게 낮추는 변수다. 반대로 1보다 위에 있으면 오즈비를 유의하게 증가시킨다.

변수들이 종합적으로 로짓을 설명하는 데에 기여하는지 알아보려면, $\beta_1, \ldots, \beta_p$ 모두가 0인지에 대한 검정을 수행한다. 이는 다중회귀분석에서 모든 회귀계수가 0인지를 검정하는 것과 대응되는 것이다.

```
model0 <- glm(Y ~ 1, data = Financal, family = "binomial")
anova(model0, logit1, test = "Chisq")   # 우도비 검정
```

표 13.1의 아랫부분에 있는 통계량 G가 이러한 검정을 수행한다. 통계량 G는 카이제곱분포를 갖는다. p-값이 0.05보다 아주 작으면 변수들이 종합적으로 로짓에 영향을 준다고 할 수 있다.

13.5 로지스틱 회귀의 진단

로지스틱 회귀를 적합시킨 후에는 특이점, 지렛점, 영향력 있는 관측개체, 모형의 다른 결함 등을 진단할 수 있다. 표준적 선형회귀모형에 대하여 5장에서 소개되었던 진단 측도들이 로지스틱 회귀모형에 적용될 수 있다. 로지스틱 회귀모형을 포함하고 있는 회귀분석 프로그램들은 다음과 같은 여러 가지 다양한 진단 측도들을 제공하고 있다.

1. 예측된 확률 $\hat{\pi}_i$, $i = 1, \ldots, n$.
2. 여러 가지 유형의 잔차들. 예를 들면, **표준화편차잔차**(standardized deviance residual) DR_i, **표준화피어슨잔차**(standardized Pearsonian residual) PR_i, $i = 1, \ldots, n$.
3. 로지스틱 회귀 결과에서 예측변수들에 대한 관측개체들이 영향력을 측정하는 **가중지레값**(weighted leverage) p_{ii}^*
4. i번째 관측개체를 제거하였을 때 회귀계수에 대한 척도화 변화량: $DBETA_i$, i = $i = 1, \ldots, n$.
5. i번째 관측개체를 제거하였을 때 카이제곱 통계량 G의 변화량: DG_i, $i = 1, \ldots, n$.

이러한 측도들의 공식을 유도하는 것은 이 책의 범위를 벗어난다. 관심 있는 독자는 Pregibon(1981), Landwehr. Pregibon, & Shoemaker(1984), Hosmer & Lemeshow(1989)를 참고하기 바란다. 위의 측도들은 선형 적합에서의 측도들(5장)과 동일한 방법으로 사용될 수 있다. 예를 들어, 다음의 그래프들을 살펴볼 수 있다.

1. DR_i 대 $\hat{\pi}_i$의 산점도
2. PR_i 대 $\hat{\pi}_i$의 산점도
3. DR_i, $DBETA_i$, DG_i, p_{ii}^*에 대한 인덱스플롯(index plot)

파산(Bankruptcy) 데이터를 사용한 예제에서의 설명처럼, (13.6)의 적합된 로지스틱 회귀모형으로 얻어진 DR_i, $DBETA_i$, DG_i의 인덱스플롯이 그림 13.2, 13.3, 13.4[3]에 각각

3) 모든 분석 결과와 그래프를 생성하는 R 코드는 이 책의 웹사이트에서 확인할 수 있다.

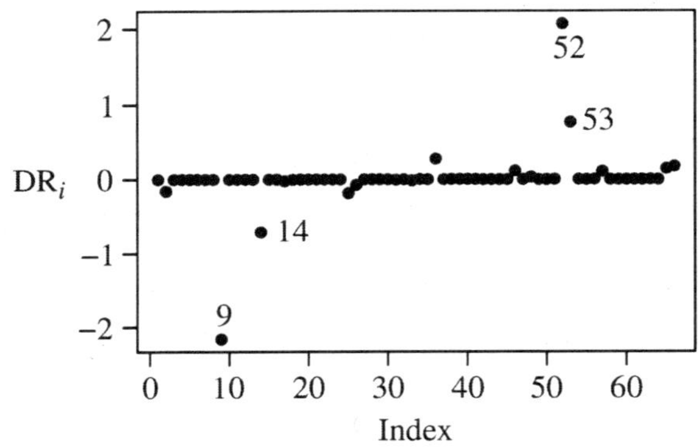

그림 13.2 파산 데이터: DR$_i$의 인덱스플롯, 표준화편차잔차

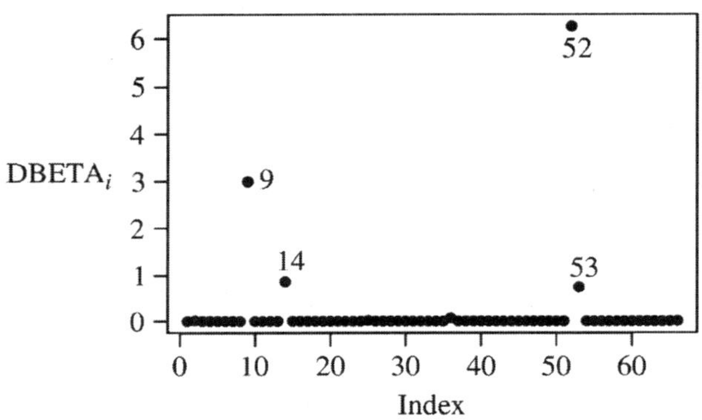

그림 13.3 파산 데이터: DBETA$_i$의 인덱스플롯, i번째 관측개체를 제거했을 때 회귀계수에 대한 척도화 변화량

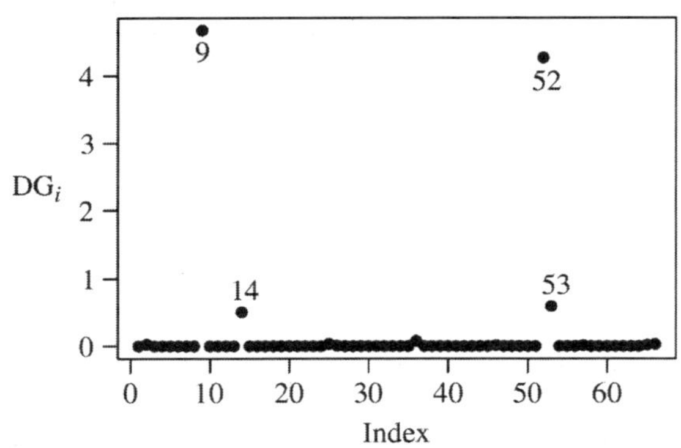

그림 13.4 파산 데이터: DG$_i$의 인덱스플롯, i번째 관측개체를 제거했을 때 카이제곱 통계량 G의 변화량

나타나 있다. 이들 그림으로부터 관측치 9, 14, 52, 53이 특이한 값을 가지며 로지스틱 회귀 결과에 과도한 영향을 주고 있음을 알 수 있다. 이들 값을 제거했을 때 분석 결과와 최종 결론에 유의한 차이가 발생하는지에 대한 것은 독자들에게 연습문제로 남겨둔다.

```
pi.hat <- predict(logit1, type = "response")   # 예측된 확률
plot(Financal$Y, pi.hat, pch = 19)
text(Financal$Y, pi.hat, pos = 2)

DR <- rstandard(logit1)   # 표준화편차잔차
plot(row.names(Financal), DR, pch = 19)
text(row.names(Financal), DR, pos = 2)

PR <- rstandard(logit1, type = "pearson")   # 표준화피어슨잔차
plot(row.names(Financal), PR, pch = 19)
text(row.names(Financal), PR, pos = 2)

DIFFIT <- dffits(logit1)   # DIFFITs
plot(row.names(Financal), DIFFIT , pch = 19)
text(row.names(Financal), DIFFIT , pos = 2)

DFBETA <- as.data.frame(dfbetas(logit1))   # DFBETAs
plot(row.names(Financal), DFBETA$X1 , pch = 19)
text(row.names(Financal), DFBETA$X1 , pos = 2)
```

13.6 모형에 포함될 변수의 결정

파산 데이터의 분석에서 변수 X_1, X_2, X_3는 종합적으로 설명력이 있음을 알았다. 그런데 세 개의 변수 모두가 필요한가? 이는 12장에서 논의되었던 다중선형회귀에서의 변수 선택 문제와 동일한 것이다. 오차제곱합(SSE)의 감소량을 관찰하는 것 대신, 두 적합 모형에서의 우도(정확하게는 로그우도)의 변화량을 관찰하게 된다. 이렇게 하는 이유는 로지스틱 회귀의 적합 기준은 우도이고, 최소제곱에서는 제곱합(sum of square)이기 때문이다. $L(p)$를 상수항과 p개의 변수로 이루어진 모형의 로그우도라고 하자. 마찬가지로 $L(p+q)$를 상수와 $p+q$개의 변수로 이루어진 모형의 로그우도라고 하자. 추가된 q개의

변수들의 기여가 유의한지 알아보기 위해 $2[L(p+q)-L(p)]$를 계산한다. 이는 두 모형의 로그우도의 차이에 두 배를 한 것이다. 이 값은 자유도 q를 갖는 카이제곱분포를 따르게 된다.

이 값의 크기로 유의성을 검정할 수 있다. 만약 카이제곱값이 작다면 q개의 변수들이 추가되어도 로짓의 예측에 대한 기여도가 유의하지 않다는 것이며, 모형에 포함될 필요가 없다고 결론 내릴 수 있다. 카이제곱값이 크다면 q개의 변수가 모형에 포함되어야 함을 의미한다. 임계값은 검정의 유의수준에 따라서 정해진다. 이 검정은 관측개체의 수 n이 클 때 유효한 방법이다.

로지스틱 모형에서 변수들의 포함 여부를 위해 변수들의 예측력을 간단한 그래프를 통해서 살펴볼 수 있다. 각 설명변수들에 대해 상자그림을 동시에 나란히 그리는 것이다. 두 그룹에 대해서 서로 다른 상자그림을 보이는 변수들이 후보가 될 것이다. 그러나 이는 변수들 사이의 상관관계가 고려된 것은 아님에 유의해야 한다. 위에서 언급한 분석 과정에는 상관관계가 반영된다. 많은 설명변수들이 있을 때 상자그림은 변수들을 사전에 걸러즈는 단계에서 사용될 수 있다.

```
par(mfrow = c(1, 3))
boxplot(X1 ~ Y, data = Financal)
boxplot(X2 ~ Y, data = Financal)
boxplot(X3 ~ Y, data = Financal)
par(mfrow = c(1, 1))
```

파산 데이터의 분석에서, 모형의 성능을 저하시키지 않고 X_3 변수를 제거할 수 있는지 살펴보자. 우리의 의문은 "변수 X_3가 모형에 포함되야 하는가?"이다. X_1과 X_2를 포함한 로지스틱 회귀모형의 결과가 표 13.2에 주어져 있다.

```
lcgit2 <- glm(Y ~ X1+X2, data = Financal, family="binomial")
summary(logit2)   # 표 13.2
logLik(logit2)   # 로그우도값
anova(logit2, logit1, test = "Chisq")   # 우도비 검정
```

표 13.2 X_1과 X_2를 이용한 로지스틱 회귀 결과

변수	계수	표준오차	Z-검정	p-값	오즈비	95% 신뢰구간 하한	95% 신뢰구간 상한
상수	−0.550	0.951	−0.58	0.563			
X_1	0.157	0.075	2.10	0.036	1.17	1.01	1.36
X_2	0.195	0.122	1.59	0.112	1.21	0.96	1.54
로그우도값 = −4.736		G = 82.024			df = 2	p−값 〈.001	

표 13.3 X_1을 이용한 로지스틱 회귀 결과

변수	계수	표준오차	Z-검정	p-값	오즈비	95% 신뢰구간 하한	95% 신뢰구간 상한
상수	−1.167	0.816	−1.43	0.153			
X_1	0.177	0.057	3.09	0.002	1.19	1.07	1.33
로그우도값 = −7.902		G = 75.692			df = 1	p−값 〈.001	

X_1, X_2, X_3를 포함한 모형에서의 로그우도는 −2.906이고, X_1과 X_2만을 포함한 모형의 로그우도는 −4.736이다. 여기서 $p = 2$, $q = 1$이고 $2[L(3)-L(2)] = 3.66$이다. 이 값은 자유도 1을 갖게 된다. 다음의 R 코드를 사용하면, qchisq(0.05, 1, lower.tail = FALSE), 자유도 1의 카이제곱분포에 대한 5% 유의수준의 임계값은 3.84이다. 따라서 '3.66<3.84'이므로, 5% 유의수준에서 모형의 유효성에 영향을 주지 않고 변수 X_3를 제거할 수 있다. 다음의 R 코드를 사용하여 p-값을 계산할 수도 있다. pchisq(3.66, 1, lower.tail = FALSE) = 0.0557, p-값이 '0.0557<0.05'이므로 동일한 결론을 얻을 수 있다.

X_2를 제거하게 되면 어떻게 되는지 살펴보자. X_1에 대한 Y의 회귀 결과가 표 13.3에 주어져 있다.

```
logit3 <- glm(Y ~ X1, data = Financal, family="binomial")
summary(logit3)   # 표 13.3
logLik(logit3)    # 로그우도값
anova(logit3, logit2, test = "Chisq")   # 우도비 검정
```

로그우도는 −7.902이다. 앞에서 언급한 검정통계량의 값은 6.332이다. 이는 자유도 1의 카이제곱분포를 갖게 된다. 앞에서 보았듯이 5% 유의수준의 임계값은 3.84이다. 따라서

X_2는 모형에서 제거될 수 없다. 이 검정의 p-값은 0.019이다. 데이터에서 회사의 파산 확률을 예측하기 위해서는 X_1과 X_2를 모형에 포함해야만 한다.

위에서 간단하게 설명한 과정들은 어떤 **내포모형**(nested model)을 검정하는 것을 가능하게 한다. 어떤 모형이 더 큰 모형의 특수한 경우로 포함된다면 그 모형은 내포되었다고 한다. 방법론은 다중회귀에서 사용된 내포모형의 분석 방법과 유사하다. 유일한 차이는 검정통계량으로 제곱합 대신 로그우도를 기초로 한다는 것이다.

12.5.3절에서 다루었던 AIC와 BIC는 다양한 로지스틱 모형의 적절성(모형에 변수를 포함하는 게 바람직한지)을 판단하는 데 사용된다. p개의 항을 가진 로지스틱 회귀에서 AIC와 BIC는 다음과 같이 정의된다.

$$\text{AIC} : -2(\text{적합된 모형의 로그우도}) + 2p \tag{13.7}$$

$$\text{BIC} : -2(\text{적합된 모형의 로그우도}) + p \log n \tag{13.8}$$

여기서 p는 모형에 포함된 변수의 개수이다. 표 13.4는 모든 가능한 모형들의 AIC와 BIC 값을 보여주고 있다.

```
AIC(logit1); BIC(logit1)
AIC(logit2); BIC(logit2)
AIC(logit3); BIC(logit3)
```

AIC 기준의 최적 모형은 세 개의 변수 모두를 포함한 모형이다(가장 작은 AIC 값). 그러나 BIC는 X_1과 X_2를 포함한 모형을 최적 모형으로 선택하였으나 세 변수 모두를 포함한 모형도 적절해 보인다. 상위 두 모형에 대한 BIC는 2보다 작은 차이를 보인다.

표 13.4 다양한 로지스틱 모형에 대한 AIC와 BIC 기준

Variables	AIC	BIC
$X_1X_2X_3$	13.81	22.57
X_1X_2	15.47	22.04
X_1X_3	18.12	24.69
X_2X_3	33.40	39.97
X_1	19.80	24.18
X_2	34.50	38.88
X_3	92.46	96.84
None	93.50	95.69

13.7 로지스틱 회귀적합에 대한 판단

다중회귀모형의 전체적 적합에 대한 판단은 적합된 모형의 R^2를 이용한다. 로지스틱 회귀에서는 그러한 간단한 측도가 존재하지 않는다. 우도비(likelihood ratio)를 기반으로 한 대안적인 방법들이 제안되어 있다. 이 방법들의 대부분은 모형의 우도와 이항모형 하에서의 우도에 대한 비(ratio)의 함수이다. 이러한 측도들은 그다지 유용하지 않으므로 다른 방법을 고려할 것이다.

로지스틱 회귀식은 Y에 대한 두 값(0, 1)에 대한 확률을 모형화한다. 모형이 얼마나 좋은지를 판단하기 위하여, 모형이 올바르게 분류한 관측치의 수를 계산할 것이다. 먼저 데이터에 모형을 적합시켜 적합된 로짓을 계산한다. 적합된 로짓으로부터 각 관측개체에 대한 적합 확률을 계산한다. 관측개체에 대한 적합 확률이 0.5보다 크면 그룹 1을 할당하고($Y = 1$), 0.5보다 작으면 그룹 0($Y = 0$)을 할당한다. 그런 다음 올바르게 분류된 데이터의 비율을 계산할 것이다. 정분류(correct classification) 비율이 높으면 로지스틱 모형의 효율이 좋다는 것을 나타내고 비율이 낮으면 좋지 않다는 것을 나타낸다.

0.5가 아닌 여러 가지 다른 절단값(cutoff value)들이 제안되어 있다. 많은 현실적 상황에서, 오분류에 대한 비용 또는 모집단에서의 두 범주에 대한 상대빈도 등과 같은 어떠한 부수적인 정보가 없으면 절단값으로 0.5가 추천된다.

좀 더 고려해야 할 의문은 정분류 확률이 얼마나 높아야 로지스틱 회귀가 효과적이라고 할 것인가에 대한 것이다. 표본의 크기가 n인 데이터에서 n_1은 그룹 1, n_2는 그룹 2에 속한다고 가정하자. 모든 관측개체를 어느 한 그룹으로만 분류한다고 하면 정분류되는 관측치의 비율은 n_1/n 또는 n_2/n이 될 것이다. 정분류의 가장 낮은 기저 수준(base level)으로 $\max(n_1/n, n_2/n)$을 취할 수 있을 것이다. 로지스틱 회귀에 의해서 정분류되는 관측개체의 비율은 로지스틱 모형이 유용하다고 판단되는 최저 기저수준보다는 높아야만 한다.

```
pi.hat <- predict(logit2, type = "response")   # 예측된 확률
predicted_classes <- ifelse(pi.hat > 0.5, 1, 0)   #  예측된 Y

if(!require("caret")) install.packages("caret")
library(caret)
confusionMatrix(table(Financal$Y, predicted_classes))
```

```
 predicted_classes
   0  1
0 32  1
1  1 32
```

파산 데이터에 대해 로지스틱 회귀모형이 잘 적합됨을 보았다. 변수 X_1과 X_2를 사용한 모형에서 오분류된 관측개체들은 지불능력이 있는 집단에서 하나(36번 개체), 파산된 그룹에서 하나(9번 개체)이다. 전체 정분류율은 64/66 = 0.97이다. 이는 기저수준인 0.5보다 아주 높은 수치이다.

로지스틱 모형의 타당성을 평가하기 위한 관측개체의 전체 정분류율의 개념은 일반화될 수 있다. 이러한 일반화는 로지스틱 모형의 적합도를 평가하는 통계량을 도출하게 되는데 C로 표현되는 **일치도 지수**(concordance index)이다. 이 통계량은 각 그룹에서 하나씩의 관측개체를 취하여 생기는 모든 가능한 모든 짝을 고려하여 계산된다. 각 짝들은 적합된 모형을 이용하여 분류가 이루어진다. 일치도 지수는 모든 가능한 짝들 중 올바르게 분류된 짝들의 백분률이다. 따라서 C는 0.5와 1 사이의 값이 된다. C의 값이 0.5에 가까우면 좋지 않은 적합이다(모형 없이 추측하는 것보다 좋지 않다). 변수 X_1과 X_2를 이용한 모형의 C값은 0.99이다. 많은 소프트웨어들이 C값을 계산해 주고 있다.

```
if(!require("pROC")) install.packages("pROC")
library(pROC)
roc <- roc(Financal$Y, pi.hat, ci = TRUE)
roc
plot(roc)
```

관측된 정분류율은 조심해서 다루어져야 한다. 실제 문제에서, 적합된 로지스틱 모형이 새로운 데이터 세트에 적용된다면 원 데이터에서처럼 좋지는 않을 것이다. 분류확률

(classification probability)의 편의가 증가하게 되며, 편의는 모형을 적합할 때 사용하였던 데이터를 모형의 성능평가에 또한 사용하였기 때문에 발생하는 것이다. 주어진 데이터에 잘 적합된 모형은 같은 데이터에 잘 작동하리라 기대되는 것이다. 분류 문제에서 로지스틱 모형의 성능에 대한 진정한 측도는 표본의 관측개체가 아닌 미래의 관측개체에 대한 분류를 얼마나 잘하느냐에 대한 것이다. 정분류 확률의 추정치에 대한 편의는 잭나이프(jack-knife) 또는 붓스트랩(bootstrap)과 같은 재표본방법(resampling method)을 이용함으로써 줄일 수 있다. 여기서 이들이 대해서는 다루지 않을 것이며 관심 있는 독자들은 Efron(1982)과 Diaconis & Efron(1983)을 참조하기 바란다.

13.8 다항 로짓 모형

지금까지 로지스틱 회귀에서는 질적인 반응변수가 단지 두 개의 값(1: 성공, 0:실패)만 가짐을 가정하였다. 로지스틱 회귀모형은 반응변수가 두 개보다 많은 값을 갖는 경우로 확장될 수 있다. 회사까지의 출근 방법에 관한 연구에서 반응변수는 개인 자가용, 카풀(car pool), 공공 교통수단, 자전거, 도보가 될 수 있다. 반응값은 5개 범주 중 하나가 된다. 이 범주들에 순서는 없다. 여기서 우리는 출근 방법과 나이, 성별, 수입, 거리 등과 같은 요인들이 어떻게 관련이 있는지를 분석하는 데에 관심을 가질 수도 있을 것이다. 이러한 분석은 두 개의 범주를 가질 경우의 분석 방법을 약간 수정함으로써 가능하다. 이러한 방법을 **다항**(multinomial) 로지스틱 회귀라고 한다.

위에서 언급한 예에서는 반응의 범주가 순서화되지 않는다. 그러나 반응변수가 순서화되는 경우도 있다. 여론조사에서 반응변수는 "매우 동의", "동의", "의견 없음", "반대", "매우 반대"로 범주화될 수 있다. 이러한 반응값들은 자연스럽게 순서화된다. 임상실험에서 처치에 대한 반응값이 "증상 완화", "변화 없음", "증상 악화"로 분류될 수 있다. 이러한 상황들에는 **비례오즈모형**(Proportional Odds Model)이라고 불리는 다른 방법론이 사용된다. 이는 13.8.3절에서 다룰 것이다.

13.8.1 다항 로지스틱 회귀

데이터는 p개의 설명변수와 n개의 관측개체로 구성되어 있다. 질적 반응변수는 k개의 범주를 가지고 있다. 다항에 대한 로짓을 구축하기 위하여, 범주 중 하나를 기저수준으로 두고 모든 로짓을 기저범주의 상대적 값으로 계산하게 된다. 모든 범주들이 기저수준의 범주가 될 수 있다. 우리는 범주 k를 기저수준으로 두고 방법론을 설명할 것이다. 순서가 없기 때문에 모든 범주가 k로 고려될 수 있다. π_j를 j번째 범주에 속하는 관측개체의 다항 확률로 표시하자. 우리는 이 확률 π_j와 p개의 설명변수 $X_1, X_2, \ldots, X_p$ 사이의 관계를 찾는 데 목적이 있다. 다중 로지스틱 회귀모형은 다음과 같다($i = 1, 2, \cdots, n$).

$$\ln\left(\frac{\pi_j(x_i)}{\pi_k(x_i)}\right) = \beta_{0j} + \beta_{1j}x_{1i} + \beta_{2j}x_{2i} + \cdots + \beta_{pj}x_{pi}, \quad j = 1, 2, \cdots, (k-1).$$

모든 π의 합은 1이기 때문에 다음이 성립한다. $j = 1, 2, \cdots, (k-1)$에 대하여

$$\ln[\pi_j(x_i)] = \frac{\exp(\beta_{0j} + \beta_{1j}x_{1i} + \beta_{2j}x_{2i} + \cdots + \beta_{pj}x_{pi})}{1 + \sum_{j=1}^{k-1}\exp(\beta_{0j} + \beta_{1j}x_{1i} + \beta_{2j}x_{2i} + \cdots + \beta_{pj}x_{pi})}.$$

모형의 모수는 최대우도법으로 추정된다. 통계 소프트웨어가 이러한 적합을 위해 이용될 수 있다. 여기서는 사례를 통하여 방법론을 설명하고자 한다.

13.8.2 사례: 준당뇨병 판정

당뇨병의 관리와 치료에 대해 판정하려면, 먼저 환자가 준당뇨병(당뇨병으로 진행될 가능성이 높은 상태)인지 당뇨병인지를 판정하는 것이 필요하다. 이 책에서 사용하는 데이터는 준당뇨병의 속성에 대한 연구로부터 얻어진 것이다. 측정은 동일한 식생활을 하는 비만이 아닌 145명의 자원자로부터 얻어졌다. 많은 변수들이 측정되었으나 다음 세 개의 변수만을 고려할 것이다. 변수는 인슐린 반응(IR), 인슐린의 저항성(SSPG), 상대 체중(RW)이다. 임상적 분류(CC)의 범주는 당뇨병(1), 준당뇨병(2), 정상(3)이다. 데이터는 Andrew & Herzberg(1985)에서 찾을 수 있으며, 조금 더 자세한 연구의 결과는 Reaven and Miller(1979)를 참조하여라. 데이터는 이 책의 웹사이트에서 확인할 수 있다(Diabetes.txt).

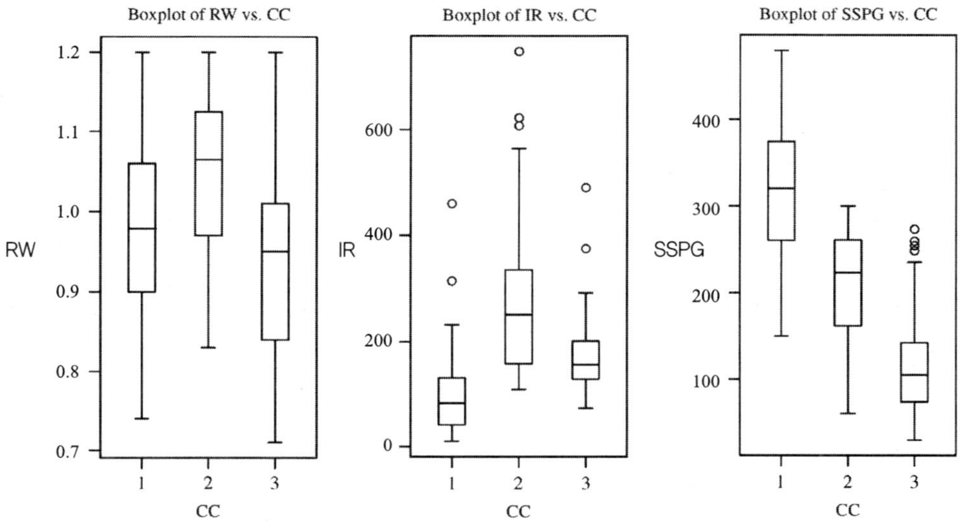

그림 13.5 당뇨병 데이터에 대한 상자그림

```
Diabetes <- read.table("C:/Temp/RABE6/Diabetes.txt", sep = "\t",
                       header = TRUE)
head(Diabetes, 5)   # 데이터의 첫 5행을 출력

par(mfrow = c(1, 3))
boxplot(RW ~ CC, data = Diabetes)   # 그림 13.5
boxplot(IR ~ CC, data = Diabetes)
boxplot(SSPG ~ CC, data = Diabetes)
par(mfrow = c(1, 1))
```

설명변수들에 대한 상자그림을 통하여 세 범주에 대한 IR, SSPG의 분포가 서로 다름을 알 수 있다. 반면 RW는 세 범주가 많이 다르지 않게 나타났다. 상자그림은 그림 13.5에 나타나 있다. 변수 IR, SSPG, RW를 이용한 다항 로지스틱 회귀모형의 적합 결과는 표 13.5에 제시되어 있다. 각 로지스틱 모형은 정상 환자들에 대한 상대적인 모형이다.

```
if(!require("nnet")) install.packages("nnet")
library(nnet)
Diabetes.Relevel <- Diabetes
Diabetes.Relevel$CC <- as.factor(Diabetes.Relevel$CC)
Diabetes.Relevel$CC <- relevel(Diabetes.Relevel$CC, ref = 3)
```

```
mlogit1 <- multinom(CC ~ RW+SSPG+IR, data = Diabetes.Relevel)
summary(mlogit1)    # 표 13.5
z <- summary(mlogit1)$coefficients/summary(mlogit1)$standard.errors
z(1 - pnorm(abs(z), 0, 1)) * 2
exp(coef(mlogit1))
```

각 로짓 모형에서 RW는 유의하지 않음을 알 수 있다. 이는 변수들의 상자그림을 통한 결과와도 일치하는 것이다. 이번에는 SSPG와 IR 2개의 변수만을 사용한 다항 로지스틱 회귀모형을 적합해 보자.

```
mlogit2 <- multinom(CC ~ SSPG+IR, data = Diabetes.Relevel)
summary(mlogit2)    # 표 13.6
z <- summary(mlogit2)$coefficients/summary(mlogit2)$standard.errors
z(1 - pnorm(abs(z), 0, 1)) * 2
exp(coef(mlogit2))
```

표 13.6의 Logit(1/3)을 보면, SSPG 값이 커지면 정상에 비하여 당뇨병의 오즈가 증가하지만 IR은 당뇨병 오즈를 감소시킨다. 로짓(2/3)을 보면, SSPG 값이 커지면 정상 환자들과 비교하였을 때 준당뇨병의 오즈를 증가시킨다. IR값은 오즈에 유의한 영향을 주지 않는다. 이는 준당뇨병과 당뇨병의 차이를 나타내 주고 있으며 두 조건에 대한 처치의 방법을 함축하고 있다.

표 13.5 RW, SSPG, IR을 이용한 다항 로지스틱 회귀 결과(기저수준 = 3)

						95% 신뢰구간	
변수	계수	표준오차	z-검정	p-값	오즈비	하한	상한
Logit 1 : (2/3)							
상수	−7.615	2.336	−3.26	0.001			
RW	3.473	2.446	1.42	0.156	32.23	0.27	3894.21
SSPG	0.016	0.005	3.29	0.001	1.02	1.01	1.03
IR	0.004	0.002	1.53	0.127	1.00	1.00	1.01
Logit 2 : (1/3)							
상수	−1.845	3.463	−0.53	0.594			
RW	−5.868	3.867	−1.52	0.129	0.00	0.00	5.53
SSPG	0.046	0.009	4.92	0.0000	1.05	1.03	1.07
IR	−0.0134	0.005	−2.66	0.008	0.99	0.98	1.00
로그우도값 = −68.415			G = 159.369		df = 6	p-값 < .001	

표 13.6 SSPG, IR을 이용한 다항 로지스틱 회귀 결과(기저수준 = 3)

						95% 신뢰구간	
변수	계수	표준오차	z-검정	p-값	오즈비	하한	상한
Logit 1 : (2/3)							
상수	−4.549	0.771	−5.90	0.000			
SSPG	0.020	0.004	4.38	0.000	1.02	1.01	0.03
IR	0.003	0.002	1.42	0.155	1.00	1.00	1.01
Logit 2 : (1/3)							
상수	−7.111	1.688	−4.21	0.000			
SSPG	0.043	0.008	5.34	0.000	1.04	1.03	1.06
IR	−0.013	0.005	−2.89	0.004	0.99	0.98	1.00
로그우도값 = −72.029			G = 152.141		df = 4	p-값 <.001	

표 13.7 다항 로지스틱 회귀를 이용한 당뇨병 데이터의 분류표

	예측			
CC	1	2	3	전체
1	27	3	3	33
2	1	22	13	36
3	2	5	69	76
전체	30	30	85	145

위의 분석에서 3을 기저 수준으로 하였지만, 계산 결과로부터 다른 비교도 가능하다. 다음의 관계를 이용하여 Logit(1/2)를 계산할 수 있다.

$$\text{Logit}(1/2) = \text{Logit}(1/3) - \text{Logit}(2/3) \qquad (13.9)$$

다항 로지스틱 회귀모형이 얼마나 관측치를 잘 분류하는지 판단할 수 있다. 방법은 이항 로지스틱 회귀와 유사하다. 관측치들은 가장 높은 추정 확률을 갖는 범주로 분류된다. 다항 로지스틱 회귀의 분류표가 표 13.7에 주어져 있다.

```
if(!require("caret")) install.packages("caret")
library(caret)
predicted_prob <- predict(mlogit2, Diabetes.Relevel, type="probs")
predicted_classes <- predict(mlogit2, Diabetes.Relevel, type="class")
confusionMatrix(table(Diabetes.Relevel$CC, predicted_classes))
```

표를 통해서 145개체 중 118개체가 올바로 분류되었음을 알 수 있다. 관측치의 81%가 올바르게 분류되었으며, 이는 모든 개체들이 하나의 범주로 분류될 때 얻을 수 있는 최대 정분류율 59%(85/145)보다 훨씬 큰 값이다. 다항 로지스틱 회귀는 이 데이터에 잘 적합되고 있으며, 더 광범위하게 활용될 수 있는 우수한 방법론이다.

13.8.3 순서화된 반응 범주: 순서형 로지스틱 회귀

앞에서 언급하였듯이 반응변수는 질적이며 두 개보다 많은 범주를 가질 수 있다. 이 범주들은 순위화가 가능할 경우도 있을 것이다. 소비자 만족도 연구에서 반응변수는 매우 만족, 만족, 불만족, 매우 불만족으로 구성될 수 있다. 분석자는 사회 경제학적 요인과 인구통계학적 요인인 반응변수에 어떻게 영향을 주는지에 관심이 있다. 이러한 분석에서는 다소 수정된 로지스틱 모형이 사용될 수 있다. 여기서의 로짓은 누적 확률을 기반으로 한다. 여러 가지 로지스틱 모형이 누적로짓을 기반으로 한다. 여기서는 비례오즈모형(proportional odds model)에 대해 설명할 것이다.

데이터는 n개의 독립된 개체와 p개의 예측변수로 구성되었다. 반응변수는 k개의 범주(1, 2, ..., k)를 가지고 있으며, 이는 순서를 가지고 있다. 반응변수를 Y라고 두자. Y의 누적분포는 다음과 같다.

$$F_j(x_i) = \Pr(Y \le j \mid X_i = x_{i1}, \ldots, X_p = x_{ip}), \quad j = 1, 2, \ldots, (k-1).$$

비례오즈모형은 다음과 같다. $j = 1, 2, \cdots, (k-1)$에 대하여

$$L_j(x_i) = \ln\left(\frac{F_j(x_i)}{1 - F_j(x_i)}\right) = \beta_{0j} + \beta_{1j}x_{1i} + \beta_{2j}x_{2i} + \cdots + \beta_{pj}x_{pi}.$$

누적로짓의 해석은 간단하다. 1에서 j까지를 첫 번째 범주로, 나머지 $(j+1)$에서 k까지의 범주를 두 번째 범주로 취급함으로써 마치 이항반응에 대한 로짓처럼 해석할 수 있다. 모형은 최대우도법을 사용하여 적합할 수 있다. 여러 통계 소프트웨어가 이러한 방법으로 수행되고 있다. 양의 회귀계수 β를 갖는 변수의 값이 커지면 작은 값을 갖는 범주가 될 확률이 증가하게 된다. 추정에 필요한 모수의 수는 명목형 모형에 비해 순서형 모형이 더 작다. 더 자세한 논의는 Agresti(2002)와 Simonoff(2003)를 참고하기 바란다.

13.8.4 예제: 준당뇨병 판정 - 재고(再考)

순서형 로지스틱 회귀의 설명을 위하여 13.8.2절에서 다루었던 준당뇨병 데이터를 사용할 것이다. 이전 분석에서 임상적 분류범주가 순서형이었으나 이를 분석과정에서는 고려하지 않았다. 당뇨병의 진행은 정상(3)에서 준당뇨병(2), 당뇨병(1)으로 진행된다. 분류범주는 자연스럽게 순서화되어 있으며 이를 분석에 사용할 것이다. 이 데이터에 비례오즈 로짓 모형을 적합하고자 한다. 적합된 결과는 표 13.8에 제시되어 있다.

```
if(!require("MASS")) install.packages("MASS")
library(MASS)
Diabetes$CC <- as.factor(Diabetes$CC)
ologit <- polr(CC ~ IR+SSPG, data = Diabetes)
summary(ologit)   # 표 13.8
```

모형의 적합은 좋다. 두 변수 모두 임상적 분류와 유의한 연관관계를 가지고 있다. SSPG의 계수는 양수이다. 이는 다른 값들이 고정되어 있을 때 SSPG의 값이 증가하면 낮은 범주에 속할 확률이 증가하게 되는 것을 의미한다. IR의 계수는 음수이며, IR 값이 증가하게 되면 높은 범주에 속할 확률이 증가하게 된다. 일치도 계수는 0.9로 높으며 모형의 분류 능력이 높음을 보여준다. 표 13.9에 순서형 로지스틱 회귀의 분류표가 제시되어 있다.

```
predicted_prob <- predict(ologit, Diabetes, type="probs")
predicted_classes <- predict(ologit, Diabetes, type="class")
confusionMatrix(table(Diabetes$CC, predicted_classes))
```

표 13.8 SSPG와 IR을 이용한 순서형 로지스틱 회귀모형(비례오즈)

						95% 신뢰구간	
변수	계수	표준오차	z-검정	p-값	오즈비	하한	상한
상수 1	−6.791	0.872	−7.79	0.000			
상수 2	−4.189	0.665	−6.30	0.000			
IR	−0.004	0.002	−2.30	0.021	1.00	0.99	1.00
SSPG	0.028	0.004	7.73	0.000	1.03	1.02	1.04
로그우도값 = −81.749			G = 132.700		df = 2	p-값 < .001	

표 13.9 순서형 로지스틱 회귀를 이용한 당뇨병 데이터의 분류표

	예측			
CC	1	2	3	전체
1	26	5	2	33
2	3	20	13	36
3	0	8	68	76
	29	33	83	145

순서형 로짓 회귀모형은 145명 중 114명을 정분류하였다. 이는 79%의 정분류율을 갖는다. 이는 다항 로짓 모형에서 분류율과 비슷한 값이다. 일반적으로 순서형 모형이 다항 모형에 비해서 더 좋다. 왜냐하면 범주의 순서에 대한 추가적인 정보를 순서형 모형이 사용하기 때문이다. 또한 순서형 로짓 모형이 다항 모형보다 더 적은 수의 모수를 사용한다. 예제에서 순서형 모형은 4개의 모수를 사용하였으나 다항 모형에서는 6개의 모수를 사용하였다. 더 자세한 내용은 Agresti(2002)와 Simonoff(2003)를 참고하기 바란다.

13.9 분류 문제: 다른 접근방법

로지스틱 회귀 방법론은 여러 가지 특성들에 대한 측정값이 주어졌을 때 관측개체가 특정 그룹에 속할 확률을 모형화하는 데 사용된다. 우리는 적합된 로짓이 어떻게 관측개체를 두 범주 중 하나로 분류하는지를 앞에서 설명하였다. 우리의 주 관심사가 **분류**(classification)에 있다면 또 다른 통계적 방법이 사용될 수 있다. 각 관측개체들에 대해 각 그룹에 속할 확률의 예측이 주된 관심이라면 **판별분석**(discriminant analysis)이라는 통계적 방법이 일반적으로 사용된다. 여기서 판별분석에 대해서 설명하지는 않을 것이며, 단순회귀방법이 동일한 작업을 수행할 수 있다는 것을 설명하고자 한다. 판별분석에 대한 자세한 내용은 McLachlan(1992), Rencher(1995), Johnson(1998)을 참고하여라.

판별분석의 핵심 아이디어는, 다른 두 그룹으로부터 나온 개체들에 대하여 가능한 거리가 멀도록 점수를 산출하는 예측변수 $X_1, \ldots, X_p$의 선형결합을 찾는 것이다. 이러한 분리를 수행하는 하나의 방법은 다중회귀모형을 데이터에 적합하는 것이다. 반응변수 Y

는 0과 1을 가지며, 예측변수는 $X_1, \ldots, X_p$이다. 앞에서 언급하였듯이 적합된 값은 0과 1의 범위를 벗어날 수 있다. 그러나 여기서는 문제가 되지 않는다. 왜냐하면 여기서는 확률을 모형화하는 것이 아니라 어느 그룹에 속하는지만을 예측하기 때문이다. 먼저 모든 개체들에 대한 예측값의 평균을 계산한다. 어떤 관측치의 예측값이 앞에서 계산한 평균 예측값보다 크면 해당 개체를 $Y = 1$ 그룹에 할당하고, 작으면 $Y = 0$ 그룹에 할당한다. 이러한 할당을 통해 표본에 있는 관측개체들을 분류할 수 있다. 이러한 분류 과정에서 사용될 변수들은 다중회귀에서의 변수선택의 방법과 동일한 방법으로 결정된다.

이 방법을 앞의 최소제곱회귀에서 사용하였던 파산 데이터에 적용하여 설명하고자 한다. 표 13.10은 세 예측변수 X_1, X_2, X_3를 사용한 OLS 회귀 결과이다. 세 개의 변수 모두가 유의한 회귀계수를 가지며, 분류 방정식에 포함되어야 한다.

```
reg <- lm(Y ~ X1+X2+X3, data = Financal)
summary(reg)   # 표 13.10
```

표 13.11은 파산 데이터에 대하여 관측된 Y, 예측된 Y, 할당된 그룹을 보여주고 있다. 예측된 Y의 평균은 0.5이다. 예측된 Y값이 0.5보다 작은 모든 관측개체들은 $Y = 0$에 할당되었고 0.5보다 큰 관측개체들은 $Y = 1$에 할당되었다. 오분류된 관측개체들은 *로 표시되였다.

```
Y <- Financal$Y
Y.hat <- predict(reg)   # 예측된 Y
summary(Y.hat)
classes <- ifelse(Y.hat > 0.5, 1, 0)   # 할당된 그룹
pred <- data.frame(Y, Y.hat, classes)
```

표 13.10 X_1, X_2, X_3에 대한 Y의 OLS 회귀 결과

변수	계수	표준오차	t-검정	p-값
상수	0.322	0.087	3.68	0.0005
X_1	0.003	0.001	3.76	0.0004
X_2	0.004	0.001	2.96	0.0044
X_3	0.149	0.045	3.28	0.0017
$n = 66$	$R^2 = 0.57$	$R_a^2 = 0.55$	$\hat{\sigma} = 0.3383$	df = 62

```
pred$Y <- as.factor(pred$Y)
pred$classes <- as.factor(pred$classes)
confusionMatrix(table(pred$Y, pred$classes))
```

5개의 파산 회사가 지불가능 회사로 분류되었고, 1개의 지불가능 회사가 파산 회사로 분류되었다. 로지스틱 회귀에서는 단 2개의 관측개체만이 오분류되었다. 1개의 파산 회사와 1개의 지불가능 회사가 오분류되었다. 표 13.1에 제시되어 있는 파산 데이터에 대해서,

표 13.11 적합된 값에 의한 관측개체의 분류

번호	Y	적합값	분류	번호	Y	적합값	분류
1	0	−0.00	0	34	1	0.72	1
2	0	0.48	0	35	1	0.82	1
3	0	−0.12	0	36	1	0.73	1
4	0	0.31	0	37	1	0.80	1
5	0	0.23	0	38	1	0.65	1
6	0	0.14	0	39	1	0.80	1
7	0	0.33	0	40	1	0.75	1
8	0	−0.32	0	41	1	0.76	1
9	0	0.52	1*	42	1	0.83	1
10	0	0.12	0	43	1	1.10	1
11	0	0.23	0	44	1	1.42	1
12	0	−0.07	0	45	1	0.86	1
13	0	−0.80	0	46	1	0.66	1
14	0	0.55	1*	47	1	0.81	1
15	0	0.03	0	48	1	0.58	1
16	0	−0.45	0	49	1	0.97	1
17	0	0.64	1*	50	1	1.03	1
18	0	0.45	0	51	1	0.77	1
19	0	0.44	0	52	1	0.48	0*
20	0	0.14	0	53	1	0.60	1
21	0	0.22	0	54	1	0.74	1
22	0	0.37	0	55	1	0.81	1
23	0	0.18	0	56	1	0.84	1
24	0	0.05	0	57	1	0.62	1
25	0	0.55	1*	58	1	0.81	1
26	0	0.56	1*	59	1	0.74	1
27	0	0.39	0	60	1	0.84	1
28	0	0.34	0	61	1	0.86	1
29	0	0.39	0	62	1	0.80	1
30	0	0.26	0	63	1	0.68	1
31	0	0.39	0	64	1	0.83	1
32	0	0.12	0	65	1	0.61	1
33	0	0.44	0	66	1	0.59	1

로지스틱 회귀가 다중회귀보다 더 좋은 분류의 결과를 보여주고 있다. 일반적으로 이는 사실이다. 로지스틱 회귀는 예측변수들에 대한 다변량 정규성가정에 구애받지 않는다. 분류 문제에서는 로지스틱 회귀의 사용을 추천한다. 로지스틱 회귀에 대한 통계 프로그램이 없다면 다중회귀의 방법을 시도해 볼 수도 있을 것이다.

연습문제

13.1 그림 13.2, 13.3, 13.4의 회귀진단을 통해, 파산 데이터에는 세 개의 특이한 관측개체들이 있음을 알 수 있다. 이러한 세 관측개체들을 제거하여, 63개의 관측개체에 대해서 로지스틱 회귀를 적합시키고 13.5절의 결과와 비교하여라. 세 개의 관측개체를 제거함으로써 로지스틱 회귀의 결과가 많이 변화되었는가?

13.2 표 13.2의 X_1과 X_2에 대한 Y의 로지스틱 회귀에 대한 결과로부터 다양한 로지스틱 회귀진단을 실시하고 특이값이 포함되어 있는지 판정하여라.

13.3 우주선 발사에 사용되는 로켓 추진기 안의 O–링(O–ring)은 폭발로부터 로켓을 보호하는 중요한 역할을 한다. O–링의 불량확률은 온도와 관련이 있다고 한다. 이 문제에 대한 자세한 사항은"The Flight of the Space Shuttle Challenger(pp. 33–35)"(Chatterjee, Handcock, Simonoff; 1995)를 참조하여라. 각 우주선에는 6개의 O–링이 있다. 23번의 비행에서 얻어진 데이터가 표 1.11에 있으며 이 책의 웹사이트에서도 얻을 수 있다(Challenger.txt). 각 비행에 대해 손상된 O–링의 개수와 발사 시 기온에 대한 것이다.

(a) 기온과 O-링의 손상 확률을 로지스틱 회귀를 이용하여 모형화하고 계수를 해석하여라.

(b) 기온이 75°(화씨)일 때 발사된 비행 18의 데이터는 문제가 있는 것으로 판단되어 제거되었다. 제거된 데이터에 대해 로지스틱 회귀모형을 적합하고 계수를 해석하여라.

(c) 적합된 모형으로부터, 기온이 31°(화씨)일 때 발사 시 O-링의 손상 확률을 계산하여라. 이는 1986년 1월 20일 챌린저호의 발사에서 폭발 사고가 있던 바로 그날의 예보된 기온이다.

(d) 어떤 날이 발사에 좋을지 조언해 보아라.

13.4 1969년의 아메리카미식축구리그(AFL)와 국제미식축구리그(NFL) 전체에 대한 필드골(field goal kicking) 데이터가 표 13.12에 제시되어 있으며 이는 이 책의 웹사이트에서도 확인할 수 있다. $\pi(X)$를 거리 X 야드(yard)에서 필드골의 확률이라고 하자.

(a) 각 리그에 대하여 아래의 모형을 접합하여라.

$$\pi(X) = \frac{e^{\beta_0 + \beta_1 X + \beta_2 X^2}}{1 + e^{\beta_0 + \beta_1 X + \beta_2 X^2}}.$$

(b) Z를 리그를 나타내는 지시변수라고 두자. 즉,

$$Z = \begin{cases} 1, & \text{AFL이면} \\ 0, & \text{NFL이면} \end{cases}$$

지시변수 Z를 포함한 모형의 확장을 통하여 두 리그를 하나로 합친 모형을 적합하여라. 즉 다음을 적합하여라.

$$\pi(X, Z) = \frac{e^{\beta_0 + \beta_1 X + \beta_2 X^2 + \beta_3 Z}}{1 + e^{\beta_0 + \beta_1 X + \beta_2 X^2 + \beta_3 Z}}$$

(c) 모형에 2차항이 유의한 기여를 하는가?

(d) 특정 거리에서의 필드골 득점 확률이 각 리그가 동일한가?

표 13.12 1969년 시즌의 AFL과 NFL에서의 필드골. 변수 Z는 리그를 나타내는 지시변수

League	Distance	Wuccess	Attempts	Z
NFL	14.5	68	77	0
NFL	24.5	74	95	0
NFL	34.5	61	113	0
NFL	44.5	38	138	0
NFL	52.0	2	38	0
AFL	14.5	62	67	1
AFL	24.5	49	70	1
AFL	34.5	43	79	1
AFL	44.5	25	82	1
AFL	52.0	7	24	1

13.5 이 책의 웹사이트에 있는 Health.Care.txt 데이터를 이용하여 다음에 답하여라.(데이터에 대한 설명은 1.3.8절을 보라)

(a) 도시와 시골의 시설 간에 차이가 있는가? 로지스틱 회귀모형을 적합시켜 최적의 모형을 찾아라.

(b) 보건시설의 특성들이 환자 치료 수익에 어떠한 영향을 주는가? 최적의 모형을 찾기 위한 축차적(sequential) 방법을 사용하여라.

13.6 이 책의 웹사이트에 있는 당뇨병 데이터를 이용하여 다음에 답하여라.

(a) IR과 SSPG만을 포함하는 다항 로지스틱 회귀에 RW를 추가로 포함시키는 것이 정분류율에 그다지 큰 향상을 주지 못함을 보여라.

(b) CC를 설명할 수 있는 순서형 로지스틱 회귀모형을 RW, IR, SSPG를 사용하여 적합하여라. RW를 모형에 추가하는 것이 IR과 SSPG만을 포함하는 모형의 정분류율과 적합에 큰 향상을 주지 못함을 보여라.

◉ 부록: 13.A SAS 코드

```
LIBNAME mysas "C:\temp\SAS_Data";

/******************************
* 13.4, 13.5
******************************/

PROC IMPORT DATAFILE="C:\temp\RABE6\Financal.Ratios.txt"
            OUT=mysas.Financal DBMS=TAB REPLACE;
RUN;

/* 표 13.1, 그림 13.2 ~ 13.4 */

PROC LOGISTIC DATA=mysas.Financal SIMPLE;
    MODEL Y(EVENT='1') = X1 X2 X3 / IPLOTS;
    OUTPUT OUT=a DFBETAS=_ALL_ DIFCHISQ=difchisq H=h
                 STDRESCHI=stdreschi STDRESDEV=stdresdev;
RUN;

/******************************
* 13.6
******************************/

/* 상자 그림 */

PROC BOXPLOT DATA=mysas.Financal;
    PLOT (X1 X2 X3) * Y;
RUN;

/* 표 13.2 */

PROC LOGISTIC DATA=mysas.Financal;
    MODEL Y(EVENT='1') = X1 X2;
RUN;

/* 표 13.3 */

PROC LOGISTIC DATA=mysas.Financal;
    MODEL Y(EVENT='1') = X1;
RUN;

/* 변수선택 방법 */

PROC LOGISTIC DATA=mysas.Financal;
    MODEL Y(EVENT='1') = X1 X2 X3 / SELECTION=STEPWISE
                                    SLENTRY=0.30 SLSTAY=0.30;
```

```
RUN;

/******************************
* 13.7
******************************/

/* 예측된 확률 */

PROC LOGISTIC DATA=mysas.Financal;
    MODEL Y(EVENT='1') = X1 X2 / CTABLE;
          OUTPUT OUT=a PREDPROBS=INDIVIDUAL PREDICTED=pi_hat;
RUN;

/* 정오분류표: cut-off=0.5 */

PROC FREQ DATA=a;
    TABLE _FROM_ * _INTO_ / NOPERCENT NOROW NOCOL;
RUN;

/* ROC 곡선 */

PROC LOGISTIC DATA=mysas.Financal;
    MODEL Y(EVENT='1') = X1 X2 / OUTROC=roc1 ROCCI;
RUN;
/******************************
* 13.8
******************************/

PROC IMPORT DATAFILE="C:\temp\RABE6\Diabetes.txt" OUT=mysas.Diabetes
            DBMS=TAB REPLACE;
RUN;

/* 그림 13.5 */

PROC SORT DATA=mysas.Diabetes;
    BY CC;
RUN;

PROC BOXPLOT DATA=mysas.Diabetes;
    PLOT (RW IR SSPG) * CC;
RUN;

/* 표 13.5 */

PROC LOGISTIC DATA=mysas.Diabetes;
    MODEL CC(REF='3') = RW SSPG IR / LINK=GLOGIT;
```

```
RUN;

/* 표 13.6 */

PROC LOGISTIC DATA=mysas.Diabetes;
    MODEL CC(REF='3') = SSPG IR / LINK=GLOGIT;
          OUTPUT OUT=a PREDPROBS=INDIVIDUAL;
RUN;

/* 표 13.7 */

PROC FREQ DATA=a;
    WHERE _LEVEL_=1;
    TABLE _FROM_ * _INTO_ / NOPERCENT NOROW NOCOL;
RUN;

/* 표 13.8 */
PROC LOGISTIC DATA=mysas.Diabetes;
    MODEL CC = IR SSPG;
    OUTPUT OUT=a PREDPROBS=INDIVIDUAL;
RUN;

/* 표 13.9 */

PROC FREQ DATA=a;
    TABLE _FROM_ * _INTO_ / NOPERCENT NOROW NOCOL;
RUN;

/*****************************
* 13.9
*****************************/

/* 표 13.10 */

PROC REG DATA=mysas.Financal;
    MODEL Y = X1 X2 X3 / STB;
    OUTPUT OUT=pred PREDICTED=Y_hat;
RUN; QUIT;

/* 표 13.11 */

DATA pred;
    SET pred;
    IF Y_hat>0.5 THEN classes=1;
        ELSE classes=0;
```

```
RUN;

/* 정오분류표: cut-off=0.5 */

PROC FREQ DATA=pred;
    TABLE Y * classes / NOPERCENT NOROW NOCOL;
RUN;
```

Chapter 14

기타 논제들

Further Topics

14.1 소개

이 장에서는 이전 장들에서 여러 번 언급되었지만 자세하게 다루지 않았던 2개의 주제를 다룬다. 두 주제는 일반화선형모형(generalized linear model; GLM)과 로버스트 회귀(robust regression)이다. 이들은 책 전체의 분량을 할당해야할 만큼 광범위한 주제이다. 여기서는 각 주제에 대한 간략한 설명과 함께 개념을 설명하기 위한 몇 가지 예제들을 제시하고자 한다. GLM은 통계분석에서 가장 많이 사용하는 선형모형 구축의 개념을 통합한 것이다.

어떤 통계적 분석에서는 로버스트 모형의 중요성이 강조되지 않을 수도 있다. 앞의 장들에서 로버스트 모형을 구축하는 몇 가지 방법들이 제시되었다. 14.5절에서는 오로지 로버스트성에만 관심을 두는 방법들을 논의할 것이다. 이들 두 주제에 대하여 소모적으로 설명하지는 않을 것이며 우리의 개인적인 경험과 선호를 반영할 것이다.

14.2 일반화선형모형

제3장에서처럼 반응변수 Y와 p개의 예측변수 $X_1, X_2, \ldots, X_p$에 대한 선형회귀모형은 다음과 같이 표현된다. 하나의 관측값 Y_i에 대해서

$$\begin{aligned} Y_i &= \beta_0 + \beta_1 X_{i1} + \beta_2 X_{i2} + \cdots + \beta_p X_{ip} + \epsilon_i \\ &= \mu_i + \epsilon_i, \end{aligned} \tag{14.1}$$

여기에서 μ_i는 선형예측자(linear predictor)라고 불리며, ϵ_i는 가우스(정규)분포를 따르는 확률변수이다.

GLM은 선형회귀모형을 두 가지 방법으로 확장한다. 먼저, ϵ_i는 지수족(exponential family)으로부터 나온 분포를 가진다고 가정한다. 지수족은 가우스분포뿐만 아니라 여러 가지 표준적인 분포들을 포함하고 있다. 예를 들면, 이항분포, 포아송 분포, 감마분포, 역가우스분포 등이 포함된다.

두 번째 일반화는 평균함수 μ_i가 선형예측자일 필요가 없고, 단지 선형예측자의 단조 미분가능함수이기만 하면 된다는 것이다.

$$h(\mu_i) = \beta_0 + \beta_1 X_{i1} + \beta_2 X_{i2} + \cdots + \beta_p X_{ip}, \tag{14.2}$$

여기에서 $h(\mu)$는 μ와 선형예측자를 연결해 주는 함수이다. 평균을 선형예측자로 연결해 주는 함수를 연결함수(link function)이라고 한다.

이러한 두 가지 방법의 일반화는 선형모형의 적용 유연성을 획기적으로 확장한다. GLM은 선형회귀모형이 적절하지 않은 상황에도 사용될 수 있다. 이러한 모형들은 최대우도추정법에 의해 적합된다. 대부분의 통계 패키지들은 일반화선형모형을 사용하여 모형적합을 하고 분석할 수 있는 절차들을 가지고 있다.

GLM은 Nelder & Wedderburn(1972)에 의해 최초로 제안되었고, McCullagh & Nelder (1989)에 의해 폭넓게 연구되었다. 계산에 관련된 자세한 내용들은 앞의 두 참고문헌을 살펴보면 될 것이다. Simonoff(2003)의 책도 이해하기 쉽게 정리된 문헌 중 하나이다.

이전 장에서 논의되었던 로지스틱 회귀모형도 GLM의 하나의 예로 다루어질 수 있다. 이제 로지스틱 회귀모형을 GLM으로 표현할 것이다. 랜덤오차(random error)의 확률분포는 단 2개의 결과값만을 가지므로 이항분포이다. 평균 π_i 대신 π_i에 대한 함수 $\ln[\pi_i/(1-\pi_i)]$를 선형예측변수로 사용한다. 이제 로지스틱 회귀모형은 로짓 연결함수를 가지는 이항분포족에 대한 GLM으로 표현될 수 있다. GLM의 또 다른 예는 포아송 회귀모형(Poisson regression model)이다. 이는 다음 절에서 논의될 것이다.

14.3 포아송 회귀모형

포아송 회귀모형은 반응변수가 도수(count) 데이터일 때 적합한 방법이다. 공중위생 분야의 연구자들은 입원자의 수와 환자들에 대한 특성 간의 관계를 연구하는 것에 관심이 있을 것이다. Simonoff(2003)는 토네이도에 의한 사망자의 수와 토네이토의 강도, 월, 연도 사이의 관계를 연구하였다. 7.4절에서 항공사의 부상 사고에 대한 데이터를 다루었다.

이러한 데이터는 도수(count) 데이터이므로 포아송 회귀모형으로 분석할 수 있다. 앞 장에서 이러한 데이터들은 제곱근 변환을 사용하여 사용하였으나 이는 지금부터 고려할 정확(exact) 방법에 대한 근사적인 것이었다. 이러한 데이터에서 주의할 것은 도수(count)는 적은 수의 값들을 가지며, 값이 작은 것이 큰 것보다 더 많이 관측된다는 것이다.

포아송 회귀모형은 다음과 같이 기술될 수 있다. 랜덤성분(random component)은 포아송 분포를 갖고(7.4절의 포아송 분포를 보아라), 평균은 로그함수로 선형예측자에 연결된다.

$$\ln(\mu_i) = \beta_0 + \beta_1 X_{i1} + \beta_2 X_{i2} + \cdots + \beta_p X_{ip}. \tag{14.3}$$

포아송 모형에 대한 검정과 추정은 로짓 모형(로지스틱 회귀)과 같은 방식으로 수행하면 된다. 어떤 분석에서는 발생 빈도(y)보다 발생 비율의 분석에 관심이 있는 경우도 있다. y_i를 위험에 노출되어 있는 a_i 중에서 관측된 수라고 하자. 비율에 대한 모형을 구축하려면 연결함수만 수정하면 된다. 비율에 대한 연결함수는 다음과 같다.

$$\ln(\mu_i) = \beta_0 + \beta_1 X_{i1} + \beta_2 X_{i2} + \cdots + \beta_p X_{ip} + \ln(a_i). \tag{14.4}$$

$\ln(a_i)$는 오프셋(off-set)이라고 하고, $\ln(\mu_i)$는 이제 발생 빈도의 평균에 대한 로그값이 아닌 발생 비율의 평균에 대한 로그를 나타낸다.

이제 포아송 회귀모형을 예로써 설명하고자 한다.

14.4 신약 데이터

1992~2005년 동안 미국 시장에 출시된 16개의 질병에 대한 신약의 수(D)가 이 책의 웹사이트에 제시되어 있다(New.Drugs.txt). 1,000명의 사람들에 대한 이러한 질병들의 발병비율(P) 또한 함께 제시되어 있고, 1994년에 특정 질병에 할당된 NIH(National Institute of Health)의 연구비(M)도 주어져 있다. 이 데이터는 Mount Sinai Medical School의 Salomeh Keyhani 박사가 제공해 주었다. 이는 대용량 데이터의 일부분이며 세 개의 변수를 사용하여 포아송 회귀모형을 설명할 것이다.

표 14.1 P와 M을 이용한 포아송 회귀분석의 결과

변수	계수	표준오차	Z-검정	p-값
상수	0.8778	0.2074	4.233	<.0001
P	2.700×10^{-5}	9.508×10^{-6}	2.840	0.0045
M	1.998×10^{-3}	3.008×10^{-4}	6.642	<.0001
로그우도값 = −9.721		df = 2	AIC = 82.14	

분석은 반응변수 D와 P, M 사이의 관계를 찾는 데 목적이 있다. D는 작은 값을 갖는 정수(integer) 변수임을 유의하자. 시장에 신약을 출시하는 것은 드문 사건(rare event)이기 때문이다. 이러한 드문 사건의 모형화에 포아송 분포가 자주 사용된다. 이제 우리는 포아송 랜덤성분과 로그연결함수를 이용한 GLM을 적합시킬 것이다. 결과는 표 14.1에 주어져 있다.

```
Drugs <- read.table("C:/Temp/RABE6/New.Drugs.txt", sep = "\t",
                    header = TRUE)
head(Drugs, 5)   # 데이터의 첫 5행을 출력

possion <- glm(D ~ P+M, data = Drugs, family="poisson")
summary(possion)   # 표 14.1
```

Wald의 Z-검정이 큰 값을 가지므로 두 변수는 반응변수 D와 강하게 연관되어 있음을 알 수 있다. AIC 값은 82.41이다. 모형의 적합값($\hat{D}$)는 New.Drugs.txt 데이터의 마지막 열에 제시되어 있다. 데이터는 이 책의 웹사이트에서 얻을 수 있다. 관측값과 적합값의 일치도(agreement)는 만족스럽다고 할 수 있다.

```
Drugs$D.hat <- predict(possion, type = "response")   # 예측된 반응값
head(Drugs, 5)
```

이 데이터를 최소제곱법을 이용하여 모형을 적합시키고 이를 통해 얻어진 AIC 값을 비교한 결과가 표 14.2에 제시되어 있다.

표 14.2 P와 M을 이용한 선형 회귀분석의 결과

변수	계수	표준오차	t-검정	p-값
상수	0.8362	1.379	0.607	0.5546
P	1.317×10^{-4}	8.973×10^{-5}	1.467	0.1661
M	0.01688	3.378×10^{-3}	4.996	0.0002
$R^2 = 0.671$	$R_a^2 = 0.620$	$\hat{\sigma} = 3.292$	df = 13	AIC = 88.207

```
reg <- lm(D ~ P+M, data = Drugs)
summary(reg)   # 표 14.2
AIC(reg)
```

최소제곱법을 이용한 모형에서는 M의 계수만이 유의하게 나타났다. 앞에서 지적한 것처럼, 선형 회귀모형은 반응변수가 도수(count) 데이터인 경우에는 적합하지 않다. AIC 값을 비교해 보면, 포아송 회귀모형은 82.1인 반면 선형 회귀모형은 88.2이다. AIC 기준은 포아송 회귀모형이 선형 회귀모형보다 더 좋다는 것을 말해 주고 있다. 잔차의 패턴 또한 포아송 회귀모형이 더 만족스럽게 나타났다. 포아송 회귀모형은 이러한 형태의 데이터에 더 적합한 분석 방법이다.

14.5 로버스트 회귀모형

데이터에 적합된 회귀모형은 로버스트(robust)해야 한다. 즉, 한두 개의 관측개체를 제거하였다고 해서 모형이 심하게 변하지 않아야 하는 것이다. 제5장(5.8~5.9절)에서 이러한 관측개체들을 어떻게 찾는지를 설명하였다. 이전의 설명에서는 좀 더 안정적이고 실제적인 모형을 구축하기 위하여 그러한 관측개체들을 제거하는 방법을 사용하였다. 이제부터는 그러한 관측개체들을 제거하는(다소 주관적일 수 있는) 대신 이러한 관측개체들의 영향력을 감소시킬 것이다. 로버스트한 회귀모형을 구축하는 방법은 여러 가지가 있다. 여기서는 간단하고 효과적인 하나의 방법을 설명할 것이다. 최소제곱법의 문제는 모형을 적합할 때 특이점(outlier)과 높은 지렛점(leverage point)을 갖는 값에 너무 많은 가

중치를 부여한다는 것이다. 이는 5.8~5.9절에서 광범위하게 다루었다. 이러한 데이터 점들은 모형을 적합할 때 부여되는 가중치를 줄임으로써 그 영향력을 감소시킬 수 있다. 여기서는 가중최소제곱(WLS)법이 사용될 것이다. 이는 (i) 높은 지렛점과 (ii) 큰 잔차를 갖는 점들에 대해 작은 가중치를 부여한다. 따라서 가중치는 잔차에 의해서 결정되며, 이러한 가중치는 반복과정(iteration)을 통해서 변한다. 즉, 반복적인 절차이다. 가중치의 형태와 절차의 반복 알고리즘이 아래의 알고리즘 14.1에 제시되어 있다. 여기서 Q^j는 j번째 반복에서 Q의 값이다.

⊙ 알고리즘 14.1

입력: $n \times 1$ 반응벡터 $\mathbf{Y}$와 $n \times p$ 예측변수 행렬 $\mathbf{X}$

출력: 회귀계수에 대한 가중최소제곱 로버스트 추정치와 대응되는 잔차 벡터

단계 0: i번째 관측개체의 가중치로 $w_i^0 = 1 / \max(p_{ii},\ p / n)$을 사용하여 회귀계수에 대한 가중최소제곱 추정치를 계산한다. 여기서 p_{ii}는 사영행렬(projection matrix) $\mathbf{P} = \mathbf{X}(\mathbf{X}^T\mathbf{X})^{-1}\mathbf{X}^T$의 i번째 대각원소이다. 계산된 추정치를 $\hat{\beta}^0$로 표시하자.

단계 j: $j = 1, 2, \cdots$에 대해 수렴할 때까지 다음을 계산한다.

$$\mathbf{e}^{j-1} = \mathbf{Y} - \hat{\mathbf{Y}}^{j-1} = \mathbf{Y} - \mathbf{X}\hat{\boldsymbol{\beta}}^{j-1} \tag{14.5}$$

이것은 단계 $j-1$에서의 적합에 대한 잔차이다. 또한 새로운 가중치

$$w_i^j = \frac{(1-p_{ii})^2}{\max(\mid e_i^{j-1} \mid, m_e^{j-1})} \tag{14.6}$$

을 계산한다. 여기서 m_e^{j-1}은 $(\mid e_1^{j-1} \mid, \ldots, \mid e_n^{j-1} \mid)$의 중위수(median)이다. i번째 관측개체에 대한 가중치로 w_i^j를 사용하여 회귀계수에 대한 가중최소제곱추정치를 계산한다. 계산된 추정치를 $\hat{\beta}^j$로 나타내자.

가중치를 부여하는 과정을 통해 보듯이, 높은 지렛점(p_{ii}) 또는 큰 잔차(e_i)를 갖는 점들은 낮은 가중치를 갖게 된다. 이러한 절차에 대한 자세한 내용은 Chatterje와 Mächler (1997)를 참조하기 바란다.

설명을 위해 2개의 예제를 제시한다.

14.6 이차모형의 적합

표 14.3에 주어진 간단한 인공의 데이터를 이용하여 최소제곱적합법의 문제점들을 설명하고자 한다. 두 개의 변수 X, Y에 대해 10개의 관측개체가 있다. 그림 14.1[1])을 보면 이차식(quadratic)의 관계가 분명히 존재함을 알 수 있다. 최소제곱적합의 결과는 표 14.4에 나타나 있다.

```
Robust.Reg <- read.table("C:/Temp/RABE6/Robust.Reg.txt", sep = "\t",
                         header = TRUE)
Robust.Reg$X2 <- Robust.Reg$X**2
head(Robust.Reg, 5)   # 데이터의 첫 5행을 출력

if(!require("olsrr")) install.packages("olsrr")
library(olsrr)
reg1 <- lm(Y ~ X+X2, data = Robust.Reg)
ols_regress(Y ~ X+X2, data = Robust.Reg)
```

표 14.3 로버스트 회귀를 설명하기 위한 데이터

Y	X	Y	X
18.8	3.4	92.7	12.5
20.5	5.7	124.2	14.2
29.4	7.5	142.4	15.2
45.0	8.8	154.7	15.8
72.4	11.1	118.4	17.9

1) 모든 분석 결과와 그래프를 생성하는 R 코드는 이 책의 웹사이트에서 확인할 수 있다.

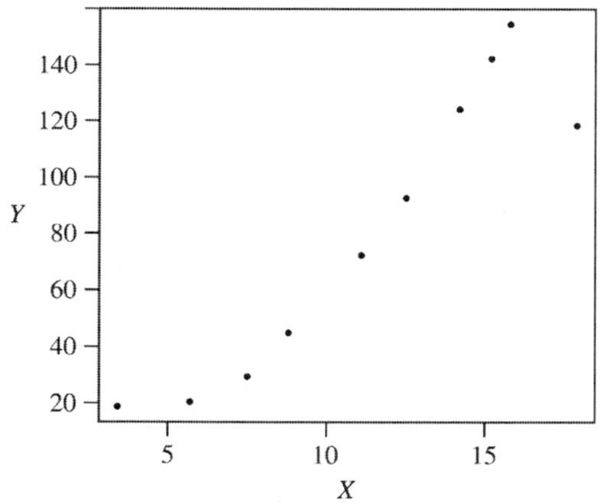

그림 14.1 표 14.3의 데이터에 대한 Y 대 X의 산점도

표 14.4 표 14.3의 데이터에 대한 이차모형의 최소제곱적합

분산분석표					
요인	제곱합	자유도	평균제곱	F–검정	p–값
회귀	21206	2	10603	25.14	0.001
잔차	2952	7	422		

회귀계수표				
변수	계수	표준오차	t–검정	p–값
상수	−28.77	37.69	−0.76	0.470
X	9.329	7.788	1.20	0.270
X^2	0.041	0.359	0.12	0.911
$n = 10$	$R^2 = 0.878$	$R_a^2 = 0.843$	$\hat{\sigma} = 20.5349$	df = 7

표 14.5 표 14.3의 데이터에 대한 이차모형의 로버스트적합

변수	계수	표준오차	t–검정	p–값
상수	15.2614	0.8003	19.07	$<$.001
X	−3.5447	0.1829	−19.38	$<$.001
X^2	0.7831	0.0099	79.10	$<$.001
$n = 10$	$R^2 = 0.837$	$R_a^2 = 0.780$	$\hat{\sigma} = 41.425$	df = 7

최소제곱적합은 1차 선형항(X)과 2차항(X^2) 모두 통계적으로 유의하지 않다. 앞에서 설명한 로버스트 회귀방법을 적용하여 적합시켜 보자. 결과는 표 14.5에 나타나 있다.

```
if(!require("robustbase")) install.packages("robustbase")
library(robustbase)
reg2 <- lmrob(Y ~ X+X2, data = Robust.Reg)
summary(reg2)
```

그림 14.2에 X와 Y의 산점도와 함께 최소제곱적합과 로버스트적합의 결과가 나타나 있다.

```
X <- Robust.Reg$X2
Y <- Robust.Reg$Y
Y.hat1 <- predict(reg1)
Y.hat2 <- predict(reg2)
pred <- data.frame(X, Y, Y.hat1, Y.hat2)
plot(Y ~ X, data = pred, pch = 19)
abline(lm(Y ~ X, data = pred))
lines(Y.hat1 ~ X, data = pred, pch = 1, type = "b")
lines(Y.hat2 ~ X, data = pred, pch = 2, type = "b")
```

로버스트적합이 최소제곱적합보다 데이터를 잘 따라가고 있음을 알 수 있다. 최소제곱적합은 오른쪽 윗부분과 왼쪽 아랫부분의 높은 지렛점에 의해 데이터의 주요 부분에서 멀어지게 됨을 볼 수 있다. 로버스트적합은 그러한 데이터 점들의 가중치가 축소되어 이러한 문제점은 발생하지 않는다. 이 예에서는 그림을 통해서 보면 명백하다. 고차원에 대

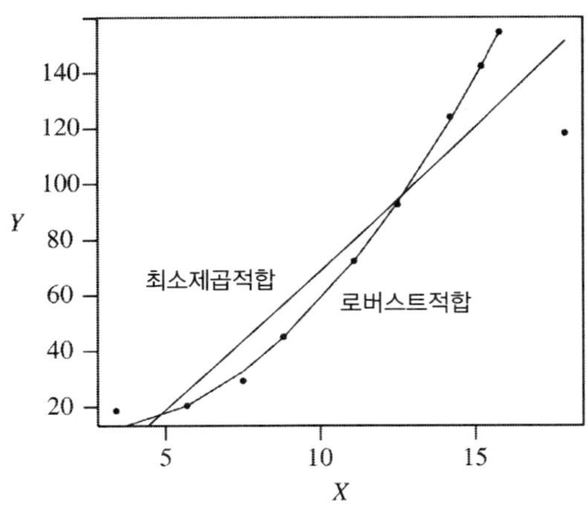

그림 14.2 표 14.3의 데이터에 대한 최소제곱적합과 로버스트적합

해서는 명백히 볼 수 없으나 로버스트 절차를 통해 자동적으로 확장됨을 짐작해 볼 수 있다. 이는 흔히 발생하는 현상이다.

이제 실생활의 데이터를 이용하여 로버스트 회귀를 설명하고자 한다.

14.7 미국의 만(灣)에 대한 PCB 분포

PCB는 산업 폐기물과 도시의 하수에서 발견되는 건강위협 물질이다. 농도는 ppb(parts per billion) 단위로 측정되었다. 2년 동안 PCB가 검출되지 않은 만과 강어귀는 포함되지 않았다. 이 연구에서는 사용된 PCB.txt 데이터는 이 책의 웹사이트에서 찾을 수 있으며, 1984년과 1985년의 미국의 29개의 만(bay)과 강어귀에 대한 폴리염화 바이페닐(유독한 오염물질; PCB)의 농도를 나타낸 것이다. 연구의 목적은 2년 사이의 PCB 수준에 대한 연관관계를 찾고자 한다. 데이터는 *Environmental Quality* 1987~1988(출판: Council on Environmental Quality)에서 발췌한 것이다. 이 데이터에 대한 좀 더 자세한 설명과 분석은 Chatterjee, Handcock, Simonoff(1995)를 참조하여라.

데이터의 치우침(skewness)을 해결하기 위하여 변환을 수행하였다. PCB 농도에 로그 함수를 취하였다. 최소제곱적합의 결과가 표 14.6에 나타나 있다.

```
PCB <- read.table("C:/Temp/RABE6/PCB.txt", sep = "\t", header = TRUE)
head(PCB, 5)   # 데이터의 첫 5행을 출력

reg1 <- lm(ln.PCB85. ~ ln.PCB84., data = PCB)
ols_regress(ln.PCB85. ~ ln.PCB84., data = PCB)   # 표 14.6

r <- rstandard(reg1)
plot(rownames(PCB), r, pch = 19)
abline(h = c(-2,0,2), lty = 2)
text(rownames(PCB), r, pch = 19)

CooksD <- cooks.distance(reg1)
plot(rownames(PCB), CooksD, pch = 19)
text(rownames(PCB), CooksD, pch = 19)
```

표 14.6 PCB.txt 데이터에 대한 최소제곱회귀. ln(PCB84)에 대한 ln(PCB85)의 회귀

분산분석표					
요인	제곱합	자유도	평균제곱	F-검정	p-값
회귀	59.605	1	59.605	87.96	<.001
잔차	18.296	27	0.678		

회귀계수표				
변수	계수	표준오차	t-검정	p-값
상수	1.001	0.315	3.17	0.004
ln(PCB84)	0.718	0.077	9.37	<.001
$n = 29$	$R^2 = 0.765$	$R_a^2 = 0.756$	$\hat{\sigma} = 823$	df = 27

적합 결과에서 다소 문제점이 발견된다. 2개의 관측개체(Boston Harbor, Delaware bay)는 주의가 필요하다. 두 관측개체는 표준화 잔차가 각각 −2.12와 4.11로서 특이값이다. Boston Harbor는 Cook의 거리값이 커서 높은 지렛점임을 알 수 있다. Delaware bay는 높은 지레점은 아니지만 Cook의 거리값이 크다. 이러한 두 데이터 점은 적합에 유의한 영향을 준다. 다소 벗어난 두 데이터 점을 제거하고 연속한 두 연도의 PCB 수준의 관계를 탐색하고자 한다. 두 관측개체가 제거된 회귀분석 결과가 표 14.7에 제시되어 있다.

```
PCB.A = PCB[which(row.names(PCB) != 4 & row.names(PCB) != 10),]
ols_regress(ln.PCB85. ~ ln.PCB84., data = PCB.A)    # 표 14.7
```

이 적합에는 문제가 없어 보이며, 1984년과 1985년 사이의 PCB 관계에 대한 결과도 받아들일 만하다. 이 결과는 Boston Harbor와 Delaware bay가 제거되었을 때의 관계임을

표 14.7 PCB.txt 데이터에 대한 최소제곱회귀. ln(PCB84)에 대한 ln(PCB85)의 회귀. Boston과 Delaware가 제거되었을 때

분산분석표					
요인	제곱합	자유도	평균제곱	F-검정	p-값
회귀	64.712	1	64.712	908.24	<.001
잔차(오차)	1.781	25	0.071		

회귀계수표				
변수	계수	표준오차	t-검정	p-값
상수	0.093	0.122	0.76	0.456
ln(PCB84)	0.960	0.032	30.14	<.001
$n = 27$	$R^2 = 0.973$	$R_a^2 = 0.972$	$\hat{\sigma} = 0.267$	df = 25

유의하자. 이 2개의 만은 특수한 상황임을 나타내고 있으며 좀 더 상세한 탐색이 필요하다. 두 데이터 점을 제거함으로써 PCB 수준에 대한 전체적인 관계의 정도가 향상되었음을 알 수 있다.

로버스트 회귀는 또 다른 방법론을 제공해 줄 수 있다. 앞에서 언급한 로버스트 알고리즘을 사용하면 다음과 같이 적합된 모형을 얻을 수 있다.

$$\ln(\text{PCB85}) = 0.175 + 0.927 \ln(\text{PCB84}) \tag{14.7}$$

```
reg2 <- lmrob(ln.PCB85. ~ ln.PCB84., data = PCB)
summary(reg2)
```

식 (14.7)의 두 회귀계수에 대한 표준오차는 각각 0.25와 0.0056이다. 전체 데이터에 적합된 로버스트 회귀의 결과는 2개의 관측개체가 제거된 데이터에 적합된 최소제곱적합의 결과와 매우 유사하다. 제거된 데이터 점에 부여된 가중치는 다른 데이터 점들에 비해 매우 작다. 이는 알고리즘에 규칙을 삽입함으로써 기계적인 반복과정으로 수행된다. 로버스트 절차는 회귀진단에 대한 여러 가지 검토사항이 필요하지 않다. 반복과정에서 사용된 마지막 가중치를 이용하여 추가적 조사가 필요한 문제의 관측개체를 찾아낼 수 있다.

그림 14.3은 산점도와 함께 최소제곱적합과 로버스트적합을 나타낸 것이다. 최소제곱적합은 특이값과 높은 지렛점에 대해 강하게 영향을 받음을 알 수 있다. 로버스트적합은 지렛점과 특이값의 영향을 둔화시키면서 좀 더 정확하게 데이터를 표현하고 있다.

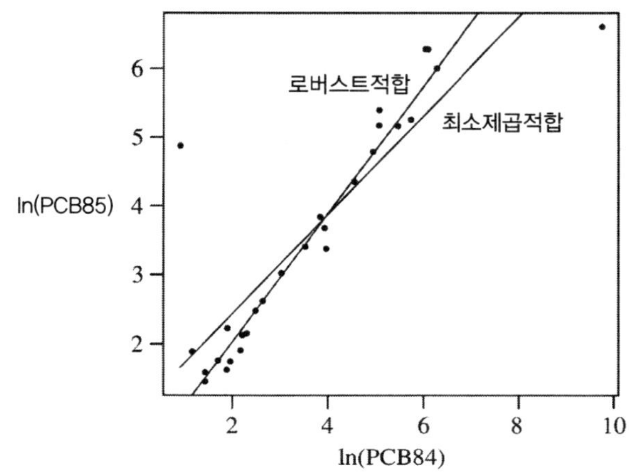

그림 14.3 PCB.txt 데이터에 대한 최소제곱적합과 로버스트적합

```
X <- PCB$ln.PCB84.
Y <- PCB$ln.PCB85.
Y.hat1 <- predict(reg1)
Y.hat2 <- predict(reg2)
pred <- data.frame(X, Y, Y.hat1, Y.hat2)
plot(Y ~ X, data = pred, pch = 19)
lines(Y.hat1 ~ X, data = pred, pch = 1, type = "b")
lines(Y.hat2 ~ X, data = pred, pch = 2, type = "b")
```

식 (14.6)을 통해 알 수 있듯이, 가면효과(masking effect)가 있을 때, 높은 지레점 그룹은 작은 p_{ii} 값을 갖기 때문에 큰 가중치를 갖는 경향이 있다. 이러한 이유로 Chatterjee & Mächler의 방법은 가면효과가 존재할 때는 효과적이지 못하다. 앞에서 제시하였던 알고리즘은 가면문제와 수렁문제를 해결하도록 확장되었다. 그러나 이 문제는 이 책의 범위를 벗어나므로, 관심 있는 독자들은 Billor, Chtterjee, Hadi(2006)을 참고하기 바란다.

로버스트 회귀에 대한 많은 연구가 있었지만 실전에서는 그렇게 널리 사용되지 않고 있다. 간단하지만 이러한 소개를 통해 로버스트 회귀에 많은 사람들이 관심을 가질 수 있기를 바란다.

연습문제

14.1 표 7.6에 있는 항공사 사고 데이터를 사용하여, 3가지 적합방법(최소제곱, 변환된 최소제곱, 포아송 회귀) 중에 어떠한 방법론이 주어진 데이터를 가장 잘 설명하는지 분석하여라.

14.2 이 책의 웹사이트에 있는 미국 만(bay)의 PCB 분포 데이터(PCB.txt)를 이용하여, 1985년의 PCB 수준과 1984년의 PCB 수준 사이의 관계를 규명하는 면밀한 분석을 수행하여라. 여러분의 분석 결과와 본문에서 주어진 로버스트 적합의 결과를 비교하여 보아라.

14.3 이 책의 웹사이트에 주어진 Supervisor.Performasnce.txt 데이터를 이용하여, X_1과 X_3에 대한 Y의 최소제곱회귀와 로버스트 회귀를 수행하여라. 두 방법 모두 유사한 결과를 주는지 확인하여라.

14.4 이 책의 웹사이트에 있는 잡지광고 데이터(Magazine.Advertising.txt)를 이용하여, ln(P)에 대한 ln(R)의 최소제곱회귀를 적합하여라. 관측개체 15, 22, 23, 41은 문제의 관측개체들이다. 이 점들은 어떤 특징적인 형태를 띠고 있는가? 전체 데이터에 대한 로버스트 적합은 4개의 점을 제거한 데이터에 대한 최소제곱 결과와 유사함을 보여라.

14.5 표 13.12에 주어진 필드골 데이터를 이용하여 아래에 답하여라.

(a) 성공(Success)과 거리(Distance) 사이의 관계를 포아송 회귀를 이용하여 규명하여라. 시도횟수(Attempts)는 오프셋(offset)으로 둔다.

(b) 거리에 대한 킥의 성공확률을 로지스틱 회귀모형을 이용하여 적합하여라.

(c) 로지스틱 회귀모형이 포아송 회귀모형보다 더 잘 적합됨을 확인하여라.

⊙ 부록: 14.A SAS 코드

```
LIBNAME mysas "C:\temp\SAS_Data";

/******************************
* 14.4
******************************/

PROC IMPORT DATAFILE="C:\temp\RABE6\New.Drugs.txt" OUT=mysas.Drugs
            DBMS=TAB REPLACE;
RUN;

/* 표 14.1 */

PROC GENMOD DATA=mysas.Drugs;
    MODEL D = P M / DIST=POISSON LINK=LOG;
    OUTPUT OUT=a PREDICTED=D_hat;
RUN;

/* 표 14.2 */

PROC REG DATA=mysas.Drugs;
    MODEL D = P M;
    OUTPUT OUT=b PREDICTED=D_hat;
RUN; QUIT;

/******************************
* 14.6
******************************/

PROC IMPORT DATAFILE="C:\temp\RABE6\Robust.Reg.txt" OUT=mysas.Robust_Reg
            DBMS=TAB REPLACE;
RUN;

DATA mysas.Robust_Reg;
    SET mysas.Robust_Reg;
    X2 = X**2;
RUN;

/* 표 14.4 */
PROC REG DATA=mysas.Robust_Reg;
    MODEL Y = X X2;
    OUTPUT OUT=pred1 PREDICTED=Y_hat1;
RUN; QUIT;

/* 표 14.5 */
```

```
PROC ROBUSTREG DATA=mysas.Robust_Reg;
    MODEL Y = X X2;
    OUTPUT OUT=pred2 PREDICTED=Y_hat2;
RUN; QUIT;

/* 그림 14.2 */

DATA pred;
    MERGE pred1 pred2;
RUN;

SYMBOL1 V=DOT CV=BLACK H=1 I=R CI=BLACK;
SYMBOL2 V=NONE I=JOIN CI=BLUE;
SYMBOL3 V=NONE I=JOIN CI=RED;
PROC GPLOT DATA=pred;
    PLOT (Y Y_hat1 Y_hat2) * X / OVERLAY;
RUN;

/******************************
* 14.7
******************************/

PROC IMPORT DATAFILE="C:\temp\RABE6\PCB.txt" OUT=mysas.PCB
            DBMS=TAB REPLACE;
RUN;

/* 표 14.6 */

PROC REG DATA=mysas.PCB;
    MODEL ln_PCB85_ = ln_PCB84_ / P R INFLUENCE;
    OUTPUT OUT=pred1 PREDICTED=Y_hat1;
RUN; QUIT;
/* 표 14.7 */

PROC REG DATA=mysas.PCB;
    WHERE Bay NOTIN ('Boston Harbor', 'Delaware Bay');
    MODEL ln_PCB85_ = ln_PCB84_ / P R INFLUENCE;
RUN; QUIT;

/* 로버스트 회귀 */

PROC ROBUSTREG DATA=mysas.PCB;
    MODEL ln_PCB85_ = ln_PCB84_;
    OUTPUT OUT=pred2 PREDICTED=Y_hat2;
RUN; QUIT;
```

```
/* 그림 14.3 */

DATA pred;
    MERGE pred1 pred2;
RUN;

SYMBOL1 V=DOT CV=BLACK H=1 I=NONE;
SYMBOL2 V=NONE I=JOIN CI=BLUE;
SYMBOL3 V=NONE I=JOIN CI=RED;
PROC GPLOT DATA=pred;
    PLOT (ln_PCB85_ Y_hat1 Y_hat2) * ln_PCB84_ / OVERLAY;
RUN;
```

참고문헌

1. Agresti, A. (2002), *Categorical Data Analysis*, 2nd ed., New York: John Wiley & Sons.
2. Agresti, A. (2015), *Foundations of Linear and, Generalized Linear Models*, New York: John Wiley & Sons.
3. Akaike, H. (1973), "Information Theory and an Extension of Maximum Likelihood Principle," in *Second International Symposium on Information Theory* (B. N. Petrov and F. Caski, Eds.), Budapest: Akademia Kiado, 267–281.
4. Andrews, D. F. and Herzberg, A. M. (1985) *Data: A Collection of Problems from Many Fields for the Student and Research Worker*, New York: Springer-Verlag.
5. Anscombe, F. J. (1973), "Graphs in Statistical Analysis," *The American Statistician*, 27, 17–21.
6. Atkinson, A. C. (1985), *Plots, Transformations, and Regression: An Introduction to Graphical Methods of Diagnostic Regression Analysis*, Oxford: Clarendon Press.
7. Barnett, V. and Lewis, T. (1994), *Outliers in Statistical Data*, 3rd ed., New York: John Wiley & Sons.
8. Bartlett, G., Stewart, J., and Abrahamowicz, M. (1998), "Quantitative Sensory Testing of Peripheral Nerves," *Student: A Statistical Journal for Graduate Students*, 2, 289–301.
9. Bates, D. M. and Watts, D. G. (1988), *Nonlinear Regression Analysis and Its Applications*, New York: John Wiley & Sons.
10. Becker, R. A., Cleveland, W. S., and Wilks, A. R. (1987), "Dynamic Graphics for Data Analysis," *Statistical Science*, 2, 4, 355–395.
11. Belsley, D. A. (1991), *Conditioning Diagnostics: Collinearity and Weak Data in Regression*, New York: John Wiley & Sons.
12. Belsley, D. A., Kuh, E., and Welsch, R. E. (1980), *Regression Diagnostics: Identifying Influential Data and Sources of Collinearity*, New York: John Wiley & Sons.

Regression Analysis By Example Using R, Sixth Edition. Ali S. Hadi and Samprit Chatterjee

Companion website: www.wiley.com/go/hadi/regression_analysis_6e

13. Billor, N., Chatterjee, S., and Hadi, A. S. (2006), "A Re-Weighted Least Squares Method for Robust Regression Estimation," *American Journal of Mathematical and Management Sciences*, 26, 229–252.
14. Birkes, D. and Dodge, Y. (1993), *Alternative Methods of Regression*, New York: John Wiley & Sons.
15. Boehmke, B. C. (2016), *Data Wrangling with R (Use R!)*, Switzerland: Springer International Publishing.
16. Box, G. E. P. and Pierce, D. A. (1970), "Distribution of Residual Autocorrelation in Autoregressive-Integrated Moving Average Time Series Models," *Journal of the American Statistical Association*, 64, 1509–1526.
17. Carroll, R. J. and Ruppert, D. (1988), *Transformation and Weighting in Regression*, London: Chapman and Hall.
18. Chambers, J. M., Cleveland, W. S., Kleiner, B., and Tukey, P. A. (1983), *Graphical Methods for Data Analysis*, Boston, MA: Duxbury Press.
19. Chatterjee, S. and Hadi, A. S. (1986), "Influential Observations, High Leverage Points, and Outliers in Linear Regression (with discussions)," *Statistical Science*, 1, 379–416.
20. Chatterjee, S. and Hadi, A. S. (1988), *Sensitivity Analysis in Linear Regression*, New York: John Wiley & Sons.
21. Chatterjee, S., Handcock, M. S., and Simonoff, J. S. (1995), *A Casebook for a First Course in Statistics and Data Analysis*, New York: John Wiley & Sons. pp. 33–35.
22. Chatterjee, S. and Mächler, M. (1997), "Robust Regression: A Weighted Least Squares Approach," *Communications in Statistics, Theory and Methods*, 26, 1381–1394.
23. Chi-Lu, C. and Van Ness, J. W. (1999), *Statistical Regression with Measurement Error*, London: Arnold.
24. Christensen, R. (1996), *Analysis of Variance, Design and Regression: Applied Statistical Methods*, New York: Chapman and Hall.
25. Coakley, C. W. and Hettmansperger, T. P. (1993), "A Bounded Influence, High Breakdown, Efficient Regression Estimator," *Journal of the American Statistical Association*, 88, 872–880.
26. Cochrane, D. and Orcutt, G. H. (1949), "Application of Least Squares Regression to Relationships Containing Autocorrelated Error Terms," *Journal of the American Statistical Association*, 44, 32–61.
27. Coleman, J. S., Cambell, E. Q., Hobson, C. J., McPartland, J., Mood, A. M., Weinfield, F. D., and York, R. L. (1966), *Equality of Educational Opportunity*, Washington, DC: U.S. Government Printing Office.
28. Conover, W. J. (1980), *Practical Nonparametric Statistics*, New York: John Wiley & Sons.

29. Cook, R. D. (1977), "Detection of Influential Observations in Linear Regression," *Technometrics*, 19, 15–18.
30. Cook, R. D. and Weisberg, S. (1982), *Residuals and Influence in Regression*, London: Chapman and Hall.
31. Cotton, R. (2013), *Learning R*, Sebastopol, CA: O'Reilly Media.
32. Cox, D. R. (1989), *The Analysis of Binary Data*, 2nd ed., London: Methuen.
33. Crawley, M. J. (2012), *The R Book*, 2nd ed., New York: John Wiley & Sons.
34. Dalgaard, P. (2008), *Introductory Statistics with R*, 2nd ed., New York: Springer.
35. Daniel, C. and Wood, F. S. (1980), *Fitting Equations to Data: Computer Analysis of Multifactor Data*, 2nd ed., New York: John Wiley & Sons.
36. Davies, T. M. (2016), *The Book of R: A First Course in Programming and Statistics*, San Francisco, CA: No Starch Press.
37. Dempster, A. P., Schatzoff, M., and Wermuth, N. (1977), "A Simulation Study of Alternatives to Ordinary Least Squares," *Journal of the American Statistical Association*, 72, 77–106.
38. Diaconis, P. and Efron, B. (1983), "Computer Intensive Methods in Statistics," *Scientific American*, 248, 116–130.
39. Dobson, A. J. and Barnett, A. G. (2008), *Introduction to Generalized Linear Models*, 3rd ed., Boca Raton, FL: Chapman and Hall.
40. Dodge, Y. and Hadi, A. S. (1999), "Simple Graphs and Bounds for the Elements of the Hat Matrix" *Journal of Applied Statistics*, 26, 817–823.
41. Dorugade, A. V. and Kashid, D. N. (2010) "Alternative Method for Choosing Ridge Parameter for Regression," *Applied Mathematical Sciences*, 4, 447–456.
42. Draper, N. R. and Smith, H. (1998), *Applied Regression Analysis*, 3rd ed., New York: John Wiley & Sons.
43. Dunn, P. K. (2023), "Generalized linear models", in *International Encyclopedia of Education*, 4th ed., (R. J. Tierney, F. Rizvi, and K. Ercikan Eds.), Elsevier, 583–589.
44. Dunn, P. K. and Smyth, G. K. (2018), *Generalized Linear Models With Examples in R*, New York: Springer.
45. Durbin, J. and Watson, G. S. (1950), "Testing for Serial Correlation in Least Squares Regression," *Biometrika*, 37, 409–428.
46. Durbin, J. and Watson, G. S. (1951), "Testing for Serial Correlation in Least Squares Regression, II," *Biometrika*, 38, 159–178.
47. Efron, B. (1982), *The Jacknife, the Bootstrap and Other Resampling Plans*, CBMS- National Science Monograph 38, Society of Industrial and Applied Mathematics.
48. Eisenhauer, J. G. (2003), "Regression Through the Origin," *Teaching Statistics*, 25, 76–80.

49. Ezekiel, M. (1924), "A Method for Handling Curvilinear Correlation for Any Number of Variables," *Journal of the American Statistical Association*, 19, 431–453.

50. Faraway, J. J. (2006), *Extending the Linear Model with R: Generalized Linear, Mixed Effects and Nonparametric Regression Models*, Boca Raton, FL, New York: Chapman & Hall/CRC.

51. Finney, D. J. (1964), *Probit Analysis*, London: Cambridge University Press.

52. Fox, J. (1984), *Linear Statistical Models and Related Methods*, New York: John Wiley & Sons.

53. Fox, J. (2016), *Applied Regression Analysis and Generalized Linear Models*, 3rd ed., Sage Publications.

54. Friedman, M. and Meiselman, D. (1963), "The Relative Stability of Monetary Velocity and the Investment Multiplier in the United States, 1897–1958," in *Commission on Money and Credit, Stabilization Policies*, Englewood Cliffs, NJ: Prentice-Hall.

55. Fuller, W. A. (1987), *Measurement Error Models*, New York: John Wiley & Sons.

56. Furnival, G. M. and Wilson, R. W., Jr. (1974), "Regression by Leaps and Bounds," *Technometrics*, 16, 499–512.

57. Gibbons, J. D. (1993), *Nonparametric Statistics: An Introduction*, Newbury Park, CA: Sage Publications.

58. Gillespie, C. and Lovelace, R. (2017) *Efficient R Programming: A Practical Guide to Smarter Programming*, Sebastopol, CA: O'Reilly Media.

59. Goldstein, M. and Smith, A. F. M. (1974), "Ridge-Type Estimates for Regression Analysis," *Journal of the Royal Statistical Society (B)*, 36, 284–291.

60. Golub, G. H. and van Loan, C. (1989), *Matrix Computations*, Baltimore, MD: Johns Hopkins.

61. Gray, J. B. (1986), "A Simple Graphic for Assessing Influence in Regression," *Journal of Statistical Computation and Simulation*, 24, 121–134.

62. Gray, J. B. and Ling, R. F. (1984), "K-Clustering as a Detection Tool for Influential Subsets in Regression (with Discussion)," *Technometrics*, 26, 305–330.

63. Graybill, F. A. (1976), *Theory and Application of the Linear Model*, Belmont, CA: Duxbury Press.

64. Graybill, F. A. and Iyer, H. K. (1994), *Regression Analysis: Concepts and Applications*, Belmont, CA: Duxbury Press.

65. Green, W. H. (1993), *Econometric Analysis*, 2nd ed., Saddle River, NJ: Prentice-Hall.

66. Grolemund, G. (2014), *Hands on Programming With R: Write Your Own Functions and Simulations*, Sebastopol, CA: O'Reilly Media.

67. Grosser, M., Bumann H., and Wickham, H. (2022) *Advanced R Solutions*, New York: Chapman & Hall/CRC.

68. Gunst, R. F. and Mason, R. L. (1980), *Regression Analysis and Its Application: A Data-Oriented Approach*, New York: Marcel Dekker.

69. Hadi, A. S. (1988), "Diagnosing Collinearity-Influential Observations," *Computational Statistics and Data Analysis*, 7, 143–159.

70. Hadi, A. S. (1992), "A New Measure of Overall Potential Influence in Linear Regression," *Computational Statistics and Data Analysis*, 14, 1–27.

71. Hadi, A. S. (1993), "Graphical Methods for Linear Models," Chapter c23 in *Handbook of Statistics: Computational Statistics*, (C. R. Rao, Ed.), Vol. 9, New York: North-Holland Publishing Company, 775–802.

72. Hadi, A. S. (1996), *Matrix Algebra as a Tool*, Belmont, CA: Duxbury Press.

73. Hadi, A. S. (2011), "Ridge and Surrogate Ridge Regressions," in *International Encyclopedia of Statistical Science*, (M. Lovric, Ed.), New York: Springer, Part 18, 1232–1234.

74. Hadi, A. S. and Ling, R. F. (1998), "Some Cautionary Notes on the Use of Principal Components Regression," *The American Statistician*, 52, 15–19.

75. Hadi, A. S. and Simonoff, J. S. (1993), "Procedures for the Identification of Multiple Outliers in Linear Models," *Journal of the American Statistical Association*, 88, 1264–1272.

76. Hadi, A. S. and Son, M. S. (1997), "Detection of Unusual Observations in Regression and Multivariate Data," Chapter 13 in *Handbook of Applied Economic Statistics* (A. Ullah and D. E. A. Giles, Eds.), New York: Marcel Dekker, 441–463.

77. Hadi, A. S. and Velleman, P. F. (1997), "Computationally Efficient Adaptive Methods for the Identification of Outliers and Homogeneous Groups in Large Data Sets," *Proceedings of the Statistical Computing Section, American Statistical Association*, 124–129.

78. Haith, D. A. (1976), "Land Use and Water Quality in New York Rivers," *Journal of the Environmental Engineering Division*, ASCE 102 (No. EEI. Proc. Paper 11902, Feb. 1976), 1–15.

79. Hamilton, D. J. (1987), "Sometimes $R^2 > r^2_{y \cdot x_1} + r^2_{y \cdot x_2}$, Correlated Variables Are Not Always Redundant," *The American Statistician*, 41, 2, 129–132.

80. Hamilton, D. J. (1994), *Time Series Analysis*, Princeton, NJ: Princeton University Press.

81. Hampel, F. R., Ronchetti, E. M., Rousseeuw, P. J., and Stahel, W. A. (1986), *Robust Statistics: The Approach Based on Influence Functions*, New York: John Wiley & Sons.

82. Hand, D. J., Daly, F., Lunn, A. D., McConway, K. J., and Ostrowski, E. (1994), *A Handbook of Small Data Sets*, New York: Chapman and Hall.

83. Hawkins, D. M. (1980), *Identification of Outliers*, London: Chapman and Hall.

84. Henderson, H. V. and Velleman, P. F. (1981), "Building Multiple Regression Models Interactively," *Biometrics*, 37, 391–411.

85. Hildreth, C. and Lu, J. (1960), "Demand Relations with Autocorrelated Disturbances," *Technical Bulletin No. 276*, Michigan State University, Agricultural Experiment Station.
86. Hoaglin, D. C. and Welsch, R. E. (1978), "The Hat Matrix in Regression and ANOVA," *The American Statistician*, 32, 17–22.
87. Hocking, R. R., (1976), "The Analysis and Selection of Variables in Linear Regression," *Biometrics*, 32, 1–49.
88. Hoerl, A. E. (1959), "Optimal Solution of Many Variables," *Chemical Engineering Progress*, 55, 69–78.
89. Hoerl, A. E. and Kennard, R. W. (1970), "Ridge Regression: Biased Estimation for Nonorthogonal Problems," *Technometrics*, 12, 69–82.
90. Hoerl, A. E. and Kennard, R. W. (1976), "Ridge Regression: Iterative Estimation of the Biasing Parameter," *Communications in Statistics, Theory and Methods*, A5, 77–88.
91. Hoerl, A. E. and Kennard, R. W. (1981), "Ridge Regression – 1980: Advances, Algorithms, and Applications," *American Journal of Mathematical and Management Sciences*, 1, 5–83.
92. Hoerl, A. E., Kennard, R. W., and Baldwin, K. F. (1975), "Ridge Regression: Some Simulations," *Communications in Statistics, Theory and Methods*, 4, 105–123.
93. Hoffmann, J. P. (2016), *Regression Models for Categorical, Count, and Related Variables: An Applied Approach*, University of California Press.
94. Hollander, M. and Wollfe, D. A. (1999), *Nonparametric Statistical Methods*, New York: John Wiley & Sons.
95. Hosmer, D. W. and Lemeshow, S. (1989), *Applied Logistic Regression*, New York: John Wiley & Sons.
96. Huber, P. J. (1981), *Robust Statistics*, New York: John Wiley & Sons.
97. Huber, P. J. (1991), "Between Robustness and Diagnostics," in *Directions in Robust Statistics and Diagnostics* (W. Stahel and S. Weisberg, Eds.), New York: Springer-Verlag, 121–130.
98. Hurvich, C. M. and Tsai, C.-L. (1989), "Regression and Time Series Model Selection in Small Samples," *Biometrika*, 76, 297–307.
99. Iversen, G. R. (1976), *Analysis of Variance*, Beverly Hills, CA: Sage Publications.
100. Iversen, G. R. and Norpoth, H. (1987), *Analysis of Variance*, Beverly Hills, CA: Sage Publications.
101. Jensen, D. R. and Ramirez, D. E. (2008), "Anomalies in the Foundations of Ridge Regression," *International Statistical Review*, 76, 89–105.
102. Jerison, H. J. (1973), *Evolution of the Brain and Intelligence*, New York: Academic Press.

103. Johnson, D. E. (1998), *Applied Multivariate Methods for Data Analysts*, Belmont, CA: Duxbury Press.

104. Johnson, R. A. and Wichern, D. W. (1992), *Applied Multivariate Statistical Analysis*, 3rd ed., Englewood Cliffs, NJ: Prentice-Hall.

105. Johnston, J. (1984), *Econometric Methods*, 2nd ed., New York: McGraw-Hill.

106. Kabacoff, R. L. (2015), *R in Action: Data Analysis and Graphics with R*, 2nd ed., Shelter Island, NY: Manning Publication Co.

107. Khalaf, G. and Shukur, G. (2005), "Choosing Ridge Parameter for Regression Problem," *Communications in Statistics, Theory and Methods*, 34, 1177–1182.

108. Kmenta, J. (1986), *Elements of Econometrics*, New York: Macmillan.

109. Krasker, W. S. and Welsch, R. E. (1982), "Efficient Bounded-Influence Regression Estimation," *Journal of the American Statistical Association*, 77, 595–604.

110. Krishnaiah, P. R. (Ed.) (1980), *Analysis of Variance*, New York: North-Holland Publishing Co.

111. La Motte, L. R. and Hocking, R. R. (1970), "Computational Efficiency in the Selection of Regression Variables," *Technometrics*, 12, 83–93.

112. Lander, J. P. (2014), *R for Everyone: Advanced Analytics and Graphics*, India: Pearson.

113. Landwehr, J., Pregibon, D., and Shoemaker, A. (1984), "Graphical Methods for Assessing Logistic Regression Models," *Journal of the American Statistical Association*, 79, 61–83.

114. Larsen, W. A. and McCleary, S. J. (1972), "The Use of Partial Residual Plots in Regression Analysis," *Technometrics*, 14, 781–790.

115. Lawless, J. F. and Wang, P. (1976), "A Simulation of Ridge and Other Regression Estimators," *Communications in Statistics, Theory and Methods*, A5, 307–323.

116. Lehmann, E. L. (1975), *Nonparametric Statistical Methods Based on Ranks*, New York: McGraw-Hill.

117. Lilja, D. J. and Linse, G. M. (2022), *Linear Regression Using R: An Introduction to Data Modeling*, 2nd ed., Minnesota, USA: University of Minnesota Libraries Publishing.

118. Lindman, H. R. (1992), *Analysis of Variance in Experimental Design*, New York: Springer-Verlag.

119. Longley, J. W. (1967), "An Appraisal of Least-Squares Programs from the Point of View of the User," *Journal of the American Statistical Association*, 62, 819–841.

120. Maindonald, J. and Braun, J. (2003), *Data Analysis and Graphics Using R*, Cambridge, UK: Cambridge University Press.

121. Malinvaud, E. (1968), *Statistical Methods of Econometrics*, Chicago: Rand McNally.
122. Mallows, C. L. (1973), "Some Comments on C_p," *Technometrics*, 15, 661–675.
123. Manly, B. F. J. (1986), *Multivariate Statistical Methods*, New York: Chapman and Hall.
124. Mantel, N. (1970), "Why Stepdown Procedures in Variable Selection," *Technometrics*, 12, 591–612.
125. Marquardt, D. W. (1970), "Generalized Inverses, Ridge Regression, Biased Linear Estimation and Nonlinear Estimation," *Technometrics*, 12, 591–612.
126. Masuo, N. (1988), "On the Almost Unbiased Ridge Regression Estimation," *Communications in Statistics, Simulation*, 17, 729–743.
127. Matloff, N. (2011), *The Art of R Programming: A Tour of Statistical Software Design*, San Francisco, CA: No Starch Press.
128. McCallum, B. T. (1970), "Artificial Orthogonalization in Regression Analysis," *Review of Economics and Statistics*, 52, 110–113.
129. McCullagh, P. and Nelder, J. A. (1989), *Generalized Linear Models*, 2nd ed., London: Chapman and Hall.
130. McCulloch, C. E. and Meeter, D. (1983), "Discussion of 'Outlier ....s'," by R. J. Beckman and R. D. Cook, *Technometrics*, 25, 119–163.
131. McDonald, G. C. and Galarneau, D. I. (1975), "A Monte Carlo Evaluation of Some Ridge Type Estimators," *Journal of the American Statistical Association*, 70, 407–416.
132. McDonald, G. C. and Schwing, R. C. (1973), "Instabilities of Regression Estimates Relating Air Pollution to Mortality," *Technometrics*, 15, 463–481.
133. McLachlan, G. J. (1992), *Discriminant Analysis and Statistical Pattern Recognition*, New York: John Wiley & Sons.
134. Montgomery, D. C., Peck, E. A., and Vining, G. G. (2012) *Introduction to Linear Regression Analysis*, 5th ed., New York: John Wiley & Sons.
135. Moore, D. S. and McCabe, G. P. (1993), *Introduction to the Practice of Statistics*, New York: W. H. Freeman and Company.
136. Morris, C. N. and Rolph, J. E. (1981), *Introduction to Data Analysis and Statistical Inference*, Englewood Cliffs, NJ: Prentice-Hall.
137. Mosteller, F. and Moynihan, D. F. (Eds.) (1972), *On Equality of Educational Opportunity*, New York: Random House.
138. Mosteller, F. and Tukey, J. W. (1977), *Data Analysis and Regression*, Reading, MA: Addison-Wesley.
139. Myers, R. H. (1990), *Classical and Modern Regression with Applications*, 2nd ed., Boston, MA: PWS-KENT Publishing Company.
140. Narula, S. C. and Wellington, J. F. (1977), "Prediction, Linear Regression, and the Minimum Sum of Relative Errors," *Technometrics*, 19, 2, 185–190.
141. Nelder, J. A. and Wedderburn, R. W. M. (1972), "Generalized Linear Models," *Journal of the Royal Statistical Society (A)*, 135, 370–384.

142. Pregibon, D. (1981), "Logistic Regression Diagnostics," *The Annals of Statistics*, 9, 705–724.

143. R Core Team (2022). R: A language and environment for statistical computing. R Foundation for Statistical Computing, Vienna, Austria. https://www.R-project.org.

144. Racine, J. and Hyndman, R. (2002), "Using R To Teach Econometrics," *Journal of Applied Econometrics*, 17, 175–189.

145. Rao, C. R. (1973), *Linear Statistical Inference and Its Applications*, New York: John Wiley & Sons.

146. Ratkowsky, D. A. (1983), *Nonlinear Regression Modeling: A Unified Practical Approach*, New York: Marcel Dekker.

147. Ratkowsky, D. A. (1990), *Handbook of Nonlinear Regression Models*, New York: Marcel Dekker.

148. Reaven, G. M. and Miller, R. G. (1979), "An Attempt to Define the Nature of Chemical Diabetes Using a Multidimensional Analysis," *Diabetologia*, 16, 17–24.

149. Rencher, A. C. (1995), *Methods of Multivariate Analysts*, New York: John Wiley & Sons.

150. Robert, C. P. and Casella, G., (2010), *Introducing Monte Carlo Methods with R*, New York, Springer.

151. Rousseeuw, P. J. and Leroy, A. M. (1987), *Robust Regression and Outlier Detection*, New York: John Wiley & Sons.

152. Scheffé, H. (1959), *The Analysis of Variance*, New York: John Wiley & Sons.

153. Schwarz, G. (1978), "Estimating the Dimensions of a Model," *Annals of Statistics*, 121, 461–464.

154. Searle, S. R. (1971), *Linear Models*, New York: John Wiley & Sons.

155. Seber, G. A. F. (1977), *Linear Regression Analysis*, New York: John Wiley & Sons.

156. Seber, G. A. F. (1984), *Multivariate Observations*, New York: John Wiley & Sons.

157. Seber, G. A. F. and Lee, A. J. (2003), *Linear Regression Analysis*, New York: John Wiley & Sons.

158. Seber, G. A. F. and Wild, C. J. (1989), *Nonlinear Regression*, New York: John Wiley & Sons.

159. Sen, A. and Srivastava, M. (1990), *Regression Analysis: Theory, Methods, and Applications*, New York: Springer-Verlag.

160. Simplilearn (2023), https://www.simplilearn.com/what-is-r-article. Accessed January 25, 2023.

161. Shumway, R. H. (1988), *Applied Statistical Time Series Analysis*, Englewood Cliffs, NJ: Prentice-Hall.

162. Silvey, S. D. (1969), "Multicollinearity and Imprecise Estimation," *Journal of the Royal Statistical Society (B)*, 31, 539–552.

163. Simonoff, J. S. (2003), *Analyzing Categorical Data*, New York: Springer-Verlag.
164. Snedecor, G. W. and Cochran, W. G. (1980), *Statistical Methods*, 7th ed., Ames, IA: Iowa State University Press.
165. Staudte, R. G. and Sheather, S. J. (1990), *Robust Estimation and Testing*, New York: John Wiley & Sons.
166. Strang, G. (1988), *Linear Algebra and Its Applications*, 3rd ed., San Diego, CA: Harcourt Brace Jovanovich.
167. Thomson, A. and Randall-Maciver, R. (1905), *Ancient Races of the Thebaid*, Oxford: Oxford University Press.
168. Velleman, P. F. (1999), *Data Desk*, Ithaca, NY: Data Description.
169. Velleman, P. F. and Welsch, R. E. (1981), "Efficient Computing of Regression Diagnostics," *The American Statistician*, 35, 234–243.
170. Verzani, J. (2004), *Using R for Introductory Statistics*, Boca Raton, FL: Chapman & Hall/CRC.
171. Vinod, H. D. and Ullah, A. (1981), *Recent Advances in Regression Methods*, New York: Marcel Dekker.
172. Wahba, G., Golub, G. H., and Health, C. G. (1979), "Generalized Cross-Validation as a Method for Choosing a Good Ridge Parameter," *Technometrics*, 21, 215–223.
173. Welsch, R. E. and Kuh, E. (1977), "Linear Regression Diagnostics," *Technical Report* 923-77, Sloan School of Management, Cambridge, MA.
174. Wickham, H. (2014) *Advanced R*, 2nd ed., New York: Chapman & Hall/CRC.
175. Wickham, H. (2016), *ggplot2: Elegant Graphics for Data Analysis (Use R!)*, 2nd ed., New York: Springer-Verlag.
176. Wickham, H. and Bryon, J. (2015), *R Packages: Organize, Test, Document, and Share Your Code*, Sebastopol, CA: O'Reilly Media, Inc.
177. Wickham, H. and Gorlemund, G. (2017), *R for Data Science*, Sebastopol, CA: O'Reilly Media. https://r4ds.had.co.nz/.
178. Wildt, A. R. and Ahtola, O. (1978), *Analysis of Covariance*, Beverly Hills, CA: Sage Publications.
179. Wood, F. S. (1973), "The Use of Individual Effects and Residuals in Fitting Equations to Data," *Technometrics*, 15, 677–695.
180. Yan, X. and Su, X. G. (2009), *Linear Regression Analysis: Theory and Computing*, Hackensack, NJ: World Scientific Publishing Co.
181. Zumel, N. and Mount, J. (2019) *Practical Data Science with R*, Shelter Island, NY: Manning Publication Co.

찾아보기

역자 소개

강현철
고려대학교 통계학과 학사
고려대학교 대학원 통계학과 박사
현) 호서대학교 빅데이터AI학부 교수

이성건
고려대학교 대학원 통계학과 박사
Chuo University 이공학부 박사
현) 성신여자대학교 수리통계데이터사이언스학부교수

김기영
고려대학교 통계학과 학사
미국 조지아대학교 대학원 통계학과 박사
전) 고려대학교 통계학과 교수

전명식
서울대학교 수학과 학사
미국 캘리포니아 버클리대학교 대학원 통계학과 박사
전) 고려대학교 통계학과 교수

예제를 통한 회귀분석 R 활용 - 제6판 -

Regression Analysis By Example Using R - Sixth Edition -

저　　자　Ali S. Hadi · Samprit Chatterjee
역　　자　강현철 · 이성건 · 김기영 · 전명식
발 행 인　김지영
발 행 처　자유아카데미
주　　소　경기도 파주시 회동길 37-42
　　　　　파주출판도시
전　　화　031-955-1321
팩　　스　031-955-1322
홈페이지　www.freeaca.com
전자우편　main@freeaca.com (대표)
　　　　　editor@freeaca.com (편집)
　　　　　crm@freeaca.com (영업)
등　　록　제406-2003-017호, 1980. 7. 12
제6판1쇄　2024년 8월 30일 발행

ISBN 979-11-5808-631-2 93310